高等学校计算机专业核心课

名师精品·系列教材

数字电路与逻辑设计

微课版

华中科技大学计算机科学与技术学院 **组编**

于俊清 **主编**

赵贻竹 何云峰 **副主编**

DIGITAL CIRCUIT A
LOGIC DESIGN

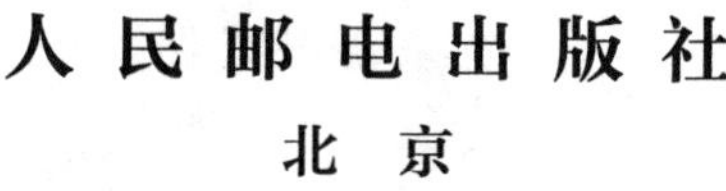

人民邮电出版社

北京

图书在版编目（CIP）数据

数字电路与逻辑设计 ：微课版 / 华中科技大学计算机科学与技术学院组编 ；于俊清主编. -- 北京 ：人民邮电出版社，2023.8

高等学校计算机专业核心课名师精品系列教材

ISBN 978-7-115-61568-8

Ⅰ. ①数… Ⅱ. ①华… ②于… Ⅲ. ①数字电路－逻辑设计－高等学校－教材 Ⅳ. ①TN79

中国国家版本馆CIP数据核字(2023)第057557号

内 容 提 要

本书内容结合微电子产业和计算机硬件产业的发展现状和技术前沿，注重基础性、高阶性、创新性和挑战性的结合，采用模块化的思想对教学内容进行有机划分，全书共9章，分三部分。第一部分是数字电路基础，由第1～3章组成，包括数字电路与逻辑设计基础、逻辑代数基础、半导体与集成门电路；第二部分是数字电路的经典设计和分析方法，由第4～8章组成，包括组合逻辑电路、触发器、时序逻辑电路、脉冲信号产生与变换电路、数/模与模/数转换电路；第三部分是可编程逻辑器件的设计方法，由第9章组成，主要内容包括低密度和复杂可编程逻辑器件、现场可编程门阵列和 Vivado 开发环境及设计流程等。

本书可作为高等院校电子信息类、电气类、计算机类及自动化类等专业“数字电路与逻辑设计”相关课程的教材，也可供从事信息学科相关专业的技术人员参考。

◆ 组　　编　华中科技大学计算机科学与技术学院
　主　　编　于俊清
　副 主 编　赵贻竹　何云锋
　责任编辑　许金霞
　责任印制　王　郁　陈　犇

◆ 人民邮电出版社出版发行　　北京市丰台区成寿寺路 11 号
　邮编　100164　　电子邮件　315@ptpress.com.cn
　网址　https://www.ptpress.com.cn
　三河市兴达印务有限公司印刷

◆ 开本：787×1092　1/16
　印张：20.5　　2023 年 8 月第 1 版
　字数：536 千字　　2024 年 12 月河北第 4 次印刷

定价：69.80 元

读者服务热线：(010)81055256　印装质量热线：(010)81055316
反盗版热线：(010)81055315
广告经营许可证：京东市监广登字 20170147 号

PREFACE 序

我们正处在信息技术高速发展的时代，相继出现了互联网、云计算、物联网、移动互联网、大数据、人工智能、区块链等新技术和产业，作为其基础的半导体集成电路仍然保持摩尔定律的速度发展。半导体集成电路又叫芯片，被称为“工业之米”。芯片是信息革命的核心技术和主要推动力，已经应用到工业生产和社会生活的各个领域，可以说，现在每一个信息产业的进步都离不开芯片的发展。近年来的中美贸易摩擦已经充分证明，如果自己没有高端芯片，必然受制于人。因此我们要加快建设科技强国，必须集中力量突破“芯片”这一核心技术。

芯片是处理数字信号的集成部件，其物理基础是数字电路。“数字电路与逻辑设计”课程是剖析集成电路原理的基础，是计算机科学与技术类各专业必修的一门重要的专业技术基础课程，也是信息学科各专业的平台课程，教学内容处于计算机体系结构的底层，属于计算机的核心，是构成计算机和其他数字系统的基础，也是相应后续课程，如计算机组成原理、微机原理与接口技术和计算机系统结构等课程的必备基础。

华中科技大学计算机科学与技术学院开设的“数字电路与逻辑设计”课程经过多年的改革和实践，已经成为国内高校同类课程的标杆，先后获得国家精品课程、国家教学成果二等奖、国家精品共享课和国家一流课程等荣誉，教学团队先后入选国家级教学团队和湖北省优秀基层教学组织，主讲教师2人入选高校计算机专业优秀教师奖励计划，3人获得华中科技大学教学竞赛一等奖。于俊清教授主编的《数字电路与逻辑设计（微课版）》一书在总结过去教学经验的基础上，结合微电子产业和计算机硬件产业的最新发展现状和技术前沿，针对数字系统逻辑设计的应用需求和学术前沿，从半导体材料的物理学基础入手，深入剖析数字电路的组成，以创新人才培养为教学目标，培养学生灵活敏捷的逻辑思维能力、严谨务实的工程设计能力、分析与解决实际问题能力，以及面向工程实际和学术前沿的创新能力，增强学生对数字电路的整体性理解，培养学生计算机和数字系统的系统设计能力。本书采用模块化的结构对教学内容进行有机划分，与慕课课程相吻合，按照章节将知识点划分为一系列的最小知识单元，方便教师和学生课堂教与学的同时，也可以满足学生利用课后的碎片时间自主学习。通过课程的学习，让学生理解计算机体系结构中如何产生二进制的0和1、0和1如何运算、如何分析和设计实际的电路等，最终让学生体会到数字电路和逻辑设计不仅是一门技术，更是一门艺术。

序 PREFACE

本书知识体系完整、实践案例新颖、配套资源丰富，内容注重基础性、高阶性、创新性和挑战性相结合，不仅包括传统意义上的书面教材，还包括随手可及的在线课程和实践案例。我相信，这本书的出版将为高校“数字电路”课程的改革提供很好的示范作用，有助于提升高校计算机专业学生的计算机系统能力。

吴建平

清华大学

中国工程院院士

2023年8月1日

数字电路与逻辑设计作为计算机专业的核心基础课程，是信息学科必修的一门专业基础课，是剖析集成电路原理的基础。它主要讨论逻辑代数的基础知识、数字电路的物理学基础、集成门电路、组合逻辑电路、时序逻辑电路、常用中规模逻辑电路、可编程逻辑器件和大规模集成电路等内容。其课程内容对应计算机层次结构的底层，触及计算机的内核、构成计算机和其他数字系统的基础内容，也是后续学习计算机组成原理、微机原理与接口技术、计算机系统结构等课程的必修专业基础课。

☆ 本书特点

1. 立足经典知识体系，培养计算机系统能力

本书综合了作者多年的教学实践经验，借鉴、吸收了国内外经典教材的优点，充分考虑课程学习的难点，以培养计算机系统能力为目标，基于经典知识体系精心组织内容，以数字电路的基本理论、基本分析和设计方法为主线，从数字电路的理论基础到物质基础，再从小规模电路设计到中、大规模电路设计，帮助读者从零基础开始，掌握数字电路与逻辑设计的理论与方法。此外，本书结合例题和动画演示让抽象的理论形象化，帮助学生从芯片设计的角度，深入理解数字电路的理论精髓。

2. 剖析半导体的物理学原理，夯实数字电路的硬件设计基础

数字电路的物质基础是半导体材料，而二极管和三极管等半导体器件的工作原理是模拟电路课程的内容，受学时所限或教学安排等原因，目前许多学校的课程体系中取消了模拟电路课程，或者将数字电路与模拟电路两门课程安排在同一时间段上课，导致学生无法理解数字电路的物理学原理，对于逻辑器件只了解外部特性，只知其然而不知其所以然。针对上述问题，本书在内容上特别精选了与数字电路相关的电路基本理论和半导体材料的物理学基础，从玻尔原子模型讲起，深入剖析晶体管的工作原理，让学生理解数字电路的内核，夯实硬件设计基础。

3. 精品在线资源同步导学，助力学生主动学习

本书的重点难点均配有微课视频，视频讲解降低了学生学习的难度，激发学生的学习兴趣，也提升了学习体验。编者还在中国大学 MOOC 开设有在线课程“数字电路与逻辑设计”，方便读者自主学习。教师可利用线上和线下资源的有机结合，通过启发式教学，开设翻转课堂，给学生思考的空间，让学生提出有自己见解的思想和方法，由被动学习变为主动学习。本书还为教师提供了丰富的教学资源，包括教学大纲、教案、习题答案、实训题库等，同时还提供了全套的精美PPT课件，重点、难点均采用动画展示，方便教师快速开展高质量的教学。

4．理论教学和实践教学同步实施，提高学生理论联系实际的能力

利用教学团队研发的虚拟实验平台将实验搬进课堂，突破了时间和空间的限制，将理论教学与实验教学同步实施，有利于学生动手能力和创新能力的培养，有效提高了教学质量。

☆ 使用指南

本书的本科教学参考学时为64～80学时（含16学时实践课），教学学时安排可参考下表，不同学校和专业可以根据学生的具体情况进行选择，其中带有“*”的内容为扩展内容。

章节	教学内容	参考学时
第 1 章　数字电路与逻辑设计基础	芯片与数字电路 数制及其转换 二进制数的算术运算 几种常用的代码	2 学时
第 2 章　逻辑代数基础	逻辑代数概述 逻辑运算 逻辑代数的基本定理、常用公式和规则 逻辑函数表达式的形式与转换 代数法和卡诺图法逻辑函数化简 列表法逻辑函数化简 *	8 学时
第 3 章　半导体与集成门电路	电路基本理论 * 半导体材料的物理学基础 * 半导体器件的开关特性 逻辑门电路	8 学时
第 4 章　组合逻辑电路	组合逻辑电路概述 小规模组合逻辑电路分析 小规模组合逻辑电路设计 常用的中规模组合逻辑电路 中规模组合逻辑电路分析和设计 组合逻辑电路险象	14 学时
第 5 章　触发器	触发器概述 基本 RS 触发器 同步触发器 主从触发器 边沿触发器 触发器的电气特性 *	4 学时

续表

章节	教学内容	参考学时
第 6 章　时序逻辑电路	时序逻辑电路概述 小规模同步时序和脉冲异步时序逻辑电路的分析 小规模同步时序和脉冲异步时序逻辑电路的设计 常用的中规模时序逻辑电路（集成计数器、寄存器） 电平异步时序逻辑电路 *	18 学时
第 7 章　脉冲信号产生与变换电路	施密特触发器的结构、特点及其应用 单稳态触发器的结构、特点及其应用 多谐振荡器的结构、特点及其应用 定时器 555 及其应用	6 学时
第 8 章　数 / 模与模 / 数转换电路	数 / 模与模 / 数转换的基本概念 常用的数 / 模转换器 常用的模 / 数转换器	4 学时
第 9 章　可编程逻辑器件	PLD 概述 低密度可编程逻辑器件 FPGA 和 CPLD 的发展及原理 基于 FPGA 的设计流程	4 学时

☆　致谢

感谢华中科技大学欧阳星明教授的长期指导。欧阳星明教授作为本课程的主要开创者、多年的课程组长和主讲教师，为课程建设和改革做出了卓越贡献，先后获得“华中科技大学教学名师”“湖北省教学名师”称号和各种国家级及省部级的奖励；由其担任主编而撰写的教材曾被国内多所学校采用并多次获得优秀教材奖，为本书的撰写奠定了扎实的基础。在此，也感谢华中科技大学计算机科学与技术学院的谭志虎教授对教材内容组织和出版的悉心指导；感谢华中科技大学计算机科学与技术学院、华中科技大学本科生院、数字电路与逻辑设计课程组对本书编写的大力支持与帮助。

限于作者水平，书中难免有疏漏之处，敬请同行和广大读者批评与指正。作者的联系方式为QQ：735091398，邮箱地址：yjqing@hust.edu.cn，欢迎读者来信交流、索取课程相关的教辅资源。

作　者

2023年7月于华中科技大学

CONTENTS 目录

目录 CONTENTS

CONTENTS 目录

目录 CONTENTS

第1章 数字电路与逻辑设计基础

欢迎大家来到奇妙的数字电路世界。我们正处在高速发展的信息和智能时代，如何对各种各样的信息进行描述、存储、传输和处理呢？应该说，迄今为止人类找到的最佳信息表达形式是“数字”。数字电路及其系统已经成为各行各业，乃至人们日常生活的重要组成部分，其无处不在。本章在简要介绍数字系统基本概念的基础上，重点讨论数字系统的基本组成和数字系统中数据的表示方法。

1.1 芯片与数字电路

半导体集成电路（Integrated Circuit，IC）的核心是芯片，其被称为“工业之米”。芯片已经渗透到人们社会生活的各个领域，不仅是机器设备，就连我们生活中不可或缺的电子手表、电视机、电冰箱、洗衣机、电饭煲、手机等也离不开芯片。芯片技术是信息革命的核心技术和主要推动力。可以说，现在每一个信息产业的进步都离不开芯片的发展。特别是当下移动互联网和人工智能时代，表面上看是手机、人工智能和互联网公司的 App 的天下，但其背后是许多芯片在支撑海量数据的计算、处理、传输和通信。芯片是处理数字信号的部件，其物理基础是数字电路。

与模拟电路相比，数字电路不但能产生更廉价、更可靠的数字处理系统，而且具有精度高、可靠性高、功耗低等其他优点，特别是数字电路硬件允许可编程操作。借助软件，人们可以更容易地修改将由硬件执行的信号处理函数。数字硬件及其相关软件在系统设计方面提供了更大的灵活性。

1.1.1 数字信号与系统

在科学和工程领域遇到的大多数信号是自然模拟信号。**模拟信号**是用连续变量的函数表示，这些连续变量（如时间或空间）通常在一个连续的范围取值。这类信号可以直接被合适的模拟信号处理系统（如滤波器、频谱分析仪等）处理，以改变信号的特征或提取有用的信息，如图 1.1 所示。在这种情况下，信号是直接以模拟形式处理的，输入和输出信号都是模拟信号。

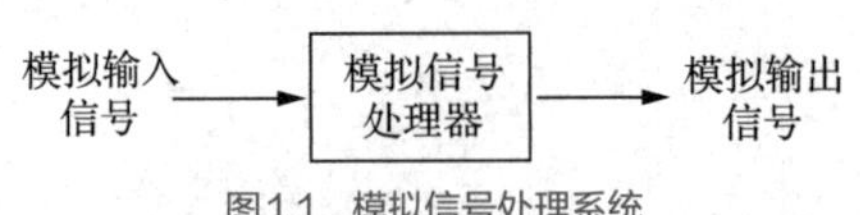

图1.1　模拟信号处理系统

数字信号是用离散变量的函数表示，这些离散变量（如时间或空间）在一个不连续的范围取值。数字信号处理系统提供了处理模拟信号的备用方法，如图 1.2 所示。要执行数字信号处理，需要在模拟信号和数字信号处理器之间增加模 / 数（Analog/Digital，A/D）转换器。A/D 转换器的输出是数字信号，适合作为数字信号处理器的输入。数字信号处理器可以是可编程数字计算机或是一个小的微型可编程处理器，也可以是一个对输入信号执行指定操作的硬连线数字处理器。在实际应用中，数字信号处理器的数字输出通常是以模拟形式提交给用户，例如语音通信，因此在数字信号处理系统中通常需要数字信号和模拟信号之间的数模（Digital/Analog，D/A）转换器。如果直接应用数字信号，D/A 转换器就不需要了。

图1.2　数字信号处理系统

要通过数字信号处理系统处理模拟信号，必须将模拟信号转换为数字形式，即转换成具有有限精度的数字序列。模拟信号的数字化过程如图 1.3 所示。

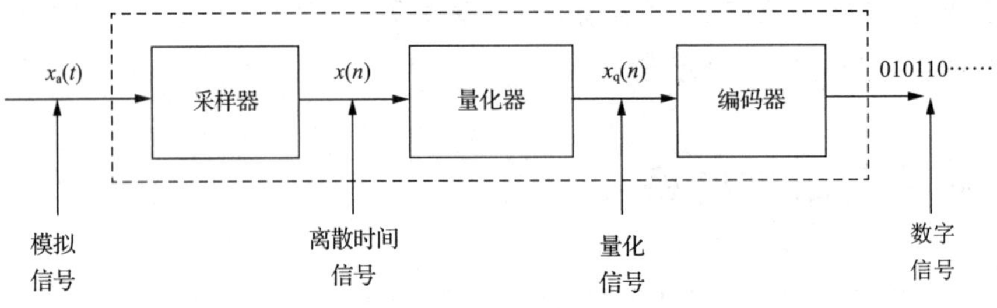

图1.3　模拟信号的数字化过程

1. 采样

采样是指连续时间信号转换成离散时间信号的过程，其通过对连续时间信号在离散时间点处取样本实现。因此，如果 $x_a(t)$ 是采样器的输入，那么输出 $x_a(nT) \equiv x(n)$，其中 T 称为采样间隔或采样周期，采样频率 $F_s=1/T$。

采样定理：根据奈奎斯特理论，采样频率不低于模拟信号最高频率 F_{max} 的两倍，这样就能无失真地将信号还原成原来的模拟信号，即 $F_s \geqslant 2F_{max}$。

2. 量化

量化是指离散时间连续值信号转换成离散时间离散值（数字）信号的转换过程。每个信号样本值是从可能值的有限集中选取的。未量化样本 $x(n)$ 和量化输出 $x_q(n)$ 之间的差称为量化误差。

3. 编码

编码，即将每一个离散值 $x_q(n)$ 用一定位数的二进制序列表示，且位数越多，精度越高，需要的存储量越大；反之，位数越少，精度越低，需要的存储量就越小。

1.1.2 数字电路

用来处理数字信号的电子线路称为**数字电路**。由于数字电路的各种功能是通过逻辑运算和逻辑判断来实现的，因此数字电路又称为**数字逻辑电路**或**逻辑电路**。

1. 数字电路的特点

数字电路与模拟电路相比，具有如下特点。

（1）数字电路的基本工作信号是二值信号。它表现为电路中电压的“高”或“低”、开关的“接通”或“断开”、晶体管的“导通”或“截止”等两种稳定的物理状态。

（2）数字电路中的半导体器件一般都工作在开、关状态。对电路进行分析时，主要分析输出和输入之间的逻辑关系。

（3）数字电路组成的基本单元结构简单、功耗低、便于集成制造和系列化生产，所以制造的产品价格低廉、使用方便、通用性好。

（4）由数字电路构成的数字系统运行速度快、精度高、可靠性好、功能扩展方便。

鉴于上述特点，数字电路已经大规模应用在几乎所有领域。随着半导体技术和工艺的发展，出现了数字集成电路，人们已不再用分立元件去构造实现各种逻辑功能的部件，而是采用标准集成电路进行逻辑设计。

2. 数字集成电路

数字集成电路是将元器件和连线集成于同一半导体芯片上而制成的数字电路或系统。根据数字集成电路中包含的门电路或元器件数量，数字集成电路可分为小规模集成（Small Scale Integration，SSI）电路、中规模集成（Medium Scale Integration，MSI）电路、大规模集成（Large Scale Integration，LSI）电路、超大规模集成（Very Large Scale Integration，VLSI）电路、特大规模集成（Ultra Large Scale Integration，ULSI）电路和巨大规模集成电路（Giga Scale Integration，GSI），如表 1.1 所示。

表 1.1 集成电路按照规模进行分类

类型	门电路数/个	元器件数/个
SSI	10 以内	100 以内
MSI	10 ～ 100	100 ～ 1000
LSI	100 ～ 1000	1000 ～ 10 000
VLSI	1000 ～ 10 000	10 000 ～ 100 000
ULSI	10 000 ～ 100 000	100 000 ～ 1 000 000
GSI	＞ 1 000 000	＞ 10 000 000

3. 数字电路的类型

根据一个电路有无记忆功能，数字电路可分为**组合逻辑电路**（Combinational Logic Circuit）和**时序逻辑电路**（Sequential Logic Circuit）两种。

如果一个数字电路在任何时刻的稳定输出仅取决于该时刻的输入，而与电路过去的输入无关，则称为**组合逻辑电路**。这类电路的输出与过去的输入无关，所以其不需要记忆功能。例如，一个“多数表决器”，表决的结果仅取决于各个参与表决成员当时的态度是“赞成”，还是“反对”，因此可以用组合逻辑电路实现。

如果一个数字电路在任何时刻的稳定输出不仅取决于该时刻的输入，而且与过去的输入有关，则称为**时序逻辑电路**。这类电路的输出与过去的输入相关，所以其需要记忆功能，通常采用电路中记忆元器件的状态来反映过去的输入信号。例如，一个统计输入脉冲信号个数的计数器，它的输出结果不仅与当时的输入脉冲相关，还与前面收到的脉冲个数相关，因此计数器可以用时序逻辑电路来实现。时序逻辑电路按照是否有统一的时钟信号同步，又可以分为**同步时序逻辑电路**和**异步时序逻辑电路**。

4. 数字电路的研究方法

对数字电路的研究有分析和设计两个任务。对于一个给定的数字逻辑电路，研究它所实现的逻辑功能和电路的工作性能称为**数字电路分析或逻辑分析**；根据客观提出的功能需求，在给定的条件下构造出实现预定功能的数字电路称为**数字电路设计或逻辑设计**。

随着集成电路技术的快速发展，数字电路的分析和设计方法也在不断发展演进。但无论如何变化，用逻辑代数作为基本理论的传统方法仍然为数字电路分析和设计的基本方法。传统方法详细讨论了从问题的逻辑抽象到功能实现的全过程，可以说是至今为止最成熟、最基础的方法。传统方法建立在小规模集成电路基础上，以技术经济指标作为评价设计方案优劣的主要性能指标，设计时追求如何使一个电路达到最简。但值得指出的是，**一个最简的方案未必是一个最佳的方案**，最佳方案应满足全面的功能和性能指标，以及实际应用需求。因此，使用传统方法得出一个实现预订功能的最简方案后，通常要根据实际情况进行优化调整。

可编程逻辑器件（Programmable Logic Devices，PLD）的出现，给数字电路设计带来了一种全新的方法。人们不再用常规硬件连接的方法去构造电路，而是借助丰富的计算机软件对器件编程来实现各种逻辑功能，这样无疑给数字电路设计带来了极大的方便。

面对日益复杂的集成电路芯片设计和数字系统设计，人们必须借助计算机辅助设计（Computer Aided Design，CAD）。目前，已经有各种电子设计自动化（Electronic Design Automation，EDA）软件在工业界和学术界使用，如 VHDL、Verilog 等。

1.2 数制及其转换

1.2.1 数制

数制（Number System），进位计数制的简称，它是用一组固定的符号和统一的规则来表示数值的方法。在日常生活中，人们常常使用的是十进制；而在数字系统中，使用的是二进制；此外，还有八进制和十六进制。

广义地说，一种进位计数制包含着基数和位权两个基本要素。

在数制中表示基本数值大小的不同数字符号称为数码。基数是指计数制中所使用的数码的个数。一个基数为 R 的数制包含 0、1、…、R-1 共 R 个数码，进位规律是“逢 R 进一”，这种数制称为 R 进位计数制，简称 R 进制。例如，在十进制中，有 0、1、2、3、4、5、6、7、8、9 共 10 个数码，其基数为 10，进位规律是“逢十进一”。

位权是指在一种进位计数制表示的数中，用来表明不同数位上数值大小的一个固定常数。不同数位有不同的位权，某一位数的数值等于这一位的数码乘上与该位对应的位权。R 进制数的位权是 R 的整数次幂。例如，十进制的位权是 10 的整数次幂，其个位的位权是 10^0，十位的位权是 10^1，依次类推。

一般来说，一个 R 进制数 N 可以用并列表示法和多项式表示法两种表示方法表示。

并列表示法又称位置计数法，其表达式为

$$(N)_R = K_{n-1}K_{n-2}\cdots K_1K_0.K_{-1}K_{-2}\cdots K_{-m} \tag{1-1}$$

多项式表示法又称按权展开法，其表达式为

$$\begin{aligned}(N)_R &= K_{n-1}\times R^{n-1} + K_{n-2}\times R^{n-2} + \cdots + K_1\times R^1 + K_0\times R^0 + K_{-1}\times R^{-1} + K_{-2}\times R^{-2} + \cdots + K_{-m}\times R^{-m} \\ &= \sum_{i=-m}^{n-1} K_i R^i \end{aligned} \tag{1-2}$$

其中，R 表示基数，n 为整数部分的位数，m 为小数部分的位数，K_i 为 R 进制中的任意一个数码。例如，十进制数 287.036 可以表示为

$$(287.036)_{10}=2\times10^2+8\times10^1+7\times10^0+0\times10^{-1}+3\times10^{-2}+6\times10^{-3}$$

1. 十进制

十进制（Decimal）是日常生活中广泛使用的进位计数制。十进制中，基数为 10，它有 0、1、2、3、4、5、6、7、8、9 共 10 个数码，进位规律是“逢十进一”，位权是 10 的整数次幂，其按权展开式为

$$(N)_{10} = \sum K_i 10^i$$

一般，十进制数用下标 10 或者 D 表示，例如 $(2109)_{10}$、$(231.45)_D$。

2. 二进制

二进制（Binary）是基数为 2 的进位计数制，它有 0 和 1 两个数码，进位规律是“逢二进一”，位权是 2 的整数次幂，其按权展开式为

$$(N)_2 = \sum K_i 2^i$$

二进制数一般用下标 2 或者 B 表示，例如 $(1101)_2$、$(11001011)_B$。

3. 八进制

八进制（Octal）是基数为 8 的进位计数制，它有 0、1、2、3、4、5、6、7 共 8 个数码，进位规律是“逢八进一”，位权是 8 的整数次幂，其按权展开式为

$$(N)_8 = \sum K_i 8^i$$

八进制数（Octal Number）一般用下标 8 或者 O 表示，例如 $(71.5)_8$、$(645.12)_O$。

4. 十六进制

十六进制（Hexadecimal）是基数为 16 的进位计数制，它有 0、1、2、3、4、5、6、7、8、9、A、B、C、D、E、F 共 16 个数码，进位规律是“逢十六进一”，位权是 16 的整数次幂，其按权展开式为

$$(N)_{16} = \sum K_i 16^i$$

十六进制数一般用下标 16 或者 H 表示，例如 $(7A.C)_{16}$、$(64FA5.8B)_H$。

表 1.2 列出了与十进制数 0 ～ 15 对应的二进制数、八进制数、十六进制数。

表 1.2　十进制数与二 / 八 / 十六进制数对照表

十进制	二进制	八进制	十六进制	十进制	二进制	八进制	十六进制
0	0000	0	0	3	0011	3	3
1	0001	1	1	4	0100	4	4
2	0010	2	2	5	0101	5	5

续表

十进制	二进制	八进制	十六进制	十进制	二进制	八进制	十六进制
6	0110	6	6	11	1011	13	B
7	0111	7	7	12	1100	14	C
8	1000	10	8	13	1101	15	D
9	1001	11	9	14	1110	16	E
10	1010	12	A	15	1111	17	F

1.2.2 数制间的相互转换

任意一个数都可以表示成不同数制的形式，有时需要在不同数制之间进行转换。例如，在数字电路中使用的是二进制数，为了书写和阅读的方便可以转换成八进制或者十六进制数，为了理解和显示的方便可以转换成十进制数。

1. 二进制数、八进制数和十六进制数转换成十进制数

二进制数、八进制数和十六进制数转换成十进制数时，只需要将二进制数、八进制数和十六进制数表示成权展开式，然后按照十进制运算规则进行计算，得到的结果就是十进制数。

例 1.1 将 $(1101.11)_2$，$(625.34)_8$，$(4A5.E)_{16}$ 转换为十进制数。

解：

（1）$(1101.11)_2=1\times2^3+1\times2^2+0\times2^1+1\times2^0+1\times2^{-1}+1\times2^{-2}=(13.75)_{10}$

（2）$(625.34)_8=6\times8^2+2\times8^1+5\times8^0+3\times8^{-1}+4\times8^{-2}=(405.4375)_{10}$

（3）$(4A5.E)_{16}=4\times16^2+10\times16^1+5\times16^0+14\times16^{-1}=(1189.875)_{10}$

2. 十进制数转换成二进制数、八进制数和十六进制数

十进制数转换成二进制数时需要将整数部分和小数部分分开处理。整数部分采用“除 2 取余”法，即将十进制数的整数部分逐次被基数 2 整除，每次除完所得余数便为转换后的数码，直到商为 0。第一个余数为最低位，最后一个余数为最高位。小数部分采用“乘 2 取整”法，即将十进制数的小数部分连续乘以基数 2，乘数的整数部分作为二进制数的小数部分。第一个整数为最高位，最后一个整数为最低位。需要注意的是，有的十进制小数不能用有限的二进制小数精确表示时，只能根据精度要求，求出相应的二进制位数近似表示。

例 1.2 将十进制数 $(117.579)_{10}$ 转换成二进制数（要求二进制数保留到小数点后 4 位）。

解：

（1）整数部分采用“除 2 取余”法。

除数	被除数/商	余数	
2	117		
2	58	1（K_0）	低位
2	29	0（K_1）	
2	14	1（K_2）	
2	7	0（K_3）	
2	3	1（K_4）	
2	1	1（K_5）	
	0	1（K_6）	高位

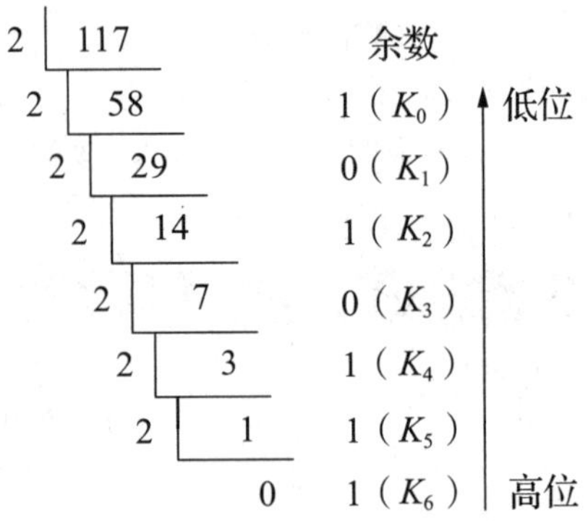

所以 $(117)_{10}=(1110101)_2$。

（2）小数部分采用“乘 2 取整”法。

	整数部分	
$0.579 \times 2 = \boxed{1}.158$	1（K_{-1}）	高位
$0.158 \times 2 = \boxed{0}.316$	0（K_{-2}）	
$0.316 \times 2 = \boxed{0}.632$	0（K_{-3}）	
$0.632 \times 2 = \boxed{1}.264$	1（K_{-4}）	
$0.264 \times 2 = \boxed{0}.528$	0（K_{-5}）	↓ 低位

保留 4 位小数后，有 $(0.579)_{10} \approx (0.1001)_2$。

由此可得，$(117.579)_{10} \approx (1110101.1001)_2$。

十进制数转换成八进制数和十六进制数的方法与十进制数转换成二进制数的方法类似，不同之处在于基数分别取 8 和取 16 进行乘法和除法。

例 1.3　将十进制数 $(35.437)_{10}$ 转换成八进制数和十六进制数（要求八进制数和十六进制数均保留到小数点后 4 位）。

解：

（1）利用“除 8 取余”法和“乘 8 取整”法转换成八进制数。

	余数	
8 | 35		
8 | 4	3（K_0）	↑ 低位
0	4（K_1）	高位

	整数部分	
$0.437 \times 8 = \boxed{3}.496$	3（K_{-1}）	高位
$0.496 \times 8 = \boxed{3}.968$	3（K_{-2}）	
$0.968 \times 8 = \boxed{7}.744$	7（K_{-3}）	
$0.744 \times 8 = \boxed{5}.952$	5（K_{-4}）	
$0.952 \times 8 = \boxed{7}.616$	7（K_{-5}）	↓ 低位

可得，$(35.437)_{10} \approx (43.3376)_8$。

（2）利用“除 16 取余”法和“乘 16 取整”法转换成十六进制数。

	余数	
16 | 35		
16 | 2	3（K_0）	↑ 低位
0	2（K_1）	高位

	整数部分	
$0.437 \times 16 = \boxed{6}.992$	6（K_{-1}）	高位
$0.992 \times 16 = \boxed{15}.872$	F（K_{-2}）	
$0.872 \times 16 = \boxed{13}.952$	D（K_{-3}）	
$0.952 \times 16 = \boxed{15}.232$	F（K_{-4}）	
$0.232 \times 16 = \boxed{3}.712$	3（K_{-5}）	↓ 低位

可得，$(35.437)_{10} \approx (23.6\text{FDF})_{16}$。

3．二进制数、八进制数和十六进制数的相互转换

（1）二进制数与八进制数之间的转换

由于八进制的基数 $8=2^3$，因此 1 位八进制数所能表示的数值恰好等于 3 位二进制数所能表示的数值。二进制数转换为八进制数的方法：以小数点为界，整数部分从低位开始，每 3 位为一组，最后一组不足 3 位时，在高位加 0 补足 3 位；小数部分则从高位开始，每 3 位为一组，最后一组不足 3 位时，在低位加 0 补足 3 位，然后用对应的八进制数来代替，再按原顺序排列写出对应的八进制数。

例 1.4　将二进制数 $(1101111.10011)_2$ 转换成八进制数。

解：从小数点向两侧按照 3 位二进制数进行分组，整数部分高位需要补上 00，小数部分低位需要补上 0。

$$\begin{array}{ccccccc} 001 & 101 & 111 & . & 100 & 110 \\ \downarrow & \downarrow & \downarrow & & \downarrow & \downarrow \\ 1 & 5 & 7 & . & 4 & 6 \end{array}$$

所以有 $(1101111.10011)_2=(157.46)_8$。

八进制数转换成二进制数时，只需要将每位八进制数用 3 位二进制数来代替即可。

例 1.5　将八进制数 $(347.16)_8$ 转换成二进制数。

解：

$$\begin{array}{ccccccc} 3 & 4 & 7 & . & 1 & 6 \\ \downarrow & \downarrow & \downarrow & & \downarrow & \downarrow \\ 011 & 100 & 111 & . & 001 & 110 \end{array}$$

所以有 $(347.16)_8=(11100111.00111)_2$。

（2）二进制数与十六进制数之间的转换

由于十六进制的基数 $16=2^4$，因此，二进制数转换为十六进制数的方法：以小数点为界，整数部分从低位开始，每 4 位为一组，最后一组不足 4 位时，在高位加 0 补足 4 位；小数部分则从高位开始，每 4 位为一组，最后一组不足 4 位时，在低位加 0 补足 4 位，然后用对应的十六进制数来代替。

例 1.6　将二进制数 $(1010101101.10011)_2$ 转换成十六进制数。

解：从小数点向两侧按照 4 位二进制数进行分组，整数部分高位需要补上 00，小数部分低位需要补上 000。

$$\begin{array}{ccccccc} 0010 & 1010 & 1101 & . & 1001 & 1000 \\ \downarrow & \downarrow & \downarrow & & \downarrow & \downarrow \\ 2 & A & D & . & 9 & 8 \end{array}$$

所以有 $(1010101101.10011)_2=(2AD.98)_{16}$。

十六进制数转换成二进制数时，只需要将每位十六进制数用 4 位二进制数来代替即可。

例 1.7　将十六进制数 $(F2B.75)_{16}$ 转换成二进制数。

解：

$$\begin{array}{ccccccc} F & 2 & B & . & 7 & 5 \\ \downarrow & \downarrow & \downarrow & & \downarrow & \downarrow \\ 1111 & 0010 & 1011 & . & 0111 & 0101 \end{array}$$

所以有 $(F2B.75)_{16}=(111100101011.01110101)_2$。

由于八进制数、十六进制数与二进制数的转换很方便，因此，常用作二进制数的缩写。

1.3　二进制数的算术运算

在数字系统中，可以进行逻辑运算和算术运算。二进制数不仅可以表示不同的逻辑状态，而且也可以用于表示数量的大小，此时它们之间可以进行算术运算。

1.3.1　无符号二进制数的算术运算

当两个二进制数表示数量大小时，它们之间可以进行数值运算，这种运算称为算术运算。

二进制算术运算和十进制算术运算的规则基本相同，唯一的区别在于二进制数是“逢二进一，借一当二”，而不是十进制数的“逢十进一，借一当十”。其运算规则如下：

加法规则	0+0=0	0+1=1	1+0=1	1+1=10（进位为 1）
减法规则	0−0=0	0−1=1	1−0=1	1−1=0
乘法规则	0×0=0	0×1=0	1×0=0	1×1=1
除法规则	0÷1=0	1÷1=1		

二进制数的运算可以利用十进制数的竖式进行。

例 1.8　已知二进制数 A=11110，B=101，试求：$A+B$、$A-B$、$A\times B$、$A\div B$。

解：列竖式，可得

$$\begin{array}{r} 11110 \\ +\quad 101 \\ \hline 100011 \end{array} \qquad \begin{array}{r} 11110 \\ -\quad 101 \\ \hline 11001 \end{array}$$

$$\begin{array}{r} 11110 \\ \times\quad 101 \\ \hline 11110 \\ 00000 \\ +\ 11110 \\ \hline 10010110 \end{array} \qquad \begin{array}{r} 110 \\ 101\overline{)11110} \\ -101 \\ \hline 101 \\ -101 \\ \hline 0 \end{array}$$

因此，$A+B$=100011，$A-B$=11001，$A\times B$=10010110，$A\div B$=110。

从上面的运算规则可以看出，二进制数的乘法运算可以利用加法实现，即通过若干次的“被乘数（或零）的左移（求部分积）”和“部分积相加”这两种操作完成。而二进制数的除法运算可以利用减法来实现，即通过若干次的“除数右移”和“从被除数或余数中减去除数”这两种操作来完成。如果使用有符号的二进制数，那么二进制减法也可以转换成加法。因此，二进制数的算术运算可以统一为加法的形式，这样为电路的简化带来了极大的方便。

1.3.2　带符号二进制数的算术运算

带符号的数通常是在数的最高位前面加上“+”或“−”号表示正、负，例如 +1101、−10011。而在数字系统中，带符号的二进制数包含有符号和数值信息，符号位一般放在最高位，用 0 和 1 分别表示这个数是正数，还是负数，数值位则表示该数的大小。例如，一个表示数值为 $(+117)_{10}$ 的 8 位带符号二进制数为

$$\underbrace{0}_{\text{符号位}}\underbrace{1110101}_{\text{数值位}}$$

通常，用“+”“−”表示正、负的二进制数称为符号数的真值，将符号和数值一起编码表示的二进制数称为机器数或机器码。常用的机器码有原码、反码和补码 3 种。

1. 原码

原码由符号位加上二进制数的绝对值构成，最高位为符号位，0 表示正数，1 表示负数，数值位为符号数真值的绝对值，又称为符号—数值表示法。例如，+5、−5 对应的原码为 8 位带符号二进制数。

$$[+5]_{原}=0\ 000\ 0101 \qquad [-5]_{原}=1\ 000\ 0101$$

注意，8 位带符号二进制数的原码表示，数值 0 有两种表示方法，$[+0]_{原}$=00000000，$[-0]_{原}$=10000000，因此其表示的整数范围为 $(-127)_{10}$ ～ $(+127)_{10}$。由此，对于 n 位带符号二进制数的原码表示，其表示的整数范围为 $(-2^n+1)_{10}$ ～ $(2^n-1)_{10}$，关于零点对称。

2. 反码

反码表示带符号的二进制数时，符号位与原码相同，也是用 0 表示正，1 表示负；数值位与符号位相关，正数反码的数值位和原码相同，而负数反码的数值位是在原码的基础上按位取反。例如，+5、−5 对应的反码为 8 位带符号二进制数。

$$[+5]_{反}=0\ 000\ 0101 \qquad [-5]_{反}=1\ 111\ 1010$$

这里，数值 0 同样有两种表示方法，$[+0]_{反}$=00000000，$[-0]_{反}$=11111111，因此 8 位带符号二进制数的反码表示的整数范围与原码的相同，也是 $(-127)_{10}$ ～ $(+127)_{10}$。

采用反码进行加、减运算时，符号位和数值位一样参加运算。如果符号位有进位产生，则需要将进位加到运算结果的最低位，即循环进位，才能得到最终结果。

3. 补码

补码表示带符号的二进制数时，符号位与原码相同，即用 0 表示正，1 表示负；正数补码的数值位与原码相同，负数补码的数值位则是在原码的基础上先按位取反，然后在最低位加 1。例如，+5、−5 对应的补码为 8 位带符号二进制数。

$$[+5]_{补}=0\ 000\ 0101 \qquad [-5]_{补}=1\ 111\ 1011$$

在补码表示中，0 的补码只有一种表达方式，n 个字长的二进制补码表示的整数范围为 $(-2^n)_{10}$ ～ $(2^n-1)_{10}$。因此，8 位二进制数的补码表示的整数范围为 $(-128)_{10}$ ～ $(+127)_{10}$，其中 1000 0000 表示的是 −128。

采用补码进行加、减运算时，符号位和数值位一样参加运算。如果符号位有进位产生，则可以忽略不计。

例 1.9　已知二进制数 X=+1011，Y=−110010，试求：其 8 位二进制数的原码、反码和补码。

解：按照原码、反码和补码的规则处理数值位时，应根据需要，按照字长进行补 0 操作，这里的字长为 8。

正数的原码、反码和补码是相同的。

$$[X]_{原}=00001011 \qquad [X]_{反}=00001011 \qquad [X]_{补}=00001011$$

负数的原码、反码和补码按照规则转换。

$$[Y]_{原}=10110010 \qquad [Y]_{反}=11001101 \qquad [Y]_{补}=11001110$$

数字系统中的有符号数都是采用补码进行存储和计算的。这样做的原因有以下两个：一是补码的符号位和数值位都参与运算，运算规律简单，减法可以转换成加法运算；二是补码在与原码相互转换的时候，运算过程是完全相同的，可以使用相同的硬件电路实现。

需要说明的是，在二进制补码运算过程中，如果运算结果超出了二进制补码表示的整数范围，就会产生溢出。溢出会导致运算结果出现错误。要解决溢出问题，就需要进行位扩展。

例 1.10　试用 4 位二进制补码分别计算 (2+5)、(−3−4)、(−5+7)、(3−6)、(4+6)、(−7−2)。

解：根据补码的规则，通过将 $a-b$ 的形式转换成 $a+(-b)$ 的形式来将上述各式统一转换成加法形式，然后按照二进制运算规则，可得

+2	0010	−3	1101	−5	1011
+) +5	+ 0101	+) −4	+ 1100	+) +7	+ 0111
+7	0111	−7	[1]1001	+2	[1]0010
			舍弃 ↑		舍弃 ↑
+3	0011	+4	0100	−7	1001
+) −6	+ 1010	+) +6	+ 0110	+) −2	+ 1110
−3	1101	+10	1010	−9	[1]0111

4 位二进制补码的整数范围是 -8 ～ +7，可以看出 2+5=7 和 3-6=-3，没有进位，计算结果就是解；-3-4=-7 和 -5+7=2，虽然计算结果有进位，但舍弃进位后可以得到正确的解；4+6=10，-7-2=-9，出现了溢出，计算结果显然不正确。实际中，判断溢出的方法是检查计算结果和符号位与和数的符号是否相同，如果不相同，则表示计算结果溢出，是错误的。

几种常用的编码

1.4 几种常用的代码

在数字系统中，可以使用二进制数码表示特定的信息。将若干个二进制数码 0 和 1 按照一定的规律排列，用于表示某种特定含义的代码，称为**二进制代码**（简称二进制码）。形成代码所遵循的规则称为码制。一般，n 位二进制数可以有 2^n 种组合，相应的二进制码就可以保存 2^n 种信息。下面介绍几种数字系统中常用的二进制码。

1.4.1 十进制数的二进制码

在数字系统中，为了既满足系统使用二进制数的要求，又适应人们使用十进制数的习惯，常使用 4 位二进制数码来表示 1 位十进制数码，这种方法称为**二 - 十进制（代码）**或称 **BCD（Binary Coded Decimal）码**。BCD 码既有二进制数的形式，也有十进制数的特点，便于传递、处理。

4 位二进制数一共有 16 种组合，十进制中 0 ～ 9 共 10 个数字符号只需要使用其中的 10 种组合来表示，使用不同的组合就产生了不同的编码方案，表 1.3 列出了几种常见的 BCD 码。当然，无论哪种编码方案都有 6 种组合不允许出现，这些不允许出现的编码称为无效码。

根据代码中每一位是否有固定的权，BCD 码可以分为有权码（Weighted Code）和无权码两种。一般情况下，有权码与十进制数之间的关系可用式（1-3）来表示。

$$(N)_D = W_3b_3 + W_2b_2 + W_1b_1 + W_0b_0 \tag{1-3}$$

其中，W_3 ～ W_0 为有权码中各位的权，b_3 ～ b_0 表示有权码中各位的数值。

表 1.3 常用的二 - 十进制码

十进制数码	8421码	2421码	5421码	余3码
0	0000	0000	0000	0011
1	0001	0001	0001	0100
2	0010	0010	0010	0101
3	0011	0011	0011	0110
4	0100	0100	0100	0111
5	0101	1011	1000	1000

续表

十进制数码	8421码	2421码	5421码	余3码
6	0110	1100	1001	1001
7	0111	1101	1010	1010
8	1000	1110	1011	1011
9	1001	1111	1100	1100

1．8421 码

8421 码是最为常用的一种 BCD 码，它由 4 位二进制数 0000（0）～ 1001（9）组成，1010 ～ 1111 是无效码。8421 码是一种有权码，从高位至低位的权依次为 8、4、2、1，与普通的 4 位二进制数的权是一样的。因此，按 8421 码编码的 0 ～ 9 与用 4 位二进制数表示的 0 ～ 9 完全一样。

8421 码与十进制数之间的转换是按位进行的，即十进制数每一位上的数码与对应的 8421 码进行转换，例如：

$$(176)_{10}=(0001\ 0111\ 0110)_{8421}$$

$$(0100\ 0000\ 0011\ 1000)_{8421}=(4038)_{10}$$

2．2421 码

2421 码也是一种有权码，对应 W_3 ～ W_0 的权依次为 2、4、2、1。2421 码不具备单值性，为了与十进制数码一一对应，2421 码不允许出现 0101 ～ 1010 的 6 种编码。

2421 码的特点是，将任意一个十进制数码 D 的 2421 码各位取反，所得到的 2421 码正好是 D 对 9 的补码，这种特性的代码称为对 9 的自补代码。例如，4 对 9 的补数是 5，将 4 的 2421 码 0100 按位变反，便可得到 5 的 2421 码 1011。具有这一特征的 BCD 码可给运算带来方便，因为直接对 BCD 码进行运算时可利用其对 9 的补数将减法运算转换为加法运算。

2421 码与十进制数之间的转换是按位进行的，例如：

$$(319)_{10}=(0011\ 0001\ 1111)_{2421}$$

$$(1011\ 1101\ 0010\ 1100)_{2421}=(5726)_{10}$$

3．5421 码

5421 码也是一种有权码，对应 W_3 ～ W_0 的权依次为 5、4、2、1，不允许出现 0101、0110、0111、1101、1110、1111 这 6 种编码。

4．余 3 码

余 3 码是一种无权码，每一位没有固定的权值。余 3 码的每个编码比相应 8421 码多 3（0011），故称为余 3 码。同样地，余 3 码中也有 6 种编码 0000、0001、0010、1101、1110 和 1111 是不允许出现的。

余 3 码与 2421 码类似，也是一种对 9 的自补代码，因而可给运算带来方便。在两个余 3 码表示的十进制数相加时，能正确产生进位，但对“和”必须修正。修正的方法：如果有进位，则结果加 3；如果无进位，则结果减 3。

余 3 码与十进制数之间的转换也是按位进行的。需要注意的是，每位十进制数的编码都应是余 3 码，而不是只有十进制的个位是余 3 码。例如：

$$(536)_{10}=(1000\ 0110\ 1001)_{\text{余3码}}$$

$$(1010\ 0101\ 0111\ 1100)_{余3码}=(7249)_{10}$$

1.4.2 可靠性编码

编码在形成和传输过程中都难免会发生错误。为了使编码本身具有某种特征或能力，尽可能减少错误的发生，或者出错后容易被发现，甚至在检查出错误的码位后能予以纠正，可以采用可靠性编码。这里主要介绍常用的可靠性编码：格雷码和奇偶校验码。

1. 格雷码

格雷码（Gray Code）是一种无权码，其特点是任意两个相邻数的格雷码之间只有1位不相同，其余各位都相同，并且0和最大数（2^n-1）对应的格雷码也只有1位不相同。显然，格雷码是一种循环码。表1.4给出了与4位二进制码对应的典型格雷码。

表1.4 与4位二进制码对应的典型格雷码

十进制数	二进制码	典型格雷码	十进制数	二进制码	典型格雷码
0	0000	0000	8	1000	1100
1	0001	0001	9	1001	1101
2	0010	0011	10	1010	1111
3	0011	0010	11	1011	1110
4	0100	0110	12	1100	1010
5	0101	0111	13	1101	1011
6	0110	0101	14	1110	1001
7	0111	0100	15	1111	1000

在数字系统中，数字0或1是用电子器件的不同状态来表示的。当计数电路按照普通二进制码计数时，电路每次状态的变化可能会引起编码的若干位发生变化。例如，用4位二进制数表示的十进制数由7变为8时，4位编码都会发生变化，即由0111变为1000。但是，由于电子器件和导线的原因，4位编码不可能同时变化，总是有先有后，这样便会产生短暂的错误编码，这种错误的编码有时会干扰数字系统的正常工作。而如果按照格雷码计数就不会出现这样的问题。

格雷码可以通过二进制码转换得到。设二进制码 $B=B_nB_{n-1}\cdots B_1B_0$，对应格雷码为 $G=G_nG_{n-1}\cdots G_1G_0$，则有

$$G_n = B_n \qquad G_i = B_{i+1} \oplus B_i \quad i \neq n \tag{1-4}$$

$$B_n = G_n \qquad B_i = B_{i+1} \oplus G_i \quad i \neq n \tag{1-5}$$

其中，运算符“$\oplus$”为异或运算符，其运算规则：当两个二进制码均为0或者1时，结果为0；当两个二进制码一个为0，而另一个为1时，结果为1。

例1.11 求二进制码11001011对应的格雷码。

解：按照式（1-4）求格雷码。

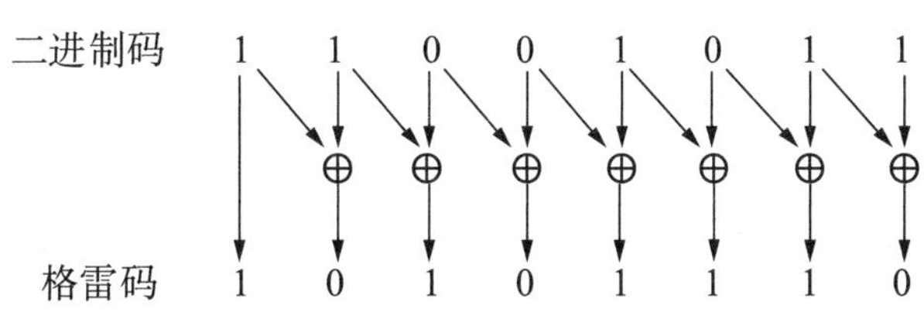

所以有 $(11001011)_2=(10101110)_{gray}$。

例 1.12　求格雷码 10011011 对应的二进制码。

解：按照式（1-5）求二进制码。

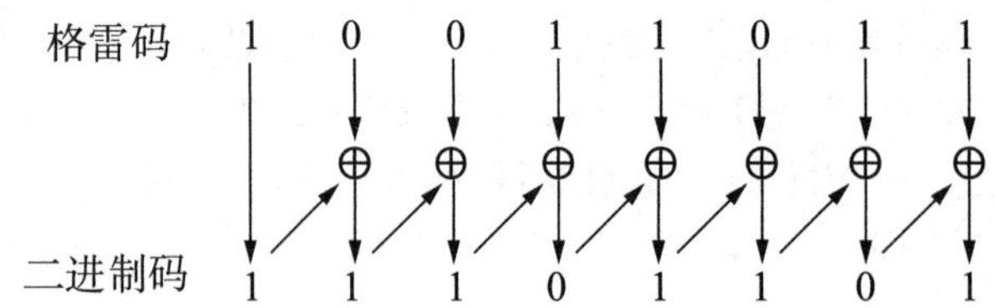

所以有 $(10011011)_{gray}=(11101101)_2$。

2. 奇偶检验码

信息的正确性对于数字系统而言有着极其重要的作用。但是二进制信息在传输过程中常常由于随机的干扰而发生错误，因此需要在代码传输过程中能够进行某种校验以判断是否发生了错误。奇偶检验码（Parity Check Code）是一种具有检错能力的代码。

奇偶检验码由以下两个部分组成：一是信息位，即需要传递的源代码；二是奇偶检验位，它仅有一位。奇偶检验位的编码方式有两种：一种是使信息位和检验位中“1”的个数为奇数，称为**奇检验**；另一种是使信息位和检验位中“1”的个数为偶数，称为**偶检验**。例如，二进制代码 1101100，采用奇检验的检验位应为 1，而采用偶检验的检验位应为 0。表 1.5 列出了与 8421 码对应的奇偶检验码。

表 1.5　8421 码对应的奇偶检验码

十进制数	信息码	奇检验码	偶检验码
0	0000	10000	00000
1	0001	00001	10001
2	0010	00010	10010
3	0011	10011	00011
4	0100	00100	10100
5	0101	10101	00101
6	0110	10110	00110
7	0111	00111	10111
8	1000	01000	11000
9	1001	11001	01001

采用奇偶检验码进行错误检测时，可以通过检查接收到的代码中含有“1”数量的奇偶性来判断代码的合法性。但是，判断代码出错后并不能确定是代码的哪一位出错，也就无法纠正，因此奇偶检验码只能检错，不能纠错。此外，奇偶检验码只能发现单错，不能发现双错，如果传输的代码恰好有偶数位出错是无法检测出来的。所以奇偶检验码适用于信号出错率较低，而且出现成对错误概率非常低的场合。

1.4.3　ASCII 码

除了数字数据外，数字系统还需要处理一些非数字信息，如字母、运算符号、标点符号及其他特殊符号等，人们将这些符号统称为字符。所有字符在数字系统中必须用二进制编码表示，通常将其称为字符编码（Alphanumeric Code）。

最常用的字符编码是美国信息交换标准码（American Standard Code for Information Interchange，ASCII 码）。ASCII 码是 7 位码，能够表示 2^7=128 种字符，用来表示所有的大写和小写字母、数字 0 ～ 9、标点符号，以及美式英语中使用的特殊控制字符。ASCII 码的编码规则如表 1.6 所示。

表 1.6　7 位 ASCII 码编码表

低4位代码（$a_3a_2a_1a_0$）	高3位代码（$a_6a_5a_4$）							
	000	001	010	011	100	101	110	111
0000	NUL	DLE	SP	0	@	P	`	p
0001	SOH	DC1	!	1	A	Q	a	q
0010	STX	DC2	"	2	B	R	b	r
0011	ETX	DC3	#	3	C	S	c	s
0100	EOT	DC4	$	4	D	T	d	t
0101	ENQ	NAK	%	5	E	U	e	u
0110	ACK	SYN	&	6	F	V	f	v
0111	BEL	ETB	‘	7	G	W	g	w
1000	BS	CAN	(	8	H	X	h	x
1001	HT	EM	)	9	I	Y	i	y
1010	LF	SUB	*	:	J	Z	j	z
1011	VT	ESC	+	;	K	[	k	{
1100	FF	FS	,	<	L	\	l	|
1101	CR	GS	-	=	M	]	m	}
1110	SO	RS	.	>	N	∧	n	～
1111	SI	US	/	?	O	–	o	DEL

注：

NUL	空白	SOH	序始	STX	文始	ETX	文终	EOT	送毕	ENQ	询问
ACK	承认	BEL	告警	BS	退格	HT	横表	LF	换行	VT	纵表
FF	换页	CR	回车	SO	移出	SI	移入	DLE	转义	DC1	机控 1
DC2	机控 2	DC3	机控 3	DC4	机控 4	NAK	否认	SYN	同步	ETB	组终
CAN	作废	EM	载终	SUB	取代	ESC	扩展	FS	卷隙、	GS	群隙
RS	录隙	US	元隙	SP	间隔	DEL	抹掉				

习题1

1.1 把下列不同进制数写成按权展开形式。

（1）$(2935.148)_{10}$　（2）$(101001.1001)_2$　（3）$(725.341)_8$　（4）$(A79.B43)_{16}$

1.2 将下列十进制数转换成二进制数、八进制数和十六进制数（取小数点后 4 位）。

（1）$(213)_{10}$　（2）$(47.75)_{10}$　（3）$(3.625)_{10}$　（4）$(52.168)_{10}$

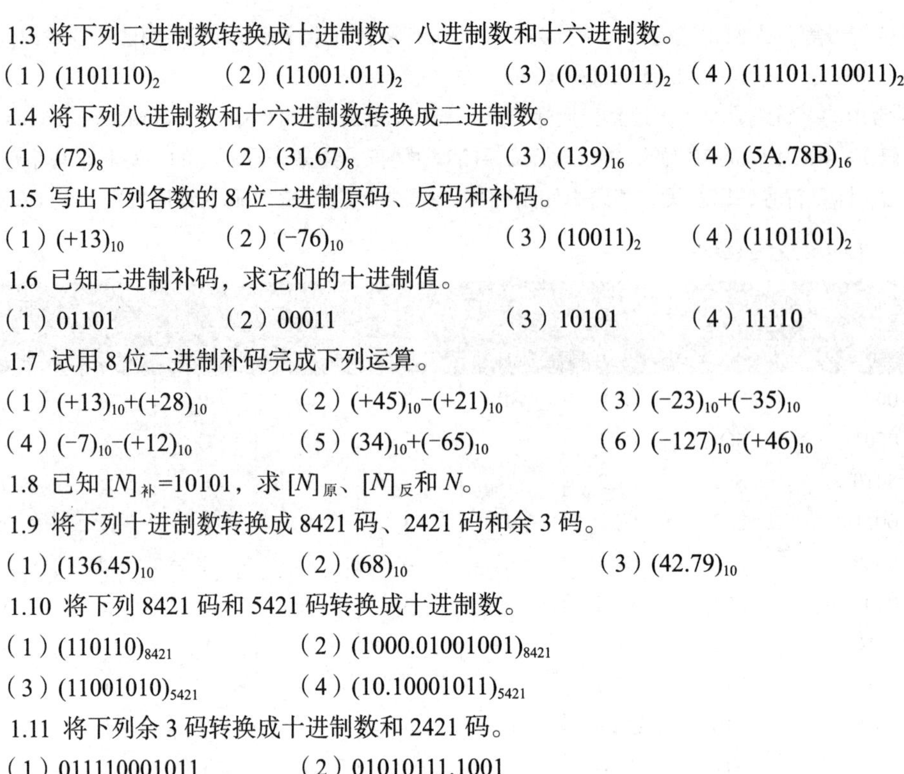

1.3 将下列二进制数转换成十进制数、八进制数和十六进制数。

（1）$(1101110)_2$　（2）$(11001.011)_2$　（3）$(0.101011)_2$　（4）$(11101.110011)_2$

1.4 将下列八进制数和十六进制数转换成二进制数。

（1）$(72)_8$　（2）$(31.67)_8$　（3）$(139)_{16}$　（4）$(5A.78B)_{16}$

1.5 写出下列各数的 8 位二进制原码、反码和补码。

（1）$(+13)_{10}$　（2）$(-76)_{10}$　（3）$(10011)_2$　（4）$(1101101)_2$

1.6 已知二进制补码，求它们的十进制值。

（1）01101　（2）00011　（3）10101　（4）11110

1.7 试用 8 位二进制补码完成下列运算。

（1）$(+13)_{10}+(+28)_{10}$　（2）$(+45)_{10}-(+21)_{10}$　（3）$(-23)_{10}+(-35)_{10}$

（4）$(-7)_{10}-(+12)_{10}$　（5）$(34)_{10}+(-65)_{10}$　（6）$(-127)_{10}-(+46)_{10}$

1.8 已知 $[N]_{补}$=10101，求 $[N]_{原}$、$[N]_{反}$和 N。

1.9 将下列十进制数转换成 8421 码、2421 码和余 3 码。

（1）$(136.45)_{10}$　（2）$(68)_{10}$　（3）$(42.79)_{10}$

1.10 将下列 8421 码和 5421 码转换成十进制数。

（1）$(110110)_{8421}$　（2）$(1000.01001001)_{8421}$

（3）$(11001010)_{5421}$　（4）$(10.10001011)_{5421}$

1.11 将下列余 3 码转换成十进制数和 2421 码。

（1）011110001011　（2）01010111.1001

1.12 试用 8421 码和格雷码分别表示下列各数。

（1）$(1010010)_2$　（2）$(1101101)_2$

第2章 逻辑代数基础

在客观世界中，事物的发展变化通常都有一定的因果关系，我们一般把这种因果关系称为逻辑关系。逻辑代数就是研究事物的因果关系所遵循规律的一门应用数学，其运算方法常被用来分析和设计数字电路。

本章将从实用的角度介绍逻辑代数的基本概念、基本定理和规则、逻辑函数的表示形式及逻辑函数的化简。

2.1 逻辑代数概述

逻辑代数是从哲学领域中的逻辑学发展而来的。1847 年英国数学家乔治·布尔（George Boole）首先提出了描述客观事物逻辑关系的数学方法——布尔代数。1938 年克劳德·香农（Claude E. Shannon）将布尔代数应用到继电器开关电路的设计，提出了“开关代数”。随着数字技术的发展，布尔代数成为数字电路分析和设计的基础，因此又称为逻辑代数。

逻辑代数 L 是一个封闭的代数系统，它由一个逻辑变量集 K、常量“0”和“1”，以及“或”“与”“非”3 种基本运算构成，记为 $L=\{K,+,\cdot,^{-},0,1\}$。

逻辑代数和普通代数一样，也是用字母 A、B、C……表示变量，逻辑关系常用逻辑函数来描述。所不同的是，在普通代数中，变量的取值可以是任意实数，而逻辑代数是一种二值代数系统，即任何逻辑变量只能取值“0”或“1”。逻辑值“0”和“1”不再像普通代数中那样具有数量大小的意义，而是用来表现矛盾的双方和判断事件真伪的形式符号，无大小、正负之分，如开关的接通与断开、电压的高与低、信号的有与无、晶体管的导通与截止等。这种只有两种对立逻辑状态的逻辑关系，称为二值逻辑。至于在某个具体问题上，“1”或“0”究竟具有什么样的含义，则应视具体研究的对象而定。

逻辑代数是数字系统逻辑设计的数学工具。无论何种形式的数字系统都是由一些基本的逻辑电路所组成的。为了解决数字系统分析和设计中的各种具体问题，我们必须掌握逻辑代数这一重要数学工具。

2.2 逻辑运算

2.2.1 基本逻辑运算

要描述一个数字系统，仅用逻辑变量的取值来反映单个开关元件的两种状态是不够的，还必须反映一个复杂系统中各开关元件之间的逻辑关系，这种逻辑关系反映到数学上就是逻辑运算。逻辑代数是用来处理逻辑运算的代数。逻辑代数中定义了“或”“与”“非”3 种基本运算。

1. 或运算

在逻辑问题的描述中，如果决定某一事件发生的多个条件中，只要有一个或一个以上条件成立，事件便可发生，则称这种因果关系为或逻辑关系。在逻辑代数中，或逻辑关系用或运算描述。或运算又称逻辑加（Logic Addition），其运算符号为“+”，有时也用“∨”表示。两变量或运算的关系可表示为

$$F=A+B \text{ 或者 } F=A\vee B$$

读作“F 等于 A 或 B”。这里，A、B 是参加逻辑运算的两个变量，F 表示运算结果。或逻辑关系可用表 2.1 来描述。

表 2.1　或运算表

A	*B*	*F*
0	0	0
0	1	1
1	0	1
1	1	1

或运算的逻辑功能：A、B 中只要有一个为 1，则 F 为 1；仅当 A、B 均为 0 时，F 为 0。

在图 2.1 所示的电路中，开关 A 和 B 并联控制灯 F。当开关 A、B 中有一个闭合或者两个均闭合时，灯 F 亮；开关 A、B 均断开时，灯 F 熄灭。假定开关断开用 0 表示，开关闭合用 1 表示，灯灭用 0 表示，灯亮用 1 表示，则灯 F 与开关 A、B 的关系即为或逻辑关系。

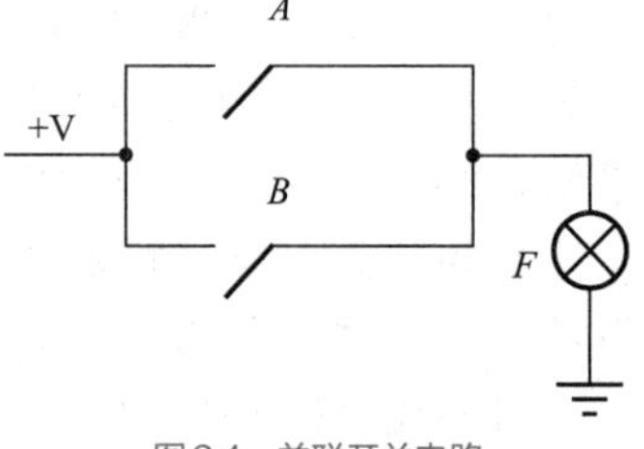

图 2.1　并联开关电路

或运算的运算法则为

$0+0=0$　　　$1+0=1$　　　$0+1=1$　　　$1+1=1$

在数字系统中，实现或运算关系的逻辑电路称为或门。

2. 与运算

在逻辑问题中，如果决定某一事件发生的多个条件必须同时具备，事件才能发生，则称这种因果关系为与逻辑。在逻辑代数中，与逻辑关系用与运算描述。与运算又称为逻辑乘（Logic Multiplication），其运算符号为“·”，有时也用“∧”表示。两变量与运算关系可表示为

$$F=A\cdot B \text{ 或者 } F=A\wedge B$$

读作“F 等于 A 与 B”。与逻辑关系可用表 2.2 来描述。

表 2.2　与运算表

A	B	F
0	0	0
0	1	0
1	0	0
1	1	1

与运算的逻辑功能：若 A、B 均为 1，则 F 为 1，否则，F 为 0。

在图 2.2 所示的电路中，两个开关串联控制同一个灯。显然，仅当两个开关均闭合时，灯才能亮，否则，灯灭。假定开关闭合状态用 1 表示，开关断开状态用 0 表示，灯亮用 1 表示，灯灭用 0 表示，则电路中灯 F 和开关 A、B 之间的关系即为与运算关系。

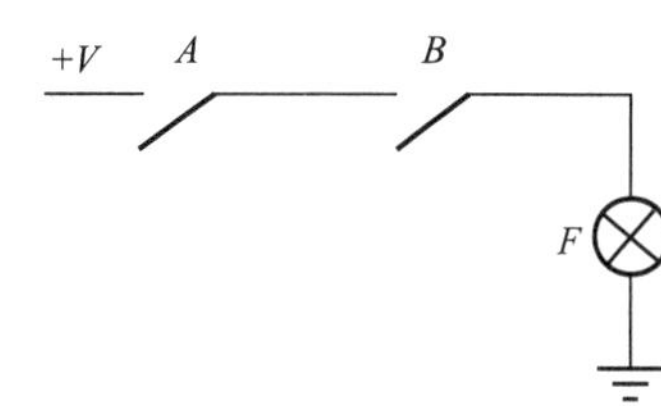

图2.2　串联开关电路

与运算的运算法则为

$0 \cdot 0=0$　　$1 \cdot 0=0$　　$0 \cdot 1=0$　　$1 \cdot 1=1$

在数字系统中，实现与运算关系的逻辑电路称为与门。

3. 非运算

在逻辑问题中，如果某一事件的发生取决于条件的否定，即事件与事件发生的条件之间构成矛盾，则称这种因果关系为非逻辑。在逻辑代数中，非逻辑用非运算描述。非运算也称求反运算或者逻辑否定（Logic Negation）。其运算符号为“－”，有时也用“¬”表示。非运算的逻辑关系可表示为

$$F=\overline{A} \text{ 或者 } F=\neg A$$

读作“F 等于 A 非”。该逻辑关系可用表 2.3 描述。

表 2.3　非运算表

A	F
0	1
1	0

非运算的逻辑功能：若 A 为 0，则 F 为 1；若 A 为 1，则 F 为 0。

在图 2.3 所示的电路中，开关与灯并联。仅当开关断开时，灯亮；一旦开关闭合，则灯灭。令开关断开用 0 表示，开关闭合用 1 表示，灯亮用 1 表示，灯灭用 0 表示，则电路中灯 F 与开关 A 的关系即为非运算关系。

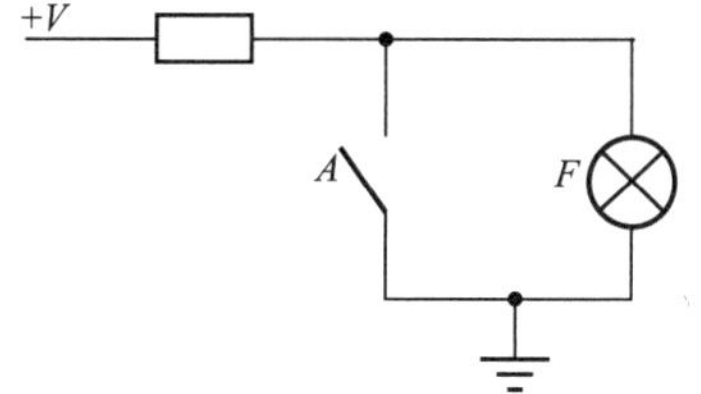

图2.3　开关与灯并联电路

非运算的运算法则为

$$\overline{0}=1 \quad \overline{1}=0$$

在数字系统中，实现非运算功能的逻辑电路称为非门，有时又称为反相器。

上面介绍的或、与、非 3 种逻辑运算是逻辑代数中最基本的逻辑运算，由这些基本逻辑运算可以组成各种复杂的逻辑关系。

2.2.2 复合逻辑关系

尽管由实现与、或、非 3 种基本逻辑运算的与门、或门、非门可以实现各种复杂的逻辑功能，但实际应用中更广泛采用的是与非门、或非门、与或非门、异或门等逻辑功能更强、性能更优越的逻辑门。这些逻辑门输出和输入之间的逻辑关系可由 3 种基本运算构成的复合运算来描述，通常将这种逻辑关系称为**复合逻辑关系**，相应的逻辑门则称为**复合门**。

1. 与非逻辑

与非逻辑是由与、非两个逻辑复合形成的，可用逻辑函数表示为

$$F = \overline{A \cdot B \cdot C \cdot \cdots}$$

其逻辑功能：只要变量 A、B、C……中有一个为 0，则函数 F 为 1；仅当变量 A、B、C……全部为 1 时，函数 F 为 0。

实现与非逻辑的逻辑门称为与非门。

2. 或非逻辑

或非逻辑是由或、非两个逻辑复合形成的，可用逻辑函数表示为

$$F = \overline{A + B + C + \cdots}$$

其逻辑功能：只要变量 A、B、C……中有一个为 1，则函数 F 为 0；仅当变量 A、B、C……全部为 0 时，函数 F 为 1。

实现或非逻辑的逻辑门称为或非门。

3. 与或非逻辑

与或非逻辑是由 3 种基本逻辑复合形成的，其逻辑函数表达式的形式为

$$F = \overline{A \cdot B + C \cdot D + \cdots}$$

其逻辑功能：仅当每一个与项均为 0 时，才能使 F 为 1，否则 F 为 0。

实现与或非逻辑的逻辑门称为与或非门。

4. 异或逻辑

异或逻辑是一个二变量逻辑关系，可用逻辑函数表示为

$$F = A \oplus B = \overline{A} \cdot B + A \cdot \overline{B}$$

其中，“$\oplus$”是异或运算的运算符。

异或逻辑的功能：变量 A、B 取值相同，则 F 为 0；变量 A、B 取值相异，则 F 为 1。

实现异或逻辑的逻辑门称为异或门。

异或逻辑具有以下特性。

特性 1 $A \oplus 0 = A$，$A \oplus 1 = \overline{A}$。

特性 2 $A \oplus A = 0$，$A \oplus \overline{A} = 1$。

特性 3 在进行异或运算的多个变量中，若有奇数个变量的值为 1，则运算结果为 1；若有偶数个变量的值为 1，则运算结果为 0。

特性 4 $A\oplus B=C$，则 $A\oplus C=B$，$B\oplus C=A$。

特性 5 $A\oplus B=B\oplus A$。

特性 6 $A\oplus B\oplus C=A\oplus(B\oplus C)$。

特性 7 $A\cdot(B\oplus C)=(A\cdot B)\oplus(A\cdot C)$。

特性 8 $\overline{A\oplus B\oplus C}=A\oplus\bar{B}\oplus C=\overline{A\oplus B}\oplus C=A\oplus B\oplus\bar{C}$。

当多个变量进行异或运算时，可用两两运算的结果再运算，也可两两依次运算。例如：

$$F=A\oplus B\oplus C\oplus D=(A\oplus B)\oplus(C\oplus D)=((A\oplus B)\oplus C)\oplus D$$

5. 同或逻辑

同或逻辑也是一个二变量逻辑关系，其逻辑函数表达式为

$$F=A\odot B=AB+\bar{A}\bar{B}$$

其中，“⊙”为同或运算的运算符。

同或逻辑的功能：当变量 A、B 取值相同时，则 F 为 1；当变量 A、B 取值不同时，则 F 为 0。

实现同或逻辑的逻辑门称为同或门。

当多个变量进行同或运算时，若有奇数个变量的值为 0，则运算结果为 0；反之，若有偶数个变量的值为 0，则运算结果为 1。

由于同或实际上是异或之非，因此实际应用中通常用异或门加非门实现同或运算。

2.2.3 逻辑运算的逻辑符号及优先级别

常用逻辑运算的逻辑符号对照表如表 2.4 所示。

表 2.4 常用逻辑运算的逻辑符号对照表

逻辑运算	类型	逻辑表达式	国标符号	国外符号	惯用符号
或运算	或门	$F=A+B$	≥1		+
与运算	与门	$F=A\cdot B$	&		
非运算	非门	$F=\bar{A}$	1		
与非运算	与非门	$F=\overline{A\cdot B\cdot C\cdots}$	&		
或非运算	或非门	$F=\overline{A+B+C+\cdots}$	≥1		+
与或非运算	与或非门	$F=\overline{A\cdot B+C\cdot D+\cdots}$	& ≥1		& ≥1
异或运算	异或门	$F=A\oplus B$	=1		⊕
同或运算	同或门	$F=A\odot B$	=		⊙

逻辑运算的优先顺序如下。

（1）在 3 种基本逻辑运算中，非运算优先级别最高，次之是与运算，或运算优先级别最低。

（2）在一般情况下，优先级别最高的是括号和长非号，其次是与运算，再次异或、同或运算，优先级别最低的是或运算。

2.2.4　正逻辑和负逻辑

如前所述，逻辑代数是一种二值代数系统，即任何逻辑变量只能取值“0”或“1”，而逻辑值“0”和“1”只是用来表现矛盾的双方和判断事件真伪的形式符号，无大小、正负之分。因此，在图 2.1 所示的电路中，开关 A 和开关 B 并联控制灯 F 时，其逻辑关系如表 2.5 所示。

假定开关断开用 0 表示，开关闭合用 1 表示，灯灭用 0 表示，灯亮用 1 表示，则灯 F 与开关 A、B 的关系即为或逻辑关系，其真值表如表 2.6 所示。

而假定开关断开用 1 表示，开关闭合用 0 表示，灯灭用 1 表示，灯亮用 0 表示时，灯 F 与开关 A、B 的关系即为与逻辑关系，其真值表如表 2.7 所示。

表 2.5　开关 A、B 并联控制灯下逻辑关系

输入		输出
A	B	F
断开	断开	灭
断开	闭合	亮
闭合	断开	亮
闭合	闭合	亮

表 2.6　或逻辑关系真值表

输入		输出
A	B	F
0	0	0
0	1	1
1	0	1
1	1	1

表 2.7　与逻辑关系真值表

输入		输出
A	B	F
1	1	1
1	0	0
0	1	0
0	0	0

由此可见，对于同一电路，不同的规定并不涉及逻辑电路本身的结构与性能好坏，但不同的规定可使同一电路具有不同的逻辑功能。同样，前面介绍各种逻辑门电路时，约定用逻辑 1 表示高电平、逻辑 0 表示低电平来讨论其逻辑功能。事实上，也可以规定用逻辑 0 表示高电平，逻辑 1 表示低电平。通常，把用逻辑 1 表示高电平、用逻辑 0 表示低电平的规定称为正逻辑。反之，把用逻辑 0 表示高电平、用逻辑 1 表示低电平的规定称为负逻辑。

正逻辑的各种门电路与负逻辑的各种门电路具有一定的等价关系，例如，正逻辑与门等价于负逻辑或门。这种逻辑关系可以用反演规则进行证明。

假定一个正逻辑与门的输出为 F，输入为 A、B，则有

$$F = A \cdot B$$

根据反演规则，可得

$$\overline{F} = \overline{A \cdot B} = \overline{A} + \overline{B}$$

即将一个逻辑门的输出和所有输入都反相，则正逻辑变为负逻辑。据此，可将正逻辑门转换为负逻辑门。几种常用逻辑门的正、负逻辑符号变换如图 2.4 所示。

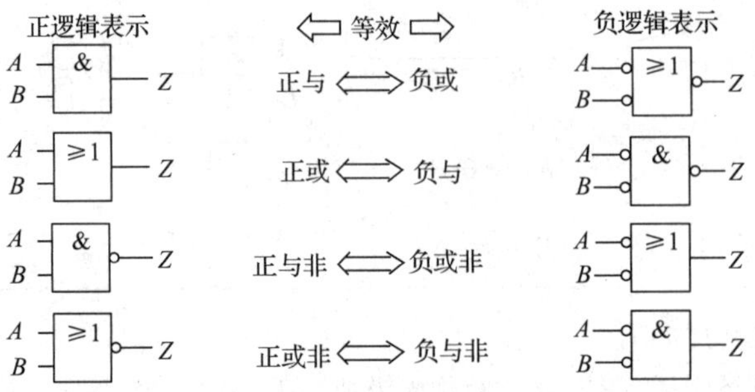

图 2.4　正逻辑门变换成等效负逻辑

前面讨论各种逻辑门电路时，都是按照正逻辑规定来定义其逻辑功能的。在本书中，若无特殊说明，则约定按正逻辑讨论问题，所有门电路的符号均按正逻辑表示。

还需要说明一下，逻辑高、低电平的具体大小并不是唯一数值，而是可以相互区别开的电压范围。逻辑高电平和逻辑低电平的差值称为逻辑摆幅。逻辑摆幅越大，则意味着“真（1）”和“假（0）”的区别越明显，电路工作时越不容易出现逻辑混乱，可靠性越高。

2.3　逻辑代数的基本定理、常用公式和规则

逻辑代数和普通代数一样，作为一个完整的代数系统，它具有用于运算的一些基本定理、常用公式和规则。本节将对逻辑代数的一些基本定理、常用公式和规则进行介绍。

2.3.1　基本定理

根据逻辑代数的运算法则，可以推导出逻辑代数的基本定理（见表 2.8）。

表 2.8　逻辑代数的基本定理

名称	公式a	公式b	说明
0—1 律	$A+0=A$	$A\cdot 1=A$	变量与常量的关系
	$A+1=1$	$A\cdot 0=0$	
交换律	$A+B=B+A$	$A\cdot B=B\cdot A$	与普通代数相似的定理
结合律	$(A+B)+C=A+(B+C)$	$(A\cdot B)\cdot C=A\cdot(B\cdot C)$	
分配律	$A+(B\cdot C)=(A+B)\cdot(A+C)$	$A\cdot(B+C)=A\cdot B+A\cdot C$	
互补律	$A+\overline{A}=1$	$A\cdot\overline{A}=0$	逻辑代数独有的定理
重叠律	$A+A=A$	$A\cdot A=A$	
反演律（德•摩根定理）	$\overline{A+B}=\overline{A}\cdot\overline{B}$	$\overline{A\cdot B}=\overline{A}+\overline{B}$	
还原律	$\overline{\overline{A}}=A$		

2.3.2　常用公式

根据表 2.8 所示的基本公式，可以推出其他一些常用的公式，它们在逻辑函数的代数化简法中经常用到。由于每条定理的逻辑表达式是成对出现的，因此由定理推导出来的常用公式的逻辑表达式也是成对出现的。下面只对常用公式中的一个表达式加以证明，另一个留给读者自己证明。

公式 1　$A+A\cdot B=A$，$A\cdot(A+B)=A$。

证明：$A+A\cdot B=A\cdot 1+A\cdot B$

$=A\cdot(1+B)$

$=A\cdot 1$

$=A$

公式 2　$A+\overline{A}\cdot B=A+B$，$A\cdot(\overline{A}+B)=A\cdot B$。

证明：$A+\overline{A}\cdot B=(A+\overline{A})\cdot(A+B)$

$=1\cdot(A+B)$

$=A+B$

公式 3 $A\cdot B+A\cdot\overline{B}=A$，$(A+B)\cdot(A+\overline{B})=A$。

证明：$A\cdot B+A\cdot\overline{B}=A\cdot(B+\overline{B})$

$$=A\cdot 1$$

$$=A$$

公式 4 $A\cdot B+\overline{A}\cdot C+B\cdot C=A\cdot B+\overline{A}\cdot C$，

$(A+B)\cdot(\overline{A}+C)\cdot(B+C)=(A+B)\cdot(\overline{A}+C)$。

证明：$A\cdot B+\overline{A}\cdot C+B\cdot C=A\cdot B+\overline{A}\cdot C+B\cdot C\cdot(A+\overline{A})$

$$=A\cdot B+\overline{A}\cdot C+A\cdot B\cdot C+\overline{A}\cdot B\cdot C$$

$$=A\cdot B\cdot(1+C)+(1+B)\cdot\overline{A}\cdot C$$

$$=A\cdot B\cdot 1+1\cdot\overline{A}\cdot C$$

$$=A\cdot B+\overline{A}\cdot C$$

公式 5 $A+\overline{A+B}=A+\overline{B}$，$A\cdot\overline{A\cdot B}=A\cdot\overline{B}$。

证明：$A+\overline{A+B}=A+\overline{A}\cdot\overline{B}$

$$=A+\overline{B}$$

2.3.3 重要规则

逻辑代数有 3 条重要规则：代入规则、反演规则和对偶规则。运用这些规则可将原有定理和公式加以扩展，从而推出一些新的运算公式。

1. 代入规则

任何一个含有变量 A 的逻辑等式如果将所有出现 A 的位置都代之以同一个逻辑函数 F，则等式仍然成立。这个规则称为**代入规则**。

因为任何逻辑函数都与逻辑变量一样，只有“0”和“1”两种可能，所以代入后的等式仍然成立。

利用代入规则可将表 2.8 中的基本定理及常用公式推广为多变量的形式。例如，对于德 · 摩根定理，若等式中的 B 用 $(B+C)$ 代替，可得

$$\overline{A+B+C}=\overline{A}\cdot\overline{B+C}=\overline{A}\cdot\overline{B}\cdot\overline{C}$$

此外，利用代入规则可以将逻辑代数定理中的变量用任意函数代替，从而推导出更多的等式。这些等式可直接当作公式使用，无须另加证明。

例如，将互补律中的变量 A 用逻辑函数 $F=f(A_1, A_2,\cdots, A_n)$ 代替，便可得到等式为

$$f\left(A_1,A_2,\cdots,A_n\right)+\overline{f}\left(A_1,A_2,\cdots,A_n\right)=1$$

即一个函数和其反函数进行或运算，其结果为 1。

需要注意的是，使用代入规则时，必须将等式中所有出现同一变量的地方均以同一函数代替，否则代入后的等式将不成立。

2. 反演规则

如果将逻辑函数 F 表达式中所有的“·”变成“+”，将“+”变成“·”，将“0”变成“1”，将“1”变成“0”，原变量变成反变量，反变量变成原变量，并保持原函数中的运算顺序不变，则所得到的新函数为原函数 F 的反函数 $\overline{F}$。这一规则称为**反演规则**。

反演规则实际上是德 · 摩根定理的推广，其可通过德 · 摩根定理和代入规则得到证明，所以德 · 摩根定理又称为反演律。

使用反演规则时，应注意保持原函数式中运算顺序不变。

例如，已知函数 $F = A\cdot\overline{B} + \overline{A}\cdot B$，根据反演规则，可得到

$$\overline{F} = (\overline{A}+B)\cdot(A+\overline{B})$$

而不应该是

$$\overline{F} = \overline{A}+B\cdot A+\overline{B}$$

因为

$$F = A\cdot\overline{B} + \overline{A}\cdot B = A\oplus B$$

对其反函数进行进一步变换，可得

$$\overline{F} = (\overline{A}+B)\cdot(A+\overline{B}) = \overline{A}\cdot\overline{B} + A\cdot B = A\odot B$$

所以可以得到，同或逻辑与异或逻辑互为相反。

3. 对偶规则

如果将逻辑函数 F 表达式中所有的“·”变成“+”，将“+”变成“·”，将“0”变成“1”，将“1”变成“0”，并保持原函数中的运算顺序不变，则所得到的新逻辑表达式称为函数 F 的对偶式，并记作 F'。

例如：

$$F = \overline{A}(B+C)$$

则

$$F' = \overline{A}+B\cdot C$$

如果 F 的对偶式是 F'，则 F' 的对偶式就是 F，F 和 F' 互为对偶式。

如果逻辑函数表达式的对偶式就是原函数表达式本身，即 $F'=F$，称函数 F 为自对偶函数。

例如，函数 $F=A$，其对偶式为 $F'=A$，$F'=F$，故函数 F 是自对偶函数。

若两个逻辑函数表达式 $F(A,B,C,\cdots)$ 和 $G(A,B,C,\cdots)$ 相等，则其对偶式 $F'(A,B,C,\cdots)$ 和 $G'(A,B,C,\cdots)$ 也相等。这一规则称为**对偶规则**。

同样，在求某一逻辑表达式的对偶式时，也要注意保持原函数的运算顺序不变。

例如，对于公式 4：$A\cdot B+\overline{A}\cdot C+B\cdot C = A\cdot B+\overline{A}\cdot C$，等式两端表达式的对偶式也相等，即有

$$(A+B)\cdot(\overline{A}+C)\cdot(B+C) = (A+B)\cdot(\overline{A}+C)$$

此外，因为

$$\left(A\oplus B\right)' = \left(\overline{A}B + A\overline{B}\right)' = \left(\overline{A}+B\right)\left(A+\overline{B}\right) = \overline{A}\overline{B}+AB = A\odot B$$

所以同或逻辑与异或逻辑互为对偶。

利用对偶式规则可以将定理、公式的证明减少一半。

2.4 逻辑函数

2.4.1 逻辑函数概述

在实际逻辑问题中，其逻辑关系远比基本逻辑运算复杂。各种复杂的逻辑关系常用逻辑函数来描述。逻辑函数是反映逻辑系统各变量之间逻辑关系的数学表达式，是从生活和生产实践中抽象出来的，但是只有那些能明确回答“是”或“否”的事物，才能定义为逻辑函数。

1. 逻辑函数的定义

从数字系统研究的角度来看，逻辑函数的定义可叙述如下。

设某一逻辑电路的输入逻辑变量为 $A_1, A_2,\cdots, A_n$，输出逻辑变量为 F，如图 2.5 所示，如果 F 的值和输入 $A_1, A_2, \cdots, A_n$ 的取值组合具有一一对应的关系，则称 F 为 $A_1, A_2,\cdots, A_n$ 的逻辑函数，记为

$$F = f(A_1, A_2,\cdots, A_n)$$

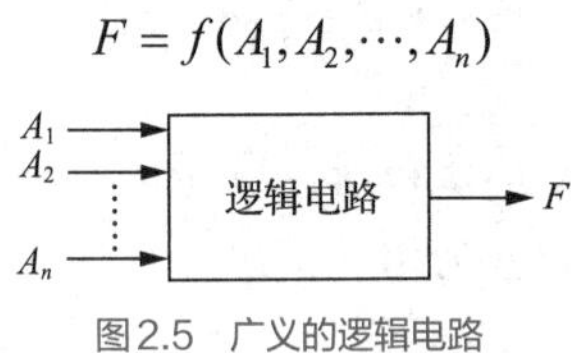

图2.5　广义的逻辑电路

与普通代数中函数的概念相比，逻辑函数有以下两个突出的特点。

（1）逻辑变量和逻辑函数的取值只有 0 和 1 两种可能。

（2）函数和变量之间的关系是由或、与、非 3 种基本运算决定的。

如果一个 n 输入、1 输出的逻辑函数在 2^n 种输入取值组合下，输出的取值都是明确的，该逻辑函数称为**完全描述的逻辑函数**。在某些实际问题中，常常由于输入变量之间存在的相互制约或问题的某种特殊限定等，使得输入变量的某些取值组合根本不会出现，或者虽然可能出现，但在这些输入取值组合下，输出函数的值为 1 还是为 0 都不影响逻辑电路的功能，通常把这类问题称为**包含无关条件的逻辑问题**，也称为**非完全描述的逻辑函数**，不会出现或者不影响逻辑功能的取值组合称为该逻辑函数的**无关项**或**任意项**，输入变量之间存在的相互制约或问题的某种特殊限定称为逻辑函数的约束条件。除了可以用语言描述约束条件外，还可以用逻辑表达式描述，该逻辑表达式称为逻辑函数的**约束方程**。

相对某一具体的逻辑电路而言，逻辑函数的取值是由逻辑变量的取值和电路本身的结构决定的。在逻辑电路和逻辑函数之间存在着严格的对应关系，任何一个逻辑电路的全部属性和功能都可由相应的逻辑函数完全描述，这样便使我们能够将一个具体的逻辑电路转换为抽象的代数表达式，从而很方便地对它加以分析研究。

2. 逻辑函数的表示法

描述逻辑函数的方法并不是唯一的，常用的方法有逻辑表达式、真值表、波形图、逻辑电路图、卡诺图。

（1）逻辑表达式

将输出逻辑变量和输入逻辑变量之间的逻辑关系写成由逻辑变量、逻辑运算符和括号所构成的式子，即逻辑表达式。

例如，$F = f(A,B,C) = \overline{A}\cdot\overline{B}\cdot\overline{C} + A\cdot B\cdot C$ 是一个由 3 个变量 A、B 和 C 进行逻辑运算构成的逻辑表达式，它描述了一个三变量的逻辑函数 F。函数 F 和变量 A、B、C 的关系：当变量 A、B、C 取值相同时，函数 F 的值为“1”，否则，函数 F 的值为“0”。

需要注意的是，包含无关条件的逻辑问题在描述时一定要写上约束条件，因为离开了这一条件，就无法完整描述其逻辑关系。

逻辑表达式可按下述规则省略某些括号或运算符号。

① 与运算符一般可省略，如 $A\cdot B$ 可写成 AB。

② 在一个表达式中，如果既有与运算，又有或运算，则按先与后或的规则进行运算，如 $(A\cdot B)+(C\cdot D)$ 可以省略括号写成 $AB+CD$。

③ 由于与运算和或运算均满足结合律，因此，$(A+B)+C$ 或者 $A+(B+C)$ 可用 $A+B+C$ 代替；$(AB)C$ 或者 $A(BC)$ 可用 ABC 代替。

④ 进行非运算可不加括号，如 $\overline{A}$ 、$\overline{A+B}$ 等。

（2）真值表

真值表是一种由逻辑变量的所有可能取值组合及其对应的逻辑函数值所构成的表格，它反映了输出变量（函数）与输入变量之间的逻辑关系。

由于一个逻辑变量只有 0 和 1 两种可能的取值，故 n 个逻辑变量一共只有 2^n 种可能的取值组合，因此，具有 n 个逻辑变量逻辑函数的真值表共有 2^n 行。

对于完全描述的逻辑函数，在输入变量的每一组取值组合下，函数对应有确定的取值（0 或 1）；对于包含无关条件的逻辑函数，输入取值组合为无关项时，函数的值可以为 1，也可以为 0，因此在真值表中，无关项对应的函数取值用“d”或者“x”表示。

真值表直观、明了、唯一，它是描述逻辑函数最基本、最有效的方法。它是将实际问题（用文字描述的逻辑问题）转换为逻辑表达式的“桥梁”。

（3）波形图

如果将逻辑函数输入变量每一种可能出现的取值与对应的输出值按时间顺序依次排列起来，就得到了表示该逻辑函数的波形图。波形图也称为时序图或时间图。

波形图与通过示波器或逻辑分析仪观察到的实际逻辑电路时序波形最接近，最容易被电子工程师理解和接受。在逻辑分析仪和一些计算机仿真工具中，经常以波形图的形式给出分析结果。在逻辑系统设计过程中，通过仿真工具可以观察到系统中各变量的仿真时序波形。通过对仿真时序波形与实际时序波形的观察与比较，可以对所设计的数字电路进行检查，也可以对电路的功能、故障及信号的时间延迟等实际工作情况进行检查。此外，也可以通过实验观察这些波形图，以检验实际逻辑电路的功能是否正确。

（4）逻辑电路图

将逻辑表达式中各变量之间的与、或、非等逻辑关系用图形符号表示出来，就可以画出表示函数逻辑关系的逻辑电路图。

逻辑函数和逻辑电路是相互对应的，即逻辑函数可以由逻辑电路来实现，而逻辑电路也可以由逻辑函数来描述。如果给定一个逻辑函数，那么就可以根据这个逻辑函数的表达式来画出实现该逻辑函数的逻辑电路；反之，如果给出一个逻辑电路，那么就可以根据这个逻辑电路写出用于描述该逻辑电路输入变量和输出变量之间逻辑关系的逻辑函数。

（5）卡诺图

卡诺图（Karnaugh Map）是由表示逻辑变量所有取值组合的小方格所构成的平面图。它是一种用图形描述逻辑函数的方法，这种方法在逻辑函数化简中十分有用，将在后面结合函数化简问题进行详细介绍。

3. 逻辑函数不同描述方法之间的转换

上述表示逻辑函数的各种方法各有特点，它们各适用于不同场合。但针对某个具体问题而言，仅仅是同一问题的不同描述形式，彼此之间可以方便地相互变换。

（1）真值表与逻辑表达式的相互转换

① 由真值表写出逻辑表达式。

由真值表书写逻辑函数式的方法：找出真值表中使逻辑函数 F=1 的那些输入变量取值的组合，将每组输入变量取值的组合对应一个与项（其中取值为 1 的写为原变量，取值为 0 的写为反变量），然后将这些与项相或，即得函数 F 的逻辑表达式。

例 2.1　已知某函数 F 的真值表如表 2.9 所示，试求出 F 的逻辑表达式。

表 2.9　函数 F 的真值表

A	B	C	F
0	0	0	0
0	0	1	1
0	1	0	1
0	1	1	0
1	0	0	1
1	0	1	0
1	1	0	0
1	1	1	1

解：由表 2.9 可知，函数 F 具有 3 个输入变量 A、B、C，只有当 A、B、C 的取值组合为 001、010、100 和 111 时，F=1，因此，函数 F 的逻辑表达式为

$$F = \bar{A}\bar{B}C + \bar{A}B\bar{C} + A\bar{B}\bar{C} + ABC$$

② 由逻辑表达式写出真值表。

在由逻辑函数表达式列出函数的真值表时，将输入变量取值的所有组合状态填入表的左边，逐一代入逻辑函数表达式，求出其对应的函数值，即可得到真值表。为避免遗漏，各变量的取值组合应按照二进制递增的次序排列。

例 2.2　求出函数 F=AB+AC 的真值表。

解：函数 F=AB+AC 共有 3 个输入变量，故一共有 8 种输入情况。只有当 AB=1 或 AC=1 时，即 A、B 为 1、1 或 A、C 为 1、1 时，输出为 1，其他情况下输出为 0。因此，可以得到函数 F=AB+AC 的真值表如表 2.10 所示。

表 2.10　函数 F=AB+AC 的真值表

A	B	C	F
0	0	0	0
0	0	1	0
0	1	0	0
0	1	1	0
1	0	0	0
1	0	1	1
1	1	0	1
1	1	1	1

（2）逻辑表达式与逻辑电路图的相互转换

在从已知的逻辑表达式转换为相应的逻辑电路图时，只要用逻辑电路图形符号代替逻辑表达式中的逻辑运算符号，并按运算优先顺序将它们连接起来，就可以得到所求的逻辑电路图了。

由逻辑电路图写出逻辑表达式时，从逻辑电路图的输入端开始，逐级写出每个图形符号对应的输出及其输入的逻辑表达式，直至输出端，就可以得到电路中输出与输入之间的逻辑表达式了。

例 2.3　画出逻辑函数 $F=\overline{\overline{A}+B\overline{C}}+\overline{A}\,\overline{B}\,\overline{C}+C$ 的逻辑电路图。

解：将式中所有的与、或、非逻辑运算符号用逻辑门符号代替，并依据逻辑优先顺序将这些逻辑门符号连接起来，就可以得到图 2.6 所示的逻辑电路图。

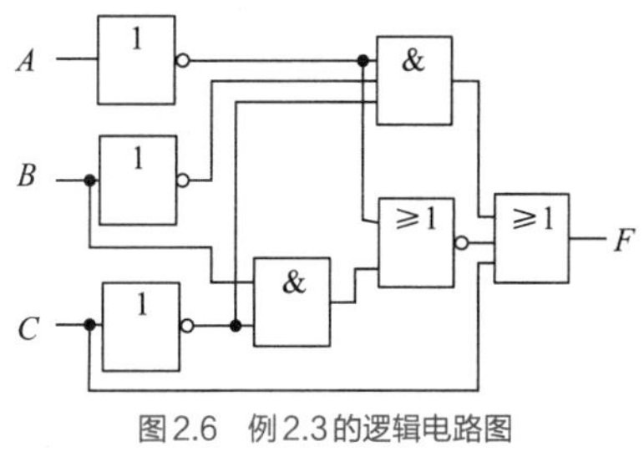

图2.6　例2.3的逻辑电路图

例 2.4　试用逻辑函数表达式描述图 2.7 所示的逻辑电器。

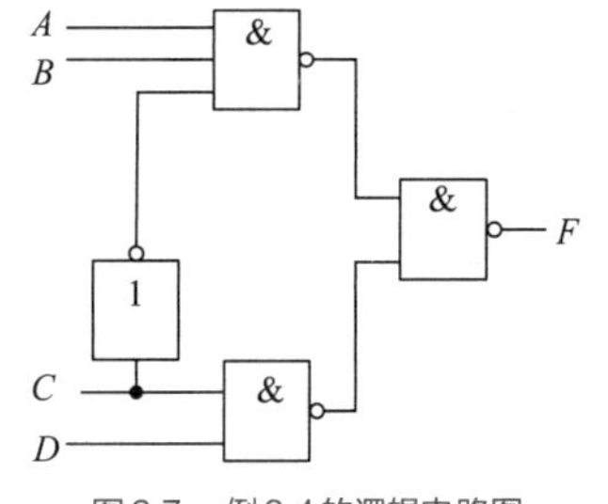

图2.7　例2.4的逻辑电路图

解：由图 2.7 可知，函数 F 有 A、B、C、D 4 个输入变量，从输入端向输出端逐级写出逻辑门符号表示的逻辑表达式，可得

$$F=\overline{\overline{AB\overline{C}}\cdot\overline{CD}}$$

（3）真值表与波形图的相互转换

由已知的逻辑函数波形图求对应的真值表时，首先需要从波形图上找出每个时间段里输入变量与输出函数的取值，然后将这些输入、输出取值对应列表，就得到所求的真值表。

在将真值表转换为波形图时，只需将真值表中所有的输入变量与对应的输出变量取值依次排列画成以时间为横轴的波形，就得到了所求的波形图。

例 2.5　已知逻辑函数的真值表如表 2.11 所示，使用波形图表示该逻辑函数。

表 2.11　函数 $F=AB+AC+BC$ 的真值表

A	B	C	F
0	0	0	0
0	0	1	0
0	1	0	0
0	1	1	1
1	0	0	0
1	0	1	1
1	1	0	1
1	1	1	1

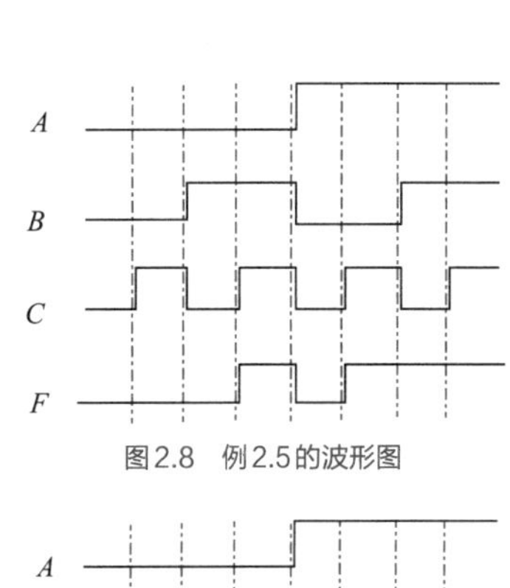

图2.8　例2.5的波形图

解：将 A、B、C 的取值顺序按照表 2.11 中自上而下的顺序排列，即可得到图 2.8 所示的波形图。

例 2.6　已知逻辑函数的波形图如图 2.9 所示，试求出与其对应的真值表。

解：将图 2.9 所示的波形图上不同时间段中 A、B、C 与 F 的取值对应列表，即得到表 2.12 所示的真值表。

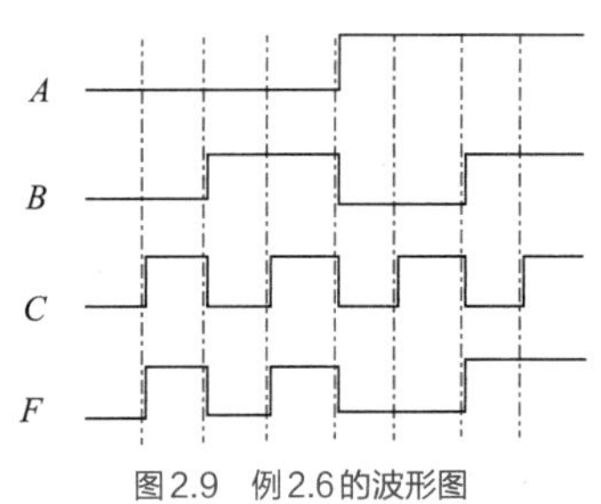

图2.9　例2.6的波形图

表 2.12　例 2.6 的真值表

A	B	C	F
0	0	0	0
0	0	1	1
0	1	0	0
0	1	1	1
1	0	0	0
1	0	1	0
1	1	0	1
1	1	1	1

4. 逻辑函数的相等

设有两个逻辑函数 $F_1=f_1(A_1, A_2, \cdots, A_n)$ 和 $F_2=f_2(A_1, A_2, \cdots, A_n)$，若对应于逻辑变量 $A_1, A_2, \cdots, A_n$ 的任何一组取值 F_1 和 F_2 的值都相同，则称函数 F_1 和 F_2 相等，记作 $F_1=F_2$。

判断两个逻辑函数是否相等可采用真值表法或代数法。

真值表法通过穷举两个逻辑函数输入变量的各种组合，找出对应的输出变量的值，列出函数的真值表，然后进行比较。如果两个逻辑函数的真值表完全相同，则说明两个逻辑函数相等；反之，两个逻辑函数不相等。当逻辑函数的输入变量个数确定后，输入变量的可能组合数便确定了，因此，判断任意两个逻辑函数是否相等，均可采用真值表法。

代数法是用逻辑代数的定理、常用公式和规则对两个逻辑函数进行形式的变换，如果两个逻辑函数能变换成同一形式，则两个逻辑函数相等；反之，两个逻辑函数不相等。

例 2.7　用真值表法证明 $ABC+\bar{A}\bar{B}\bar{C}=\overline{A\bar{B}+B\bar{C}+\bar{A}C}$。

证明：设 $F=ABC+\bar{A}\bar{B}\bar{C}$，$G=\overline{A\bar{B}+B\bar{C}+\bar{A}C}$，可列出逻辑函数 F 和 G 的真值表，如表 2.13 所示。

表 2.13　例 2.7 的真值表

A	B	C	F	G
0	0	0	1	1
0	0	1	0	0
0	1	0	0	0
0	1	1	0	0
1	0	0	0	0
1	0	1	0	0
1	1	0	0	0
1	1	1	1	1

由表 2.13 可知，在任何一组输入情况下，$F=G$ 恒成立，因此，可得

$$ABC+\bar{A}\bar{B}\bar{C}=\overline{A\bar{B}+B\bar{C}+\bar{A}C}$$

例 2.8　用代数法证明 $A\overline{ABC}=A\bar{B}\bar{C}+A\bar{B}C+AB\bar{C}$。

证明：

左边 $=A\overline{ABC}$

$$=A(\overline{A}+\overline{B}+\overline{C})$$
$$=A\overline{B}+A\overline{C}$$
$$\text{右边}=A\overline{B}\overline{C}+A\overline{B}C+AB\overline{C}$$
$$=A\overline{B}\overline{C}+A\overline{B}\overline{C}+A\overline{B}C+AB\overline{C}$$
$$=A\overline{B}(\overline{C}+C)+A\overline{C}(B+\overline{B})$$
$$=A\overline{B}+A\overline{C}$$
$$=\text{左边}$$

2.4.2 逻辑函数表达式的基本形式

综上所述，不同的逻辑表达式代表不同的电路结构，而它们实现的逻辑功能可能是相同的。因此，这些具有相同逻辑功能的不同逻辑表达式是可以相互进行转换的。为了研究的方便，可以将逻辑表达式分为与或表达式、或与表达式、与非表达式、或非表达式及与或非表达式 5 种基本形式。

逻辑表达式的基本形式

很多情况下，逻辑函数表达式不是以上任意的一种表达式形式，而是一种混合形式，但不论什么形式都可以变换成以上 5 种基本形式。

1. 与或表达式

与或表达式是指一个函数表达式由若干与项相或组成，其中每个与项可有一个或多个原变量或者反变量相与组成。与项有时又被称为积项，相应地，与或表达式又称为“积之和”表达式。

例如，一个四变量函数

$$F(A,B,C,D)=\overline{A}B+\overline{B}C+D$$

其中，$\overline{A}B$、$\overline{B}C$ 和 D 为 3 个与项，函数 F 为一个与或表达式。

2. 或与表达式

或与表达式是指一个函数表达式由若干或项相与构成，其中每个或项是由一个或多个原变量或者反变量相或组成。或项有时又被称为和项，相应地，或与表达式又称为“和之积”表达式。

例如，一个四变量函数

$$F(A,B,C,D)=(\overline{A}+B)(\overline{B}+C+D)D$$

其中，$\overline{A}+B$、$\overline{B}+C+D$ 和 D 为 3 个或项，函数 F 为一个或与表达式。

3. 与非表达式

由若干“与非”运算构成的表达式称为与非表达式。

由德 · 摩根定理 $\overline{A\cdot B}=\overline{A}+\overline{B}$ 可以看出，“与”之“非”可以产生“或”的关系。实际上，只要有了与非逻辑便可实现与、或、非 3 种基本逻辑。下面以两变量与非逻辑为例进行说明。

与 $F=AB=\overline{\overline{AB}}=\overline{1\cdot\overline{AB}}$

或 $F=A+B=\overline{\overline{A+B}}=\overline{\overline{A}\cdot\overline{B}}=\overline{\overline{A\cdot 1}\cdot\overline{B\cdot 1}}$

非 $F=\overline{A}=\overline{A\cdot 1}$

由于任何一种逻辑关系均可由 3 种基本逻辑通过适当的组合来实现，而与项逻辑又可实现 3 种基本逻辑。所以任何逻辑表达式都可以转为与非的形式。

采用与非逻辑可以减少逻辑电路中门的种类，提高标准化程度。

将一个混合形式的逻辑表达式变换为与非形式时，通常将表达式先变换为与或表达式，然后对该与或表达式进行两次取反，并将内层的取反根据反演规则进行取反运算，即可得到与非表达式。

4. 或非表达式

由若干“或非”运算构成的表达式称为或非表达式。

同样，由德•摩根定理$\overline{A+B}=\overline{A}\cdot\overline{B}$可见，“或”之“非”可以产生“与”的关系。实际上，或非逻辑也可以实现与、或、非 3 种基本逻辑。下面以两变量或非逻辑为例进行说明。

与　$F=AB=\overline{\overline{AB}}=\overline{\overline{A}+\overline{B}}=\overline{\overline{A+0}+\overline{B+0}}$

或　$F=A+B=\overline{\overline{A+B}}=\overline{\overline{A+B}+0}$

非　$F=\overline{A}=\overline{A+0}$

可见，任何逻辑表达式都可以转为或非的形式。

同样，采用或非逻辑可以减少逻辑电路中门的种类，提高标准化程度。

将一个混合形式的逻辑表达式变换为或非形式时，通常将表达式先变换为或与表达式，然后对该或与表达式进行两次取反，并将内层的取反根据反演规则进行取反运算，即可得到或非表达式。

5. 与或非表达式

由若干“与或非”运算构成的表达式称为与或非表达式。

显然，与或非逻辑可以实现与、或、非的功能，这就意味着可以仅用与或非门去组成实现各种功能的逻辑电路。但实际应用中这样做会不经济，所以与或非门主要用来实现与或非形式的函数。必要时可将逻辑函数表达式的形式变换成与或非的形式，以便使用与或非门来实现其逻辑功能。

将一个混合形式的逻辑表达式变换为与或非形式时，通常将表达式先变换为或非表达式，然后对各个或非项利用反演规则进行变换，即可得到与或非表达式。

例 2.9　已知逻辑函数$F(A,B,C,D)=\overline{\overline{\overline{A}B}+\overline{C}}+\overline{C(A\overline{B}+D)}$，将其变换为 5 种基本形式。

解：该函数不是任何一种基本形式，而是一种混合形式。下面对其进行适当的变形，得到各种结构的表达式形式。

（1）与或表达式

$$
\begin{aligned}
F(A,B,C,D)&=\overline{\overline{\overline{A}B}+\overline{C}}+\overline{C(A\overline{B}+D)}\\
&=\overline{A}BC+\overline{C}+(\overline{A}+B)\overline{D}\\
&=\overline{A}B+\overline{C}+\overline{A}\overline{D}+B\overline{D}
\end{aligned}
$$

（2）或与表达式

$$
\begin{aligned}
F(A,B,C,D)&=\overline{\overline{\overline{A}B}+\overline{C}}+\overline{C(A\overline{B}+D)}\\
&=\overline{A}BC+\overline{C}+(\overline{A}+B)\overline{D}\\
&=\overline{A}B+\overline{C}+(\overline{A}+B)\overline{D}\\
&=(\overline{A}+\overline{C})(B+\overline{C})+(\overline{A}+B)\overline{D}\\
&=\Big((\overline{A}+\overline{C})(B+\overline{C})+(\overline{A}+B)\Big)\Big((\overline{A}+\overline{C})(B+\overline{C})+\overline{D}\Big)
\end{aligned}
$$

$$=(\bar{A}+\bar{C}+\bar{A}+B)(B+\bar{C}+\bar{A}+B)(\bar{A}+\bar{C}+\bar{D})(B+\bar{C}+\bar{D})$$

$$=(\bar{A}+B+\bar{C})(\bar{A}+\bar{C}+\bar{D})(B+\bar{C}+\bar{D})$$

（3）与非表达式

$$F(A,B,C,D)=\overline{\overline{\bar{A}B}+\bar{C}}+\overline{C(A\bar{B}+D)}$$

$$=\bar{A}B+\bar{C}+\bar{A}\bar{D}+B\bar{D}$$

$$=\overline{\overline{\bar{A}B+\bar{C}+\bar{A}\bar{D}+B\bar{D}}}$$

$$=\overline{\overline{\bar{A}B}\cdot C\cdot\overline{\bar{A}\bar{D}}\cdot\overline{B\bar{D}}}$$

（4）或非表达式

$$F(A,B,C,D)=\overline{\overline{\bar{A}B}+\bar{C}}+\overline{C(A\bar{B}+D)}$$

$$=(\bar{A}+B+\bar{C})(\bar{A}+\bar{C}+\bar{D})(B+\bar{C}+\bar{D})$$

$$=\overline{\overline{(\bar{A}+B+\bar{C})(\bar{A}+\bar{C}+\bar{D})(B+\bar{C}+\bar{D})}}$$

$$=\overline{\overline{\bar{A}+B+\bar{C}}+\overline{\bar{A}+\bar{C}+\bar{D}}+\overline{B+\bar{C}+\bar{D}}}$$

（5）与或非表达式

$$F(A,B,C,D)=\overline{\overline{\bar{A}B}+\bar{C}}+\overline{C(A\bar{B}+D)}$$

$$=\overline{\overline{\bar{A}+B+\bar{C}}+\overline{\bar{A}+\bar{C}+\bar{D}}+\overline{B+\bar{C}+\bar{D}}}$$

$$=\overline{A\bar{B}C+ACD+\bar{B}CD}$$

2.4.3 逻辑函数表达式的标准形式

逻辑函数的 5 种基本形式都不是唯一的。为了在逻辑问题的研究中逻辑函数能与唯一的表达式对应，我们引入了逻辑函数表达式的标准形式。逻辑函数表达式的标准形式是建立在最小项和最大项概念的基础之上的。下面首先介绍最小项和最大项的定义及性质。

逻辑函数表达式的标准形式

1. 最小项和最大项

（1）最小项的定义和性质

如果一个具有 n 个变量的函数的与项（乘积项）包含 n 个变量，每个变量都以原变量或反变量形式出现且仅出现一次，则该与项被称为**最小项**。有时又将最小项称为**标准与项**。

n 个变量可以构成 2^n 个最小项。例如，3 个变量 A、B、C 可以构成 $\bar{A}\bar{B}\bar{C}$ 、$\bar{A}\bar{B}C$ 、$\bar{A}B\bar{C}$ 、$\bar{A}BC$ 、$A\bar{B}\bar{C}$ 、$A\bar{B}C$ 、$AB\bar{C}$ 、ABC 共 8 个最小项。

最小项具有如下性质。

性质 1 任意一个最小项，其相应变量有且仅有一种取值使这个最小项的值为 1，这也是最小项名称的由来。并且，最小项不同，使其值为 1 的变量取值也不同。

性质 2 相同变量构成的两个不同最小项相与为 0。

性质 3 n 个变量的全部最小项相或为 1。

性质 4 n 个变量构成的最小项有 n 个相邻最小项。

相邻最小项是指除一个变量互为相反外，其余变量均相同的最小项。例如，$A\bar{B}C$ 和 $A\bar{B}\bar{C}$ 为相邻最小项。

为了书写方便，在变量个数和变量顺序确定后，n 变量的最小项通常用 m_i^n 表示，经常省略 n，简写为 m_i。下标 i 的取值规则：按照变量顺序将最小项中的原变量用 1 表示，反变量用 0 表示，由此得到一个二进制数，与该二进制对应的十进制数即下标 i 的值。例如，3 变量 A、B、C 构成的最小项 $A\bar{B}C$ 可用 m_5 表示。

（2）最大项的定义和性质

如果一个具有 n 个变量的函数的或项包含 n 个变量，每个变量都以原变量或反变量形式出现且仅出现一次，该或项被称为**最大项**。有时又将最大项称为**标准或项**。

n 个变量可以构成 2^n 个最大项。例如，3 个变量 A、B、C 可构成 $A+B+C$、$A+B+\bar{C}$、$A+\bar{B}+C$、$A+\bar{B}+\bar{C}$、$\bar{A}+B+C$、$\bar{A}+B+\bar{C}$、$\bar{A}+\bar{B}+C$、$\bar{A}+\bar{B}+\bar{C}$ 共 8 个最大项。

最大项具有如下性质。

性质 1 任意一个最大项，其相应变量有且仅有一种取值使这个最大项的值为 0。并且，最大项不同，使其值为 0 的变量取值不同。

性质 2 相同变量构成的两个不同最大项相或为 1。

性质 3 n 个变量的全部最大项相与为 0。

性质 4 n 个变量构成的最大项有 n 个相邻最大项。

相邻最大项是指除一个变量互为相反外，其余变量均相同的最大项。

为了书写方便，在变量个数和变量顺序确定后，通常用 M_i 表示最大项。与最小项相反，下标 i 的取值规则：按照变量顺序将最大项中的原变量用 0 表示，反变量用 1 表示，由此得到一个二进制数，与该二进制对应的十进制数为下标 i 的值。例如，变量 A、B、C 构成的最大项 $\bar{A}+B+C$ 可用 M_4 表示。

（3）最小项和最大项的关系

相同变量构成的最小项 m_i 和最大项 M_i 之间存在互补关系，即

$$\overline{m_i} = M_i \text{ 或者 } m_i = \overline{M_i}$$

例如，由变量 A、B、C 构成的最小项 m_3 和最大项 M_3 之间有

$$\overline{m_3} = \overline{\bar{A}BC} = A+\bar{B}+\bar{C} = M_3$$

$$\overline{M_3} = \overline{A+\bar{B}+\bar{C}} = \bar{A}BC = m_3$$

2. 逻辑函数表达式的标准形式

逻辑函数表达式的标准形式有标准与或表达式和标准或与表达式两种。

（1）标准与或表达式

由若干最小项相或构成的逻辑表达式称为标准与或表达式，也称为最小项表达式。

例如，$\bar{A}BC$、$A\bar{B}C$、$AB\bar{C}$、ABC 为三变量构成的 4 个最小项，对这 4 个最小项进行或运算，即可得到一个三变量函数的标准与或表达式。

$$F(A,B,C) = \bar{A}BC + A\bar{B}C + AB\bar{C} + ABC$$

该函数表达式又可写为

$$F(A,B,C) = m_3 + m_5 + m_6 + m_7 = \sum m(3,5,6,7)$$

对于包含无关条件的逻辑问题，如前所述，函数的值和输入变量的某些取值组合没有任何关系，而那些使函数值为任意值（仅限于“1”和“0”）的变量取值所对应的最小项，就称为无关最小项，用 d_i 表示，其下标的取值和最小项一样。

包含无关条件的逻辑函数的标准与或表达式可表示为

$$F=\sum m_i+\sum d_j$$

也可表示为

$$\begin{cases}F=\sum m(i)\\ \text{约束方程}\end{cases}$$

例如，逻辑函数 $F(R,S,Q)=S+\bar{R}Q$，变量 R、S、Q 的全部组合有 8 种，假如 R、S、Q 的取值组合 110 和 111 不可能出现，则其约束条件为 R、S 不能同时为 1，该约束条件可用 $R\cdot S=0$ 表示。$R\cdot S=0$ 即为逻辑函数 $F(R, S, Q)=S+\bar{R}Q$ 的约束条件或约束方程。最小项 $RS\bar{Q}$ 和 RSQ 为函数 F 的无关最小项，用 d_6 和 d_7 表示。F 的标准与或表达式可表示为

$$F=\sum m(1\sim 3)+\sum d(6,7)$$

F 也可表示为

$$\begin{cases}F=\sum m(1\sim 3)\\ R\cdot S=0\end{cases}$$

（2）标准或与表达式

由若干最大项相与构成的逻辑表达式称为标准或与表达式，也称为最大项表达式。

例如，$A+B+C$、$A+B+\bar{C}$、$A+\bar{B}+C$、$\bar{A}+B+\bar{C}$、$\bar{A}+\bar{B}+\bar{C}$ 为三变量构成的 3 个最大项，对这 3 个最大项进行与运算，可得到一个三变量函数的标准或与表达式。

$$F(A,B,C)=(A+B+C)(A+B+\bar{C})(A+\bar{B}+C)(\bar{A}+B+\bar{C})(\bar{A}+\bar{B}+\bar{C})$$

该表达式可写为

$$F(A,B,C)=M_0M_1M_2M_5M_7=\prod M(0\sim 2,5,7)$$

包含无关条件的逻辑函数也可以用最大项之积的形式表示。这时逻辑函数的无关项也要用相应的最大项形式来表示，常用“D_i”表示。无关最大项的编号与无关最小项的编号是一致的，所以前面约束条件为 $R\cdot S=0$ 的逻辑函数 $F(S,R,Q)=S+\bar{R}Q$ 也可以写成如下的形式。

$$F(A,B,C)=\prod M(0,4,5)\cdot\prod D(6,7)$$

根据反演规则，约束条件 $R\cdot S=0$ 可改为 $\bar{R}+\bar{S}=1$。因此，函数 $F(S,R,Q)=S+\bar{R}Q$ 也可以表示为

$$\begin{cases}F=\prod M(0,4,5)\\ \bar{R}+\bar{S}=1\end{cases}$$

（3）两种标准表达式之间的关系

任何一个逻辑函数表达式都可以被展开成唯一的最小项之和表达式，也可以被展开成唯一的最大项之积表达式。反过来说，最小项之和表达式或最大项之积表达式都可以单独地表达任何一个逻辑函数。最小项之和表达式与最大项之积表达式都是对同一逻辑函数的描述，所以它们之间也必然存在着某种联系。

任意给定一个 n 变量的逻辑函数 F，则它可以被表示成某个最小项之和的标准形式，即

$$F=\sum_i m_i \qquad i\in(0\sim 2^n-1)$$

根据 $m_i=\overline{M_i}$ 和德·摩根定理，可得

$$F=\sum_i m_i=\sum_i\overline{M_i}=\overline{\prod_i M_i^n}=\prod_{j\neq i}M_j^n \qquad i\in(0\sim 2^n-1),\ j\in(0\sim 2^n-1)$$

其中，j 是 0 ～ 2^n-1 范围内除了最小项编号以外的最大项编号。

此式表明，n 变量函数 F 的最小项之和表达式所含的最小项的编号与最大项之积表达式所含的最大项的编号在范围（0 ～ 2^n-1）内是互补的。

如果给定了逻辑函数 F 的最小项之和表达式，则它的最大项之积表达式即可确定，即某函数 F 的最大项之积表达式中的最大项的下标正好是该函数的最小项之和表达式中的最小项下标中未包含的编号，反之亦然。这就是逻辑函数 F 的两种标准表达式之间的关系。

知道了逻辑函数 F 的两种标准表达式之间的关系规律以后，就可以很容易地由一种标准表达式推出另一种标准表达式。

例 2.10　已知函数 $F(A,B,C,D)=\sum m(0,1,3,5,7,8,12)$，试写出 F 的最大项之积式。

解：根据两种标准表达式所含项的编号在 0 ～ 2^4-1 范围内互补的规律，可知

$$F(A,B,C,D)=\prod M(2,4,6,9\sim 11,13\sim 15)$$

由于函数的真值表与函数的两种标准表达式之间存在一一对应的关系，而任何一个逻辑函数的真值表是唯一的，因此，任何一个逻辑函数的两种标准形式也是唯一的。这样给我们分析和研究逻辑问题带来了很大的方便。

2.4.4　逻辑函数表达式转换为标准表达式

逻辑表达式的转换

任何一个 n 变量的逻辑函数可以转换成唯一的标准与或表达式和唯一的标准或与表达式。将一个任意逻辑函数表达式转换成标准表达式有两种常用方法：一种是代数转换法；另一种是真值表转换法。

1. 代数转换法

代数转换法，就是利用逻辑代数的定理、常用公式和规则进行逻辑变换，将函数表达式由一般形式变换为标准形式。

用代数转换法求一个函数的标准与或表达式，首先将函数表达式转换成一个与或表达式，然后反复使用 $X=X\cdot(Y+\bar{Y})$，将表达式中的非最小项的与项扩展成最小项。

类似地，用代数转换法求一个函数的标准或与表达式，首先将函数表达式转换成或与表达式，然后反复用定理 $X=(X+\bar{Y})(X+Y)$，将表达式中的非最大项的或项扩展成最大项。

例 2.11　将逻辑函数表达式 $F(A,B,C)=\overline{(AB+A\bar{B}+\bar{C})\overline{AB}}$ 转换为标准与或表达式。

解：
$$\begin{aligned}F(A,B,C)&=\overline{(AB+A\bar{B}+\bar{C})\overline{AB}}\\&=\overline{(A+\bar{C})\overline{AB}}\\&=\bar{A}C+AB\\&=\bar{A}C(B+\bar{B})+AB(C+\bar{C})\\&=\bar{A}BC+\bar{A}\bar{B}C+ABC+AB\bar{C}\\&=\sum m(1,3,6,7)\end{aligned}$$

简单来说，在将非最小项的与项扩展为最小项时，若该与项缺少 m 个变量，可将该与项分别和这 m 个变量组成的 2^m 个与项相与，即可将该非最小项扩展为 2^m 个标准与项。在将非最大或项扩展为最大项时，若该或项缺少 m 个变量，可将非最大或项分别和这 m 个变量组成的 2^m 个或项相或，即可将该或项扩展为 2^m 个标准或项。

例 2.12　将逻辑函数 $F(A,B,C,D)=\bar{A}C+A\bar{B}CD+AB\bar{D}+ABCD$ 转换为标准与或表达式。

解：在该函数表达式中，有两个非最小与项 $\bar{A}C$ 和 $AB\bar{D}$，其中，与项 $\bar{A}C$ 缺少变量 B 和 D，

而 B 和 D 具有 $\overline{B}\overline{D}$ 、$\overline{B}D$ 、$B\overline{D}$ 和 BD 这 4 种与的形式，因此，非最小与项 $\overline{A}C$ 可扩展为 $\overline{A}C\overline{B}\overline{D}$ 、$\overline{A}C\overline{B}D$ 、$\overline{A}CB\overline{D}$ 和 $\overline{A}CBD$ ，即 $\overline{A}C=\overline{A}\overline{B}C\overline{D}+\overline{A}\overline{B}CD+\overline{A}BC\overline{D}+\overline{A}BCD$ ；$AB\overline{D}$ 缺少变量 C，故 $AB\overline{D}=ABC\overline{D}+AB\overline{C}\overline{D}$ ，所以

$$F(A,B,C,D)=\overline{A}\overline{B}C\overline{D}+\overline{A}\overline{B}CD+\overline{A}BC\overline{D}+\overline{A}BCD+A\overline{B}CD+ABC\overline{D}+AB\overline{C}\overline{D}+ABCD$$
$$=\sum m(2,3,6,7,11,12,14,15)$$

例 2.13 将 $F(A,B,C)=(A+B)(A\overline{C}+\overline{B})+AB$ 转换为最大项之积的形式。

解：$F(A,B,C)=(A+B)(A\overline{C}+\overline{B})+AB$

$$=(A+B)(A+\overline{B})(\overline{B}+\overline{C})+AB$$
$$=(A+B+AB)((A+\overline{B})(\overline{B}+\overline{C})+AB)$$
$$=(A+B)(A+\overline{B}+AB)(\overline{B}+\overline{C}+AB)$$
$$=(A+B)(A+\overline{B})(A+\overline{B}+\overline{C})(\overline{B}+\overline{C}+B)$$
$$=(A+B)(A+\overline{B})(A+\overline{B}+\overline{C})$$
$$=(A+B+C)(A+B+\overline{C})(A+\overline{B}+C)(A+\overline{B}+\overline{C})(A+\overline{B}+\overline{C})$$
$$=(A+B+C)(A+B+\overline{C})(A+\overline{B}+C)(A+\overline{B}+\overline{C})$$
$$=M_0M_1M_2M_3$$
$$=\prod M(0\sim 3)$$

通常，在求一个函数的标准或与表达式时，我们可以先求出函数的标准与或表达式，再根据标准与或表达式和标准或与表达式的互补关系，求出函数的标准或与表达式。

2. 真值表转换法

真值表法，即通过逻辑函数的真值表与其最小项和最大项表达式的一一对应关系进行变换。具体来说，一个具有 n 个输入变量的逻辑函数 F，假定其真值表中有 m 组变量取值使 F 的值为 1，2^n-m 组变量取值下 F 的值为 0，则函数 F 的最小表达式由 m 组取值组合对应的 m 个最小项相或组成，其最大项表达式由 2^n-m 组取值组合对应的 2^n-m 个最大项相与组成。因此，求一个函数的最小项表达式时，可以通过先列出函数的真值表，然后根据真值表写出标准表达式。

因为逻辑函数的最小项表达式和最大项表达式具有互补的特性，所以在求出函数的最小项表达式后，可以直接求出函数的最大项表达式。反之，在求出函数的最大项表达式后，可以直接求出函数的最小项表达式。

例 2.14 将函数表达式 $F(A,B,C)=A\overline{B}C+\overline{A}C+AB$ 表示成标准与或表达式和标准或与表达式。

解：首先作出 F 的真值表如表 2.14 所示，然后根据真值表直接写出 F 的标准与或表达式和标准或与表达式。

$$F(A,B,C)=\sum m(1,3,5,6,7)=\prod M(0,2,4)$$

例 2.15 将函数表达式 $F(A,B,C)=\overline{A}\overline{B}C+A\overline{B}+A\overline{C}$ 表示成标准与或表达式和标准或与表达式，F 的无关最小项为 $\overline{A}BC$ 和 ABC。

解：首先作出 F 的真值表如表 2.15 所示，然后根据真值表直接写出 F 的标准与或表达式和标准或与表达式。

$$F(A,B,C)=\sum m(1,4,5,6)+\sum d(3,7)=\prod M(0,2,)\cdot\prod D(3,7)$$

表 2.14　例 2.14 的真值表

A	B	C	F
0	0	0	0
0	0	1	1
0	1	0	0
0	1	1	1
1	0	0	0
1	0	1	1
1	1	0	1
1	1	1	1

$$F(A,B,C)=\sum m(1,3,5,6,7)=\prod M(0,2,4)$$

表 2.15　例 2.15 的真值表

A	B	C	F
0	0	0	0
0	0	1	1
0	1	0	0
0	1	1	d
1	0	0	1
1	0	1	1
1	1	0	1
1	1	1	d

$$F(A,B,C)=\sum m(1,4,5,6)+\sum d(3,7)=\prod M(0,2)\cdot\prod D(3,7)$$

2.5　逻辑函数化简

对于某一个逻辑函数来说，往往有多种函数表达式来描述，这些表达式有繁有简。在数字系统中，实现某一逻辑功能逻辑电路的复杂性与描述该功能逻辑表达式的复杂性直接相关。一般来说，逻辑函数表达式越简单，所需的门电路就越少，这样不仅可以节省硬件成本，还提高了电路的可靠性。然而，从逻辑问题概括出来的逻辑函数通常都不是最简的，因此，为了简化电路结构、降低系统成本、提高可靠性，必须对逻辑函数进行化简。通常，把逻辑函数化简成最简形式称为逻辑函数的最小化。

在各种各样的逻辑表达式中，与或表达式和或与表达式是最基本的形式，通过这两种基本形式可以很方便地将逻辑表达式转换成任何其他所要求的形式。因此，将从这两种基本形式出发讨论函数化简问题，并将重点放在与或表达式的化简上。

下面分别介绍逻辑函数化简的 3 种方法，即代数化简法、卡诺图化简法和列表化简法。

2.5.1　代数化简法

卡诺图的组成及性质

代数化简法是指运用逻辑代数的定理、常用公式和规则对逻辑函数进行化简的方法。这种方法没有固定的步骤可以遵循，主要取决于对逻辑代数中定理、常用公式和规则的熟练掌握及灵活运用的程度。尽管如此，还是可以总结出一些适用于大多数情况的常用方法。

1. 最简与或表达式

最简与或表达式是指在不改变逻辑函数真值表的情况下，对逻辑函数进行变换，将其变换为与或表达式，使得表达式中的与项项数最少，且每个与项中的变量个数最少的表达式。

满足上述条件可以使相应逻辑电路中所需门的数量、门的输入端个数及相互连线均为最少，从而使电路最经济。

常用的方法可以归纳如下。

（1）并项法

利用公式 $AB+A\bar{B}=A$，将两个与项合并为一项，消去一个与项，同时消去一个变量。

（2）吸收法

利用公式 $A+AB=A$，吸收多余的与项，消去一个与项，同时消去一个变量。

（3）消去法

利用公式 $A+\bar{A}B=A+B$，消去多余因子。

（4）配项法

利用 $A\cdot 1=A$ 及 $A+\bar{A}=1$，先从函数式中适当选择某些与项，并配上其所缺的一个合适变量，然后利用并项、吸收和消去等方法进行化简。

在化简时应灵活使用所学的定理、常用公式及规则，综合运用各种方法。一般来说，化简时要注意以下几点。

（1）尽可能先使用并项法、吸收法、消去法等简单方法进行化简，在这些方法不能奏效的情况下，再考虑使用配项法。

（2）如果原始函数不是与或表达式，我们需要先将其转换成与或表达式，然后化简。

（3）化简后得到的表达式不一定是唯一的，但它们中的与项个数及与项中的变量数都应该是最少的。

例 2.16　化简 $F=(AC+\bar{B}C)\overline{B(A\bar{C}+\bar{A}C)}$。

解：$F=(AC+\bar{B}C)\overline{B(A\bar{C}+\bar{A}C)}$

$$=(AC+\bar{B}C)(\bar{B}+(\bar{A}+C)(A+\bar{C}))$$

$$=(AC+\bar{B}C)(\bar{B}+\bar{A}\bar{C}+AC)$$

$$=A\bar{B}C+AC+\bar{B}C+A\bar{B}C$$

$$=AC+\bar{B}C$$

例 2.17　化简 $F=AB+A\bar{C}+\bar{B}C+B\bar{D}+BC\bar{D}+\bar{B}C\bar{D}+ADE$。

解：$F=AB+A\bar{C}+\bar{B}C+B\bar{D}+BC\bar{D}+\bar{B}C\bar{D}+ADE$

$$=A(B+\bar{C})+\bar{B}C+B\bar{D}+(B+\bar{B})C\bar{D}+ADE$$

$$=A\overline{\bar{B}C}+\bar{B}C+B\bar{D}+C\bar{D}+ADE$$

$$=A+\bar{B}C+B\bar{D}+ADE$$

$$=A+\bar{B}C+B\bar{D}$$

例 2.18　化简 $F=A\oplus B+\overline{(B+\bar{C})(\bar{B}+C)}$。

解：$F=A\oplus B+\overline{(B+\bar{C})(\bar{B}+C)}$

$$=A\bar{B}+\bar{A}B+B\bar{C}+\bar{B}C$$

$$=A\bar{B}(C+\bar{C})+\bar{A}B+B\bar{C}(A+\bar{A})+\bar{B}C$$

$$= A\bar{B}C + A\bar{B}\bar{C} + \bar{A}B + AB\bar{C} + \bar{A}B\bar{C} + \bar{B}C$$
$$= A\bar{B}C + \bar{B}C + A\bar{B}\bar{C} + AB\bar{C} + \bar{A}B + \bar{A}B\bar{C}$$
$$= \bar{B}C + A\bar{C} + \bar{A}B$$

2. 最简或与表达式

最简或与表达式是指在不改变逻辑函数真值表的情况下，对逻辑函数进行变换，将其变换为或与表达式，使得表达式中的或项个数最少，且每个或项的变量个数最少。

用代数化简法化简或与表达式可直接运用定理、常用公式中的或与形式，并综合运用前面介绍与或表达式化简时提出的各种方法进行化简。

例 2.19　化简 $F = ((A+B)(A+\bar{B}) + \bar{A}B + \bar{A}BC)(B+C)(B+C+D)$ 。

解：$F = ((A+B)(A+\bar{B}) + \bar{A}B + \bar{A}BC)(B+C)(B+C+D)$

$$= (A+\bar{A}B)(B+C)$$
$$= (A+B)(B+C)$$

如果对于定理、常用公式中的或与形式不太熟悉，我们也可以采用两次对偶法或两次取反法。

两次对偶法：首先，对用或与表达式表示的函数 F 求对偶，得到与或表达式 F'，并按与或表达式的化简方法求出 F' 的最简与或表达式；然后，对 F' 再次取对偶，即可得到 F 的最简或与表达式。

两次取反法：首先，对用或与表达式表示的函数 F 求反函数，得到与或表达式 $\bar{F}$，并按与或表达式的化简方法求出 $\bar{F}$ 的最简与或表达式；然后，对 $\bar{F}$ 再次取反，即可得到 F 的最简或与表达式。

例 2.20　化简 $F = (A+\bar{B})(\bar{A}+B)(B+C)(\bar{A}+C)$ 。

解：先求 F 的对偶式 F' 并将其变换为最简与或表达式。

$$F' = A\bar{B} + \bar{A}B + BC + \bar{A}C$$
$$= A\bar{B} + \bar{A}B + (B+\bar{A})C$$
$$= A\bar{B} + \bar{A}B + \overline{A\bar{B}}C$$
$$= A\bar{B} + \bar{A}B + C$$

再对 F' 取对偶，得到

$$F = (F')' = (A+\bar{B})(\bar{A}+B)C$$

例 2.21　化简 $F = \overline{\bar{A}C + A(B+\overline{C+A})C\bar{D}}(\bar{B}+C)(A+B+C)$ 。

解：先求 F 的反函数 $\bar{F}$ 并将其变换为最简与或表达式。

$$\bar{F} = \overline{\overline{\bar{A}C + A(B+\overline{C+A})C\bar{D}}(\bar{B}+C)(A+B+C)}$$
$$= \bar{A}C + A(B+\overline{C+A})C\bar{D} + B\bar{C} + \bar{A}\bar{B}\bar{C}$$
$$= \bar{A}C + A(B+\bar{A}\bar{C})C\bar{D} + (B+\bar{A}\bar{B})\bar{C}$$
$$= \bar{A}C + ABC\bar{D} + (B+\bar{A}\bar{B})\bar{C}$$
$$= (\bar{A}+AB\bar{D})C + (B+\bar{A})\bar{C}$$
$$= (\bar{A}+B\bar{D})C + B\bar{C} + \bar{A}\bar{C}$$
$$= \bar{A}C + BC\bar{D} + B\bar{C} + \bar{A}\bar{C}$$

$=\bar{A}+B(C\bar{D}+\bar{C})$

$=\bar{A}+B(\bar{D}+\bar{C})$

$=\bar{A}+B\bar{D}+B\bar{C}$

再对 $\bar{F}$ 取反，得到

$$F=\bar{\bar{F}}=A(\bar{B}+D)(\bar{B}+C)$$

3．其他类型逻辑表达式的化简

前面主要讨论了如何求最简与或式和最简或与式的问题。实现这两种形式的逻辑表达式需要用到与门、或门和非门。在实际应用中，经常会用到与非门、或非门和与或非门，还会受到现有门电路类型的限制，所以我们有必要探讨一下其他类型逻辑表达式的最简形式。

（1）最简与非表达式

用“求反加非”和反演规则可以将最简与或表达式变换为最简与非表达式。下面举例说明。

例 2.22　用最少的与非门实现 $F=\bar{A}\bar{B}+\bar{A}BD+A\bar{B}\bar{D}$ 。

解：先求函数 F 的最简与或式。

$$F=\bar{A}\bar{B}+\bar{A}BD+A\bar{B}\bar{D}=\bar{A}\bar{B}D+\bar{A}\bar{B}\bar{D}+\bar{A}BD+A\bar{B}\bar{D}=\bar{A}D+\bar{B}\bar{D}$$

再把 F 的最简与或式“求反加非”变换为最简与非式。

$$F=\overline{\overline{\bar{A}D+\bar{B}\bar{D}}}=\overline{\overline{\bar{A}D}\cdot\overline{\bar{B}\bar{D}}}$$

（2）最简或非表达式

用“求反加非”和反演规则可以将最简或与表达式变换为最简或非表达式。下面举例说明。

例 2.23　求函数 $F=A\bar{B}+A\bar{B}CD+\bar{A}BC+\bar{A}\bar{B}C+\bar{B}CD$ 的最简或非表达式。

解：求函数的最简或与表达式，可以先求出反函数的最简与或表达式。

$$\begin{aligned}
\bar{F}&=\overline{A\bar{B}+A\bar{B}CD+\bar{A}BC+\bar{A}\bar{B}C+\bar{B}CD}\\
&=\overline{A\bar{B}+\bar{A}C(B+\bar{B})+\bar{B}CD}\\
&=\overline{A\bar{B}+\bar{A}C+\bar{B}CD}\\
&=\overline{A\bar{B}+\bar{A}C+\bar{B}C+\bar{B}CD}\\
&=\overline{A\bar{B}+\bar{A}C+\bar{B}C}\\
&=\overline{A\bar{B}+\bar{A}C}\\
&=(\bar{A}+B)(A+\bar{C})\\
&=\bar{A}\bar{C}+AB+B\bar{C}\\
F=\bar{\bar{F}}&=\overline{\bar{A}\bar{C}+AB+B\bar{C}}\\
&=(A+C)(\bar{A}+\bar{B})(\bar{B}+C)\\
&=\overline{\overline{(A+C)(\bar{A}+\bar{B})(\bar{B}+C)}}\\
&=\overline{\overline{A+C}+\overline{\bar{A}+\bar{B}}+\overline{\bar{B}+C}}
\end{aligned}$$

（3）最简与或非表达式

在函数 F 的最简或与表达式的基础上，两次取反，并根据反演规则去掉内层非号，即可得到 F 的最简与或非式。对反函数 $\bar{F}$ 的最简与或表达式再次取反，也可得到 F 的最简与或非式。下面举例说明。

例 2.24　求 $F = A\bar{B}C + AB\bar{C} + ABC$ 的最简与或非式。

解：$F = A\bar{B}C + AB\bar{C} + ABC$

$$= AB + AC$$
$$= A(B + C)$$
$$= \overline{\overline{A(B + C)}}$$
$$= \overline{\bar{A} + \bar{B}\bar{C}}$$

通过以上实例可以看出，只要求出函数 F 和 $\bar{F}$ 的最简与或表达式和最简或与表达式，再用反演规则进行适当变换，即可求出其他类型逻辑表达式的最简形式。

在门电路类型受到限制的情况下，我们需要将函数简化、变换为相应门电路的最简形式。若不限制门电路的类型，则以最简为原则。如果选择电路类型的余地较大，则有时采用混合表达式的形式更易得到最简的结构。因此，函数的简化与变换方法是灵活多样的。

4．利用代数法化简包含无关条件的逻辑函数

如前所述，对于包含无关条件的逻辑函数，无关最小项在系统正常工作时要么根本就不会出现，要么即便出现了，它所产生的输出对系统的正常工作也无影响。因此，可以根据实际需要来决定这些无关项所对应的输出是“1”，还是“0”，以尽可能扩大相邻最小项的个数，从而达到进一步化简逻辑函数的目的。

当采用代数化简法化简与或表达式时，可视需要加进或者舍弃某些无关最小项，取舍无关最小项的原则就是要使相邻最小项个数（必须是 2^i 个，i 小于或等于逻辑函数的输入变量个数 n）最大化，以使得原逻辑表达式得到进一步的简化。

例 2.25　化简逻辑函数 $F(A,B,C) = \sum m(1 \sim 3) + \sum d(6,7)$。

解：不考虑无关最小项时，则

$$F(A,B,C) = \sum m(1 \sim 3)$$
$$= \bar{A}\bar{B}C + \bar{A}B\bar{C} + \bar{A}BC$$
$$= \bar{A}C + \bar{A}B$$

考虑无关项时，将 d_6 和 d_7 加入上式中，则

$$F(A,B,C) = \sum m(1 \sim 3) + \sum d(6,7)$$
$$= \bar{A}\bar{B}C + \bar{A}B\bar{C} + \bar{A}BC + AB\bar{C} + ABC$$
$$= \bar{A}\bar{B}C + \bar{A}BC + \bar{A}B\bar{C} + \bar{A}BC + AB\bar{C} + ABC$$
$$= \bar{A}C + \bar{A}B + AB$$
$$= \bar{A}C + B$$

比较两种化简结果，很显然，后者更简单。从此例可以看出，适当地利用无关项可以使逻辑表达式得到更进一步的简化。需要注意的是，所有加入到与或表达式的无关项，实际上是确认它们所对应的输出函数值为 1；而未加入与或表达式的无关项，实际上是确认它们所对应的输出函数值为 0。但如何选择合适的无关最小项，并不是一件容易的事情，它需要读者对于逻辑代数的定理、基本公式等非常熟悉，而且能熟练应用各种化简方法。

从前面的介绍可以看出，代数化简法的优点是不受变量数量的约束，当对定理、常用公式和规则十分熟练时化简比较方便；缺点是没有一定的规律和步骤，技巧性很强，而且在很多情况下难以判断化简结果是否为最简。因此，这种方法有较大的局限性。

2.5.2 卡诺图化简法

卡诺图上最小项的合并规律

卡诺图化简法又称为图形化简法，这种方法简单、直观、容易掌握，因而在逻辑设计中得到了广泛应用。

1. 卡诺图的构成

卡诺图是逻辑函数的一种图形化表示方法。n 变量逻辑函数的卡诺图是由 2^n 个小方格构成的平面方格图，每个小方格与一个最小项对应，方格图中相邻两个方格为相邻最小项。按照这一原则得出的方格图就称为卡诺图，也称为最小项方格图。

卡诺图中最小项的排列方案不是唯一的，但不管哪种排列方案都能从图形上直观、方便地找到每个最小项的所有相邻最小项。为了达到这个目的，在构造卡诺图时，将变量按照行、列分成两组，每组变量的取值（编码）按格雷码（循环码）的顺序排列，这样可以保证卡诺图中几何位置相邻的小方格所代表的最小项在逻辑上也是相邻的。每个小方格依变量顺序取编码值，得到二进制数所对应的十进制数 i，最小项 m_i 即为该小方格对应的最小项。

本书使用图 2.10 所示的排列方法。图 2.10（a）～（d）分别为二变量、三变量、四变量、五变量卡诺图。

在卡诺图中，相邻关系有几何相邻、相对相邻和重叠相邻 3 种。

几何相邻是指两个小方格在几何位置上是相邻的。例如，图 2.10 中，对于四变量的逻辑函数，m_5 的 4 个相邻最小项分别是 m_1、m_4、m_7、m_{13}，这 4 个最小项对应的小方格与 m_5 对应的小方格分别相连，也就是说，在几何位置上是相邻的。

在几何空间上将卡诺图看成是上下、左右“循环连接”的图形，如同一个封闭的球面，可以发现同一行的两端或者同一列两端的两个小方格所代表的最小项也是相邻最小项，这种相邻关系称为**相对相邻**。例如，图 2.10 中，四变量函数的最小项 m_0 与 m_1 和 m_4 几何相邻，与 m_2 和 m_8 相对相邻。如图 2.11（a）所示，把这个图的上、下边缘连接，卷成圆筒状，便可看出 m_0 和 m_2 在几何位置上是相邻的。同样，按图 2.11（b）所示把图的左、右边缘连接，卷成圆筒状，便可使 m_0 和 m_8 相邻。

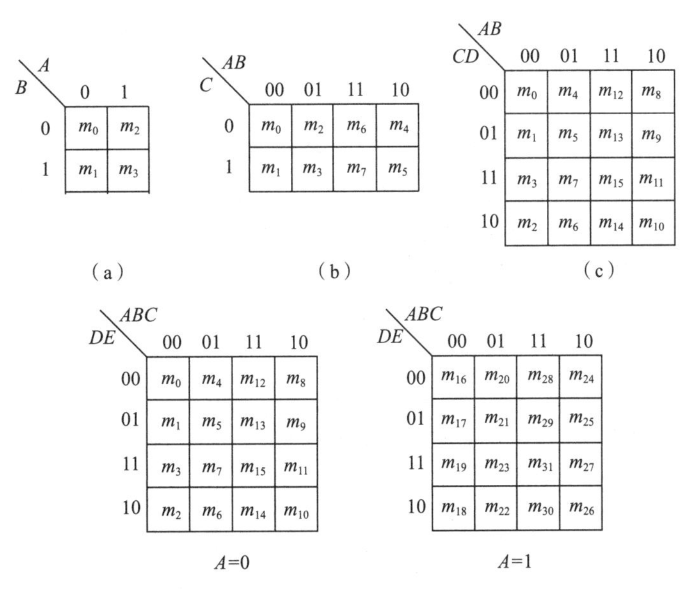

A B 0 1
0 m_0 m_2
1 m_1 m_3
(a)
AB C 00 01 11 10
0 m_0 m_2 m_6 m_4
1 m_1 m_3 m_7 m_5
(b)
AB CD 00 01 11 10
00 m_0 m_4 m_{12} m_8
01 m_1 m_5 m_{13} m_9
11 m_3 m_7 m_{15} m_{11}
10 m_2 m_6 m_{14} m_{10}
(c)
ABC DE 00 01 11 10
00 m_0 m_4 m_{12} m_8
01 m_1 m_5 m_{13} m_9
11 m_3 m_7 m_{15} m_{11}
10 m_2 m_6 m_{14} m_{10}
A=0
ABC DE 00 01 11 10
00 m_{16} m_{20} m_{28} m_{24}
01 m_{17} m_{21} m_{29} m_{25}
11 m_{19} m_{23} m_{31} m_{27}
10 m_{18} m_{22} m_{30} m_{26}
A=1
(d)

图2.10　二～五变量卡诺图

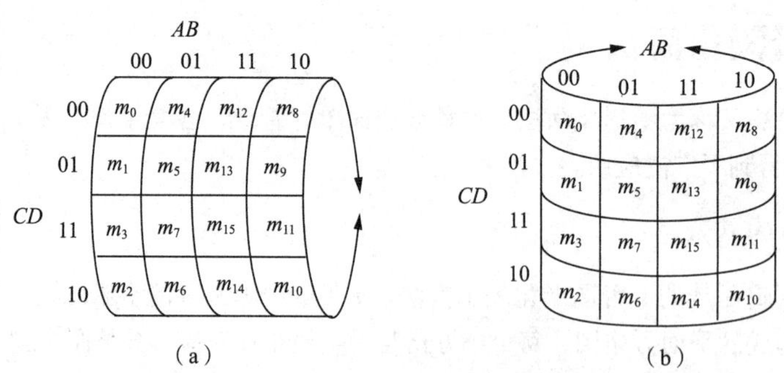

图2.11 四变量卡诺图卷成筒状的示意图

对于变量个数大于 4 的情形，仅用二维几何空间的位置相邻性已经不能完全地表示最小项的相邻性。例如，在图 2.10（d）中，除了将卡诺图看成上下、左右闭合的图形外，还要将“A=1”的卡诺图看成重叠在“A=0”的卡诺图之上，此时，位于重叠位置的小方格所代表的最小项也是相邻最小项。这种相邻关系称为**相重相邻**。如五变量卡诺图中的 m_3，除了几何相邻的 m_1、m_2、m_7 和相对相邻的 m_{11} 外，还与 m_{19} 重叠相邻。

总的来说，卡诺图的排列方案必须满足以下两个特点。

（1）n 个变量的卡诺图由 2^n 个小方格组成，每个小方格代表一个最小项。

（2）卡诺图上处在相邻、相对、相重位置的小方格所代表的最小项为相邻最小项。

2. 逻辑函数在卡诺图上的表示

（1）完全描述逻辑函数的卡诺图表示

由于任何一个逻辑函数都可以变换成最小项表达式，而 n 个变量的卡诺图包含了 n 个变量的所有最小项，所以 n 个变量的卡诺图可以表示 n 个变量的逻辑函数。

下面分几种情况来讨论。

① 逻辑函数为标准与或表达式

当逻辑函数为标准与或表达式时，只需在卡诺图上将表达式中最小项对应的小方格填上 1，其余小方格填上 0，即可得到该函数的卡诺图。

例如，三变量函数 $F(A,B,C)=\sum m(1,2,3,7)$ 的卡诺图如图 2.12 所示。

C \ AB	00	01	11	10
0	0	1	0	0
1	1	1	1	0

图2.12 $F(A,B,C)=\sum m(1,2,3,7)$ 的卡诺图

② 逻辑函数为标准或与表达式

当逻辑函数为标准与或表达式时，可以将其变换为最小项之积的形式，再按照标准与或表达式的方式进行填写，也可以直接按照最大项之积的形式来填写（具体来说，只需在卡诺图上将表达式中最大项下标对应的最小项小方格填上 0，其余小方格填上 1，即可得到该函数的卡诺图）。

例如，四变量函数 $F(A,B,C,D)=\prod M(1,2,3,7,15)$ 的卡诺图如图 2.13 所示。

CD \ AB	00	01	11	10
00	1	1	1	1
01	0	1	1	1
11	0	0	0	1
10	0	1	1	1

图2.13 $F(A,B,C,D)=\prod M(1,2,3,7,15)$ 的卡诺图

③ 逻辑函数为一般与或表达式

当给定的逻辑函数是一般与或表达式时，将与或表达式中的与项在卡诺图中所覆盖区域内的所有小方格都填“1”（已经填过“1”的小格除外），其余都填“0”。

例如，对于三变量逻辑函数 $F(A,B,C)=A+\bar{B}C+\bar{A}BC$ ，在卡诺图中可看出，最小项 m_4、m_5、m_6、m_7 对应的 4 个小方格变量 A 的取值都为 1，因此，与项 A 对应 m_4、m_5、m_6、m_7，它们对应的 4 个小方格填 1；同理，与项 $\bar{B}C$ 对应最小项 m_1 和 m_5，m_5 对应的小方格已经填写了 1，只需要在 m_1 对应的小方格填 1；与项 $\bar{A}BC$ 对应最小项 m_3，在 m_3 对应的小方格填 1；其余位置填 0，即可得到函数 $F(A,B,C)=A+\bar{B}C+\bar{A}BC$ 的卡诺图，如图 2.14 所示。

对于其他形式的逻辑函数，通常将逻辑函数变换为一般与或表达式或者标准与或表达式，然后按照对应的方法进行填写即可，这里不再一一赘述。

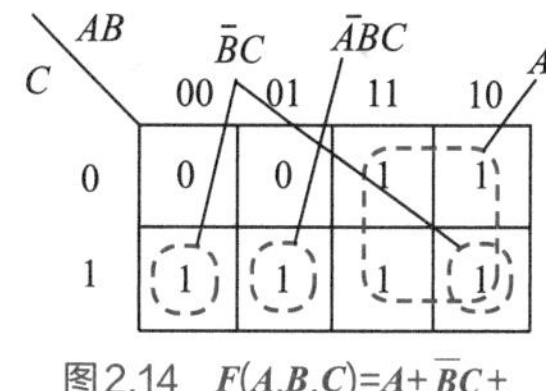

图2.14　$F(A,B,C)=A+\bar{B}C+\bar{A}BC$ 的卡诺图

为了叙述方便，通常将卡诺图上填 1 的小方格称为 1 方格，填 0 的小方格称为 0 方格。0 方格有时可以省略，用空格表示。

（2）包含无关条件逻辑函数的卡诺图表示

当给定的逻辑函数是包含无关条件的逻辑函数时，其卡诺图的表示方法和完全描述逻辑函数的卡诺图表示方法基本相同，区别在于，对于无关最小项对应的小方格填 d 或者 x。当约束条件为其他形式时，根据约束条件找出无关最小项，然后将对应的无关项填 d 或者 x。

例 2.26　用卡诺图表示以下逻辑函数。

$$F(A,B,C,D)=\sum m(3,5,6,9)+\sum d(10,11,12,13,14,15)$$

解：先画四变量的卡诺图，再将有最小项的方格填 1，有约束条件的最小项编号方格填 d，其余方格填 0，如图 2.15 所示。

CD \ AB	00	01	11	10
00	0	0	d	0
01	0	1	d	1
11	1	0	d	d
10	0	1	d	d

图2.15　例2.26的卡诺图

例 2.27　逻辑函数 $F(A,B,C)=\sum m(4,5,7)$ 的约束条件为 $A+B=1$，试用卡诺图表示该逻辑函数。

解：逻辑函数 $F(A,B,C)=\sum m(4,5,7)$ 的约束条件不是无关最小项，因此，必须根据去约束方程找出对应的无关最小项。

要想满足约束条件 $A+B=1$，A 或者 B 至少有一个取值为 1，A 和 B 不能同时为 0。根据这个约束条件，可以得到对应的无关最小项为 $\bar{A}\bar{B}\bar{C}$ 和 $\bar{A}\bar{B}C$ ，则函数 F 可表示为 $F(A,B,C)=\sum m(4,5,7)+\sum d(0,1)$ ，由此可得到函数 F 的卡诺图如图 2.16 所示。

C \ AB	00	01	11	10
0	d	0	0	1
1	d	0	1	1

图2.16　例2.27的卡诺图

3. 卡诺图上最小项的合并规律

卡诺图的构造特点使卡诺图具有一个重要性质：从图形上可以直观地找出相邻最小项。根据公式 $AB + A\bar{B} = A$ 可知，两个相邻最小项可以合并为一项并消去一个变量。因此，可以把卡诺图上表现相邻最小项的相邻小方格圈在一起进行合并，达到用一个简单与项代替若干最小项的目的。通常把用来包围那些能由一个简单与项代替的若干最小项的“圈”称为卡诺圈。

n 个变量卡诺图中最小项的合并规律：将卡诺图中相邻的 2^m（m 为小于或等于 n 的整数）个小方格用一个卡诺圈进行合并，这 2^m 个小方格含有 m 个不同变量，$n-m$ 个相同变量，合并后可消去 m 个变量，卡诺圈对应的最小项可用 $n-m$ 个变量的与项表示，该与项由这些最小项中的相同部分构成，变量为 1 时用原变量表示，为 0 时用反变量表示。

从图形上看，卡诺圈中相邻的 2^m 小方格具有以下特征之一。

（1）2^m 个小方格可以组成一个大格（可以是长方形，也可以是正方形），如图 2.17 所示。

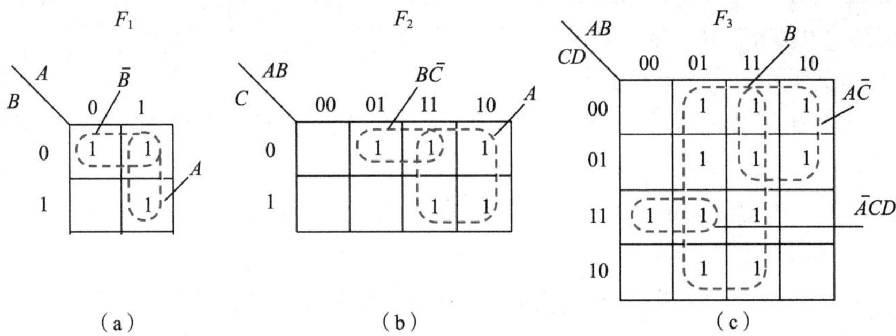

图2.17　2^m 个小方格组成一个大方格

（2）2^m 个小方格处在一行（一列），如图 2.18 所示。

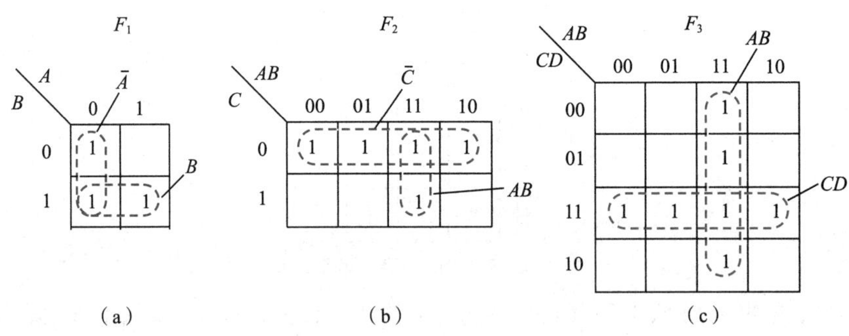

图2.18　2^m 个小方格处在一行（一列）

（3）2^m 个小方格处在两个边行（两个边列），如图 2.19 所示。

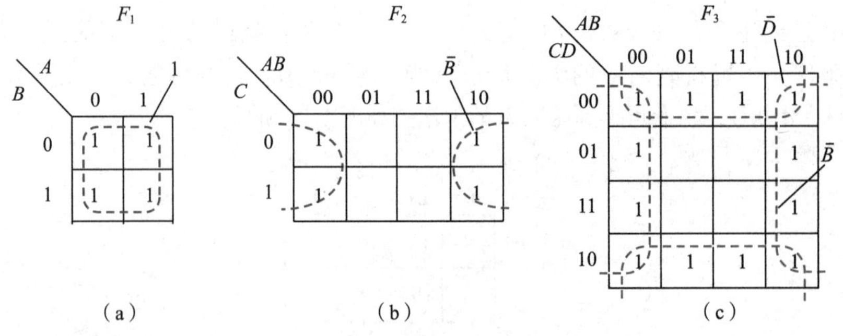

图2.19　2^m 个小方格处在两个边行（两个边列）

（4）2^m 个小方格处在 4 个角，如图 2.20 所示。

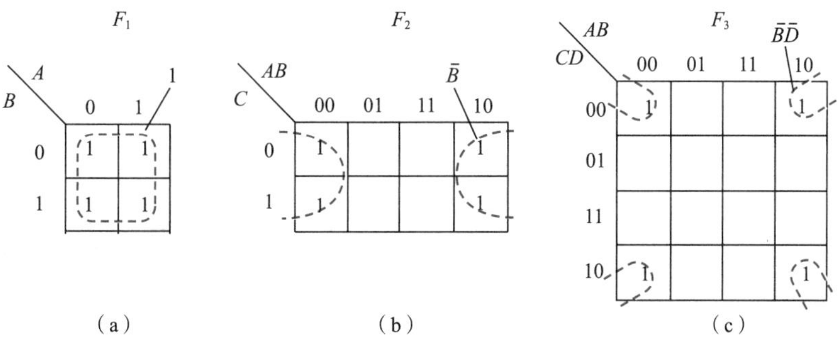

图2.20　2^m 个小方格处在4个角

（5）2^m 个小方格处在一行（一列）的两端，如图 2.21 所示。

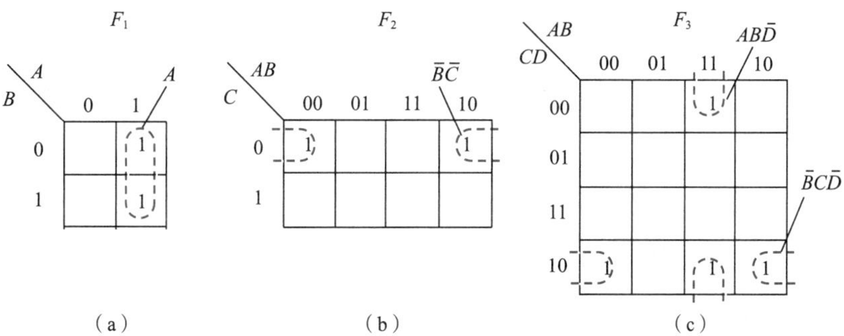

图2.21　2^m 个小方格处在一行（一列）的两端

（6）2^m 个小方格处在相邻两行（两列）的两端，如图 2.22 所示。

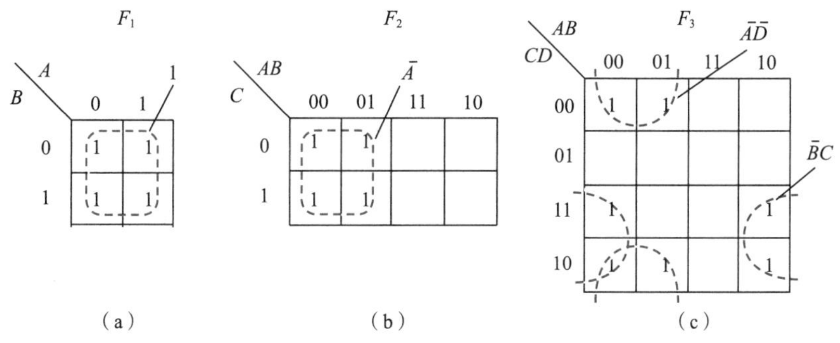

图2.22　2^m 个小方格处在相邻两行（两列）的两端

（7）当 m=0 时，即单独一个 1 方格画一个卡诺圈，该卡诺圈对应的与项即为该 1 方格对应的最小项，不消去任何变量，如图 2.23 所示。

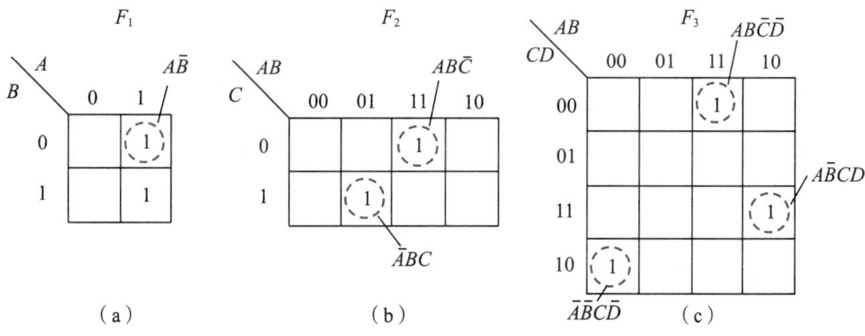

图2.23　m=0时1个小方格画圈

（8）当 $m=n$ 时，卡诺圈包围了整个卡诺图，可用 1 表示，即 n 个变量的全部最小项相或为 1，如图 2.24 所示。

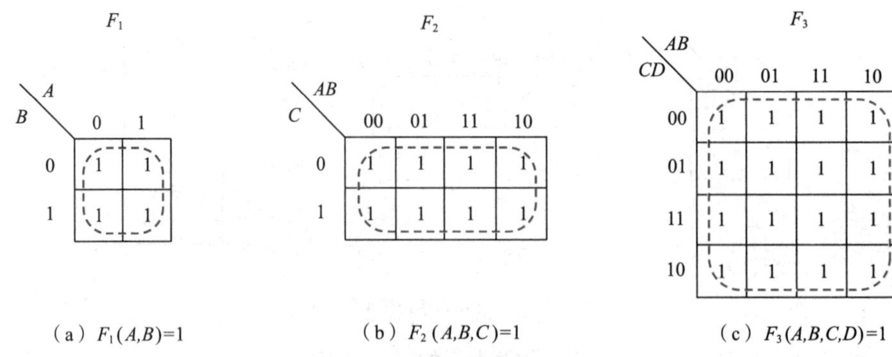

（a）$F_1(A,B)=1$　（b）$F_2(A,B,C)=1$　（c）$F_3(A,B,C,D)=1$

图 2.24　卡诺圈包围整个卡诺图

归纳起来，n 个变量卡诺图中最小项的合并规律如下：

（1）卡诺圈中小方格的个数必须为 2^m 个，m 为小于或等于 n 的整数。

（2）卡诺圈中的 2^m 个小方格有一定的排列规律，具体来说，它们含有 m 个不同变量，$n-m$ 个相同变量。

（3）卡诺圈中的 2^m 个小方格对应的最小项可用 $n-m$ 个变量的“与”项表示，该“与”项由这些最小项中的相同变量构成。

（4）当 $m=n$ 时，卡诺圈包围了整个卡诺图，可用 1 表示，即 n 个变量的全部最小项之和为 1。

4. 卡诺图化简逻辑函数的步骤

（1）求逻辑函数的最简与或表达式

用卡诺图求逻辑函数最简与或表达式的一般步骤如下。

① 作出函数的卡诺图。

② 按照合并规律画卡诺圈，并写出每个卡诺圈所代表的与项。

画卡诺圈时应做到“八字方针”：能大不小，能少就少。

“能大不小”是指在符合卡诺圈合并规律的情况下，找出最大的卡诺圈。这是因为卡诺圈包围的小方格数（圈内变量）越多，化简消去的变量就越多。但是，这里的最大，不是强调卡诺圈包含最小项数目的多少，而是指其独立性，只要不能被其他卡诺圈所包含的卡诺圈均为最大卡诺圈。例如，某个 1 方格不能和任何 1 方格进行合并，则该 1 方格必须单独画一个卡诺圈，该卡诺圈即为一个最大的卡诺圈，其所代表的与项即为该 1 方格对应的最小项。

“能少就少”是指在满足全覆盖（覆盖所有最小项）的原则下，找出最少的卡诺圈组合。卡诺圈的个数越少，则化简结果中的与项个数就少。这里需要注意的是，允许重复圈小方格，但每个卡诺圈内至少应有一个新的小方格。

③ 将所有卡诺圈所对应的与项相或，即可得出化简后的最简与或表达式。

下面举例说明卡诺图化简逻辑函数的全过程。

例 2.28　用卡诺图化简逻辑函数 $F(A,B,C,D)=\sum m(0,3,5,6,7,10,11,13,15)$。

解：

① 做出给定函数 F 的卡诺图，如图 2.25（a）所示。

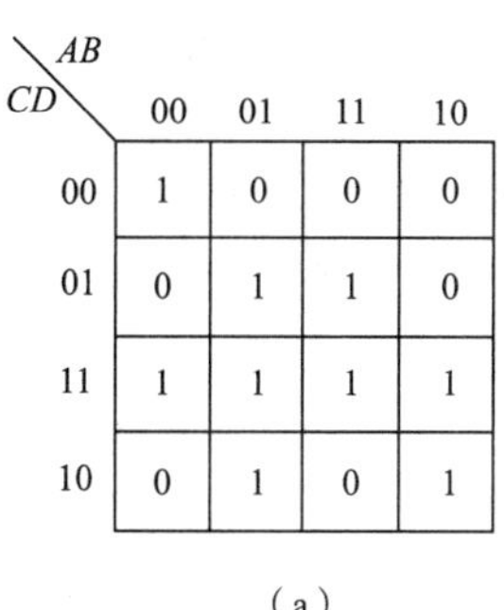

（a）

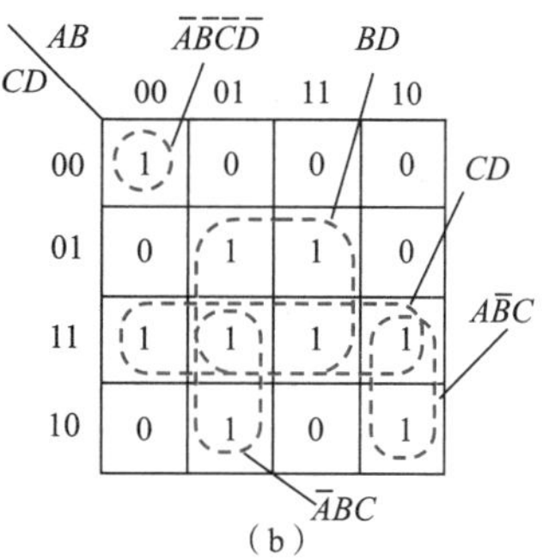

（b）

图2.25 例2.28的卡诺图

② 按照卡诺圈合并规律和“八字方针”圈出卡诺圈，并写出对应的与项，如图 2.25（b）所示。

③ 将所有与项相或，即可得到函数 F 的最简与或表达式。

$$F(A,B,C,D)=\bar{A}\bar{B}\bar{C}\bar{D}+\bar{A}BC+A\bar{B}C+BD+CD$$

例 2.29 用卡诺图化简逻辑函数 $F(A,B,C,D)=\bar{A}CD+\bar{B}C\bar{D}+\bar{A}BC\bar{D}+A\bar{B}\bar{D}+AB\bar{C}\bar{D}$ 。

解：

① 作出给定函数 F 的卡诺图，如图 2.26（a）所示。

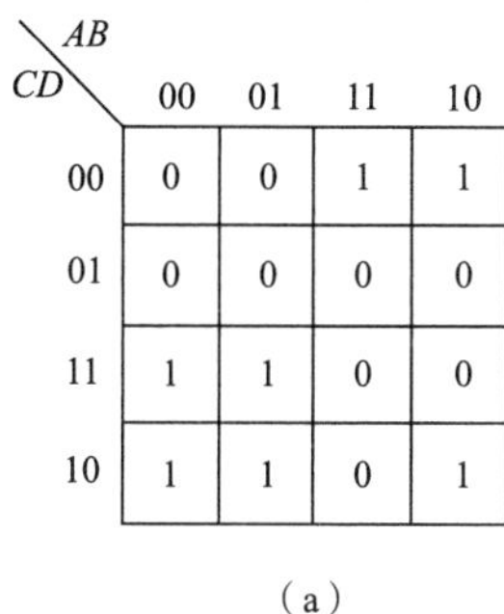

（a）

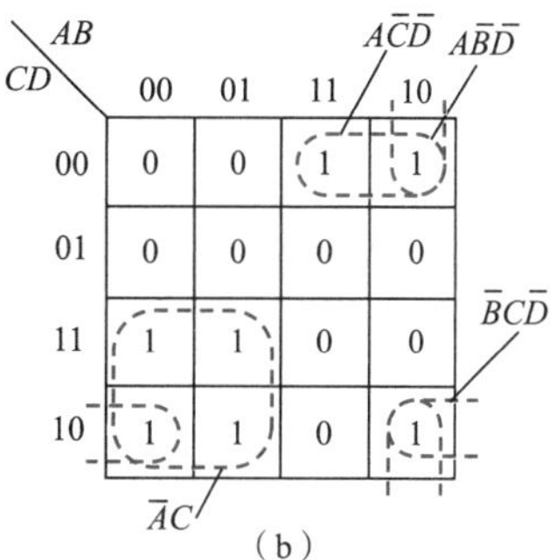

（b）

图2.26 例2.29的卡诺图

② 按照卡诺圈合并规律和“八字方针”圈出卡诺圈，并写出对应的与项，如图 2.26（b）所示。

③ 将所有与项相或，即可得到函数 F 的最简与或表达式。

由图 2.26（b）可见，最小项 m_{10} 既可以和 m_8 圈在一起，也可以和 m_2 圈在一起。无论选择最小项 m_{10} 和哪个最小项圈在一起，都可以满足全覆盖的原则，而且化简后的复杂程度也一样。根据“八字方针”中“能少就少”的原则，这两个卡诺圈只能选择其中一个。因此，函数 F 的最简表达式可化简为

$$F(A,B,C,D)=\bar{A}C+A\bar{C}\bar{D}+A\bar{B}\bar{D}$$

或

$$F(A,B,C,D)=\bar{A}C+A\bar{C}\bar{D}+\bar{B}C\bar{D}$$

由此可见，函数的最简与或表达式不一定是唯一的。

在掌握了卡诺图化简的基本方法和步骤后，不一定按部就班地进行，即在熟练的情况下，完全可以一次求出最简的结果。

（2）求逻辑函数最简或与表达式

上面介绍了用卡诺图求函数最简与或表达式的方法和步骤。当需要求一个函数的最简或与表达式时，通常采用两次取反法或者两次对偶法。具体可分以下几种情况处理。

① 当给定逻辑函数 F 为一般与或表达式时（逻辑函数 F 为混合型表达式时，首先将函数 F 变换为一般与或表达式），作出函数 F 的卡诺图。合并卡诺图上的 0 方格，求出反函数 $\overline{F}$ 的最简与或表达式，然后对反函数 $\overline{F}$ 的最简与或表达式取反，得到函数 F 的最简或与表达式。

② 当给定逻辑函数为或与表达式时，可采用两次取反法求函数的最简或与表达式。首先根据反演规则求出函数 F 的反函数 $\overline{F}$，并作出反函数 $\overline{F}$ 的卡诺图，合并卡诺图上的 1 方格，求反函数 $\overline{F}$ 的最简与或表达式，然后对反函数 $\overline{F}$ 的最简与或表达式取反，得到函数 F 的最简或与表达式。

③ 当给定逻辑函数为或与表达式时，也可以采用两次对偶法求函数的最简或与表达式。首先根据对偶规则求出函数 F 的对偶函数 F'，并作出对偶函数 F' 的卡诺图，合并卡诺图上的 1 方格，求出对偶函数 F' 的最简与或表达式，然后对对偶函数 F' 的最简与或表达式再次取对偶，得到函数 F 的最简或与表达式。

例 2.30　用卡诺图化简法求逻辑函数 $F(A,B,C,D)=\sum m(5\sim 7,9\sim 11,13\sim 15)$ 的最简或与表达式。

解：

① 作出给定函数 F 的卡诺图，如图 2.27（a）所示。

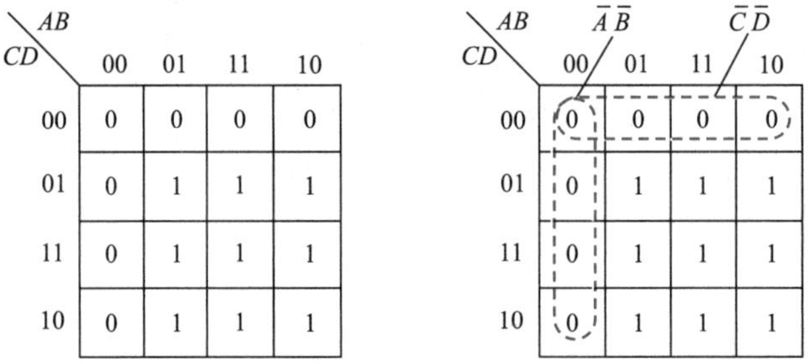

CD \ AB	00	01	11	10
00	0	0	0	0
01	0	1	1	1
11	0	1	1	1
10	0	1	1	1

（a）

$\overline{A}\,\overline{B}$　$\overline{C}\,\overline{D}$

CD \ AB	00	01	11	10
00	0	0	0	0
01	0	1	1	1
11	0	1	1	1
10	0	1	1	1

（b）

图2.27　例2.30的卡诺图

② 按照卡诺圈合并规律对 0 方格进行画圈，并写出对应的与项，如图 2.27（b）所示。

③ 将所有与项相或，即可得到函数 $\overline{F}$ 的最简与或表达式。

$$\overline{F}(A,B,C,D)=\overline{A}\,\overline{B}+\overline{C}\,\overline{D}$$

④ 对函数 $\overline{F}$ 取反，即可得到函数 F 的最简或与表达式。

$$F=\overline{\overline{F}}(A,B,C,D)=\overline{\overline{A}\,\overline{B}+\overline{C}\,\overline{D}}=(A+B)(C+D)$$

例 2.31　用卡诺图化简法求逻辑函数 $F(A,B,C,D)=(\overline{A}+\overline{D})(B+\overline{D})(A+B)$ 的最简或与表达式。

解：

① 求出给定函数 F 的反函数 $\overline{F}$。

$$\overline{F}(A,B,C,D)=\overline{(\overline{A}+\overline{D})(B+\overline{D})(A+B)}=AD+\overline{B}D+\overline{A}\,\overline{B}$$

② 作出反函数 $\overline{F}$ 的卡诺图，如图 2.28（a）所示。

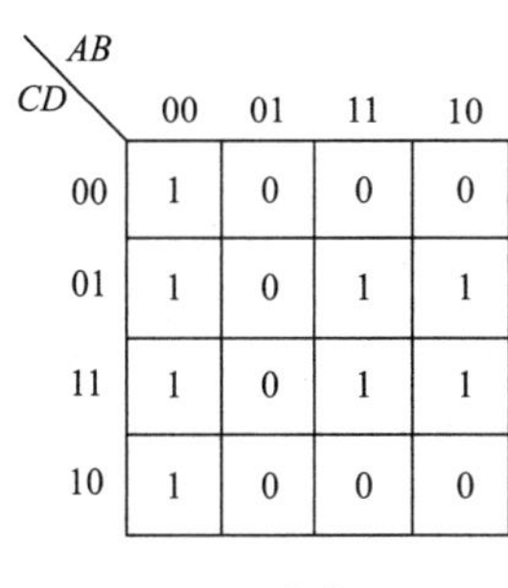

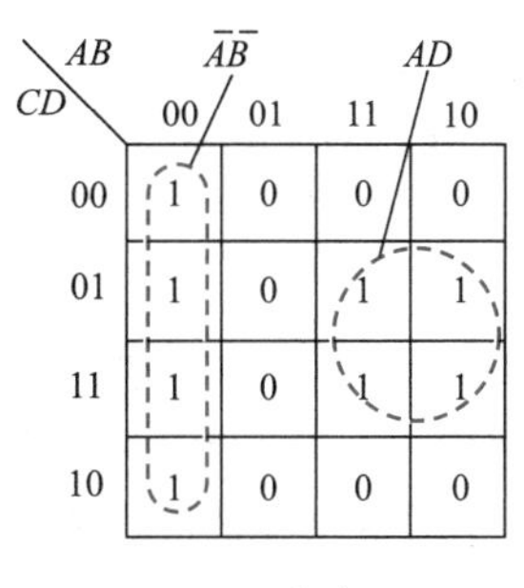

图2.28　例2.31的卡诺图

③ 按照卡诺圈合并规律和“八字方针”对 1 方格进行画圈，并写出对应的与项，如图 2.28（b）所示。

④ 将所有与项相或，即可得到函数 $\overline{F}$ 的最简与或表达式。

$$\overline{F}(A,B,C,D)=\overline{A}\overline{B}+AD$$

⑤ 对函数 $\overline{F}$ 取反，即可得到函数 F 的最简或与表达式。

$$F=\overline{\overline{F}}(A,B,C,D)=\overline{\overline{A}\overline{B}+AD}=(A+B)(\overline{A}+\overline{D})$$

例 2.32　用卡诺图化简法求逻辑函数 $F(A,B,C,D)=(\overline{A}+B)(A+B+\overline{C})(\overline{A}+C)$ 的最简或与表达式。

解：

① 求出给定函数 F 的对偶函数 F'。

$$F'=\overline{A}B+ABC\overline{C}+\overline{A}C$$

② 作出对偶函数 F' 的卡诺图，如图 2.29（a）所示。

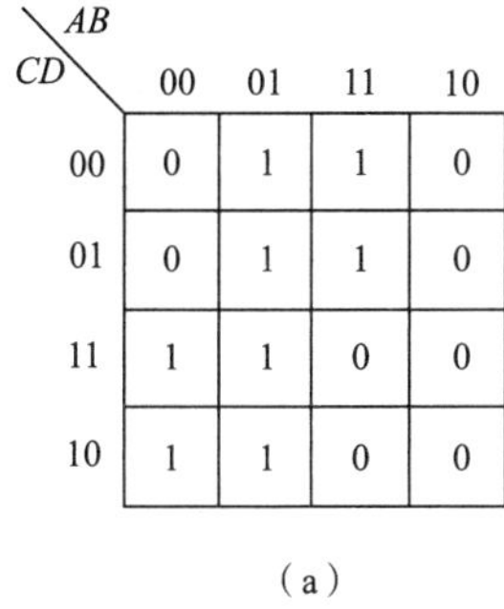

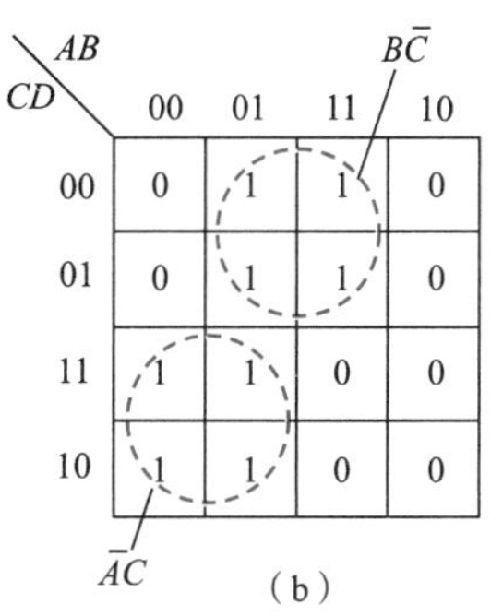

图2.29　例2.32的卡诺图

③ 按照卡诺圈合并规律和“八字方针”对 1 方格进行画圈，并写出对应的与项，如图 2.29（b）所示。

④ 将所有与项相或，即可得到对偶函数 F' 的最简与或表达式。

$$F'(A,B,C,D)=\overline{A}C+B\overline{C}$$

⑤ 对对偶函数 F' 取对偶，即可得到函数 F 的最简或与表达式。

$$F(A,B,C,D)=(F')'=(\overline{A}+C)(B+\overline{C})$$

（3）多输出逻辑函数的化简

实际电路常常有两个或两个以上的输出端，它涉及多输出函数的问题。化简多输出函数时，不能单纯地去追求各个单一函数的最简式，应该统一考虑，尽可能利用公共项，以保证整个系统最简。

用卡诺图化简多输出函数的步骤如下。

① 分别画出各个函数的卡诺图。

② 在各个卡诺图中寻找两个或两个以上函数的公共圈，对非共同部分仍按一般卡诺图的圈选原则进行圈选。

③ 进一步考察步骤②，考察时着眼点放在公共圈上，因为有些公共圈在某个函数的卡诺图中，有可能扩大合并范围，其结果有可能使整体电路更加简化。这样就需要多次修改圈选方案，并做反复比较，从中选出使整体电路最简的方案。

用卡诺图化简多输出函数的步骤也可以反过来，先分别化简各函数，再找公共圈，并做分析、比较，找出使整体电路最简的方案。

例 2.33　化简多输出函数 $F_1(A,B,C)=\sum m(1,3,4,5,7)$ 、$F_2(A,B,C)=\sum m(3,4,7)$ 。

解：假定不考虑整体，只考虑每个输出函数达到最简，则可采用图 2.30 所示的卡诺图化简上述函数。

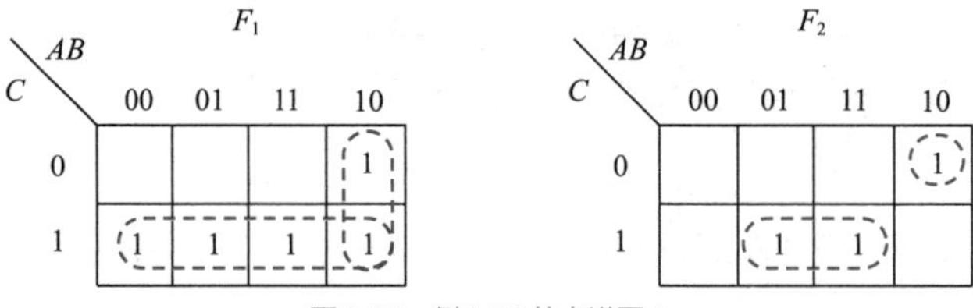

图2.30　例2.33的卡诺图1

经化简后的输出函数表达式为

$$F_1 = C + A\bar{B}$$

$$F_2 = BC + A\bar{B}\bar{C}$$

相应的逻辑电路如图 2.31（a）所示。

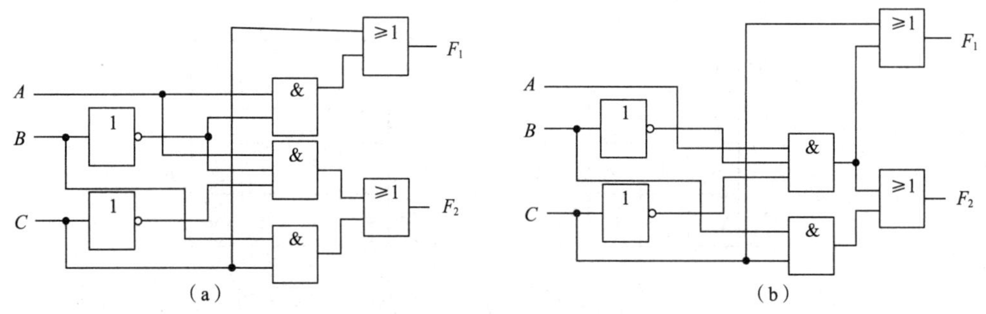

图2.31　例2.33的电路图

该电路就单个函数而言均已达到最简，但从整体考虑则并非最简。

当按多输出函数组合电路进行设计时，观察 F_1 和 F_2 的卡诺图，采用图 2.32 所示的卡诺图进行函数化简。

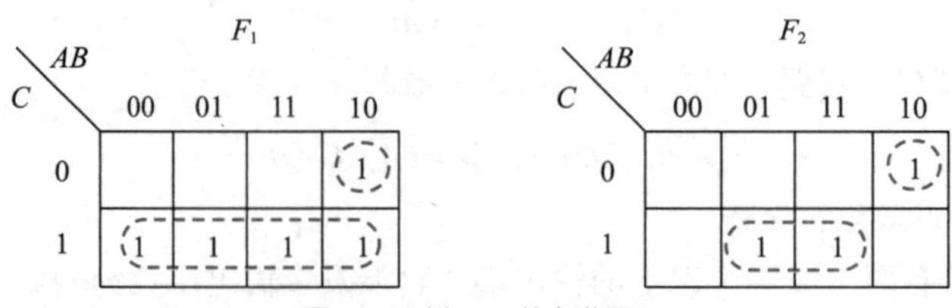

图2.32　例2.33的卡诺图2

经化简后的输出函数表达式为

$$F_1 = C + A\bar{B}\bar{C}$$

$$F_2 = BC + A\bar{B}\bar{C}$$

相应的逻辑电路如图 2.31（b）所示。

显然，系统考虑化简，其电路比各函数独立进行化简所得到的电路更简单。

（4）利用卡诺图化简包含无关条件的逻辑函数

在化简具有无关项的逻辑函数时，函数表达式中是否包含无关项以及对无关项是令其值为 1，还是为 0，并不影响函数的逻辑功能。因此，在化简这类逻辑函数时，利用这种随意性往往可以使逻辑函数得到更好的简化，从而使设计的电路达到更简。具体来说，对有助于逻辑函数化简的无关项可以认为它取 1（但不允许直接在对应的小方块内填写 1，应该填 d），否则取 0，从而能得到更简单的化简结果。

例 2.34　用卡诺图化简逻辑函数 $F(A,B,C,D)=\sum m(3\sim 7,15)+\sum d(0,8,11\sim 14)$ 。

解：

① 作出给定函数 F 的卡诺图，如图 2.33（a）所示。

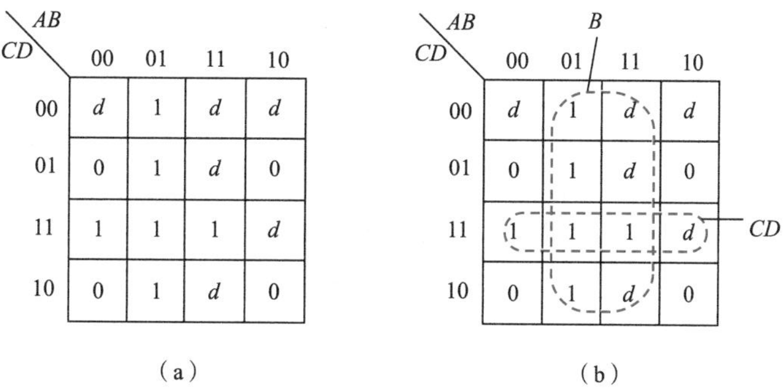

图2.33　例2.34的卡诺图

② 按照卡诺圈合并规律和“八字方针”圈出卡诺圈，并写出对应的与项，如图 2.33（b）所示。

③ 将所有与项相或，即可得到函数 F 的最简与或表达式。

$$F(A,B,C,D)=B+CD$$

卡诺图化简逻辑函数具有方便、直观、容易掌握等优点。但这种方法受到函数变量数量的制约，当变量个数大于 6 时，画图及对图形的识别都变得相当复杂，从而失去了其优越性。

2.5.3　列表化简法

列表化简法又称奎恩 - 麦克拉斯基算法（Quine-McCluskey 算法）化简法，简称为 Q-M 化简法。列表化简法通过表格的形式，按照确定的流程，根据公式 $A\bar{B}+AB=A$ ，反复找出只有一个变量互为相反的两个与项，将其合并消去一个变量，直到所有与项无法合并为止，从而求得逻辑函数的最简与或表达式。虽然列表化简法工作量大，方法烦琐，但其具有确定的流程，适用于任何复杂逻辑函数的化简，便于计算机自动处理多变量的逻辑函数的化简问题。

在讨论用列表化简法化简逻辑函数的具体步骤之前，先定义几个术语如下。

蕴涵项：对于 n 变量的逻辑函数，由其 2^i（$0 \leqslant i \leqslant n$）个最小项进行合并所得到的与项称为该函数的蕴涵项（Implicant），并称该蕴涵项包含这 2^i 个最小项。

质蕴涵项：若函数的一个蕴涵项不能和其他任何一个蕴涵项合并为一个与项，则称此蕴涵项为质蕴涵项（Prime Implicant），简称为质项。

必要质蕴涵项：若逻辑函数的一个质蕴涵项包含不被函数的其他任何质蕴涵项所包含的最小项，则此质蕴涵项被称为必要质蕴涵项（Essential Prime Implicant），简称为必要质项。

用列表化简法化简逻辑函数，一般可以概括为以下 4 个步骤。

（1）将函数表示成“最小项之和”的形式，用二进制码表示每一个最小项，并将这些二进制码按照含“1”的个数进行分组，得到函数的分组表。

（2）找出函数的全部质蕴涵项集。

寻找函数的全部质蕴涵项通常借助质蕴涵项产生表，具体方法是先将函数的分组表中的相邻最小项合并，消去相异的变量，得到 n-1 个变量的与项；再将相邻的 n-1 个变量的与项合并，消去相异的变量，得到 n-2 个变量的与项……重复这个过程，直到不能再合并为止。所得到的全部不能再合并的与项（包括不能合并的最小项），即为所要求的全部质蕴涵项。具体过程如下。

① 将函数的分组表作为质蕴涵项产生表的第Ⅰ栏，通过对第Ⅰ栏中相邻两组的二进制码逐个进行比较，找出那些只有一个变量不同的最小项进行合并。

② 在第Ⅱ栏中的第 1 列（组号）填入合并后的与项所含 1 的个数，在第Ⅱ栏中的第 2 列（$\sum m_i$）指出相应与项是由哪几个最小项合并产生的，在第Ⅱ栏中的第 3 列（$ABCD$）填入合并后的与项的二进制码，其中被消去的变量位置用“-”代替。最后，将第Ⅰ栏中参与合并的最小项对应的第 4 列（P_i）打上“√”标记，以表示该与项已参与合并。

③ 重复以上过程，从而求出含有 n-1 个变量的与项，生成质蕴涵项产生表的第Ⅱ栏。

④ 重复步骤①～步骤③，直到所有与项不能再合并为止。

⑤ 在质蕴涵项产生表中，没有打“√”的与项即为函数的全部质蕴涵项，用 P_i 表示，并写出每个 P_i 的最小项表达式及最简与项。

（3）找出函数的必要质蕴涵项。

找出函数的全部质蕴涵项后，可借助必要质蕴涵项产生表找出函数的必要质蕴涵项。这一步是通过质蕴涵项对最小项的覆盖情况，找出必不可少的质蕴涵项。若某个最小项只被其中一个质蕴涵项所覆盖，则该质蕴涵项即为必要质蕴涵项。

（4）找出函数的最小覆盖。最小覆盖既要覆盖全部最小项，又要使质蕴涵项数量达到最少。当必要质蕴涵项可以覆盖函数的全部最小项时，所有的必要质蕴涵项即为函数的最小覆盖。当必要质蕴涵项不能覆盖函数的全部最小项时，则需要进一步从剩余质蕴涵项集中选出所需质蕴涵项，以构成函数的最小质蕴涵项集。进一步选出所需质蕴涵项的途径是，去掉必要质蕴涵项产生表中的必要质蕴涵项及其所覆盖的最小项，生成所需质蕴涵项产生表，然后按照一定的方法从所需质蕴涵项产生表中找出所需质蕴涵项。通常采用的方法是行消去法和列消去法，其规则如下。

行消去法规则：对于所需质蕴涵项产生表中的任意质蕴涵项 P_i 和 P_j，若 P_i 中的“×”完全包含在 P_j 行中，则可消去 P_i 行。这是因为选取了质蕴涵项 P_j 后不仅可以覆盖质蕴涵项 P_j 所能覆盖的最小项，还可覆盖其他最小项。

列消去法规则：对于所需质蕴涵项产生表中的任意最小项 m_i 和 m_j，若 m_i 列中的“×”完全包含在 m_j 列中，则可消去 m_j 列。这是因为选取了覆盖 m_i 的质蕴涵项后一定能覆盖 m_j，反之则不一定。

按照上述规则消去多余的行和多余的列后，可再次选出必要质蕴涵项。该规则可重复使用，直至找出能覆盖函数全部最小项的最小质蕴涵项集为止。

以上步骤均是通过表格进行的，因此，列表化简法也称为表格化简法。

下面举例进行说明。

例 2.35　用列表化简法化简逻辑函数 $F(A,B,C,D)=\sum m(0,3,7,8,10\sim 13,15)$。

解：

（1）用二进制代码表示函数中的每一个最小项，并将其按照二进制编码中 1 的个数进行分组，如表 2.16 所示。这样，可以合并的最小项只能处于相邻的两组内。

（2）作出函数的质蕴涵项产生表，求函数的全部质蕴涵项。

将表 2.16 作为质蕴涵项产生表的第Ⅰ栏，按照同样的方式同时列出第Ⅱ栏，如表 2.17 所示。

表 2.17 中第Ⅰ栏第 0 组的最小项 m_0 和第 1 组的最小项 m_8 可以合并，合并后消去变量 A，合并后的与项含有 0 个“1”，因此，在Ⅱ栏的第 1 列（组号）填入“0”，在Ⅱ栏的第 2 列（$\sum m_i$）填入 (0，8)，在Ⅱ栏的第 3 列（$ABCD$）填入“-000”。最后，将第Ⅰ栏中 m_0 与 m_8 对应的第 4 列（P_i）打上“√”标记，以表示该与项已参与合并。

表 2.16　例 2.35 中函数 F 的分组表

组号	最小项m_i	$ABCD$
0	0	0000
1	8	1000
2	3	0011
	10	1010
	12	1100
3	7	0111
	11	1011
	13	1101
4	15	1111

第Ⅰ栏的第 1 组和第 2 组的 m_8 和 m_{10}、m_8 和 m_{12} 可以合并；第 2 组和第 3 组的最小项 m_3 和 m_7、m_3 和 m_{11}、m_{12} 和 m_{13} 分别可以合并；第 3 组的每一个最小项都可以与第 4 组的最小项 m_{15} 合并。重复以上过程，完成质蕴涵项产生表的Ⅱ栏，如表 2.17 所示。

表 2.17　例 2.35 中函数 F 的质蕴涵项产生表 1

Ⅰ				Ⅱ			
组号	m_i	$ABCD$	P_i	组号	$\sum m_i$	$ABCD$	P_i
0	0	0000	√	0	0，8	-000	
1	8	1000	√	1	8，10	10-0	
2	3	0011	√		8，12	1-00	
	10	1010	√	2	3，7	0-11	
	12	1100	√		3，11	-011	
3	7	0111	√		10，11	101-	
	11	1011	√		12，13	110-	
	13	1101	√	3	7，15	-111	
4	15	1111	√		11，15	1-11	
					13，15	11-1	

按上述同样的方法，对表 2.17 中第Ⅱ栏的全部与项进行比较、合并，可形成表的第Ⅲ栏，如表 2.18 所示。由于第Ⅲ栏的与项不再相邻，故合并到此结束。

表 2.18　例 2.35 中函数 *F* 的质蕴涵项产生表 2

Ⅰ				Ⅱ				Ⅲ			
组号	m_i	*ABCD*	P_i	组号	$\sum m_i$	*ABCD*	P_i	组号	$\sum m_i$	*ABCD*	P_i
0	0	0000	√	0	0，8	-000	P_7	1	3，7，11，15	--11	P_1
1	8	1000	√	1	8，10	10-0	P_6				
2	3	0011	√		8，12	1-00	P_5				
	10	1010	√	2	3，7	0-11	√				
	12	1100	√		3，11	-011	√				
3	7	0111	√		10，11	101-	P_4				
	11	1011	√		12，13	110-	P_3				
	13	1101	√	3	7，15	-111	√				
4	15	1111	√		11，15	1-11	√				
					13，15	11-1	P_2				

由表 2.18 可知，函数的全部质蕴涵项为

$P_1=\sum m(3,7,11,15)=CD$　　$P_2=\sum m(13,15)=ABD$　　$P_3=\sum m(12,13)=AB\overline{C}$

$P_4=\sum m(10,11)=A\overline{B}C$　　$P_5=\sum m(8,12)=A\overline{C}\overline{D}$　　$P_6=\sum m(8,10)=A\overline{B}\overline{D}$

$P_7=\sum m(0,8)=\overline{B}\overline{C}\overline{D}$

（3）求函数的全部必要质蕴涵项。

作出函数的必要质蕴涵项产生表，如表 2.19 所示。该表中，第 1 行为 *F* 的全部最小项，第 1 列为上一步求得的全部质蕴涵项。求函数的必要质蕴涵项过程如下。

① 逐行标上各质蕴涵项覆盖最小项的情况。例如，表 2.19 中质蕴涵项 P_1 可覆盖最小项 m_3、m_7、m_{11}、m_{15}，故在 P_1 这一行与上述最小项相应列的交叉处打上“×”标记，其他各行依次类推。

② 逐列检查标有“×”的情况，凡只有一个“×”的列的相应最小项即为必要最小项，在“×”外面加上一个圈（即“⊗”）。例如，表 2.19 中最小项 m_0、m_3、m_7 各列均只有一个“×”，故都在“×”外面加上圈。

表 2.19　例 2.35 中函数 *F* 的必要质蕴涵项产生表

P_i	m_i								
	0	3	7	8	10	11	12	13	15
P_1^*		⊗	⊗			×			×
P_2								×	×
P_3							×	×	
P_4					×	×			
P_5				×			×		
P_6				×	×				
P_7^*	⊗			×					
覆盖情况	√	√	√	√		√			√

③ 找出包含“⊗”的行，这些行对应的质蕴涵项即为必要质蕴涵项，在这些质蕴涵项右上角加上“*”。例如，表 2.19 中的 P_1 和 P_7 均为必要质蕴涵项。

④ 在表 2.19 的最后一行“覆盖情况”一栏中，标上必要质蕴涵项覆盖最小项的情况。凡能被必要质蕴涵项覆盖的最小项，在最后一行的该列上打上标记“√”，供下一步找函数最小覆盖时参考。

（4）找出函数的最小覆盖。

从表 2.19 的覆盖情况可知，选取必要质蕴涵项 P_1 和 P_5 后不能覆盖函数的全部最小项，因此，还需进一步从剩余质蕴涵项集中选出所需质蕴涵项，以构成函数的最小项质蕴涵项集。作出函数的必要质蕴涵项产生表，如表 2.20 所示。

从表 2.20 可知，P_2 和 P_5 行中的“×”完全包含在 P_3 行中，根据行消去规则，可消去 P_2 和 P_5 行；P_4 和 P_6 完全相同，为覆盖 m_{10}，可以选择 P_4，也可以选择 P_6，二者复杂程度相同，可任选其一。由此可得到表 2.21。表 2.21 保留了 P_4 和 P_6，在下一步进行处理。

表 2.20　必要质蕴涵项产生表

P_i	m_i		
	10	12	13
P_2			×
P_3		×	×
P_4	×		
P_5		×	
P_6	×		
覆盖情况	√	√	√

表 2.21　消去多余行后的必要质蕴涵项产生表

P_i	m_i		
	10	12	13
P_3^{**}		×	×
P_4	×		
P_6	×		
覆盖情况	√	√	√

消去多余行后，表 2.21 中没有可消去的列，而且 m_{12} 和 m_{13} 只有一个“×”，故 P_3 是必须选取的质蕴涵项，通常称为二次必要质蕴涵项，并标以“**”。

再加上第一次得到的必要质蕴涵项即可得到函数最小覆盖的质蕴涵项集为

$$\{P_1, P_3, P_4, P_7\} \text{ 或 } \{P_1, P_3, P_6, P_7\}$$

即函数 F 的最简表达式为

$$F(A,B,C,D) = P_1 + P_3 + P_4 + P_7 = CD + AB\overline{C} + A\overline{B}C + \overline{B}\overline{C}\overline{D}$$

或

$$F(A,B,C,D) = P_1 + P_3 + P_6 + P_7 = CD + AB\overline{C} + A\overline{B}\overline{D} + \overline{B}\overline{C}\overline{D}$$

列表化简法化简逻辑函数克服了公式化简法和卡诺图化简法的局限性，其优点是规律性强，对变量数较多的函数，尽管工作量很大，但总可经过反复比较、合并得到最简结果。该方法非常适用于计算机处理。

习题2

2.1 数字逻辑变量能取哪些数值？这些数值表示的是数量关系吗？

2.2 在数字逻辑系统中有哪些基本运算？这些逻辑运算的含义是什么？写出它们的真值表。

2.3 根据图 2.34 所示的电路图，写出每个开关与灯的逻辑关系。

2.4 下列函数中的逻辑变量取哪些值时能使 F 值为 1。

（1）$F(A,B,C) = AB + \overline{A}C + \overline{B}C$

（2）$F(A,B) = (A\overline{B} + \overline{A}B)(A + \overline{B})\overline{A}B$

（3）$F(A,B,C) = (A+B+C)(A+\overline{B}+C)(\overline{A}+B+\overline{C})(\overline{A}+\overline{B}+\overline{C})$

（4）$F(A,B,C) = (A \oplus B)C + \overline{A}(B \oplus C)$

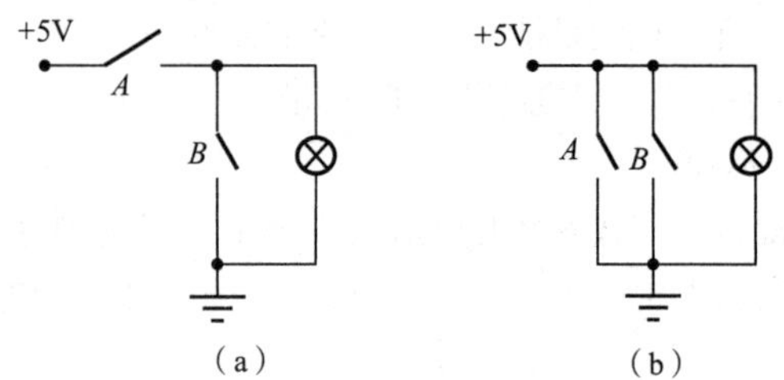

图2.34　两个电路图

2.5 用逻辑代数的定理、常用公式和规则证明下列表达式。

（1） $A\overline{ABC} = A\bar{B}\bar{C} + A\bar{B}C + AB\bar{C}$

（2） $(\bar{A}+\bar{B})(A+B) = \overline{AB+\bar{A}\bar{B}}$

2.6 用真值表验证下列表达式。

（1） $\overline{AB+\bar{A}C} = A\bar{B}+\bar{A}\bar{C}$

（2） $A+BC=(A+B)(A+C)$

2.7 利用反演规则和对偶规则求下列函数的反函数和对偶函数。

（1） $F(A,B,C,D,E)=((AB+C)D+E)B$

（2） $F(A,B,C,D,E)=A+B+\bar{C}+\overline{D+E}$

（3） $F(A,B,C,D)=(\bar{A}+B)(C+D\overline{AC})$

（4） $F(A,B)=A\bar{B}+\bar{A}B$

2.8 判断下列逻辑命题正误，并说明理由。

（1）如果 $X+Y$ 和 $X+Z$ 的逻辑值相同，那么，Y 和 Z 的逻辑值一定相同。

（2）如果 XY 和 XZ 的逻辑值相同，那么，Y 和 Z 的逻辑值一定相同。

（3）如果 $X+Y$ 和 $X+Z$ 的逻辑值相同，且 XY 和 XZ 的逻辑值相同，那么，Y 和 Z 的逻辑值一定相同。

（4）如果 $X+Y$ 和 $X\cdot Y$ 的逻辑值相同，那么，X 和 Y 的逻辑值一定相同。

2.9 将下列逻辑函数表示成“最小项之和”及“最大项之积”的简写形式。

（1） $F(A,B,C,D)=B\bar{C}\bar{D}+\bar{A}B+ABC\bar{D}+BC$

（2） $F(A,B,C,D)=(\bar{A}+\bar{B})(A+B\bar{D})+\overline{BC+\bar{D}}$

（3） $F(A,B,C)=AB+\bar{A}C(A+B)(\bar{A}+C)$

（4） $F(A,B,C)=(A+B)(\bar{A}+C)$

2.10 用代数化简法求下列逻辑函数的最简与或表达式及最简或与表达式。

（1） $F(A,B,C,D)=\bar{A}\bar{C}(\bar{B}+BD)+A\bar{C}D$

（2） $F(A,B,C,D)=\overline{\bar{A}\bar{B}+\bar{A}CD+A\bar{B}\bar{D}}$

（3） $F(A,B,C)=\bar{A}B+\bar{A}C+BC$

（4） $F(A,B,C)=\overline{AC+\bar{B}C}+B(A\oplus C)$

2.11 用代数化简法求下列逻辑函数的最简与非表达式。

（1） $F(A,B,C,D)=\bar{B}\bar{C}D+\bar{A}B\bar{C}+AB\bar{D}$

（2） $F=\bar{A}\bar{B}\bar{C}(B+D)(A+\bar{C}+D)$

2.12 用代数化简法求下列逻辑函数的最简或非表达式。

（1） $F(A,B,C,D)=\bar{A}\bar{B}+\bar{A}\bar{C}D+AC+B\bar{C}$

（2） $F(A,B,C,D)=A\bar{B}(\bar{C}+D)+BC(\bar{A}+D)$

2.13 为什么卡诺图表示两个以上变量的逻辑函数时，横、纵轴上输入变量的组合不是按照通常所习惯的 00、01、10、11 顺序排列，而是调换了 10 和 11 的位置？

2.14 用卡诺图化简法求出下列逻辑函数的最简与或表达式和最简或与表达式。

（1）$F(A,B,C,D)=\bar{A}\bar{B}+\bar{B}C+\bar{A}C$

（2）$F(A,B,C,D)=A\overline{BC}+\overline{ACD}+\overline{ABD}+B\bar{C}D$

（3）$F(A,B,C,D)=\sum m(3,5,6,9)+\sum d(10,11,12,13,14,15)$

（4）$F(A,B,C,D)=\prod M(2,4,6,10,11,12,13,14,15)$

2.15 用卡诺图法化简多输出逻辑函数。

（1）$F_1(A,B,C)=\bar{A}C+A\bar{C}+\bar{B}C$

$F_2(A,B,C)=A\bar{B}+\bar{A}B+\bar{B}C$

（2）$F_1(A,B,C,D)=AC\bar{D}+A\bar{B}\bar{C}D+CD$

$F_2(A,B,C,D)=ABCD+\bar{A}\bar{B}CD+A\bar{B}\bar{C}+BCD+\bar{C}\bar{D}$

2.16 试画出逻辑函数 $F(A,B,C)=\bar{A}BC+\bar{B}C$ 的波形图、卡诺图、真值表和逻辑电路图。

2.17 根据图 2.35 所示的波形图，写出对应逻辑函数的表达式、真值表和卡诺图。

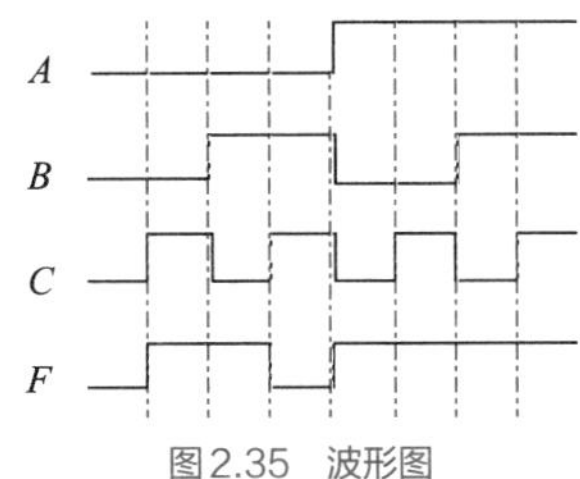

图2.35　波形图

2.18 已知某函数的卡诺图如图 2.36 所示，试写出该逻辑函数对应的真值表，并将其化简为最简或与表达式。

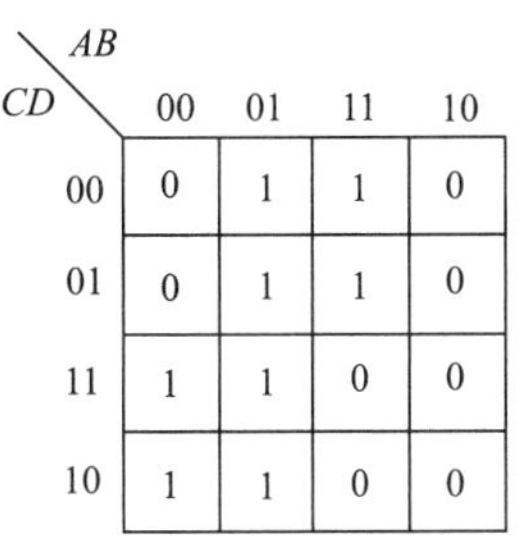

CD \ AB	00	01	11	10
00	0	1	1	0
01	0	1	1	0
11	1	1	0	0
10	1	1	0	0

图2.36　某函数的卡诺图

2.19 已知某函数的逻辑电路图如图 2.37 所示，试写出该逻辑函数对应的真值表和卡诺图，并将其化简为最简与或表达式形式。

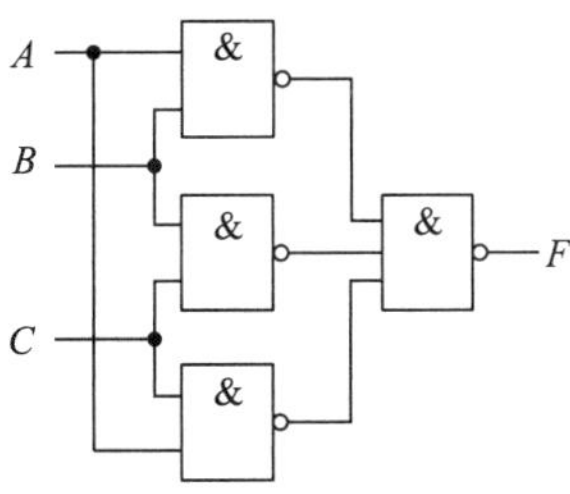

图2.37　某函数的逻辑电路图

2.20 已知某函数的真值表如表 2.22 所示，试写出该逻辑函数的标准与或表达式和标准或与表达式，并将其化简为最简与或表达式的形式。

表 2.22　某函数的真值表

A	B	C	F
0	0	0	1
0	0	1	1
0	1	0	0
0	1	1	1
1	0	0	1
1	0	1	0
1	1	0	0
1	1	1	1

2.21 某函数的卡诺图如图 2.38 所示，请回答如下问题。

（1）若 $b=\overline{a}$，则当 a 取何值时能得到最简的与或表达式？

（2）若 a、b 均任意，则 a 和 b 各取何值时能得到最简的与或表达式？

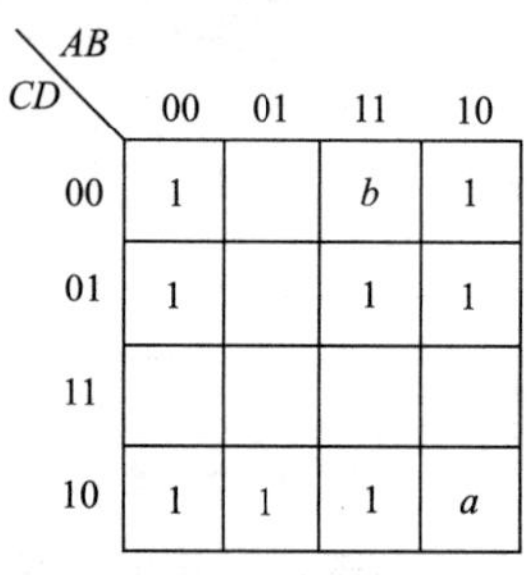

CD \ AB	00	01	11	10
00	1		b	1
01	1		1	1
11				
10	1	1	1	a

图 2.38　卡诺图

2.22 用列表法化简逻辑函数。

（1）$F(A,B,C,D)=\sum m(0,2,3,5,7,8,10,11,13,15)$

（2）$F(A,B,C,D)=\sum m(0,1,5\sim 11,13\sim 15)$

第3章 半导体与集成门电路

半导体（Semiconductor）是指常温下导电性能介于导体与绝缘体之间的材料。半导体是数字电路的物质基础，独立元件的二极管（Diode）和三极管（Bipolar Junction Transistor, BJT）都是采用半导体材料制作而成的。随着微电子技术的发展，半导体材料的制作工艺，尤其是光刻技术的不断提升，人们不再使用二极管、三极管、电阻、电容等分立元件设计数字器件，而是把实现各种逻辑功能的元器件及其连线都集中制造在同一块半导体材料基片上，并封装在一个壳体中，通过引脚与外界联系，从而构成了集成电路。集成电路通常又称为集成电路芯片。

本章在简要介绍电路的基本理论、半导体材料的物理学原理、半导体器件开关特性的基础上，主要讨论集成门电路的逻辑功能及其基本的工作原理。学习本章，要求重点掌握半导体材料的物理学原理和集成门电路的外部特性及功能应用。

3.1 电路基本理论

为了帮助大家更好地理解半导体的物理学原理和分析数字电路，本节梳理了常用的电路理论并进行简要介绍。

3.1.1 库仑定律

库仑定律是静止点电荷相互作用力的规律，1785 年法国科学家库仑通过实验提出该定律。

库仑定律： 真空中两个静止的点电荷之间的相互作用力同它们电荷量的乘积成正比，与它们间距离的二次方成反比，作用力的方向在它们的连线上，同性电荷相斥，异性电荷相吸。

如果用 q_1、q_2 表示两个点电荷的电荷量，用 r 表示它们之间的距离，F 表示它们之间的静电力，则库仑定律的计算公式如下：

$$F = \frac{k(q_1 \times q_2)}{r^2} \tag{3.1}$$

其中，k 是一个常量，称为静电力常量。

3.1.2　欧姆定律

欧姆定律由德国物理学家欧姆1826年4月发表的《金属导电定律的测定》论文中提出。

欧姆定律：在同一电路中，通过某段导体的电流（I）与这段导体两端的电压（V）成正比，跟这段导体的电阻（R）成反比，计算公式如下。

$$I=\frac{V}{R} \tag{3.2}$$

3.1.3　基尔霍夫定律

基尔霍夫定律是电路中电压和电流所遵循的基本规律，是分析和计算较为复杂电路的基础，1845年由德国物理学家基尔霍夫提出。

电压定律：在一个闭合回路中，输入电压的总量等于电路中所有元件的电压降之和。

电流定律：在一个闭合回路中，流出一个节点的电流等于流入的电流之和。

3.2　半导体材料的物理学基础

导体中含有大量的自由电子，可以在电压的作用下自由运动，就像是身处一个电子的海洋。绝缘体中没有自由电子，电子被原子紧紧地束缚，不能自由运动，正是由于这些电子不可动，绝缘体几乎是不导电的。半导体是位于导体边缘的绝缘体，它的导电不像绝缘体那么困难，因此称之为半导体（Semi是“部分”的意思）。半导体材料中的自由电子数量与导电能力成正比。

半导体可以在特定的条件下，在导体和绝缘体之间转换，例如提高半导体的温度可以增强其导电能力。如果找到一种方法可以控制半导体材料的导电或不导电，那么该材料就可以为我们做很多有用的事情。例如，我们可以利用它来开关电子器件或根据设定的模式实现逻辑功能。

为了理解半导体材料的特性，我们需要对构成半导体材料的原子性质等进行分析，找到能够以一种可控的方式移动电子。

3.2.1　半导体原子结构

1. 玻尔原子模型

1913年，丹麦物理学家尼尔斯·玻尔在卢瑟福原子模型基础上加上普朗克的量子概念，提出并建立了玻尔原子模型。1922年，他因对原子结构理论的贡献而获得诺贝尔物理学奖。硅原子的玻尔模型如图3.1所示。

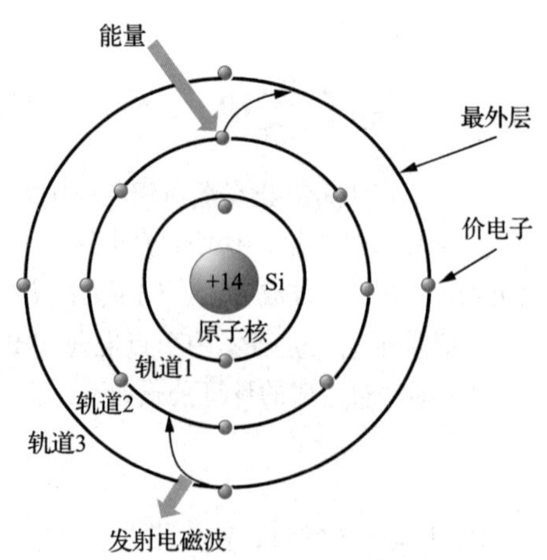

图3.1　硅原子的玻尔模型

玻尔原子模型提出以下3个假设。

（1）**原子核包含带正电的质子和不带电的中子，带负电的核外电子只能存在于某个能量状态，该能量状态称为能级，这些能级就像卫星围绕地球旋转的轨道，电子在特定的轨道（有确定的半径和能量）上绕原子核运动**。电子在这些符合量子化条件的轨道上运动时，处于稳定状态，这些轨道的能量状态不随时间而改变，因而被称为定态轨道。在定态轨道上运动的电子既不吸收能量，也不放出能量。这些特定的离散轨道意味着在原子中只存在着一定的能级，这些能级称为层，在图 3.1 中层对应轨道 1、轨道 2 和轨道 3。在一个层中能级的差异远小于层之间的能级差异。

（2）**电子在不同轨道上运动时，其能量不同，电子离原子核的距离决定了电子的能量**。轨道离核越远，能量越高。当原子中的电子处于离核最近的轨道时，它们处于最低的能量状态，称为**基态**。电子从一个能级跃迁到更高的能级，需要获得能量，也就是给它一个作用力。当原子从外界获得能量时，电子可以跃迁到离核较远、能量较高的轨道上，这种状态称为**激发态**。电子的能量是量子化的，它不可能处于两个相邻能级之间。

（3）**电子在能量不同的轨道之间跃迁时，原子才会吸收或放出能量**。处于激发态的电子不稳定，可以跃迁到离核较近的轨道上，同时释放出光能。释放出光能（光的频率）的大小取决于两轨道之间的能量差。

2. 价电子、传导电子和离子

离原子核越远轨道上的电子，受原子核的束缚越小；离原子核越近轨道上的电子，受原子核的束缚越大。这是因为根据库仑定理，带正电原子核和带负电电子之间的吸引力随着它们之间距离的增加而减小。同时，内层电子把外层电子和原子核也进行了隔离。

最外层的电子称为**价电子**，具有最大的能量，并且受到原子核的束缚最小。有时，价电子可以获取足够的能量，从而挣脱原子核的束缚而成为**自由电子**，这种自由电子称为**传导电子**。当一个带负电的电子挣脱原子的束缚时，剩余的原子就带正电并称为**正离子**。在一些化学反应中，自由电子将它自己附于一个中性原子上（或一组原子）而形成**负离子**。

3. 导体、绝缘体和半导体

金属晶体中有大量原子，价电子的离散能级模糊成为一个带，这个带称为**价带**。价带中的价电子是移动的，并且决定金属的导热和导电性能。除了价带之外，原子中距离原子核更远的下一个能级（通常被占用）也被模糊成为一个能带，这个带称为**导带**。根据电子的能级或能带可以对电子进行分类，紧密排列的电子处于价带之中，而具有足够能量且可以自由运动的电子则位于导带，导带中的电子可以形成电流。图 3.2 给出了绝缘体、半导体和导体的导带及价带能级示意图。

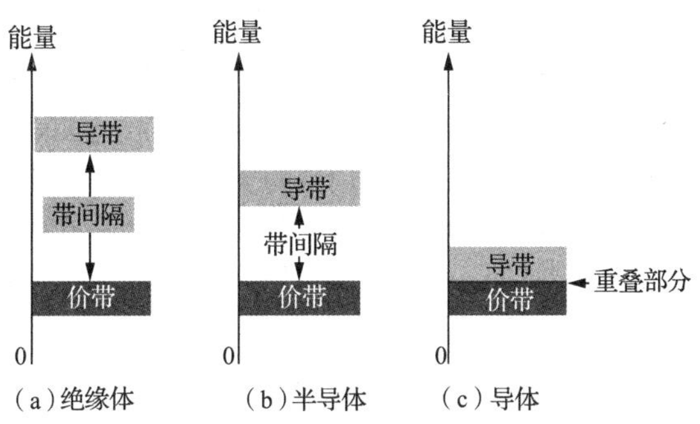

图 3.2 绝缘体、半导体和导体的导带及价带能级示意图

从图 3.2 中可以看出以下几点。

（1）在导体中，导带和价带是相互重叠的。在某个时刻电子被原子核束缚，而下一时刻这个电子又会跃迁到导带之中，这就意味着导体中的电子很容易运动，从而可以导电。当导体加上电压后就可以导电。

导体一般为低价元素，如铜、铁、铝等金属，其最外层电子受原子核的束缚力很小，因而极易挣脱原子核的束缚成为自由电子。因此在外电场作用下，这些电子产生定向运动(称为漂移运动)而形成电流，呈现出较好的导电特性。

（2）在绝缘体中，导带和价带距离很远，把一个电子从价带激发到导带需要很高的能量。实际上，如此高的能量在电子跃迁到导带之前就已经把绝缘体材料毁坏了，这就是为什么在绝缘体中看不到自由电子的原因。

高价元素(如惰性气体)和高分子物质(如橡胶、塑料)最外层电子受原子核的束缚力很强，极不易摆脱原子核的束缚成为自由电子，所以其导电性极差，可作为绝缘材料。

（3）导体与非导体之间最重要的差别是分离导带和价带之间的带间隔。对于半导体，间隔很窄，导带和价带距离较近；仅需要较小的能量就可以使电子跃迁到导带，因此，半导体材料很容易变成导体材料。

常见的半导体材料主要是硅（Si）、锗（Ge）和砷化镓（GaAs），其中硅是商业应用最多的一种半导体材料。本书主要以硅材料为例，介绍半导体材料的物理学原理。

半导体的导电能力虽然介于导体和绝缘体之间，但半导体的应用极其广泛，这是由半导体的独特性能决定的。

光敏性。半导体受光照后，其导电能力大幅增强。

热敏性。受温度的影响，半导体的导电能力变化很大。

掺杂性。在半导体中掺入少量特殊杂质，其导电能力会大幅增强。

半导体材料的独特性能是由其内部的导电机理所决定的。本征硅（intrinsic，纯净）的晶体在绝对零度，硅晶体中的电子都处于价带，但是室温下许多电子有足够的能量进入导带。

4. 金属键

在室温下，金属是固体。金属的原子核和内层电子占据固定的晶格位置。外层电子受到原子的束缚非常小并可以自由移动。这些带负电的价电子与正离子之间形成**金属键**。

5. 共价键

一些固体材料中的原子形成晶体，通过很强的共价键把这些原子结合在一起便可形成三维结构。

把硅或锗等材料拉制成单晶体时，相邻两个原子的一对最外层电子(价电子)称为共有电子。它们一方面围绕自身的原子核运动，另一方面又出现在相邻原子所属的轨道上，即价电子不仅受到自身原子核的作用，同时还受到相邻原子核的吸引。两个相邻的原子共有一对价电子，组成**共价键**结构，因此晶体中，每个原子都和周围的 4 个原子用共价键的形式互相紧密地联系着。图 3.3 给出了本征硅晶体结构的示意图。

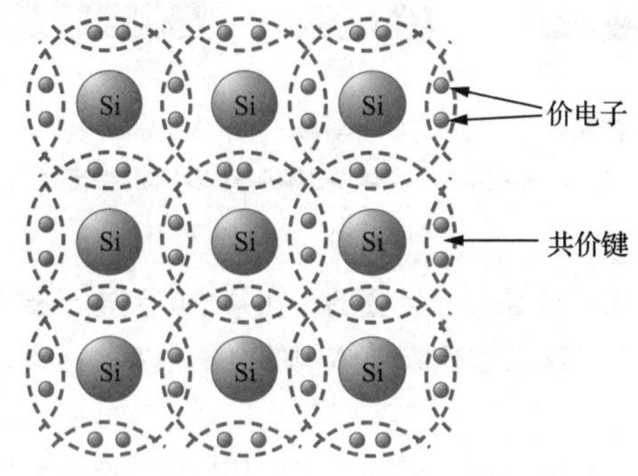

图3.3　本征硅晶体结构示意图

6. 电子电流与空穴电流

当电子跃入导带时，在价带会留下一个空位，这个空位称为**空穴**。对每个通过热能和光能进入导带的电子都会在价带留下一个空穴，形成电子—空穴对。例如，一块本征硅在室温下总会带有一定数量的导带（自由）电子，这些电子不附属于任何原子，并且在材料中做无规则运动。同样，当这些电子跃入导带时，相等数量的空穴也在价带中产生。当导带电子失去能量且跌落到价带的空穴中时，这种现象称为**复合**。

（1）**电子电流**。当在一块本征硅上施加一个电压时，如图 3.4 所示，导带中由于受热刺激而产生的自由电子很容易向正极运动，这种自由电子的运动产生的电流称为**电子电流**。

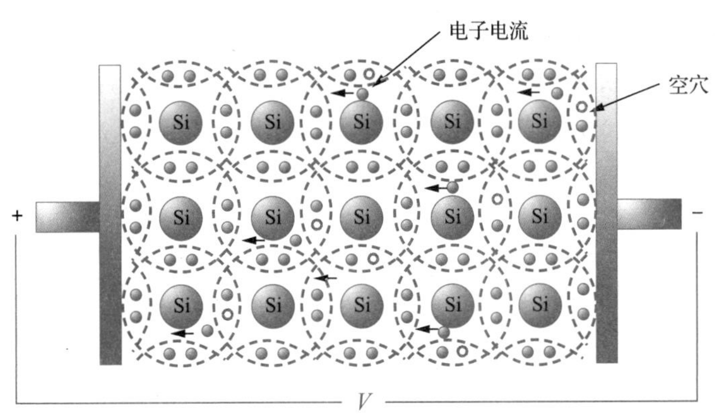

图3.4　本征硅中由热激发产生的电子电流

（2）**空穴电流**。在价带中由于自由电子的跃迁而产生空穴。留在价带中的电子仍然附属于它们的原子，它们在晶体结构中不能自由地做无规则运动。但是，一个价带电子通过稍微改变一下能级就可以移动到附近的空穴，这样就会在原来的位置留下新的空穴，相当于空穴在晶体结构中从一个位置移动到另一个位置，空穴运动产生的电流称为**空穴电流**。如图 3.5 所示，1 号位置的电子跃迁为自由电子，留下一个空穴；2 号位置的电子移动到 1 号位置的空穴，在 2 号位置留下空穴；3 号位置的电子移动到 2 号位置的空穴，在 3 号位置留下空穴；4 号位置的电子移动到 3 号位置的空穴，在 4 号位置留下空穴；5 号位置的电子移动到 4 号位置的空穴，在 5 号位置留下空穴；整个过程相当于空穴从 1 号移动到 5 号。

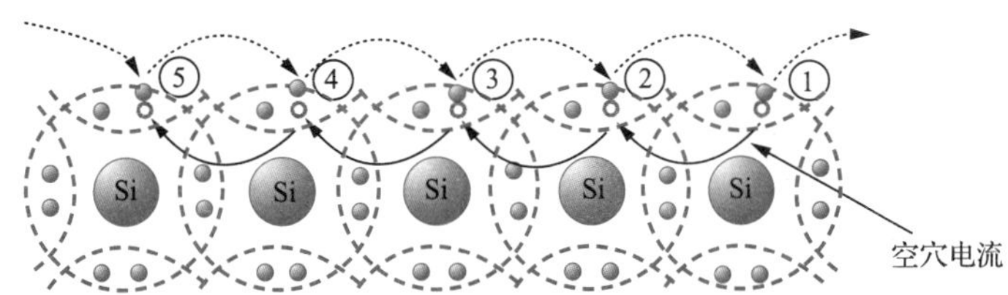

图3.5　本征硅中的空穴电流

3.2.2　半导体材料

硅的导带和价带之间的能量差较小，因此硅中的电子跃迁到更高的能级参与导电并不是特别困难的事情，这使得硅成为常用的集成电路制备材料。更幸运的是硅材料非常丰富，在地球的任何一个沙滩上，它都以二氧化硅（SiO_2）的形式存在。硅原子和氧原子通过共价键紧密地结合在一起，这种结构下任何电子都无法脱离原子核，二氧化硅的晶体结构如图 3.6 所示（图中的直线代表共价键）。

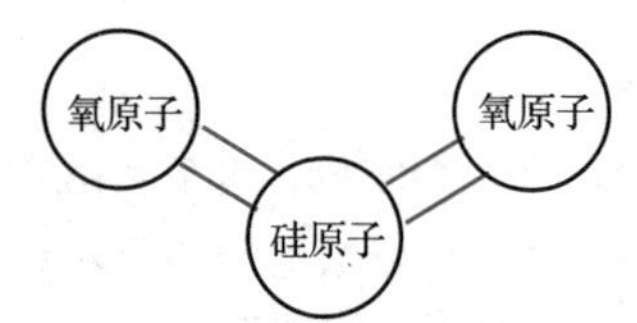

图3.6　两个氧原子结合一个硅原子形成 SiO_2

二氧化硅中的氧原子很容易剥离，因此本征硅的提取容易。图 3.3 给出了本征硅的晶体结构示意图。在绝对零度附近，电子被硅原子紧紧束缚，随着晶体温度的上升，一些价电子可获得足够的能量而跃迁到导带之中。

本征硅晶体由完美、精致的晶格构成，一排排的原子严格按顺序排列，原子相互连接，在晶格中每个原子的电子和周围原子共用，电子不多不少，都是成对出现的。这种状态下的硅有良好的绝缘性，因为仅有少数随机产生的自由电子可以导电。如果要提高硅材料的导电性能，必须通过增加自由电子或空穴的数量来改善其导电性能。如何才能在完美的硅晶体中产生更多的电子或空穴呢?

1. 掺杂

为了利用硅材料来制造有用的器件，本征硅中必须加入少量经过选择的杂质材料，使硅在一定的温度下具有更多载流子（电子或者空穴），从而增强导电性能和降低电阻率。通过控制杂质的剂量，可以很好地控制导电能力。引入杂质的过程称为**掺杂**，用来掺杂的材料称为**掺杂物**。掺杂后的硅材料分为 N 型和 P 型两类。由于自由运动的电子被认为是带负电荷，这种原子结构的材料就命名为 N（Negative）型材料；空穴运动被认为是带正电荷，因为它们吸引电子形成电子对，这种具有空穴的原子结构材料命名为 P（Positive）型材料。

（1）N 型材料

为了增加本征硅中导带中电子的数量，在硅晶体中有控制地加入 5 价的杂质元素，如砷、磷、锑，这些杂质原子称为**施主原子**。它们具有 5 个价电子，每个 5 价原子与周围的 4 个硅原子形成共价键，留下一个额外电子，这个多出的额外电子因为在晶体中无法与其他硅原子共用形成共价键、没有受到任何原子的束缚而成为导带（自由）电子，这就像抢座位游戏中被挤出的小朋友一样，可以自由活动，想去哪里就去哪里。图 3.7 给出了一个磷原子作为杂质替代本征硅中的一个硅原子形成的 N 型材料晶体结构示意图。

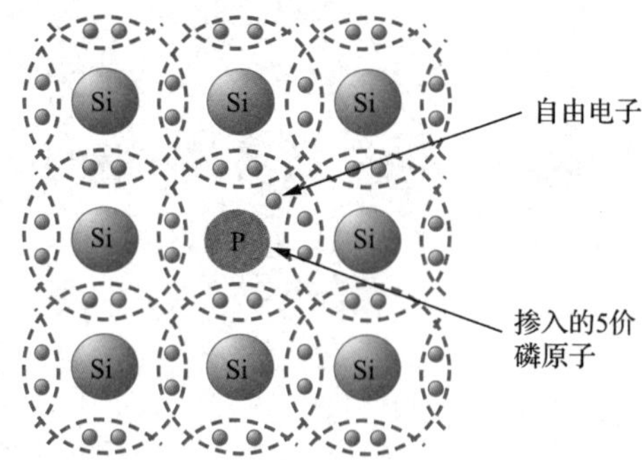

图3.7　磷原子替代硅原子形成的 N 型材料晶体结构示意图

（2）P 型材料

为了增加本征硅中空穴的数量，在硅晶体中加入 3 价杂质元素，如铝、硼、镓，这些杂质原子称为**受主原子**。它们只有 3 个价电子，每个 3 价原子核周围的 4 个硅原子形成共价键。杂质原子的 3 个价电子都用于形成共价键，而形成晶体结构需要 4 个电子，因此每加入一个 3 价原子就会产生一个空穴。在 P 型材料中，受主原子在价带中产生了额外的空穴；空穴是 P 型材料中的多数载流子，自由电子是少数载流子。图 3.8 给出了一个硼原子作为杂质替代本征硅中的一个硅原子形成的 P 型材料晶体结构示意图。

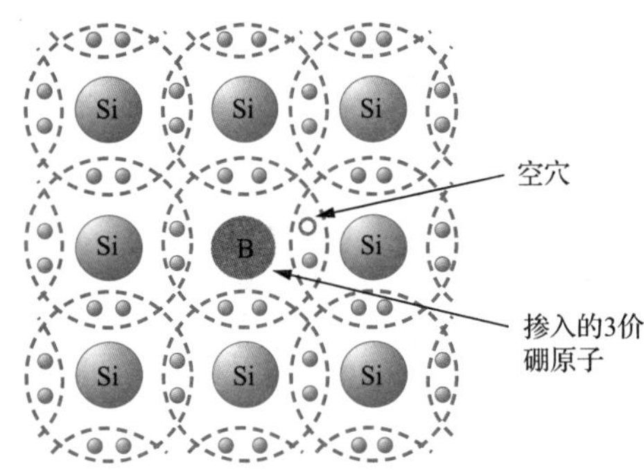

图 3.8 硼原子替代硅原子形成的 P 型材料晶体结构示意图

实际上，在一块本征硅中掺入杂质原子的数量并不是一个原子，而是很多原子，具体的数量可以根据需要进行控制。因此在实际的 N 型材料电子显得特别多，而 P 型材料中电子非常缺少。被替代的硅原子越多，材料的电阻越低，也就越易于导电。我们可以通过选择适当的掺杂原子，同时精确地控制掺杂剂量来得到需要的导电能力。

2. PN 结

给出两块半导体材料，其中电子和空穴在各自的材料中均匀分布。当我们把一块 P 型材料和一块 N 型材料连接在一起时便形成了 **PN 结**，如图 3.9 所示。右侧 N 型材料中多余的电子看到左侧 P 型材料中的空穴，由于它们分别带有负电荷和正电荷而相互吸引（异性相吸），电子会从 N 区向 P 区移动，与其中的空穴结合，这样在中间就形成了薄薄的一层接触区。

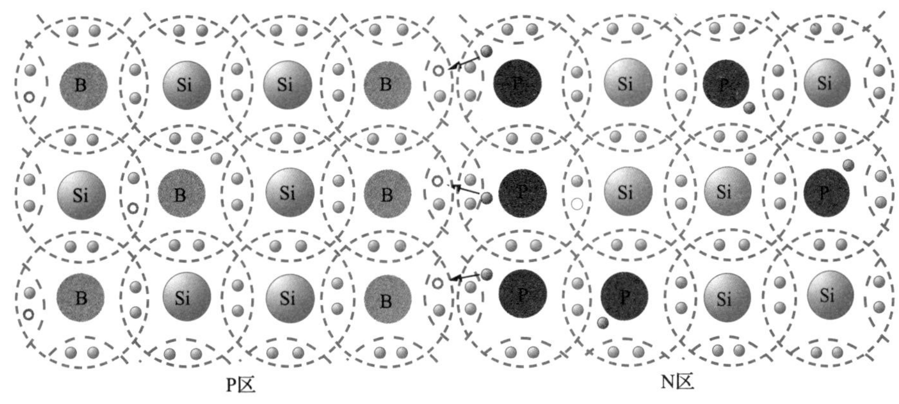

图 3.9 PN 结接触区电子运动示意图

每个电子穿过结且与空穴复合后，在 N 区靠近结处会留下带一个净正电荷的 5 价原子。同样，当电子和 P 区的一个空穴复合时，一个 3 价原子会带一个净负电荷。因此，结的 N 区会有正离子，P 区会有负离子，这样这个薄薄的接触区就成了一个带电的电场（内置电场），被称为**势垒**，电场的方向从 N 区指向 P 区，如图 3.10 所示。**势垒电压**（V_B）的大小受温度影响，在室温下，一般硅材料的势垒电压大约为 0.7V，锗的势垒电压为 0.3V。本书内容以硅材料为基础，因此后续内容的势垒电压都为 0.7V。

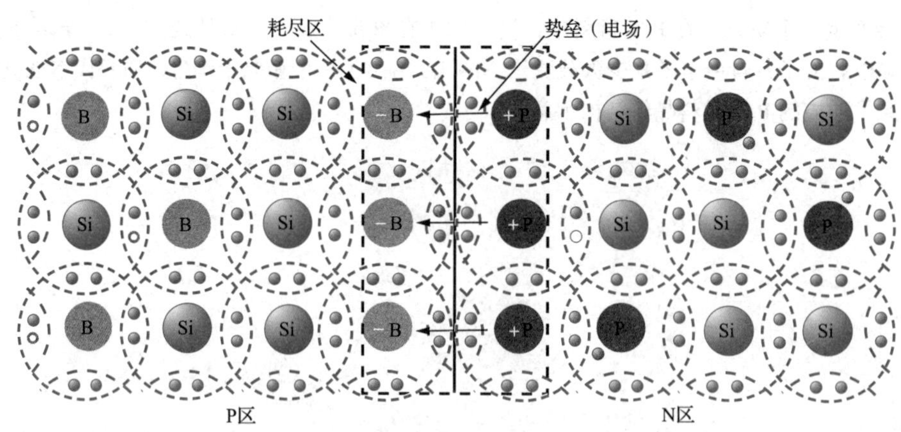

图3.10 PN结中的势垒示意图

为了扩散到P区，N区的导带电子必须克服所有正离子的吸力和负离子的斥力。在离子层形成后，结两边的接触区中自由电子和空穴数量会急剧减少，这个区域称为**耗尽区**。

势垒电压的存在就像"栅栏"一样将P型和N型材料分割开，N型材料中的电子因能量低无法翻过"栅栏"直接进入P型材料的空穴。只有通过为N型材料提供一定的能量才能使电子翻过"栅栏"完成配对的使命，提供的能量越多，进入P型材料的电子也就越多。可以通过控制能量的大小来控制流入P型材料的电子数。图3.11给出了电子跨越势垒的示意图。

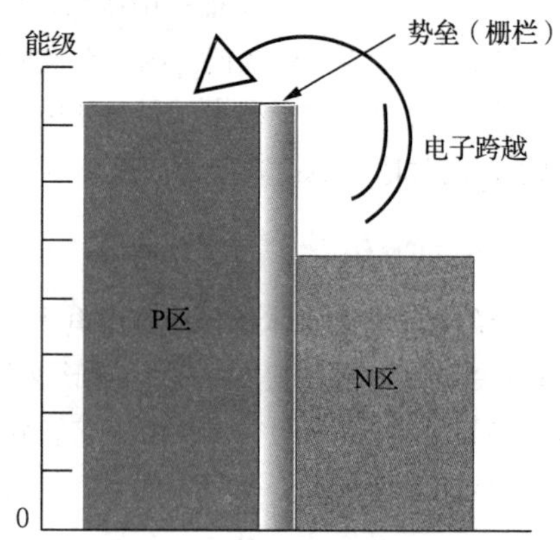

图3.11 电子跨越势垒的示意图

一个PN结就构成一只半导体二极管。PN结在平衡时没有电流，它能够根据偏置使得电流只向一个方向流动。PN结有正向和反向两种偏置条件，这两种偏置都需要在PN结上外加合适方向的直流电压。

（1）正向偏置

在电子学中，**偏置是指给半导体器件外加固定直流电压**。**正向偏置是允许电流流过PN结的条件**。

图3.12给出了半导体二极管正向偏置电子流示意图。电源的负极连接到N区（阴极端），电源的正极连接到P区（阳极端）。当半导体二极管正向偏置时，二极管的阳极电位比阴极电位高。

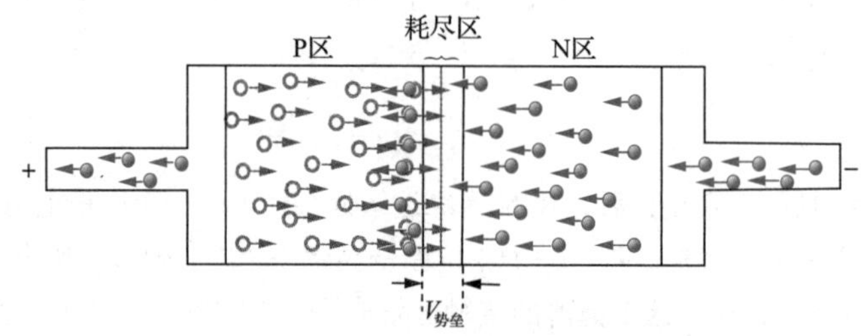

图3.12 半导体二极管正向偏置电子流示意图

正向偏置的工作原理：当一个直流电源正向偏置二极管时，由于静电排斥，电源负极推动N区的导带电子向结处运动。同样地，电源正极推动P区的空穴向结处运动。当外部偏置电压足够可以克服势垒电压时，电子就会有足够的能量进入耗尽区，并穿过PN结进入P区。进入P

区的电子会与P区的空穴复合。当电子离开N区时，更多的电子流从电源负极进入N区。因此，通过导带电子向结的定向移动产生流向N区的电流。当导带电子进入N区并与P区的空穴复合后，这些导带电子就称为价电子。然后，这些价电子向着正阳极连接的方向不断地从一个空穴跳到另一个空穴。这些价电子的定向移动本质上形成空穴朝着相反方向的定向移动。因此，通过空穴朝着结方向的定向运动在P区产生电流。

（2）反向偏置

反向偏置是阻止电流流过PN结的偏置条件。图3.13给出了半导体二极管反向偏置电子流示意图，电源负极连接P区，电源正极连接N区，反向偏置二极管的阳极电位比其阴极电位低。

反向偏置的工作原理：由于相反的电荷相互吸引，电源负极吸引P区的空穴离开PN结，同时电源正极吸引N区电子离开PN结。由于电子和空穴离开PN结，耗尽区的宽度变得越来越大；在N区产生越来越多的正离子，在P区产生越来越多的负离子。直到势垒电压等于外部偏置电压时，耗尽区的宽度不再增加，如图3.13（b）所示。当二极管反向偏置时，耗尽区实际上相当于位于正离子层和负离子层之间的绝缘体。

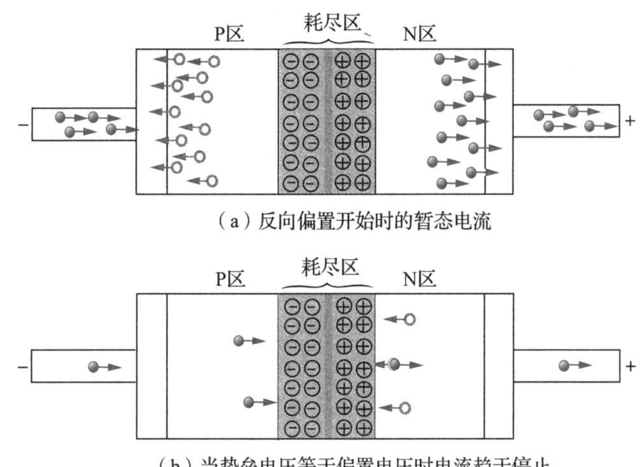

图3.13 半导体二极管反向偏置电子流示意图

3.3 半导体二极管

晶体二极管由一个PN结构成，3.1.2小节已经介绍PN结的组成、原理、正向偏置和反向偏置，本节重点讨论二极管的外部特性。

3.3.1 静态开关特性

二极管的静态开关特性是指二极管处在导通和截止两种稳定状态下的特性。图3.14（a）给出了一个硅二极管电路，与之对应的静态开关特性曲线（又称伏安特性曲线）如图3.14（b）所示。

二极管的静态开关特性是由二极管的单向导电特性决定的。从伏安特性曲线可知，二极管的电压与电流的关系是非线性的。其正、反向特性如下。

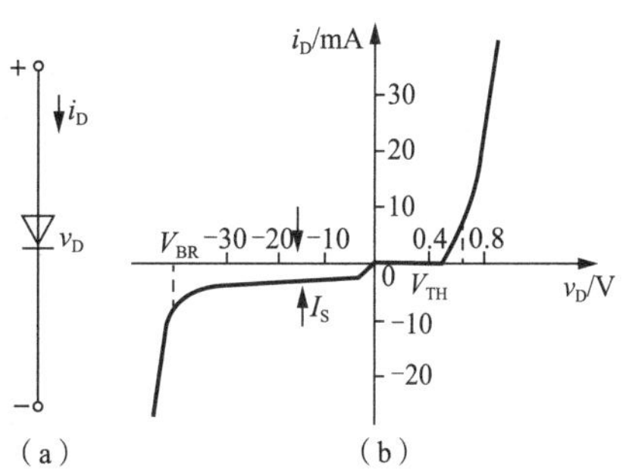

图3.14 硅二极管电路与伏安特性曲线

1. 正向特性

二极管的正向特性表现为在外加正向电压作用下，二极管处于导通状态。但如图 3.14（b）所示，二极管的正向特性中存在一个门槛电压，或称阈值电压 V_{TH}（一般锗管约 0.1V，硅管约 0.5V），当外加电压 v_D 小于 V_{TH} 时，管子处于截止状态，电阻很大、电流 i_D 接近于 0，此时二极管类似于开关的断开状态；当电压 v_D 达到导通电压 V_{TH} 时，管子开始导通，电流 i_D 开始上升；当 v_D 超过 V_{TH} 达到一定值（一般锗管为 0.3V，硅管为 0.7V）时，管子处于充分导通状态，电阻变得很小，电流 i_D 急剧增加，此时二极管类似于开关的接通状态。通常将使二极管达到充分导通状态的电压称为二极管的导通电压，用 V_F 表示。

2. 反向特性

如图 3.14（b）所示，二极管的反向特性表现为当外加反向电压在一定数值范围内时，反向电阻很大，反向电流很小，而且反向电压的变化基本不引起反向电流的变化，二极管处于截止状态。截止状态下的反向电流称为反向饱和电流，用 I_S 表示。在常温下，硅二极管的反向饱和电流比锗管小，小功率硅二极管的 I_S 为纳安数量级，而小功率锗二极管的 I_S 为微安数量级。由于反向电流很小，通常可忽略不计，此时二极管的状态类似于开关断开。当反向电压超过某个极限值时，将使反向电流突然猛增，致使二极管被击穿。使二极管击穿的电压称为反向击穿电压，用 V_{BR} 表示，而将处于 0 和 V_{BR} 之间的电压称为反向截止电压，用 V_R 表示。

由于二极管具有上述单向导电性，因此在数字电路中经常把它当作开关使用。使用二极管时应注意：由于正向导通时可能因流过的电流过大而导致二极管烧坏，因此在组成实际电路时通常要串接一只电阻 R，以限制二极管的正向电流；在加反向电压时，一般反向电压应小于反向击穿电压 V_{BR}，以保证二极管正常工作。

图 3.15（a）给出了一个由二极管组成的开关电路，图 3.15（b）为二极管导通状态下的等效电路，图 3.15（c）为二极管在截止状态下的等效电路，图中忽略了二极管的正向压降。

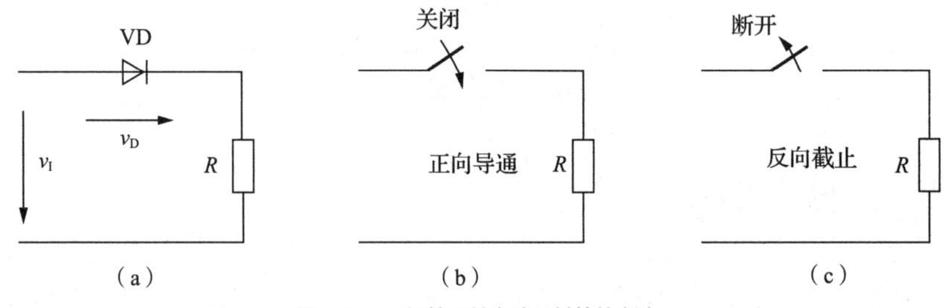

图3.15　二极管开关电路及其等效电路

3.3.2 动态开关特性

二极管的动态开关特性是指二极管在导通与截止两种状态转换过程中的特性，它表现为完成两种状态之间的转换需要一定的时间。通常，把二极管从正向导通到反向截止所需要的时间称为反向恢复时间，而把二极管从反向截止到正向导通所需要的时间称为开通时间。相比之下，开通时间很短，一般可以忽略不计。因此，影响二极管开关速度的主要因素是反向恢复时间。

1. 反向恢复时间

理想情况下，当作用在二极管两端的电压由正向导通电压 V_F 转为反向截止电压 V_R 时，二极管应立即由导通转为截止，电路中只存在极小的反向电流。但实际并非如此，如图 3.16 所示。

当对图 3.16（a）所示二极管开关电路加入一个如图 3.16（b）所示的输入电压时，电路中电流变化过程如图 3.16（c）所示。

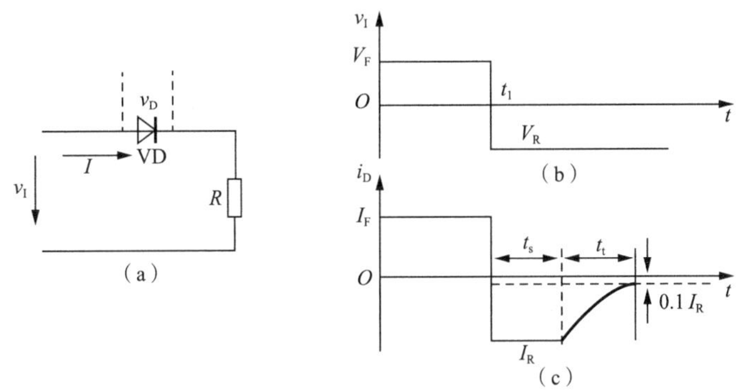

图3.16 二极管的动态特性

图 3.16 中，在 0 ～ t_1 时间内输入正向导通电压 V_F，由于二极管导通时电阻很小，因此电路中的正向电流 I_F 基本上取决于输入电压和电阻 R，即 $I_F \approx V_F/R$。在 t_1 时刻输入电压突然由正向电压 V_F 转为反向电压 V_R，在理想情况下二极管应该立即截止，电路中只有极小的反向电流。但实际情况是二极管并不立即截止，而是先由正向的 I_F 变到一个很大的反向电流 $I_R \approx V_R/R$，该电流维持一段时间 t_s 后才开始逐渐下降。经过一段时间 t_t 后，电流下降到一个很小的数值 0.1 I_R（接近反向饱和电流 I_s），这时二极管才进入反向截止状态。

通常把二极管从正向导通转为反向截止的过程称为反向恢复过程，其中 t_s 称为存储时间，t_t 称为渡越时间，$t_{re}=t_s+t_t$ 称为反向恢复时间。

产生反向恢复时间 t_{re} 的原因如下。

当二极管外加正向电压 V_F 时，PN 结两边的多数载流子不断向对方区域扩散，这样不仅使耗尽区变窄，而且有相当数量的载流子存储在 PN 结的两侧。正向电流越大，P 区存储的电子和 N 区存储的空穴就越多，如图 3.17（a）所示。

当输入电压突然由正向电压 V_F 变为反向电压 V_R 时，PN 结两边存储的载流子在反向电压作用下朝各自原来的方向运动，即 P 区中的电子被拉回 N 区，N 区中的空穴被拉回 P 区，形成反向漂移电流 I_R。由于开始时耗尽区依然很窄，二极管电阻很小，因此反向电流很大，$I_R \approx V_R/R$，如图 3.17（b）所示。经过时间 t_s 后，PN 结两侧存储的载流子显著减少，耗尽区逐渐变宽，反向电流慢慢减小，直至经过时间 t_t 后，I_R 减小至反向饱和电流 I_s，二极管截止，如图 3.17（c）所示。

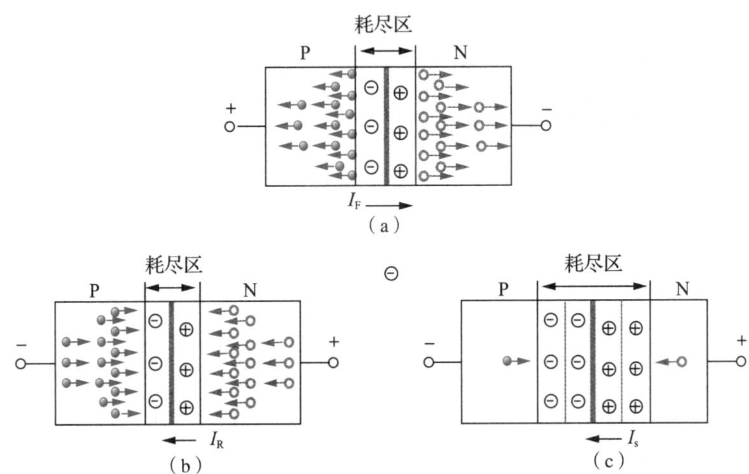

图3.17 PN结的反向恢复过程

2. 开通时间

二极管从截止转为正向导通所需要的时间称为开通时间。由于 PN 结在正向电压作用下耗尽区迅速变窄，正向电阻很小，因而在导通过程中及导通以后，正向压降都很小，故电路中的正向电流 $I_F \approx V_F/R$。而且加入输入电压 V_F 后，回路电流几乎是立即达到 I_F 的最大值。也就是说，二极管的开通时间很短，对开关速度影响很小，相对反向恢复时间而言，可以忽略不计。

3.4 双极结型晶体管

晶体管有双极结型晶体管（Bipolar Junction Transistor，BJT）和场效应管（Field-Effect Transistor，FET）两种，双极是指在晶体管中空穴和自由电子都是载流子。本节介绍双极结型晶体管，主要讨论其组成结构、工作原理、偏置电路和特性。

3.4.1 BJT 的组成结构

BJT 由发射区、基区和集电区 3 个掺杂半导体区域组成，这 3 个区域被两个 PN 结分隔开。图 3.18 给出 BJT 基本组成剖面图。

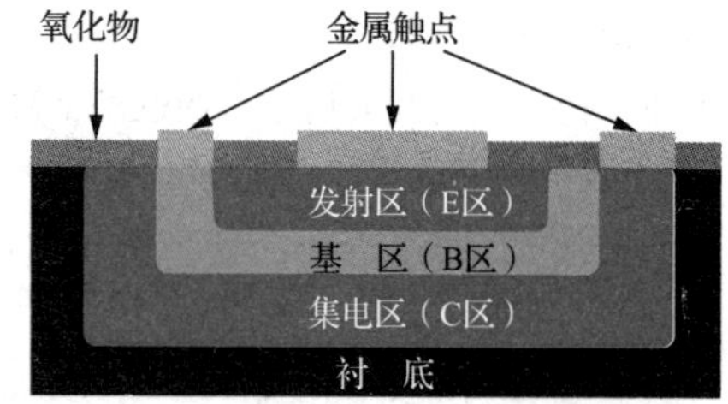

图3.18 BJT基本组成剖面图

BJT 又分为 NPN 型和 PNP 型两种。如图 3.19 所示，NPN 型由被一个薄的 P 区分隔开的两个 N 区组成，PNP 型由被一个薄的 N 区分隔开的两个 P 区组成。这两种都得到广泛使用，由于 NPN 型相对更加普遍，本书主要以 NPN 型为例进行讨论。连接基区和发射区的 PN 结 BE 称为**发射结**，连接基区和集电区的 PN 结 BC 称为**集电结**。从每个区都引出一个电极，分别将从发射区、基区和集电区引出的电极标为 e、b 和 c。基区的掺杂浓度较低，发射区和集电区由同类型的材料制成，但它们的掺杂浓度和其他特性不尽相同，二者的掺杂浓度相对基区要高很多。掺杂浓度不同，载流子的数量不同，3 个区的导电性能也就不同，这是决定三极管特性的关键。

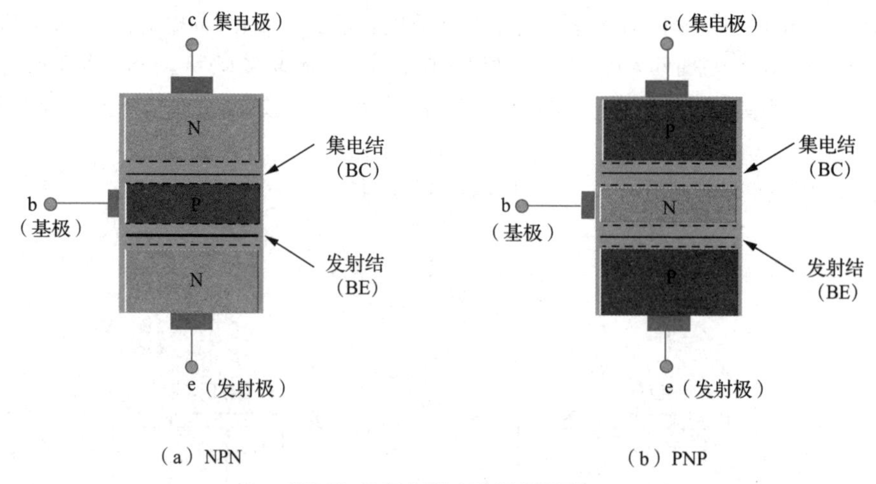

图3.19 BJT分类与结构组成示意图

图 3.20 给出了 NPN 和 PNP 两种 BJT 的电路符号。可以看出，图 3.20 中两箭头的方向是相反的，箭头的方向是发射结导通的电流方向。

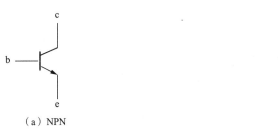

图3.20　BJT的电路符号

3.4.2　工作原理

为了使晶体管正常工作，两个 PN 结必须由外部提供直流偏置电压来设置合适的工作状态。如图 3.21 所示，发射结（be）为正向偏置，而集电结（bc）为反向偏置，这称为**正向—反向偏置**。PNP 型和 NPN 都使用正向—反向偏置，但两者的偏置电压的极性和电流方向是相反的。

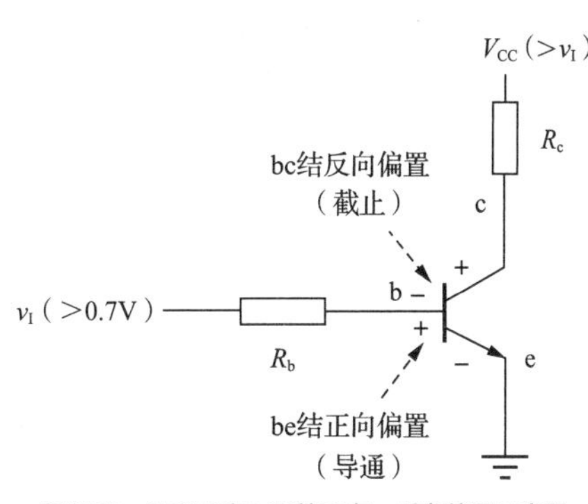

图3.21　NPN型BJT的正向—反向偏置示意图

为了说明晶体管如何工作，首先来了解一下当晶体管为正向—反向偏置时，在 NPN 晶体管内部发生了什么。基极到发射极的正向偏置使 be 耗尽区变窄，而基极到集电极的反向偏置使 bc 耗尽区变宽，如图 3.22 所示。重掺杂的 N 型发射区充满了自由电子，这些电子能够很容易地越过正向偏置的 be 结而扩散进入 P 型基区，就像正向偏置二极管中的情况一样。基区掺杂浓度较低，并且非常窄，以至于其中的空穴数量非常有限，因此通过 be 结流过的自由电子只有一小部分会与基区中的空穴复合。这些数量相对较少的被复合电子作为价电子流出基极，形成一个非常小的基极电流。

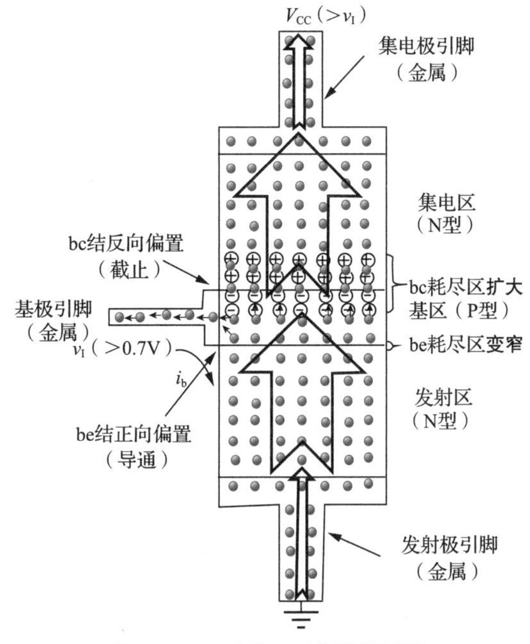

图3.22　NPN型BJT工作原理示意图

从发射区流入基区的大多数电子没有被复合，而是继续扩散到 bc 结的耗尽区。一旦进入该区域，它们就会在该区域中正离子和负离子形成的电场作用下越过反向偏置的 bc 结（也可以认为这些电子在集电极电源电压的吸引下越过反向偏置的 bc 结）。此时电子越过集电区、流过集电极、流入外部直流电源，从而形成集电极电流，如图 3.22 所示。集电极电流的大小取决于基极电流的大小，而与集电极直流电压无关。

重点说明: 一个小的基极电流可以控制一个大的集电极电流。控制元素是基极电流，它能够控制一个较大的集电极电流，因此 BJT 本质上是一个电流放大器。

1. 晶体管电流

根据基尔霍夫电流定律，进入结的总电流等于流出该结的总电流。将该定律应用到 NPN 型晶体管可以得到发射极电流（i_e）是集电极电流（i_c）和基极电流（i_b）之和，电流的流向如图 3.23 所示，计算公式如下。

$$i_e = i_c + i_b \tag{3.3}$$

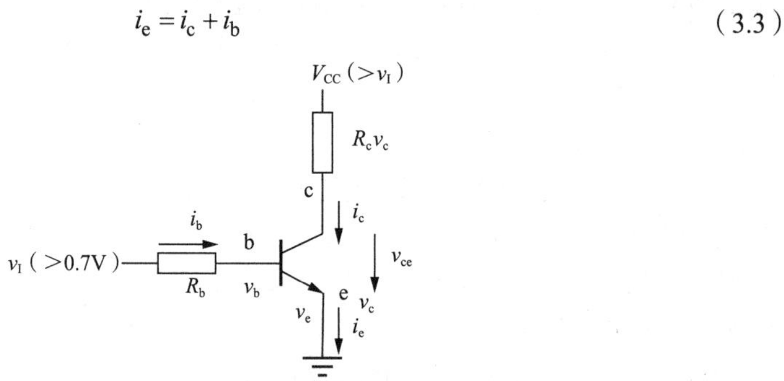

图3.23　NPN型BJT的正向—反向偏置电压和电流示意图

与 i_e 或 i_c 相比，基极电流 i_b 非常小，因此可以近似得到 $i_e \approx i_c$，这个假设对于分析晶体管电路非常有用。

2. 电流增益 β

当晶体管在一定的限制条件下工作时，集电极电流与基极电流成比例。晶体管的电流增益 β 为集电极电流与基极电流之比。

$$\beta = \frac{i_c}{i_b} \tag{3.4}$$

β 是一个常数，只要晶体管工作在线性区域，式（3.4）就有效。在这种情况下，集电极电流等于 β 倍的基极电流。

β 值取决于晶体管的类型，其变化范围很大。一般来说，其取值范围可以从 20（功率管）到 200（小信号管）。即使两个相同类型晶体管的电流增益也会有很大差别。在模拟电路中可以利用晶体管的电流增益特性来做放大器，数字电路中主要使用晶体管的开关特性。

3. 晶体管电压

图 3.23 标出了晶体管的 3 个直流偏置电压为发射极电压（v_e）、集电极电压（v_c）、基极电压（v_b）和基极的输入电压（v_I），这些下标的电压表示以地为参考点电压。集电极电源电压 V_{cc} 用两个重复的下标字母表示。因为发射极接地，所以集电极电压等于直流电源电压 V_{cc} 减去 R_c 两端的电压，如式（3.5）所示。

$$v_c = V_{cc} - i_c R_c \tag{3.5}$$

基尔霍夫电压定律指出一个闭环回路的电压之和为 0，式（3.3）就是该定律的一个应用。

正向偏置的发射结二极管压降 v_{be} 近似等于 0.7V，这意味着基极电压比发射极电压大一个二极管压降，如式（3.6）所示。

$$v_b = v_e + v_{be} = v_e + 0.7 \tag{3.6}$$

在图 3.23 所示的电路中，发射极接地，v_e=0V，v_b=0.7V。

例如，已知 NPN 型 BJT 电压、电流和电阻示意图如图 3.24 所示，请计算 i_b、i_c、i_e、v_b、v_c、v_e、v_{ce}、v_{cb}，其中 β=50。

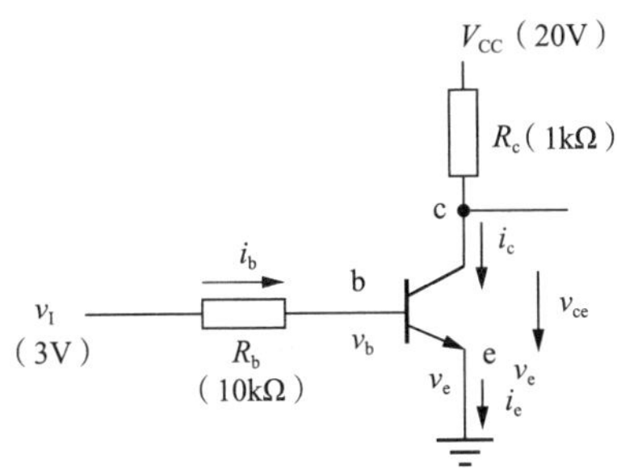

图3.24 NPN型BJT电压、电流和电阻示意图

由于发射极接地，v_e=0，v_b=0.7V，根据基尔霍夫定律，R_b 两端的压降为 v_I-v_b，i_b 可以由下式计算得到。

$$i_b = \frac{v_I - v_b}{R_b} = \frac{3V - 0.7V}{10k\Omega} = 0.23mA$$

$$i_c = \beta i_b = 50 \times 0.23 = 11.5(mA)$$

$$i_e = i_c + i_b = 11.5 + 0.23 = 11.73(mA)$$

$$v_c = V_{cc} - i_c R_c = 20V - 11.5mA \times 1k\Omega = 8.5V$$

$$v_{ce} = v_c - v_e = 8.5V$$

$$v_{cb} = v_c - v_b = 8.5V - 0.7V = 7.8V$$

3.4.3 静态特性

BJT 有截止、放大、饱和 3 种工作状态。图 3.25（a）给出了一个简单的 NPN 型 BJT 的开关电路，其输出特性曲线如图 3.25（b）所示。

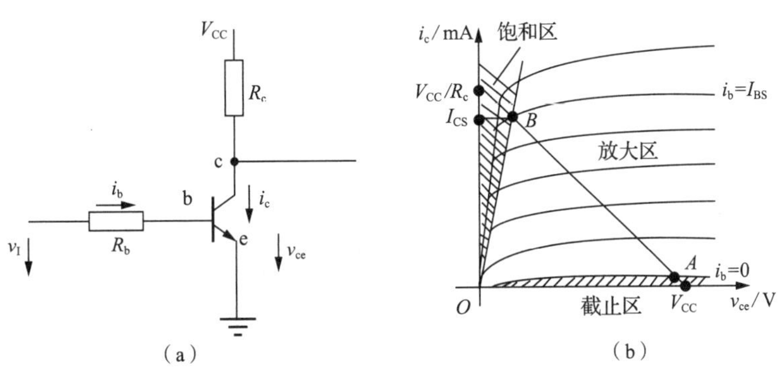

图3.25 晶体管开关电路及其输出特性

在图 3.25（a）所示的电路中，通过输入电压 v_I 对 b 点电压加以控制，可使晶体管工作在截止、放大和饱和 3 种工作状态。

1. 截止状态

当输入电压 $v_I \leqslant 0$ 时，晶体管的发射结和集电结均处于反偏状态（$v_b<v_e$，$v_b<v_c$），晶体管工作在截止状态，对应于图 3.25（b）中所示的截止区，工作点位于 A 点。此时 $i_b \approx 0$，$i_c \approx 0$，输出电压 $v_{ce} \approx V_{CC}$，晶体管类似于开关断开。实际上，当 v_I 小于晶体管阈值电压 V_{TH} 时，晶体管已处于截止状态。

2. 放大状态

当输入电压 v_I 大于晶体管阈值电压 V_{TH} 而小于某一数值，使得晶体管的发射结正偏而集电结反偏（$v_b>v_e$，$v_b<v_c$）时，晶体管工作在放大状态，对应于图 3.25（b）中的放大区。此时，集电极电流 i_c 的大小受基极电流 i_b 的控制，i_c 的变化量是 i_b 变化量的 β 倍，即 $i_c=\beta i_b$。

3. 饱和状态

当输入电压 v_I 大于某一数值，使得晶体管的发射结和集电结均处于正偏（$v_b>v_e$，$v_b>v_c$）时，晶体管工作在饱和状态，对应于图 3.25（b）中的饱和区，工作点位于 B 点。此时，基极电流 $i_b \geqslant I_{BS}$（基极临界饱和电流）$\approx V_{CC}/\beta R$，集电极电流 $i_c=I_{CS}$（集电极饱和电流）$\approx V_{CC}/R$。输出电压 $V_{ce} \approx 0.3$V，类似于开关接通。

在数字逻辑电路中，晶体管被作为开关元件工作在饱和与截止两种状态，相当于一个由基极信号控制的无触点开关，其作用对应于触点开关的“闭合”与“断开”。图 3.26 给出了图 3.25 所示电路在晶体管截止［见图 3.26（a）］与饱和［见图 3.26（b）］状态下的等效电路。晶体管在截止与饱和这两种稳态下的特性称为晶体管的静态开关特性。

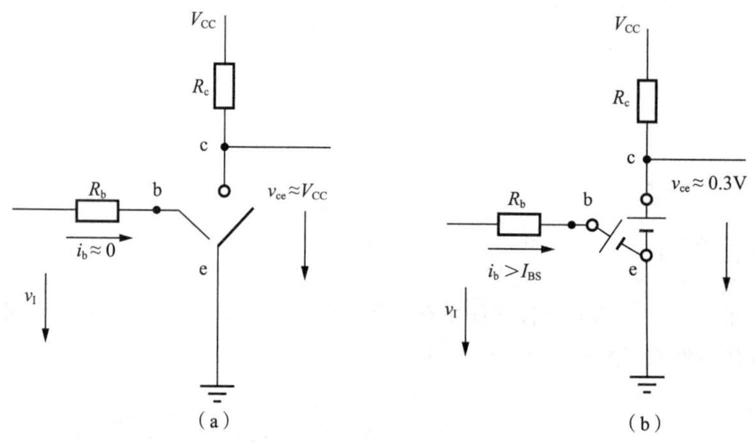

图3.26　晶体管开关等效电路

3.4.4　动态特性

晶体管在饱和与截止两种状态转换过程中具有的特性称为晶体管的动态特性。晶体管的开关过程和二极管一样，管子内部也存在着电荷的建立与消失过程。因此，饱和与截止两种状态的转换也需要一定的时间才能完成。假如在图 3.25（a）所示电路的输入端输入一个理想的矩形波电压，那么，在理想情况下 i_c 和 V_{CC} 的波形应该如图 3.27（a）所示。但在实际转换过程中 i_c 和 V_{CC} 的波形如图 3.27（b）所示，无论是从截止转向导通，还是从导通转向截止都存在一个逐渐变化的过程。

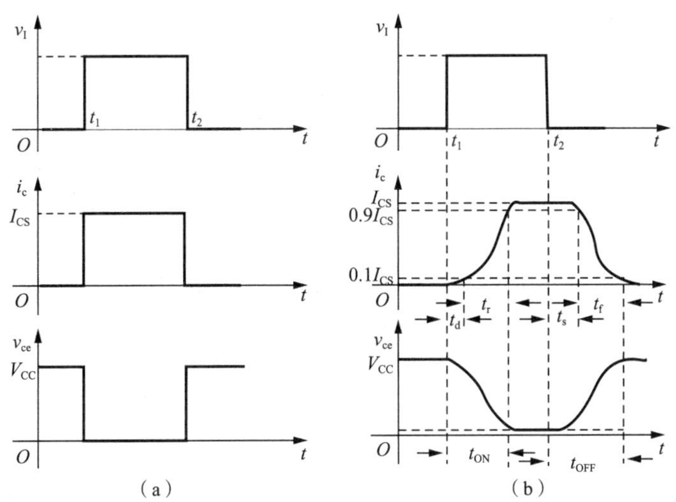

图3.27 晶体管的动态特性

1. 开通时间

开通时间是指晶体管从截止到饱和导通所需要的时间，记为 t_{ON}。当晶体管处于截止状态时，发射结反偏，耗尽区比较宽。当输入信号 v_I 由低电平跳变到高电平时，由于发射结耗尽区仍保持在截止时的宽度，故发射区的电子还不能立即穿过发射结到达基区。这时发射区的电子进入耗尽区，使耗尽区变窄，然后发射区开始向基区发射电子，晶体管开始导通，并开始形成集电极电流 i_c。从晶体管开始导通到集电极电流 i_c 上升到 0.1 I_{CS} 所需要的时间称为延迟时间 t_d。

经过延迟时间后，发射区不断向基区注入电子，电子在基区积累并向集电区扩散。随着基区电子浓度的增加，i_c 不断增大。i_c 由 0.1 I_{CS} 上升到 0.9 I_{CS} 所需要的时间称为上升时间 t_r。

晶体管的开通时间 t_{ON} 等于延迟时间 t_d 和上升时间 t_r 之和，如式（3.7）所示。

$$t_{ON} = t_d + t_r \tag{3.7}$$

开通时间的长短取决于晶体管的结构和电路工作条件。

2. 关闭时间

关闭时间是指晶体管从饱和导通到截止所需要的时间，记为 t_{OFF}。经过上升时间以后，集电极电流继续增加到 I_{CS} 后，由于进入了饱和状态，集电极收集电子的能力减弱，过剩的电子在基区不断积累起来，称为超量存储电荷；同时，在集电区靠近边界处也积累起一定的空穴，故集电结处于正向偏置。

当输入信号 v_I 由高电平跳变到低电平时，上述存储电荷不能立即消失，而是在反向电压作用下产生漂移运动而形成反向基流，促使超量存储电荷泄放。在存储电荷完全消失前，集电极电流维持 I_{CS} 不变，直至存储电荷全部消散，晶体管才开始退出饱和状态，i_c 开始下降。从输入信号 v_I 下跳沿开始，到集电极电流 i_c 下降到 0.9 I_{CS} 所需要的时间称为存储时间 t_s。

在基区存储的多余电荷全部消失后，基区中的电子在反向电压作用下越来越少，集电极电流 i_c 也不断减小，并逐渐接近于零。集电极电流由 0.9 I_{CS} 降至 0.1 I_{CS} 所需的时间称为下降时间 t_f。

晶体管的关闭时间 t_{OFF} 等于存储时间 t_s 和下降时间 t_f 之和，如式（3.8）所示。

$$t_{OFF} = t_s + t_f \tag{3.8}$$

同样，关闭时间的长短取决于晶体管的结构和运用情况。

开通时间 t_{ON} 和关闭时间 t_{OFF} 的大小是影响电路工作速度的主要因素。

3.5 场效应管

场效应管（FET）是一种与双极结型晶体管（BJT）工作原理完全不同的晶体管。虽然 FET 的发明要比 BJT 早数十年，但直到 20 世纪 60 年代，FET 才实现了商业生产。根据各自的特点，FET 和 BJT 可以应用在不同领域，也可以混合采用两种晶体管，以获得性能最优的电路。FET 主要分为两类：一类称为结型场效应管（Junction Field-effect Transistor，JFET）；另一类称为金属—氧化物半导体 FET（Metal-Oxide-Semiconductor Field-Effect Transistor，MOSFET）。JFET 和 MOSFET 具有很多相同的基本特性，JFET 的结构更加简单，但 MOSFET 是实际中更为常用的器件，因此本书主要以 MOSFET 为例讲述 FET 的结构和工作原理。

3.5.1 场效应

在一块 N 型半导体材料上加上一个电压，就会有电流流过。现在一块半导体**附近**加上一个电压，但不直接与半导体接触，如果是正电压，即使存在一定的间距，由于异性相吸的原因，这个电压也会对半导体里所有的电子形成吸引。在附近电压的作用下，在半导体材料中形成一个电子聚积的区域，也就形成了 N 型半导体。这种由于附近电压作用而形成电子或空穴聚积的效应称为**场效应**（Field Effect，FE）。

图 3.28 给出了场效应晶体管导通的示意图。如果半导体中到处都是自由电子，该半导体为 N 型半导体，电流就可以从源端流到漏端。

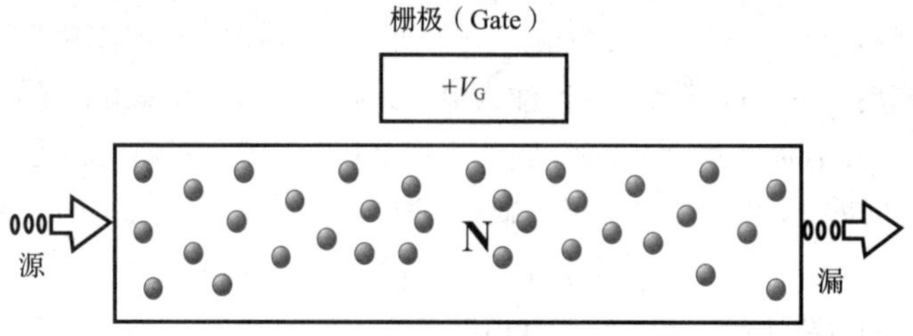

图3.28 场效应晶体管导通示意图

由附近电压所产生的场效应可以有效提高半导体材料表面电子数量，从而降低表面电阻（因为有更多的自由电子），获得更大的电流。但这还不是一个开关。如何实现呢？不仅能够增大电流，还要能够阻止电流通过，才能实现开关的作用。

如果在半导体材料附近加一个负电压，由于同性相斥，所有的电子都被推到另一边去了。这个负电压把所有的电子都赶走了，从而在靠近负电压的区域形成耗尽区。随着负电压的增大，耗尽区的范围增大，导电性随之降低。图 3.29 给出了场效应晶体管截止示意图。如果一个区域的自由电子被推到两边，那么将阻止电流流过。由此可见，只需要在靠近半导体材料的附近加一个可以波动的负电压，就可以控制开关的开合。

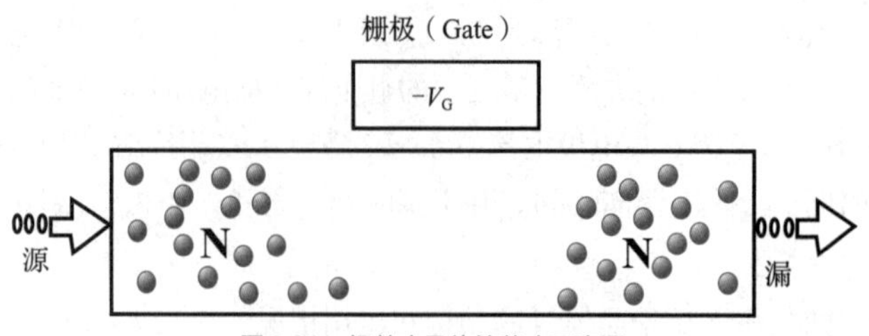

图3.29 场效应晶体管截止示意图

3.5.2 FET 结构与分类

早在 1925 年，J.E.Lilienfeld 就申请了 FET 的专利（该专利在 1930 年生效），FET 的设计思想远早于 BJT。但直到 20 世纪 60 年代，FET 才得到商业化应用。目前，MOSFET 用在大部分的数字集成电路中，因为 MOSFET 与 BJT 相比在大规模集成电路制造方面优势明显，尤其是其体积小、集成工艺简单、电路简单（可以不含电阻和二极管）。

FET 是与 BJT 的工作原理完全不同的一类半导体。在 FET 中，在称为源极（Source，S）和漏极（Drain，D）的两个电极之间由一条窄导电沟道相连。该沟道可以由 N 型或 P 型材料制成。利用半导体的“场效应”，沟道的导通和截止由一个电场控制，该电场由栅极（Gate，G）电压形成。在结型场效应管中，栅极和沟道之间形成了一个 PN 结。金属–氧化物半导体场效应管利用绝缘的栅极来控制沟道的导通和截止，因此其也称为绝缘栅型场效应管。图 3.30 给出了 FET 系列的分类图。

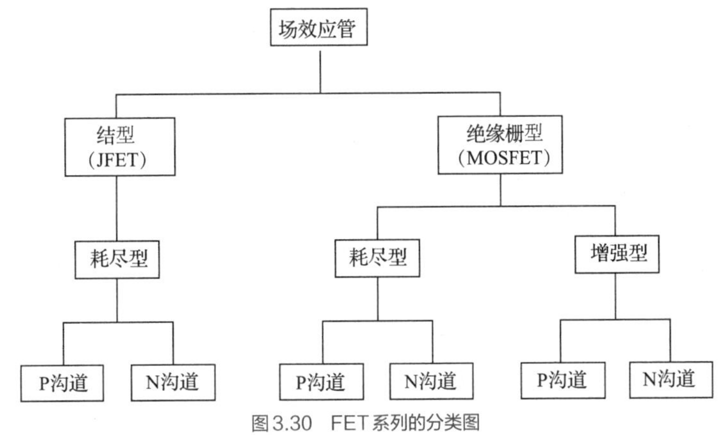

图 3.30 FET 系列的分类图

所有 FET 的共同特征是具有非常高的输入电阻和低电噪，JFET 和 MOSFET 对交流信号的响应方式也相同，并且有相似的交流等效电路。JFET 具有高输入电阻是因为输入 PN 结一直工作在反向偏置状态，而 MOSFET 的高输入电阻来源于绝缘栅。尽管所有 FET 都具有高输入电阻，但并不具有 BJT 一样的高增益，BJT 的线性优于 FET。在某些应用场合，采用 FET 更好；在其他一些应用场合，采用 BJT 更好。许多设计往往同时采用 FET 和 BJT，因此，我们需要同时理解这两种晶体管的原理。

3.5.3 MOSFET 的特性与工作原理

MOSFET 是一种重要的场效应管，与 JFET 的区别在于它没有 PN 结，而是在栅极与沟道之间用非常薄的二氧化硅（小于 1μm）层来相互绝缘。MOSFET 分为耗尽型（Depletion Mode，D-MOSFET）和增强型（Enhancement Mode，E-MOSFET）两种基本类型，其中 E-MOSFET 使用更为广泛。

1. D–MOSFET

D-MOSFET 是 MOSFET 的一种，其基本结构如图 3.31 所示，源极和漏极通过靠近绝缘栅的窄沟道相连，栅极通过电压控制源极和漏极的导通性。图 3.31 中给出了 N 沟道和 P 沟道 D-MOSFET，两种器件的工作原理相同，只是 P 沟道的栅极电压极性与 N 沟道的相反，P 沟道 D-MOSFET 并不广泛使用。本节以 N 沟道为例，介绍 D-MOSFET 的工作原理。

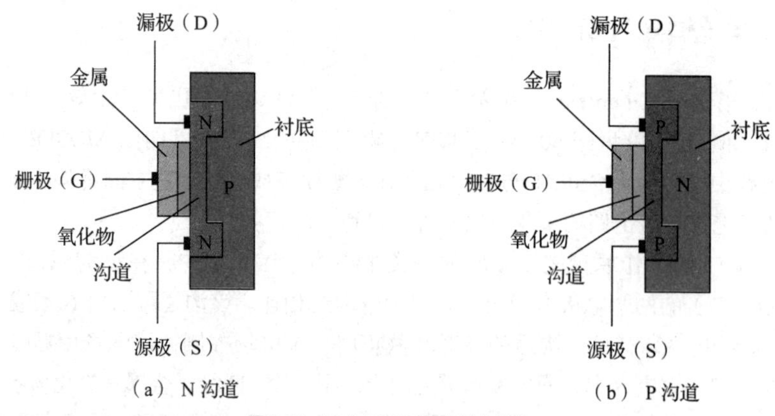

图3.31　D-MOSFET的基本结构

D-MOSFET 的电路符号如图 3.32 所示，箭头的指向（源极电流的方向）是区别 N 沟道和 P 沟道的标志，箭头指向衬底的是 N 沟道器件，箭头从衬底指出的是 P 沟道器件。

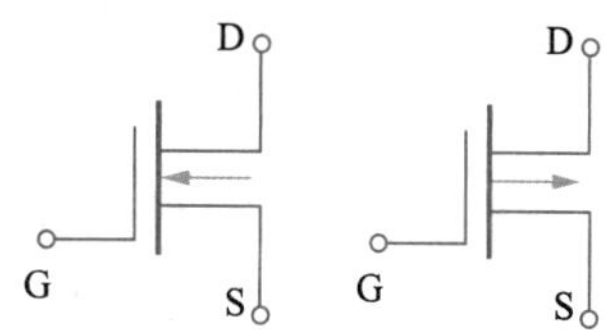

图3.32　D-MOSFET的电路符号

D-MOSFET 可以工作在两种模式：耗尽模式或增强模式，因此有时又称为耗尽－增强 MOSFET。由于栅极与沟道绝缘，因此栅极电压可正可负。对 N 沟道 D-MOSFET 而言，当栅源电压为负时，器件工作在耗尽模式；当栅源电压为正时，器件工作在增强模式，通常器件工作在耗尽模式。

（1）**耗尽模式**。将栅极看成平板电容器的一个平板，沟道为另一个平板，氧化物绝缘层为电介质。当加上负的栅极电压时，栅极上的负电荷会排斥沟道中的导电电子，并在该位置上留下正离子。因此，N 沟道耗尽了部分电子，使得沟道的导电性下降。栅极上的负电压越大，N 沟道电子的耗尽就越严重。当栅极负电压足够大时，沟道内的电子完全耗尽，漏极电流为 0。

（2）**增强模式**。当 N 沟道 D-MOSFET 加上正的栅极电压时，更多的传导电子被吸引到沟道，因此增强了沟道的导电性。

2. E-MOSFET

如图 3.33 所示，E-MOSFET 和 D-MOSFET 的结构不同，它没有物理沟道，只能工作在增强模式，没有耗尽模式。

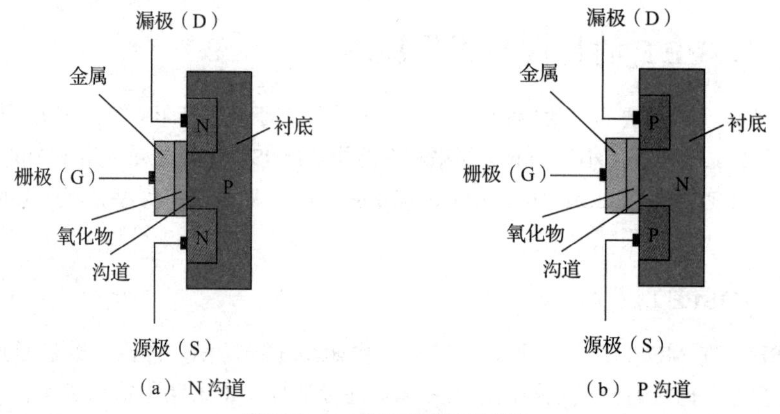

图3.33　E-MOSFET的基本结构

如图 3.33（a）所示，在 N 沟道 E-MOSFET 的漏、源极之间是两个背靠背的 PN 结。当栅

源电压 v_{GS}=0 时，无论漏源电压 v_{DS} 的极性如何，总有一个 PN 结处于反偏状态，漏、源极之间没有导电沟道，此时漏源电压 i_{DS}=0。如果在栅、源极之间加上一定的正向电压 v_{GS}，则将形成一个由栅极指向衬底的电场，该电场一方面使栅极附近 P 型衬底中的空穴被排斥，同时又将 P 型衬底中的少数电子吸引到衬底表面。当 v_{GS} 较小时，吸引电子的能力不够强，在漏、源极之间不够形成导电沟道。随着 v_{GS} 的增大，被吸引的电子浓度增大，当 v_{GS} 达到某一数值时，足够多的电子在栅极附近 P 型衬底表面形成一个 N 型薄层，且与两个 N 区相连通，从而在漏、源极之间形成导电的感应沟道。这时，若在漏、源极之间加上电压 v_{DS} 就会产生源电流 i_{DS}。通常将开始形成导电沟道的栅源电压称为开启电压，用 V_{TN} 表示，一般 V_{TN} 在 1~2V。N 沟道的导电性可以通过增大栅源电压来提高，因为这样可以使更多的电子进入沟道。对于任何低于 V_{TN} 的栅源电压，不会产生感应沟道。如果栅极上没有加电压则没有沟道存在，E-MOSFET 可以被看成是一个常关器件。

E-MOSFET 的电路符号如图 3.34 所示。其中，不连续的线表示器件没有物理沟道。箭头的指向（源极电流的方向）是区别 N 沟道和 P 沟道的标志，箭头指向衬底的是 N 沟道器件，箭头从衬底指出的是 P 沟道器件。

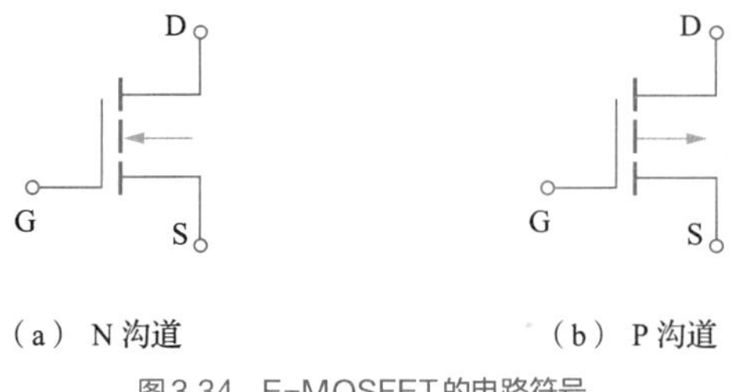

图3.34 E-MOSFET 的电路符号

3.5.4 MOSFET 的静态开关特性

图 3.35 给出了 N 沟道 E-MOSFET 的输出特性曲线。输出特性曲线表示在一定栅源电压 v_{GS} 作用下，漏源电流 i_{DS} 和漏源电压 v_{DS} 之间的关系。

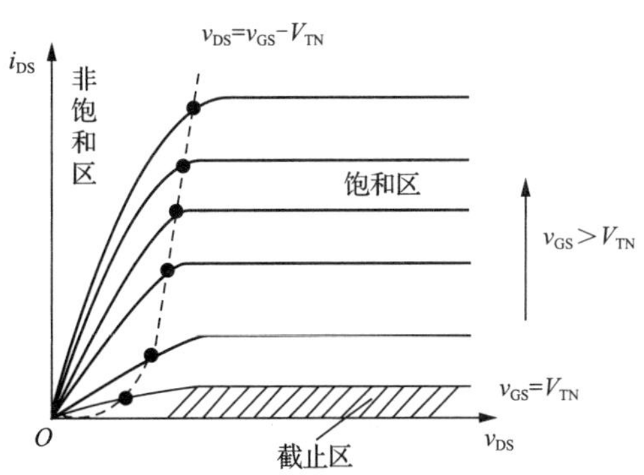

图3.35 N 沟道 E-MOSFET 的输出特性曲线

图 3.35 给出的输出特性曲线分为截止区、非饱和区和饱和区。由此可见，在栅源电压 v_{GS} 控制下，N 沟道 E-MOSFET 有截止、非饱和、饱和 3 种工作状态。

1. 截止状态

当 $v_{GS} < V_{TN}$ 时，对应图 3.35 中的截止区，此时没有导电感应沟道，$i_{DS} \approx 0$，管子工作在截止状态。

2. 非饱和状态

当漏源电压较小，满足 $v_{DS} < v_{GS}-V_{TN}$ 时，对应图 3.35 所示的非饱和区，漏源电流 i_{DS} 基本随着漏源电流 v_{DS} 线性上升。而且 v_{GS} 越大，形成的导电沟道越宽，相应的等效电阻越小，i_{DS} 越大（输出特性曲线越陡）。此时，管子工作在非饱和状态，有时又将其称为电阻可调状态。

3. 饱和状态

当漏源电压加大到一定程度，满足 $v_{DS} \geqslant v_{GS}-V_{TN}$ 时，对应图 3.35 所示的饱和区，靠近漏极一端的导电沟道不断变薄，致使在漏极附近被夹断。这时 i_{DS} 不再随 v_{DS} 线性上升，而是达到某一个值之后，v_{DS} 的增加只使 i_{DS} 产生微小的变化，几乎近似不变，即趋于饱和。此时，管子工作在饱和状态。

在输出特性曲线上，把满足 $v_{DS}=v_{GS}-V_{TN}$ 的临界点连接起来，便构成了饱和区与非饱和区的分界线（称为临界线），其对应图 3.35 中的虚线。

在数字系统中，MOSFET 作为开关应用时，是在开关信号作用下交替工作在截止与饱和两种工作状态。

3.6 逻辑门电路

第 2 章介绍了与、或、非 3 种基本逻辑运算及由 3 种基本运算构成的复合运算。在数字系统中，实现这些基本逻辑运算和复合逻辑运算的单元电路称为**门电路**或**逻辑门**。门电路是逻辑设计的最小单位，不论其内部结构如何，在数字电路逻辑设计中都仅作为基本元件出现。

了解逻辑门电路的内部结构、工作原理和外部特性，对数字逻辑电路的分析和设计是十分必要的，尤其是外部特性。本节将从实际应用的角度出发，主要介绍 TTL 集成逻辑门和 CMOS 集成逻辑门。学习时应重点掌握集成逻辑门电路的功能和外部特性，以及器件的使用方法。对其内部结构和工作原理只要求进行一般性了解。

3.6.1 简单逻辑门电路

在数字系统中，与、或、非 3 种基本逻辑运算是由与门、或门和非门 3 种门电路实现的，它们是 3 种最基本的逻辑门。为了使读者对门电路的工作原理有一个初步的了解，先介绍简单的晶体二极管与门、或门和晶体三极管非门（又称为反相器）。

1. 二极管与门

在数字系统中，实现与运算关系的逻辑电路称为与门。与门有两个以上输入端和一个输出端。最简单的与门可以用二极管和电阻组成。图 3.36（a）所示是一个由二极管组成的两输入与门电路 A、B 为输入端，F 为输出端，与其对应的逻辑符号如图 3.36（b）所示。

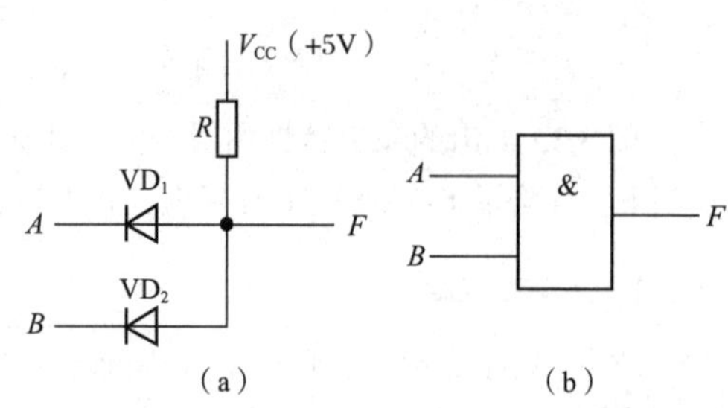

图3.36　二极管与门电路及与门逻辑符号

假设 V_{CC}=+5V，二极管 VD_1 和 VD_2 的正向导通压降为 0.7V，输入端 A、B 的高、低电平分为 3V 和 0V。

当两个输入端 A、B 的电压只要有一个为低电平 0V 时，必然有一个二极管处于导通状态，由于“钳位”作用，输出端 F 的电压 $V_F \approx 0.7V$；当两个输入端 A、B 的电压均为高电平 +3V 时，输出端 F 的电压 $V_F \approx 3.7V$。可得出该电路输入 A、B 和输出 F 的电压取值关系，如表 3.1 所示。

通常，规定低电平的范围为 0 ～ 0.8V，高电平的范围为 2 ～ 5V。假定高电平用逻辑值 1 表示，低电平用逻辑值 0 表示，则该电路输入 / 输出之间的逻辑取值关系如表 3.2 所示。由表 3.2 可知，该电路实现了与运算的逻辑功能，输出 F 和输入 A、B 之间的逻辑关系表达式为 $F=A \cdot B$。

表 3.1　与门输入 / 输出的电压关系

V_A/V	V_B/V	V_F/V
0	0	0.7
0	+3	0.7
+3	0	0.7
+3	+3	3.7

表 3.2　与门真值表

A	B	F
0	0	0
0	1	0
1	0	0
1	1	1

二极管组成的与门结构简单，但是存在严重的缺点。首先，存在输出电平偏移的问题，即输出的高电平、低电平和输入的高电平、低电平之间相差一个二极管的压降。其次，当输出端对地接上负载电阻时，负载电阻的改变有时候会影响输出的高电平。因此，二极管与门仅用于集成电路内部的逻辑单元。

2. 二极管或门

在数字系统中，实现或逻辑功能的电路称为或门。或门可以有两个或者两个以上输入端和一个输出端。由二极管构成的两输入或门电路如图 3.37（a）所示，A、B 为输入端，F 为输出端。与其对应的逻辑符号如图 3.37（b）所示。

按照前面与门中的假定，当两个输入端 A、B 的电压只要有一个为高电平 3V 时，两个二极管必然有一个处于导通状态，由于“钳位”作用，输出端 F 的电压 $V_F \approx 2.3V$；当两个输入端 A、B 的电压均为 0V 时，二极管 VD_1 和 VD_2 均截止，输出端电压 V_F=0V。

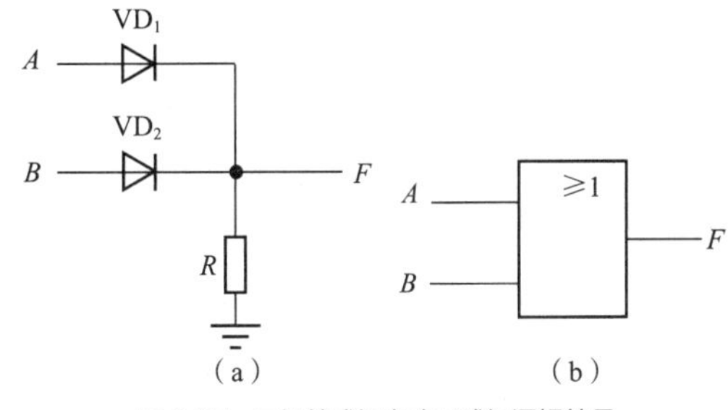

图3.37　二极管或门电路及或门逻辑符号

由此可得出，该电路输入 A、B 和输出 F 的电压取值关系如表 3.3 所示。令高电平用逻辑值 1 表示，低电平用逻辑值 0 表示，可得出电路的逻辑取值关系如表 3.4 所示。

表 3.3　或门输入 / 输出的电压关系

V_A/V	V_B/V	V_F/V
0	0	0
0	+3	+2.3
+3	0	+2.3
+3	+3	+2.3

表 3.4　或门真值表

A	B	F
0	0	0
0	1	1
1	0	1
1	1	1

由表 3.4 可知，该电路实现或运算的逻辑功能，输出 F 和输入 A、B 之间的逻辑关系表达式为 $F=A+B$。

同理，二极管组成也存在输出电平偏移的问题，只能用于集成电路内部的逻辑单元，无法制作具有标准化输出电平的集成电路。

3. 三极管非门

实现非逻辑功能的电路称为非门，有时又称为反门或反相器。它有一个输入端和一个输出端。用晶体三极管构成的非门电路如图 3.38（a）所示，与其对应的逻辑符号如图 3.38（b）所示。

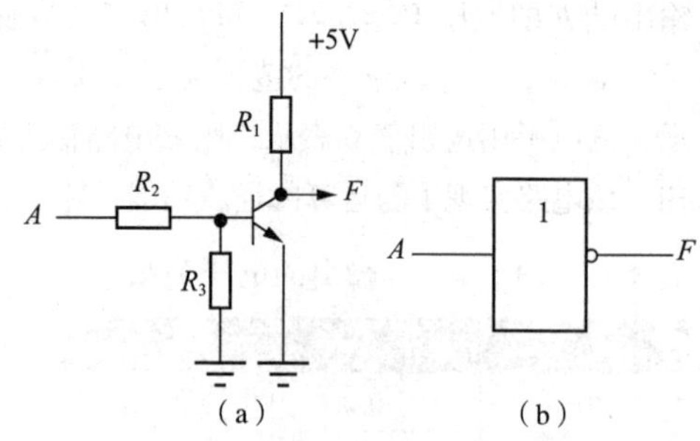

图3.38　二极管或门电路及或门逻辑符号

在图 3.38（a）所示的电路中，A 为输入端，F 为输出端。假定三极管饱和导通时集电极输出电压近似为 0V，三极管截止时集电极输出电压近似为 +5V，根据三极管工作原理可知：当输入 A 为低电平时，三极管截止，输出电压 $V_F \approx +5V$；当输入 A 为高电平时，三极管饱和导通，输出电压 $V_F \approx 0V$。输入 A 和输出 F 之间的电压取值关系如表 3.5 所示，逻辑取值关系如表 3.6 所示。

表 3.5　非门输入 / 输出的电压关系

V_A/V	V_F/V
0	+5
+5	0

表 3.6　非门真值表

A	F
0	1
1	0

由表 3.6 可知，该电路实现“非”逻辑功能，输出 F 与输入 A 的逻辑关系表达式为 $F = \overline{A}$。

以上介绍了由二极管、三极管构成的 3 种简单门电路。虽然它们可以实现 3 种基本逻辑运算，但这种简单门电路的负载能力、开关特性等均不理想。实际应用中使用的是经过反复改进后的、性能更好的各种集成逻辑门电路。

3.6.2　TTL 集成逻辑门电路

TTL 门电路的输入、输出级主要由晶体管组成，所以称为晶体管－晶体管逻辑门，简称 TTL 门电路。这种门电路于 20 世纪 60 年代便已问世，随后经过对电路结构和工艺的不断改进，性能得到不断改善，至今仍被广泛应用于各种逻辑电路和数字系统中。

1. 典型的 TTL 反相器

图 3.39（a）所示的是一个典型的 TTL 非门电路，与其对应的逻辑符号如图 3.39（b）所示。

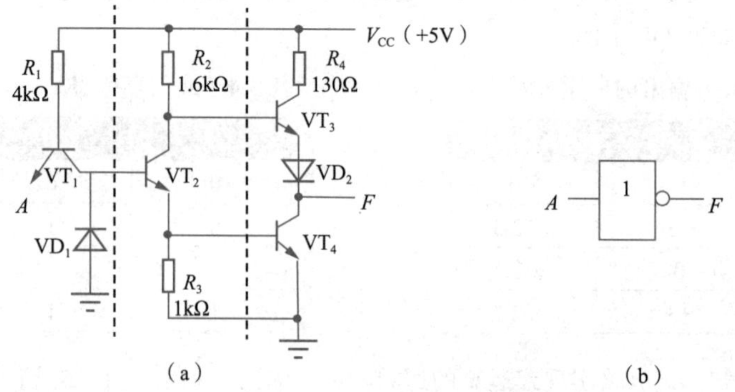

图3.39　典型的TTL与非门电路及逻辑符号

（1）电路结构

图 3.39（a）所示电路按图中虚线划分为 3 个部分：第一部分由晶体管 VT_1 和电阻 R_1、二极管 VD_1 组成输入级，第二部分由晶体管 VT_2 和电阻 R_2、R_3 组成中间级，由 VT_2 的集电极和发射

极分别控制 VT_3 和 VT_4 的工作状态；第三部分由晶体管 VT_3、VT_4、二极管 VD_2 和电阻 R_4 组成推拉式输出级，采用这种输出级的主要优点是既能提高开关速度，又能提高带负载能力。输入端的 VD_1 为输入端钳位二极管，它既可以抑制输入端出现的负极性干扰信号，又可以防止输入电压为负时 VT_1 的发射极电流过大，对晶体管 VT_1 起保护作用，这个二极管允许通过的最大电流约为 20mA。

（2）工作原理

当电路输入端 A 接高电平（3.6V）时，VT_1 的集电结、VT_2 和 VT_4 的发射结导通，VT_1 的基极电压 $v_{b1}=v_{bc1}+v_{be2}+v_{be4}\approx 2.1V$，$VT_1$ 的集电极电压约为 1.4V，VT_1 处于“倒置”工作状态，即发射结反向偏置而集电结正向偏置。另外，此时 VT_2 的集电极电压等于 VT_2 管 c、e 两点间的饱和压降与 VT_4 管的发射结压降之和，即 $v_{c2}=v_{ces2}+v_{be4}\approx 0.3V+0.7V\approx 1V$，该值不足以使 VT_3、VD_2 导通，故 VT_3、VD_2 处于截止状态。而 VT_2 的发射极向 VT_4 提供足够的基极电流，使 VT_4 处于饱和导通状态，故输出电压 $v_F=0.3V$，即“输入为高，输出为低”。通常，将这种工作状态称为导通状态。

当输入端 A 接低电平（0.3V）时，晶体管 VT_1 的发射结导通，使 VT_1 的基极电位等于输入低电平加上发射结正向导通压降，即 $v_{b1}\approx 0.3V+0.7V\approx 1V$。该电压作用于 VT_1 的集电结和 VT_2、VT_4 的发射结上，显然不可能使 VT_2 和 VT_4 导通，所以 VT_2、VT_4 均截止。由于 VT_2 截止，电源 V_{cc} 通过 R_2 驱动 R_3 和 VD_2 管，使之工作在导通状态，VT_3 发射结的导通压降和 VD_4 的导通压降均为 0.7V，故电路输出电压 v_F 为 $v_F\approx V_{cc}-i_{b3}R_2-v_{be3}-v_{D4}=5V-0.7V-0.7V=3.6V$；由于基流 i_{b3} 很小，通常可以忽略不计，故 $v_F\approx V_{cc}-v_{be3}-v_{D4}=5V-0.7V-0.7V=3.6V$，即“输入为低，输出为高”。通常，将电路的这种工作状态称为截止状态。

综合上述，当输入 A 为高电平时，输出为低电平；当 A 为低电平时，输出为高电平。假定高电平用字母 H 表示，低电平用字母 L 表示，电路输出 / 输入之间的电压取值关系如表 3.7 所示。令高电平对应逻辑值“1”，低电平对应逻辑值“0”，电路输出 / 输入之间的逻辑取值关系如表 3.8 所示。由表 3.8 可知，该电路实现了与非逻辑功能，即 $F=\overline{A}$。

表 3.7　TTL 非门的电压取值关系

输入A	输出F
L	H
H	L

表 3.8　TTL 非门的逻辑取值关系

输入A	输出F
0	1
1	0

（3）TTL 反相器的主要外部特性参数

为了更好地使用各类集成门电路，必须了解它们的外部特性。TTL 非门的主要外部特性参数有输出逻辑电平、开门电平、关门电平、扇出系数、平均传输时延和空载功耗等。

① 输出高、低电平。

输出高电平 V_{OH}：是指非门处于截止状态时的输出电平，此时输出信号对应逻辑值“1”，其典型值是 3.6V，产品规范值为 $V_{OH}\geqslant 2.4V$。

输出低电平 V_{OL}：是指非门处于导通状态时的输出电平，此时输出信号对应逻辑值“0”，其典型值是 0.3V，产品规范值为 $V_{OL}\leqslant 0.4V$。

一般来说，希望输出高电平与低电平之间的差值越大越好，因为两者相差越大，逻辑值 1 和 0 的区别便越明显，电路工作也就越可靠。

② 开门电平与关门电平。

开门电平 V_{ON}：是指确保非门输出为低电平时所允许的最小输入高电平，它表示使与非门开通的输入高电平最小值。V_{ON} 的典型值为 1.5V，产品规范值为 $V_{ON} \leqslant 1.8V$。

关门电平 V_{OFF}：是指确保非门输出为高电平时所允许的最大输入低电平，它表示使非门关断的输入低电平最大值。V_{OFF} 的典型值为 1.3V，产品规范值为 $V_{OFF} \geqslant 0.8V$。

开门电平和关门电平的大小反映了非门的抗干扰能力。具体来说，开门电平的大小反映了输入高电平时的抗干扰能力，V_{ON} 越小，在输入高电平时的抗干扰能力越强。因为输入高电平和干扰信号叠加后不能低于 V_{ON}，显然，V_{ON} 越小，输入信号允许叠加的负向干扰越大，即在输入高电平时抗干扰能力越强。而关门电平的大小反映了输入低电平时的抗干扰能力，V_{OFF} 越大，在输入低电平时的抗干扰能力越强。因为输入低电平和干扰信号叠加后不能高于 V_{OFF}，显然，V_{OFF} 越大，输入信号允许叠加的正向干扰越大，即在输入低电平时抗干扰能力越强。通常，将输入高、低电平时所允许叠加的干扰信号大小分别称为高、低电平的噪声容限。

③ 扇出系数。

扇出系数 N_O：是指非门输出端连接同类门的最多个数，它反映了非门的带负载能力。根据负载电流的流向，负载可以分为“灌电流负载”和“拉电流负载”。灌电流负载是指负载电流从外接电路流入非门，通常用 I_{IL} 表示。拉电流负载是指负载电流从非门流向外接电路，通常用 I_{IH} 表示。下面对两种负载的工作情况分别进行简单介绍。

a. 灌电流负载工作情况。

灌电流 I_{OL} 是指驱动门输出低电平时，从负载门流向驱动门的电流，好像向驱动门灌入电流一样，故称灌电流。

TTL 非门的灌电流负载工作情况如图 3.40（a）所示。图 3.39 中，虚线左边为驱动门输出级，右边为负载门输入级。当驱动门输出为低电平（逻辑值“0”）时，负载门由电源 V_{CC} 通过 R_1 和 VT_1 的发射极向驱动门的集电极灌入电流 I_{IL}，即电流从负载门流入驱动门。显然，随着负载门个数的增加，总的灌电流 I_{OL} 将增加，其结果将引起输出低电平 V_{OL} 升高。输出低电平的产品规范值为 $V_{OL} \leqslant 0.4V$。当 V_{OL} 超过允许的低电平最大值 $V_{OL(max)}$，驱动门的正常逻辑功能就会被破坏。

设驱动门输出低电平的最大允许电流为 $I_{OL(max)}$，每个负载门的输入低电平电流为 I_{IL}，则驱动门能够带负载的个数为

$$N_{OL} = \frac{I_{OL(max)}}{|I_{IL}|}$$

N_{OL} 又称为低电平扇出系数。

b. 拉电流负载工作情况。

拉电流 I_{OH} 是指驱动门输出高电平时，驱动拉电流负载，流向外接负载门的电流。

TTL 非门的拉电流负载工作情况如图 3.40（b）所示。当驱动门输出为高电平（逻辑值“1”）时，将有电流 I_{IH} 从驱动门拉出而流至负载门。随着负载门个数的增加，总的拉电流 I_{OH} 将增加，R_4 上压降增大，必然引起输出高电平 V_{OH} 降低。然而如前所述，输出高电平 V_{OH} 的产品规范值为 $V_{OH} \geqslant 2.4V$，因此拉电流 I_{OH} 增加的结果不能使输出高电平低于 2.4V，同样，这样就限制了非门带拉电流负载的个数。

设驱动门输出高电平的最大允许电流为 $I_{OH(max)}$，每个负载门的输入高电平电流为 I_{IH}，则驱动门能够带负载的个数为

$$N_{OH} = \frac{|I_{OH(max)}|}{|I_{IH}|}$$

N_{OH} 又称为高电平扇出系数。

一般情况下，带灌电流负载的数量与带拉电流负载的数量是不相等的，扇出系数 N_{OH} 常取二者中的最小值。典型 TTL 非门的扇出系数约为 10，高性能门电路的扇出系数可高达 30 ～ 50。

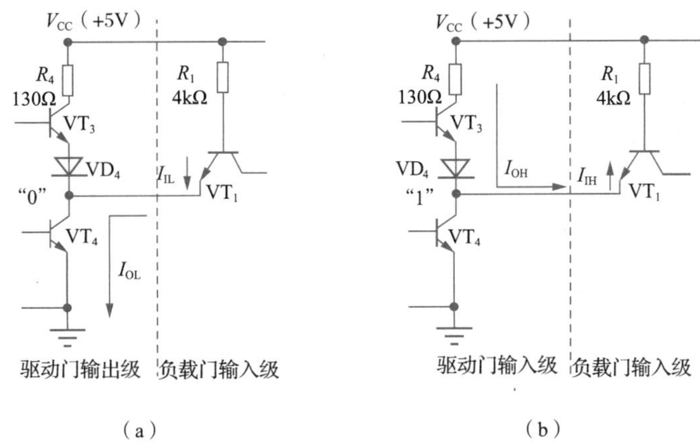

图3.40 TTL 非门的拉、灌电流负载工作情况

④ 平均传输延迟时间。

在 TTL 电路中，由于二极管和三极管从导通变为截止或从截止变为导通都需要一定的过渡时间，而且还有二极管、三极管、电阻及导线等寄生电容的存在，当把理想的矩形波电压信号加载到反相器的输入端时，输出电源的波形要比输入信号滞后，而且波形的上升沿和下降沿也将变坏，如图 3.41 所示。

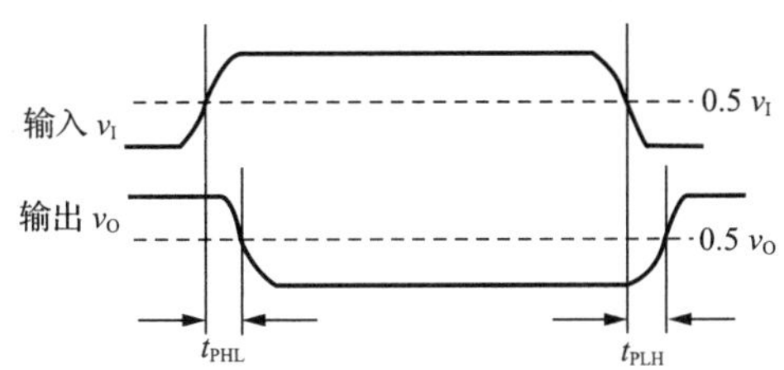

图3.41 与非门的传输延迟时间

平均传输延迟时间 t_{pd}：是指一个矩形波信号从非门输入端传到非门输出端（反相输出）所延迟的时间。如图 3.40 所示，通常将从输入波上沿中点到输出波下沿中点的时间延迟称为导通延迟时间 t_{PHL}；从输入波下沿中点到输出上沿中点的时间延迟称为截止延迟时间 t_{PLH}。平均传输延迟时间定义为

$$t_{pd} = (t_{PHL} + t_{PLH}) / 2$$

t_{pd} 越小，TTL 器件的速度就越高。

不单是反相器，实际上所有的电路都有这种滞后现象。因为传输延迟和电路的许多分布参数有关，不易准确计算，所以 t_{PHL} 和 t_{PLH} 的数值最后都是通过实验方法测定的，在器件手册上都有标明。一般，TTL 逻辑门的传输延迟时间在几纳秒至几十纳秒之间。

⑤ 平均功耗。

非门的功耗：是指在空载条件下工作时所消耗的电功率。通常将输出为低电平时的功耗称为空载导通功耗，而输出为高电平时的功耗称为空载截止功耗 P_{OFF}，P_{ON} 总比 P_{OFF} 大。平均功耗 P 是取空载导通功耗 P_{ON} 和空载截止功耗 P_{OFF} 的平均值，即

$$P = (P_{ON} + P_{OFF}) / 2$$

上面对 TTL 非门的几个主要外部性能指标进行了介绍，目的在于使读者对逻辑门电路的性能指标有一个大致的了解。有关各种逻辑门的具体参数可在使用时查阅有关集成电路手册和产品说明书。

（4）TTL 反相器集成电路芯片

常用的 TTL 反相器集成电路芯片有六反相器 7404 等，图 3.42 所示为 7404 的引脚分配图。

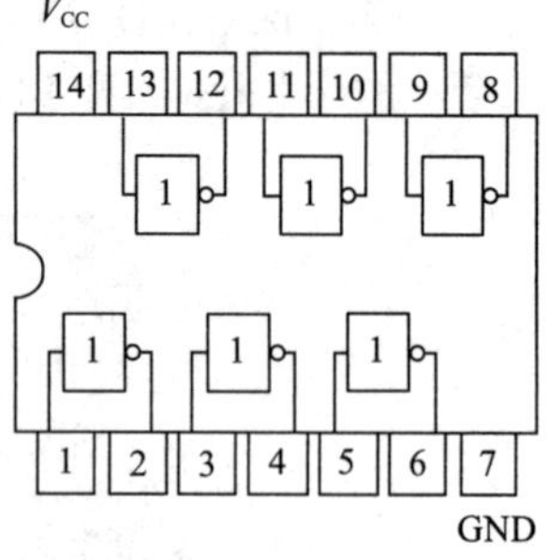

图3.42　7404的引脚分配图

2. 常用集成 TTL 门电路

常用的集成 TTL 门电路除了反相器外，还有与非门、或非门、与或非门、异或门、与门、或门等不同功能的产品。这里只简单介绍与非门、或非门、与或非门的工作原理。

（1）TTL 与非门

与非逻辑可以实现任意逻辑运算，所以与非门是应用最广泛的逻辑门之一。将图 3.39（a）所示 TTL 反相器电路中的 VT_1 改成多发射极晶体管，就构成了与非门。多发射极晶体管的结构如图 3.43 所示。它的基极和集电极是共用的，在 P 型的基区上扩散两个（或多个）高浓度的 N 型区，形成两个（或多个）彼此独立的发射极，如图 3.43（a）所示，逻辑符号如图 3.43（b）所示，等效电路如图 3.43（c）所示。输入信号通过多发射极晶体管 VT_1 的发射结实现与逻辑功能。

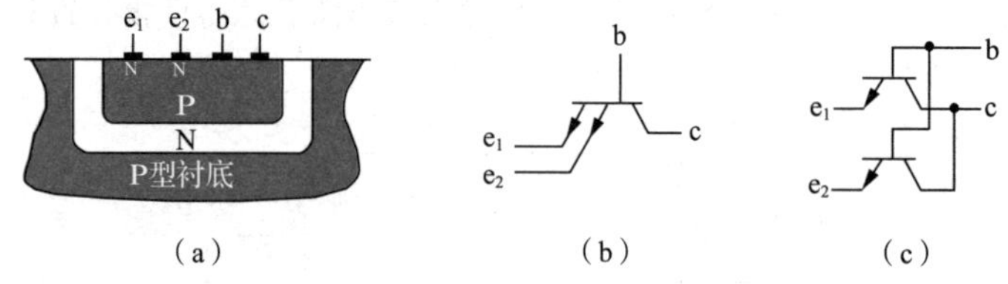

图3.43　多发射极晶体管的结构

图 3.44（a）所示的是一个采用多发射极晶体管构成的三输入 TTL 与非门电路，与其对应的逻辑符号如图 3.44（b）所示。当输入 A、B、C 中任一输入端为低电平时，晶体管 VT_1 的发射结正向偏置而导通，$v_{b1} \approx 0.3V+0.7V \approx 1V$，$VT_2$、$VT_4$ 均截止，R_4 和 VD_4 导通，电路输出电压 v_F 为 $v_F \approx 3.6V$；当输入 A、B、C 均为高电平时，晶体管 VT_1 转入倒置放大状态，VT_2、VT_4 饱和导通，VT_3、VD_4 截止，电路输出电压为 $v_F \approx 0.3V$，即“输入有低，输出为高；输入全高，输出为低”，输出 F 与输入 A、B、C 之间为与非逻辑关系，即 $F=\overline{ABC}$。

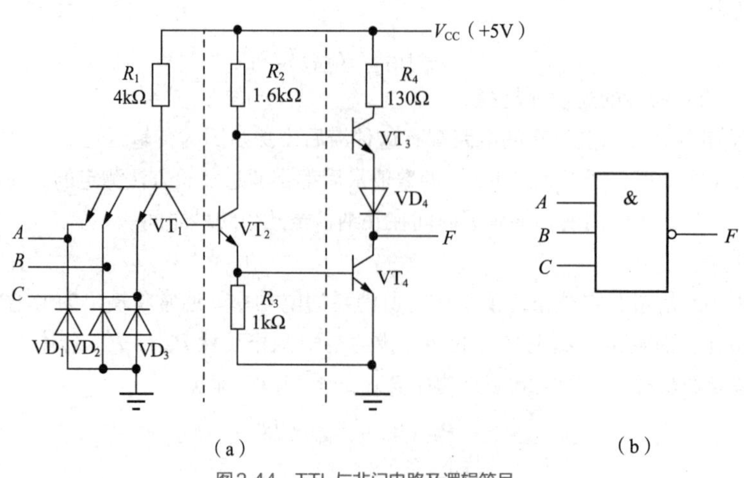

图3.44　TTL 与非门电路及逻辑符号

常用的 TTL 与非门集成电路芯片有 7400、7410 和 7420 等。7400 是一种内部有 4 个二输入与非门的芯片，其引脚分配图如图 3.45（a）所示；7410 是一种内部有 3 个三输入与非门的芯片，其引脚分配图如图 3.45（b）所示；7420 是一种内部有 2 个四输入与非门的芯片，其引脚分配图如图 3.45（c）所示。其中，V_{cc} 为电源引脚，GND 为接地脚，NC 为空脚。

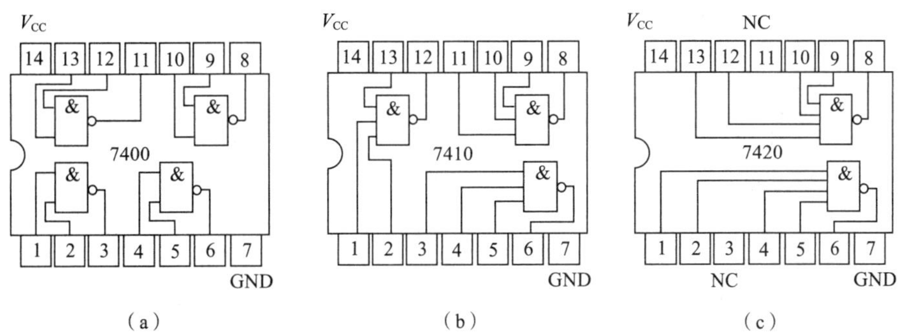

图3.45　7400、7410、7420芯片引脚分配图

（2）TTL 或非门

图 3.46（a）所示的是一个 TTL 或非门电路，其两个虚线框中的部分完全相同。当输入 A、B 均为低电平时，VT_2 和 VT'_2 均截止，从而使 VT_3 截止，VT_4 和 VD 导通，输出 F 为高电平；当 A 端输入高电平时，VT_1 处于倒置放大状态，VT_2 和 VT_3 饱和导通，VT_4 和 VD 截止，输出 F 为低电平。同样，B 端输入高电平或 A、B 同时输入高电平，均使 VT_3 饱和导通，VT_4 和 VD 截止，F 输出低电平。因此，该电路实现了或非逻辑功能，即 $F=\overline{A+B}$。两输入或非门的逻辑符号如图 3.46（b）所示。

常用的 TTL 或非门集成电路芯片有二输入 4 个或非门 7402、三输入 3 个或非门 7427 等。图 3.46（c）给出了 7402 的引脚分配图。

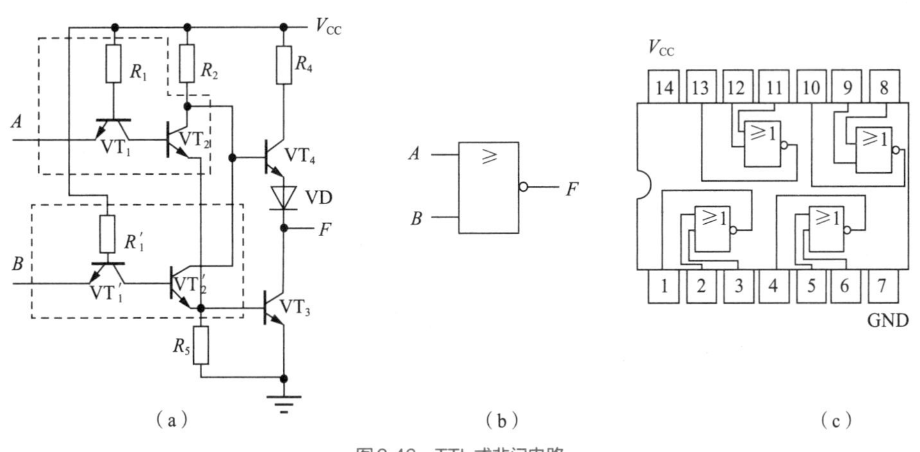

图3.46　TTL或非门电路

（3）TTL 与或非门

将图 3.46（a）所示或非门电路中的 VT_1 和 VT'_1 改成多射极晶体管，用以实现与的功能，即可构成与或非门。

图 3.47（a）所示的是一个 TTL 与或非门电路。该电路仅当 A_1、A_2 和 B_1、B_2 中均有低电平时，才使 VT_2、VT'_2 和 VT_3 截止，VT_4 和 VD 导通，输出 F 为高电平。其他情况下，即 A_1、A_2 均为高或者 B_1、B_2 均为高，或者 A_1、A_2 和 B_1、B_2 均为高，都将使 VT_3 饱和导通，VT_4 和 VD 截止，输出 F 为低电平。因此，该电路实现了与或非运算功能，输出和输入之间满足逻辑关系

$F = \overline{A_1A_2 + B_1B_2}$。由于该输出函数表达式中包含两个与项，每个与项含两个变量，故通常将其称为 2-2 与或非门。2-2 与或非门的逻辑符号如图 3.47（b）所示。

常用的 TTL 与或非门集成电路芯片有双 2-2 与或非门 7451、3-2-2-3 与或非门 7454 等。7541 的引脚排列如图 3.47（c）所示。

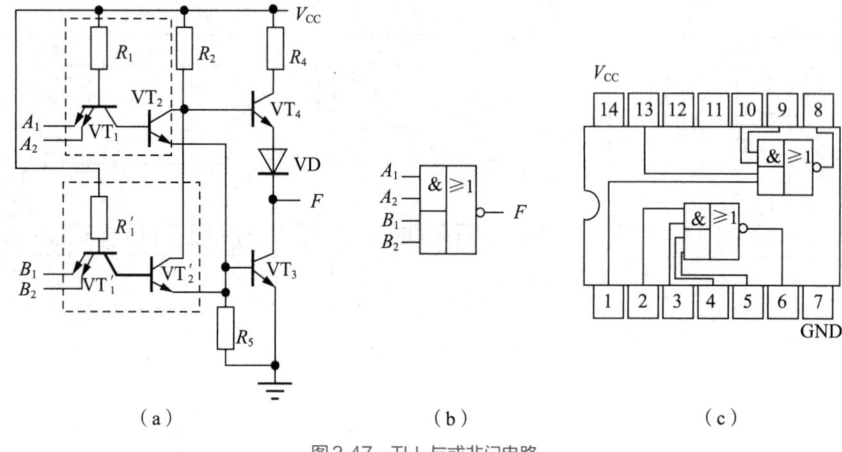

图3.47　TLL 与或非门电路

有关各种 TTL 集成门电路的详细资料可查阅集成电路芯片手册。

3. 两种特殊的门电路

除了前述的一些常用逻辑门之外，实际应用中还有两种广泛使用的特殊门电路——集电极开路门（Open Collector Gate，OC 门）和三态门（Three State，TS 门）。

（1）集电极开路门

推拉式输出结构的 TTL 逻辑门电路具有输出电阻很低的优点，但使用时有一定的局限性。

首先，不能将两个门的输出端直接并联使用。如图 3.48（a）所示，如果能两个与非门的输出端直接并联，当门 G_1 的输出 F_1 为高电平，门 G_2 的输出 F_2 为低电平时，电路的实际工作状况如图 3.48（b）所示。由于推拉式输出级不论门电路是处于导通状态，还是处于截止状态，都呈现低阻抗，因而将会有一个很大的负载电流流过门 G_1 的 VT_3 和 VD_4 及门 G_2 的 VT_4，该电流远超过电路的正常工作电流，有可能导致逻辑门损坏。

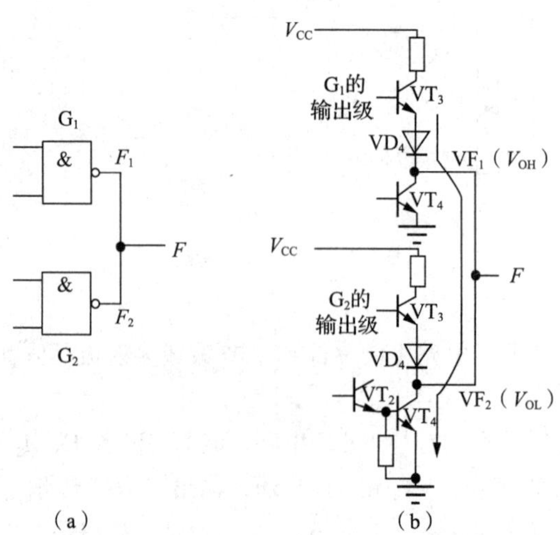

图3.48　两个 TTL 与非门输出端直接并联使用的情况

其次，在采用推拉式输出级的门电路中，电源一经确定（通常规定工作在 +5V），输出的高电平也就固定了，因此无法满足对不同输出高电平的需要。此外，推拉式电路结构也不能满足驱动较大电流及较高电压负载的要求。

此外，在数字逻辑系统中会应用到不同逻辑电平的电路，如 TTL 逻辑电平（V_{OH}=3.6V，V_{OL}=0.3V）与 CMOS 逻辑电平（V_{OH}=12V，V_{OL}=0V）不同。信号在不同逻辑电平的电路之间传输时，会产生信号不匹配的问题，逻辑信号就不能正常传输。

为了解决以上问题，TTL 系列产品中专门设计了一种输出端可以相互连接的特殊逻辑门，称为集电极开路门。

图 3.49（a）和（b）分别给出了一个集电极开路与非门的电路结构和逻辑符号。

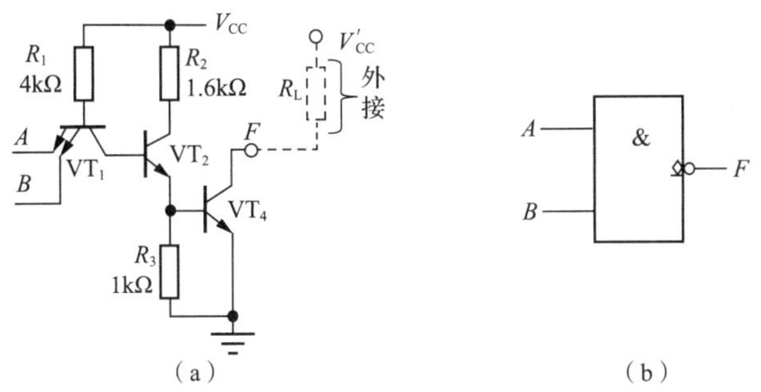

图3.49　集电极开路与非门的电路结构和逻辑符号

该电路把一般 TTL 与非门中的 VT_3、VD_4 去掉，令 VT_4 的集电极悬空，从而把一般 TTL 与非门电路的推拉式输出级改为三极管集电极开路输出，使用时通过外接负载电阻 R_L 和电源 V'_{CC} 使其正常工作。只要电阻 R_L 和电源 V'_{CC} 选择恰当，就能既保证输出的高、低电平正常，又能使流过输出级的电流不致过大。

在数字系统中，使用集电极开路与非门可以很方便地实现“线与”逻辑（即不使用与门，而是由门电路输出直接连接实现与逻辑）、电平转换及直接驱动发光二极管、干簧继电器等。

例如，将两个 OC 与非门按图 3.50 所示连接，只要其中有一个输出为低电平，输出 F 便为低电平；仅当两个门的输出均为高电平时，输出 F 才为高电平。即 $F = F_1 \cdot F_2 = \overline{A_1B_1C_1} \cdot \overline{A_2B_2C_2}$，从而实现了两个与非门输出相与的逻辑功能。

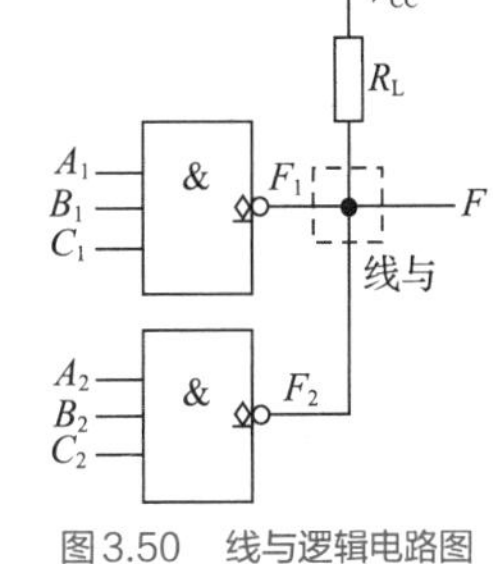

图3.50　线与逻辑电路图

又如，将 OC 与非门按图 3.51 所示连接，即可实现电平转换，V_r 为转换后的电平值。

（2）三态输出门

三态输出门简称三态门，它是在普通门电路的基础上附加控制电路而构成的。三态门有输出高电平、输出低电平和高阻状态 3 种输出状态。前两种状态为工作状态，后一种状态为禁止状态。值得注意的是，三态门不是指具有 3 种逻辑值。在工作状态下，三态门的输出可为逻辑“1”或者逻辑“0”；在禁止状态下，其输出呈现高阻抗，相当于开路。

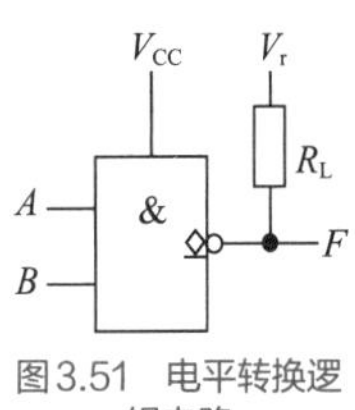

图3.51　电平转换逻辑电路

图 3.52（a）给出了一个三态输出与非门的电路结构和逻辑符号。

从图 3.52（a）可知，该电路在一般与非门的基础上增加了一个二极管 VD 和一个使能控制端 EN。当控制信号 EN=1 时，二极管 VD 反偏，此时电路功能与一般与非门并无区别，输出 $F = \overline{AB}$；当控制信号 EN=0 时，一方面因为 VT_1 有一个输入端为低，使 VT_2、VT_4 截止，另一方面由于二极管导通，迫使 VT_3 的基极电位被钳制在 1V 左右，致使 VT_3、VD_4 也截止，这时输

出 F 被悬空，即处于高阻状态。因为该电路是在 EN 为高电平时处于正常工作状态，所以称为使能控制端高电平有效的三态与非门，与其对应的逻辑符号如图 3.52（b）所示。

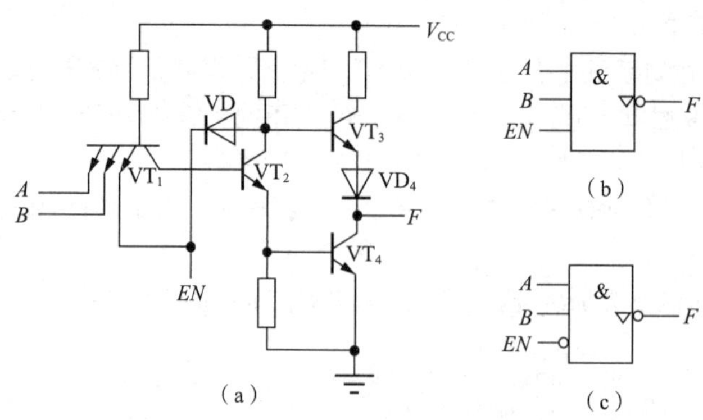

图3.52　三态输出与非门的电路结构和逻辑符号

三态门也有使能控制端为低电平有效的产品。为了与使能控制端为高电平有效的三态门相区别，通常在逻辑符号的控制端加一个小圆圈，如图 3.52（c）所示逻辑符号表示使能控制端为低电平有效的三态输出与非门。有时也将使能控制信号用 $\overline{EN}$ 表示低电平有效的三态门。

利用三态门不仅可以实现线与，而且被广泛应用于总线传送。它既可用于单向数据传送，也可用于双向数据传送。

图 3.53 所示为用三态门构成的单向数据传输总线。当某个三态门的控制端为 1 时，该逻辑门处于工作状态，输入数据经反相后送至总线。为了保证数据传送的正确性，任意时刻，n 个三态门的控制端只能有一个为 1，其余均为 0，即只允许一个数据端与总线接通，其余均断开，以便实现 n 个数据的分时传送。

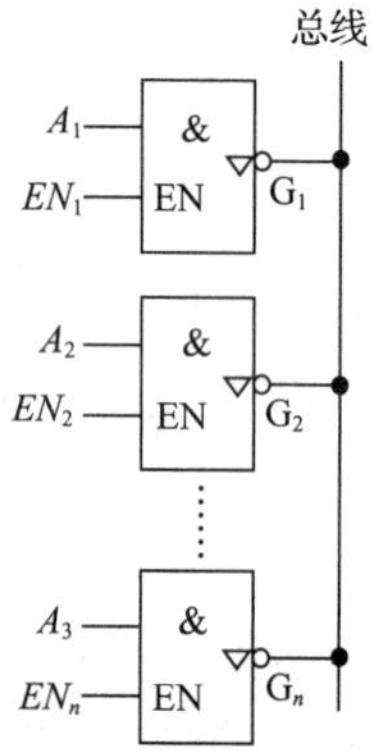

图3.53　用三态门构成单向数据传输总线

图 3.54 所示为两种控制输入三态门构成的双向数据传输总线。其中，EN=1 时，G_1 工作，G_2 处于高阻状态，数据 D_1 被取反后送至总线；EN=0 时，G_2 工作，G_1 处于高阻状态，总线上的数据被取反后送到数据端 D_2，从而实现了数据的分时双向传送。

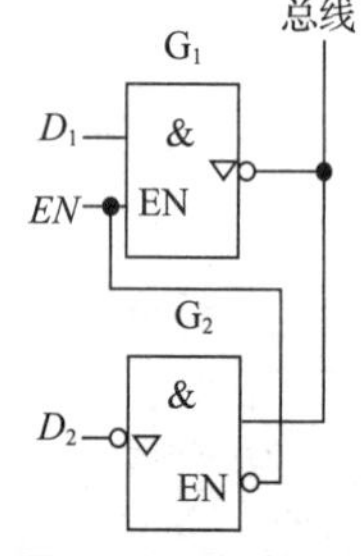

图3.54　用三态门构成的双向数据传输总线

多路数据通过三态门共享总线实现数据分时传送的方法，在计算机和其他数字系统中被广泛用于数据和各种信号的传送。

3.6.3　CMOS 集成逻辑门电路

1．CMOS 反相器

CMOS 反相器的电路结构是 CMOS 电路的基本结构形式。如图 3.55 所示，CMOS 反相器由一个 P 沟道增强型 MOS 管 VT_P 和一个 N 沟道增强型 MOS 管 VT_N 串联组成。通常用 VT_P 作为负载管（开启电压 $V_{TP}<0$），VT_N 作为工作管（开启电压用 $V_{TN}>0$）。两管的栅极相连作为输入端，两管的漏极相连作为输出端。VT_N 的源极接地，VT_P 的源极接电源。为了保证电路正常工作，电源电压 V_{DD} 需大于 VT_N 的开启电压 V_{TN} 和 VT_P 的开启电压 V_{TP} 绝对值的和，即 $V_{DD}>V_{TN}+V_{TP}$，一般 V_{DD}=5V。

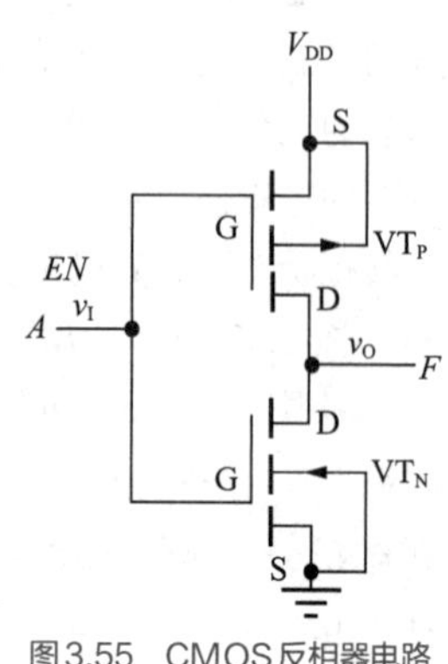

图3.55　CMOS反相器电路

在图 3.55 中，当 v_I=0V 时，VT_N 截止，VT_P 导通，电路工作在截止状态，输出电压 v_O 为高电平 V_{DD}；当 v_I=V_{DD} 时，VT_N 导通，VT_P 截止，电路工作在导通状态，输出电压 $v_O \approx 0$V。即“若输入为低，则输出为高；若输入为高，则输出为低”。因此，该电路实现了反相器功能，即非的逻辑功能，电路输出与输入的关系为 $F=\overline{A}$。

由于 CMOS 反相器处在开关状态下总有一个管子处于截止状态，因而电流极小，电路静态功耗很低。此外，它还具有干扰性能好、负载能力强等优点。常用的集成电路 CMOS 反相器有 CC6049，该芯片有 14 条引脚，内含 6 个反相器。

2. CMOS 与非门

图 3.56 所示的是一个两输入端的 CMOS 与非门电路，它由两个串联的 NMOS 管 VT_{N1}、VT_{N2} 和两个并联的 PMOS 管 VT_{P1}、VT_{P2} 构成。

每个输入端连到一个 PMOS 管和一个 NMOS 管的栅极。当输入 A、B 均为高电平时，VT_{N1} 和 VT_{N2} 导通，VT_{P1} 和 VT_{P2} 截止，输出端 F 为低电平；当输入 A、B 至少有一个为低电平时，对应的 VT_{N1} 和 VT_{N2} 中至少有一个截止，VT_{P1} 和 VT_{P2} 中至少有一个导通，输出 F 为高电平。因此，该电路实现了与非逻辑功能，电路输出与输入的关系为 $F=\overline{AB}$。

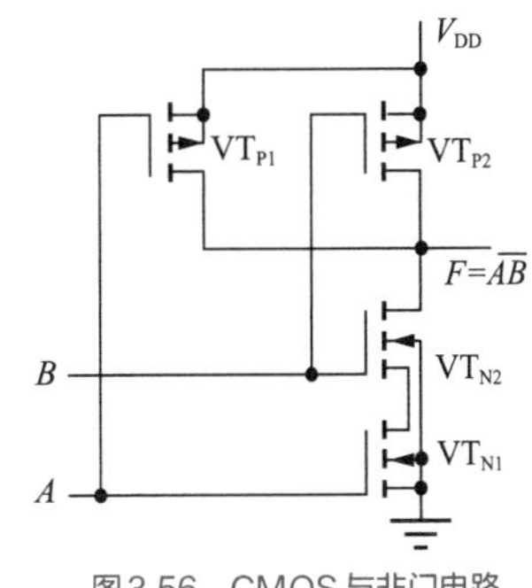

图3.56　CMOS与非门电路

常见的集成电路 CMOS 与非门有 CC4011、CC4023 等。CC4011 内含 4 个二输入与非门，CC4023 内含 3 个三输入与非门，两者均为 14 条引脚的芯片。

3. CMOS 或非门

图 3.57 所示的是一个两输入端的 CMOS 或非门电路，它由两个并联的 NMOS 管 VT_{N1}、VT_{N2} 和两个串联的 PMOS 管 VT_{P1}、VT_{P2} 构成。每个输入端连接到一个 NMOS 管和一个 PMOS 管的栅极。当输入 A、B 为低电平时，VT_{N1} 和 VT_{N2} 截止，VT_{P1} 和 VT_{P2} 导通，输出 F 为高电平；只要输入端 A、B 中有一个为高电平，则对应的 VT_{N1}、VT_{N2} 中至少有一个导通，VT_{P1}、VT_{P2} 中至少有一个截止，使输出 F 为低电平。因此，该电路实现了或非逻辑功能，电路输出与输入的关系为 $F=\overline{A+B}$。

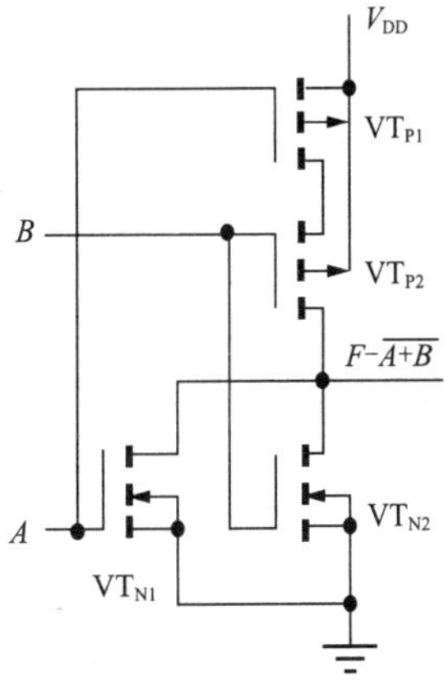

图3.57　CMOS或非门电路

常见的集成电路 CMOS 或非门有 CC4001 等，CC4001 有 14 条引脚，内含 4 个二输入端非门。

4. CMOS 三态门

CMOS 三态门是在普通门电路的基础上增加控制电路构成的，其电路结构有不同形式。图 3.58 所示的是一个简单的三态非门电路。从电路结构上看，该电路是在 CMOS 反相器的基础上增加了 NMOS 管 VT'_N 和 PMOS 管 VT'_P 构成的。当使能控制端 EN 为高电平（EN=1）时，VT'_N 和 VT'_P 同时截止，输出 F 呈高阻状态；当使能控制端 EN 为低电平（EN=0）时，VT_N 和 VT_P 同时导通，非门正常工作，实现 $F=\overline{A}$ 的功能。由于 EN 为低电平时电路在正常工作状态，因此称为低电平有效的三态门。

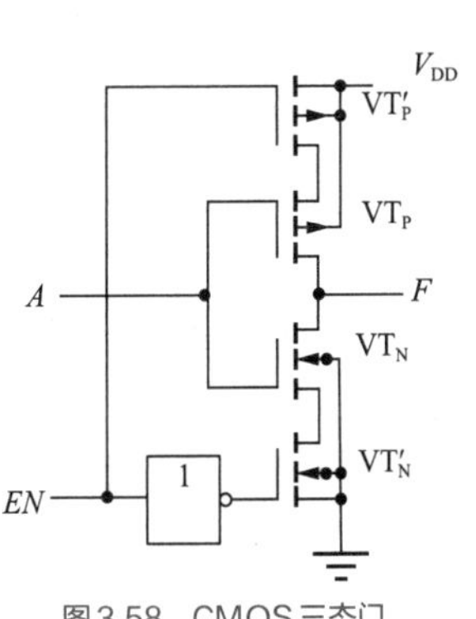

图3.58　CMOS三态门

5. CMOS 传输门

CMOS 传输门是构成各种逻辑电路的一种基本单元电路，其电路结构如图 3.59（a）所示。它由一个 NMOS 管 VT_N 和一个 PMOS 管 VT_P 并联构成，其逻辑符号如图 3.59（b）所示。

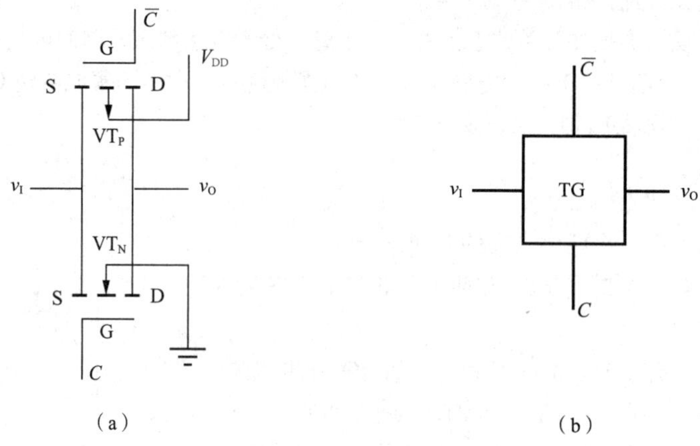

图3.59　CMOS传输门

如图 3.59（a）所示，VT_N 和 VT_P 的结构和参数对称，两管的源极连在一起作为传输门的输入端，漏极连在一起作为输出端。VT_N 的衬底接地，VT_P 的衬底接电源，两管的栅极分别与一对互补的控制信号 C 和 $\bar{C}$ 相接。

当控制信号 $C=V_{DD}$，$\bar{C}=0V$ 时，输入电压 v_I 在 0V ～ V_{DD} 范围内变化，VT_N 和 VT_P 至少有一个导通，输入和输出之间呈低阻状态，传输门导通，相当于开关导通，即输入信号 v_I 在 0V ～ V_{DD} 范围内都能通过传输门。

当控制信号 $C=0V$，$\bar{C}=V_{DD}$时，输入信号 v_I 在 0V ～ V_{DD} 范围内变化，VT_N 和 VT_P 总是处于截止状态，输入和输出之间呈高阻状态，信号 v_I 不能通过，传输门截止，相当于开关断开。

由此可见，变换两个控制端的互补信号可以使传输门接通或断开，从而决定输入端 v_I 的信号（0V ～ V_{DD} 的任意电平）是否能传送到输出端。由于传输门不仅能传输数字信号，而且也能传输模拟信号，因此在模拟电路中，传输门被用于传输连续变化的模拟电压信号。

利用 CMOS 传输门和 CMOS 反相器可以组合成各种复杂的逻辑电路，如数据选择器、寄存器、计数器等。

此外，由于 MOS 管的结构是对称的，即源极和漏极可以互换使用，因此，传输门的输入端和输出端可以互换使用，即 CMOS 传输门具有双向性，故又称为可控双向开关。

习题3

3.1 什么是 PN 结？ PN 结有哪几种偏置条件？简述其工作原理。

3.2 简述晶体二极管的静态特性。

3.3 晶体二极管的开关速度主要取决于哪些因素？

3.4 数字电路中，晶体三极管一般工作在什么状态下？

3.5 晶体三极管的开关速度取决于哪些因素？

3.6 TTL 与非门有哪些主要性能参数？

3.7 OC 门和 TS 门的结构与一般 TTL 与非门有何不同？各有何主要应用？

3.8 图 3.60（a）所示为三态门组成的总线换向开关电路，其中，A、B 为信号输入端，分别送两个频率不同的信号；EN 为换向控制端，输入信号和控制电平波形如图 3.60（b）所示。试画出 Y_1、Y_2 的波形。

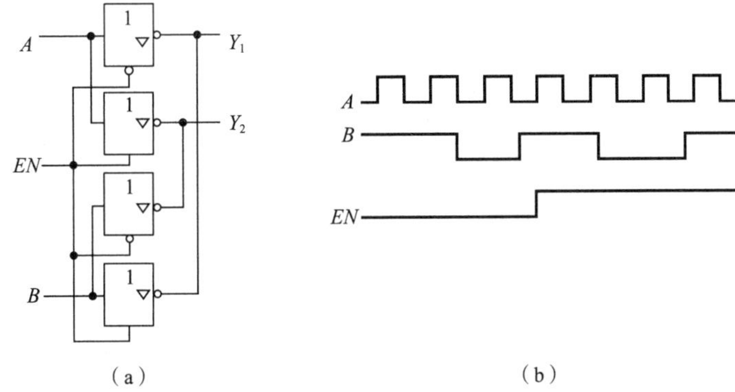

图3.60　逻辑电路及有关信号波形

3.9 有两个相同型号的 TTL 与非门，对它们进行测试的结果如下。

（1）甲的开门电平为 1.4V，乙的开门电平为 1.5V。

（2）甲的关门电平为 1.0V，乙的关门电平为 0.9V。

试问在输入相同高电平时，哪个抗干扰能力强？在输入相同低电平时，哪个抗干扰能力强？

3.10 试画出实现如下功能的 CMOS 电路图。

（1）$F=\overline{A\cdot B\cdot C}$。

（2）$F=A+B$。

（3）$F=\overline{AB+CD}$。

3.11 试指出下列 5 种逻辑门中哪几种门的输出可以并联使用。

（1）TTL 集电极开路门。

（2）采用推拉式输出的一般 TTL 与非门。

（3）TTL 三态输出门。

（4）普通 CMOS 门。

（5）CMOS 三态输出门。

3.12 已知电路如图 3.61 所示，试写出 F 与 A、B、C 之间的逻辑关系表达式，并画出逻辑电路图。

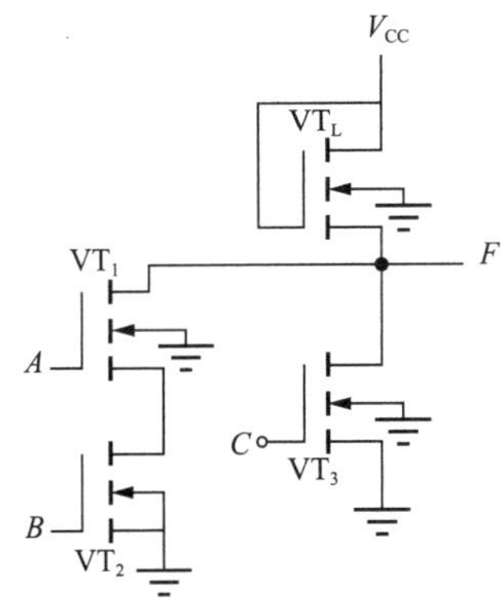

图3.61　题3.12的逻辑电路图

3.13 已知逻辑电路如图 3.62 所示，试写出 F 与 A、B、C 之间的逻辑关系表达式。

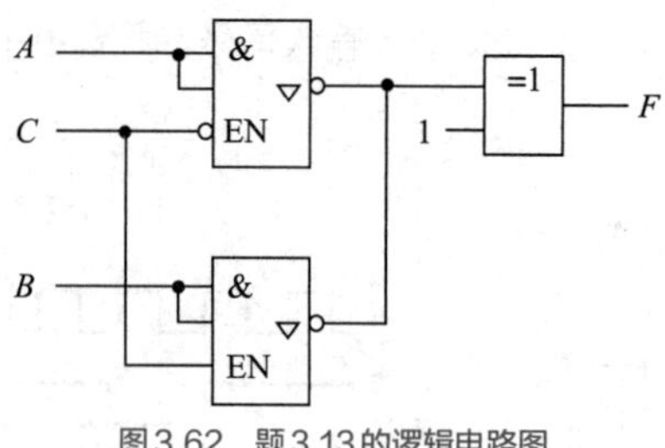

图3.62　题3.13的逻辑电路图

3.14 已知逻辑电路如图3.63所示，试写出当EN=0和EN=1时，D_1、D_2与Q_1、Q_2的逻辑关系。

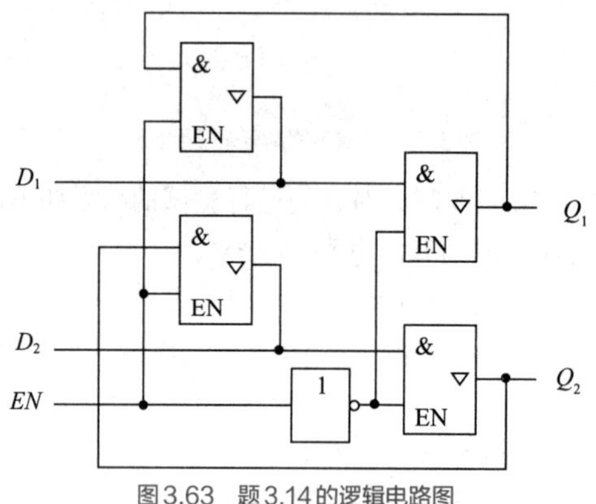

图3.63　题3.14的逻辑电路图

3.15 图3.64所示为分别采用OC门和三态门组成总线上分时传输的典型电路。试分析其工作原理的主要差异。

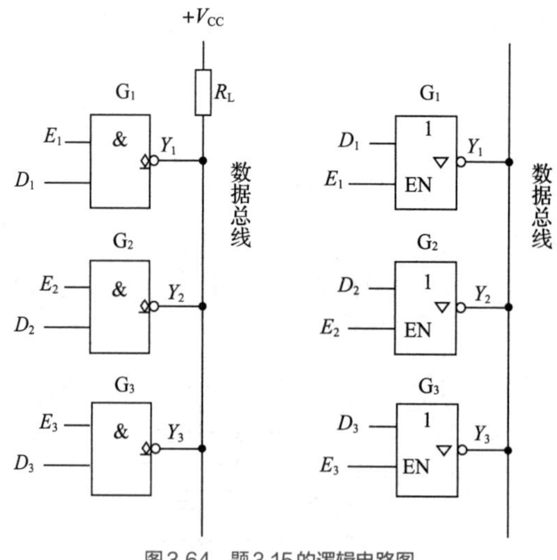

图3.64　题3.15的逻辑电路图

第4章 组合逻辑电路

数字系统中的逻辑电路按其是否具有记忆功能分为组合逻辑电路和时序逻辑电路两大类型。组合逻辑电路不但能独立完成各种复杂的逻辑功能，而且是时序逻辑电路的组成部分，它在数字系统中的应用十分广泛。

本章主要讨论组合逻辑电路的分析和设计方法，以及常用的中规模组合逻辑电路，并分析了组合逻辑电路中的险象产生的原因，介绍了判断险象和消除险象的方法。

4.1 组合逻辑电路概述

组合逻辑电路是由各种门电路组成的没有记忆功能的逻辑电路，其在任何时刻产生的稳定输出值仅取决于该时刻各输入值的组合，而与过去的输入值无关。而时序逻辑电路在任何时刻的稳定输出不仅取决于电路当前的输入，还与电路的状态相关，即与电路过去的输入相关。

从逻辑功能上来看，组合逻辑电路没有存储功能，在任何时刻产生的稳定输出值仅取决于该时刻各输入值的组合，而与过去的输入值无关。在日常生活中，投票表决器就是一种组合逻辑电路。投票的结果和各投票员投票的顺序无关，只与各投票员在投票时的选择（赞同或反对）有关。

从电路结构来看，组合逻辑电路不包含任何记忆元件，且信号是单向传输的，不存在任何反馈回路。

组合逻辑电路的一般结构如图 4.1 所示。

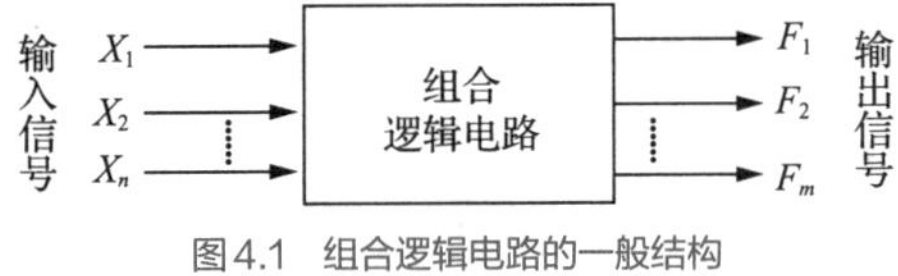

图 4.1 组合逻辑电路的一般结构

图 4.1 中，X_1，X_2，⋯，X_n 是电路的 n 个输入变量，F_1，F_2，⋯，F_m 是电路的 m 个输出变量。输出变量和输入变量之间的逻辑关系用函数可以表示为

$$F_i = f_i(X_1, X_2, \cdots, X_n) \qquad i = 1, 2, \cdots, m$$

在任何时刻，只要 X_1，X_2，…，X_n 取值确定，则输出 F_1，F_2，…，F_m 也随之确定，与电路过去的状态无关。

除了逻辑表达式外，组合逻辑电路还可以用逻辑电路图、真值表、卡诺图、时间图等方式进行描述。逻辑电路图所表达的电路结构最清晰，但其不能直观反映组合逻辑电路的逻辑功能，通常要把逻辑电路图转换为逻辑表达式或者真值表的形式，以使电路的逻辑功能更加直观、明显。

根据集成度的高低，组合逻辑电路可分为小规模集成电路、中规模集成电路、大规模集成电路和超大规模集成电路。常见的中规模组合逻辑电路有加法器、译码器、编码器、多路选择器、多路分配器和数值比较器（Magnitude Comparator）等，它们通常由若干个基本逻辑门组成。这里对大规模组合逻辑电路和超大规模组合逻辑电路不做介绍。

4.2 小规模组合逻辑电路分析

逻辑电路分析是指对一个给定的逻辑电路，找出其输出与输入之间的逻辑关系。通过分析，不仅可以了解给定逻辑电路的功能，同时还可以评价其设计方案的优劣，以便吸取优秀的设计思想，改进和完善不合理方案或者更换逻辑电路的某些组件等。由此可见，逻辑电路分析是研究数字系统的一种基本技能。在实际应用中存在大量的数字电路分析问题，如分析已经设计好的电路的功能是否完善、电路是否经济合理、两个电路是否等效、电路故障诊断等。

小规模组合逻辑电路是指采用小规模集成电路实现各种功能的逻辑电路。小规模集成电路就是指前面所讲的一些基本的逻辑门电路，如与门、或门、非门、与非门、异或门等。小规模组合逻辑电路的分析方法和中规模组合逻辑电路的分析方法不同。本节将介绍小规模组合逻辑电路的分析。

4.2.1 小规模组合逻辑电路的分析步骤

组合逻辑电路分析的一般步骤如图 4.2 所示。

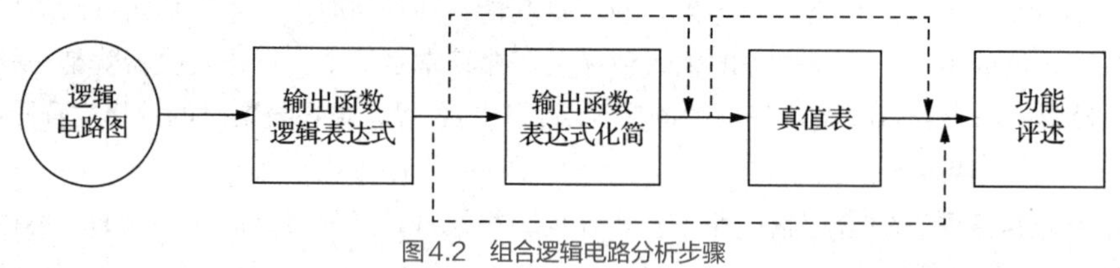

图4.2　组合逻辑电路分析步骤

1. 写出输出函数表达式

分析电路有几个输入变量、几个输出变量，写出输出变量与输入变量的逻辑表达式，有几个输出变量就写几个输出函数表达式。为了确保写出的逻辑表达式正确无误，一般从逻辑电路图的输入端开始往输出端逐级推导，直至得到所有与输入变量相关的输出函数表达式为止。

2. 化简输出函数表达式

为了简单、清晰地反映输入、输出之间的逻辑关系，一般来说应对逻辑表达式进行化简。在某些情况下，该步骤可省略，例如通过表达式已经可以明了电路的逻辑功能，或者输出函数表达式已经可以很方便地列出输出函数真值表。

3. 列出输出函数真值表

根据（最简）输出函数表达式，列出输出函数真值表。真值表详尽地给出了输入与输出之间的取值关系，它通过逻辑值直观地描述了电路的逻辑功能。当通过表达式已经可以明了电路逻辑功能时，此步骤可省略。

4. 功能评述

根据真值表或（最简）输出函数表达式，概括出电路逻辑功能的文字描述，并对原电路的设计方案进行评价，必要时提出改进意见和改进方案。

4.2.2 小规模组合逻辑电路分析举例

下面举例说明组合逻辑电路的分析过程。

例 4.1　分析图 4.3（a）所示的组合逻辑电路。

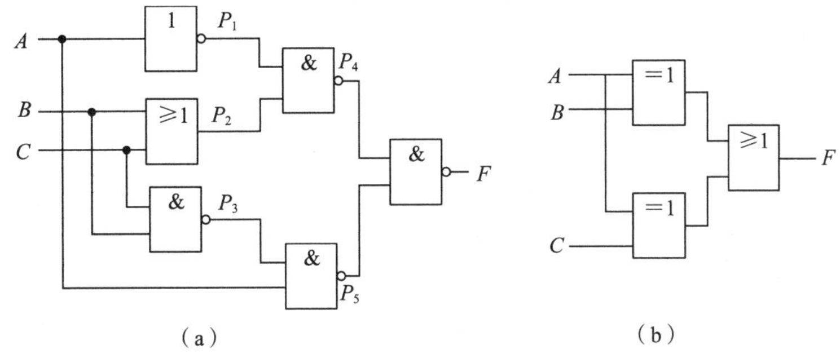

图4.3　例4.1逻辑电路

解：

（1）写出输出函数表达式

根据逻辑电路图中各逻辑门的功能，从输入端开始逐级写出函数表达式如下。

$$
\begin{aligned}
P_1 &= \overline{A} \\
P_2 &= B+C \\
P_3 &= \overline{BC} \\
P_4 &= \overline{P_1 \cdot P_2} = \overline{\overline{A}(B+C)} \\
P_5 &= \overline{AP_3} = \overline{A\overline{BC}} \\
F &= \overline{P_4P_5} = \overline{\overline{\overline{A}(B+C)}\cdot\overline{A\overline{BC}}}
\end{aligned}
$$

（2）化简输出函数表达式

用代数法对输出函数 F 的表达式进行化简。

$$
\begin{aligned}
F &= \overline{\overline{\overline{A}(B+C)}\cdot\overline{A\overline{BC}}} \\
&= \overline{A}(B+C)+A\overline{BC} \\
&= \overline{A}B+\overline{A}C+A\overline{B}+A\overline{C} \\
&= A\oplus B + A\oplus C
\end{aligned}
$$

（3）列出真值表

根据化简后的函数表达式列出真值表，该函数的真值表如表 4.1 所示。

表 4.1　例 4.1 真值表

A	B	C	F
0	0	0	0
0	0	1	1
0	1	0	1
0	1	1	1
1	0	0	1
1	0	1	1
1	1	0	1
1	1	1	0

（4）功能评述

由真值表（见表 4.1）可知，该电路仅当 A、B、C 取值同为 0 或同为 1 时输出 F 的值为 0，其他情况下输出 F 均为 1。换句话说，当输入取值一致时输出为 0，不一致时输出为 1。由此可见，该电路具有检查输入信号是否一致的逻辑功能。一旦输出为 1，则表明输入不一致。因此，通常称该电路为“不一致电路”。

在某些可靠性要求非常高的系统中，往往是几套设备同时工作。一旦运行结果不一致，便由“不一致电路”发出报警信号，通知操作人员排除故障，以确保系统的可靠性。

由分析可知，该电路的设计方案并不是最简的。根据化简后的输出函数表达式可画出采用异或门和或门实现给定功能的逻辑电路图，如图 4.3（b）所示。显然，它比原电路简单、清晰。

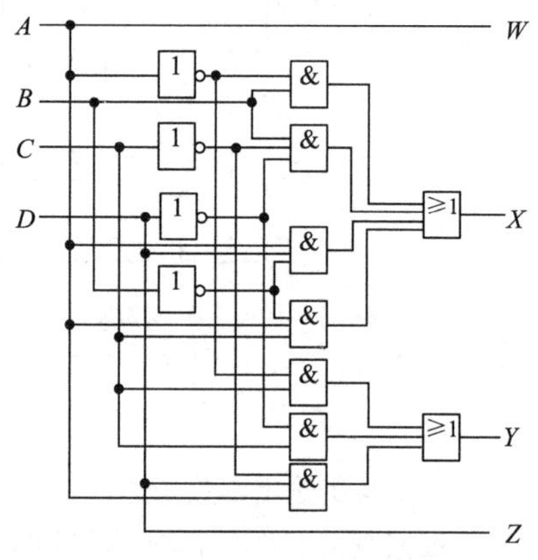

图4.4　例4.2逻辑电路

例 4.2　分析图 4.4 所示的逻辑电路。

解：根据给出的逻辑电路图可写出输出函数表达式。

$$
\begin{aligned}
W &= A \\
X &= \bar{A}B + B\bar{C}\bar{D} + A\bar{B}C + A\bar{B}D \\
Y &= \bar{A}C + C\bar{D} + A\bar{C}D \\
Z &= D
\end{aligned}
$$

输出函数均为与或表达式，这里可直接列出真值表，如表 4.2 所示。

表 4.2　例 4.2 真值表

A B C D	W X Y Z	A B C D	W X Y Z
0 0 0 0	0 0 0 0	1 0 0 0	1 0 0 0
0 0 0 1	0 0 0 1	1 0 0 1	1 1 1 1
0 0 1 0	0 0 1 0	1 0 1 0	1 1 1 0
0 0 1 1	0 0 1 1	1 0 1 1	1 1 0 1
0 1 0 0	0 1 0 0	1 1 0 0	1 1 0 0
0 1 0 1	0 1 0 1	1 1 0 1	1 0 1 1
0 1 1 0	0 1 1 0	1 1 1 0	1 0 1 0
0 1 1 1	0 1 1 1	1 1 1 1	1 0 0 1

由真值表（见表 4.2）可以看出，输出最高位 W 和 A 相等；当 A=0 时，$XYZ=BCD$；当 $A\neq 0$ 时，输出 X、Y、Z 分别是输入 B、C、D 取反后再加 1。这个电路的逻辑功能是对输入的二进制数求补码，最高位为符号位，0 表示正数，1 表示负数，正数的补码和原码相同，负数的补码为原码的真值位取反后加 1。

例 4.3　分析图 4.5 所示的组合逻辑电路，说明该电路的功能。

解：根据给出的逻辑电路图可写出输出函数表达式。

$$F=\overline{A_1}\,\overline{A_0}D_0+\overline{A_1}A_0D_1+A_1\overline{A_0}D_2+A_1A_0D_3$$

由该表达式可知，当 A_1A_0=00 时，$F=D_0$；当 A_1A_0=01 时，$F=D_1$；当 A_1A_0=10 时，$F=D_2$；当 A_1A_0=11 时，$F=D_3$。因此，该电路是一个四路数据选择器。

以上例子说明了组合逻辑电路分析的一般方法。从讨论过程可以看出，通过对电路进行分析，不仅可以找出电路输入、输出之间的关系，确定电路的逻辑功能，同时还可以对某些设计不合理的电路进行改进和完善。

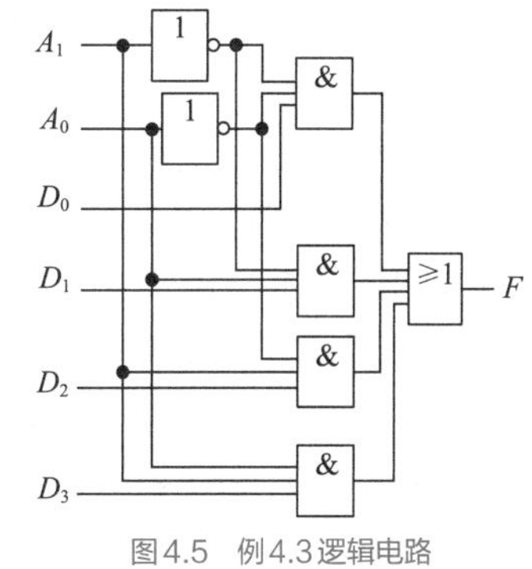

图4.5　例4.3逻辑电路

4.3　小规模组合逻辑电路设计

小规模组合逻辑电路是指采用小规模集成电路实现各种功能的逻辑电路。小规模集成电路就是指前面所讲的一些基本逻辑门电路，如与门、或门、非门、与非门、异或门等。

组合逻辑电路的设计是分析的逆过程，即根据问题要求完成的逻辑功能，求出在特定条件下实现该功能的最简或最合理的逻辑电路。最简是指在特定条件下所用器件的种类和每种器件的数量尽可能少，而且器件间的连线也尽可能少。这样就需要首先将逻辑函数表达式转换为最简形式。前面介绍的逻辑函数化简方法，追求的目标是最少门数，这是在小规模集成电路的条件下最经济的指标。

虽然现代数字逻辑电路的设计已经很少单纯地使用小规模集成电路去实现逻辑函数了，但是这种传统的数字电路实现的方法仍然是数字电路逻辑设计的基础，是比较成熟的方法。本节仍以追求逻辑门数最少为目标来讨论逻辑设计。对于中、大规模的基础电路，追求最少门数将不再成为最优设计的指标，而转为追求集成块数的减少，这一点将在后面讨论。

4.3.1　小规模组合逻辑电路的设计步骤

小规模组合逻辑电路的设计应根据实际应用中提出的各种设计要求，选择合适的逻辑门，采用数字设计的经典方法进行设计。实际应用中提出的各种设计一般是用文字形式描述的，所以逻辑设计的首要任务是将设计要求转换为逻辑问题，即将文字描述的设计要求抽象为一种逻辑关系。就组合逻辑电路而言，电路设计就是抽象出描述问题的逻辑表达式。

小规模组合逻辑电路的设计步骤大致如图 4.6 所示。

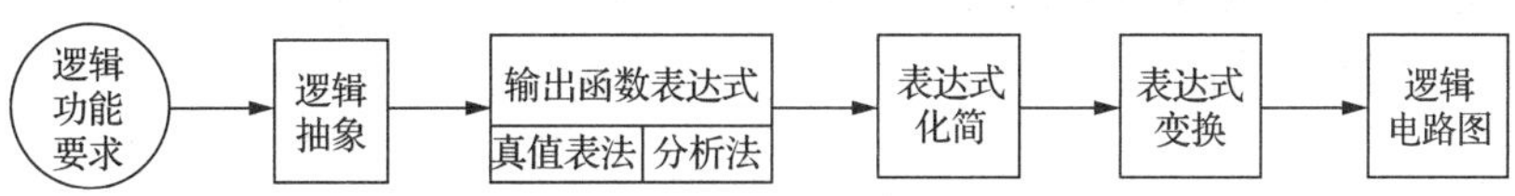

图4.6　小规模组合逻辑电路的设计步骤

（1）建立给定问题的逻辑抽象

逻辑设计前，首先分析设计要求，确定电路的输入变量和输出变量，然后对所设定的输入变量和输出变量进行逻辑状态赋值，即用 0 和 1 表示信号的有关状态。

（2）求出输出函数表达式

求逻辑表达式的常用方法有真值表法和分析法两种。真值表法是指用真值表列出变量可能出现的所有情况及其所对应的输出，并根据真值表得到电路的输出函数表达式。分析法是指通过分析输出和输入之间的逻辑关系，直接得到电路输出函数表达式的方法。真值表法比较简单、直观、容易理解，缺点是不方便，尤其当变量较多时十分麻烦。而分析法逻辑性比较强，不容易掌握。

（3）求出逻辑函数的最简表达式

基于小规模集成电路的组合逻辑电路设计是以最简或最合理方案为目标的，即要求在给定的条件下，逻辑电路中包含的逻辑门及其之间的连线最少。因此，我们要对逻辑表达式进行化简，求出描述设计问题的最简表达式。

（4）选择逻辑门类型并进行逻辑函数变换

根据简化后的逻辑表达式及问题的具体要求，选择合适的逻辑门，并将逻辑表达式变换成与所选逻辑门对应的形式。

（5）画出逻辑电路图

根据变换后的表达式画出逻辑电路图。

以上步骤是就一般情况而言的。根据实际问题的难易程度和设计者的熟练程度，有时可跳过其中的某些步骤。然而，在很多情况下，还存在各种特殊情况需要考虑。

在实际问题中，大量存在着由同一组输入变量产生多个输出函数的问题，实现这类问题的组合逻辑电路称为多输出函数的组合逻辑电路。设计多输出函数的组合逻辑电路时，如果只是孤立地求出各输出函数的最简表达式，然后画出相应逻辑电路图并将其拼在一起，通常不能保证逻辑电路整体最简。由于各输出函数之间往往存在相互联系，具有某些共同的部分，因此，我们应该将它们当作一个整体考虑，而不应该将其截然分开。使这类电路达到最简的关键在于，对函数进行化简时找出各输出函数的公用项，以便在逻辑电路中实现对逻辑门的共享，从而使电路整体结构最简。

在对某些实际问题进行设计的过程中，我们常常为了减少各部件之间的连线，只给所设计的逻辑电路提供原变量，不提供反变量。设计这类电路时，最直接的办法是当需要某个反变量时，直接用一个非门将相应的原变量转换成反变量，但这样处理往往是不经济的。对于这类问题，通常采用适当的方法进行处理，以便在无反变量提供的前提下，使逻辑电路尽可能简单。

在实际设计中，电路的复杂度往往与设计过程中某些步骤的处理方案直接相关。例如，设计者的编码方案也会影响到电路的复杂程度。在设计电路的过程中，应考虑各种设计方案，以寻求一种最合理的方案使得电路结构最简单。

4.3.2 小规模组合逻辑电路设计举例

例 4.4　某公司采用董事会民主投票的方式来决定公司各项议题的通过与否。其中，董事长投票通过记 2 票，其他 3 名董事投票通过记 1 票。若某议题获得 3 票及 3 票以上，则可以通过。试用与非门实现该电路。

解：

（1）建立给定问题的逻辑描述

该电路是一个投票表决电路，其逻辑功能就是按照少数服从多数的原则执行表决（总票数为 5 票，3 票以上通过），确定某项决议是否通过，参与投票的人具有不同的权重。假设用 A 代表董事长（权重为 2），B、C、D 分别代表参加表决的 3 个董事（权重为 1），用函数 F 表示表决结果，并约定逻辑变量取值为 0 表示反对，逻辑变量取值为 1 表示赞成；逻辑函数 F 取值为 0 表示决议被否决，逻辑函数 F 取值为 1 表示决议通过。

按照少数服从多数的原则可知，函数和变量的关系：当 4 个变量 A、B、C、D 中总投票数大于或等于 3 时，函数 F 的值为 1，其他情况下函数 F 的值为 0。因此，可列出该逻辑函数的真值表如表 4.3 所示。由该真值表可写出函数 F 的最小项表达式为

$$F(A,B,C,D)=\sum m(7,9\sim 15)$$

表 4.3　例 4.4 真值表

A	B	C	D	F	A	B	C	D	F
0	0	0	0	0	1	0	0	0	0
0	0	0	1	0	1	0	0	1	1
0	0	1	0	0	1	0	1	0	1
0	0	1	1	0	1	0	1	1	1
0	1	0	0	0	1	1	0	0	1
0	1	0	1	0	1	1	0	1	1
0	1	1	0	0	1	1	1	0	1
0	1	1	1	1	1	1	1	1	1

（2）求出逻辑函数的最简表达式

作出函数 F 的卡诺图如图 4.7（a）所示，用卡诺图化简后得到函数的最简与或表达式为

$$F(A,B,C,D)=AB+AC+AD+BCD$$

（3）选择逻辑门类型并进行逻辑函数变换

假定采用与非门组成实现给定功能的电路，则应将上述表达式变换成与非表达式。

$$F(A,B,C,D)=\overline{\overline{AB+AC+AD+BCD}}=\overline{\overline{AB}\cdot\overline{AC}\cdot\overline{AD}\cdot\overline{BCD}}$$

（4）画出逻辑电路图

由函数的与非表达式可画出实现给定功能的逻辑电路，如图 4.7（b）所示。

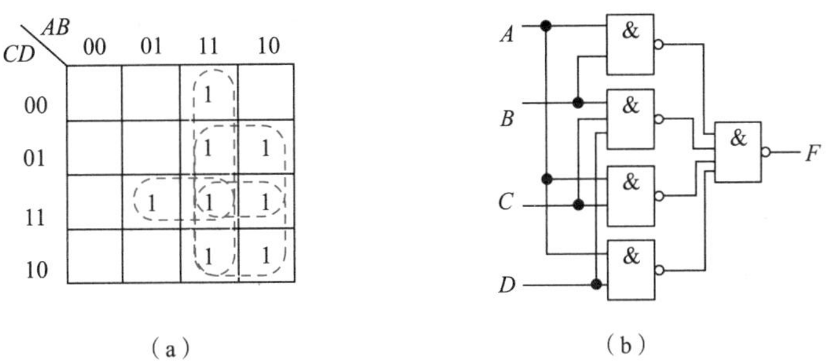

图4.7　例4.4的卡诺图及逻辑电路图

除了真值表法，还可以采用分析法，即通过对设计要求的分析、理解，直接写出逻辑表达式。分析法和表格法的区别仅在于第二步的处理方法不同。

分析法：由题意可知，当投票数大于或等于 3 时，议题通过。因为董事长 A 每次投赞成票记为 2 票，而各位董事投赞成票记为 1 票，因此，如果董事长投赞成票，则董事 B、C、D 只要有任何一个投赞成票，则议题通过；如果董事长投反对票，则董事 B、C、D 必须都投赞成票，议题才能通过。由以上分析可得逻辑表达式如下。

$$F(A,B,C)=A(B+C+D)+BCD=AB+AC+AD+BCD$$

由此可见，表格法和分析法得到的结果是一致的。

例 4.5 用与非门设计一个组合逻辑电路，该电路的输入为 1 位十进制数的 8421 码，当输入的数字为 0 或 2 的整数次幂时，输出为 1；其余情况下输出为 0。

解：由题意可知，该电路输入为 1 位十进制数的 8421 码，输出为对其值进行判断的结果。设输入变量为 A、B、C、D，输出函数为 F，当 $ABCD$ 代表的十进制数为 0、1、2、4、8 时，输出 F 为 1，其余情况下 F 为 0。按照 8421 码的编码规则，$ABCD$ 的取值组合不允许为 1010 ～ 1111，一共 6 组数据，故该问题为包含无关条件的逻辑问题，与上述 6 种取值组合对应的最小项为无关项，即在这些取值组合下输出函数的值可以随意指定为 1 或者为 0，通常记为“d”。据此可建立描述该问题的真值表，如表 4.4 所示。

表 4.4 例 4.5 真值表

A B C D	F	A B C D	F
0 0 0 0	1	1 0 0 0	1
0 0 0 1	1	1 0 0 1	0
0 0 1 0	1	1 0 1 0	d
0 0 1 1	0	1 0 1 1	d
0 1 0 0	1	1 1 0 0	d
0 1 0 1	0	1 1 0 1	d
0 1 1 0	0	1 1 1 0	d
0 1 1 1	0	1 1 1 1	d

根据真值表可写出 F 的逻辑表达式为

$$F(A,B,C,D)=\sum m(0,1,2,4,8)+\sum d(10,11,12,13,14,15)$$

用卡诺图化简函数 F 时，若不考虑无关项，如图 4.8（a）所示合并卡诺图上的 1 方格，则可得到化简后的逻辑表达式为

$$F(A,B,C,D)=\overline{A}\overline{C}\overline{D}+\overline{A}\overline{B}\overline{C}+\overline{A}\overline{B}\overline{D}+\overline{B}\overline{C}\overline{D}$$

如果化简时对无关条件加以利用，如图 4.8（b）所示，根据合并的需要将卡诺图中的无关项 $d(10,12)$ 当成 1 处理，而把 $d(11,13,14,15)$ 当成 0 处理，则可得到化简后的逻辑表达式为

$$F(A,B,C,D)=\overline{C}\overline{D}+\overline{B}\overline{D}+\overline{A}\overline{B}\overline{C}$$

显然，后一个表达式比前一个表达式更简单。采用与非门构成实现给定逻辑功能的电路，可将 F 的最简表达式变换成与非表达式。

$$F(A,B,C,D)=\overline{\overline{\overline{C}\overline{D}+\overline{B}\overline{D}+\overline{A}\overline{B}\overline{C}}}=\overline{\overline{\overline{C}\overline{D}}\cdot\overline{\overline{B}\overline{D}}\cdot\overline{\overline{A}\overline{B}\overline{C}}}$$

相应的逻辑电路如图 4.9 所示。

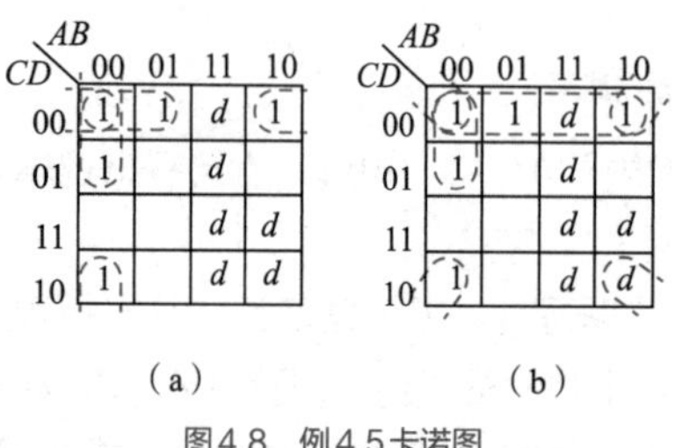

图4.8 例4.5卡诺图

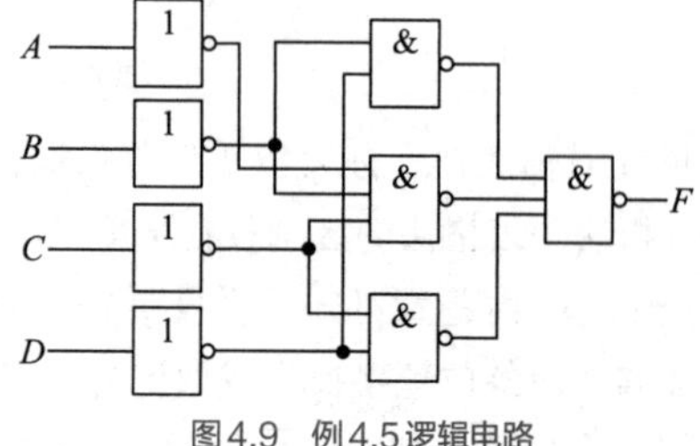

图4.9 例4.5逻辑电路

由此可见，设计包含无关条件的组合逻辑电路时，恰当地利用无关项进行函数化简，通常可使设计出来的电路更简单。

例 4.6　设计一个全加器。

解：全加器是一个能对两个 1 位二进制数及来自低位的"进位"进行相加，产生本位"和"及向高位"进位"的逻辑电路。由此可知，该电路有 3 个输入变量，2 个输出函数。设被加数、加数及来自低位的"进位"分别用 A_i、B_i 及 C_{i-1} 表示，相加产生的"和"及"进位"用 S_i 和 C_i 表示。

根据二进制的加法原则可知，当 A_i、B_i 及 C_{i-1} 中有奇数个 1 时，本位和 S_i 为 1，否则，S_i 为 0；当 A_i、B_i 及 C_{i-1} 中有两个或两个以上的输入为 1 时，进位 C_i 为 1，其余情况下 C_i 为 0。由以上分析可以得到

$$S_i = \bar{A}_i\bar{B}_iC_{i-1} + \bar{A}_iB_i\bar{C}_{i-1} + A_i\bar{B}_i\bar{C}_{i-1} + A_iB_iC_{i-1}$$
$$C_i = A_iB_i + A_iC_{i-1} + B_iC_{i-1} + A_iB_iC_{i-1}$$

其中，S_i 的表达式是标准与或式，也是最简与或式。C_i 可以进一步化简为

$$C_i = A_iB_i + A_iC_{i-1} + B_iC_{i-1}$$

当采用异或门和与非门组成实现给定功能的电路时，可对表达式进行如下变换。

$$\begin{aligned}S_i &= \bar{A}_i\bar{B}_iC_{i-1} + \bar{A}_iB_i\bar{C}_{i-1} + A_i\bar{B}_i\bar{C}_{i-1} + A_iB_iC_{i-1}\\ &= \bar{A}_i(\bar{B}_iC_{i-1} + B_i\bar{C}_{i-1}) + A_i(\bar{B}_i\bar{C}_{i-1} + B_iC_{i-1})\\ &= \bar{A}_i(B_i \oplus C_{i-1}) + A_i(\overline{B_i \oplus C_{i-1}})\\ &= A_i \oplus B_i \oplus C_{i-1}\\ C_i &= A_iB_i + A_iC_{i-1} + B_iC_{i-1}\\ &= \overline{\overline{A_iB_i} \cdot \overline{A_iC_{i-1}} \cdot \overline{B_iC_{i-1}}}\end{aligned}$$

相应的逻辑电路如图 4.10（a）所示。该电路就单个函数而言均已达到最简，但从整体考虑则并非最简。当按多输出函数组合电路进行设计时，可对函数 C_i 进行如下变换。

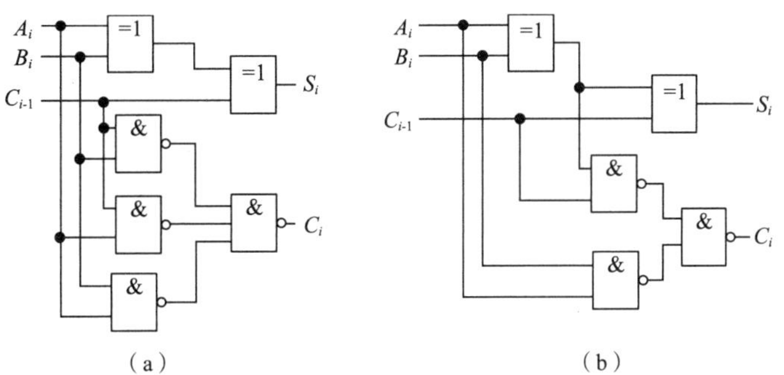

图4.10　全加器逻辑电路

$$\begin{aligned}C_i &= A_iB_i + A_iC_{i-1} + B_iC_{i-1}\\ &= \bar{A}_iB_iC_{i-1} + A_i\bar{B}_iC_{i-1} + A_iB_i\bar{C}_{i-1} + A_iB_iC_{i-1}\\ &= \left(\bar{A}_iB_i + A_i\bar{B}_i\right)C_{i-1} + A_iB_i\left(\bar{C}_{i-1} + C_{i-1}\right)\\ &= \left(A_i \oplus B_i\right)C_{i-1} + A_iB_i\\ &= \overline{\overline{\left(A_i \oplus B_i\right)C_{i-1}} \cdot \overline{A_iB_i}}\end{aligned}$$

经变换后，S_i 和 C_i 的逻辑表达式中有公用项 $A_i \oplus B_i$，因此，在组成电路时，可令其共享同一异或门，从而使整体得到进一步简化，其逻辑电路如图 4.10（b）所示。

实现图 4.10（a）所示电路的功能需要 3 种芯片，可用一块异或门芯片 7486，一块二输入与非门芯片 7400 和一块三输入与非门芯片 7410。而实现图 4.10（b）所示电路的功能则只需要两种芯片，用一块异或门芯片 7486 和一块与非门芯片 7400 即可，图 4.11 给出了一个实现该电路功能的芯片引脚连接图。值得指出的是，由于器件提供的逻辑门数量多于电路所需逻辑门数

量，因此在功能实现时对芯片内部逻辑门的选择方案不是唯一的，不同的选择方案对应不同的芯片引脚连接图。

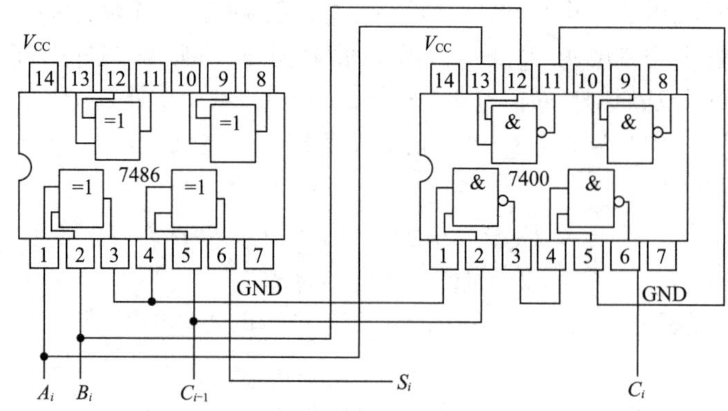

图 4.11 全加器芯片引脚连接图

例 4.7 输入变量中无反变量时，用与非门实现一个 2-4 线译码器，该译码器的真值表如表 4.5 所示。

表 4.5 2-4 线译码器

输入		输出			
A_1	A_0	Y_0	Y_1	Y_2	Y_3
0	0	0	1	1	1
0	1	1	0	1	1
1	0	1	1	0	1
1	1	1	1	1	0

解：由真值表（见图 4.5）可以看出，对应每组 A_1 和 A_0 的取值，只有一个输出为 0，其余均为 1，因此，可以得到 2-4 线译码器的输出函数表达式。

$$Y_0 = \overline{\bar{A}\bar{B}}$$

$$Y_1 = \overline{\bar{A}B}$$

$$Y_2 = \overline{A\bar{B}}$$

$$Y_3 = \overline{AB}$$

该表达式已经最简，因此可以得到其逻辑电路图如图 4.12（a）所示。

从图 4.12（a）可以看出，输出端需要用到输入 A 和 B 的原变量和反变量，因此用了两个非门来获得 $\bar{A}$ 和 $\bar{B}$ 。

可以对 2-4 线译码器的输出函数进行如下变换。

$$\begin{aligned} Y_0 &= \overline{\bar{A}\bar{B}} \\ &= \overline{\overline{A+B}} \\ &= \overline{\overline{A+\bar{A}B}} \\ &= \overline{\overline{A\left(B+\bar{B}\right)+\bar{A}B}} \\ &= \overline{\overline{AB+A\overline{AB}+B\overline{AB}}} \\ &= \overline{\overline{AB}\cdot\overline{A\overline{AB}}\cdot\overline{B\overline{AB}}} \end{aligned}$$

$$Y_1=\overline{\overline{A}B}=\overline{\overline{AB}B}$$

$$Y_2=\overline{A\overline{B}}=\overline{\overline{AB}A}$$

$$Y_3=\overline{AB}$$

根据整理后的表达式可画出对应的逻辑电路，如图 4.12（b）所示。显然，图 4.12（b）比图 4.12（a）更合理。

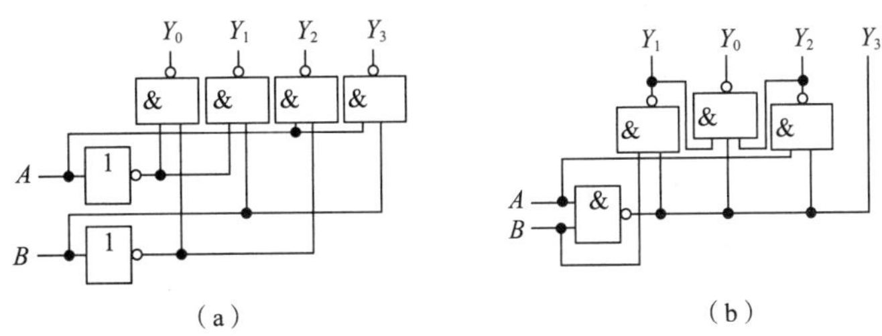

图4.12　2-4线译码器逻辑电路

由例 4.7 可以看出，在输入无反变量提供的场合，即使逻辑函数表达式已为最简，但实现时所得到的电路也不一定最简，通常对逻辑表达式进行适当变换，以减少电路中非门的数量，更好地简化电路结构。

例 4.8　设计一个组合逻辑电路，用来判断献血者与受血者血型是否相容。血型相容规则如表 4.6 所示，其中用“√”表示两者血型相容。

解：根据题意，电路输入变量为献血者血型和受血者血型。血型共 4 种，可用两个变量的 4 种编码进行区分。设变量 WX 表示献血者血型，YZ 表示受血者血型，血型编码如表 4.7 所示。电路输出用 F 表示，当输血者与受血者血型相容时，F 为 1，否则 F 为 0。根据血型相容规则可直接写出输出函数 F 的表达式。

表 4.6　血型相容规则表

献血	受血			
	A	B	AB	O
A	√		√	
B		√	√	
AB			√	
O	√	√	√	√

表 4.7　血型编码

血型	献血者血型		受血者血型	
	W	X	Y	Z
A	0	0	0	0
B	0	1	0	1
AB	1	0	1	0
O	1	1	1	1

$$\begin{aligned}F&=\overline{W}\,\overline{X}\left(\overline{Y}\,\overline{Z}+Y\overline{Z}\right)+\overline{W}X\left(\overline{Y}Z+Y\overline{Z}\right)+W\overline{X}Y\overline{Z}+WX\left(\overline{Y}\,\overline{Z}+\overline{Y}Z+Y\overline{Z}+YZ\right)\\&=\overline{W}\,\overline{X}\,\overline{Z}+\overline{W}X\overline{Y}Z+\overline{W}XY\overline{Z}+W\overline{X}Y\overline{Z}+WX\\&=\overline{W}\,\overline{Z}\left(\overline{X}+XY\right)+\left(\overline{W}\,\overline{Y}Z+W\right)X+W\left(\overline{X}Y\overline{Z}+X\right)\\&=\overline{W}\,\overline{Z}\left(\overline{X}+Y\right)+\left(W+\overline{Y}Z\right)X+W\left(X+Y\overline{Z}\right)\\&=\overline{W}\,\overline{X}\,\overline{Z}+\overline{W}Y\overline{Z}+WX+X\overline{Y}Z+WX+WY\overline{Z}\\&=\overline{W}\,\overline{X}\,\overline{Z}+Y\overline{Z}+WX+X\overline{Y}Z\end{aligned}$$

由化简后的表达式可知，在无反变量提供的情况下，若通过直接加非门产生反变量，则组成实现给定功能的电路时需 9 个逻辑门，其中 4 个非门用来产生 4 个输入变量的反变量。用与非门组成实现给定功能的逻辑电路如图 4.13（a）所示。

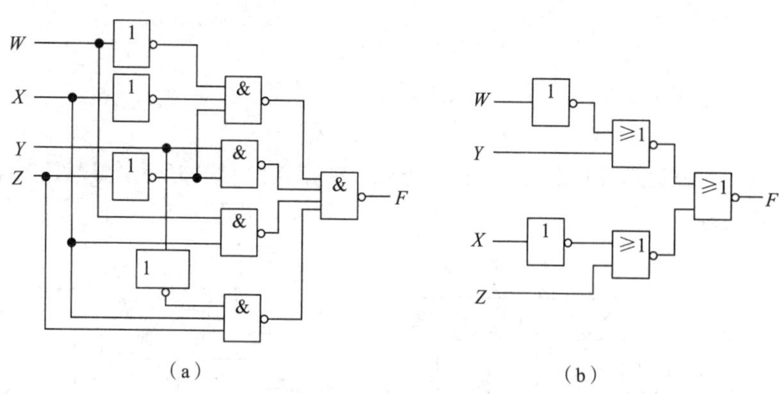

图4.13　例4. 8逻辑电路

分析上述设计过程不难发现，对该问题的逻辑描述与血型编码是直接相关的。为了减少逻辑表达式中反变量的个数，进一步简化电路结构，可调整血型编码，如表 4.8 所示。

表 4.8　调整后血型编码

血型	献血者血型		受血者血型	
	W	***X***	***Y***	***Z***
O	0	0	0	0
A	0	1	0	1
B	1	0	1	0
AB	1	1	1	1

根据新的编码方案和血型相容规则，可写出输出函数 F 的表达式。

$$
\begin{aligned}
F &= \bar{W}\bar{X}(\bar{Y}\bar{Z}+\bar{Y}Z+Y\bar{Z}+YZ)+\bar{W}X(\bar{Y}Z+YZ)+W\bar{X}(Y\bar{Z}+YZ)+WXYZ \\
&= \bar{W}\bar{X}+\bar{W}XZ+W\bar{X}Y+WXYZ \\
&= \bar{W}(\bar{X}+XZ)+WY(\bar{X}+XZ) \\
&= \bar{W}(\bar{X}+Z)+WY(\bar{X}+Z) \\
&= (\bar{W}+WY)(\bar{X}+Z) \\
&= (\bar{W}+Y)(\bar{X}+Z)
\end{aligned}
$$

该函数表达式中仅含两个反变量，假定采用或非门实现给定功能，则可将函数表达式变换成或非表达式。

$$
F=\overline{\overline{(\bar{W}+Y)(\bar{X}+Z)}}=\overline{\overline{\bar{W}+Y}+\overline{\bar{X}+Z}}
$$

逻辑电路如图 4.13（b）所示，电路中只使用了 5 个逻辑门。

从例 4.8 可以看出，不同的编码方案会导致电路的复杂程度不一样，设计者需要根据具体问题灵活处理。

4.4　常用的中规模组合逻辑电路

某些常用的组合逻辑电路模块已经被制成了标准化的中规模集成电路。在大规模集成电路设计中，也经常把它们用作标准模块，用来设计更复杂的数字系统。使用最广泛的中规模组合逻辑集成电路有加法器、编码器、译码器、多路选择器、多路分配器、数值比较器等。

4.4.1 加法器

在数字系统中，两个二进制数之间的算术运算，归根结底都为加法运算。因此，加法器是构成数字系统的常见单元电路。

加法器有一位加法器和二进制并行加法器。一位加法器是能完成两个 1 位二进制数相加的逻辑电路。一位加法器包括半加器和全加器。半加器和全加器是算术运算电路中的基本单元，能完成 1 位二进制数相加。二进制并行加法器是一种能并行产生两个 n 位二进制数“算术和”的逻辑部件，其按进位方式的不同可分为串行进位二进制并行加法器和超前进位二进制并行加法器两种。

1. 一位加法器

（1）半加器

不考虑来自低位的进位，仅仅将两个 1 位二进制数相加的逻辑电路称为半加器。半加器的电路结构和逻辑符号如图 4.14 所示。其中 A_i、B_i 为被加数和加数，S_i 为本位和，C_i 为向高位的进位。

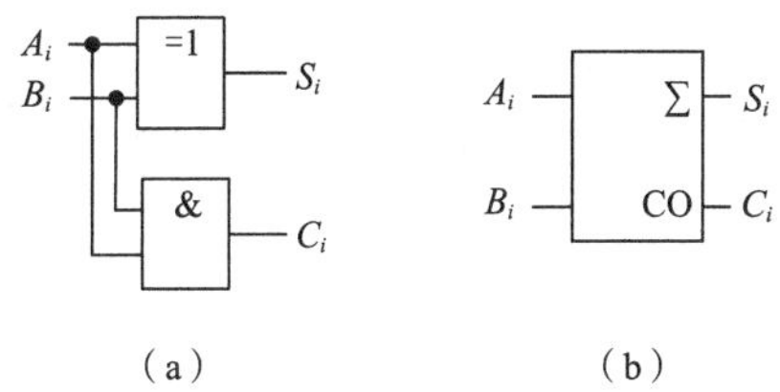

图4.14　半加器的电路结构和逻辑符号

由半加器的电路结构可知

$$S_i = A_i \oplus B_i$$
$$C_i = A_i B_i$$

（2）全加器

要实现两个多位二进制数相加，则必须考虑来自低位的进位。将考虑被加数、加数及来自低位的进位的加法运算称为全加。实现全加运算的逻辑电路称为全加器。全加器的实现原理在例 4.6 中已经介绍，其电路结构和逻辑符号如图 4.15 所示。其中 A_i、B_i 及 C_{i-1} 分别表示被加数、加数及来自低位的“进位”，S_i 和 C_i 表示相加产生的“和”及“进位”。

由例 4.6 可知

$$S_i = A_i \oplus B_i \oplus C_{i-1}$$
$$C_i = (A_i \oplus B_i)C_{i-1} + A_i B_i$$

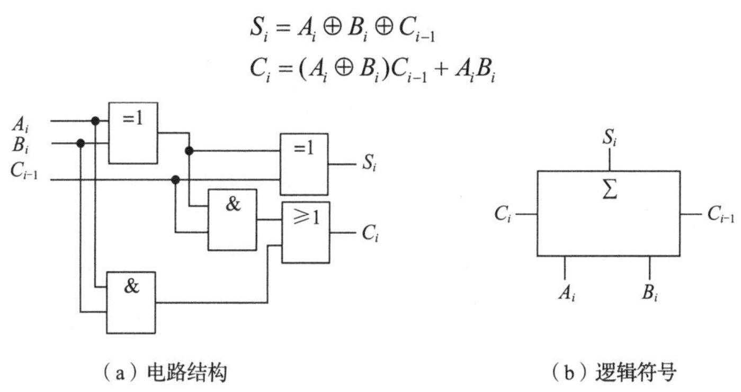

图4.15　全加器的电路结构和逻辑符号

2．串行进位二进制并行加法器

一个全加器只能实现两个 1 位二进制数相加。当进行多位二进制数相加时，需要多个全加器才能完成。将多个全加器如图 4.16 所示进行级联，将低位全加器的进位输出连接到高位全加器的进位输入，最低位全加器的进位输入端接“0”，实现多位二进制数相加的逻辑部件称为串行进位二进制并行加法器。

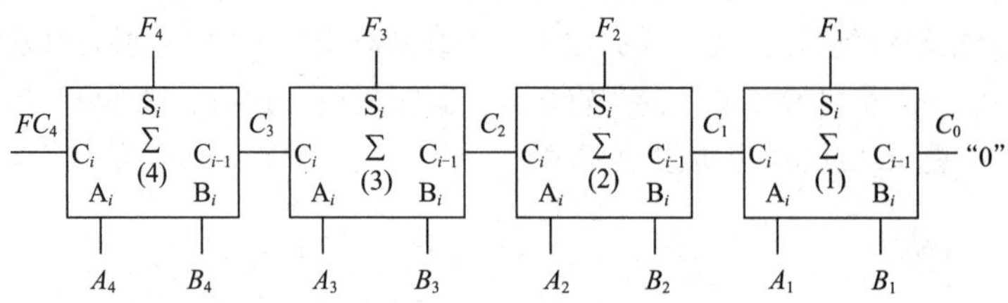

图 4.16　串行进位 4 位二进制并行加法器的结构框图

从图 4.16 可以看出，n 位串行进位二进制并行加法器执行一次加法运算，需要经过 n 级全加器的传输时延才能得到最终的结果。这是因为串行进位二进制并行加法器的被加数和加数的各位能同时并行到达各位的输入端，但每一位全加器的进位输入信号依赖于低位的进位输出信号，因此，任一位的加法运算必须在低位的运算完成之后才能进行，这种进位方式称为**串行进位（行波进位）**。显然，这种加法器的逻辑电路简单，但是由于芯片延迟的存在，其运算速度较慢，而且位数越多，速度就越慢。

3．超前进位二进制并行加法器

为了提高加法器的运算速度，必须设法减小或去除由于进位信号逐级传送所用的时间，即直接根据输入信号同时形成各位向高位的进位，而无须依赖低位进位。根据这一思想设计的加法器称为超前进位（又称先行进位、并行进位）二进制并行加法器。

根据全加器的功能，可写出第 i 位全加器的进位输出函数表达式为

$$C_i = (A_i \oplus B_i)C_{i-1} + A_iB_i$$

假设 $P_i = A_i \oplus B_i$,$G_i = A_iB_i$ ，则

$$C_i = P_iC_{i-1} + G_i$$

4 位二进制并行加法器各位的进位输出函数表达式分别为

$$\begin{aligned}
&C_1 = P_1C_0 + G_1\\
&C_2 = P_2C_1 + G_2 = P_2P_1C_0 + P_2G_1 + G_2\\
&C_3 = P_3C_2 + G_3 = P_3P_2P_1C_0 + P_3P_2G_1 + P_3G_2 + G_3\\
&C_4 = P_4C_3 + G_4 = P_4P_3P_2P_1C_0 + P_4P_3P_2G_1 + P_4P_3G_2 + P_4G_3 + G_4
\end{aligned}$$

由以上分析可知，$C_1 \sim C_4$ 是 P_i、G_i 和 C_0 的函数，而 P_i、G_i 是 A_i、B_i 和 C_0 的函数，均与 C_i 无关，因此，在输入 A_i、B_i 和 C_0 之后，可以同时产生 $C_1 \sim C_4$。

由进位函数表达式 C_i=P_iC_{i-1}+G_i 可知，当 A_i=B_i=1 时，G_i=1，则必然会产生向高位的进位；而 $A_i \neq B_i$ 时，则 $P_i = A_i \oplus B_i = 1$ ，G_i=A_iB_i=0，由此可得 C_i=C_{i-1}，此时，来自低位的进位输入能传送到本位的进位输出。因此，通常将 P_i 称为进位传递函数，G_i 称为进位产生函数，将根据 P_i、G_i 和 C_0 产生 $C_1 \sim C_4$ 的逻辑电路称为超前进位发生器。通过超前进位电路，可以有效地提高运算速度。

超前进位二进制并行加法器运算时间的缩短是以增加电路的复杂度为代价的。当加法器位数增多时，电路的复杂程度也会随之急剧上升。因此，当运算位数过多时，常采用折中方法，

即将 n 位二进制数分为若干组，组内采用超前进位，组间采用串行进位。此外，还可以利用专用的超前进位产生器（例如 74LS182），将多个运算电路采用并行进位方式的连接，既可以扩充位数，又不使逻辑电路太复杂。这里不多做介绍，请读者参阅相关文献。

常用的并行加法器有 4 位超前进位二进制并行加法器 74283，它是由一个超前进位电路和 4 个全加器组成的，其引脚排列图和逻辑符号分别如图 4.17（a）和图 4.17（b）所示。其中，A_4、A_3、A_2、A_1 和 B_4、B_3、B_2、B_1 为两组 4 位二进制加数；F_4、F_3、F_2、F_1 为相加产生的 4 位和；C_0 为最低位的进位输入；FC_4 为最高位的进位输出。其内部电路结构示意图如图 4.18 所示，该芯片的详情可查阅相关的数据手册。

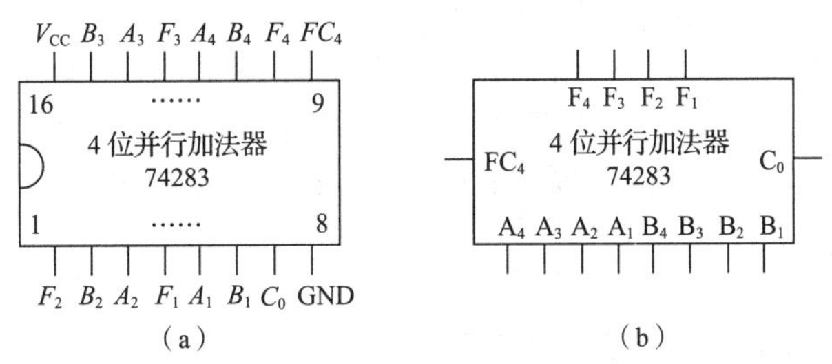

图4.17　74283的引脚排列和逻辑符号

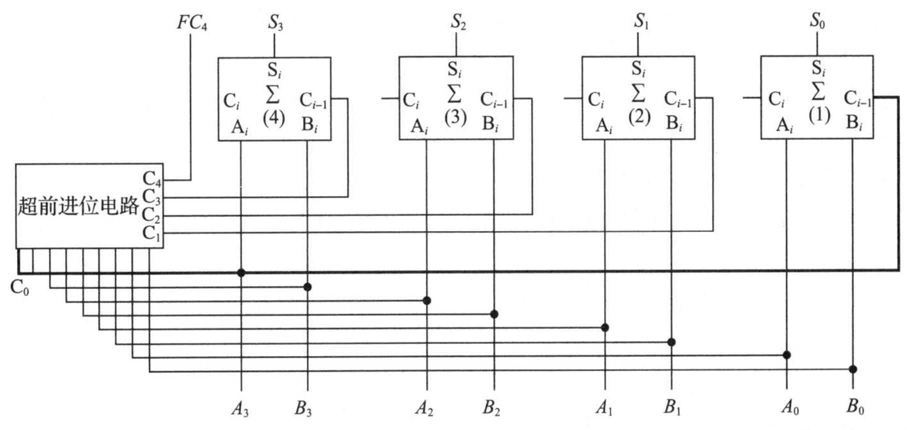

图4.18　超前进位的4位二进制加法器的内部电路结构示意图

需要注意的是，74283 可以实现两个 4 位二进制数的相加。当需要实现两个 8 位二进制数相加时，需要两片 74283 采用串行的进位方式，即低位的进位输出端 FC_4 连到高位的进位输入端 C_0，如图 4.19 所示。当级联数量增加时，会影响运算速度。

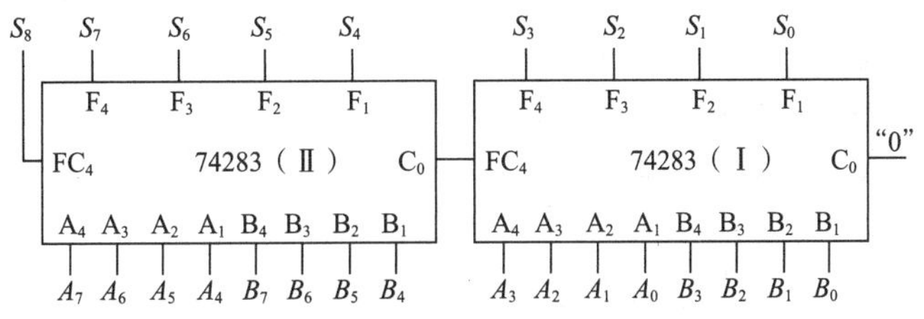

图4.19　两片74283构成一个8位二进制加法器

加法器的基本功能是实现二进制加法运算，用加法器实现组合逻辑电路只适用于某些具体情况，即可以转换为加法运算的功能均可用加法器实现，例如代码转换、二进制减法运算、二进制乘法运算、十进制、加法运算等功能。其他情况下用加法器实现逻辑函数将失去加法器的优势，将使电路变得复杂。

4.4.2 编码器

在数字系统中，信息都是由代码来表示的，用一组二进制代码表示某一种信息的过程称为编码。完成编码逻辑功能的电路称为**编码器**（**Encoder**）。

编码器是数字系统中广泛使用的多输入多输出组合逻辑部件，它对输入信号按一定规律进行编排，用二进制形式输出，使每组输出代码具有特定的含义。例如，微型计算机将计算机键盘上的字母、数字和控制符编成基于ASCII码的键盘码。编码器按照被编信号的不同特点和要求，有各种不同的类型。根据逻辑功能的特点，编码器可分为普通编码器和优先编码器。普通编码器在任何时刻，只能有一个输入端为有效电平，不允许同时有多个输入信号有效，否则会出现错误的输出。优先编码器工作时，允许多个输入端同时出现有效输入信号，按设定的优先级排序，只对优先级最高的输入信号进行编码。最常见的编码器有二进制编码器、二－十进制编码器（又称为BCD码编码器）和优先编码器。

1. 二进制编码器

用 n 位二进制码对 2^n 个信号进行编码的电路称为二进制编码器。计算机、计数器的按键可将数字、符号转换为对应的二进制码，这种电路是典型的二进制编码器。二进制编码器有4线-2线编码器、8线-3线编码器和16线-4线编码器等。二进制编码器的逻辑特点是，在任何时刻只允许一个输入端为有效输入信号，它是一种普通编码器。下面以8线-3线编码器为例，说明其工作原理。

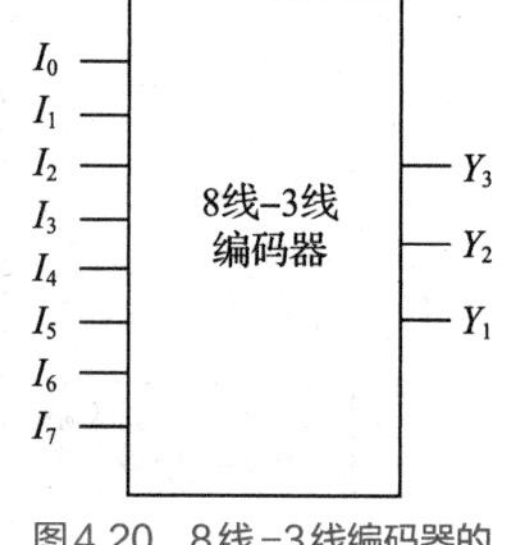

图4.20 8线-3线编码器的结构框图

8线-3线编码器有8个输入端 $I_0 \sim I_7$，3个输出端 $Y_2 \sim Y_0$，均为高电平有效。图4.20为8线-3线编码器的结构框图。表4.9为8线-3线编码器的真值表。

学会看集成芯片真值表是正确使用集成芯片的首要条件。由表4.9可以看出，8线-3线编码器的输入信号是互斥的，即任何时候只允许一个输入端为有效信号。

表4.9 8线-3线编码器的真值表

输入								输出		
I_0	I_1	I_2	I_3	I_4	I_5	I_6	I_7	Y_2	Y_1	Y_0
1	0	0	0	0	0	0	0	0	0	0
0	1	0	0	0	0	0	0	0	0	1
0	0	1	0	0	0	0	0	0	1	0
0	0	0	1	0	0	0	0	0	1	1
0	0	0	0	1	0	0	0	1	0	0
0	0	0	0	0	1	0	0	1	0	1
0	0	0	0	0	0	1	0	1	1	0
0	0	0	0	0	0	0	1	1	1	1

因为 $I_0 \sim I_7$ 信号互斥，结合表4.9可以得出

$$Y_2 = I_4 + I_5 + I_6 + I_7$$
$$Y_1 = I_2 + I_3 + I_6 + I_7$$
$$Y_0 = I_1 + I_3 + I_5 + I_7$$

由以上分析可以得到二进制编码器的逻辑电路图如图 4.21 所示。

该编码器存在两个问题：首先，电路无法区分 I_0 为 0 和 I_0 为 1 两种情况，因为这两种情况下，输出 $Y_2Y_1Y_0$ 均为 000；此外，编码器的输入信号互斥，当输入信号中有两个或两个以上为 1 时，输出会出现错误编码，例如，当 I_1 和 I_2 同时输入信号 1 时，$Y_2Y_1Y_0$=011，编码错误。

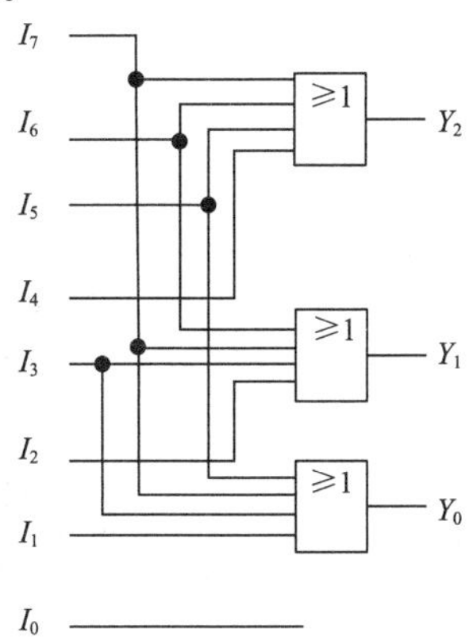

图4.21　8线-3线编码器逻辑电路图

2. 二 - 十进制编码器

二 - 十进制编码器执行的逻辑功能是将十进制的 10 个数字 0 ~ 9 分别编成 4 位 BCD 码。这种编码器由 10 个输入端代表 10 个不同数字，4 个输出端代表 BCD 编码，因此也称为 10/4 线编码器。二 - 十进制编码器是一种普通编码器，在任何时刻只允许一个输入端为有效输入信号。下面以最常见的 8421 码编码器为例，来说明二 - 十进制编码器的工作原理。

8421 码编码器的真值表如表 4.10 所示。由表 4.10 可知，8421 码编码器的输入信号为 I_0 ~ I_9，输入信号是互斥的，即任何时候只允许一个输入端为有效信号，且输入为低电平有效。输出端 Y_3 ~ Y_0 为输出的 8421 码，均为高电平有效。输出 S 为使用输出标志，当 I_0 ~ I_9 任何一个输入为 0 时，S 为 1，表示输出有效；当输入 I_0 ~ I_9 全为 1 时，S 为 0，表示输出无效。设置标志 S 是为了区别 I_0=0 和 I_0=1 时都可能出现 $Y_3Y_2Y_1Y_0$=0000 的两种不同情况。

表 4.10　8421 码编码器真值表

输入										输出				
I_0	I_1	I_2	I_3	I_4	I_5	I_6	I_7	I_8	I_9	Y_3	Y_2	Y_1	Y_0	S
1	1	1	1	1	1	1	1	1	1	0	0	0	0	0
0	1	1	1	1	1	1	1	1	1	0	0	0	0	1
1	0	1	1	1	1	1	1	1	1	0	0	0	1	1
1	1	0	1	1	1	1	1	1	1	0	0	1	0	1
1	1	1	0	1	1	1	1	1	1	0	0	1	1	1
1	1	1	1	0	1	1	1	1	1	0	1	0	0	1
1	1	1	1	1	0	1	1	1	1	0	1	0	1	1
1	1	1	1	1	1	0	1	1	1	0	1	1	0	1
1	1	1	1	1	1	1	0	1	1	0	1	1	1	1
1	1	1	1	1	1	1	1	0	1	1	0	0	0	1
1	1	1	1	1	1	1	1	1	0	1	0	0	1	1

由表 4.10 可以得到

$$Y_3=\overline{I_8}+\overline{I_9}=\overline{I_8I_9}$$
$$Y_2=\overline{I_4}+\overline{I_5}+\overline{I_6}+\overline{I_7}=\overline{I_4I_5I_6I_7}$$
$$Y_1=\overline{I_2}+\overline{I_3}+\overline{I_6}+\overline{I_7}=\overline{I_2I_3I_6I_7}$$
$$Y_0=\overline{I_1}+\overline{I_3}+\overline{I_5}+\overline{I_7}+\overline{I_9}=\overline{I_1I_3I_5I_7I_9}$$

按键式 8421 码编码器的逻辑电路图如图 4.22 所示。其中，I_0 ~ I_9 代表 10 个按键，Y_3、Y_2、Y_1、Y_0 为代码输出端。当按下某一输入键时，在 Y_3、Y_2、Y_1、Y_0 端输出相应的 8421 码。

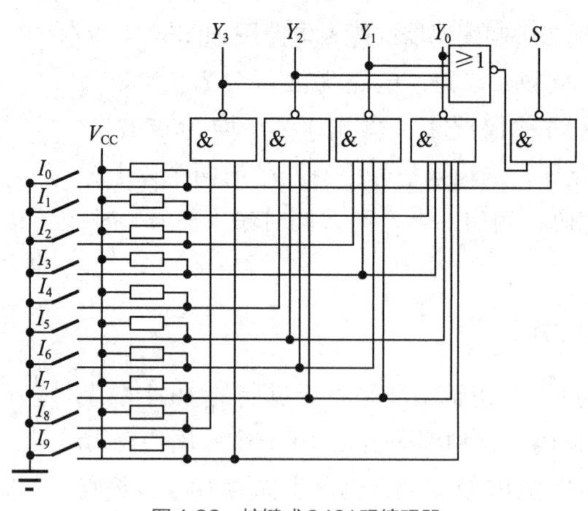

图4.22　按键式8421码编码器

常用的十进制 -BCD 码编码器有中规模集成电路芯片 74147 等，有关详细介绍可查阅集成电路手册。

3. 优先编码器

实际使用中，经常会遇到多个输入端同时出现有效输入信号的情况，例如，键盘、鼠标和打印机同时给微型计算机的主机发送服务请求，而主机同一时刻只能对其中一个部件进行服务响应。这时就需要根据轻重缓急，规定好这些对象的优先级别。识别此类信号的优先级别并只对优先级最高的输入进行编码的组合逻辑电路称为**优先编码器**（**Priority Encoder**）。

优先编码器是数字系统中能够实现优先权管理的一个重要逻辑部件。优先编码器的逻辑特点是，编码器在任何时刻允许多个输入端为有效输入信号，但它能识别输入信号的优先级别，并对其中优先级别最高的一个进行编码，产生相应的输出代码。它对输入信号没有严格要求，允许多个输入端同时为有效信号，而且使用方便、可靠，所以应用最为广泛。以常见的中规模集成优先编码器 74148 为例来说明其工作原理。

优先编码器 74148 的引脚排列和逻辑符号如图 4.23（a）和（b）所示，其真值表如表 4.11 所示。

由 74148 的真值表和引脚排列图可以看出，74148 有 $\overline{I}_0 \sim \overline{I}_7$ 8 个输入，低电平有效，其优先级别为 $\overline{I}_7$ 最高，$\overline{I}_6$ 次之，依次类推，$\overline{I}_0$ 最低。输出为 3 位二进制码 $\overline{Q}_C$、$\overline{Q}_B$ 和 $\overline{Q}_A$，低电平有效，即以反码形式输出编码。例如，$\overline{I}_7$ 有效，则输出为 7 的反码 000。

电路设有使能输入端 $\overline{I}_S$、使能输出端 OS 和扩展输出端 $\overline{O}_{EX}$，$\overline{I}_S$ 为低电平有效。当 $\overline{I}_S$ =1 时，不允许电路编码，所有输出端均输出高电平，$\overline{Q}_C\overline{Q}_B\overline{Q}_A$ =111，OS=1，$\overline{O}_{EX}$ =1；当 $\overline{I}_S$ =0 时允许电路编码，此时，当编码输入端有低电平输入（即有有效输入信号）时，OS=1，$\overline{O}_{EX}$ =0；当编码输入端无低电平输入（即无有效输入信号）时，OS=0，$\overline{O}_{EX}$ =1。

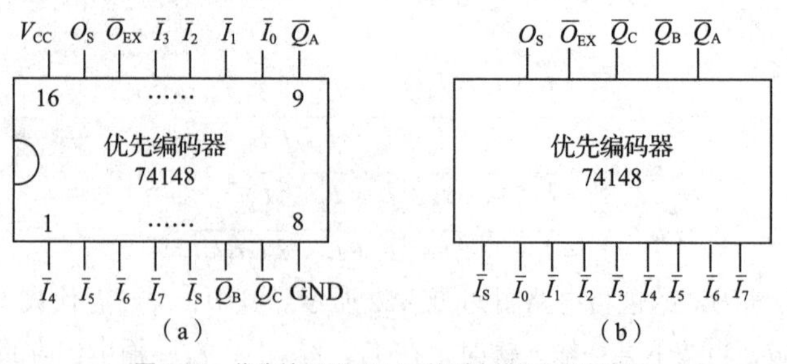

图4.23　优先编码器74148的引脚排列和逻辑符号

表 4.11　74148 真值表

输入									输出				
$\bar{I}_S$	$\bar{I}_0$	$\bar{I}_1$	$\bar{I}_2$	$\bar{I}_3$	$\bar{I}_4$	$\bar{I}_5$	$\bar{I}_6$	$\bar{I}_7$	$\bar{Q}_C$	$\bar{Q}_B$	$\bar{Q}_A$	$\bar{Q}_{EX}$	O_S
1	d	d	d	d	d	d	d	d	1	1	1	1	1
0	1	1	1	1	1	1	1	1	1	1	1	1	0
0	d	d	d	d	d	d	d	0	0	0	0	0	1
0	d	d	d	d	d	d	0	1	0	0	1	0	1
0	d	d	d	d	d	0	1	1	0	1	0	0	1
0	d	d	d	d	0	1	1	1	0	1	1	0	1
0	d	d	d	0	1	1	1	1	1	0	0	0	1
0	d	d	0	1	1	1	1	1	1	0	1	0	1
0	d	0	1	1	1	1	1	1	1	1	0	0	1
0	0	1	1	1	1	1	1	1	1	1	1	0	1

使用两片优先编码器 74148 可以将 8 级优先编码器扩充为 16 级优先编码器，具体步骤如下。

（1）确定编码优先级最高的输入。假设 $\bar{I}_{Z15} \sim \bar{I}_{Z0}$ 为 16 个不同的终端请求信号，下标码越大的优先级别越高，因此，$\bar{I}_{Z15}$ 的编码优先级最高，$\bar{I}_{Z14}$ 次之，依次类推，$\bar{I}_{Z0}$ 编码优先级最低。

（2）用一片 74148 作为高位片（片 Ⅱ），$\bar{I}_{Z15}$、$\bar{I}_{Z14}$、$\bar{I}_{Z13}$、$\bar{I}_{Z12}$、$\bar{I}_{Z11}$、$\bar{I}_{Z10}$、$\bar{I}_{Z9}$、$\bar{I}_{Z8}$ 作为该片的信号输入；另一片 74148 作为低位片（片 Ⅰ），$\bar{I}_{Z7}$、$\bar{I}_{Z6}$、$\bar{I}_{Z5}$、$\bar{I}_{Z4}$、$\bar{I}_{Z3}$、$\bar{I}_{Z2}$、$\bar{I}_{Z1}$、$\bar{I}_{Z0}$ 作为该片的信号输入。

（3）根据编码优先顺序，片 Ⅱ 的使能输入端作为总的选通输入端 $\bar{I}_{ZS}$。

（4）片 Ⅰ 的使能输入端接片 Ⅱ 的使能输出端。

（5）片 Ⅱ 的 $\bar{O}_{EX}$ 作为 4 位编码的最高位输出。

（6）片 Ⅰ 的 O_S 作为总的使能输出端 O_{ZS}。

（7）两片的 $\bar{O}_{EX}$ 信号相与作为总的优先扩展输出端。

具体逻辑电路如图 4.24 所示。

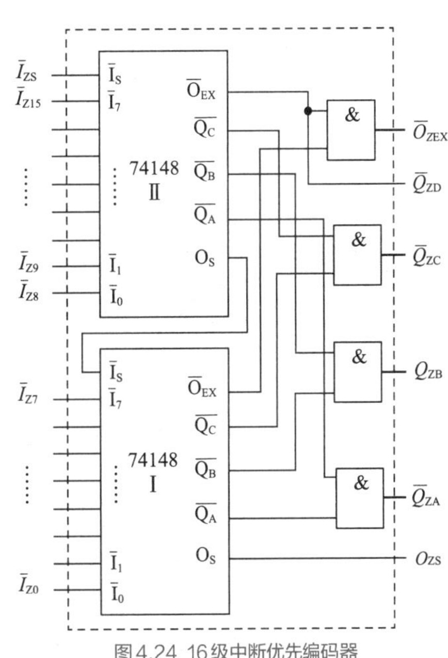

图 4.24　16 级中断优先编码器

其工作原理如下。

（1）当 $\bar{I}_{ZS}=0$ 时，片 Ⅱ 处于工作状态。

若 $\bar{I}_{Z15} \sim \bar{I}_{Z8}$ 中有终端请求信号，则其输出 $O_S=1$，$\bar{O}_{EX}=0$，O_S 接到片 Ⅰ 的 $\bar{I}_S$ 端，片 Ⅰ 的 $\bar{I}_S$ 端为 1，使片 Ⅰ 不工作，片 Ⅰ 输出均为 1，此时中断优先编码器对高 8 级中断请求信号 $\bar{I}_{Z15} \sim \bar{I}_{Z8}$ 中优先级最高的中断请求信号进行编码。

若 $\bar{I}_{Z15} \sim \bar{I}_{Z8}$ 中无终端请求信号，则片 Ⅱ 的 $\bar{O}_{EX}$（即 $\bar{O}_{ZD}$）及 $\overline{O_C}$、$\overline{O_B}$、$\overline{O_A}$ 均为 1，O_S 为 0，片 Ⅰ 的 $\bar{I}_S$ 为 0，片 Ⅰ 处于工作状态，实现对 $\bar{I}_{Z7} \sim \bar{I}_{Z0}$ 中优先级最高的中断请求信号进行编码。

（2）当 $\bar{I}_{ZS}=1$ 时，片 Ⅱ 不工作，输出全为 1，使得片 Ⅰ 也不工作，输出全为 1。

4.4.3 译码器

译码器（Decoder）是数字系统中广泛使用的多输入多输出组合逻辑部件。与编码器的功能相反，译码器是对具有特定含义的输入代码进行“翻译”，将其转换成相应的输出信号。

译码器的种类很多，常见的有二进制译码器、二－十进制译码器和七段显示译码器。

1. 二进制译码器

二进制译码器是一种能将 n 个输入变量转换成 2^n 个输出函数，且输出函数与由输入变量构成的最小项具有对应关系的多输出组合逻辑电路。从结构上看，一个二进制译码器一般具有 n 个输入端、2^n 个输出端和一个（或多个）使能输入端。使能输入端用于选通或禁止译码器工作的控制信号输入端，有高电平有效使能和低电平有效使能之分。当使能输入端为有效电平时，对应每一组输入代码，仅一个输出端为有效电平，其余输出端为无效电平（与有效电平相反）。输出有效电平可以是高电平（称为高电平译码），也可以是低电平（称为低电平译码）。

常见的 MSI 二进制译码器有 2 线 -4 线（2 个输入、4 个输出）译码器、3 线 -8 线（3 个输入、8 个输出）译码器和 4 线 -16 线（4 个输入、16 个输出）译码器等。下面以 3 线 -8 线译码器 74138 为例进行介绍。74138 译码器的引脚排列和逻辑符号分别如图 4.25（a）和图 4.25（b）所示。

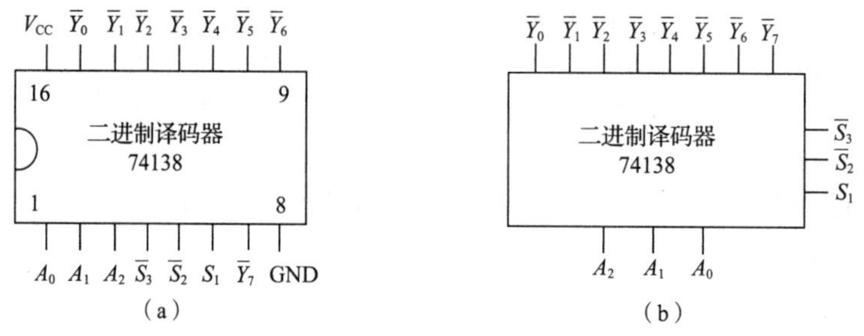

图4.25 74138译码器的引脚排列和逻辑符号

图 4.25 中，A_2、A_1、A_0 为输入端；$\bar{Y}_0 \sim \bar{Y}_7$ 为输出端，输出为低电平有效，即低电平译码；S_1、$\bar{S}_2$、$\bar{S}_3$ 为使能端，作用是禁止或选通译码器。这里的 $\bar{S}_2$、$\bar{S}_3$ 并不代表是 S_2、S_3 取反，而是指该输入端为低电平有效，即 S_1=1，$\bar{S}_2$ =0 且 $\bar{S}_3$ =0 时，译码器工作，否则译码器不工作。

该译码器真值表如表 4.12 所示。

表 4.12 74138 译码器真值表

输入					输出							
S_1	$\bar{S}_2+\bar{S}_3$	A_2	A_1	A_0	$\bar{Y}_0$	$\bar{Y}_1$	$\bar{Y}_2$	$\bar{Y}_3$	$\bar{Y}_4$	$\bar{Y}_5$	$\bar{Y}_6$	$\bar{Y}_7$
1	0	0	0	0	0	1	1	1	1	1	1	1
1	0	0	0	1	1	0	1	1	1	1	1	1
1	0	0	1	0	1	1	0	1	1	1	1	1
1	0	0	1	1	1	1	1	0	1	1	1	1
1	0	1	0	0	1	1	1	1	0	1	1	1
1	0	1	0	1	1	1	1	1	1	0	1	1
1	0	1	1	0	1	1	1	1	1	1	0	1
1	0	1	1	1	1	1	1	1	1	1	1	0
0	*d*	*d*	*d*	*d*	1	1	1	1	1	1	1	1
d	1	*d*	*d*	*d*	1	1	1	1	1	1	1	1

由真值表可以得到输出函数表达式为

$$\overline{Y}_0=\overline{S_1\overline{\overline{S_2}}\,\overline{\overline{S_3}}\cdot\overline{A_2}\,\overline{A_1}\,\overline{A_0}}=\overline{S_1\overline{\overline{S_2}}\,\overline{\overline{S_3}}\cdot m_0}$$

$$\overline{Y}_1=\overline{S_1\overline{\overline{S_2}}\,\overline{\overline{S_3}}\cdot\overline{A_2}\,\overline{A_1}A_0}=\overline{S_1\overline{\overline{S_2}}\,\overline{\overline{S_3}}\cdot m_1}$$

$$\overline{Y}_2=\overline{S_1\overline{\overline{S_2}}\,\overline{\overline{S_3}}\cdot\overline{A_2}A_1\overline{A_0}}=\overline{S_1\overline{\overline{S_2}}\,\overline{\overline{S_3}}\cdot m_2}$$

$$\overline{Y}_3=\overline{S_1\overline{\overline{S_2}}\,\overline{\overline{S_3}}\cdot\overline{A_2}A_1A_0}=\overline{S_1\overline{\overline{S_2}}\,\overline{\overline{S_3}}\cdot m_3}$$

$$\overline{Y}_4=\overline{S_1\overline{\overline{S_2}}\,\overline{\overline{S_3}}\cdot A_2\overline{A_1}\,\overline{A_0}}=\overline{S_1\overline{\overline{S_2}}\,\overline{\overline{S_3}}\cdot m_4}$$

$$\overline{Y}_5=\overline{S_1\overline{\overline{S_2}}\,\overline{\overline{S_3}}\cdot A_2\overline{A_1}A_0}=\overline{S_1\overline{\overline{S_2}}\,\overline{\overline{S_3}}\cdot m_5}$$

$$\overline{Y}_6=\overline{S_1\overline{\overline{S_2}}\,\overline{\overline{S_3}}\cdot A_2A_1\overline{A_0}}=\overline{S_1\overline{\overline{S_2}}\,\overline{\overline{S_3}}\cdot m_6}$$

$$\overline{Y}_7=\overline{S_1\overline{\overline{S_2}}\,\overline{\overline{S_3}}\cdot A_2A_1A_0}=\overline{S_1\overline{\overline{S_2}}\,\overline{\overline{S_3}}\cdot m_7}$$

当使能端满足 S_1=1，$\overline{S}_2+\overline{S}_3=0$ 时，输出函数表达式可简化为

$$\overline{Y}_0=\overline{\overline{A_2}\,\overline{A_1}\,\overline{A_0}}=\overline{m}_0$$

$$\overline{Y}_1=\overline{\overline{A_2}\,\overline{A_1}A_0}=\overline{m}_1$$

$$\overline{Y}_2=\overline{\overline{A_2}A_1\overline{A_0}}=\overline{m}_2$$

$$\overline{Y}_3=\overline{\overline{A_2}A_1A_0}=\overline{m}_3$$

$$\overline{Y}_4=\overline{A_2\overline{A_1}\,\overline{A_0}}=\overline{m}_4$$

$$\overline{Y}_5=\overline{A_2\overline{A_1}A_0}=\overline{m}_5$$

$$\overline{Y}_6=\overline{A_2A_1\overline{A_0}}=\overline{m}_6$$

$$\overline{Y}_7=\overline{A_2A_1A_0}=\overline{m}_7$$

显然，输出 $\overline{Y}_i$ 即输入变量构成的最大项 M_i，即最小项之非 $\overline{m}_i$，这种译码器又称为最小项译码器。

译码器的使能端又称为片选输入端，利用片选输入端可以将多片 74138 连接起来以扩展译码器的功能。2 片 74138 扩展为 4 线 -16 线译码器的电路结构如图 4.26 所示。对于图 4.26 所示的电路，当 EN=1 时，译码器不工作，所有输出为 1；当 EN=0 时，译码器工作，此时，如果输入变量 A=0，片 I 工作，片 Ⅱ 禁止，由片 I 产生 $\overline{m}_0\sim\overline{m}_7$；如果 A=1 时，片 Ⅱ 工作，片 I 禁止，由片 Ⅱ 产生 $\overline{m}_8\sim\overline{m}_{15}$。同理，也可以将其他输入端作为选择控制变量进行扩展。

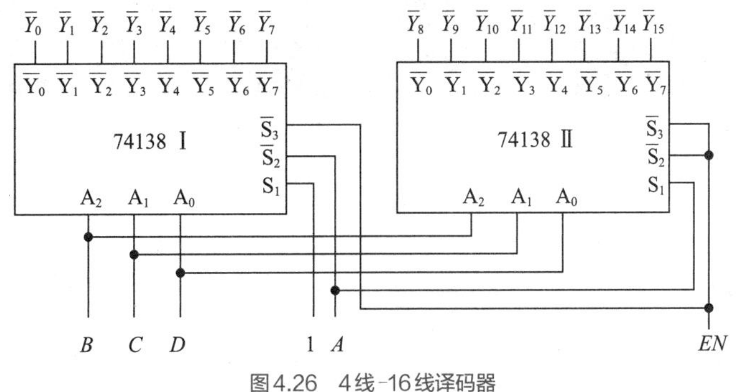

图4.26　4线-16线译码器

二进制译码器在数字系统中的应用非常广泛。它的典型用途是实现存储器的地址译码、控制器中的指令译码等，输入为地址代码，输出为存储单元的地址，n 位地址线可以寻址 2^n 个单元。

利用使能端，二进制译码器还可以实现数据分配器的功能。如图 4.27 所示，地址输入作为控制信号，数据输入端为 D，输出为 $\overline{Y}_i$，由译码器的功能可知，$\overline{Y}_i=\overline{m_i \cdot EN \cdot \overline{D}}$。当 EN=1 时，如果 m_i=1，则 $\overline{Y}_i$ =D，即选中哪一路，数据位 D 就分配到哪一路。正因为如此，经常用集成译码器构成数据分配器。

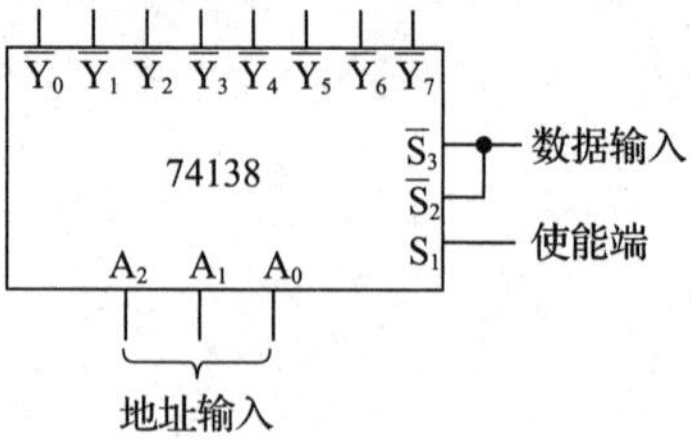

图 4.27　译码器构成数据分配器

此外，因为集成译码器可以输出任意最小项的非，因此，利用少量逻辑门将这些最小项适当地组合起来，便可以实现任意组合逻辑功能。下面以输出低电平有效的二进制译码器为例，说明译码器构成任意组合逻辑电路的步骤。

（1）根据函数自变量的个数确定译码器输入编码的位数。

（2）将函数自变量与译码器输入编码进行一一对应。

（3）写出函数的标准与或表达式。

（4）将标准与或表达式转换为与非形式。

（5）用译码器和与非门构成逻辑函数。

在设计的过程中，也可以将逻辑函数表达式转换成标准或与表达式，则在输出端需要将与非门换成与门。

2．二–十进制译码器

二–十进制译码器也称为 BCD 译码器，其功能是将 4 位 BCD 码翻译成 10 个与十进制数字符号对应的输出信号。7442 是一种常见的 BCD 译码器，其引脚排列和逻辑符号如图 4.28 所示。其真值表如表 4.13 所示。

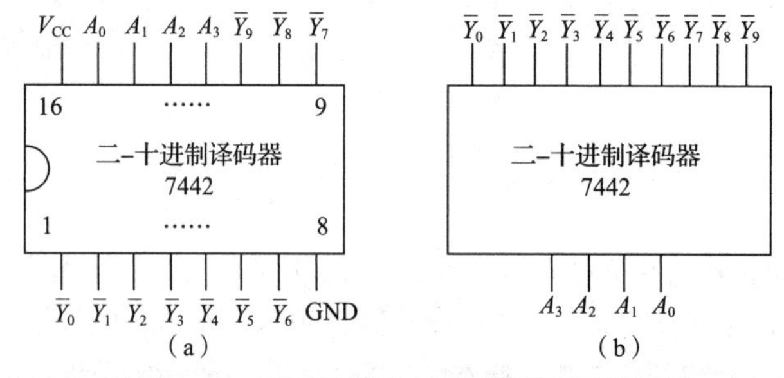

图4.28　二–十进制译码器 7442 的引脚排列和逻辑符号

表 4.13　二–十进制译码器 7442 的真值表

输入				输出									
A_3	A_2	A_1	A_0	$\overline{Y}_0$	$\overline{Y}_1$	$\overline{Y}_2$	$\overline{Y}_3$	$\overline{Y}_4$	$\overline{Y}_5$	$\overline{Y}_6$	$\overline{Y}_7$	$\overline{Y}_8$	$\overline{Y}_9$
0	0	0	0	0	1	1	1	1	1	1	1	1	1
0	0	0	1	1	0	1	1	1	1	1	1	1	1
0	0	1	0	1	1	0	1	1	1	1	1	1	1
0	0	1	1	1	1	1	0	1	1	1	1	1	1
0	1	0	0	1	1	1	1	0	1	1	1	1	1
0	1	0	1	1	1	1	1	1	0	1	1	1	1
0	1	1	0	1	1	1	1	1	1	0	1	1	1
0	1	1	1	1	1	1	1	1	1	1	0	1	1
1	0	0	0	1	1	1	1	1	1	1	1	0	1

续表

输入				输出									
A_3	A_2	A_1	A_0	$\overline{Y}_0$	$\overline{Y}_1$	$\overline{Y}_2$	$\overline{Y}_3$	$\overline{Y}_4$	$\overline{Y}_5$	$\overline{Y}_6$	$\overline{Y}_7$	$\overline{Y}_8$	$\overline{Y}_9$
1	0	0	1	1	1	1	1	1	1	1	1	1	0
1	0	1	0	1	1	1	1	1	1	1	1	1	1
1	0	1	1	1	1	1	1	1	1	1	1	1	1
1	1	0	0	1	1	1	1	1	1	1	1	1	1
1	1	0	1	1	1	1	1	1	1	1	1	1	1
1	1	1	0	1	1	1	1	1	1	1	1	1	1
1	1	1	1	1	1	1	1	1	1	1	1	1	1

由 7442 的逻辑符号和真值表可知，其输入 A_3 ～ A_0 为 8421 码。当输入为 8421 码的“0”（0000）～“9”（1001）时，$\overline{Y}_0 \sim \overline{Y}_9$ 之一输出为 0（低电平译码），其余输出为 1。例如，当输入为 1000 时，$\overline{Y}_7 = 0$，其余输出为 1；对于 8421 码中不允许出现的 6 个非法码（1010 ～ 1111），译码器输出端 $\overline{Y}_0 \sim \overline{Y}_9$ 均无低电平信号产生，即译码器对这 6 个非法码拒绝翻译。这种译码器的优点是当输入端出现非法码时，电路不会产生错误译码。

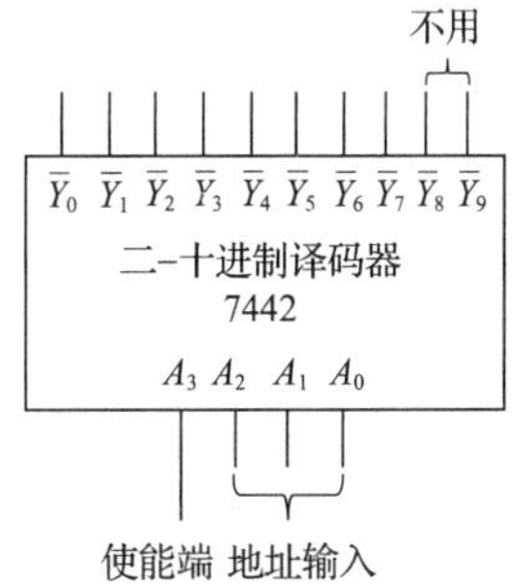

图4.29　7442构成3线-8线译码器

7442 还可以构成带使能端的 3 线 -8 线译码器，只需将最高位输入 A_3 当作使能端，输出端 $\overline{Y}_8$、$\overline{Y}_9$ 不用即可，如图 4.29 所示。当 A_3=0 时，由 A_2、A_1、A_0 决定 $\overline{Y}_0 \sim \overline{Y}_7$ 中一个为低电平；当 A_3=1 时，输出全部为高电平，处于禁止状态。

3. 七段显示译码器

在数字系统中，经常需要将数字、字母和符号通过显示器件显示出来，以便直接观察或读取。因此，数字显示电路是许多数字设备不可或缺的部分。它通常由显示译码器和显示器件组成，通过显示译码器来驱动显示器件，以显示数字或字符。数字显示器包括很多不同类型的产品，如发光二极管、荧光数码管、液晶数码管等。由于显示器件和显示方式不同，其译码电路也不同，这里只介绍七段数字显示器及其译码驱动电路七段显示译码器。

七段数字显示器又称为七段数码管，它由 7 个条形发光二极管按照图 4.30（a）所示的方式排列起来。通过不同发光段的组合显示 0 ～ 9 的数字，如图 4.30（b）所示。有的七段数字显示器在右下角还有一个用于显示小数点的数码管。

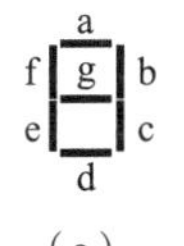

（a）

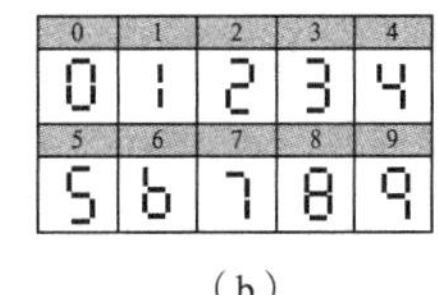

（b）

图4.30　七段数字显示器及其发光段组合图

七段数字显示器工作时必须由七段显示译码器来驱动。常用的七段显示译码器有 7448，其引脚排列和逻辑符号如图 4.31 所示。

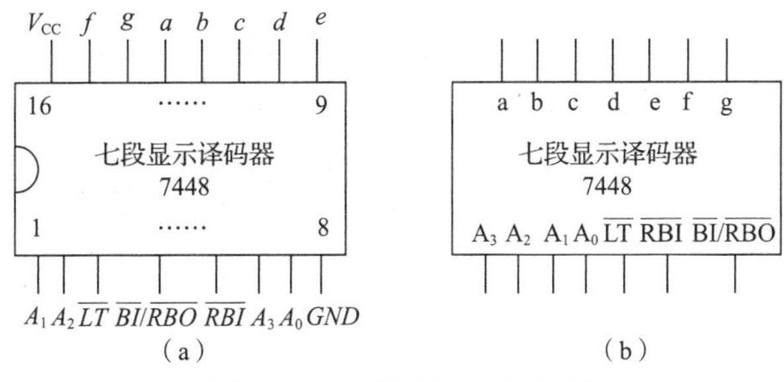

图4.31　7448的引脚排列和逻辑符号

图 4.31 中，A_3、A_2、A_1 和 A_0 为 BCD 码输入信号，a、b、c、d、e、f、g 为译码器的 7 个输出，输出为高电平有效。为增加器件的功能，扩大电路功能，又增加了辅助功能控制信号 $\overline{LT}$、$\overline{RBI}$、$\overline{BI}$ / $\overline{RBO}$ 用来实现全部熄灭、灭零及测试等多种功能。7448 的功能如表 4.14 所示。

表 4.14　7448 的功能

十进制数或功能	输入						$\overline{BI}$ / $\overline{RBO}$	输出							说明
	$\overline{LT}$	$\overline{RBI}$	A_3	A_2	A_1	A_0		a	b	c	d	e	f	g	
0	1	1	0	0	0	0	1	1	1	1	1	1	1	0	译码显示
1	1	d	0	0	0	1	1	0	1	1	0	0	0	0	
2	1	d	0	0	1	0	1	1	1	0	1	1	0	1	
3	1	d	0	0	1	1	1	1	1	1	1	0	0	1	
4	1	d	0	1	0	0	1	0	1	1	0	0	1	1	
5	1	d	0	1	0	1	1	1	0	1	1	0	1	1	
6	1	d	0	1	1	0	1	0	0	1	1	1	1	1	
7	1	d	0	1	1	1	1	1	1	1	0	0	0	0	
8	1	d	1	0	0	0	1	1	1	1	1	1	1	1	
9	1	d	1	0	0	1	1	1	1	1	0	0	1	1	
10	1	d	1	0	1	0	1	0	0	0	1	1	0	1	
11	1	d	1	0	1	1	1	0	0	1	1	0	0	1	
12	1	d	1	1	0	0	1	0	1	0	0	0	1	1	
13	1	d	1	1	0	1	1	1	0	0	1	0	1	1	
14	1	d	1	1	1	0	0	0	0	0	1	1	1	1	
15	1	d	1	1	1	1	1	0	0	0	0	0	0	0	
消隐	d	d	d	d	d	d	0	0	0	0	0	0	0	0	熄灭
脉冲消隐	1	0	0	0	0	0	0	0	0	0	0	0	0	0	灭零
灯测试	0	d	d	d	d	d	1	1	1	1	1	1	1	1	测试

七段显示译码器的工作原理如图 4.32（a）所示。

七段显示译码器 7448 的输入 A_3、A_2、A_1 和 A_0 接收 4 位二进制码，输出 a、b、c、d、e、f 和 g 分别驱动七段显示器的 a、b、c、d、e、f 和 g 字段。输出为高电平有效，即输出为 1 时，对应字段点亮；输出为 0 时，对应字段熄灭。该译码器能够驱动七段显示器显示 16 种字形，如图 4.32（b）所示。例如，当输入 A_3、A_2、A_1 和 A_0 接收 4 位二进制码 0000 时，七段显示译码器 7448 输出 a、b、c、d、e、f 均为 1，g=0，从而驱动七段显示器点亮对应的数码管 a、b、c、d、e、f、g，显示“0”。

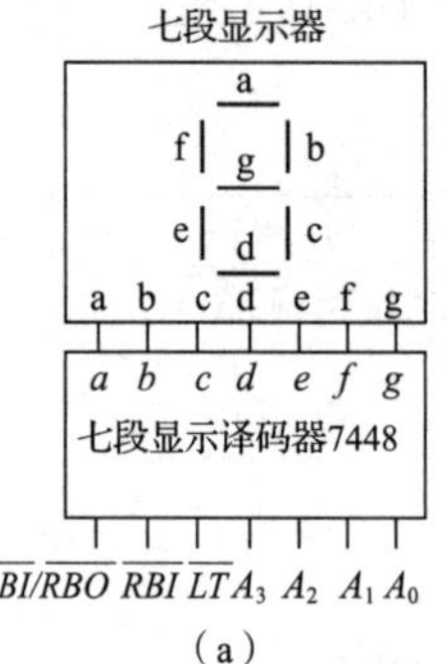

（a）

0 1 2 3 4 5 6 7
8 9 10 11 12 13 14 15

（b）

图 4.32　七段显示译码器的工作原理及笔画与字形的关系

4.4.4 多路选择器

在数字信号的传输过程中，经常需要从一组输入数据中选出某一个特定的输入，并将其送到公共数据线上，实现此功能的中规模组合逻辑电路称为多路选择器（Multiplexer），又称数据选择器或多路开关，常用 MUX 表示。多路选择器是一种多路输入、单路输出的组合逻辑电路，多用在需要有选择、分时地传送数据的场合。通常，一个具有 2^n 路输入和一路输出的多路选择器有 n 个选择控制变量（又称地址码）。多路选择器在 n 个选择控制变量控制下，从多路输入中选中一路送至输出端。从结构上看，多路选择器类似于一个单刀多掷开关，通过开关切换，将 $D_0 \sim D_3$ 中的一个信号送到输出端，其结构示意图如图 4.33 所示。

图4.33 多路选择器的结构示意图

常见的中规模多路选择器有双 4 路选择器 74153、8 路选择器 74152（无使能控制端）、74151 和 16 路选择器 74150 等。下面以双 4 路选择器 74153 为例，对其外部特性进行介绍。

双 4 路选择器 74153 的引脚排列和逻辑符号如图 4.34 所示。该芯片集成了两个完全相同的 4 路选择器。其中，A_1、A_0 为选择控制端，两个 4 路选择器共用；$1G$ 和 $2G$ 为使能控制端，低电平有效，两个 4 路选择器各有一个；$1D_0 \sim 1D_3$ 和 $2D_0 \sim 2D_3$ 分别为两个 4 路选择器的数据输入端，$1Y$ 和 $2Y$ 分别为两个 4 路选择器的输出端。

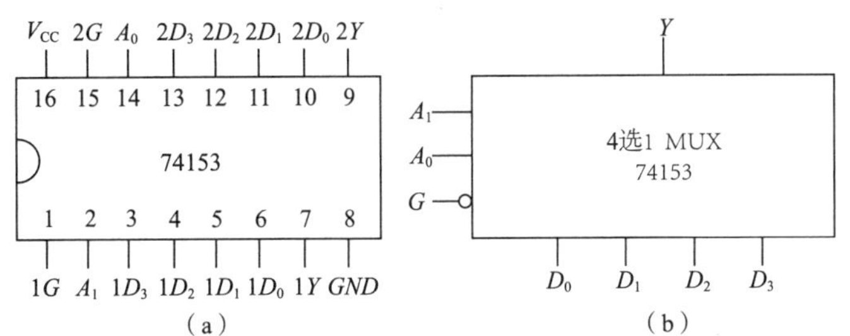

图4.34 74153引脚排列和逻辑符号

4 路选择器 74153 的功能如表 4.15 所示，对 74153 中的两个 4 路选择器均适用。

表 4.15 4 路选择器 74153 的功能

使能输入	选择输入		数据输入				输出
G	A_1	A_0	D_0	D_1	D_2	D_3	Y
1	d	d	d	d	d	d	0
0	0	0	D_0	d	d	d	D_0
0	0	1	d	D_1	d	d	D_1
0	1	0	d	d	D_2	d	D_2
0	1	1	d	d	d	D_3	D_3

由表 4.15 可知，使能端 G=1 时，多路选择器不工作，输出端为 0；G=0 时，多路选择器工作，此时，当 A_1A_0=00 时，$Y=D_0$；当 A_1A_0=01 时，$Y=D_1$；当 A_1A_0=10 时，$Y=D_2$；当 A_1A_0=11 时，$Y=D_3$。即在 A_1A_0 的控制下，依次选中 $D_0 \sim D_3$ 端的数据送至输出端。由表 4.15 可得到 4 路选择器的输出函数表达式为

$$Y = \bar{A}_1\bar{A}_0D_0 + \bar{A}_1A_0D_1 + A_1\bar{A}_0D_2 + A_1A_0D_3 = \sum_{i=0}^{3} m_iD_i$$

式中，m_i 为选择控制变量 A_1、A_0 组成的最小项，D_i 为输入端的输入数据，取值等于 0 或 1。

4 路选择器的逻辑电路图如图 4.35 所示。

类似地，可以写出 2^n 路 MUX 的输出表达式为

$$Y = \sum_{i=0}^{2^n-1} m_i D_i$$

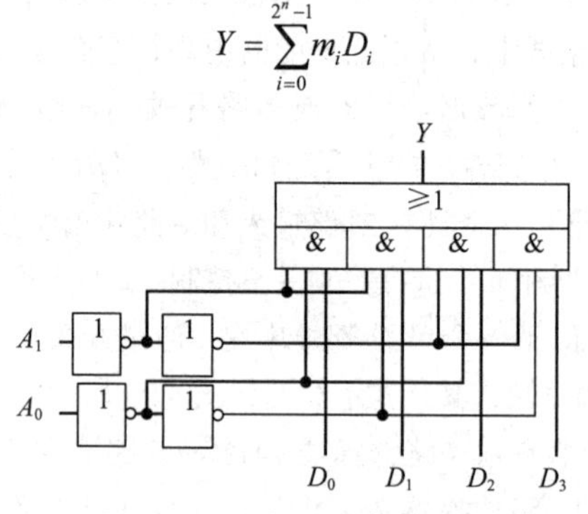

图4.35　4 路选择器的逻辑电路图

式中，m_i 为选择控制变量 A_{n-1}、A_{n-2}、…、A_1、A_0 组成的最小项；D_i 为 2^n 路输入的第 i 路数据输入，取值为 0 或 1。

现有最大规模的数据选择器芯片为 16 选 1。如果需要更大规模的选择器，则需要进行扩展。图 4.36 为用双 4 路选择器 74153 扩展为 8 选 1 选择器的逻辑电路。此外，还可以用 3 片双 4 路选择器 74153 扩展为 16 选 1 选择器（关于实现方法，请读者自行思考）。

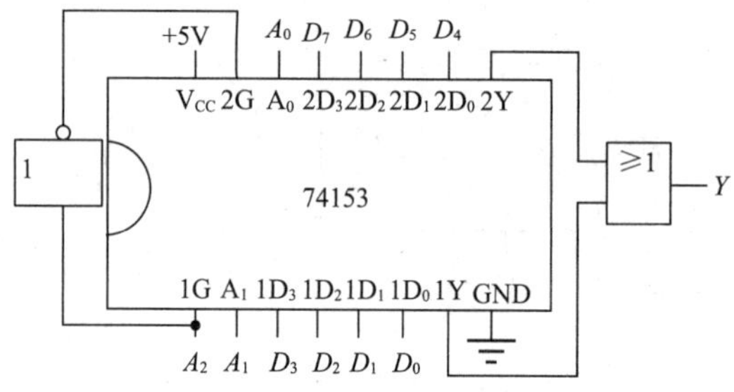

图4.36　双 4 路选择器 74153 扩展为 8 选 1 选择器

在数字系统中，往往要求将并行的数据串行输出，用多路选择当前可以轻松完成这种转换。例如，将 4 路选择器的选择控制端周期性地输入“00-01-10-11”，则输出端将周期性地输出 $D_0 \sim D_3$，从而实现并行数据到串行数据的转换，其电路图及时间图如图 4.37 所示。

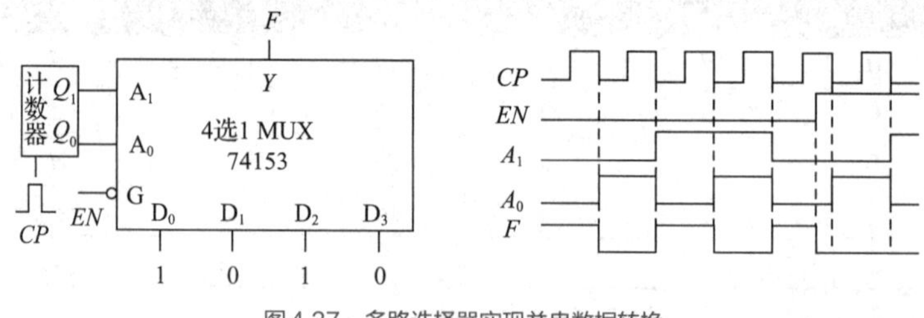

图4.37　多路选择器实现并串数据转换

多路选择器输出信号的逻辑表达式具有标准与或表达式的形式，而任何一个逻辑函数都可以写成唯一的标准与或表达式的形式。因此，多路选择器除用来完成对多路数据进行选择的基本功能外，在逻辑设计中可以用来实现任何逻辑函数的功能。

假定用具有 n 个选择控制变量的多路分配器实现 m 个变量的函数（$m \geqslant n$），具体方法如下。

（1）从函数的 m 个变量中选择 n 个变量作为 MUX 的选择控制变量。

选择不同的变量作为选择控制变量，电路的复杂程度会不同。只有通过对各种方案的比

较，才能从中得到简单、经济的方案，通常可以借助卡诺图进行选择。例如，为四变量的函数选择选择控制变量时，将卡诺图分为 4 个子卡诺图，使得“1”方格的位置尽量有利于化简。子卡诺图是二维的，其又称降维卡诺图。各子卡诺图内所示的函数就是与其选择控制变量组成的最小项 m_i 对应的数据输入 D_i，求 D_i 时只能在对应的子卡诺图内化简。图 4.38 分别是四变量函数选择 AB、CD、AC、BD 作为选择控制变量时对应的 D_i 的化简区域，其他情况请读者自行推导。

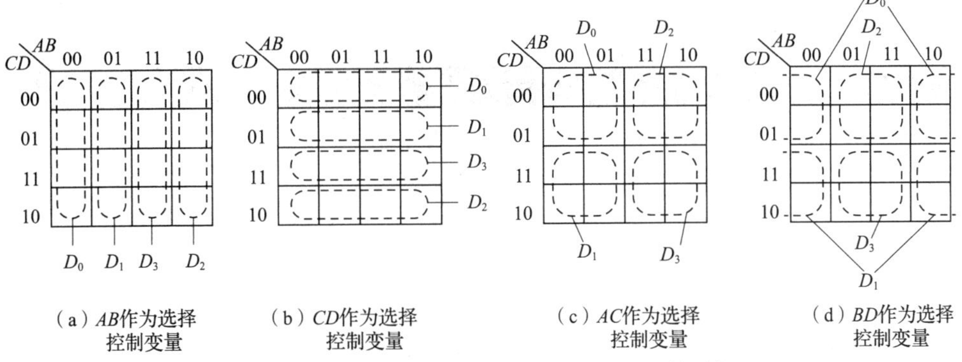

（a）AB作为选择控制变量
（b）CD作为选择控制变量
（c）AC作为选择控制变量
（d）BD作为选择控制变量

图4.38　四变量函数选择不同选择控制变量时 D_i 的化简区域

（2）根据所选定的选择控制变量将函数表达式变换为 $Y=\sum_{i=0}^{2^n-1} m_i D_i$ 的形式，以确定各数据输入 D_i。其中，m_i 为所选择的作为选择控制变量的 n 个变量所组成的最小项；D_i 为剩下的 $n-m$ 个变量组成的表达式。当 $m=n$ 时，D_i 为 0 或 1；当 $m=n+1$ 时，D_i 为 0、1 或未选择作为选择控制变量的变量 X 的原变量、反变量；当 $m > n+1$ 时，D_i 为 0、1 或去除选择控制变量之外剩余变量的函数，这时候一般需要增加适当的逻辑门辅助实现，且所需逻辑门的数量通常与选择控制变量是否确定相关。

（3）依次将函数的 n 个变量连接到 MUX 的 n 个选择变量端，将 D_i 依次接入对应的数据端。

数据选择器与译码器均可以实现逻辑函数。在一个芯片的前提下，译码器必须外加门才能实现变量数不大于其输入端数的函数，不能实现变量数大于其输入端数的函数，但可同时实现多个函数；数据选择器不用外加门就能实现变量数不大于其地址端数的函数，在外加门时还能实现变量数大于地址端数的函数，但只能实现一个函数。

4.4.5　多路分配器

在数字系统中，有时需要将一路数据分别传输到多路通道中。实现这种数据分配功能的电路称为多路分配器（Demultiplexer），又称数据分配器，常用 DEMUX 表示。与多路选择器正好相反，多路分配器是一种单输入、多输出的逻辑部件，它可以在 n 个选择控制变量控制下，把一路数据分配给 2^n 个数据输出端，输入数据具体从哪一路输出由选择控制变量决定。其结构等效于单刀多掷开关，如图 4.39 所示，只是方向和多路选择器相反，故称 DEMUX。下面以 4 路数据分配器为例，来说明多路分配器的工作原理。

图 4.40 所示为 4 路数据分配器的逻辑符号。其中，D 为数据输入端；A_1、A_0 为选择控制输入端；f_0 ～ f_1 为数据输出端。选择哪一路作为输出由选择控制变量 A_1、A_0 决定。当 A_1A_0=00 时，选中输出端 f_0，即 $f_0=D$；当 A_1A_0=01 时，选中输出端 f_1，即 $f_1=D$；当 A_1A_0=10 时，选中输出端 f_2，即 $f_2=D$；当 A_1A_0=11 时，选中输出端 f_3，即 $f_3=D$。其功能表如表 4.16 所示。

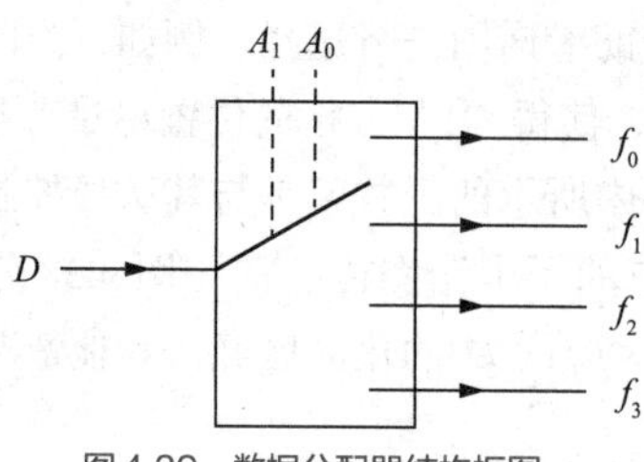

图4.39　数据分配器结构框图

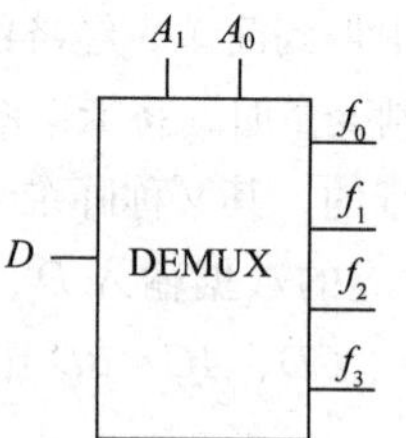

图4.40　4路数据分配器的逻辑符号

表 4.16　4 路数据分配器的功能表

输入			输出			
	A_1	A_0	f_0	f_1	f_3	f_4
D	0	0	D	0	0	0
	0	1	0	D	0	0
	1	0	0	0	D	0
	1	1	0	0	0	D

由功能表（见表 4.16）可知，4 路数据分配器的输出函数表达式为

$$f_0 = \overline{A}_1\overline{A}_0 \cdot D = m_0 \cdot D$$

$$f_1 = \overline{A}_1 A_0 \cdot D = m_1 \cdot D$$

$$f_2 = \overline{A}_1\overline{A}_0 \cdot D = m_2 \cdot D$$

$$f_3 = A_1 A_0 \cdot D = m_3 \cdot D$$

式中，m_i（i=0 ～ 3）是由选择控制变量构成的 4 个最小项。

4 路分配器的逻辑电路如图 4.41 所示。

由图 4.41 可见，数据分配器与译码器十分相似。如前所述，如果将译码器的使能端作为数据输入端，输入的二进制代码作为译码器的地址信号输入，则译码器就成了一个数据分配器；如果将数据分配器的数据输入端作为使能端，数据分配器就变成了一个译码器。故数据分配器和译码器一般是可以互相替代的，通常归于同一类电路。

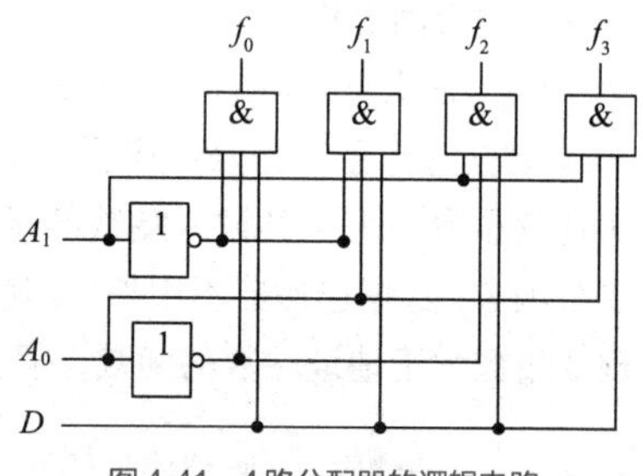

图4.41　4路分配器的逻辑电路

多路分配器用途比较多，可完成数据的并串转换、序列信号产生等多种逻辑功能及实现各种逻辑函数功能。例如，用它将一台计算机与多台外部设备相连，将计算机的数据分送到外部设备中。它还可以与计数器结合构成组合脉冲分配器。此外，数据分配器常与 MUX 联用，以实现多通道数据分时传送。通常，在发送端由 MUX 将各路数据分时送至公共传输线（总线），接收端再由数据分配器将总线上的数据分配到相应的输出端。图 4.42 所示的是利用一根数据传输线分时传送 8 路数据的示意图，在公共选择控制变量 ABC 的控制下，实现 D_i—f_i 的传送（i=0 ～ 7）。

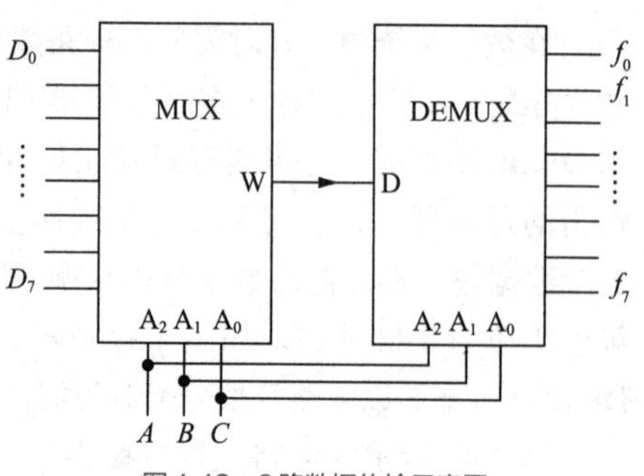

图4.42　8路数据传输示意图

4.4.6 数值比较器

在数字系统中，经常需要比较两个数的大小。这两个数可以是二进制数，也可以是其他进制数的代码。如果是其他进制数，要先转换为二进制数。用来完成两组二进制数大小比较的逻辑电路称为数值比较器。

1. 1位数值比较器

对两个1位二进制数的数值进行比较的逻辑电路称为1位数值比较器。1位数值比较器是多位数值比较器的基础。

1位数值比较器的输入为两个1位二进制数 a、b，输出为 G、E 和 L。

如果 $a > b$，则 ab=10，G=1，E=0，L=0。

如果 a=b，则 ab=00 或 ab=11，G=0，E=1，L=0。

如果 $a < b$，则 ab=01，G=0，E=0，L=1。

因此，可得

$$G = a\bar{b} = a\overline{ab}$$

$$E = \overline{a \oplus b} = \overline{\bar{a}b + a\bar{b}} = \overline{\overline{ab}b + a\overline{ab}}$$

$$L = \bar{a}b = \overline{ab}b$$

由以上分析可得，1位数值比较器的电路图如图4.43所示。

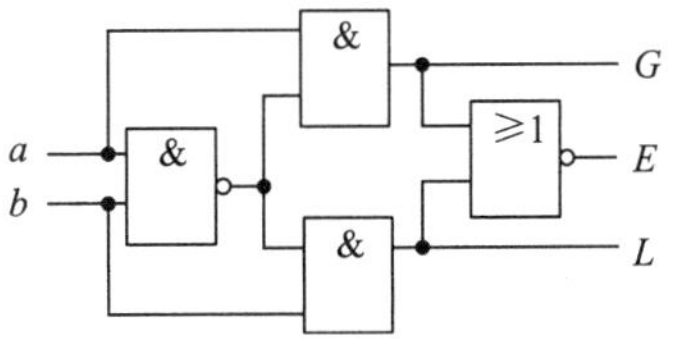

图4.43 1位数值比较器的电路图

2. 多位数值比较器

如果要比较两个多位二进制数，则必须逐位比较，此时使用多位数值比较器即可。下面以4位二进制数值比较器为例，说明其工作原理。

当两个多位二进制数进行比较时，需从高位到低位逐位进行比较。只有在高位相等时，才能进行低位数的比较。当比较到某一位二进制数不等时，其比较结果便为两个多位二进制数的比较结果。

例如，对于 A=$a_3a_2a_1a_0$，B=$b_3b_2b_1b_0$，当比较 A 和 B 的大小时，应首先进行最高位即 a_3 与 b_3 的比较，若 $a_3 > b_3$，此时就可断定 $A > B$。如果 A、B 的最高位数码相同，则必须比较次高位，按此方法依次比较下去，就可以得出 A 与 B 的比较结果。

如果 $A > B$，有3种情况：$a_3 > b_3$；a_3=b_3 且 $a_2 > b_2$；a_3=b_3 且 a_2=b_2 且 $a_1 > b_1$；a_3=b_3 且 a_2=b_2 且 a_1=b_1 且 $a_0 > b_0$。

如果 $A = B$，则 a_3=b_3 且 a_2=b_2 且 a_1=b_1 且 a_0=b_0。

如果 $A < B$，有3种情况：$a_3 < b_3$；a_3=b_3 且 $a_2 < b_2$；a_3=b_3 且 a_2=b_2 且 $a_1 < b_1$；a_3=b_3 且 a_2=b_2 且 a_1=b_1 且 $a_0 < b_0$。

由以上分析可以得到

$$G = G_3 + E_3 \cdot G_2 + E_3 \cdot E_2 \cdot G_1 + E_3 \cdot E_2 \cdot E_1 \cdot G_0$$

$$E = E_3 \cdot E_2 \cdot E_1 \cdot E_0$$

$$L = L_3 + E_3 \cdot L_2 + E_3 \cdot E_2 \cdot L_1 + E_3 \cdot E_2 \cdot E_1 \cdot L_0$$

由以上分析可得到4位二进制数值比较器的逻辑电路图，如图4.44所示。

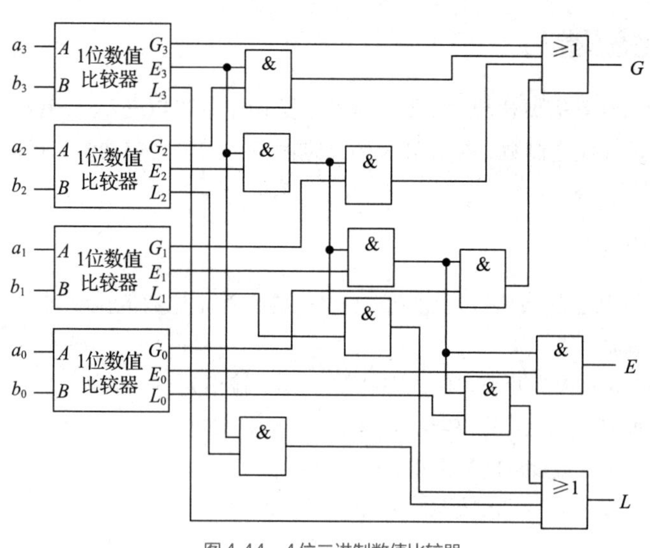

图4.44　4位二进制数值比较器

3．集成数值比较器

7485是一种常用的集成4位数值比较器，其引脚排列和逻辑符号如图4.45所示。

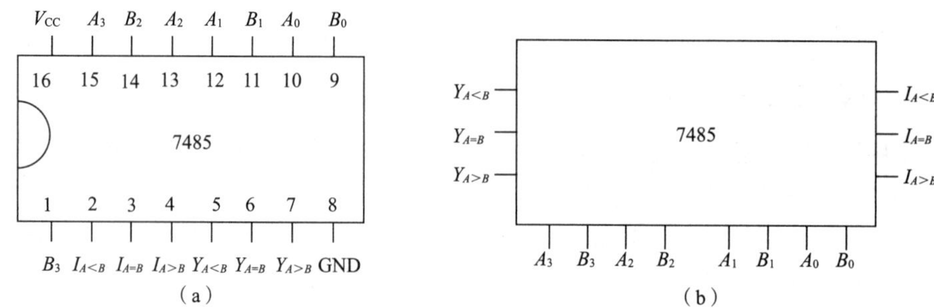

图4.45　7485的引脚排列和逻辑符号

7485可以比较两个4位二进制数的大小，两个数值的输入端有8个，即A_3、A_2、A_1、A_0和B_3、B_2、B_1、B_0，3个输出端为$Y_{A>B}$、$Y_{A=B}$和$Y_{A<B}$。另外，还扩展了3个级联输入端$I_{A>B}$、$I_{A=B}$和$I_{A<B}$，扩展输入端与其他数值比较器的输出连接，可以拓展为位数更多的数值比较器。

7485的功能表如表4.17所示。

从功能表（见表4.17）可以看出，两个4位二进制数进行比较时，必须自高位到低位逐位进行比较，当高位$A_i>B_i$时，输出$Y_{A>B}$=1，$Y_{A=B}$=0，$Y_{A<B}$=0；当高位$A_i<B_i$时，输出$Y_{A>B}$=0，$Y_{A=B}$=0，$Y_{A<B}$=1；当高位A_i=B_i时，则需要比较A_{i-1}和B_{i-1}的大小来决定电路的输出，一直到最低位为止。如果只对4位数进行对比，则须设置$I_{A>B}$=0，$I_{A=B}$=1，$I_{A<B}$=0，表示不考虑低位，否则，要将低位的输出$Y_{A>B}$、$Y_{A=B}$和$Y_{A<B}$连接在$I_{A>B}$、$I_{A=B}$和$I_{A<B}$，以对数值比较器的比较位数进行扩展。

表4.17　7485的功能表

输入							输出		
A_3B_3	A_2B_2	A_1B_1	A_0B_0	$I_{A>B}$	$I_{A<B}$	$I_{A=B}$	$Y_{A>B}$	$Y_{A<B}$	$Y_{A=B}$
$A_3>B_3$	×	×	×	×	×	×	1	0	0

续表

输入							输出		
A_3B_3	A_2B_2	A_1B_1	A_0B_0	$I_{A>B}$	$I_{A<B}$	$I_{A=B}$	$Y_{A>B}$	$Y_{A<B}$	$Y_{A=B}$
$A_3 < B_3$	×	×	×	×	×	×	0	1	0
$A_3 = B_3$	$A_2 > B_2$	×	×	×	×	×	1	0	0
$A_3 = B_3$	$A_2 < B_2$	×	×	×	×	×	0	1	0
$A_3 = B_3$	$A_2 = B_2$	$A_1 > B_1$	×	×	×	×	1	0	0
$A_3 = B_3$	$A_2 = B_2$	$A_1 < B_1$	×	×	×	×	0	1	0
$A_3 = B_3$	$A_2 = B_2$	$A_1 = B_1$	$A_0 > B_0$	×	×	×	1	0	0
$A_3 = B_3$	$A_2 = B_2$	$A_1 = B_1$	$A_0 < B_0$	×	×	×	0	1	0
$A_3 = B_3$	$A_2 = B_2$	$A_1 = B_1$	$A_0 = B_0$	1	0	0	1	0	0
$A_3 = B_3$	$A_2 = B_2$	$A_1 = B_1$	$A_0 = B_0$	0	1	0	0	1	0
$A_3 = B_3$	$A_2 = B_2$	$A_1 = B_1$	$A_0 = B_0$	×	×	1	0	0	1
$A_3 = B_3$	$A_2 = B_2$	$A_1 = B_1$	$A_0 = B_0$	1	1	0	0	0	0
$A_3 = B_3$	$A_2 = B_2$	$A_1 = B_1$	$A_0 = B_0$	0	0	0	1	1	0

对数值比较器进行扩展时，有串联和并联两种扩展方式。

图 4.46 为 4 个 4 位数值比较器串联扩展方式构成的 16 位数值比较器。从图 4.46 中可以看出，16 位数值按高低位分为 4 组（4 位一组），分别加到 4 个比较器的输入端；比较结果 $Y_{A>B}$、$Y_{A=B}$ 和 $Y_{A<B}$ 由最高 4 位比较器输出端输出；低位片的输出 $Y_{A>B}$、$Y_{A=B}$ 和 $Y_{A<B}$ 连接在高位片的 $I_{A>B}$、$I_{A=B}$ 和 $I_{A<B}$ 上；最低位片的 $I_{A>B}$、$I_{A=B}$ 和 $I_{A<B}$ 分别接“0”“1”“0”。从最高位片开始进行比较，当高位片的输入不相等时，可以直接根据高位片输入的大小输出 $Y_{A>B}$=1 或 $Y_{A<B}$=1，此时高位片的级联输入端 $I_{A>B}$、$I_{A=B}$ 和 $I_{A<B}$ 不起作用；当高位片的输入相等时，则由高位片的级联输入端 $I_{A>B}$、$I_{A=B}$ 和 $I_{A<B}$ 决定比较结果的输出，而高位片的级联输入端 $I_{A>B}$、$I_{A=B}$ 和 $I_{A<B}$ 由低位片的比较结果 $Y_{A>B}$、$Y_{A=B}$ 和 $Y_{A<B}$ 决定，即由相邻的低位片的比较结果决定。依次类推，一直到最低 4 位为止。

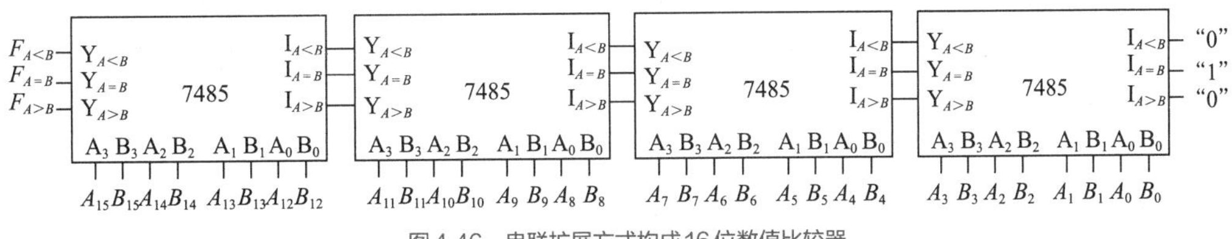

图 4.46 串联扩展方式构成 16 位数值比较器

由图 4.46 可知，对于 16 位二进制数的比较，采用串联扩展方式所需时间为 7485 延迟时间的 4 倍，而且位数越多，串联扩展方式所需的时间越长。因此，当被比较数位数较多还要满足一定的速度要求时，一般采用并联方式扩展位数。图 4.47 是并联方式扩展的 16 位数值比较器。电路采用两级比较方式，16 位数值按高低位分为 4 组进行第一级比较，各组的比较并行进行，第一级每组比较的结果经过第二级的 4 位数值比较器得出最终结果。

由图 4.47 可知，对于 16 位二进制数的比较，采用并联扩展方式所需时间为 7485 芯片延迟时间的两倍。显然，数值比较器位数的并联扩展方式比串联扩展方式实时性好。

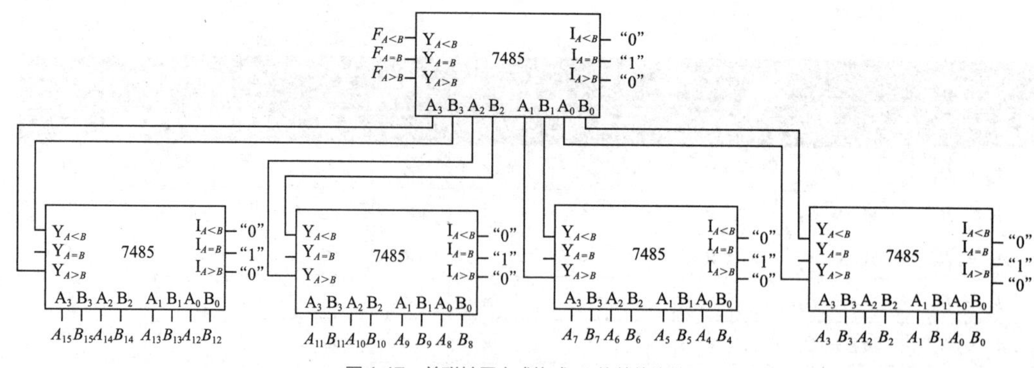

图4.47　并联扩展方式构成16位数值比较器

4.5　中规模组合逻辑电路分析和设计

随着集成电路的快速发展，单个芯片的功能不断增强。一般地，在小规模集成电路中仅仅是基本器件（如逻辑门或触发器）的集成，在中规模集成电路中已是逻辑部件（如译码器、寄存器等）的集成，而在大规模和超大规模集成电路中则是一个数字子系统或整个数字系统（如微处理器、单片机）的集成。其中，中规模集成器件因具有体积小、功耗低、速度快及抗干扰能力强等一系列优点，得到了广泛的应用。

中规模组合逻辑电路是指采用各种中规模通用集成电路作为主要零部件来实现各种功能的电路。各种中规模通用集成电路本身就是一种完美的逻辑设计作品，因此，在较复杂的数字逻辑电路中，以常用中规模集成器件和相应的功能电路为基本单元，取代门级组合电路。采用中规模集成电路组成的数字系统具有体积小、功耗低、可靠性高等优点，且易于设计、调试和维护。以中规模电路为核心构成的组合逻辑电路的分析和设计方法与小规模集成电路构成的组合逻辑电路的分析和设计方法有不同之处。

4.5.1　中规模组合逻辑电路的分析

中规模集成电路的多样性和复杂性给逻辑电路的分析带来一定的困难。分析的结果是否正确取决于分析者对常用功能电路的熟悉程度和经验。总的来说，中规模组合逻辑电路的分析基本步骤如下。

（1）对给定的电路加以分析，找出电路的输入信号和输出信号。

（2）根据电路的复杂程度和器件类型，将电路划分为若干个子模块。

（3）对于每一个子模块，根据所包含的中规模集成芯片的功能表，找出子模块的输入信号和输出信号，并列出子模块输出信号和输入信号之间的逻辑表达式或真值表。

（4）将所有子模块结合起来，列出整体电路的输出信号和输入信号之间的逻辑表达式或真值表。

（5）根据整体电路的真值表或输出函数表达式，概括出对电路逻辑功能的文字描述，并对原电路的设计方案进行评价，必要时提出改进意见和改进方案。

以上步骤是就一般情况而言的。根据实际问题的难易程度和设计者的熟练程度，有时可跳过其中的某些步骤。下面举例说明中规模组合逻辑电路的分析过程。

例 4.9　分析图 4.48 所示的组合逻辑电路，说明电路的功能。

解：由图 4.48 可以看出，电路由一个 4 位二进制并行加法器 74283 和 4 个异或门组成，电路的输入信号为 a_4、a_3、a_2、a_1、b_4、b_3、b_2、b_1 和 M，输出为 S_5、S_4、S_3、S_2、S_1；为方便讨论，令 $a=a_4a_3a_2a_1$，$b=b_4b_3b_2b_1$，$S=S_4S_3S_2S_1$。

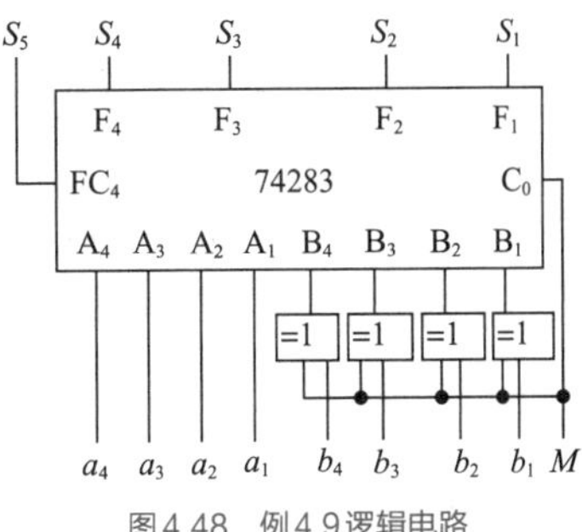

图4.48　例4.9逻辑电路

电路可以分为以下两部分。

第一部分是由 b_4、b_3、b_2、b_1 和 M 异或，其结果送入 B_4、B_3、B_2、B_1，即

$$B_i = b_i \oplus M$$

第二部分为 4 位二进制并行加法器 74283 组成的电路，由 74283 的功能可知，输出为 S，两个二进制被加数和加数分别为 A、B，来自最低位的进位 $C_0=M$，S_5 为 74283 向高位的进位 FC_4，可以理解为 A 和 B 相加的和的最高位，其中 $A=a$，B 的每一位为 b 和 M 异或的结果。因此，可得

$$S = A + B + M$$

当 $M=0$ 时，$B_4B_3B_2B_1=b_4b_3b_2b_1$，即 $B=b$，因此 $S=A+B+M=a+b+0$，加法器实现了 $S=A+B$。

当 $M=1$ 时，$B_4B_3B_2B_1=\bar{b}_4\bar{b}_3\bar{b}_2\bar{b}_1$，即 $B=\bar{b}$，因此 $S=A+B+M=a+\bar{b}+1$，其中，$\bar{b}+1$ 可以理解为 b 的补码，即加法器实现了 $S=A-B$。

由以上分析可知，该电路是一个 4 位二进制加 / 减法器，被加数（被减数）为 $a=a_4a_3a_2a_1$，加数（减数）为 $b=b_4b_3b_2b_1$，和（差）为 $S=S_4S_3S_2S_1$，S_5 为向高位的进位（借位），M 为选择控制变量，当 $M=0$ 时，电路为加法器；当 $M=1$ 时，电路为减法器。

例 4.10　分析图 4.49 所示的逻辑电路，其中输入为 8 位地址线 $A_7 \sim A_0$。试说明 $\bar{Y}_0 \sim \bar{Y}_7$ 分别被译中时，相应的地址线 $A_7 \sim A_0$ 的状态是什么？

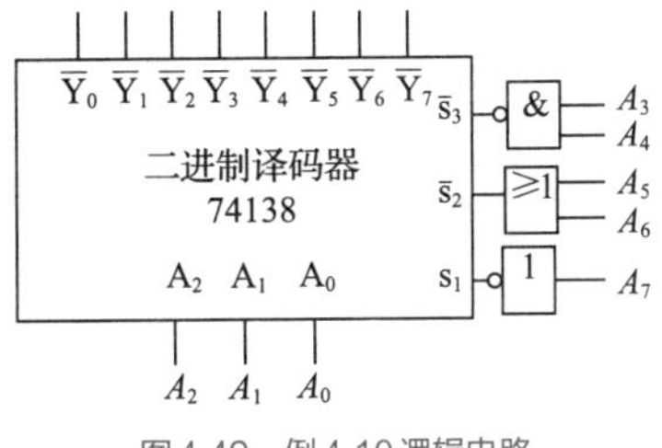

图4.49　例4.10逻辑电路

解：由图 4.49 可以看出，该电路的核心是一个二进制译码器 74138，该译码器配合一个非门、一个或门、一个与非门组成该电路，输入为 8 位地址线 $A_7 \sim A_0$，输出为译码结果 8 位地址线 $\bar{Y}_7 \sim \bar{Y}_0$。

地址线的 A_4、A_3 通过与非门接在 74138 的使能端 $\bar{S}_3$，A_6、A_5 通过或门接在使能端 $\bar{S}_2$，A_7 通过非门接入使能端 S_1。根据 74138 的功能，要想使 74138 正常工作，S_1、$\bar{S}_2$、$\bar{S}_3$ 应分别接“1”“0”“0”，即 $A_7A_6A_5A_4A_3$ 应输入 00011。而地址线的 $A_2A_1A_0$ 则决定哪一路输出被译中。

综上所述，当 $A_2A_1A_0=000$ 时，$\bar{Y}_0$ 被译中，即地址线 $A_7 \sim A_0$ 的状态是 00011000。

同理，$\bar{Y}_1$ 被译中，即地址线 $A_7 \sim A_0$ 的状态是 00011001。

$\bar{Y}_2$ 被译中，即地址线 $A_7 \sim A_0$ 的状态是 00011010。

$\bar{Y}_3$ 被译中，即地址线 $A_7 \sim A_0$ 的状态是 00011011。

$\bar{Y}_4$ 被译中，即地址线 $A_7 \sim A_0$ 的状态是 00011100。

$\bar{Y}_5$ 被译中，即地址线 $A_7 \sim A_0$ 的状态是 00011101。

$\overline{Y}_6$ 被译中，即地址线 $A_7 \sim A_0$ 的状态是 00011110。

$\overline{Y}_7$ 被译中，即地址线 $A_7 \sim A_0$ 的状态是 00011111。

例 4.11　分析图 4.50 所示的逻辑电路，说明该电路的逻辑功能。

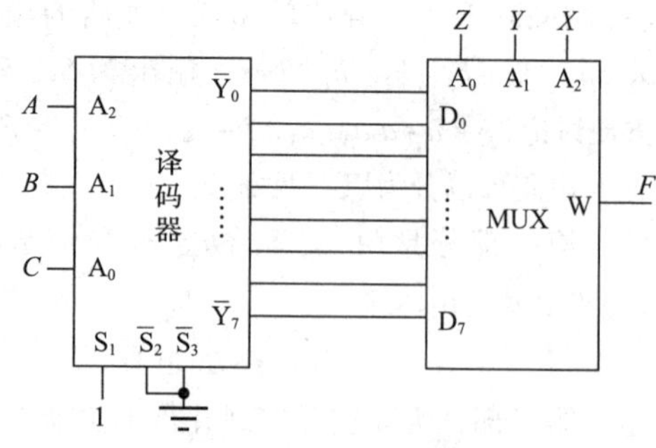

图4.50　例4.11逻辑电路

解：由图 4.50 可以看出，电路由一个 3 线 -8 线译码器和一个 8 路选择器组成，电路的输入信号为 A、B、C 及 X、Y、Z，输出为 F。

电路可以分为两个部分进行分析，即 3 线 -8 线译码器和 8 路选择器。

对于 3 线 -8 线译码器，其输入为 A、B、C，输出为 $\overline{Y}_i$，其使能端 $\overline{S}_3$、$\overline{S}_2$ 接地，S_1 接“1”，即 3 线 -8 线译码器处于工作状态。该 3 线 -8 线译码器为低电平译码，即处于工作状态时，任何时刻，只有一个输出端输出低电平，其余输出端均为高电平。

对于 8 路选择器，其输入为中间信号 $D_7 \sim D_0$，以及选择控制变量 X、Y、Z，输出为 F。该 8 路选择器根据选择控制变量 X、Y、Z 的输入，选择一路送至输出 F。

3 线 -8 线译码器的输出和 8 路选择器输入端逐一相连，$D_i=\overline{Y}_i$，因此，在任何时刻，8 路选择器只有一个输入端为低电平，其余输入端均为高电平。

通过以上分析可知，当 $ABC=XYZ$ 时，输出 $F=0$；当 $ABC \neq XYZ$ 时，$F=1$。

因此，该电路是用来比较两个 3 位二进制数 ABC 和 XYZ 是否相等的 3 位二进制数值比较器。

4.5.2　中规模组合逻辑电路的设计

中规模集成电路的功能虽然比小规模集成电路强，但也不像大规模集成电路那样功能专一化。用中规模集成电路设计的组合逻辑电路与用门电路设计的组合逻辑电路相比，不仅体积小、质量轻，提高了工作的可靠性，而且简化了设计过程，使用时只需适当地进行连接就能实现预定的逻辑功能。另外，它们所具有的通用性、灵活性及多功能性使之除完成基本功能外，还能以它们为基本器件组成各类逻辑部件和数字系统，有效地实现各种逻辑功能。

通常，采用中规模集成电路设计组合逻辑电路可按以下步骤进行。

（1）根据题意抽象出电路的输入和输出，找出输出关于输入的逻辑表达式或真值表。

（2）根据要实现的逻辑功能，初步选定中规模集成芯片。目前，使用较多的中规模集成芯片有多路选择器、译码器和全加器。通常，译码器和多路选择器可以实现任何组合逻辑电路。一般情况下，单输出组合电路的逻辑函数选用数据选择器实现比较方便，而多输出组合电路的逻辑函数选用译码器较好，对一些具有某些特点的逻辑函数，如逻辑函数输出为输入信号相加，则采用全加器实现较为方便。

（3）将要实现的逻辑函数表达式转换成与所用中规模集成器件逻辑函数表达式相似的形式。若要实现的组合逻辑函数表达式与某种中规模集成器件的逻辑函数表达式形式上完全一致，则可选用该种器件实现设计；若要实现的组合逻辑函数表达式是某种中规模集成器件的逻辑函数表达式的一部分，则需要对电路进行相应的处理。

（4）画出逻辑电路图。

以上步骤是就一般情况而言的。根据实际问题的难易程度和设计者的熟练程度，有时可跳过其中的某些步骤。下面举例说明中规模组合逻辑电路的设计过程。

例 4.12　用适当的中规模集成芯片及逻辑门实现全减器的功能。

解：实现对被减数、减数及来自相邻低位的借位进行减法运算，得到差及向相邻高位借位的逻辑电路称为全减器。设它的输入为被减数 A_i、减数 B_i 以及来自低位的借位 G_{i-1}，输出为相减所得差 D_i 和借位 G_i。全减器的真值表如表 4.18 所示。可以看出，与全加器一样，全减器也是多输入多输出的组合逻辑电路。由于电路有两个输出，因此，可以考虑用译码器或双 4 路选择器实现。此外，该电路还可以用 4 位二进制并行加法器实现。

表 4.18　全减器的真值表

输入			输出	
A_i	B_i	G_{i-1}	D_i	G_i
0	0	0	0	0
0	0	1	1	1
0	1	0	1	1
0	1	1	0	1
1	0	0	1	0
1	0	1	0	0
1	1	0	0	0
1	1	1	1	1

（1）用译码器 74138 实现

由表 4.18 可写出差 D_i 和借位 G_i 的逻辑表达式。

$$D_i(A_i,B_i,G_{i-1}) = m_1 + m_2 + m_4 + m_7 = \overline{\bar{m}_1 \cdot \bar{m}_2 \cdot \bar{m}_4 \cdot \bar{m}_7}$$

$$G_i(A_i,B_i,G_{i-1}) = m_1 + m_2 + m_3 + m_7 = \overline{\bar{m}_1 \cdot \bar{m}_2 \cdot \bar{m}_3 \cdot \bar{m}_7}$$

用译码器 74138 和与非门实现全减器功能时，只需将全减器的输入变量 A_i、B_i、G_{i-1} 分别与译码器的输入 A_2、A_1、A_0 相连接。译码器使能输入端 S_1、$\bar{S}_2$、$\bar{S}_3$ 接固定工作电平，便可在译码器输出端得到 3 个变量的 8 个最小项的“非”。根据全减器的输出函数表达式，将相应最小项的“非”送至与非门输入端，便可实现全减器的功能。逻辑电路如图 4.51（a）所示。

此外，可以将输出函数表达式转换成标准或与式。

$$D_i(A_i,B_i,G_{i-1}) = m_1 + m_2 + m_4 + m_7 = \prod M(0,3,5,6)$$

$$G_i(A_i,B_i,G_{i-1}) = m_1 + m_2 + m_3 + m_7 = \prod M(0,4,5,6)$$

根据 $\bar{m}_i = M_i$，可将对应最小项的“非”送至与门输出端，从而实现全减器的功能。逻辑电路如图 4.51（b）所示。

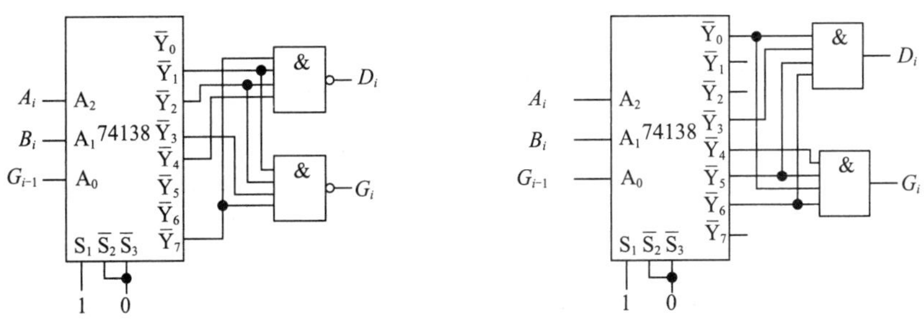

图4.51　用译码器实现全减器

（2）用双 4 路选择器 74153 实现

全减器有 3 个输入，而双 4 路选择器只有两个选择控制变量，因此需要选择其中两个作为选择控制变量。在该例中，选择任何两个变量作为选择控制变量，电路的复杂程度一样，因此，这里选 A、B 作为选择控制变量。根据真值表可以得到 D_i 和 G_i 的表达式，并对之进行变换。

$$D_i(A_i,B_i,G_{i-1})=\bar{A}\bar{B}C+\bar{A}B\bar{C}+A\bar{B}\bar{C}+ABC=\bar{A}\bar{B}\cdot C+\bar{A}B\cdot\bar{C}+A\bar{B}\cdot\bar{C}+AB\cdot C$$

$$G_i(A_i,B_i,G_{i-1})=\bar{A}\bar{B}C+\bar{A}B\bar{C}+\bar{A}BC+ABC=\bar{A}\bar{B}\cdot C+\bar{A}B\cdot 1+A\bar{B}\cdot 0+AB\cdot C$$

令 MUX74153 的 $1Y = D_i$，$2Y = G_i$，根据上述逻辑表达式可确定 MUX74153 各数据输入端的值，依次为

$1D_0=C$　　$1D_1=\bar{C}$　　$1D_2=\bar{C}$　　$1D_3=C$

$2D_0=C$　　$2D_1=1$　　$2D_2=0$　　$2D_3=C$

实现函数 D_i 和 G_i 的逻辑电路如图 4.52 所示。

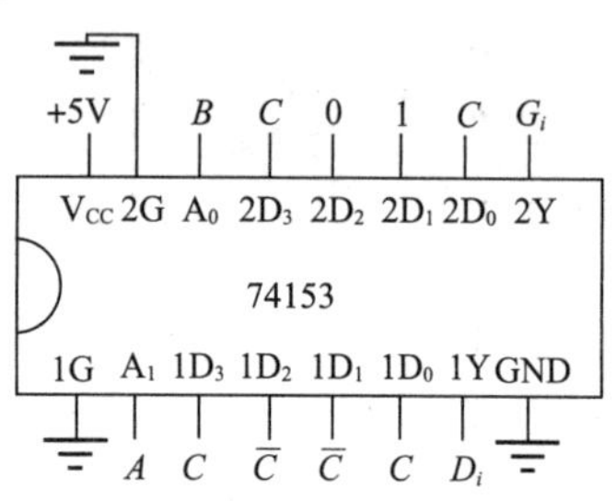

图4.52　用双4路选择器74153实现全减器

（3）用 4 位二进制并行加法器 74283 实现

用 4 位二进制并行加法器 74283 实现全减器，需要用补码将减法运算转换为加法运算。

$$A_i-B_i-G_{i-1}=A_i+\bar{B}_i+1+\bar{G}_{i-1}+1=A_i+\bar{B}_i+\bar{G}_{i-1}+10$$

实现函数 D_i 和 G_i 的逻辑电路如图 4.53 所示。

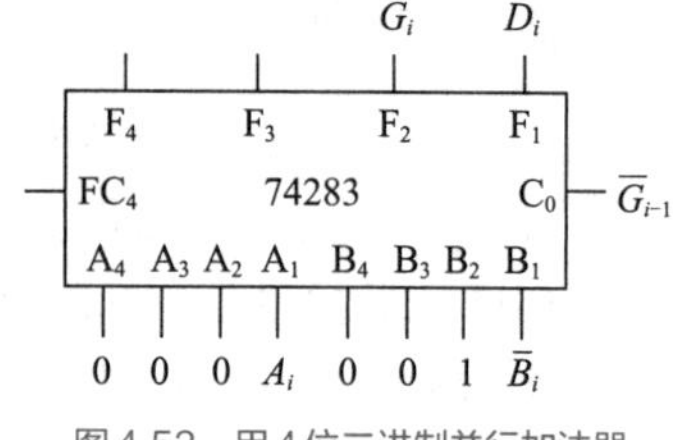

图4.53　用4位二进制并行加法器74283实现全减器

例 4.13　用合适的中规模集成器件及逻辑门实现 2 个无符号 4 位二进制数乘法器的逻辑功能。

解：由题目可知，输入为两个无符号 4 位二进制数 $X=x_3x_2x_1x_0$ 和 $Y=y_3y_2y_1y_0$，即输入有 8 位，由此可推出 X 和 Y 的乘积 Z 为一个 8 位二进制数，即输出也是 8 位，令输出 $Z=Z_7Z_6Z_5Z_4Z_3Z_2Z_1Z_0$。这是一个多输入多输出的组合逻辑电路。

考虑到乘法器的输入和输出都比较多，而且乘法可以转换为加法运算，因此，初步选定用二进制并行加法器 74283 来实现该电路。

两数相乘求积的过程如图 4.54 所示。

因为两个 1 位二进制数相乘的法则和逻辑与运算法则相同，所以“积项” x_iy_i（i,j=0,1,2,3）可用两输入与门实现；而对部分积求和则可用并行加法器实现。由此可知，实现 4 位二进制数乘法运算的逻辑电路可由 16 个两输入与门和 3 个 4 位二进制并行加法器构成。其逻辑电路如图 4.55 所示。

被乘数					x_3	x_2	x_1	x_0
× 乘数					y_3	y_2	y_1	y_0
					x_3y_0	x_2y_0	x_1y_0	x_0y_0
				x_3y_1	x_2y_1	x_1y_1	x_0y_1	
			x_3y_2	x_2y_2	x_1y_2	x_0y_2		
		x_3y_3	x_2y_3	x_1y_3	x_0y_3			
乘积	Z_7	Z_6	Z_5	Z_4	Z_3	Z_2	Z_1	Z_0

图4.54　例4.13逻辑电路

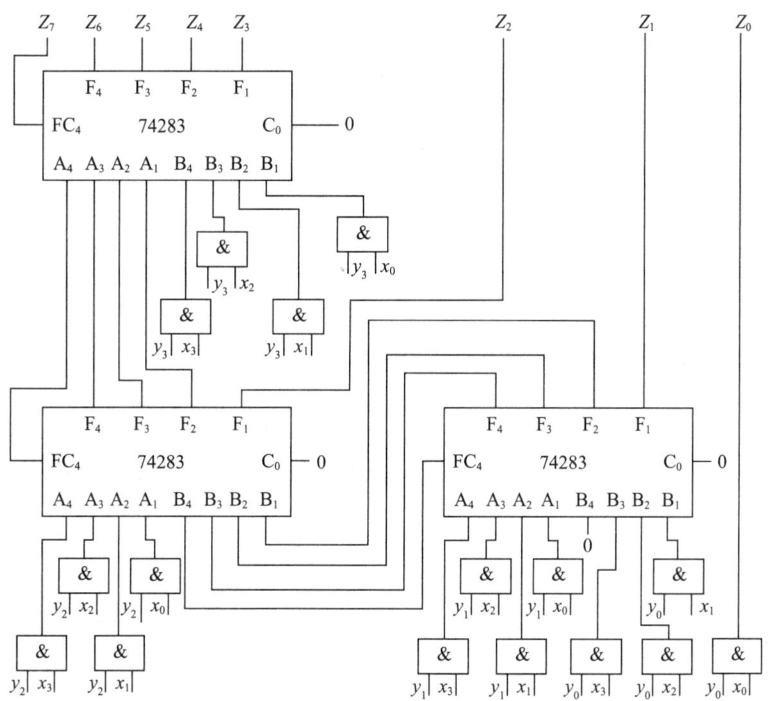

图4.55　4位二进制数乘法器

例 4.14　用适当的中规模集成器件和逻辑门实现四变量多输出函数，则函数表达式为

$$F_1(A,B,C,D)=\sum m(0,1,5,7,10,13,15)$$

$$F_2(A,B,C,D)=\sum m(8,10,12,13,15)$$

解：题目要求实现的是四输入、二输出的组合逻辑电路，可以用一片双 4 路选择器 74153 实现该电路，也可以用译码器实现。

（1）用一片双 4 路 MUX74153 实现

画出函数 F_1 和 F_2 的卡诺图，如图 4.56 所示。

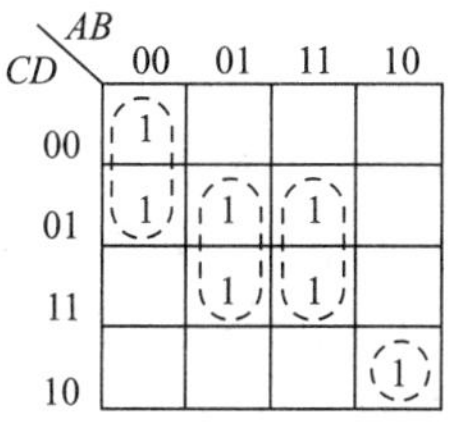
（a）F_1的函数卡诺图

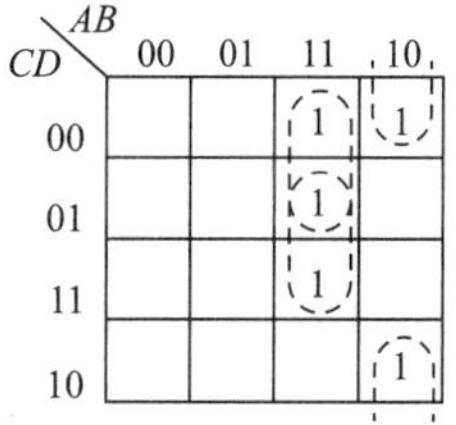
（b）F_2的函数卡诺图

图4.56　例4.14的函数卡诺图

由图 4.56 可知，选取函数变量 A、B 作为 MUX 的选择控制变量 A_1 和 A_0 时电路最简单。对函数 F_1 和 F_2 做如下变换。

$$\begin{aligned}F_1(A,B,C,D)&=\sum m(0,1,5,7,10,13,15)\\&=\overline{A}\overline{B}\overline{C}\overline{D}+\overline{A}\overline{B}\overline{C}D+\overline{A}B\overline{C}D+\overline{A}BCD+A\overline{B}C\overline{D}+AB\overline{C}D+ABCD\\&=\overline{A}\overline{B}(\overline{C}\overline{D}+\overline{C}D)+\overline{A}B(\overline{C}D+CD)+A\overline{B}\cdot C\overline{D}+AB(\overline{C}D+CD)\\&=\overline{A}\overline{B}\cdot\overline{C}+\overline{A}B\cdot D+A\overline{B}\cdot C\overline{D}+AB\cdot D\end{aligned}$$

$$F_2(A,B,C,D)=\sum m(8,10,12,13,15)$$
$$=A\bar{B}\bar{C}\bar{D}+A\bar{B}C\bar{D}+ABC\bar{D}+AB\bar{C}D+ABCD$$
$$=\bar{A}\bar{B}\cdot 0+\bar{A}B\cdot 0+A\bar{B}(\bar{C}\bar{D}+C\bar{D})+AB(\bar{C}\bar{D}+\bar{C}D+CD)$$
$$=\bar{A}\bar{B}\cdot 0+\bar{A}B\cdot 0+A\bar{B}\cdot\bar{D}+AB\cdot(\bar{C}+D)$$

令 MUX74153 的 $1Y=F_1$，$2Y=F_2$，根据上述逻辑表达式可确定 MUX74153 各数据输入端的值，依次为

$1D_0=\bar{C}$　　$1D_1=D$　　$1D_2=C\bar{D}$　　$1D_3=D$

$2D_0=0$　　$2D_1=0$　　$2D_2=\bar{D}$　　$2D_3=\bar{C}+D$

实现函数 F_1 和 F_2 的逻辑电路如图 4.57 所示。

（2）用译码器实现

用译码器实现时，可以选择 4 线 -16 线译码器。由于输出函数表达式已经是标准与或表达式，因此，直接将对应的最小项非经过与非门输出即可。其逻辑电路如图 4.58 所示。

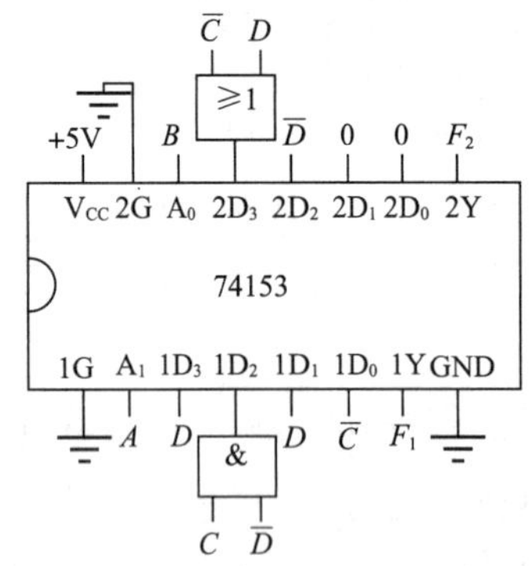

图4.57　双4路MUX74153实现例4.14逻辑电路

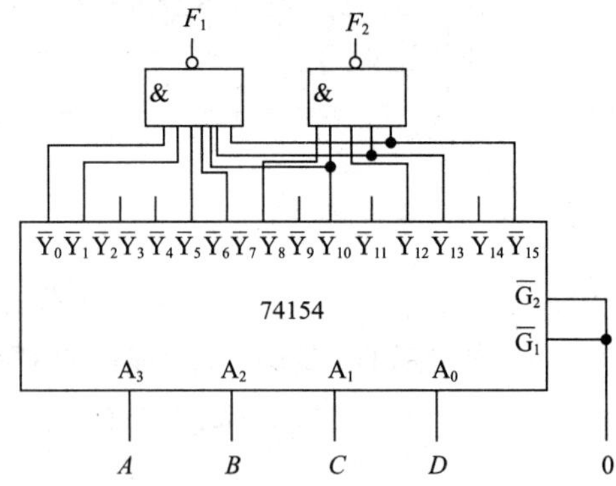

图4.58　用译码器实现例4.14逻辑电路

例 4.15　用合适的中规模集成芯片和逻辑门实现四变量逻辑函数 $F(A, B, C, D)=\sum m(0, 2, 3, 7, 8, 9, 10,13)$ 的功能。

解：该函数既可以用译码器实现，也可以用多路选择器实现。

（1）用译码器实现

用译码器实现时，理论上可以选择 4 线 -16 线译码器。实际上，如果没有 4 线 -16 线译码器，利用 3 线 -8 线译码器的使能端可以将 3 线 -8 线译码器扩展为 4 线 -16 线译码器。

列出函数 F 输出为 1 时，对应的 A、B、C、D 的取值表，如表 4.19 所示。如果在表 4.19 里面，有某个变量全部为 0 或者全部为 1，则可以选择该变量接入到相应的使能端，就可以只用一片 3 线 -8 线译码器实现该功能。观察表 4.19，不存在这样一个变量，但是，对于所有使 F 取值为 1 的最小项可以根据 A 的取值分为两组：m_0、m_2、m_3、m_7 中，$A=0$；m_8、m_9、m_{10}、m_{13} 中，$A=1$。因此假设将 A 作为使能端，B、C、D 接入输入端，这样就可以用两片 3 线 -8 线译码器扩展为 4 线 -16 线译码器。当 $A=0$ 时，片Ⅰ工作，片Ⅱ禁止；当 $A=1$ 时，片Ⅱ工作，片Ⅰ禁止。片Ⅰ和片Ⅱ的输出都是由变量 B、C、D 构成的最小项的非，用 $\bar{Y}_i$ 表示。

将 m_0、m_2、m_3、m_7 所对应的译码放在第Ⅰ片 3 线 -8 线译码器实现，对应要连接的 $\bar{Y}_i$ 为第Ⅰ片 3 线 -8 线译码器 $\bar{Y}_0$、$\bar{Y}_2$、$\bar{Y}_3$、$\bar{Y}_7$；而对 m_8、m_9、m_{10}、m_{13} 所对应的译码放在第Ⅱ片 3 线 -8 线译码器实现，对应要连接的 $\bar{Y}_i$ 为第Ⅱ片 3 线-8 线译码器的 $\bar{Y}_0$、$\bar{Y}_1$、$\bar{Y}_2$、$\bar{Y}_5$。相应逻辑电路如图 4.59 所示。同理，也可以根据其他变量的取值进行译码器的扩展。

表 4.19　取值表

m_i	A	B	C	D	Y_i	
m_0	0	0	0	0	Y_0	
m_2	0	0	1	0	Y_2	Ⅰ
m_3	0	0	1	1	Y_3	
m_7	0	1	1	1	Y_7	
m_8	1	0	0	0	Y_0	
m_9	1	0	0	1	Y_1	Ⅱ
m_{10}	1	0	1	0	Y_2	
m_{13}	1	1	0	1	Y_5	

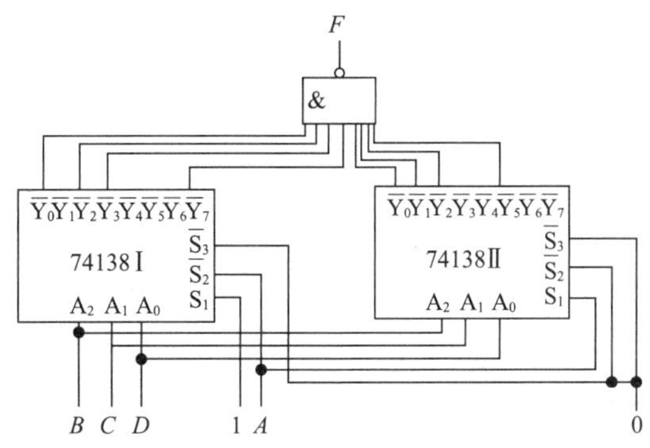

图4.59　用译码器实现例4.15逻辑电路

（2）用多路选择器实现

用多路选择器实现时，可以选择 16 路选择器、8 路选择器和 4 路选择器。这里以 4 路选择器为例进行设计。

首先，应从函数的 4 个变量中选出两个作为 MUX 的选择控制变量。原则上来讲，这种选择是任意的，但选择合适时可使设计简化。

画出 F 的卡诺图，如图 4.60 所示。从图 4.60 可以看出，选用变量 C 和 D 作为选择控制变量，电路的化简会更简单。对函数做如下变换。

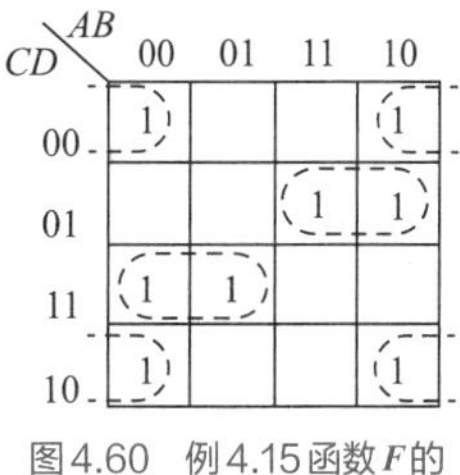

图4.60　例4.15函数F的卡诺图

$$F(A,B,C,D)=\sum m(0,2,3,7,8,9,10,13)$$

$$=\overline{A}\overline{B}\overline{C}\overline{D}+\overline{A}\overline{B}C\overline{D}+\overline{A}\overline{B}CD+\overline{A}BCD+A\overline{B}\overline{C}\overline{D}+A\overline{B}\overline{C}D+A\overline{B}C\overline{D}+AB\overline{C}D$$

$$=\overline{C}\overline{D}(\overline{A}\overline{B}+A\overline{B})+\overline{C}D(A\overline{B}+AB)+C\overline{D}(\overline{A}\overline{B}+A\overline{B})+CD(\overline{A}\overline{B}+\overline{A}B)$$

$$=\overline{C}\overline{D}\cdot\overline{B}+\overline{C}D\cdot A+C\overline{D}\cdot\overline{B}+CD\cdot\overline{A}$$

根据变换后的逻辑表达式，可确定各数据输入 D_i 分别为

$D_0=\overline{B}$　　　　$D_1=A$　　　　$D_2=\overline{B}$　　　　$D_3=\overline{A}$

相应逻辑电路如图 4.61 所示，在有反变量提供的前提下，无须附加逻辑门。

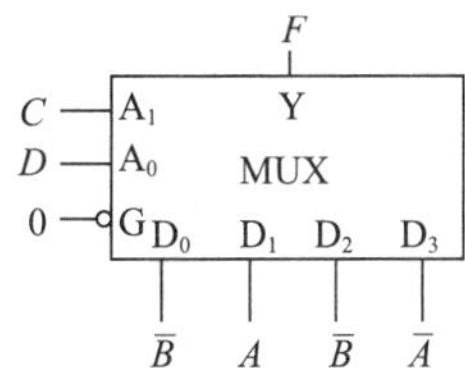

图4.61　用多路选择器实现例4.15逻辑电路

例 4.16　用适当的中规模集成器件和逻辑门设计一个 8421 码表示的 1 位十进制数的四舍五入电路。

解： 题目要求设计一个 8421 码表示的 1 位十进制数的四舍五入电路，这是一个四输入单输出的组合逻辑电路。因为是四舍五入电路，也就是说，当 8421 码表示的 1 位十进制数大于 4（大于或等于 5）时，输出为 1，否则，输出为 0。很明显，这个问题可以用数值比较器 7485 来解决。

假设 8421 码用 $A_3A_2A_1A_0$ 表示，数值比较器输入的一个数值为 8421 码，另外一个参与对比的数是 4，则相应逻辑电路如图 4.62 所示。

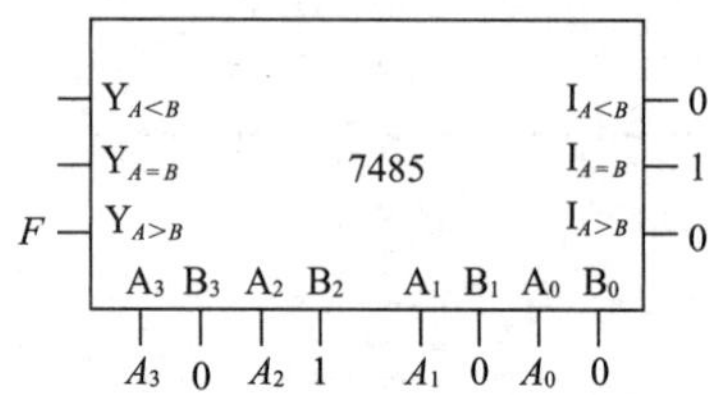

图 4.62　数值比较器实现 1 位 8421 码四舍五入电路

该电路还可以用译码器和多路选择器实现。其实现方法与上面题目的实现方法类似，读者可自行设计，这里不再赘述。

4.6　组合逻辑电路险象

前面讨论组合逻辑电路时，只研究了输入和输出稳定状态之间的关系，而没有考虑信号在内部电路传输过程中产生的时延，而且默认多个信号发生的变化都是同时完成的。实际上，如在第 3 章集成门电路中所讲的，由于半导体元件都有开关时间，因此当信号经过逻辑门电路时也会产生时间延迟；此外，信号经过导线也会产生时间延迟，多个信号发生变化时不可能完全同时。由于输入信号经过的路径不同、在电路中传输时所经过逻辑门的级数不同、导线的长短不同，以及各逻辑门的延迟不同，这样就使得输入到同一个门的一组信号到达的时间也不同，这种现象称为“竞争”。

电路中竞争现象的存在，使得输入信号的变化可能引起输出信号出现不应有的干扰脉冲（又称毛刺），这一现象称为**险象**。但不是所有的竞争都会产生错误输出。通常，把不产生错误输出的竞争称为**非临界竞争**，而导致错误输出的竞争称为**临界竞争**。非临界竞争对电路没有太大的影响，而临界竞争会对电路的正常工作造成威胁。下面主要讨论临界竞争。

4.6.1　险象的产生

组合电路中的险象是一种瞬态现象，它表现为在输出端产生不应有的尖脉冲，暂时地破坏正常逻辑关系。一旦瞬态过程结束，即可恢复正常逻辑关系。下面分析一些险象出现的原因。

如图 4.63（a）所示的两输入与门电路，稳态下，当 AB=01（或 AB=10）时，输出 F=0。若输入变量 A、B 同时从 01 变为 10（或 10 变为 01），理论上，电路的输出 F 不会发生变化，恒为 0。如果由于前级门电路的延迟或者其他原因，A、B 的变化不是同时发生，而是有先有后，输出情况如何呢？

当 AB=01 时，如果 A 先由 0 变为 1（t_1 时刻），此时 B 还没来得及变化，因此，在 A、B 跳变的瞬间两个信号同时为 1，从而电路的输出 F=1，在输出

端出现一个短暂的高电平窄脉冲干扰信号，即毛刺；如果 B 比 A 先发生变化（t_3 时刻），在 A、B 跳变的瞬间两个信号同时为 0，电路的输出 F=0，此时与门电路的输出符合逻辑关系。

AB 从 10 变为 01 时，如果 A 比 B 先发生变化（t_2 时刻），在 A、B 跳变的瞬间两个信号同时为 0，电路的输出 F=0，此时与门电路的输出符合逻辑关系；如果 B 比 A 先发生变化（t_4 时刻），也会在输出端出现一个毛刺。

而 AB 从 00 变为 11（t_5 时刻），或者从 11 变为 00 时（t_6 时刻），无论电路是否存在延迟，其输出端都不会出现毛刺。

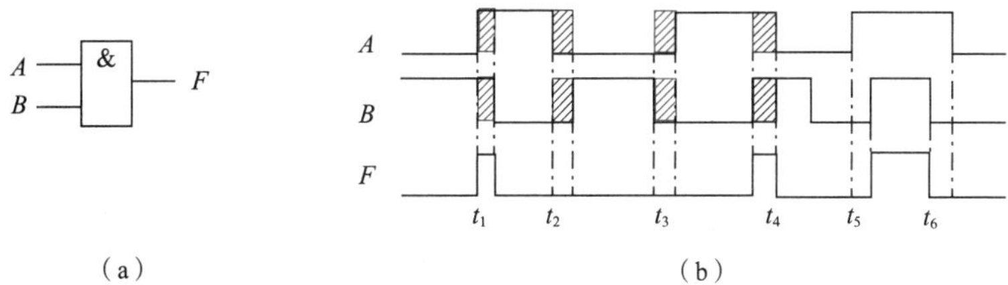

图4.63　两输入与门电路及其时间图

同理，对于图 4.64 所示的两输入或门电路，稳态下，当 AB=01（或 AB=10）时，输出 F=1。当 A、B 同时从 01 变为 10 的瞬间，若 A 的跳变超前于 B（t_1 时刻），此时或门输出符合电路逻辑；若 A 的跳变滞后于 B（t_3 时刻），则在跳变的瞬间 A、B 同时为低电平，输出端出现一个负脉冲干扰信号。当 A、B 同时从 10 变为 01 的瞬间，若 A 的跳变超前于 B（t_2 时刻），则在跳变的瞬间 A、B 同时为低电平，输出端出现一个负脉冲干扰信号；若 A 的跳变滞后于 B（t_3 时刻），此时或门输出符合电路逻辑。而 AB 从 00 变为 11（t_5 时刻），或者从 11 变为 00 时（t_6 时刻），无论电路是否存在延迟，其输出端都不会出现毛刺。

由以上分析可知，无论是与门还是或门，当其输入同时向相反方向变化时，输出端可能会出现险象；而所有输入同时向相同方向变化时，输出端不会出现险象。与非门和或非门也存在同样的险象问题，只是输出端的尖脉冲跳变方向相反而已。

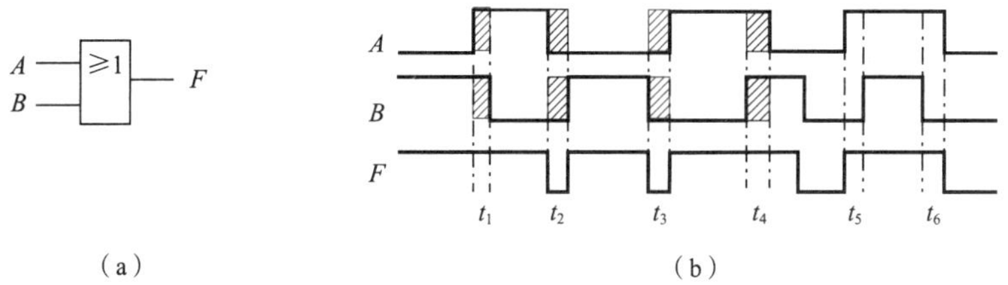

图4.64　两输入或门电路及其时间图

同理，在数字系统中也会存在竞争和险象的问题。例如，图 4.65（a）所示的是由与、或、非门构成的组合电路，该电路有 3 个输入、1 个输出，输出函数表达式为

$$F = AB + \bar{A}C$$

当输入变量 B=C=1 时，F=A+$\bar{A}$。由互补律可知，当 B=C=1 时，无论 A 怎样变化，该函数表达式 F 的值应恒为 1。然而，这是在一种理想状态下得出的结论。当考虑电路存在时间延迟时，该电路的实际输入 / 输出关系又是如何的呢？

从图 4.65 可以看出，或门 G_4 的一个输入是由输入信号 A 经过与门 G_2 到达 G_4 的输入端得到（信号 e），另一个输入是由输入信号 A 经过非门 G_1 和与门 G_3 到达 G_4 的输入端得到（信号 g），即 e 和 g 是由同一个信号 A 经过不同的路径到达了或门 G_4 的输入端，因此，必然因为 A 经过路径的不同而存在竞争。当输入变量 B=C=1 时，e=A，g= $\bar{A}$，二者互为相反，因此，当 A 发生变化时，或门 G_4 的两个输入端必然是朝着两个不同的方向发生变化。通过以上分析可知，当

输入变量 $B=C=1$ 时，该电路一定会因为 A 的变化而产生险象。

下面通过图 4.65（b）所示的时间图来进行进一步的分析。

假定每个门的延迟时间为 t_{pd}，A 信号经不同路径传输分别到达 e 和 g 时有一个 t_{pd} 的时差，e 和 g 的变化方向相反，e 先于 g 变化。因此，当 A 从低电平变为高电平时，在图 4.65（b）中 1 处存在一次竞争。但因门 G_4 是一个或门，e 和 g 竞争的结果，使门 G_4 的输出保持为高电平，没有出现尖脉冲，即这里没有产生险象，所以这次竞争是一次非临界竞争。但当 A 由高电平变为低电平时，e 和 g 在一个 t_{pd} 的时间内同时为低电平，根据门 G_4 的逻辑特性，输出在图 4.65（b）中“2”处出现一个负跳变的尖脉冲。也就是说，这次竞争的结果产生了险象，这次竞争是一次临界竞争。

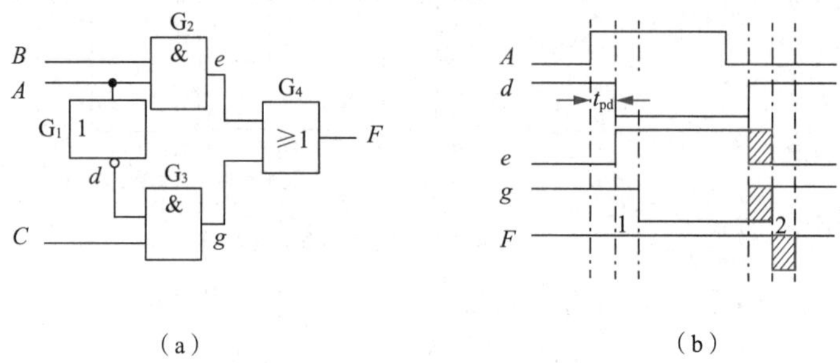

图4.65　具有险象的逻辑电路及时间图1

如果将图 4.65（a）中所示的与门改为或门，或门改为与门，修改结果如图 4.66（a）所示，则根据修改后的电路可写出输出函数表达式为

$$F=(A+B)(\overline{A}+C)$$

假设输入变量 $B=C=0$，将 B、C 的值代入上述函数表达式，可得

$$F=A\cdot\overline{A}$$

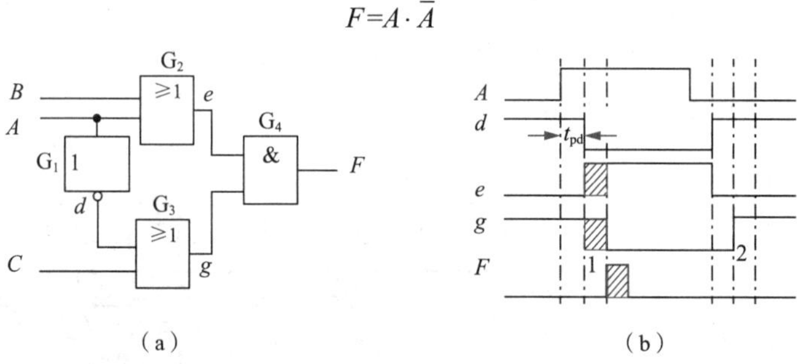

图4.66　具有险象的逻辑电路及时间图2

由互补律可知，函数 $F=A\cdot\overline{A}$ 的值应恒为 0，即当 $B=C=0$ 时，无论 A 怎样变化，输出 F 的值都应保持 0 不变。然而，当考虑电路中存在的时间延迟时，可分析出电路输入 / 输出关系的时间图如图 4.66（b）所示。

由图 4.66（b）可知，当 A 由低电平变为高电平时，将在输出端产生一个正跳变的尖脉冲信号，破坏了 F 的 0 信号输出，即发生了一次临界竞争。

通常，按错误输出脉冲信号的极性将组合电路中的险象分为“0”型险象和“1”型险象。若错误输出信号为负脉冲，则称为“0”型险象；若错误输出信号为正脉冲，则称为“1”型险象。

险象是一种干扰脉冲，只会出现在输入信号变化的瞬间，在稳定状态下是不会出现的。通常情况下，险象产生的尖脉冲持续的时间很短，所以大多数险象不会对电路造成危害。但如果险象发生在对脉冲信号十分敏感的电路（如后续章节的触发器）中，则有可能会引起后级电路的错误动作，因此，设计数字系统时应采取措施加以避免。

4.6.2 险象的判断

综上所述，当一个逻辑门的两个输入信号到达时间不同，且向相反方向变化时，则在输出端产生不应有的干扰脉冲，这是产生险象的主要原因。两个输入端可以是不同变量所产生的信号，也可以是在一定条件下，同一个信号经过不同的传输路径形成两个互补的输入信号。因为不同信号的情况比较复杂，这里只讨论后者。

判断一个电路是否有可能产生险象的方法有代数法和卡诺图法。

由前面对竞争和险象的分析可知，在一定条件下，同一个信号经过不同的传输路径形成两个互补的输入信号，使得逻辑门的输出表达式变为 $F = X + \bar{X}$ 或者 $F = X \cdot \bar{X}$ 的形式时，则与该函数表达式对应的电路在 X 发生变化时，可能由于竞争而产生险象。

因此，采用代数法来判断相应电路是否具有险象的具体方法：首先检查函数表达式中是否存在具备险象条件的变量，即是否有某个变量 X 同时以原变量和反变量的形式出现在函数表达式中。若有，则消去函数表达式中的其他变量，即将这些变量的各种取值组合依次代入函数表达式中，从而把它们从函数表达式中消去，而仅保留被研究的变量 X，再看函数表达式是否会变为 $F = X + \bar{X}$ 或者 $F = X \cdot \bar{X}$ 的形式。若会，则说明对应的逻辑电路可能产生险象，前者会发生 0 型险象，后者会发生 1 型险象。

例 4.17　已知描述某组合逻辑电路的逻辑函数表达式为 $F = \bar{A}\bar{C} + \bar{A}B + AC$，试判断该逻辑电路是否可能产生险象。

解：观察函数表达式可知，变量 A 和 C 均具备险象条件，所以应对这两个变量分别进行分析。先考察变量 A，为此将 B 和 C 的各种取值组合分别代入函数表达式中，可得到如下结果。

$BC = 00 \qquad F = \bar{A}$

$BC = 01 \qquad F = A$

$BC = 10 \qquad F = \bar{A}$

$BC = 11 \qquad F = A + \bar{A}$

由此可见，当 B=C=1 时，A 的变化可能使电路产生险象。类似地，将 A 和 B 的各种取值组合分别代入函数表达式中，可由代入结果判断出变量 C 发生变化时不会产生险象。

例 4.18　试判断函数表达式 $F = (A + B)(\bar{A} + C)(\bar{B} + C)$ 描述的逻辑电路中是否可能产生险象。

解：从给出的函数表达式可以看出，变量 A 和 B 均具备险象条件。先考察变量 B，为此将 A 和 C 的各种取值组合分别代入函数表达式中，结果如下。

$AC = 00 \qquad F = B \cdot \bar{B}$

$AC = 01 \qquad F = B$

$AC = 10 \qquad F = 0$

$AC = 11 \qquad F = B$

可见，当 A=C=0 时，B 的变化可能使电路输出产生险象。用同样的方法考察 A，可发现当 B=C=0 时，A 的变化也可能产生险象。

判断险象的另一种方法是卡诺图法。当描述电路的逻辑函数为与或表达式时，采用卡诺图来判断险象比代数法更为直观、方便。其具体方法：首先作出函数卡诺图，并画出与函数表达式中各与项对应的卡诺圈；然后观察卡诺图，若发现某两个卡诺圈存在“相切”关系，即两卡诺圈之间存在不被同一卡诺圈包含的相邻最小项，则该电路可能产生险象。

例 4.19　已知某逻辑电路对应的函数表达式为 $F = \bar{A}D + \bar{A}C + AB\bar{C}$，试判断该电路是否可能产生险象。

解：首先作出给定函数的卡诺图，并画出函数表达式中各与项对应的卡诺圈，如图 4.67 所示。

观察该卡诺图可发现，包含最小项 m_1、m_3、m_5、m_7 的卡诺圈和包含最小项 m_{12}、m_{13} 的卡诺圈之间存在相邻最小项 m_5 和 m_{13}，且 m_5 和 m_{13} 不被同一卡诺圈所包含，所以这两个卡诺圈“相切”。这说明相应电路可能产生险象。这一结论可用代数法进行验证，即假定 $B=D=1$，$C=0$，代入函数表达式 F 之后可得 $F=A+\bar{A}$，可见相应电路可能由于 A 的变化而产生险象。

CD \ AB	00	01	11	10
00	0	0	1	0
01	1	1	1	0
11	1	1	0	0
10	1	1	0	0

图 4.67　卡诺图

代数法较烦琐，但适用范围广。在使用代数法判断险象时，注意不能对函数表达式进行任何形式的变化，否则对应的逻辑电路发生了变化，由电路延时造成的险象也会随之发生改变。卡诺图法检查和消除险象都很直观、方便，但是只适用于两种电路，即逻辑函数表达式为与或表达式或者为或与表达式，且函数表达式的积项和或项必须与卡诺圈一一对应。

代数法和卡诺图法判别险象虽然简单，却存在很大的局限性。对两个或两个以上的变量同时变化所引起的险象是无法产生作用的。计算机辅助分析法可以通过在计算机上运行数字电路的模拟程序，快捷、方便地检查出电路中可能出现的险象。但是，用计算机模拟的数字电路工作状况与实际情况存在差异。发现险象的最好方法是实验判别法，实验判别法是利用示波器或逻辑分析仪仔细观察在输入信号发生各种变化的情况下的输出信号，若发现“毛刺”则分析原因，并加以消除。实验判别法是最有效的方法，其检查结果也是最终的。

4.6.3　险象的消除

险象的消除

为了使一个电路可靠地工作，设计者应当设法消除或避免电路中可能出现的险象。下面介绍几种常用的方法。

1. 用增加冗余项的方法消除险象

增加冗余项的方法是，通过在函数表达式中或上多余的与项或者与上多余的或项，使原函数不可能在某种条件下化成 $X+\bar{X}$ 或者 $X\cdot\bar{X}$ 的形式，从而消除可能产生的险象。具体冗余项的选择可以采用代数法或者卡诺图法。

例 4.20　用增加冗余项的方法消除图 4.65（a）所示电路中可能产生的险象。

解：图 4.65（a）所示的函数表达式为

$$F=AB+\bar{A}C$$

在前面分析过，当 $B=C=1$ 时，输入 A 变化使电路输出可能产生“0”型险象，即在输出应该为 1 的情况下产生了一个瞬间的 0 信号。解决问题的思路：如何保证当 $B=C=1$ 时，输出保持为 1。显然，若函数表达式中包含与项 BC，则可达到这一目的。由逻辑代数的定理 8 可知，若某变量以原变量和反变量的形式出现在与或表达式的某两个与项中，则由该两项的其余因子组成的第三项是冗余项。因此，BC 是上述函数的一个冗余项，将 BC 加入函数表达式中并不影响原函数的逻辑功能。加入冗余项 BC 后的函数表达式为

$$F=AB+\bar{A}C+BC$$

增加冗余项后的逻辑电路如图 4.68 所示。该电路不再产生险象。

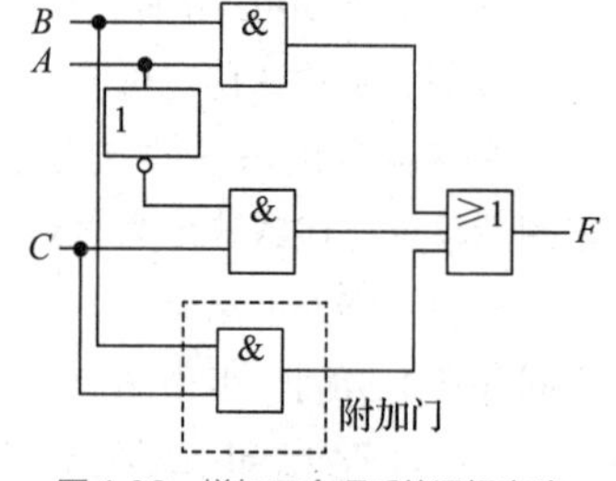

图 4.68　增加冗余项后的逻辑电路

冗余项的选择也可以通过在函数卡诺图上增加多余的卡诺

圈来实现。其具体方法：若卡诺图上某两个卡诺圈“相切”，则用一个多余的卡诺圈将它们之间的相邻最小项圈起来，与多余卡诺圈对应的与项就是要加入的函数表达式中的冗余项。

首先作出给定函数的卡诺图，如图 4.69 所示。该卡诺图中，包含最小项 m_1、m_3 的卡诺圈和包含最小项 m_6、m_7 的卡诺圈“相切”，其相邻最小项为 m_3 和 m_7。可见，该电路可能由于竞争而产生险象。为了消除险象，可以在卡诺图上增加一个多余卡诺圈，把最小项 m_3 和 m_7 圈起来。由此得到函数表达式为

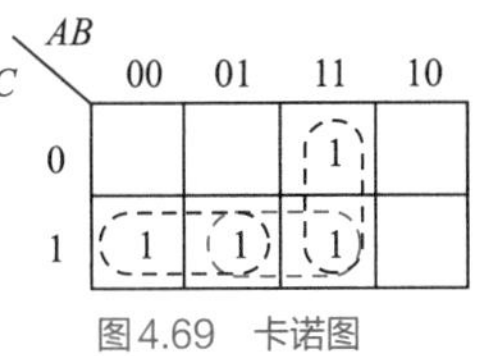

图4.69　卡诺图

$$F = AB + \bar{A}C + BC$$

从例 4.16 可以看出，代数法的冗余项与卡诺图法的冗余圈是对应的。

由此可知，函数的最简不一定最佳，必要的冗余反而使电路工作更加可靠。

2. 增加惯性延时环节

在实际电路中用来消除险象的另一种方法是在组合电路输出端连接一个惯性延时环节。通常采用 *RC* 电路作惯性延时环节，如图 4.70（a）所示。由电路知识可知，图 4.70 中的 *RC* 电路实际上是一个低通滤波器。由于组合电路的正常输出是一个频率较低的信号，而由竞争引起的险象都是一些频率较高的尖脉冲信号，因此，险象在通过 *RC* 电路后能基本被滤掉，保留下来的仅仅是一些幅度极小的毛刺，它们不再对电路的可靠性产生影响。图 4.70（b）表明了这种方法的效果。

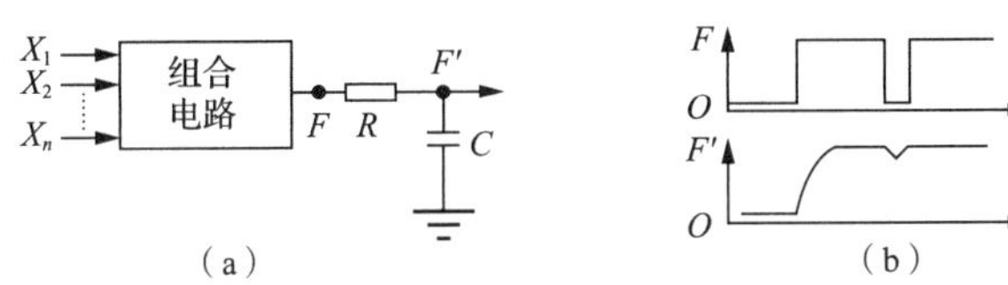

图4.70　惯性延时环节

要注意的是，采用这种方法时，必须适当选择惯性环节的时间常数（$\tau=RC$），一般要求 τ 大于尖脉冲的宽度，以便能将尖脉冲“削平”；但也不能太大，否则将使正常输出的信号产生不允许的畸变。

3. 选通法

选通法的设计思路是避开险象，而不是消除险象，不必增加任何器件，仅仅是利用选通脉冲的作用，从时间上加以控制，以避开险象脉冲。

由于组合电路中的险象总是发生在输入信号发生变化的过程中，且险象总是以尖脉冲的形式输出，因此，引入选通脉冲，如图 4.71 所示，在 *A* 变化期间令选通脉冲为 0，关闭门 G_4，电路输出被封锁，使险象脉冲无法输出。待稳定后，令选通脉冲为 1，门 G_4 开启，使电路送出稳定输出信号。

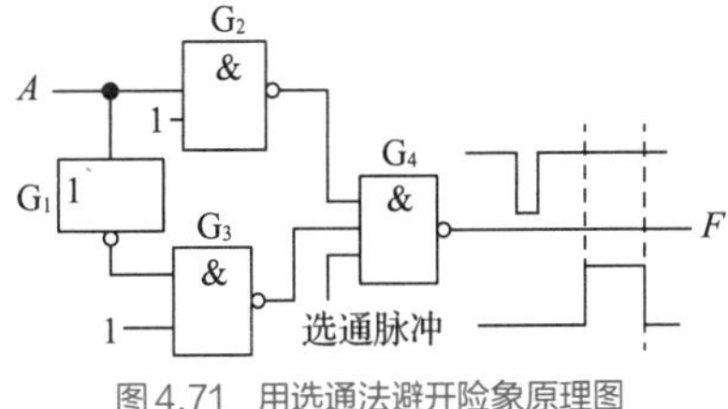

图4.71　用选通法避开险象原理图

通常，把这种在时间上让信号有选择地通过的方法称为选通法。选通法虽然简单、有效，但需要注意的是，选通信号作用的时间、极性及选通脉冲的宽度一定要合适。

比较以上几种方法，增加惯性延迟环节的方法简单、易行，但输出电压的波形随之变坏，因此，只适用于对输出波形的前沿、后沿无严格要求的场合；引入选通脉冲也比较简单，且不需要增加电路元件，但要求选通脉冲与输入信号同步，而且对选通脉冲的宽度、极性、作用时间均有严格要求；增加冗余项的方法简便，有时可以收到令人满意的效果，但局限性较大，不适合于输入变量较多、较复杂的电路。

习题4

4.1 分析图 4.72 所示的组合逻辑电路，说明电路功能，并画出其简化逻辑电路图。

4.2 分析图 4.73 所示的组合逻辑电路，说明该电路功能。

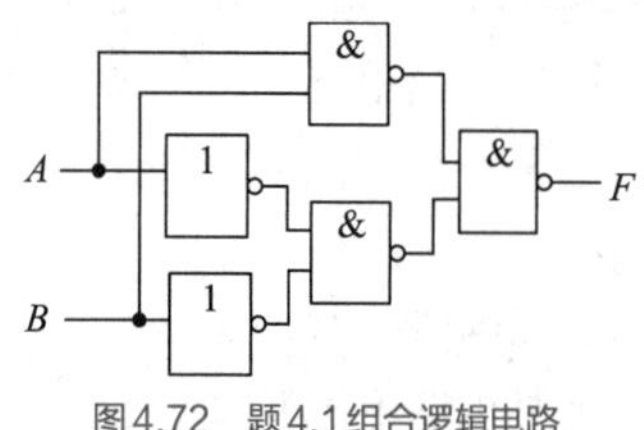

图4.72　题4.1组合逻辑电路

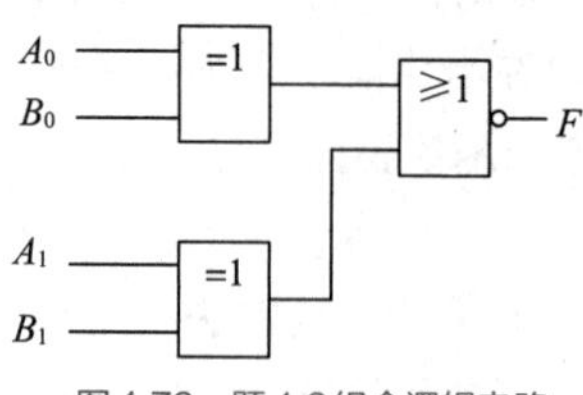

图4.73　题4.2组合逻辑电路

4.3 用分析法采用简单逻辑门设计一个检测电路，检测 4 位二进制码中 1 的个数是否为偶数。若为偶数个 1，则输出为 1，否则输出为 0。

4.4 某大楼电梯系统设有 3 部电梯，为了监测电梯运行情况，需要设计一个电梯运行情况监测电路，规定只要有 2 部及 2 部以上电梯运行，则监测电路输出电梯系统正常工作信号，否则输出电梯系统故障信号。试用与非门设计该电梯系统运行情况监测电路。

4.5 3 名学生同住一间宿舍，共用一盏灯。设计一个组合逻辑电路，使得每名学生都可以在门口及各自的床上独立地开灯、关灯。

4.6 某雷达站有 3 部雷达 *A*、*B*、*C*，其中 *A* 和 *B* 功率消耗相等，*C* 的消耗功率是 *A* 的两倍。这些雷达由两台发电机 *X*、*Y* 供电，发电机 *X* 的最大输出功率等于雷达 *A* 的功率消耗，发电机 *Y* 的最大输出功率是雷达 *A* 和 *C* 的功率消耗总和。要求设计一个组合逻辑电路，能够根据各雷达的启动、关闭信号，以最省电的方式启、停电动机。

4.7 设某电路输入为 8421 码 *ABCD*，其对应的十进制数为 N_1，输出为 4 位二进制数 *WXYZ*，其对应的二进制数是 N_2。设当 $0 \leqslant N_1 \leqslant 4$ 时，$N_2= N_1+1$；当 $5 \leqslant N_1 \leqslant 9$ 时，$N_2=N_1-1$，且 N_1 不大于 9。

（1）试用与非门实现该逻辑电路。

（2）试用 3 线-8 线译码器实现该逻辑电路。

4.8 设计一个实现 2 位二进制数相乘的乘法器，要求：

（1）用全加器和与门实现。

（2）用译码器 74138 和若干逻辑门实现。

4.9 在输入不提供反变量的情况下，用与非门组成实现下列函数的最简电路。

（1）$F = A\overline{B} + \overline{A}C + B\overline{C}$

（2）$F(A,B,C,D) = \sum m(1 \sim 14)$

4.10 试分析图 4.74 所示电路的逻辑功能，并用双 4 路选择器 74153 实现。

4.11 试分析图 4.75 所示电路的逻辑功能。

4.12 试写出图 4.76 所示电路输出函数的标准与或表达式。

4.13 试写出图 4.77 所示电路输出函数的标准与或表达式。

4.14 用 4 位二进制并行加法器设计一个用 8421 码表示的 1 位十进制加法器。

4.15 分别用 4 位二进制并行加法器 74283 和 4 路数据选择器，以及适当的逻辑门实现余 3 码到 8421 码的转换。

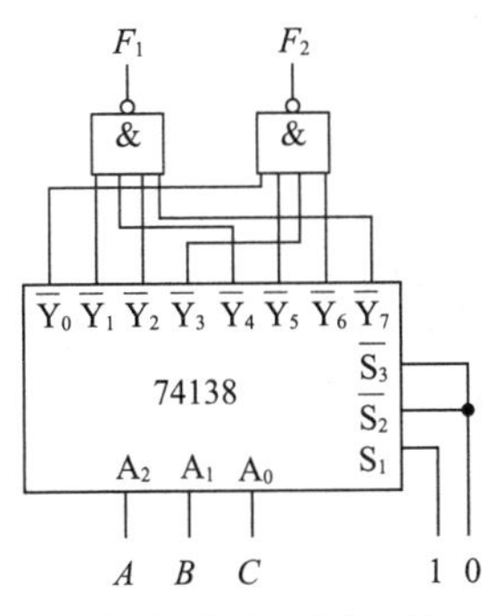

图4.74　题4.10逻辑电路

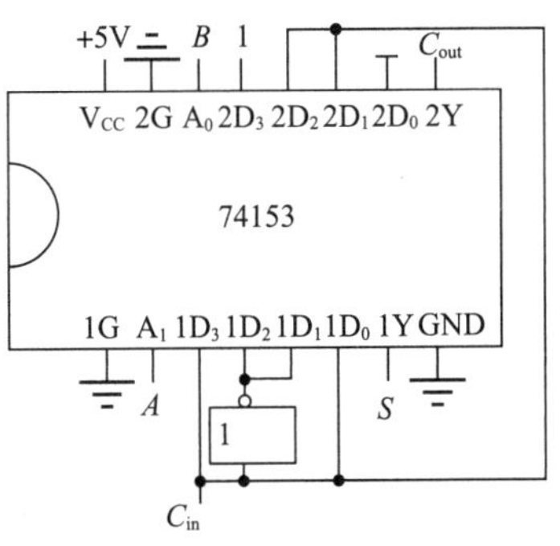

图4.75　题4.11逻辑电路

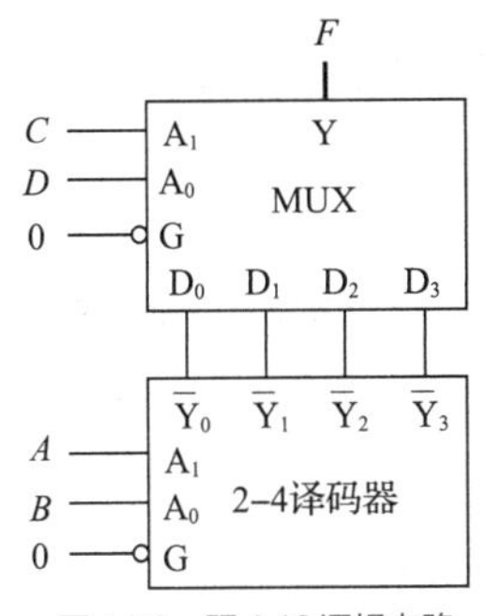

图4.76　题4.12逻辑电路

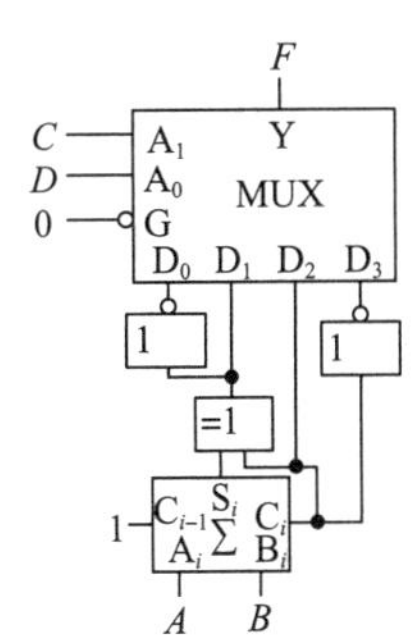

图4.77　题4.13逻辑电路

4.16 试用 3 线 -8 线译码器和适当的逻辑门设计一个加 / 减法器，该电路在 M 控制下进行加、减运算。当 M=0 时，实现全加器功能；当 M=1 时，实现全减器功能。

4.17 用一片 3 线-8 线译码器和必要的逻辑门实现下列逻辑函数表达式：$F_1=\overline{A}\overline{C}+AB\overline{C}$，$F_2=\overline{A}+B$，$F_3=AB+\overline{A}\overline{B}$。

4.18 用一片 4 线 -16 线译码器和适当的逻辑门设计一个 1 位十进制数 2421 码的奇偶位产生电路（假定采用奇检验）。

4.19 试用译码器和基本门电路实现一个信号监视系统的逻辑电路，每一组信号由红、黄、绿 3 种灯组成。正常工作时，必须在任意时刻有且只有一种灯亮，出现其他任何情况均为有故障存在，需维修。

4.20 试用 4 选 1 数据选择器设计判定电路。只有在主裁判同意的前提下，3 名副裁判中多数同意，比赛成绩才被承认，否则，比赛成绩不被承认。

4.21 试用 4 路选择器和 3 线 -8 线译码器实现 16 选 1 数据选择器。

4.22 当优先编码器 74LS148 的 I_s 接 0，输入 $\overline{I}_7\overline{I}_6\overline{I}_5\overline{I}_4\overline{I}_3\overline{I}_2\overline{I}_1\overline{I}_0=11011101$ 时，输出状态为何值?

4.23 试用 3 片数值比较器 7485 构成 12 位数值比较器。

4.24 用代数法判断下列函数描述的电路是否可能产生险象？在什么情况下产生险象？若产生险象，试用增加冗余项的方法消除。

（1）$F_1=AB+A\overline{C}+\overline{C}D$

（2）$F_2=(B+C)(\overline{B}D+A)+A\overline{B}C$

4.25 用卡诺图法判断下列函数描述的电路是否可能产生险象？在什么情况下产生险象？若产生险象，试用增加冗余项的方法消除。

（1）$F_1=\overline{A}\overline{D}+\overline{A}\overline{B}\overline{C}+ABC+ACD$

（2）$F_2=A\overline{C}+\overline{A}\overline{B}D+\overline{A}C\overline{D}$

第5章 触发器

触发器是一种具有记忆功能的基本逻辑单元，它是时序逻辑电路的重要组成部分。触发器的电路结构有很多种，它们的触发方式和逻辑功能也各不相同。本章在介绍基本 RS 触发器的基础上，从触发器的触发方式出发，对触发器进行分类介绍，并简单介绍了触发器的电气特性，要求重点掌握边沿触发器的外部特性及应用。

5.1 触发器概述

触发器概述

5.1.1 触发器的概念及特点

大多数数字系统中，为了构造实现各种功能的逻辑电路，除了需要实现逻辑运算的逻辑门之外，还需要有能够保存信息的逻辑器件。**触发器**（**Flip-Flop，FF**）是一种能够存储二进制信息、具有记忆功能的数字存储单元电路，是时序电路的基本组成单元，它和门电路一起可以构成各种时序逻辑部件，如计数器、寄存器等。

触发器的结构框图如图 5.1 所示。它有一个或多个输入端，还有一对互补的输出端。触发器具有如下特点。

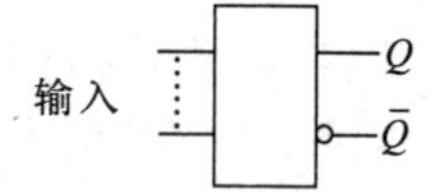

图 5.1 触发器的结构框图

（1）触发器有两个互补的输出端 Q 和 $\overline{Q}$ 。

（2）触发器有两个稳定状态，能够存储 1 位二进制信息。

输出端 Q 的逻辑值称为触发器的状态。输出端 Q=1（ $\overline{Q}$ =0）称为“1”状态，又称为置位（Set）状态，触发器存储二进制数 1;输出端 Q=0（ $\overline{Q}$ =1）称为“0”状态，又称为复位（Reset）状态，触发器存储二进制数 0。当输入信号不发生变化时，触发器状态稳定不变。

（3）触发器能够接收、保存和输出信号。

在外加输入（触发）信号作用下，触发器可以从一个稳定状态转移到另一个稳定状态。输入信号撤销后，触发器保持新的状态不变。

通常，将输入信号作用之前的状态称为触发器的“现态”，记作 Q^n，一般简写为 Q，而把输入信号作用后的状态称为触发器的“次态”，记作 Q^{n+1}。显然，次态是现态和输入的函数。

由上述特点可知，触发器是存储 1 位二进制信息的理想器件。

集成触发器的种类很多，分类方法也各不相同。由于采用的电路结构形式不同，触发器的触发方式也不同。根据触发器的触发方式可分为电平触发、脉冲触发和边沿触发。当触发信号到达时，不同触发方式触发器的状态转换过程具有不同的特点，掌握这些特点对于时序电路的分析和设计具有重要意义。由于电路结构的不同，因此触发器的功能也各不相同。根据触发器的功能，触发器可分为 RS 触发器、JK 触发器、D 触发器和 T 触发器。此外，按触发器的工艺，可分为 TTL 型触发器和 MOS 型触发器。不管如何分类，就其结构而言，触发器都是由逻辑门加上适当的反馈线耦合而成的。

本章将结合电路结构、逻辑功能和触发方式对典型的触发器进行介绍。

5.1.2 触发器的功能描述方法

触发器是最简单的时序逻辑电路，其功能描述方法与组合逻辑电路不同，通常用功能表、状态表、状态图、次态方程、卡诺图、激励表、逻辑符号和时间图等进行描述。

1. 功能表

功能表是描述触发器次态 Q^{n+1} 与现态 Q 及输入之间函数关系的表格，又称为次态真值表。次态真值表描述了在特定现态和输入条件下触发器的次态。表 5.1 为与非门构成的基本 RS 触发器功能表。

表 5.1 与非门构成的基本 RS 触发器功能表

R	S	Q^{n+1}	功能说明
0	0	d	不定
0	1	0	置 0
1	0	1	置 1
1	1	Q	保持不变

2. 状态表

状态表反映了触发器在输入作用下现态 Q 与次态 Q^{n+1} 之间的转移关系，又称为状态转移表。它详细地给出了触发器次态与现态、输入之间的取值关系。与非门构成的基本 RS 触发器状态表如表 5.2 所示。

表 5.2 与非门构成的基本 RS 触发器状态表

现态	次态 Q^{n+1}			
	RS=00	RS=01	RS=11	RS=10
0	d	0	0	1
1	d	0	1	1

3. 状态图

状态图是一种反映触发器状态之间转移关系的有向图，又称为状态转移图。在状态图中，用两个圆圈分别代表触发器的两个稳定状态，有向线段表示在输入信号作用下状态转移的方向，有向线段的起点表示现态，箭头表示状态转移到达的次态，箭头旁边的标注表示激发该状态转移所需的条件。与非门构成的基本 RS 触发器状态图如图 5.2 所示。

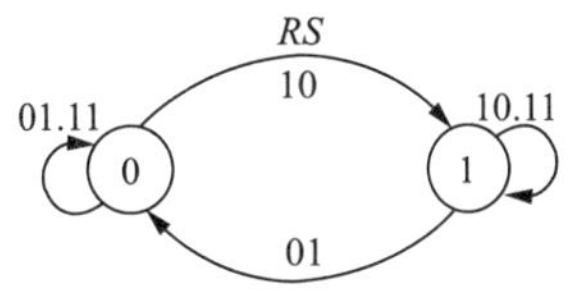

图 5.2 与非门构成的基本 RS 触发器状态图

4. 次态方程

触发器的功能也可以用反映次态 Q^{n+1} 与现态 Q、输入之间关系的逻辑函数表达式进行描述，这种描述触发器功能的逻辑函数表达式称为次态方程。需要注意的是，Q^{n+1} 和 Q 是同一个触发器在不同时刻的状态。

例如，与非门构成的基本 RS 触发器的次态方程为

$$Q^{n+1}=\bar{S}+R\cdot Q$$

某些触发器对输入具有一定的约束，用约束方程来描述触发器对输入的约束。例如，与非门构成的基本 RS 触发器的约束方程为

$$R+S=1$$

当触发器的输入存在约束时，次态方程和约束方程须一起使用。

5. 卡诺图

次态方程是反映次态 Q^{n+1} 与现态 Q、输入之间关系的逻辑函数表达式，而逻辑函数表达式可以用卡诺图进行描述，因此，触发器的功能也可以用卡诺图进行描述。根据触发器的状态表或者触发器的次态方程，均可作出触发器的卡诺图。图 5.3 为与非门构成的基本 RS 触发器的次态卡诺图。

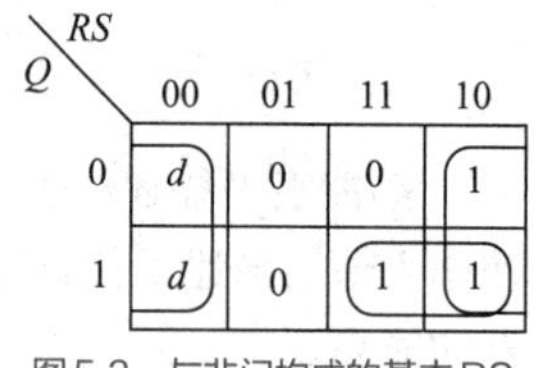

图 5.3 与非门构成的基本 RS 触发器次态卡诺图

6. 激励表

触发器的激励表（又称驱动表）反映了触发器从现态 Q 转移到某种次态 Q^{n+1} 时对输入信号的要求。它把触发器的现态和次态作为自变量，而把触发器的输入（或激励）作为因变量。激励表可以由功能表导出。与非门构成的基本 RS 触发器激励表如表 5.3 所示。

表 5.3 与非门构成的基本 RS 触发器激励表

Q	Q^{n+1}	R	S
0	0	d	1
0	1	1	0
1	0	0	1
1	1	1	d

7. 时序图

为便于用实验的方法观察触发器的逻辑功能，可根据给定的输入信号波形，画出相应输出端的波形。触发器的时序图反映了触发器的输出状态在输入信号作用下随时间变化的规律，可直观地说明触发器的特性。在作时序图时，可根据触发器的功能表、触发器的现态及输入来决定触发器的次态。时序图是时序电路分析和设计的常用方法，该方法需要熟练掌握。

触发器的功能表、状态表、状态图、次态方程、卡诺图激励表和时序图分别从不同角度对触发器的功能进行了描述，它们在时序电路分析和设计中各有用途。例如，在时序电路分析时通常要用到功能表或次态方程，而在时序电路设计时通常要用到激励表或次态方程等。此外，触发器的各种描述方法之间也可以相互转换，即可以由其中一种描述方式推导出其他的描述方式。

5.2 基本RS触发器

基本 RS 触发器（Basic Flip-Flop）是结构最简单的一种触发器，又称为直接复位－置位触发器，它是构成各种功能触发器的基本部件。基本 RS 触发器的输出状态直接由输入信号控制，不需要时钟信号的触发，因此也常被称为锁存器（Latch）。基本 RS 触发器一般有与非门和或非门两种结构。

5.2.1 与非门构成的基本 RS 触发器

1. 电路结构

与非门构成的基本 RS 触发器由两个与非门交叉耦合构成，其逻辑电路和逻辑符号如图 5.4 所示。其中，R 和 S 为触发器的两个输入端，R 称为置 0 端或者复位端，S 称为置 1 端或置位端；加在逻辑符号输入端的小圆圈表示低电平或负脉冲有效，即仅当低电平或负脉冲作用于输入端时，触发器状态才能发生变化（通常称为翻转），有时称这种情况为低电平触发或负脉冲触发。Q 和 $\overline{Q}$ 为触发器的信号输出端，正常情况下二者逻辑状态相反。

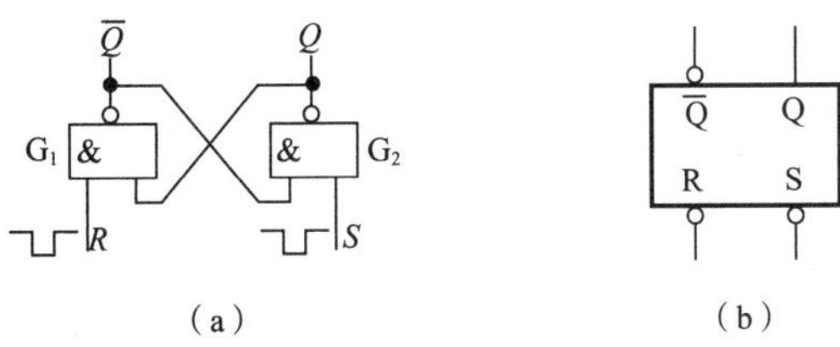

图5.4 与非门构成的基本RS触发器

2. 功能分析

分析 5.4（a）可以得到与非门构成的基本 RS 触发器的次态方程。

$$Q^{n+1}=\overline{S\cdot\overline{Q}}=\overline{S\cdot\overline{R\cdot Q}}=\overline{S}+R\cdot Q$$

同理，可得到

$$\overline{Q^{n+1}}=\overline{R\cdot Q}=\overline{R\cdot\overline{S\cdot\overline{Q}}}=\overline{R}+S\cdot\overline{Q}$$

根据与非门构成的基本 RS 触发器的次态方程，可分析出其工作原理如下。

（1）当 R=1，S=1 时，有

$$Q^{n+1}=\overline{S}+R\cdot Q=0+Q=Q$$

$$\overline{Q^{n+1}}=\overline{R}+S\cdot\overline{Q}=0+\overline{Q}=\overline{Q}$$

由此可见，此时触发器保持原来状态不变。

此外，还可以从与非门的特性来进行分析。与非门只对低电平输入敏感，即只有低电平的输入才能改变与非门的状态。R=1，S=1，则 R、S 均无法改变与非门 G_1 和 G_2 的状态，因此，触发器保持原来状态不变。

（2）当 R=1，S=0 时，有

$$Q^{n+1}=\overline{S}+R\cdot Q=1+Q=1$$

$$\overline{Q^{n+1}}=\overline{R}+S\cdot\overline{Q}=0+0=0$$

此时，触发器次态一定为 1 状态，即触发器为置 1 状态。

从与非门的特性来进行分析，此时，无论触发器原来处于何种状态，因为 S 为 0，必然使与非门 G_2 的输出 Q 为 1，且反馈到与非门 G_1 的输入端，与输入 $R(R=1)$ 一起使门 G_1 的输出 $\overline{Q}$ 为 0，该过程称为触发器置 1，正因为如此，S 被称为置 1 端或置位端。

（3）R=0，S=1

$$Q^{n+1}=\overline{S}+R\cdot Q=0+0=0$$

$$\overline{Q^{n+1}}=\overline{R}+S\cdot\overline{Q}=1+\overline{Q}=1$$

此时，触发器次态一定为 0 状态，即触发器为置 0 状态。

从与非门的特性来进行分析，此时，无论触发器原来处于何种状态，因为 R 为 0，必然使与非门 G_1 的输出 $\overline{Q}$ 为 1，且反馈到与非门 G_2 的输入端；与输入 $S(S=1)$ 一起使门 G_2 输出 Q 为 0，该过程称为触发器置 0。正因为如此，R 被称为置 0 端或复位端。

（4）R=0，S=0

$$Q^{n+1}=\overline{S}+R\cdot Q=1+0=1$$

$$\overline{Q^{n+1}}=\overline{R}+S\cdot\overline{Q}=1+0=1$$

此时，可以看出触发器的两个输出的次态 Q^{n+1} 和 $\overline{Q^{n+1}}$ 同时为 1，不再为互补的状态，这种情况不符合对触发器的逻辑设定，因此，这种输入是不允许的。

此外，从实际情况分析，输入端有可能会出现 R=0、S=0 的情况，这时，$Q=\overline{Q}=1$，该状态将一直保持，直到 R 和 S 其中有一个发生变化，使得 Q=0 或 $\overline{Q}$ =0，从而回到正确的逻辑设定。但是，当 R 和 S 同时发生变化时，要看 G_1 和 G_2 的哪一个输出状态变化在先，才能确定触发器的输出状态。若 G_1 的时延大于 G_2，则 Q 端先变为 0，使触发器处于 0 状态；反之，若 G_2 的时延大于 G_1，则 $\overline{Q}$ 端先变为 0，从而使触发器处于 1 状态。通常，两个门电路的延迟时间是难以人为控制的，因而在将输入端的 0 信号同时撤去后触发器的状态将难以预测，这是不被允许的。因此，规定 R 和 S 不能同时为 0。

3. 功能描述

（1）功能表

根据对与非门构成的基本 RS 触发器工作原理的分析，可以得到其功能表，如表 5.4 所示。

表 5.4　与非门构成的基本 RS 触发器功能表

R	S	Q^{n+1}	功能说明
0	0	d	不定
0	1	0	置 0
1	0	1	置 1
1	1	Q	保持不变

在表 5.4 中，输入 RS=00 时，触发器次态不确定，其次态用 d 表示；输入 RS=01 时，触发器次态为 0（置 0，又称复位）；输入 RS=10 时，触发器次态为 1（置 1，又称置位）；当输入 RS=11 时，触发器次态等于触发器的现态，即状态保持不变。该触发器可以直接置 0 和置 1，这也是其直接复位－置位触发器名字的由来。

（2）状态表

根据表 5.4，可以得到与非门构成的基本 RS 触发器状态表，如表 5.5 所示。

表 5.5 与非门构成的基本 RS 触发器状态表

现态Q	次态Q^{n+1}			
	RS=00	RS=01	RS=11	RS=10
0	d	0	0	1
1	d	0	1	1

（3）状态图

结合表 5.5，可以得到与非门构成的基本 RS 触发器的状态图，如图 5.5（a）所示。

从图 5.5（a）可以看出，触发器具有 0 和 1 两个稳定的状态。当触发器处于 0 状态时，如果 R、S 的输入为 01 或 11，则触发器保持 0 状态不变；如果 R、S 的输入为 10，则触发器的次态为 1 状态；当触发器处于 1 状态时，如果 R、S 的输入为 10 或 11，则触发器保持 1 状态不变；如果 R、S 的输入为 01，则触发器的次态为 0 状态。

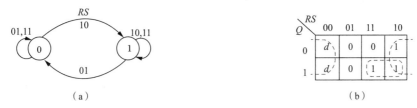

图5.5 与非门构成的基本 RS 触发器状态图和卡诺图

（4）卡诺图和次态方程

根据表 5.5 所示的状态表，可作出描述触发器次态 Q^{n+1} 和现态 Q 及输入 R、S 之间关系的卡诺图，如图 5.5（b）所示。化简后可得到该触发器的次态方程为

$$Q^{n+1} = \overline{S} + R \cdot Q$$

因为 R、S 不能同时为 0，所以输入必须满足以下约束方程。

$$R+S=1$$

（5）激励表

状态图是给定输入和现态，求出次态。而激励表是已知现态和次态，求出引起这种状态变化的输入（激励）。激励表可由功能表、状态表或状态图推导出来。与非门构成的基本 RS 触发器激励表如表 5.6 所示。

表 5.6 与非门构成的基本 RS 触发器激励表

Q	Q^{n+1}	R	S
0	0	d	1
0	1	1	0
1	0	0	1
1	1	1	d

由表 5.6 可知，当现态为 0、次态为 0 时，S 必须为 1，R 的值任意；当现态为 0、次态为 1 时，R 必须为 1，S 必须为 0；当现态为 1、次态为 0 时，R 必须为 0，S 必须为 1；当现态为 1、次态为 1 时，R 必须为 1，S 的值任意。

（6）逻辑符号

图 5.4（b）为与非门构成的基本 RS 触发器的逻辑符号，用它表示图 5.4（a）所示的电路更加

简洁、明了。逻辑符号清晰地给出了基本 RS 触发器的输入和输出。需要注意的是，在输入端 R 和 S 处各有一个小圆圈，它表明当 R=0 时触发器置 0，当 S=0 时触发器置 1，即"低电平有效"，表明该信号为低电平时有效。有的教材中输入端用 $\overline{R}$ 和 $\overline{S}$ 来代替 R 和 S 以表示该信号低电平有效。此外，因为与非门对低电平敏感，所以，根据该符号即可了解该触发器是由与非门构成的基本 RS 触发器。

（7）时间图

由以上与非门构成的基本 RS 触发器的特性分析，可以得到其时序图。假设电路是理想化的，不考虑电路的时延和跳变时间，则给定 R、S 的输入序列，根据触发器的初态，即可得到触发器的响应序列，如图 5.6 所示。这里画出了 Q 和 $\overline{Q}$ 的波形；实际上，除非特别强调，一般只用分析 Q 的波形即可。

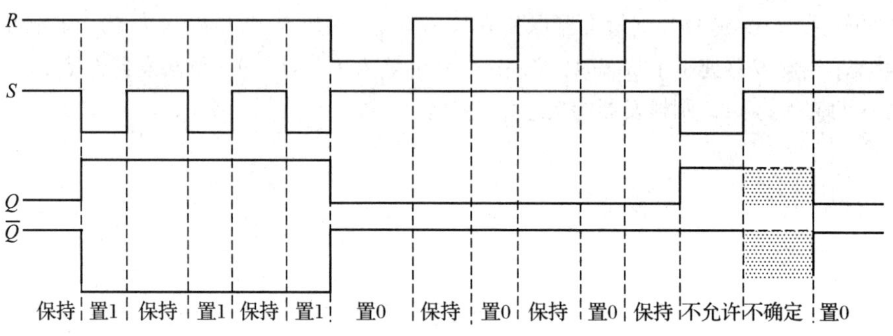

图5.6　与非门构成的基本 RS 触发器工作波形图

实际上，RS 触发器的输出对输入也有一定的延迟。假设每个与非门的延迟时间为 t_{pd}，则可以得到图 5.7 的波形图。从图 5.7 中可以看出，当 S 发生变化时，经过一个 t_{pd} 的时间引起 Q 的变化，再经过一个 t_{pd} 后才能引起 $\overline{Q}$ 的变化。因此，考虑到门延迟的影响，这里要保证与非门构成的基本 RS 触发器有稳定的输出，输入信号的持续时间应大于 $2t_{pd}$。

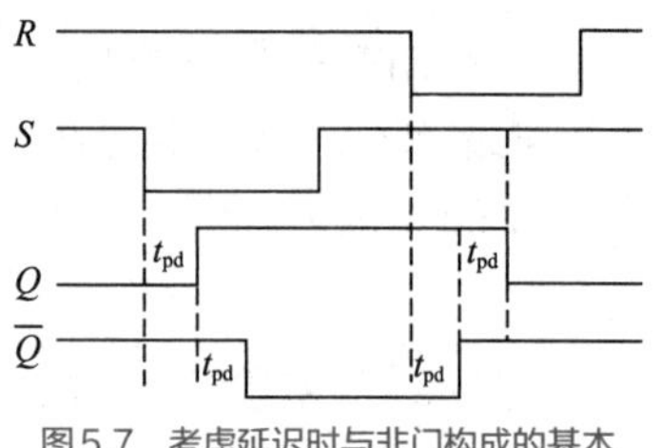

图5.7　考虑延迟时与非门构成的基本 RS 触发器波形图

5.2.2　或非门构成的基本 RS 触发器

1. 电路结构

或非门构成的基本 RS 触发器由两个或非门交叉耦合构成，其逻辑电路和逻辑符号分别如图 5.8（a）和图 5.8（b）所示。根据或非门的性质，只有高电平才能改变其状态，因此，该电路的输入是正脉冲或高电平有效，逻辑符号的输入端未须加小圆圈。此外，需要注意的是，R 和 S 所处的位置与在与非门构成的基本 RS 触发器中不同，这是因为此时置位端和复位端发生了变化。

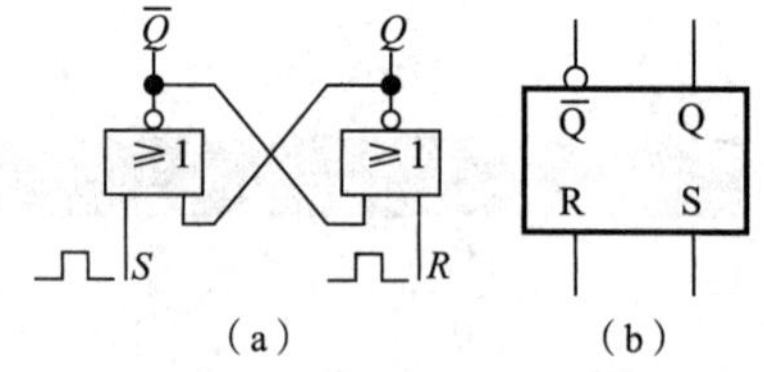

图5.8　或非门构成的 RS 触发器

2. 工作原理

类似于与非门构成的基本 RS 触发器的分析，可分析出图 5.8（a）所示电路的工作原理如下。

（1）若 R=0，S=0，则触发器保持原来状态不变。

（2）若 R=0，S=1，则触发器置为 1 状态。

（3）若 R=1，S=0，则触发器置为 0 状态。

（4）不允许 R、S 同时为 1，因为当 R 和 S 端同时为 1 时，将破坏触发器正常功能的实现。

3. 功能描述

根据电路工作原理，可以得出由或非门构成的基本 RS 触发器的功能表，如表 5.7 所示。

或非门构成的基本 RS 触发器的次态方程为

$$Q^{n+1}=S+\overline{R}Q$$

需要注意的是，或非门构成的基本 RS 触发器的输入 R、S 不允许同时为 1，因此其输入应满足如下约束方程。

$$R \cdot S=0$$

表 5.7　或非门构成的基本 RS 触发器功能表

R	S	Q^{n+1}	功能说明
0	0	Q	保持不变
0	1	1	置 1
1	0	0	置 0
1	1	d	不定

图 5.8（b）为或非门构成的基本 RS 触发器的逻辑符号。和与非门构成的 RS 触发器的逻辑符号不同，在输入端 R 和 S 处没有小圆圈，它表明当 R=1 时触发器置 0，当 S=1 时触发器置 1，即“高电平有效”，表明该信号为高电平时有效。此外，因为或非门对高电平敏感，所以，看到该符号即可了解该触发器是由或非门构成的基本 RS 触发器，从而可以将其与与非门构成的基本 RS 触发器区别开来。

读者可自行分析，得出触发器的状态表、状态图和激励表。

5.2.3　基本 RS 触发器的用途

在日常生活中，机械开关（按键、拨动开关、继电器等）常常作为数字系统的电平输入装置。在机械开关接通或断开瞬间，触点由于机械的弹性震颤而会出现多次抖动现象，即电路在短时间内多次接通和断开。在数字系统中，这种抖动有时会使得系统的状态不可预测。例如，机械开关就不能对数字钟进行准确的校时。因此，在用于数字系统时，必须解决机械开关隐含的抖动问题。

由图 5.6 可以看出，与非门构成的基本 RS 触发器有一个特点：当触发器的同一个输入端连续出现多个负脉冲信号时，只有第一个负脉冲信号使触发器发生翻转，后面重复出现的负脉冲信号不起作用。或非门构成的基本 RS 触发器具有同样的性质。实际应用中，通常利用基本 RS 触发器的这一特点来克服机械开关的抖动。

图 5.9 中是用或非门构成的基本 RS 触发器来消除抖动的。假设开关的触片原来与 A 接通（S=1，R=0）时，触发器处于 1 状态。开关的触片从 A 转向 B，即当开关的触片离开 A 时，会有抖动发生，此时，触发器的输入 RS 在 00 和 01 之间转换。当 RS=01 时，触发器置 1；当 RS=00 时，触发器保持原来的 1 状态。因此，虽然有抖动发生，但是触发器一直保持 1 状态。同理，当开关的触片接通 B 时（R=1，S=0），也会有抖动发生，而只有 R 第一次从 0 变为 1 时，Q 变化为 0，此后，虽然有抖动，但触发器一直保持 0 状态。

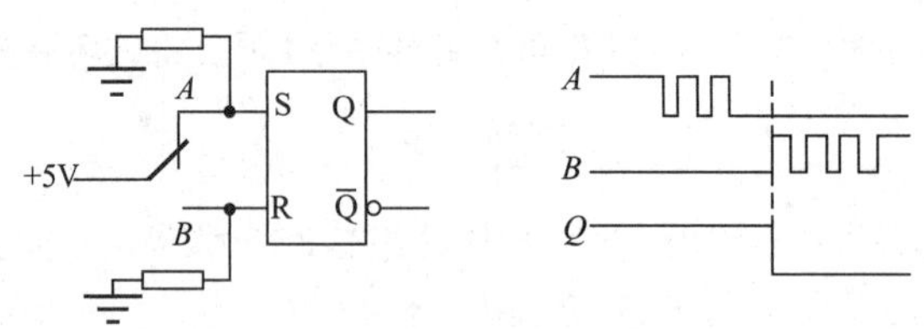

图5.9　基本RS触发器消除抖动

基本 RS 触发器的输出状态直接由输入信号控制，如果没有外加触发信号作用，基本 RS 触发器将保持原有状态不变，即具有存储、记忆功能。在外加有效触发信号时，基本 RS 触发器的输出状态才可能发生变化。

基本 RS 触发器最大的优点是结构简单。它不仅可以作为记忆元件独立使用，而且由于它具有直接复位、置位功能，因而被用作各种性能更完善的触发器的基本组成部分。

但由于基本 RS 触发器的输入 R、S 之间存在约束条件，且无法对其状态转换时刻进行统一定时控制，因此它的使用范围受到一定的限制。

5.3　同步触发器

同步触发器

基本触发器电路简单，操作方便，但输入信号的变化直接影响到触发器的输出状态。当多个触发器一起工作时，输出稳定的结果可能有先有后，不能做到同步输出就会影响电路的稳定性。

在数字系统中，为了协调各部分的动作，常要求某些触发器在同一时刻动作。为此，必须引入同步脉冲，使这些触发器只有在同步脉冲的作用下才按输入信号改变状态，而在没有同步脉冲输入时，触发器状态保持不变。通常把这个同步脉冲称为时钟脉冲，用 CP（Clock Pulse）表示。时钟脉冲一般采用矩形波信号。这种具有时钟脉冲同步的触发器称为时钟控制触发器（简称钟控触发器），又称为同步触发器或门控触发器。同步是指各个触发器的状态发生变化的时刻是由时钟脉冲统一控制（何时转换），而触发器的状态如何变化则是由触发器的输入信号和触发器的现态来决定（如何转换）的。加入时钟控制信号后，通常将时钟脉冲作用前的状态称为“现态”，时钟脉冲作用后的状态称为触发器的“次态”。

同步触发器的触发方式是电平触发，即时钟脉冲为有效电平（高电平或低电平）的时间段内，触发器均可由输入信号控制进行翻转；时钟脉冲为无效电平时，触发器状态保持不变。因此，触发器状态转移是被控制在一个约定的时间间隔内。同步触发器是时序电路的基础。常见的同步触发器有钟控 RS 触发器、钟控 D 触发器、钟控 JK 触发器和钟控 T 触发器。

5.3.1　钟控 RS 触发器

1. 电路结构

钟控 RS 触发器的逻辑电路如图 5.10（a）所示，其逻辑符号如图 5.10（b）所示。该触发器由 4 个与非门构成，上面的两个与非门 G_1、G_2 构成基本 RS 触发器；下面的两个与非门 G_3、G_4 组成控制电路，通常称为控制门。

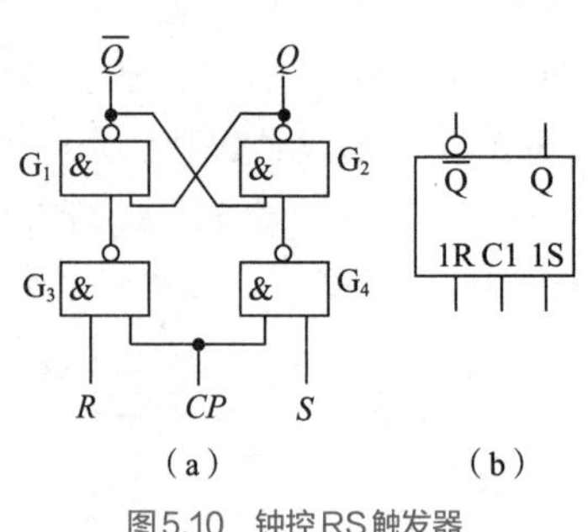

图5.10　钟控RS触发器

2. 工作原理

从图 5.10 可以看出，钟控 RS 触发器是在与非门构成的基本 RS 触发器的基础上增加了两个与非门 G_3、G_4 和一个时钟脉冲控制信号 *CP*。假设 G_3 的输出为 R'，G_4 的输出为 S'，则

$$R'=\overline{R\cdot CP}$$

$$S'=\overline{S\cdot CP}$$

由与非门构成的基本 RS 触发器的次态方程可得

$$Q^{n+1}=\overline{S'}+R'\cdot Q=S\cdot CP+\overline{R\cdot CP}\cdot Q$$

当时钟脉冲 *CP*=0 时，$Q^{n+1}=S\cdot CP+\overline{R\cdot CP}\cdot Q=Q$，即触发器保持原来状态不变。

当时钟脉冲 *CP*=1 时，$Q^{n+1}=S\cdot CP+\overline{R\cdot CP}\cdot Q=S+\overline{R}Q$，这与或非门构成的基本 RS 触发器的次态方程完全一致。因此，当 *CP*=1 时，该触发器的功能与或非门构成的基本 RS 触发器的功能完全一致。

从图 5.10 中也可以直接进行分析，当 *CP*=0 时，G_3 和 G_4 的输出均为 1，使得与非门构成的基本 RS 触发器的输入为 11，根据与非门构成的基本 RS 触发器的功能可知，此时触发器保持原来状态不变。即 *CP*=0 时，G_3 和 G_4 被锁，此时无论 *R*、*S* 如何变化，触发器的状态均不会发生变化。

当 *CP*=1 时，其对 G_3 和 G_4 的输出无任何影响，即 G_3 和 G_4 被打开，$R'=\overline{R}$，$S'=\overline{S}$，此时触发器的输出取决于 *R*、*S* 的输入。

（1）当 *R*=0，*S*=0 时，G_3 和 G_4 的输出均为 1，即 *R′S′*=11，触发器状态保持不变。

（2）当 *R*=0，*S*=1 时，G_3 和 G_4 的输出分别为 1 和 0，即 *R′S′*=10，触发器状态转成 1 状态。

（3）当 *R*=1，*S*=0 时，G_3 和 G_4 的输出分别为 0 和 1，即 *R′S′*=01，触发器状态置成 0 状态。

（4）当 *R*=1，*S*=1 时，G_3 和 G_4 的输出均为 0，即 *R′S′*=00，触发器状态不确定，这是不允许的。

由此可见，这种触发器的工作过程受时钟脉冲信号 *CP* 和输入信号 *R*、*S* 的共同作用。当时钟脉冲信号 *CP* 为低电平（*CP*=0）时，触发器不接收输入信号，状态保持不变；当时钟脉冲信号 *CP* 为高电平（*CP*=1）时，触发器接收输入信号，状态随输入信号发生转移。

3. 功能描述

由上述的分析可以得到，钟控 RS 触发器的次态方程为

$$Q^{n+1}=S+\overline{R}Q$$

由于与非门构成的基本 RS 触发器的约束方程为 *R′*+*S*=1，将 $R'=\overline{R}$，$S'=\overline{S}$ 代入，可得

$$\overline{R}+\overline{S}=1$$

将其进行变换，可以得到钟控 RS 触发器的约束方程为

$$RS=0$$

由钟控 RS 触发器的次态方程可以得到，当时钟脉冲 *CP*=1 时，钟控 RS 触发器的功能表、状态表分别如表 5.8 和表 5.9 所示。

表 5.8　钟控 RS 触发器功能表

R	*S*	Q^{n+1}	功能说明
0	0	*Q*	不变
0	1	1	置 1
1	0	0	置 0
1	1	*d*	不定

表 5.9　钟控 RS 触发器状态表

现状 *Q*	次态 Q^{n+1}			
	RS=00	*RS*=01	*RS*=11	*RS*=10
0	0	1	*d*	0
1	1	1	*d*	0

表 5.8 中，现态 Q 表示时钟脉冲作用前的状态，次态 Q^{n+1} 表示时钟脉冲作用后的状态。在钟控触发器中，时钟信号 CP 是一种固有的时间基准，通常不作为输入信号列入表中。对触发器功能进行描述时，均只考虑有时钟脉冲作用（CP=1）时的情况。

根据表 5.9 所示的状态表，可作出钟控 RS 触发器的状态图和次态卡诺图，它们分别如图 5.11（a）和图 5.11（b）所示。

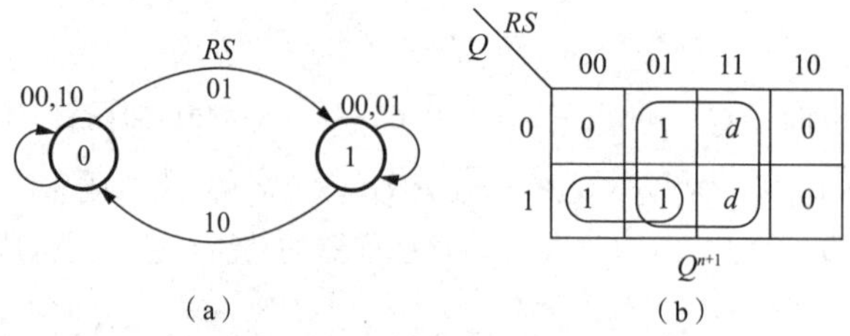

图 5.11　钟控 RS 触发器的状态图和次态卡诺图

由钟控 RS 触发器的状态图或状态表可得到其激励表如表 5.10 所示。

表 5.10　钟控 RS 触发器激励表

Q	→	Q^{n+1}	R	S
0		0	d	0
0		1	0	1
1		0	1	0
1		1	0	d

在实际工作中，有时候需要在系统初始化时对触发器进行清零或者预置，这样就要求对钟控 RS 触发器进行必要的改造。图 5.12（a）所示为带置位端（S_D）和复位端（R_D）的钟控 RS 触发器。从其逻辑符号图 5.12（b）可以看出，S_D 和 R_D 的输入端加了小圆圈，这表示 S_D 和 R_D 为低电平有效。当 S_D =0 时，触发器直接置 1；当 R_D=0 时，触发器直接置 0；S_D 和 R_D 不能同时为 0。S_D 或 R_D 的优先级最高，当 S_D 或 R_D 为有效电平时，无论时钟信号是否到来，触发器均可进行置 0 或置 1；当 S_D 或 R_D 无效时，保证了钟控 RS 触发器接收输入端信号进行工作。因此，S_D 和 R_D 也被称为异步置位端和异步复位端，这里的异步是指触发器的置位端和复位端与时钟之间没有同步关系；反之，则将其称为同步置位端和同步复位端。

图 5.12（b）所示的逻辑符号用“C1”“1R”“1S”表达内部逻辑之间的关联。“C”表示这种关联属于控制类型，其后缀用标识序号“1”标识该输入的逻辑状态对所有以“1”作为前缀的输入起控制作用，即输入“1R”和“1S”受“C1”的控制。

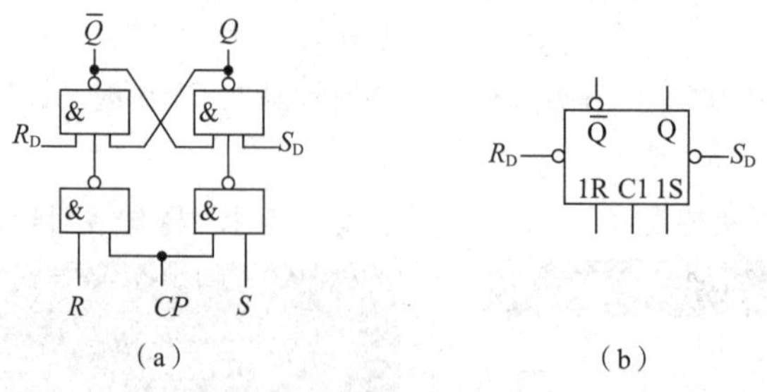

图 5.12　钟控 RS 触发器

此外，从逻辑符号上还可以看出触发器的有效工作条件。如果时钟端没有加小圆圈，则表示该触发器高电平有效，即当 CP=1 的瞬间，触发器可以接收输入信号，当 CP=0 时，触发器保持原来的状态不变；反之，如果时钟端加小圆圈，则表示该触发器低电平有效，即当 CP=0 时，触发器可以接收输入信号，当 CP=1 时，触发器保持原来的状态不变。触发器状态转移被控制在一个约定的时间间隔内，而不是控制在某一时刻进行，触发器的这种钟控方式被称为电位触发方式或电平触发方式。

钟控 RS 触发器的功能描述形式与用或非门构成的基本 RS 触发器完全相同，但该触发器的工作过程是受时钟脉冲信号控制的，仅当时钟脉冲 CP=1 时，才能实现上述逻辑功能。此外，钟控 RS 触发器虽然解决了对触发器工作进行定时控制的问题，而且具有结构简单的优点，但输入信号依然存在约束条件，即 R、S 不能同时为 1。

5.3.2 钟控 D 触发器

1. 电路结构

钟控 RS 触发器对输入的约束限制了钟控 RS 触发器的使用。为了解决该问题，对钟控 RS 触发器的控制电路稍加修改后形成了钟控 D 触发器。钟控 D 触发器的逻辑电路和逻辑符号分别如图 5.13（a）和（b）所示。钟控 D 触发器只有一个输入信号 D 和一个时钟脉冲信号 CP。

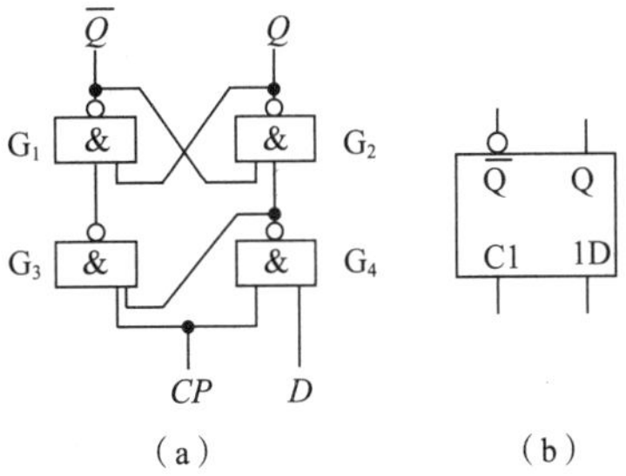

（a） （b）

图5.13 钟控D触发器

2. 工作原理

从图 5.13 上可以看出，当 CP=0 时，G_3 和 G_4 的输出均为 1，使得与非门构成的基本 RS 触发器的输入为 11，触发器保持原来的状态不变，即 CP=0 时，G_3 和 G_4 被锁，此时无论 R、S 如何变化，触发器的状态均不会发生变化。当 CP=1 时，将钟控 D 触发器进行等效变换（见图 5.14），变换后的电路和钟控 RS 触发器相比，$R=\overline{D}$，S=D，即钟控 D 触发器将一对互补信号 D 和 $\overline{D}$ 送至钟控 RS 触发器的两个输入端，使钟控 RS 触发器的两个输入信号只可能为 01 或者 10 两种取值，从而解决了钟控 RS 触发器对输入的约束问题。

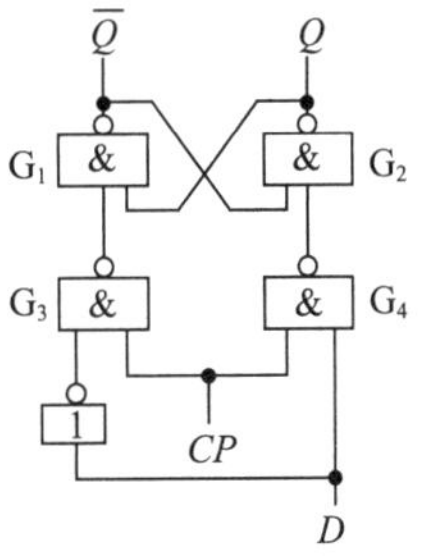

图5.14 D触发器等效电路

根据钟控 RS 触发器的次态方程可以得到 D 触发器的次态方程为

$$Q^{n+1} = S + \overline{R}Q = D + DQ = D$$

因此，当无时钟脉冲作用（CP=0）时，G_3 和 G_4 被封锁，此时不管 D 端为何值，G_3 和 G_4 的输出均为 1，触发器状态保持不变；当有时钟脉冲作用（CP=1）时，Q^{n+1}=D，若 D=0 则触发器状态被置 0；若 D=1 则触发器状态被置 1，即触发器的输出等于输入，因此 D 触发器又称为透明触发器、延迟触发器。

3. 逻辑功能描述

由上述分析可以得到，钟控 D 触发器的次态方程为

$$Q^{n+1}=D$$

同理，可以得到钟控 D 触发器的激励方程为

$$D=Q^{n+1}$$

钟控 D 触发器的功能表如表 5.11 所示。有关其他描述方式，读者可自行分析。

表 5.11　钟控 D 触发器的功能表

D	Q^{n+1}	功能说明
0	0	置 0
1	1	置 1

5.3.3　钟控 JK 触发器

1. 电路结构

为了克服钟控 RS 触发器对输入的约束，也可以在钟控 RS 触发器上增加两根反馈线，即将触发器的输出 Q 和 $\bar{Q}$ 交叉反馈到两个控制门 G_3 和 G_4 的输入端，并把原来的输入端 S 改为 J，R 改为 K，便构成了钟控 JK 触发器，其电路结构和逻辑符号如图 5.15 所示。钟控 JK 触发器利用触发器两个输出端信号始终互补的特点，有效地解决了在时钟脉冲作用期间两个输入同时为 1 将导致触发器状态不确定的问题。

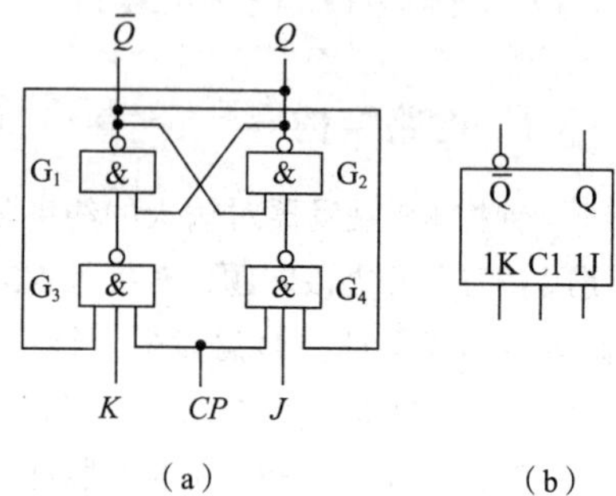

（a）　　（b）

图 5.15　钟控 JK 触发器的逻辑电路和逻辑符号

2. 工作原理

从图 5.15 上可以看出，当 CP=0 时，G_3 和 G_4 被锁，触发器保持原来状态不变，即 CP=0 时，此时无论 J、K 如何变化，触发器的状态均不会发生变化。当 CP=1 时，将钟控 RS 触发器和钟控 JK 触发器进行对比可以看出，R=$K \cdot Q$，$S = J \cdot \bar{Q}$，将其代入钟控 RS 触发器的次态方程，即可得到钟控 JK 触发器的次态方程为

$$Q^{n+1} = S + \bar{R}Q = J\bar{Q} + \overline{KQ}Q = J\bar{Q} + \bar{K}Q$$

因此，当没有时钟脉冲作用（CP=0）时，无论输入端 J 和 K 怎样变化，G_3 和 G_4 的输出均为 1，触发器保持原来状态不变。

在时钟脉冲作用（CP=1）时，可分为以下 4 种情况。

（1）当输入 J=0，K=0 时，$Q^{n+1} = J\bar{Q} + \bar{K}Q = Q$，触发器状态保持不变。

（2）当输入 J=0，K=1 时，$Q^{n+1} = J\bar{Q} + \bar{K}Q = 0$，触发器次态一定为 0 状态。

（3）当输入 J=1，K=0 时，$Q^{n+1} = J\bar{Q} + \bar{K}Q = \bar{Q} + Q = 1$，触发器次态一定为 1 状态。

（4）当输入 J=1，K=1 时，$Q^{n+1} = J\bar{Q} + \bar{K}Q = \bar{Q}$，触发器的次态与现态相反。

3. 逻辑功能描述

根据上述工作原理，可归纳出钟控 JK 触发器在时钟脉冲作用下（CP=1）的功能表和状态表分别如表 5.12 和表 5.13 所示，相应的状态图和次态卡诺图分别如图 5.16（a）和（b）所示。

表 5.12　钟控 JK 触发器功能表

J	K	Q^{n+1}	功能说明
0	0	Q	不变
0	1	0	置 0
1	0	1	置 1
1	1	$\bar{Q}$	翻转

5.13　钟控 JK 触发器状态表

现态 Q	次态 Q^{n+1}			
	JK=00	JK=01	JK=11	JK=10
0	0	0	1	1
1	1	0	0	1

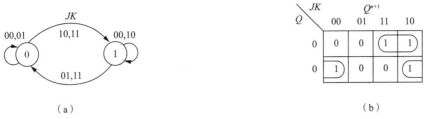

图5.16　钟控JK触发器的状态图和次态卡诺图

钟控JK触发器在时钟脉冲作用下（CP=1）的激励表如表5.14所示。

表5.14　钟控JK触发器激励表

Q →	Q^{n+1}	J	K
0	0	0	d
0	1	1	d
1	0	d	1
1	1	d	0

将 $R=K\cdot Q$，$S=J\cdot\bar{Q}$ 代入钟控RS触发器的约束方程 RS=0，可以得到

$$K\cdot Q\cdot J\cdot\bar{Q}\equiv 0$$

无论 J、K 为何值，该等式都成立。因此，钟控JK触发器对输入 J、K 的取值无约束。

综上所述，钟控JK触发器具有较强的逻辑功能。

5.3.4　钟控T触发器

1. 电路结构

将钟控JK触发器的两个输入端 J 和 K 连接起来，并用符号T表示，就构成了钟控T触发器。钟控T触发器的逻辑电路如图5.17（a）所示，逻辑符号如图5.17（b）所示。

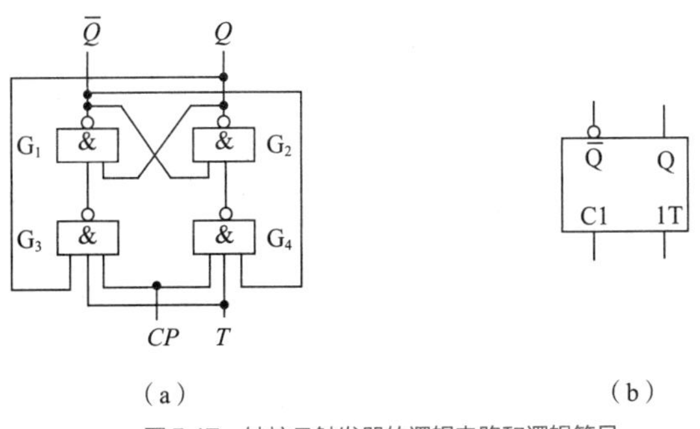

图5.17　钟控T触发器的逻辑电路和逻辑符号

2. 工作原理

对比钟控T触发器和钟控JK触发器的结构可知，$J=K=T$，将其代入JK触发器的次态方程，可以得到钟控T触发器的次态方程为

$$Q^{n+1}=J\bar{Q}+\bar{K}Q=T\bar{Q}+\bar{T}Q=T\oplus Q$$

当无时钟脉冲作用（CP=0）时，G_3 和 G_4 被封锁，此时不管 T 端为何值，两个控制门的输出均为1，触发器状态保持不变。

当有时钟脉冲作用（CP=1）时，若 T=0，则 $Q^{n+1}=T\oplus Q=Q$，触发器状态保持不变；若 T=1，则 $Q^{n+1}=T\oplus Q=\bar{Q}$，触发器状态发生翻转。

综上所述，当 $T\equiv 1$ 时，每来一个时钟脉冲，钟控 T 触发器状态就翻转一次，相当于 1 位二进制计数器，所以又将钟控 T 触发器称为计数触发器。

3. 逻辑功能描述

钟控 T 触发器在时钟脉冲作用下（CP=1）的功能表如表 5.15 所示。

表 5.15　钟控 T 触发器功能表

T	Q^{n+1}	功能说明
0	Q	保持
1	$\bar{Q}$	翻转

由钟控 T 触发器的次态方程可以得到钟控 T 触发器的激励方程为

$$Q^{n+1}=T\oplus Q$$

有关钟控 T 触发器的其他描述方法，读者可自行分析。

5.3.5　同步触发器的空翻现象

同步触发器存在一个共同的问题，即可能出现“空翻”现象。“空翻”是指在同一个时钟脉冲作用期间，触发器状态发生两次或两次以上变化的现象。

引起空翻的一个原因是在时钟脉冲为有效电平期间，输入信号的变化直接控制着触发器状态的变化。具体来说，当时钟脉冲 CP=1 时，如果输入信号发生变化，则触发器状态会随之发生变化，从而使得一个时钟脉冲作用期间引起多次翻转。如图 5.18 所示，在第一个时钟脉冲和第二个时钟脉冲期间，输入 D 发生了多次变化，钟控 D 触发器的状态也随之发生了多次变化。

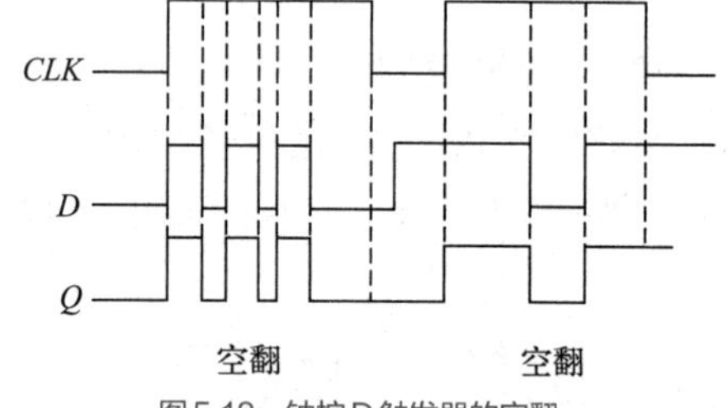

图5.18　钟控D触发器的空翻

对于 T 触发器和 JK 触发器而言，在时钟有效电平期间，T=1 或者 JK=11 时，触发器的状态转移均为翻转。若时钟脉冲的宽度太窄，触发器可能无法完成一个完整的状态转换过程。若时钟的有效电平宽度较宽，超过组成触发器的门的延迟时，触发器会出现连续不停的多次翻转，这也是一种空翻，如图 5.19 所示。如果要使这种触发器在每个时钟脉冲作用期间仅发生一次翻转，则对时钟信号的控制电平宽度要求极其苛刻。

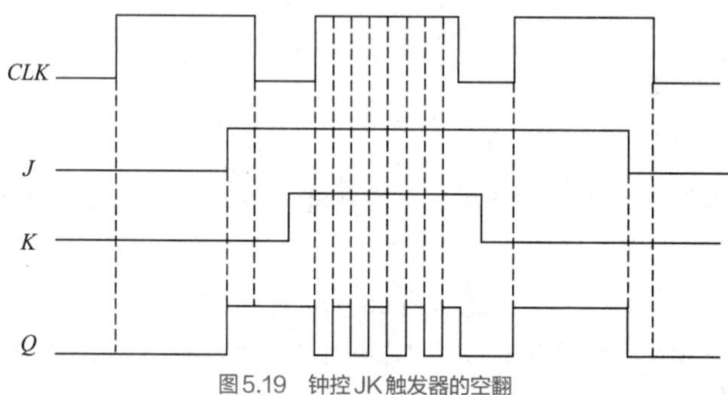

图5.19　钟控JK触发器的空翻

故对电位触发式触发器，在使用时要求时钟脉冲的宽度合适，而且在有效工作电平期间，输入信号不能发生变化。

“空翻”将造成状态的不确定和系统工作的混乱，这是不允许的。这一不足使这类触发器的应用受到一定的限制。例如，钟控 D 触发器只能用于数据寄存，而不能实现计数、移存等重要功能。

上述简单结构钟控触发器均为电平触发，触发器状态转移是被控制在一个约定的时间间隔内，而不是控制在某一时刻进行，即当时钟控制信号为无效电平时，触发器保持原来状态不变；当时钟控制信号为有效电平时，触发器状态随着输入信号的变化而变化。所以为了使这类触发器稳定、可靠地工作，必须要求时钟在有效电平时输入信号不能发生变化。这样就限制了它们的应用，同时也说明这类触发器的抗干扰能力很弱。

5.4 主从触发器

为了便于控制、克服同步触发器的空翻现象，人们在同步触发器的基础上发明了主从触发器。主从触发器由两级触发器构成，第一级直接接收输入信号，称为主触发器；第二级接收主触发器的输出状态，称为从触发器。两级触发器的时钟信号互补，从而有效地克服了空翻。主从触发器的触发方式为脉冲触发，一个时钟脉冲被分为两个部分，主触发器工作时间和从触发器工作时间。主触发器工作时，接收输入信号，从触发器锁定；从触发器工作时，接收主触发器的状态作为输入，主触发器锁定。因此，每个时钟脉冲，触发器的状态只改变一次。

5.4.1 主从 RS 触发器

主从 RS 触发器的电路结构和逻辑符号如图 5.20 所示。

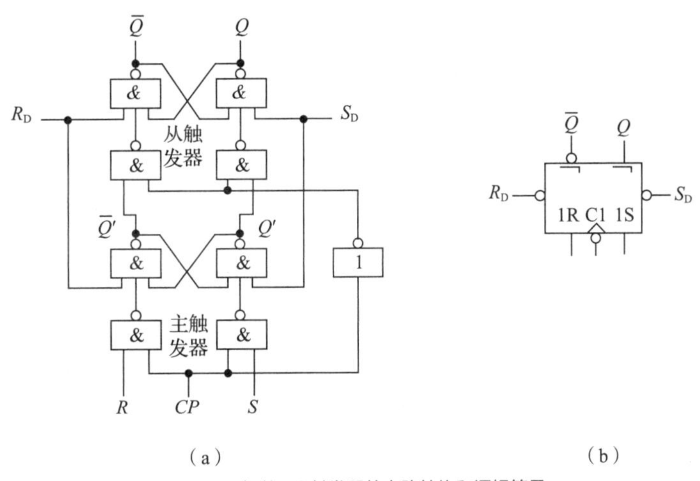

（a）　　（b）

图5.20　主从RS触发器的电路结构和逻辑符号

由图 5.20（a）可知，主从 RS 触发器由两个钟控 RS 触发器组成，一个称为主触发器，另一个称为从触发器，二者的时钟脉冲是反相的。时钟脉冲 CP 作为主触发器的控制信号，经反相后的 $\overline{CP}$ 作为从触发器的控制信号。输入信号 R、S 送至主触发器输入端，主触发器的状态 Q' 和 $\overline{Q'}$ 作为从触发器的输入，从触发器的输出 Q 和 $\overline{Q}$ 作为整个主从触发器的状态输出。图 5.20 中的 S_D 和 R_D 分别为直接清 0 端和直接置 1 端，低电平有效，平时为高电平。

该触发器的工作原理如下。

S_D 和 R_D 的优先级最高。当 S_D=0 时，触发器直接置 1；当 R_D=0 时，触发器直接置 0；S_D 和

R_D 不能同时为 0。正常工作时 S_D 和 R_D 同时为 1，此时 S_D 和 R_D 对各个与非门不起作用，在电路分析的时候可以忽略该输入，以简化分析过程。

为方便讨论主从 RS 触发器的逻辑功能，假设 $R_D=S_D=1$。将主从 RS 触发器中的主触发器和从触发器分别用钟控 RS 触发器的逻辑符号代替（忽略 S_D 和 R_D），得到的电路结构如图 5.21 所示。

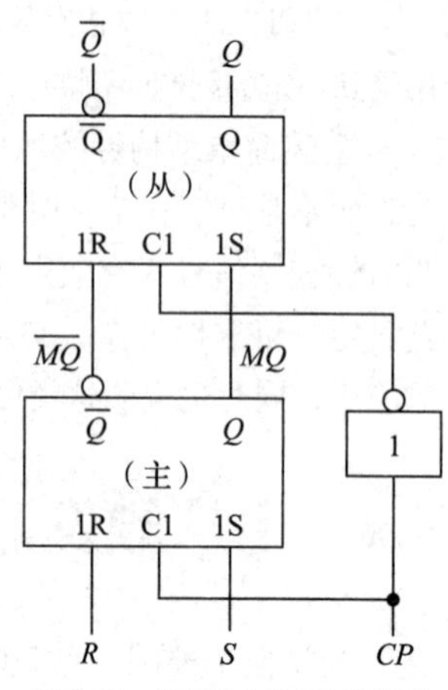

图5.21 简化的主从 RS 触发器

从图 5.21 中可以看出，当时钟脉冲 CP=1 时，主触发器被打开，主触发器是钟控 RS 触发器，其状态 MQ 取决于 R、S 的输入，根据钟控触发器的次态方程，可得 $MQ^{n+1}=S+\bar{R}Q$；而对从触发器来说，由于此时 $\overline{CP}=0$，从触发器被封锁，故从触发器状态不受主触发器状态变化的影响，即整个主从触发器状态保持不变。

当时钟脉冲 CP 由 1 变为 0 时，由于 CP=0，故主触发器被锁，其状态不再受输入 R、S 的影响，即主触发器状态保持不变；而对于从触发器来说，由于此时 $\overline{CP}=1$，从触发器被打开，因此主触发器的状态 MQ 通过控制门作用于从触发器。当主触发器状态 MQ=0 时，从触发器的输入 RS=10，则从触发器的状态 Q=0；当主触发器状态 MQ=1 时，从触发器的输入 RS=01，则从触发器的状态 Q=1，即从触发器状态总是与主触发器状态 MQ 相同。换言之，当时钟脉冲 CP 由 1 变为 0 时，将主触发器状态转为整个主从触发器状态，即 $Q^{n+1}=MQ^{n+1}$。因此，可得到主从 RS 触发器的次态方程为

$$Q^{n+1}=MQ^{n+1}=S+\bar{R}Q$$

由于主从 RS 触发器的次态方程和钟控 RS 触发器的次态方程完全相同，因此，其逻辑功能与钟控 RS 触发器也完全相同。

而在钟控 RS 触发器中存在的对输入的约束依然存在，即主从 RS 触发器的约束方程为

$$RS=0$$

虽然主从 RS 触发器的逻辑功能和钟控 RS 触发器的逻辑功能完全相同，但是其工作过程还是有着本质的区别。

（1）触发器状态的变化发生在时钟脉冲 CP 由 1 变为 0 的时刻，因为在 CP=0 期间主触发器被封锁，其状态不再受输入 R、S 的影响，所以，不会引起触发器状态发生两次以上翻转，从而克服了“空翻”现象。

（2）触发器的状态取决于 CP 由 1 变为 0 时刻主触发器的状态，而主触发器的状态在 CP=1 期间是随输入 R、S 变化的，所以触发器的状态实际上取决于 CP 由 1 变为 0 瞬间主触发器的状态。

主从 RS 触发器的工作波形如图 5.22 所示。

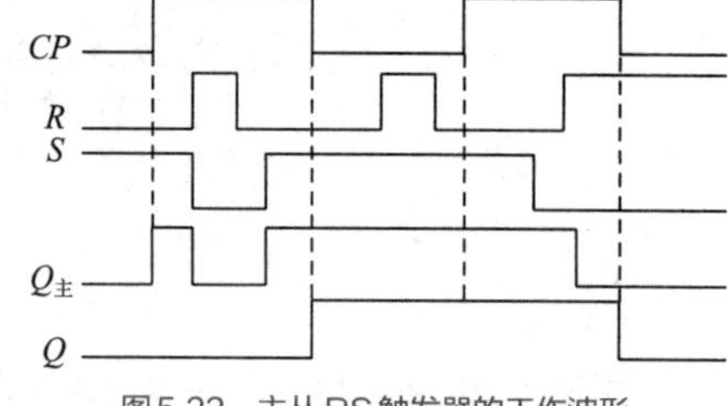

图5.22 主从 RS 触发器的工作波形

由于主从 RS 触发器状态的变化发生在时钟脉冲 CP 的下降沿（$1\rightarrow0$）时刻，因此通常称为下降沿触发。图 5.20（b）所示的逻辑符号中，时钟端的“^”符号表示该触发器为边沿触发，时钟端的小圆圈表示主从 RS 触发器状态的改变是在时钟脉冲的下降沿发生的。逻辑符号中的“¬”符号表示延迟输出，即当 CP=0 时，电路的状态才发生改变。

图 5.23 所示为 TTL 集成主从 RS 触发器 74LS71 的逻辑符号和引脚分配图。该触发器有 3 个 R 端和 3 个 S 端，分别为“与”逻辑关系，即 $1R=R_1R_2R_3$，$1S=S_1S_2S_3$。触发器带有置 0 端 R_D 和置 1 端 S_D，其有效电平均为低电平。

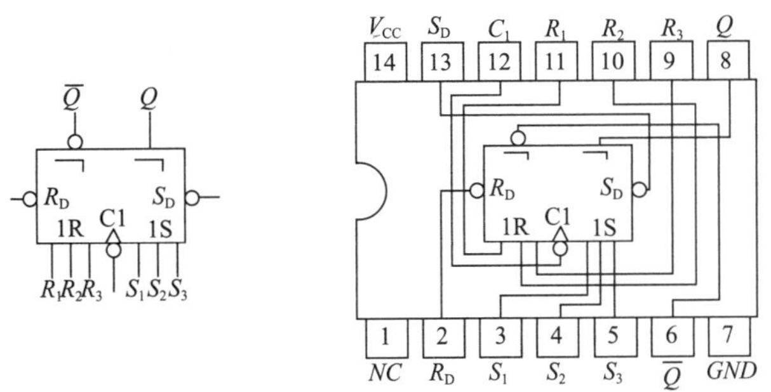

图5.23　74LS71的逻辑符号和引脚分配图

5.4.2　主从JK触发器

类似于钟控JK触发器，主从JK触发器也是在主从RS触发器上稍加修改后形成的。将主从RS触发器的输出 Q 和 $\overline{Q}$ 交叉反馈到两个控制门的输入端，并把原来的输入端 S 改为 J，R 改为 K，便构成了主从JK触发器，其逻辑电路和逻辑符号分别如图5.24（a）和（b）所示。

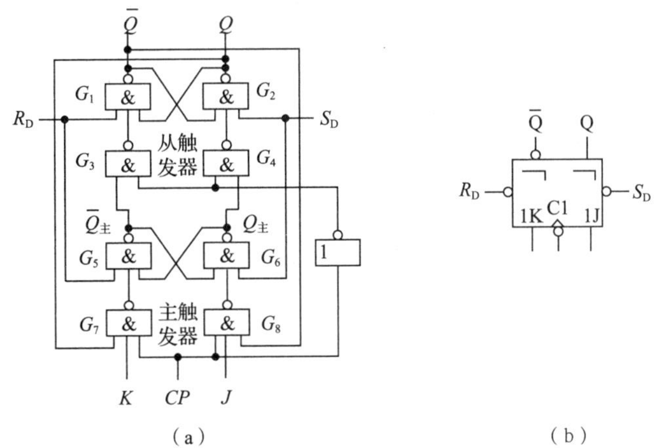

图5.24　主从JK触发器的逻辑电路和逻辑符号

对比主从RS触发器和主从JK触发器，可以看出 $R=K\cdot Q$，$S=J\cdot\overline{Q}$，将其代入主从RS触发器的次态方程 $Q^{n+1}=S+\overline{R}Q$，即可得到主从JK触发器的次态方程为

$$Q^{n+1}=S+\overline{R}Q=J\overline{Q}+\overline{KQ}Q=J\overline{Q}+\overline{K}Q$$

同理，$R\cdot S=K\cdot Q\cdot J\cdot\overline{Q}\equiv 0$，因此，主从触发器对输入 J、K 不存在约束。

主从JK触发器的逻辑功能与简单结构JK触发器的逻辑功能完全相同，但它克服了“空翻”现象。

需要注意的是，主从JK触发器存在“一次翻转”现象。“一次翻转”是指在时钟脉冲作用（CP=1）期间，主触发器的状态只能根据输入信号的变化改变一次，即主触发器在接收输入信号发生一次翻转后，其状态保持不变，不再受输入 J、K 变化的影响。“一次翻转”与前面所述的“空翻”是两种不同的现象。“一次翻转”现象可能导致触发器的状态转移到与触发器的逻辑功能不一致，显然这是不允许的。

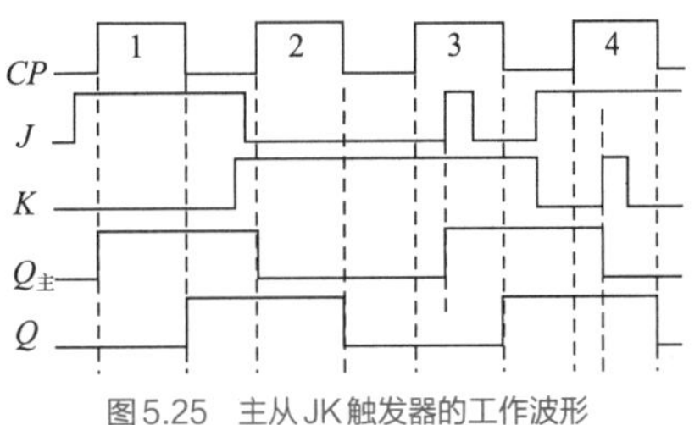

图5.25　主从JK触发器的工作波形

主从JK触发器的工作波形如图5.25所示。图5.25所示的波形图表明了触发器所存在的“一次翻转”现

象，工作波形分析如下。

（1）在第 1 个时钟脉冲和第 2 个时钟脉冲期间，触发器处于正常工作状态。第 1 个时钟脉冲等于 1 期间，由于 J=1、K=0，使主触发器状态为 1，因此在第 1 个时钟脉冲由 1 变为 0 时，触发器翻转为 1 状态；第 2 个时钟脉冲等于 1 期间，由于 J=0、K=1，使主触发器状态为 0，因此在第 2 个时钟脉冲由 1 变为 0 时，触发器翻转为 0 状态。

（2）假定在第 3 个时钟脉冲期间，J 端产生一个正向干扰脉冲，情况如何呢？可结合图 5.24（a）所示主从 JK 触发器的逻辑图进行分析。在干扰脉冲出现前，图 5.24（a）中的主触发器和从触发器都处于 0 状态，即 $Q=Q_{主}=0$、$\overline{Q}=\overline{Q}_{主}=1$。当干扰脉冲出现（$J$ 由 0 变为 1）时，与非门 G_8 的输入均为 1，输出变为 0，使得主触发器状态 $Q_{主}=1$、$\overline{Q}_{主}=0$，即干扰信号的出现使主触发器状态由 0 变为 1。当干扰信号消失时，由于 $\overline{Q}_{主}=0$ 已将 G_6 封锁，G_8 输出的变化不会影响 $Q_{主}$ 的状态，即 J 端干扰信号的消失不能使 $Q_{主}$ 的状态恢复到 0（这就是一次翻转特性）。因此，当第 3 个时钟脉冲由 1 变为 0 时，使得触发器状态为 Q=1。如果 J 端没有正向干扰脉冲出现，根据 J=0、K=1 的输入条件，触发器的正常状态应为 Q=0。类似地，在图 5.25 所示的波形图中，在第 4 个时钟脉冲期间，K 端产生的正向干扰脉冲将使触发器变为 0 状态，而不是正常的 1 状态。

主从 JK 触发器存在一次翻转现象，从而限制了主从 JK 触发器的应用，也降低了它的抗干扰能力。在 CP=1 期间，可能会由于干扰而使主从 JK 触发器出现错误动作。因此，为保证主从 JK 触发器正常工作，要求在 CP=1 期间，保持 J、K 的输入状态不发生变化。这种触发器一般采用窄脉冲作为触发脉冲。

主从触发器工作分以下两步进行。

（1）采样阶段。当 CP=1 期间，主触发器接收输入信号，主触发器状态发生变化，同时从触发器的时钟端为 0，从触发器被锁，因此从触发器状态保持不变。

（2）触发器状态定局。当 CP 从 1 跳变到 0 的瞬间，主触发器被锁，此时输入信号无法改变主触发器的状态；同时从触发器的时钟从 0 跳变为 1，从触发器打开，将主触发器的状态送入从触发器。在 CP=0 期间，主触发器的状态不会发生变化，因此从触发器的状态也不会发生变化，从而有效地克服了空翻现象。

5.5 边沿触发器

为了克服简单结构钟控触发器的“空翻”现象，同时提高触发器的抗干扰能力，引出了边沿触发器（Edging Trigger）。边沿触发器仅仅在时钟脉冲 CP 的上升沿（CP 由 0 变为 1）或下降沿（CP 由 1 变为 0）时刻接收输入信号，并按输入信号进行状态转换，而其他时刻输入信号的变化对触发器状态没有影响，从而极大地提高了触发器的抗干扰能力。这种触发方式称为边沿触发。常用的边沿触发器有维持－阻塞 D 触发器、边沿 JK 触发器等。

5.5.1 维持－阻塞 D 触发器

维持-阻塞触发器

典型维持－阻塞 D 触发器是在钟控 D 触发器的基础上增加了两个与非门，以及置 0 维持线、置 1 维持线、置 0 阻塞线、置 1 阻塞线共 4 条反馈线。正是由于这 4 条线的作用，该触发器仅在时钟脉冲 CP 的上升沿时刻才根据 D 端的信号发生状态转移，而在其余时间触发器状态均保持不变。典型维持－阻塞 D 触发器逻辑电路和逻辑符号分别如图 5.26（a）和（b）所示。其中，

D 为数据输入端；R_D 和 S_D 分别称为直接置 0 端和直接置 1 端，均为低电平有效，不进行直接置 0 和置 1 操作时，R_D 和 S_D 保持为高电平。

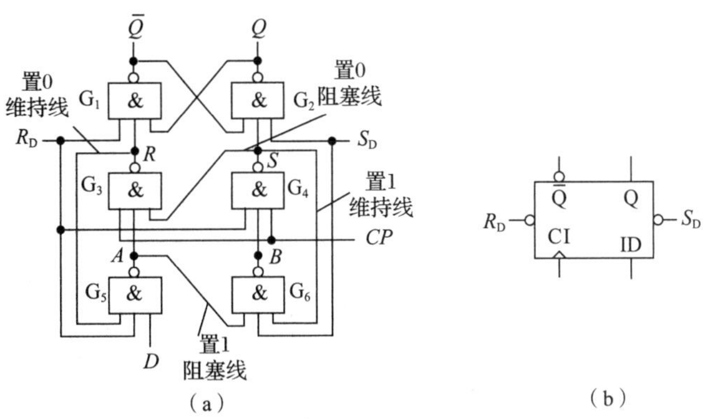

图5.26　维持－阻塞 D 触发器的逻辑电路和逻辑符号

为方便讨论维持－阻塞 D 触发器的工作过程，现设 S_D=R_D=1。维持－阻塞 D 触发器工作波形图如图 5.27 所示。

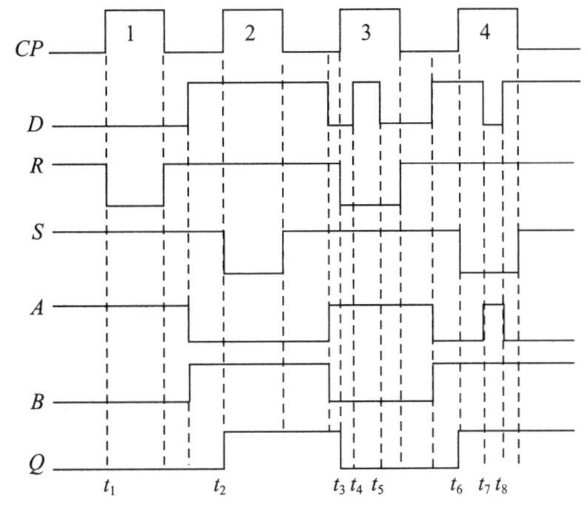

图5.27　维持－阻塞 D 触发器工作波形图

下面结合维持－阻塞 D 触发器的电路结构和工作波形图对触发器的工作原理进行介绍。

1．时钟脉冲 *CP*=0

G_3 和 G_4 被封锁，此时无论 D 如何变化，S=1，R=1，触发器都保持原来状态不变。

同时，将 S=1，R=1 分别反馈到 G_5、G_6 的输入端，使这两个门打开，故可以接收收入信号 D，使得 G_5 的输出 $A=\overline{D}$，G_6 的输出 B=D，因此触发器处于接收数据 D 的状态。

2．时钟脉冲 *CP* 由 0 变为 1 瞬间

时钟脉冲 CP 由 0 变为 1 的瞬间，S=R=1，G_3 和 G_4 打开，此时，$A=\overline{D}$，B=D，使得 $S=\overline{D}$，R=D，从而

$$Q^{n+1}=\overline{S}+RQ=D+DQ=D$$

由以上分析可知，该触发器和钟控 D 触发器的逻辑功能完全相同，即 CP=0 时，触发器被锁，触发器状态保持不变；CP=1 时，$Q^{n+1}=D$。

在图 5.27 中，t_1 时刻为第 1 个时钟脉冲的上升沿，此时，D=0，因此 Q^{n+1}=0。在第 1 个时

钟脉冲期间，D 没有发生变化，因此触发器的状态保持 0 状态，一直到下一个时钟脉冲的上升沿。t_2 时刻为第 2 个时钟脉冲的上升沿，此时，D=1，因此 Q^{n+1}=1。在第 2 个时钟脉冲期间，D 没有发生变化，因此触发器的状态保持 1 状态，一直到下一个时钟脉冲的上升沿。

3. 时钟脉冲 *CP*=1，*D* 发生变化

在时钟脉冲跳变之前，即 CP=0 时，R=S=1。

在 CP 从 0 到 1 的跳变瞬间，G_3 和 G_4 被打开，此时，若 D=0（t_3 时刻），则 A=1，使得 R=0，R 的值通过置 0 维持线将 G_5 锁住，使得 A=1，此时，无论 D 如何变化，都无法影响触发器的状态。A 点的 1 信号通过置 1 阻塞线，送至 G_6 的输入，使 G_6 的输出 B=0，从而使得 S=1，阻止了触发器置 1。置 0 维持线使触发器维持在 0 状态，置 1 维持线阻止了触发器置 1 的可能性。

在 CP 从 0 到 1 的跳变瞬间，若 D=1（t_6 时刻），则 A=0，B=1，从而 S=0，S 的值通过置 0 阻塞线将 G_3 锁住，使得 R=1，即阻止触发器置 0。同时，S 的值通过置 1 维持线将 G_6 锁住，使得 B=1，从而维持 S=0。因此，无论 D 如何变化，都无法影响触发器的状态。置 1 维持线使触发器维持在 1 状态，置 0 阻塞线有效地阻止了触发器置 0 的可能性。

图 5.27 中，第 3 个时钟脉冲体现了 D 的输入为 0 → 1 → 0 时对应的触发器的状态响应，第 4 个时钟脉冲体现了 D 的输入为 1 → 0 → 1 时对应的触发器的状态响应。从图 5.27 可以看出，两种情况下，触发器均不存在空翻。

综上所述，维持 - 阻塞 D 触发器在时钟脉冲的上升沿到达之前接收输入信号，做好准备工作，在时钟脉冲的上升沿将 D 输入端的数据可靠地转换成触发器状态，在上升沿过后的时钟脉冲期间，由于维持 - 阻塞线路的作用，不论 D 的值如何变化，触发器的状态始终以时钟脉冲上升沿时所采样的值为准。由此可见，触发器状态的变化是在时钟脉冲的上升沿瞬间完成的，边沿触发器由此得名。

维持 - 阻塞 D 触发器不仅克服了空翻现象，而且由于是边沿触发，抗干扰能力强，因此应用十分广泛。

74LS74 是一种常用的 TTL 集成 D 触发器，其引脚分配图如图 5.28 所示。该芯片包含两个独立的上升沿触发的维持 - 阻塞 D 触发器。每个触发器均带有异步置 0 端 R_D 和异步置 1 端 S_D，其有效电平均为低电平。

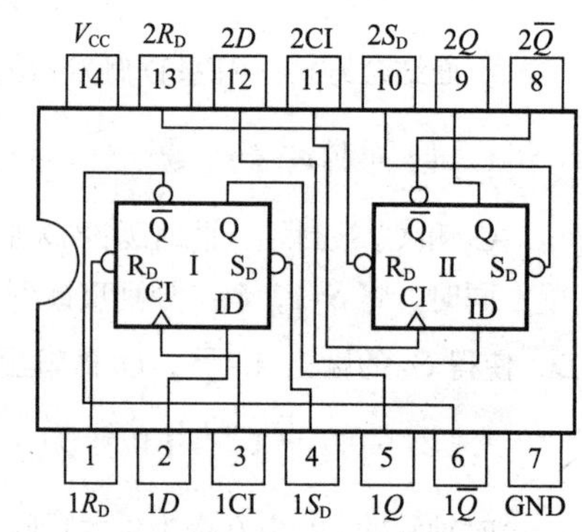

图5.28　74LS74的引脚分配图

74LS74 具有以下功能。

（1）异步置 0。当 R_D=0、S_D=1 时，触发器直接置 0，Q^{n+1}=0。该功能与时钟脉冲及输入信号没有任何关系。

（2）异步置 1。当 R_D=1、S_D=0 时，触发器直接置 1，Q^{n+1}=1。该功能与时钟脉冲及输入信号没有任何关系。

（3）置 0。当 R_D=S_D=1、D=0 时，在时钟脉冲的上升沿触发器置 0，Q^{n+1}=0，该状态一直维持到时钟脉冲的下一个上升沿。

（4）置 1。当 R_D=S_D=1、D=1 时，在时钟脉冲的上升沿触发器置 1，Q^{n+1}=1，该状态一直维持到时钟脉冲的下一个上升沿。

（5）保持。当 R_D=S_D=1 时，如果时钟脉冲 CP=0，无论 J、K 的输入状态如何，触发器一直

保持原来状态，$Q^{n+1}=Q$。

（6）当 $R_D=S_D=0$ 时，触发器输出状态不确定，这是不允许的。

此外，常见的边沿 D 触发器还有 CMOS 双上升沿 D 触发器 CC4013 等。

5.5.2 边沿 JK 触发器

边沿 JK 触发器是一种利用门电路传输延迟时间而实现边沿触发的触发器，其电路结构和逻辑符号如图 5.29 所示。从图 5.29 可以看出，G_1、G_{11}、G_{12} 和 G_2、G_{21}、G_{22} 分别构成两个与或非门，这两个与或非门又构成一个锁存器。G_3、G_4 构成触发器的输入电路，接收输入信号 J、K。此外，该电路要求与非门 G_3 和 G_4 具有较长的传输延迟时间。

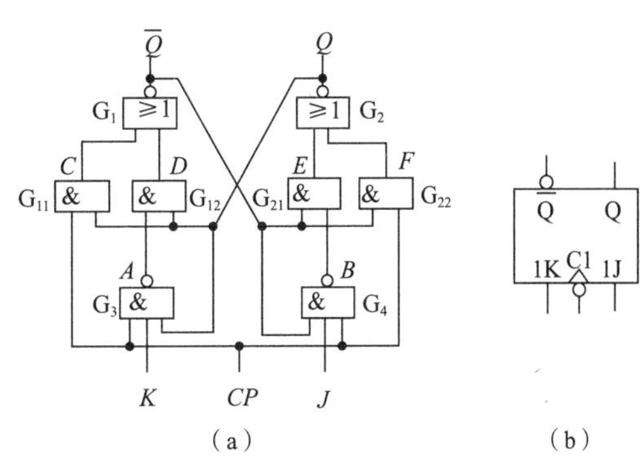

图5.29 边沿 JK 触发器的电路结构和逻辑符号

图 5.29 所示电路的工作原理如下。

（1）当 CP=0 时，门 G_3、G_4、G_{11} 和 G_{22} 被锁，G_3、G_4 的输出 A 和 B 为 1，触发器状态保持不变。

（2）在 CP 的上升沿，门 G_3、G_4、G_{11} 和 G_{22} 被打开，但是由于 G_{11} 和 G_{22} 具有较短的时间延迟，G_{11} 和 G_{22} 首先被打开，$C=Q$，$F=\overline{Q}$；因为门 G_3、G_4 延迟的影响，此时 A、B 未发生变化，所以，G_{12} 的输出 D 为 Q，G_{21} 的输出 E 为 $\overline{Q}$。触发器的状态 $Q^{n+1}=\overline{E+F}=Q$，即触发器状态不发生变化。经过一段时间后，J、K 的输入才会影响 G_3、G_4 的输出，使得 $A=\overline{KQ}$，$B=\overline{J\overline{Q}}$。此时，$Q^{n+1}=\overline{E+F}=\overline{\overline{Q}\cdot B+\overline{Q}}=Q$，因此，触发器依然保持原来状态不变。此时，触发器已接收输入信号，为触发器的状态转换做好了准备。

（3）在 CP 的下降沿，G_{11} 和 G_{22} 首先被锁，$C=F=0$；由于延迟的原因，G_3、G_4 的输出依然为 $A=\overline{KQ}$、$B=\overline{J\overline{Q}}$ 仍作用于门 G_{12} 和 G_{21} 的输入端。此时，电路可简化为图 5.30 所示。

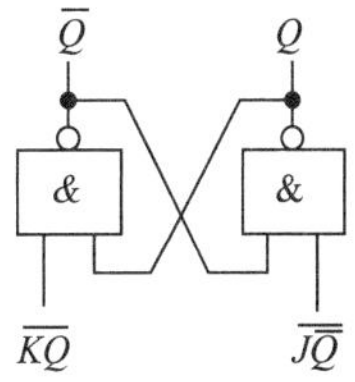

图5.30 下降沿时边沿 JK 触发器的简化电路

由图 5.30 可得

$$Q^{n+1}=\overline{\overline{J\overline{Q}}\cdot\overline{\overline{KQ}\cdot Q}}=J\overline{Q}+\overline{K}Q$$

边沿触发器的次态方程和主从 JK 触发器的次态方程完全一样，因此其逻辑功能也完全一样。

（4）随着 G_3、G_4 延迟的结束，G_3、G_4 被锁，G_3、G_4 的输出 A 和 B 为 1，触发器又进入（1）所分析的情况。

边沿 JK 触发器的工作波形图如图 5.31 所示。

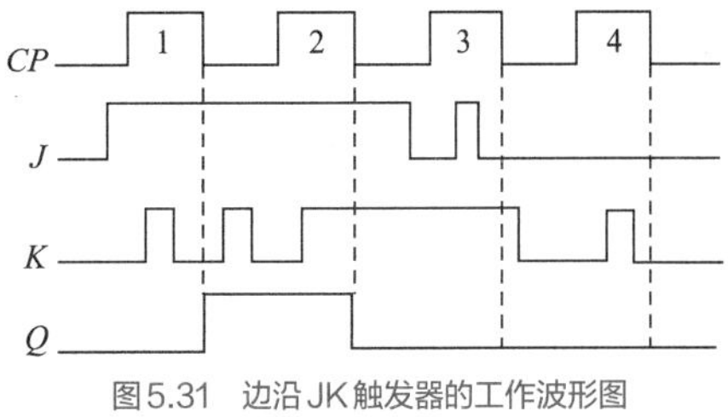

图5.31 边沿 JK 触发器的工作波形图

综上所述，边沿 JK 触发器的状态转换发生在时钟脉冲的下降沿，其状态取决于下降沿时刻的输入信号 J、K，触发器不存在空翻及一次翻转现象。边沿 JK 触发器只有在时钟脉冲的下降沿之前、G_3 和 G_4 信号建立时间内对输入信号 J 和 K 敏感，而在下降沿之后，CP=0 立刻封锁了门 G_3 和 G_4，J、K 的输入数据不需要继续保持，因此这种触发器的抗干扰性能强，工作速度快。

74LS76 是一种 TTL 集成边沿 JK 触发器，其引脚分配图如图 5.32 所示。该芯片包含两个独立的下降沿触发的边沿 JK 触发器，每个触发器均带有异步置 0 端 R_D 和异步置 1 端 S_D，其有效电平均为低电平。

74LS74 具有以下功能。

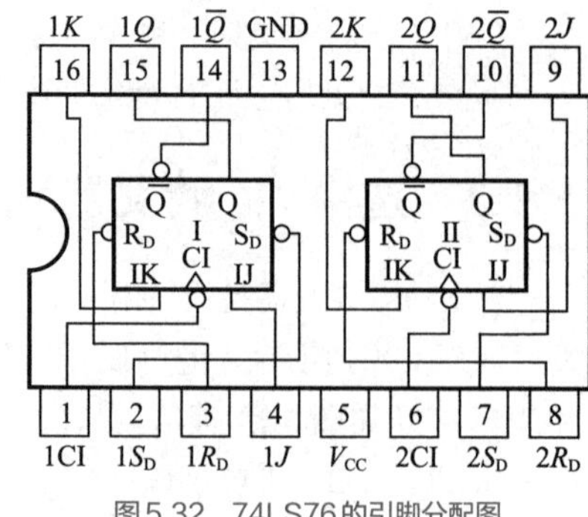

图5.32　74LS76的引脚分配图

（1）异步置 0。当 R_D=0、S_D=1 时，触发器直接置 0，Q^{n+1}=0。该功能与时钟脉冲及输入信号没有任何关系。

（2）异步置 1。当 R_D=1、S_D=0 时，触发器直接置 1，Q^{n+1}=1。该功能与时钟脉冲及输入信号没有任何关系。

（3）保持。当 R_D=S_D=1、J=K=0 时，在时钟脉冲的下降沿，触发器的状态保持不变，Q^{n+1}=Q。

（4）置 0。当 R_D=S_D=1、J=0、K=1 时，在时钟脉冲的下降沿触发器置 0，Q^{n+1}=0，该状态一直维持到时钟脉冲的下一个下降沿。

（5）置 1。当 R_D=S_D=1、J=1、K=0 时，在时钟脉冲的下降沿触发器置 1，Q^{n+1}=1，该状态一直维持到时钟脉冲的下一个下降沿。

（6）翻转。当 R_D=S_D=1、J=1、K=1 时，在时钟脉冲的下降沿触发器翻转，Q^{n+1}= $\overline{Q}$ 。

（7）保持。如果时钟脉冲 CP=0，无论 J、K 的输入状态如何，触发器一直保持原来的状态，Q^{n+1}=Q。

（8）当 R_D=S_D=0 时，触发器输出状态不确定，这是不允许的。

此外，常用的边沿 JK 触发器还有 TTL 双下降沿 JK 触发器 74LS73、CMOS 双上升沿 JK 触发器 CC4027 等。

由于用上述性能优越的 JK 触发器、维持－阻塞 D 触发器可以十分方便地转换成 T 触发器，因此集成电路厂家很少生产专门的 T 触发器产品，而是一般由其他类型的触发器转换而成。

边沿触发器的输出在时钟脉冲的有效沿（上升沿或者下降沿）到来时才会发生变化，其次态翻转与否取决于现态和输入信号。而在其他时刻，输入信号的改变对触发器的输出状态没有任何影响。因此，边沿触发器具有很好的抗干扰能力。

5.6　触发器的电气特性

前面所述触发器的工作是理想化的，实际上触发器是由门电路构成的，所以脉冲信号通过门电路需要时间，脉冲信号的跳变也需要时间，这种时间因素就是触发器的电气特性。触发器的电气特性是逻辑功能的载体，是触发器性能的重要方面。

集成触发器的性能参数通常分为直流参数和开关参数两大类。直流参数包括电源电流，低电平输入电流，高电平输入电流，输出高电平、输出低电平，以及扇出系数等，具体可查阅相关资料。触发器的开关参数比门电路复杂得多，也更重要，因为它将影响触发器是否可以正常、可靠地工作。触发器状态转换的时刻虽然在时钟的某一边沿，但由于触发器内部电路存在的延迟，触发器翻转也需要一定的时间，因此输入信号不能在时钟的边沿才来到，也不能在时钟有效沿之后就立即消失。为了保证触发器在动态工作时可靠翻转，触发器对时钟脉冲、输入信号及它们之间相互配合的时间关系应满足一定的要求，这就是时间参数，主要体现在对输入信号和时钟信号的限制上。此外，触发器的传输延迟时间也是体现触发器性能的重要指标。

1. 输入信号的时间参数

对于触发器而言，输入信号包括 D、J、K 等，以及异步清零和异步置位信号，因此输入信号的时间参数包括数据建立时间 t_s、数据保持时间 t_h，以及置位传输时间 t_{SPLH}。

在有些时钟触发器中，输入信号必须先于时钟脉冲信号建立起来，电路才可能可靠地翻转。将时钟沿到达之前必须将输入数据准备好所需的最小时间称为数据建立时间，用 t_s 表示。

为了保证触发器正确翻转，输入信号的状态在时钟脉冲信号到来后仍须保持一段足够长的时间不变。将时钟沿到达后，输入数据必须保持不变的最小时间称为数据保持时间，用 t_h 表示。

维持－阻塞 D 触发器的数据建立时间 t_s、数据保持时间 t_h 和时钟沿之间的关系如图 5.33 所示。

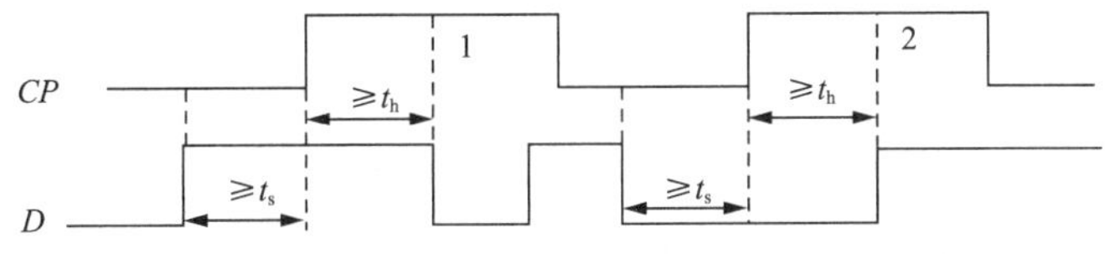

图5.33　维持－阻塞D触发器的数据建立时间 t_s 和数据保持时间 t_h

显然，输入信号不满足对数据建立时间和数据保持时间的限制，输入信号就可能无法正确写入触发器，或者触发器工作不可靠。但有些触发器如边沿 JK 触发器，其数据保持时间可以为 0，这是由其电路结构决定的，也是边沿 JK 触发器的一个优点。

置位传输时间 t_{SPLH} 是指从异步置位端（异步清零端）信号有效至触发器翻转完毕所需的时间。74 系列芯片为 10ns 量级，4000 系列芯片为 100ns 量级。

2. 时钟信号的时间参数

时钟信号的时间参数包括时钟脉冲的高电平宽度 t_{WH}、低电平宽度 t_{WL} 及最高时钟频率 f_{max}。

高电平宽度 t_{WH} 是指时钟确保高电平的最小持续时间，低电平宽度 t_{WL} 是指时钟确保低电平的最小持续时间。

时钟的时间参数和输入信号的时间参数相关。例如，在图 5.33 的第一个时钟脉冲期间，要求 $t_{WH} \geqslant t_h$，$t_{WL} \geqslant t_S$。一般这两对参数不是相等的关系，特别地，当 t_h=0 时，t_{WH} 或 t_{WL} 不能为 0。

由于时钟控制的触发器中每一级门电路都有传输延迟，因此电路状态改变总是需要一定的时间才能完成。当时钟信号频率升高到一定程度之后，触发器将来不及翻转。保证触发器可靠翻转的时钟频率的上限值称为最高时钟频率，用 f_{max} 表示。t_{WH} 和 t_{WL} 之和是保证触发器正常工作的最小时钟周期，由此可以确定触发器的最高工作频率必须满足 $f_{max} \leqslant \dfrac{1}{t_{WH}+t_{WL}}$。$f_{max}$ 是表明触发器工作速度的一个指标。

3. 传输延迟时间 t_{Pd}

从时钟沿到达触发器输出端新状态稳定建立起来的时间称为传输延迟时间，记为 t_{Pd}。触发器状态由低到高翻转完成所需要的时间称为 t_{PLH}，触发器状态由高到低翻转完成所需要的时间称为 t_{PHL}。传输延迟时间为二者的平均值。74 系列芯片为 10ns 量级，4000 系列芯片为 100ns 量级。

关于具体型号的集成触发器，可从集成电路手册中查到这些动态参数，工作时应注意符合这些参数所规定的条件。

习题5

5.1 用与非门构成的基本 RS 触发器和用或非门构成的基本 RS 触发器在逻辑功能上有什么区别？

5.2 分析图 5.34（a）所示的防抖动开关电路，当拨动开关 S 时，A、B 的电压波形如图 5.34（b）所示，试画出 Q 端对应的波形。

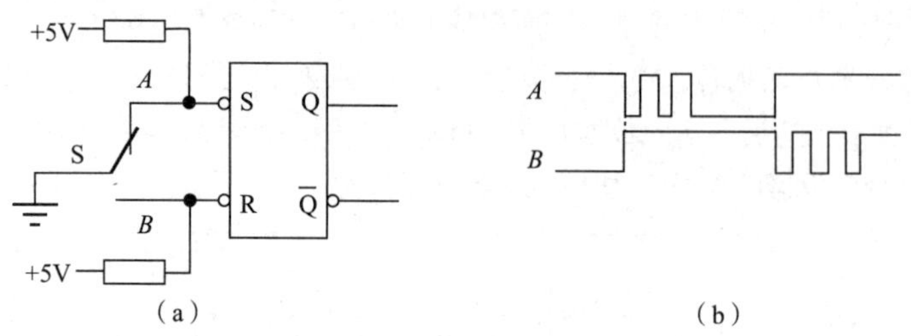

图5.34　防抖动开关电路

5.3 作出图 5.35 所示触发器的状态图。

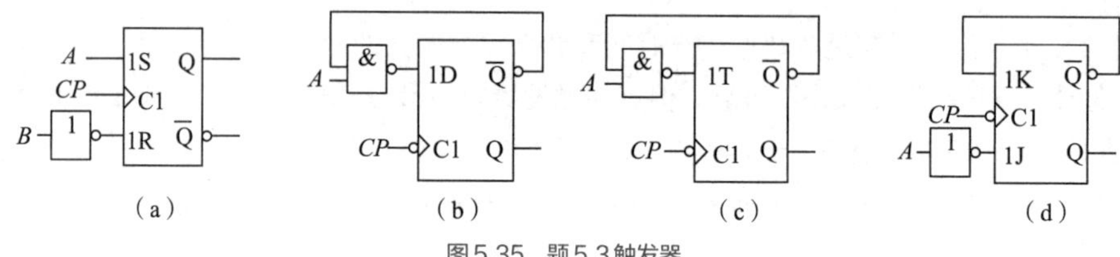

图5.35　题 5.3 触发器

5.4 在图 5.36（a）所示的 D 触发器电路中，若输入端 D 的波形如图 5.36（b）所示，试画出输出端 Q 的波形（设触发器初态为 0）。

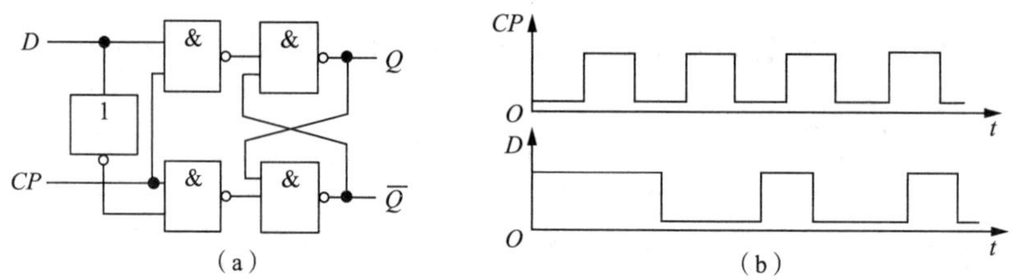

图5.36　题 5.4 触发器电路和波形图

5.5 分析图 5.37（a）所示的电路，试画出在图 5.37（b）所示的时钟脉冲作用下，A、B 和 Q 端的输出波形（设触发器初态为 0）。

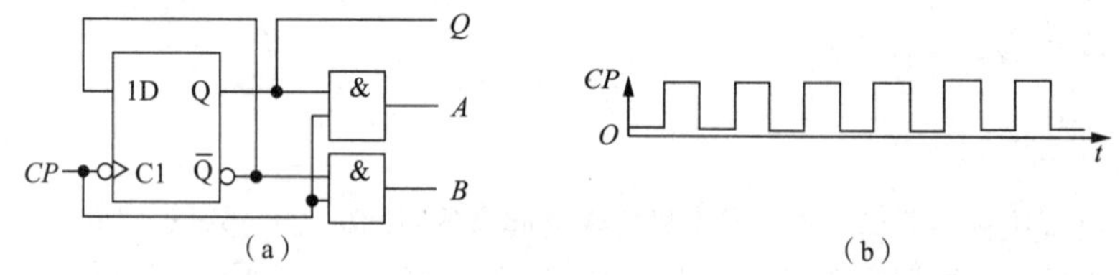

图5.37　题 5.5 电路和波形图

5.6 分析图 5.38（a）所示的电路，已知触发器初态为 0，时钟脉冲 CP 和输入信号 A 的波形如图 5.38（b）所示，试画出 Q 端的输出波形。

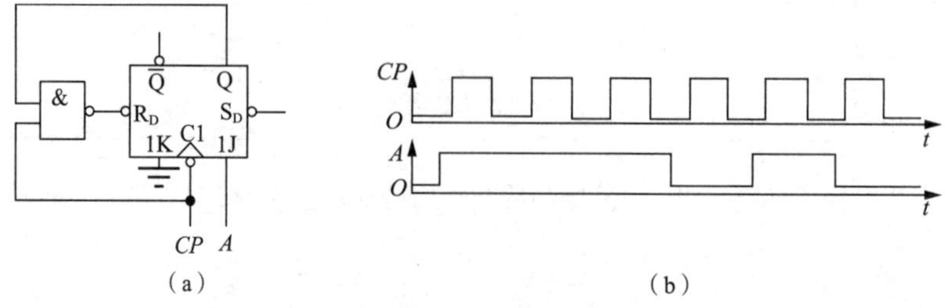

图5.38　题 5.6 电路和波形图

5.7 设图 5.39 中各触发器初态为 0，分别画出各个触发器在 CP 的作用下的输出波形。

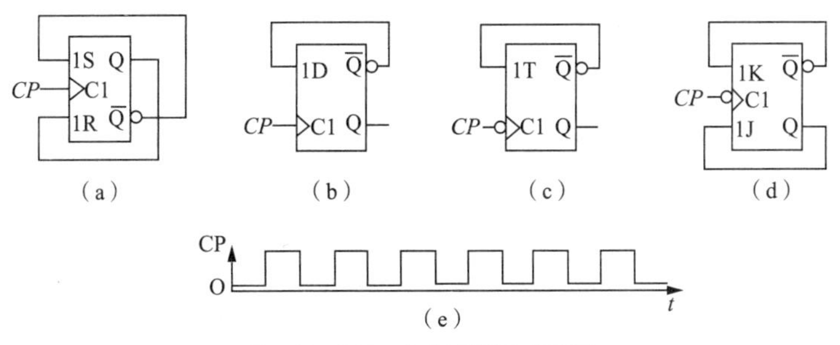

图5.39　题5.7各个触发器和波形图

5.8 分析图 5.40 所示的逻辑电路，其中 74139 为低电平译码的 2 线 -4 线译码器，使能端低电平有效，试画出在 CP 的作用下，输出端 $F_0 \sim F_3$ 的波形（设各触发器初态为 0）。

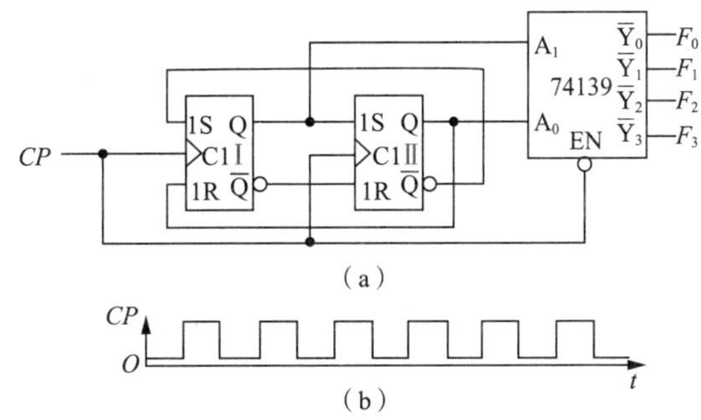

图5.40　题5.8逻辑电路和波形图

5.9 分析图 5.41（a）所示的逻辑电路，各触发器初始状态为 0，输入信号及 CP 端的波形如图 5.41（b）所示，试画出 Q_1、Q_2 的波形图。

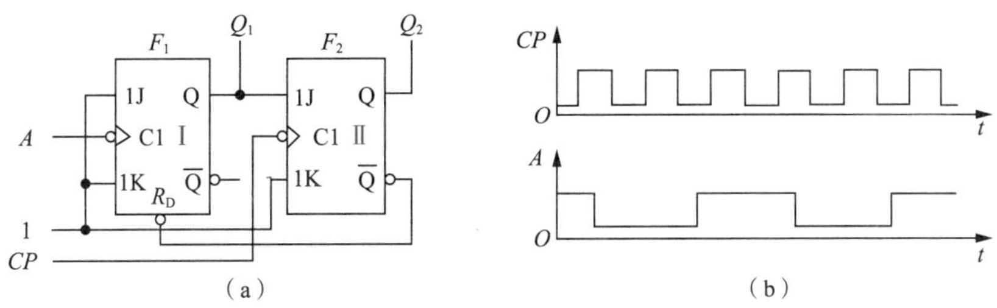

图5.41　题5.9逻辑电路和波形图

5.10 分析图 5.42（a）所示的逻辑电路，设各触发器初态为 0，已知 CP 端的输入波形如图 5.42（b）所示，试画出输出端 F 的输出波形。

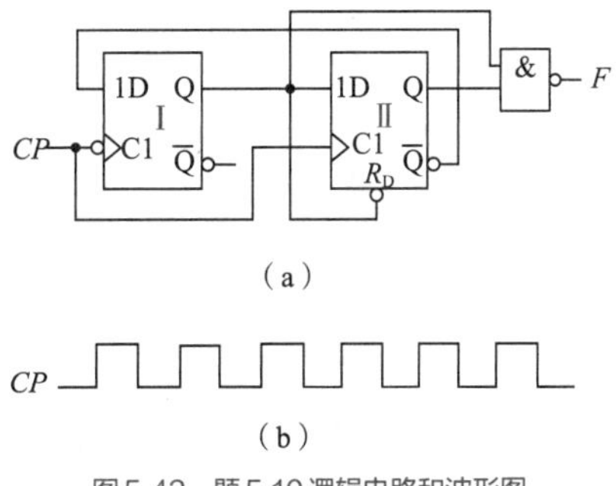

图5.42　题5.10逻辑电路和波形图

5.11 分析图 5.43（a）所示的逻辑电路，分别画出各个触发器在 CP 的作用下的输出波形（设各触发器初态为 0）。

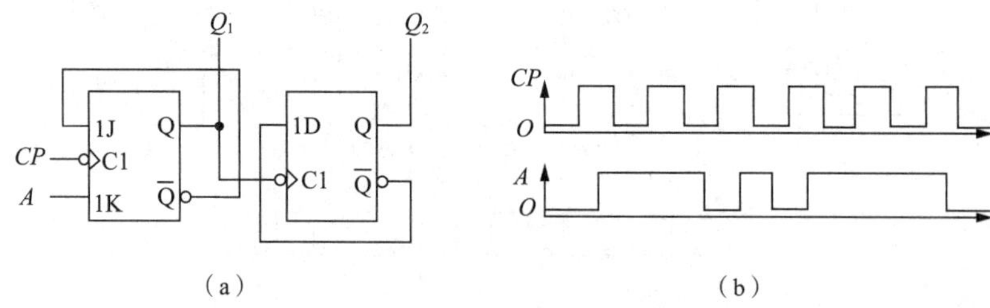

图5.43 题5.11逻辑电路和波形图

5.12 分析图 5.44（a）所示的逻辑电路，分别画出各个触发器在 CP 的作用下的输出波形（设各触发器初态为 0）。

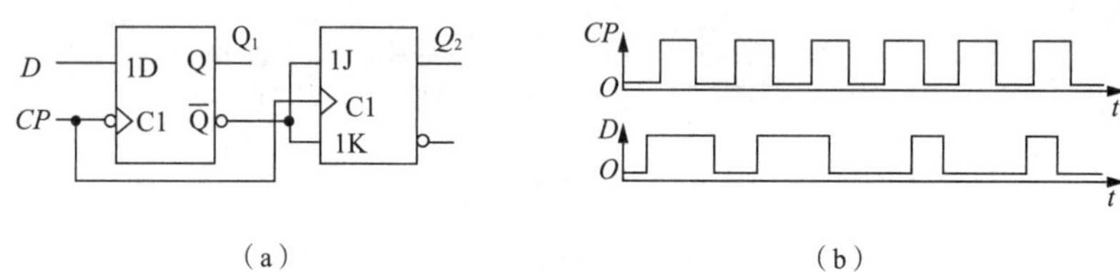

图5.44 题5.12逻辑电路和波形图

5.13 分析图 5.45（a）所示的逻辑电路，设各触发器初始状态为 0，试画出在图 5.45（b）所示的 CP 信号作用下，Q_1、Q_2、Q_3 端输出电压的波形。

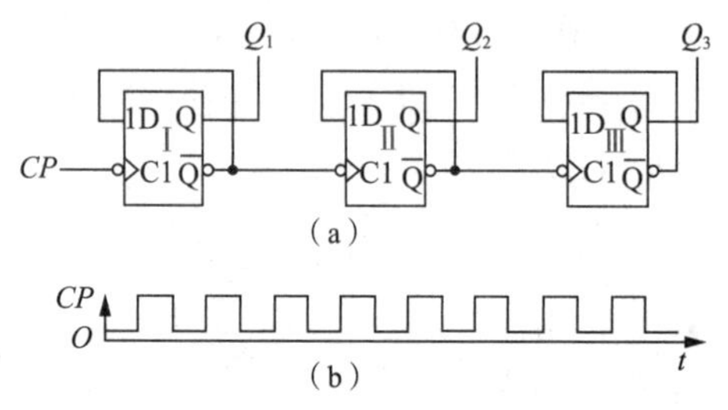

图5.45 题5.13逻辑电路和波形图

5.14 分析图 5.46 所示的 3 人抢答器电路，其中 S 为复位键，1 号选手、2 号选手、3 号选手各控制一个按键开关 S_1、S_2、S_3，若选手抢答成功，七段显示器显示该选手的号码，同时使得其余人抢答信号失效，试说明其工作原理。

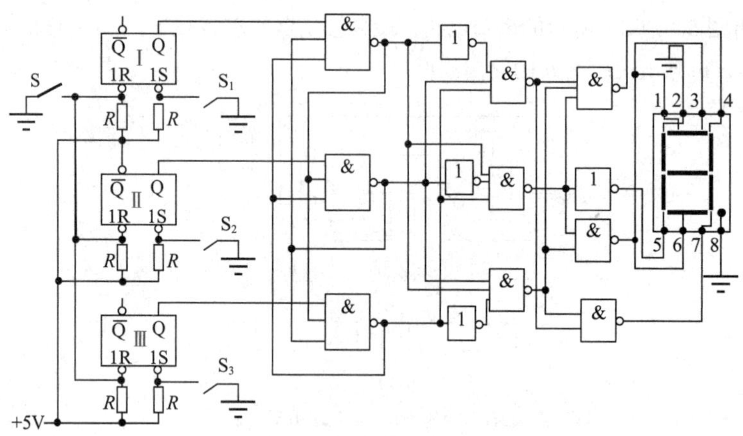

图5.46 3人抢答器电路

第6章 时序逻辑电路

在生活中，我们常常会需要具备“记忆”功能的控制电路，例如数字密码锁的控制电路，密码锁通过数字键盘按序输入若干位对应密码后才能够打开，这里就需要“记忆”顺序输入的数字密码，这类控制电路就属于时序逻辑电路。时序逻辑电路简称时序电路，它是数字系统的核心。与组合逻辑电路不同，时序逻辑电路具备记忆功能，在任何时刻产生的稳定输出信号不仅与电路该时刻的输入信号有关，而且与电路过去的输入信号有关。

本章主要讨论时序逻辑电路的一般分析和设计方法，以及常用的中规模时序逻辑电路，包括集成计数器、寄存器等的逻辑功能和应用。

6.1 时序逻辑电路概述

6.1.1 时序逻辑电路的结构

时序逻辑电路的一般结构如图 6.1 所示，它由组合电路和存储电路两个部分组成，x_1,……,x_n 为时序逻辑电路的输入信号，又称为组合电路的外部输入信号；Z_1,……,Z_m 为时序逻辑电路的输出信号，又称为组合电路的外部输出信号；y_1,……,y_s 为时序逻辑电路的“状态”，又称为组合电路的内部输入信号；Y_1,……,Y_r 为时序逻辑电路中的激励信号，又称为组合电路的内部输出信号，激励信号是存储电路的输入信号，它决定了电路下一时刻的状态。

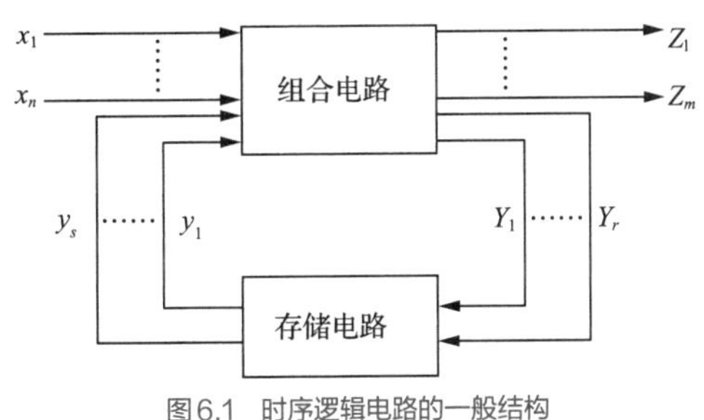

图6.1 时序逻辑电路的一般结构

根据时序逻辑电路的结构可知，时序逻辑电路具有如下特征。

（1）电路由组合电路和存储电路组成，具有对过去输入进行记忆的功能。

（2）电路中存在内部反馈，电路的输出由电路的输入信号和存储电路的当前状态（现态）共同决定。

时序逻辑电路按照是否存在统一的时钟信号，可以分为同步时序逻辑电路和异步时序逻辑电路。如果使用带有时钟控制端的触发器，并且各个触发器的时钟端均与同一时钟脉冲信号 *CP* 相连接，触发器的状态改变发生在同一时刻，这种时序逻辑电路称为**同步时序逻辑电路**。同步时序逻辑电路的各个触发器在同一个时钟脉冲信号 *CP* 作用下同时翻转，时钟脉冲信号 *CP* 对电路状态的变化起着同步的作用，它决定状态转换时刻并实现"等状态时间"。

按照输入信号的不同，异步时序逻辑电路又被分为脉冲异步时序逻辑电路和电平异步时序逻辑电路。在数字系统中，脉冲信号被定义为在短时间内突变而随后又迅速返回其原始值的信号，就像人的脉搏一样。如果信号的原始值为低电平就称为正脉冲信号；如果信号的原始值为高电平就称为负脉冲信号，如图 6.2 所示。如果脉冲信号之间的间隔时间是固定的，这样的脉冲信号就是一个周期性的时钟信号。如果把脉冲信号一般化，信号的变化不具备周期性，就得到了电平信号。

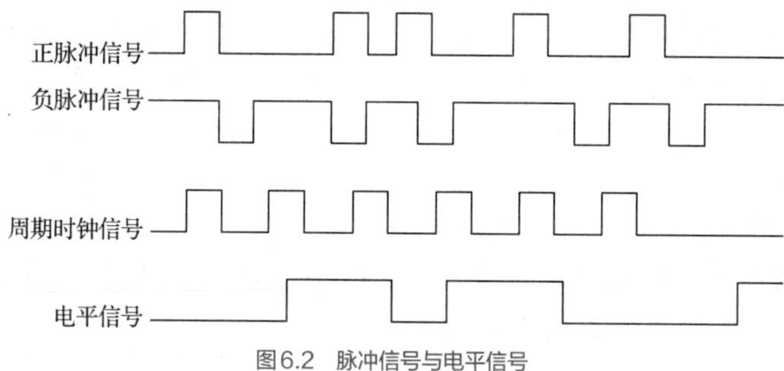

图6.2　脉冲信号与电平信号

脉冲异步时序逻辑电路研究脉冲信号输入作用下电路状态的变化，电路中触发器的时钟端不同步，或者连接输入脉冲信号，或者连接电路内部信号，各个触发器状态的变化有先有后。

由于脉冲信号可以看作电平信号的特例，而触发器是由逻辑门加上反馈回路构成的，因此，如果把同步时序逻辑电路和脉冲异步时序逻辑电路一般化，就可以得到时序逻辑电路中更为本质的另一类电路——**电平异步时序逻辑电路**。电平异步时序逻辑电路也是由组合电路和存储电路两部分组成的，但存储电路是由反馈回路中的延迟元件构成的，其结构模型如图 6.3 所示。

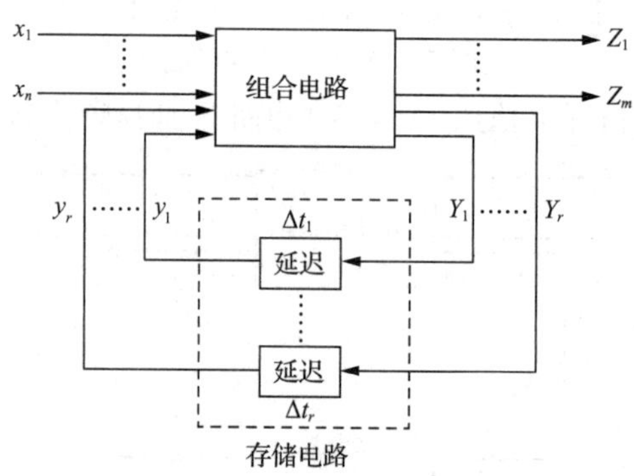

图6.3　电平异步时序逻辑电路的结构模型

图 6.3 中，$x_1,\cdots\cdots,x_n$ 为外部输入信号；$Z_1,\cdots\cdots,Z_m$ 为输出信号；$Y_1,\cdots\cdots,Y_r$ 为激励状态；$y_1,\cdots\cdots,y_r$ 为二次状态；$\Delta t_1,\cdots\cdots,\Delta t_r$ 为反馈回路中的时间延迟。电路可用以下方程组来描述。

$$Z_i = f_i(x_1,\cdots,x_n,y_1,\cdots,y_r) \qquad i=1,\cdots,m$$
$$Y_j = g_j(x_1,\cdots,x_n,y_1,\cdots,y_r) \qquad j=1,\cdots,r$$
$$y_j(t+\Delta t_j)=Y_j(t)$$

电平异步时序逻辑与同步时序逻辑电路和脉冲异步时序逻辑电路的电路结构有着本质的不同，其分析将在6.6节专门进行讲解。

根据时序逻辑电路输出信号的特点，时序逻辑电路可以分为Mealy型和Moore型。在Mealy型时序逻辑电路中，输出不仅取决于当前电路的状态，还同时与电路输入有关，即输出是电路输入和电路状态的函数；而在Moore型时序逻辑电路中，输出只取决于当前电路的状态，即输出是电路状态的函数。若一个时序逻辑电路没有专门的外部输出信号，而是以电路状态作为输出，则可视为Moore型电路的特殊情况。两种模型的结构框图如图6.4所示。

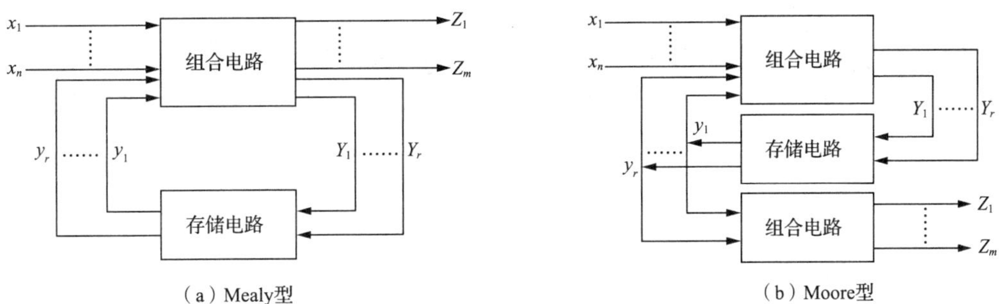

图6.4 时序逻辑电路中两种模型的结构框图

6.1.2 时序逻辑电路的描述方法

研究同步时序逻辑电路和脉冲异步时序逻辑电路时，除了使用逻辑函数表达式之外，一般采用状态表、状态图描述一个时序电路的逻辑功能。状态表和状态图是时序逻辑电路分析和设计的重要工具。此外，必要时还可以通过时序图来描述电路的功能。

1. 逻辑函数表达式

通常采用3组逻辑函数表达式描述时序逻辑电路。

（1）输出函数表达式

输出函数表达式是反映电路输出 Z 与输入 x 和状态 y 之间关系的表达式。

对于Mealy型电路，其函数表达式为

$$Z_i = f_i(x_1,\cdots,x_n,y_1,\cdots,y_r) \qquad i=1,2,\cdots,m$$

对于Moore型电路，其函数表达式为

$$Z_i = f_i(y_1,\cdots,y_r) \qquad i=1,2,\cdots,m$$

（2）激励函数表达式

激励函数又称为控制函数，它反映了存储电路的输入 Y（组合电路内部输出）与电路输入 x 和状态 y 之间的关系，其函数表达式为

$$Y_j=g_j(x_1,\cdots,x_n,y_1,\cdots,y_r) \qquad j=1,2,\cdots,r$$

（3）次态函数表达式

次态函数主要用来反映电路的次态 y^{n+1} 与激励函数 Y 和电路现态 y 之间的关系，同步时序逻辑电路和脉冲异步时序逻辑电路次态函数与使用的触发器类型相关，其函数表达式为

$$y_l^{n+1}=k_l(Y_j,y_l) \qquad j=1,2,\cdots,r \qquad l=1,2,\cdots,r$$

一般，对于任何一个时序逻辑电路，一旦上述 3 组函数被确定，则其逻辑功能便被唯一确定。

2. 状态表

状态表能够完全描述时序逻辑电路的逻辑功能。

对于时序逻辑电路的 Mealy 型和 Moore 型两种模型，其状态表的格式略有区别。Mealy 型时序逻辑电路状态表格式如表 6.1 所示，Moore 型时序逻辑电路状态表的格式如表 6.2 所示。两种状态表均列出了针对不同输入 x 和现态 y，电路在时钟脉冲作用后对应的次态 y^{n+1} 和输出 Z。二者的区别在于 Mealy 型电路的输出 Z 和次态一样，其值不仅与电路的现态 y 有关，还与输入直接相关，所以将次态和输出放在一列内；而 Moore 型电路的输出 Z 仅与电路的现态 y 有关，所以将输出单独作为一列，其值由现态确定。

表 6.1 Mealy 型时序逻辑电路状态表格式

现态	次态/输出
	输入 x
y	y^{n+1}/Z

表 6.2 Moore 型时序逻辑电路状态表格式

现态	次态	输出
	输入 x	
y	y^{n+1}	Z

3. 状态图

与状态表一样，状态图也是时序逻辑电路分析和设计的重要工具。用状态图描述时序逻辑电路的逻辑功能具有直观、形象等优点。Mealy 型时序电路和 Moore 型时序电路的状态图略有不同，其区别在于电路输出的标注位置。

Mealy 型电路状态图的形式如图 6.5（a）所示。其中，在有向箭头的旁边标出发生该转移的输入条件及在该输入和现态下的相应输出，这是因为 Mealy 型电路的输出和次态一样不仅与现态有关，还与输入相关。Moore 型电路状态图的形式如图 6.5（b）所示，电路输出标注在圆圈内的状态右下方之外，这表明电路的输出仅与电路的状态有关。

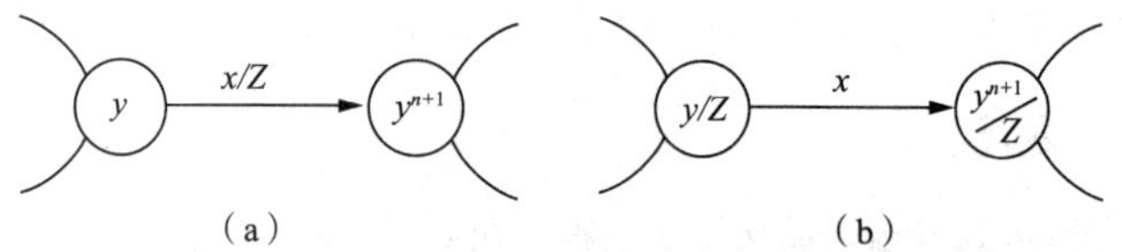

图6.5 Mealy型和Moore型电路的状态图形式

4. 时序图

时序图也可以直观地显示电路的状态和输出在输入信号作用下随时间变化的规律。关于波形图的绘制，我们将在后面的分析和设计中结合实例进行介绍。

6.2 小规模时序逻辑电路的分析

同步时序逻辑电路和脉冲异步时序逻辑电路有两个共同的特点：第一，电路状态的转换是在脉冲作用下实现的。在同步时序逻辑电路中尽管输入信号可以是电平信号或者脉冲信号，但电路的状态转换受统一的时钟脉冲控制；脉冲异步时序逻辑电路中没有统一的时钟脉冲，输入信号为脉冲信号，即控制电路状态转换的脉冲信号是由电路输入端提供的。第二，电路对过去输入信号的记忆是由触发器实现的。因此，同步时序逻辑电路和脉冲异步时序逻辑电路的分析及设计过程基本相同。

小规模时序逻辑电路分析，就是对一个给定的小规模时序逻辑电路，找出电路状态和输出随着输入变化的规律，从而确定电路的逻辑功能。本节将举例介绍小规模同步时序逻辑电路和脉冲异步时序逻辑电路的分析方法。

6.2.1 小规模时序逻辑电路的分析方法和步骤

小规模时序逻辑电路分析主要有两种常用的方法：一种是代数法；另一种是表格法。其分析步骤如图 6.6 所示。

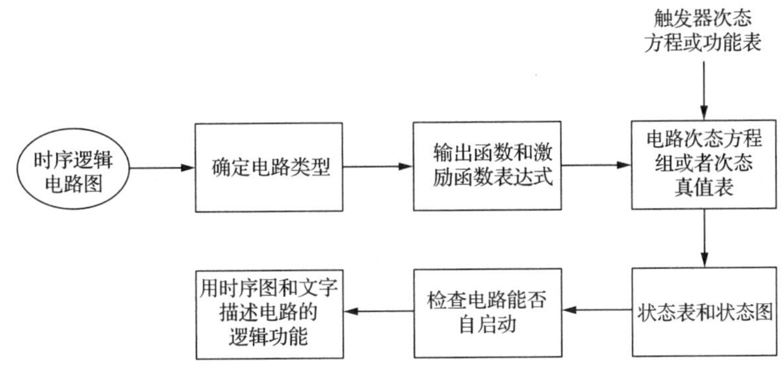

图6.6 时序逻辑电路的分析步骤

（1）根据给定的时序逻辑电路，确定电路的类型。

（2）写出输出函数和激励函数表达式。

（3）列出电路次态方程组或者写出电路次态真值表。代数法是将激励函数表达式代入触发器的次态方程，导出电路的次态方程组。表格法则按照电路触发器的功能表，根据输入和现态在各种取值下的激励函数值，确定相应的次态。两种方法大同小异，在实际电路分析中只要选用一种就可以了。

（4）根据次态真值表或者次态方程组和输出函数表达式，作出给定电路的状态表和状态图。

（5）检查电路能否自启动。根据状态图，分析电路的有效状态循环。如果存在处于有效状态循环之外的状态，就是无效状态。无效状态是在设计时产生的对设计者来说不期望出现（或者不需要）的逻辑状态。电路在正常工作时不会因为输入序列导致无效状态的出现，但是由于某些异常情况或者干扰，数字系统可能会进入无效状态。因此，需要判断电路在偶然进入无效状态后是否能够正常工作。假设电路现态为任一无效状态，判断电路是否能够在时钟脉冲和输入的作用下回到有效状态循环中。如果存在某个无效状态，在时钟脉冲和输入的作用下电路不能转换到有效状态或者产生无效循环，说明给定电路不能够恢复正常工作，称为“挂起”；如果所有的无效状态在时钟脉冲和输入的作用下都能转换到有效状态，则说明电路不会“挂起”，或者说电路能够自启动。

（6）拟定一个典型输入序列，画出其时序图，并用文字描述电路的逻辑功能。

6.2.2 小规模同步时序逻辑电路的分析

同步时序逻辑电路的所有触发器连接了同步时钟脉冲信号 *CP*，因此在研究时，通常不把同步时钟脉冲信号 *CP* 作为激励信号处理，而是将它当成一种默认的时间基准。在写出激励函数表达式时，可以不用列出时钟脉冲信号 *CP* 的表达式。

为了使同步时序逻辑电路稳定、可靠地工作，对时钟脉冲信号的宽度和频率有一定的要求，脉冲的宽度必须保证触发器可靠翻转，脉冲的频率则必须保证在前一个脉冲引起的电路响应完全结束后，后一个脉冲才能到来，否则，电路状态的变化将发生混乱。

例 6.1　分析图 6.7 所示的同步时序逻辑电路。

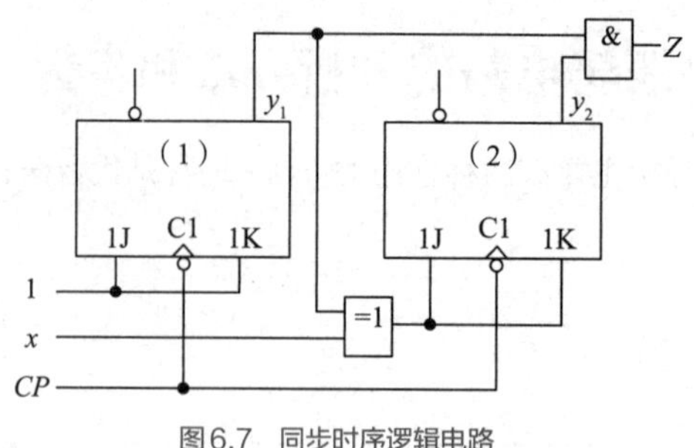

图6.7　同步时序逻辑电路

解：由图 6.7 可以看出，该电路的存储电路由两个下降沿触发的 JK 触发器组成，组合电路由 1 个异或门和 1 个与门组成，电路的输入为 x，电路的状态（即触发器状态）用 y_2y_1 表示，电路的输出为 Z。使用代数法分析过程如下。

（1）确定电路类型。可以看出，两个触发器的时钟端连接了统一的时钟信号 CP，电路的输出 Z 与输入 x 无关，所以该电路是一个 Moore 型同步时序逻辑电路。

（2）写出输出函数表达式和激励函数表达式。根据电路图，写出输出函数表达式和激励函数表达式。

$$Z = y_2y_1 \qquad J_2 = K_2 = x \oplus y_1 \qquad J_1 = K_1 = 1$$

（3）列出电路的次态方程组。根据 JK 触发器的次态方程，代入激励函数表达式，写出电路的次态方程组。

$$y_2^{n+1} = J_2\bar{y}_2 + \bar{K}_2y_2 = x \oplus y_1 \oplus y_2$$
$$y_1^{n+1} = J_1\bar{y}_1 + \bar{K}_1y_1 = \bar{y}_1$$

（4）作出状态表和状态图。根据次态方程组，作出电路的状态表如表 6.3 所示，状态图如图 6.8 所示。

表 6.3　状态表

现态	次态 $y_2^{n+1}y_1^{n+1}$		输出
y_2 y_1	x=0	x=1	Z
0 0	0 1	1 1	0
0 1	1 0	0 0	0
1 0	1 1	0 1	0
1 1	0 0	1 0	1

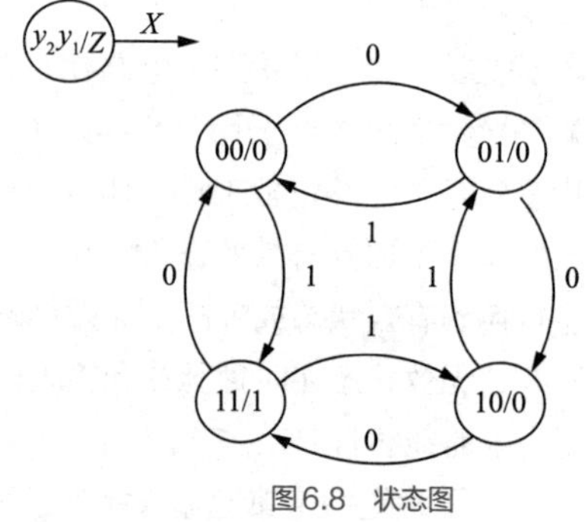

图6.8　状态图

（5）检查电路能否自启动。根据图 6.8 所示状态图可以看出，该电路的 4 个状态均处于有效状态循环中，没有无效状态，因此不存在自启动问题。

（6）用时序图和文字描述电路的逻辑功能。由状态图可以看出，当 x=0 时，电路的状态依次递增经过 00 → 01 → 10 → 11，然后回到 00；当 x=1 时，电路的状态依次递减经过 11 → 10 → 01 → 00，然后回到 11，当电路状态为 11 时，电路输出 Z=1，否则 Z=0。因此，该电路的功能是一个 2 位二进制数可逆计数器，x=0 时递增计数，输出 Z 为进位信号；x=1 时递减计数，输出 Z 为借位信号。

作时序电路的时序图时，需要根据电路分析的结果，即电路的逻辑功能，拟定一组典型的输入序列，然后依次作出状态和输出响应序列，最后根据响应序列画出时序图。按照电路的逻辑功能，可以假设电路的初始状态为 y_2y_1=00，输入 x 的典型输入序列为 111100000，则根据状态表或状态图可作出电路的状态响应序列如下。

CP	1	2	3	4	5	6	7	8	9
x	1	1	1	1	0	0	0	0	0
y_2	0	1	1	0	0	0	1	1	0
y_1	0	1	0	1	0	1	0	1	0
y_2^{n+1}	1	1	0	0	0	1	1	0	0
y_2^{n+1}	1	0	1	0	1	0	1	0	1
Z	0	1	0	0	0	0	0	1	0

根据状态响应序列可作出时序图，如图 6.9 所示。从时序图上可以看出，Moore 型电路由于输出只与状态相关，因此输出至少持续一个时钟周期，即两次下降沿之间的时间间隔。

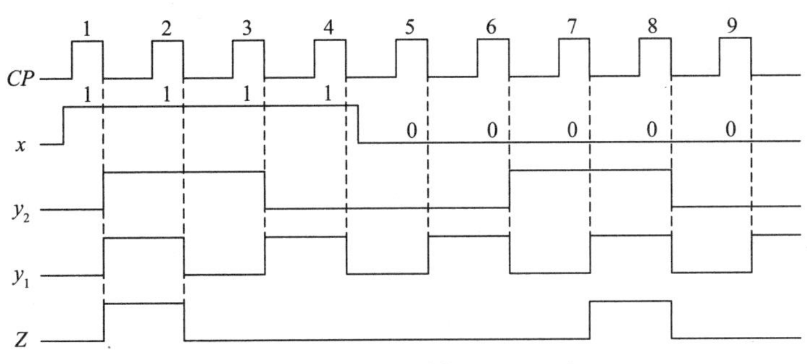

图6.9 时序图

例 6.2 分析图 6.10 所示的时序逻辑电路。

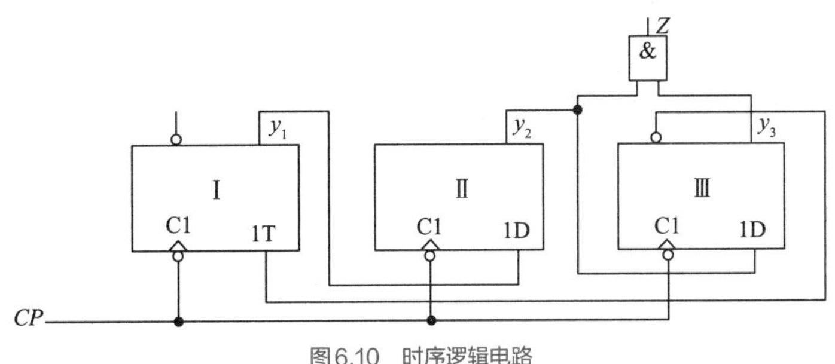

图6.10 时序逻辑电路

解：该电路的存储电路部分由 1 个下降沿触发的 T 触发器和 2 个下降沿触发的 D 触发器构成，组合电路是一个与门，电路除了时钟脉冲外无其他输入，电路的状态（即触发器状态）用 $y_3\,y_2\,y_1$ 表示，输出为 Z。使用代数法分析该电路的过程如下。

（1）确定电路类型。在图 6.10 中，3 个触发器的时钟端连接了统一的时钟信号 CP，电路输出只与电路的状态有关，所以该电路是一个 Moore 型同步时序逻辑电路。

（2）写出输出函数和激励函数表达式。由逻辑电路图可知，该电路的输出函数和激励函数表达式分别为

$$Z = y_3y_2 \qquad T_1 = \overline{y}_3 \qquad D_2 = y_1 \qquad D_3 = y_2$$

（3）写出电路的次态方程组。根据 T 触发器和 D 触发器的次态方程及电路的激励函数表达

式，可求出电路的次态方程组如下。

$$y_3^{n+1} = D_3 = y_2$$
$$y_2^{n+1} = D_2 = y_1$$
$$y_1^{n+1} = y_1 \oplus T_1 = y_1 \oplus \overline{y}_3$$

（4）作出电路的状态表和状态图。根据次态方程组和输出函数表达式，可作出该电路的状态表如表 6.4 所示，状态图如图 6.11 所示。

表 6.4　状态表

现态 $y_3y_2y_1$	次态 $y_3^{n+1}y_2^{n+1}y_1^{n+1}$	输出 Z
0 0 0	0 0 1	0
0 0 1	0 1 0	0
0 1 0	1 0 1	0
0 1 1	1 1 0	0
1 0 0	0 0 0	0
1 0 1	0 1 1	0
1 1 0	1 0 0	1
1 1 1	1 1 1	1

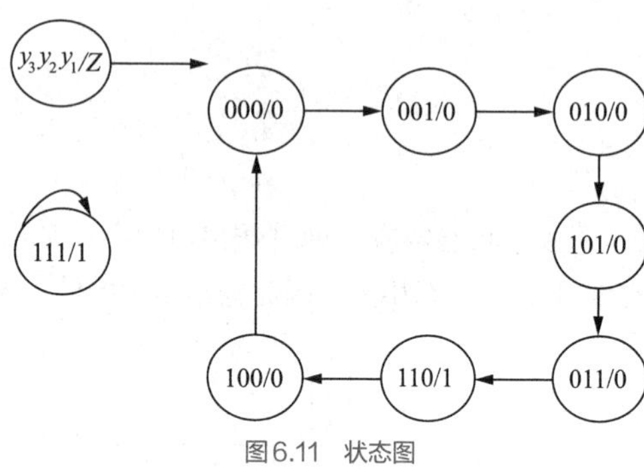

图6.11　状态图

（5）检查电路能否自启动。根据图 6.11 所示的状态图可以看出，电路有 8 个状态，其中的 7 个状态构成了有效的状态循环，而状态 111 不在有效循环中，且一旦进入 111 状态，无论如何输入，电路一直处于 111 状态，构成无效状态循环，因此该电路不能自启动，存在“挂起”。

（6）用时序图和文字描述电路的逻辑功能。由状态图可知，电路的状态在 7 个有效状态中单向循环，一般把这种电路称为**计数器**，单向循环所包含的状态个数称为**计数器的模**。因此，该电路是一个不能自启动的同步模 7 计数器，输出 Z=1 时表示有进位。注意，该计数器电路是对输入时钟脉冲信号的下降沿进行计数。

作时序电路的时序图，按照电路的逻辑功能，假设电路的初始状态为 $y_3y_2y_1 = 011$，根据状态表或状态图可作出电路的状态响应序列如下。

CP	1	2	3	4	5	6	7	8	9
y_3	0	1	1	0	0	0	1	0	1
y_2	1	1	0	0	0	1	0	1	1
y_1	1	0	0	0	1	0	1	1	0
y_3^{n+1}	1	1	0	0	0	1	0	1	1
y_2^{n+1}	1	0	0	0	1	0	1	1	0
y_1^{n+1}	0	0	0	1	0	1	1	0	0
Z	0	1	0	0	0	0	0	0	1

根据状态响应序列可作出时序图，如图 6.12 所示。

在本例中使用了两种触发器，但是在实际应用中，小规模的时序逻辑电路一般使用同一类型的触发器，这样做的好处是所有触发器的特性基本相同，输入时钟脉冲的宽度和频率比较容易满足。注意，由于使用了统一的时钟脉冲信号，同步时序逻辑电路中是使用上升沿还是使用下降沿触发的触发器对电路功能没有影响。

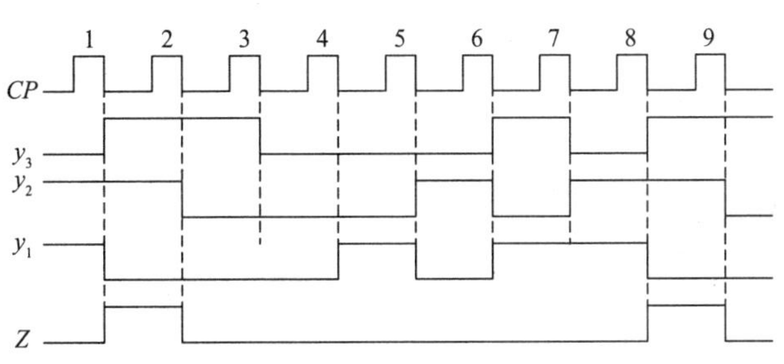

图6.12 时序图

例 6.3 分析图 6.13 所示的同步时序逻辑电路。

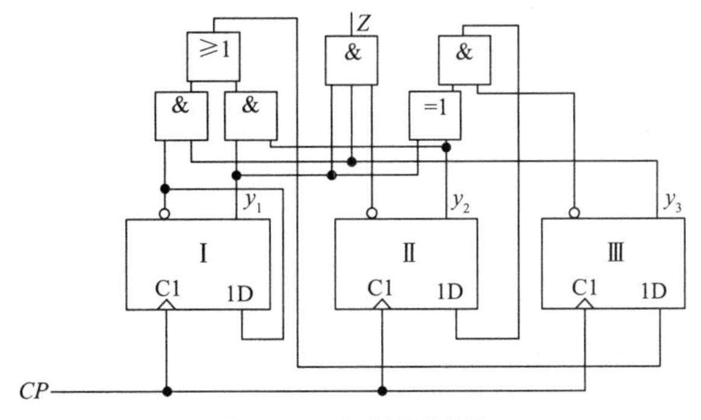

图6.13 同步时序逻辑电路

解：由图 6.13 可以看出，该电路的存储电路由 3 个上升沿触发的钟控 D 触发器组成，组合电路包括 4 个与门、1 个或门和 1 个异或门；电路除了时钟脉冲信号外没有其他输入，电路的状态（即触发器状态）可以用 $y_3y_2y_1$ 表示；电路有一个输出 Z。使用表格法分析该电路的过程如下。

（1）确定电路类型。在图 6.13 中，3 个 D 触发器的时钟端连接了统一的时钟脉冲信号 CP，电路的输出只与电路的状态有关，所以该电路是一个 Moore 型同步时序逻辑电路。

（2）写出输出函数表达式和激励函数表达式。由逻辑电路图可知，该电路的激励函数和输出函数表达式为

$$Z = y_3\overline{y}_2y_1 \quad D_3 = y_3\overline{y}_1 + y_2y_1 \quad D_2 = \overline{y}_3(y_1 \oplus y_2) \quad D_1 = \overline{y}_1$$

（3）列出电路次态真值表。电路次态真值表如表 6.5 所示，首先依次列出电路现态（无输入）的所有可能的取值组合，然后根据激励函数表达式，填写出现态对应的激励函数的值，最后根据触发器的功能表和输出函数表达式填写出所有对应的次态和输出。

表 6.5　电路次态真值表

现态 $y_3\ y_2\ y_1$	激励 $D_3\ D_2\ D_1$	次态 $y_3^{n+1}\ y_2^{n+1}\ y_1^{n+1}$	输出 Z
0 0 0	0 0 1	0 0 1	0
0 0 1	0 1 0	0 1 0	0
0 1 0	0 1 1	0 1 1	0
0 1 1	1 0 0	1 0 0	0
1 0 0	1 0 1	1 0 1	0
1 0 1	0 0 0	0 0 0	1
1 1 0	1 0 1	1 0 1	0
1 1 1	1 0 0	1 0 0	0

（4）作出状态表和状态图。根据表 6.5 所示的次态真值表，可作出该电路的状态表如表 6.6 所示，状态图如图 6.14 所示。

表 6.6　状态表

现态 $y_3\ y_2\ y_1$	次态 $y_3^{n+1}\ y_2^{n+1}\ y_1^{n+1}$	输出 Z
0 0 0	0 0 1	0
0 0 1	0 1 0	0
0 1 0	0 1 1	0
0 1 1	1 0 0	0
1 0 0	1 0 1	0
1 0 1	0 0 0	1
1 1 0	1 0 1	0
1 1 1	1 0 0	0

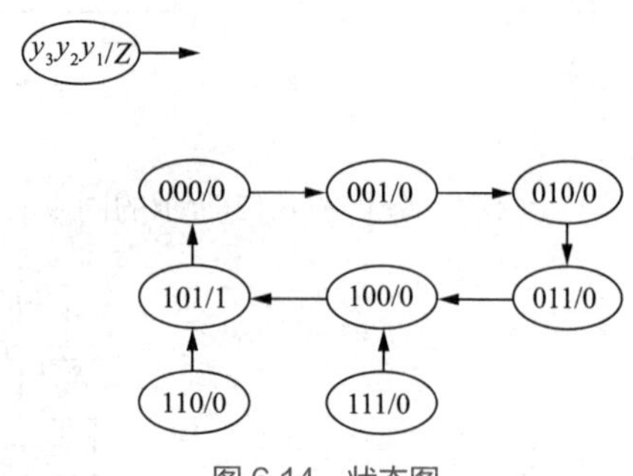

图 6.14　状态图

（5）检查电路能否自启动。根据图 6.14 所示的状态图可以看出，电路有 8 个状态，其中的 6 个状态构成了有效的状态循环，而状态 110 和 111 不在有效循环中，但是状态 110 和 111 会在时钟脉冲信号作用下分别转移到有效状态 101 和 100，因此该电路可以自启动。

（6）用时序图和文字描述电路的逻辑功能。由状态图可以看出，该电路是一个同步六进制加法计数器，在状态为 101 的时候有进位输出 1。

根据电路的逻辑功能，设该电路的初始状态为 $y_3y_2y_1$=000，则根据状态表或状态图可作出电路的状态响应序列如下。

CP	1	2	3	4	5	6	7	8	9	10	11	12
y_3	0	0	0	0	1	1	0	0	0	0	1	1
y_2	0	0	1	1	0	0	0	0	1	1	0	0
y_1	0	1	0	1	0	1	0	1	0	1	0	1
y_3^{n+1}	0	0	0	1	1	0	0	0	0	1	1	0
y_2^{n+1}	0	1	1	0	0	0	0	1	1	0	0	0
y_1^{n+1}	1	0	1	0	1	0	1	0	1	0	1	0
Z	0	0	0	0	0	1	0	0	0	0	0	1

根据状态响应序列可作出时序图，如图 6.15 所示。

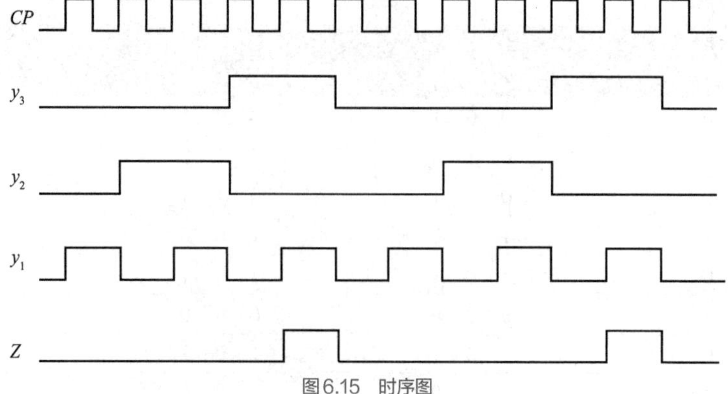

图6.15　时序图

例 6.4 某时序逻辑电路如图 6.16 所示，试分析该电路的功能。

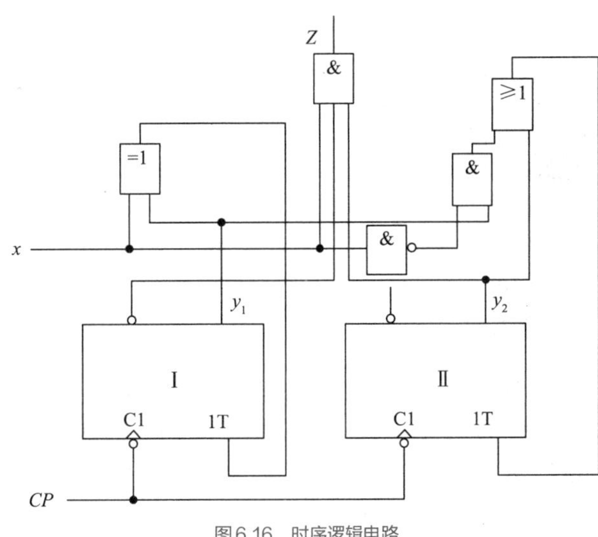

图6.16 时序逻辑电路

解：由图 6.16 可知，该电路的存储电路由两个下降沿触发的 T 触发器构成，组合电路包含 1 个异或门、2 个与门、1 个与非门和 1 个或门。采用表格法分析该电路的过程如下。

（1）确定电路类型。从图 6.16 可以看出，2 个 T 触发器的时钟端连接了统一的时钟脉冲信号 CP，电路有 1 个输入 x 和 1 个输出 Z，且输出 Z 与输入 x 直接相关，所以该电路是一个 Mealy 型同步时序逻辑电路。

（2）写出输出函数和激励函数的表达式。根据电路图可写出该同步时序逻辑电路的输出函数和激励函数的表达式为

$$Z = xy_2\overline{y}_1 \qquad T_2 = \overline{x}y_1 + y_2 \qquad T_1 = x \oplus y_1$$

（3）列出电路次态真值表。根据激励函数表达式和 T 触发器的功能表，可作出该电路的次态真值表如表 6.7 所示。

表 6.7 次态真值表

输入 x	现态 y_2 y_1	激励函数 T_2 T_1	次态 y_2^{n+1} y_1^{n+1}	输出 Z
0	0 0	0 0	0 0	0
0	0 1	1 1	1 0	0
0	1 0	1 0	0 0	0
0	1 1	1 1	0 0	0
1	0 0	0 1	0 1	0
1	0 1	0 0	0 1	0
1	1 0	1 1	0 1	1
1	1 1	1 0	0 1	0

（4）作出状态表和状态图。根据输出函数表达式和表 6.7 所示的次态真值表，可作出该电路的状态表如表 6.8 所示，状态图如图 6.17 所示 。

（5）检查电路能否自启动。从状态图上可以看出，状态 11 没有任何的指入箭头，即正常工作时不可能进入该状态，是一个无效状态。但是无效状态 11 在时钟脉冲作用下可以分别到达有

效状态 00 和 01，因此，该电路是可以自启动的。

表 6.8　状态表

现态 $y_2\ y_1$	次态/输出 $(y_2^{n+1}y_1^{n+1}/Z)$	
	x=0	x=1
0 0	00/0	01/0
0 1	10/0	01/0
1 1	00/0	01/0
1 0	00/0	01/1

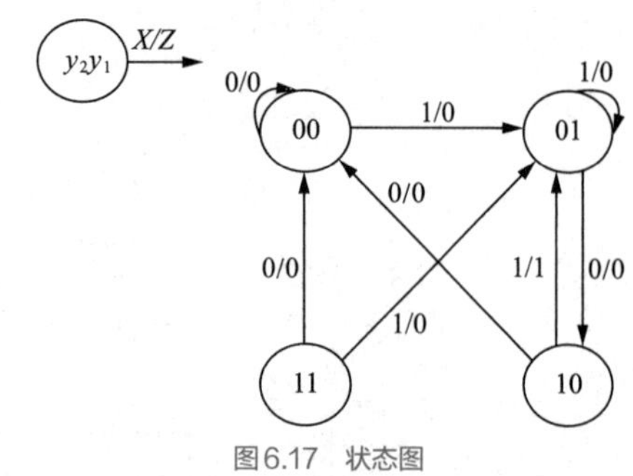

图6.17　状态图

（6）作出时序图并说明电路的逻辑功能。从状态图可以看出，当状态为 10 的时候，如果此时输入 x=1，有输出 Z=1；10 状态只有 1 个指入箭头，也就是说只有当状态为 01，输入 x=0 的时候，状态可以转移至 10；而在任何一个状态下，当输入 x=1 时，状态都会转移到 01。由此可见，电路的功能是一个“101”序列检测器，即对于串行输入的数据 x 中一旦连续出现“101”，输出 Z 为 1，其他情况下输出 Z 为 0。

对于序列检测器，如果序列的头尾存在相同的部分，则需要进一步判断是否具备可重叠性。从图 6.17 可以看出，当状态为 10，输入 x=1 时，状态转移到了 01，上一个“101”的最后一个 1 可以作为下一个“101”的开始，这说明电路具备可重叠性。

设电路初始状态为“00”，输入 x 为电平信号，考虑重叠性，拟定输入序列为 010101001。根据状态图可作出电路的状态响应序列和输出响应序列如下。

CP	1	2	3	4	5	6	7	8	9
x	0	1	0	1	0	1	0	0	1
y_2	0	0	0	1	0	1	0	1	0
y_1	0	0	1	0	1	0	1	0	0
y_2^{n+1}	0	0	1	0	1	0	1	0	0
y_1^{n+1}	0	1	0	1	0	1	0	0	1
Z	0	0	0	1	0	1	0	0	0

根据状态、输出对输入的响应序列，作出相应的时序图，如图 6.18 所示。

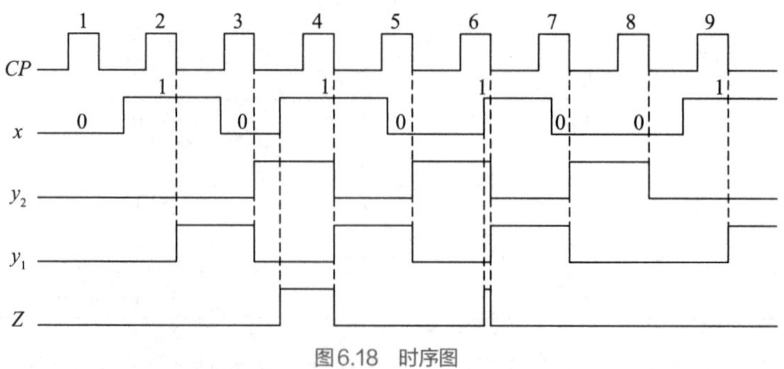

图6.18　时序图

从时序图（见图 6.18）可以看出 Mealy 型电路的特点：电路输出 Z 高电平的持续时间由输入改变的时刻与下一个时钟信号下降沿的间隔时间决定，这个间隔可能会非常短暂，最长不会超过一个时钟周期。由此可以看出，某些同步时序逻辑电路需要输入与时钟配合才能够正常工作。

以上介绍了用表格法和代数法分析同步时序逻辑电路的全过程。至于具体使用哪种方法，主要看电路的复杂程度和对触发器功能、次态方程的熟悉程度。值得指出的是，实际分析时根据给定逻辑电路的复杂程度不同，通常可以省去某些步骤，例如列次态真值表或画时间图等。我们应以充分理解电路功能为原则，视具体情况灵活运用，而不是机械地执行全过程。

6.2.3 小规模脉冲异步时序逻辑电路的分析

脉冲异步时序逻辑电路分析

脉冲异步时序逻辑电路与同步时序逻辑电路的主要区别在于，在脉冲异步时序逻辑电路中触发器不共用一个时钟脉冲信号，引起触发器状态变化的脉冲信号是由输入端直接提供的。为了保证电路可靠地工作，脉冲异步时序逻辑电路的输入脉冲信号必须满足如下约束条件。

（1）输入脉冲的宽度，必须保证触发器可靠翻转。

（2）输入脉冲的间隔，必须保证前一个脉冲引起的电路响应完全后，后一个脉冲才能到来。

（3）不允许两个或两个以上输入端同时出现脉冲，因为客观上两个或两个以上脉冲是不可能准确地“同时”的。在没有时钟脉冲同步的情况下，由于电路元器件和导线的时间延迟会导致电路中各个触发器的变化有微小时差，可能导致电路产生错误的状态转移。

此外，在脉冲异步时序逻辑电路中，Mealy 型和 Moore 型电路的输出信号会有所不同。一般，Mealy 型电路的输出不仅是状态变量的函数，而且是输入的函数，所以输出是脉冲信号；而 Moore 型电路的输出仅仅是状态变量的函数，输出信号的变化只能发生在两个间隔不定的输入脉冲之间，所以输出是电平信号。

脉冲异步时序逻辑电路的分析方法与同步时序逻辑电路的分析方法大致相同，分析过程中同样采用状态表、状态图、时序图等作为工具。但是，脉冲异步时序逻辑电路没有统一时钟脉冲及对输入信号的约束，因此在具体步骤的实施上是有区别的。其差别主要表现为以下两点。

（1）当存储元件采用时钟控制触发器时，应将触发器的时钟控制端作为激励函数处理。分析时应特别注意触发器时钟端何时有脉冲作用，仅当时钟端有脉冲作用时，才根据触发器的输入确定状态转移方向，否则，触发器状态不变。

（2）不允许两个或两个以上输入端同时出现脉冲，而且输入端无脉冲出现时，电路状态不会发生变化，分析时可以排除这些情况，从而简化分析过程中使用的图、表。具体地说，对于 n 个输入端的电路，只需考虑各自单独出现脉冲的 n 种情况，而不需要如同步时序逻辑电路中那样需要考虑 2^n 种情况。例如，假定电路有 x_1、x_2 和 x_3 共 3 个输入，并用取值 1 表示有脉冲出现，则允许的输入取值只有 000、001、010、100 共 4 种，分析时需要讨论的只有后 3 种情况。下面举例说明脉冲异步时序逻辑电路的分析方法。

例 6.5 分析图 6.19 所示的脉冲异步时序逻辑电路，说明该电路的功能。

解：由图 6.19 可知，该电路由两个下降沿触发的 D 触发器和两个与门组成，有一个输入端 x 和一个输出端 Z。

（1）确定电路类型。由图 6.19 可以看出，两个触发器的时钟端并没有连在一起，输出是输入和状态的函数，因此该电路属于 Mealy 型脉冲异步时序逻辑电路。由于脉冲异步时序逻辑电路状态是否发生改变，需要分析相应触发器的时钟端是否存在对应的上升沿或者

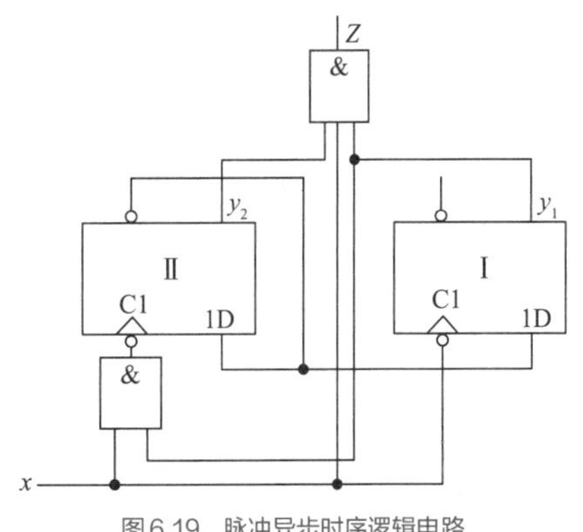

图6.19 脉冲异步时序逻辑电路

下降沿，因此脉冲异步时序逻辑电路分析多采用表格法。

（2）写出输出函数和激励函数表达式。

$$Z = xy_2y_1 \quad D_2 = D_1 = \overline{y}_2 \quad C_2 = xy_1 \quad C_1 = x$$

（3）列出电路次态真值表。在分析电路时，需要注意下降沿 D 触发器的状态转移发生在时钟端脉冲负跳变的瞬间，在次态真值表中用“↓”表示。仅当时钟端有“↓”出现时，相应触发器状态才能发生变化，否则状态不变。

观察触发器的时钟端，$C_1=x$，由于 x 是输入脉冲，因此只要 x 有脉冲信号出现，C_1 就一定会出现下降沿。$C_2=xy_1$，这意味着只有当 y_1 的现态为 1 且 x 有脉冲信号出现的时候，C_2 会出现下降沿。据此，可列出该电路的次态真值表，如表 6.9 所示。在表 6.9 中，x 为 1，表示输入端有脉冲信号出现；考虑到输入端无脉冲出现时电路状态不变，所以省略了 x 为 0 的情况。

表 6.9　次态真值表

输入	现态	激励函数	次态	输出
x	$y_2\ y_1$	$D_2\ C_2\ D_1\ C_1$	$y_2^{n+1}\ y_1^{n+1}$	Z
1	0 0	1　　1 ↓	0 1	0
1	0 1	1 ↓ 1 ↓	1 1	0
1	1 0	0　　0 ↓	1 0	0
1	1 1	0 ↓ 0 ↓	0 0	1

（4）作出状态表和状态图。根据表 6.9 所示的次态真值表和输出函数表达式，可作出该电路的状态表如表 6.10 所示，状态图如图 6.20 所示。

表 6.10　状态表

现态	次态 $y_2^{n+1}\ y_1^{n+1}$/输出 Z
$y_2\ y_1$	x=1
0 0	0 1/ 0
0 1	1 1/ 0
1 0	1 0/ 0
1 1	0 0/ 1

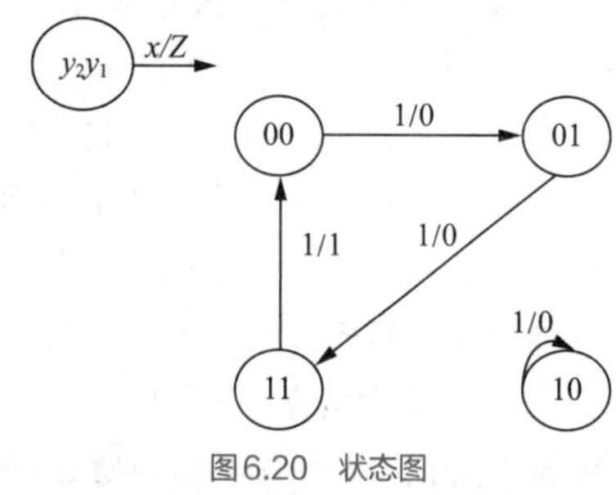

图6.20　状态图

（5）检查电路能否自启动。根据图 6.20 所示的状态图可以看出，电路有 4 个状态，其中的 3 个状态构成了有效的状态循环，而状态 10 不在有效循环中，且一旦进入 10 无效状态，无论如何输入，电路会一直处于 10 状态，因此该电路不能自启动。

（6）画出时间图并说明电路逻辑功能。从状态图可以看出，电路在 3 个有效状态中单向循环，是一个不能自启的模 3 计数器。注意，异步时序逻辑电路的计数器一般是对输入脉冲进行计数。

为了进一步描述该电路在输入脉冲作用下的状态和输出变化过程，可根据状态表或状态图画出该电路的时间，如图 6.21 所示。

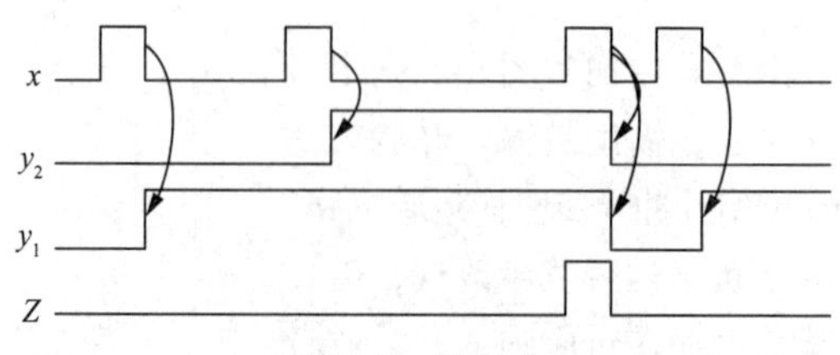

图6.21　时间图

例 6.6 分析图 6.22 所示的脉冲异步时序逻辑电路，说明该电路的功能。

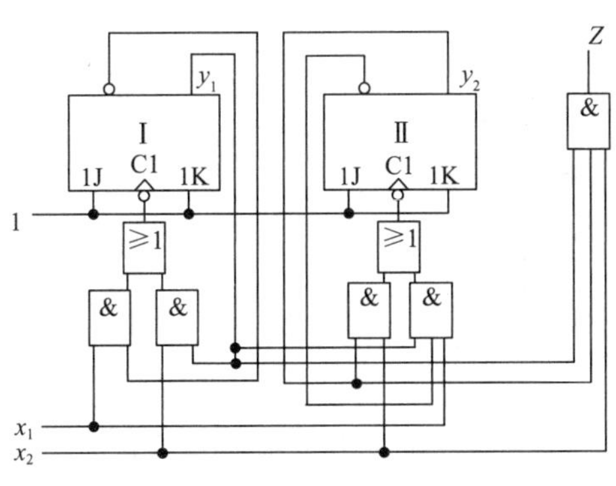

图6.22 脉冲异步时序逻辑电路

解：由图 6.22 可知，该电路由两个下降沿触发的 JK 触发器、5 个与门和 2 个或门组成，有 x_1 和 x_2 两个输入端及一个输出端 Z。电路分析过程如下。

（1）确定电路类型。可以看出，两个 JK 触发器的时钟端并没有连在一起，输出是输入和状态的函数，因此该电路属于 Mealy 型脉冲异步时序逻辑电路。

（2）写出输出函数和激励函数表达式。

$$Z = x_2 y_2 y_1$$

$$J_2 = K_2 = 1 \qquad C_2 = x_2 y_2 + x_1 \overline{y}_2 y_1$$

$$J_1 = K_1 = 1 \qquad C_1 = x_2 y_1 + x_1 \overline{y}_1$$

（3）列出电路次态真值表。电路使用的触发器是下降沿触发的 JK 触发器，因此需要分析时钟端是否出现下降沿。观察触发器的时钟激励表达式 C_2，x_1 和 x_2 是输入脉冲，如果 y_2y_1=00，无论 x_2 或 x_1 是否有脉冲输入 C_2 都为 0，C_2 不可能出现下降沿；只有当 y_2=1 且 x_2 输入脉冲或 y_2y_1=01 且 x_1 输入脉冲时，C_2 端才会出现下降沿。同理，当 y_1=1 且 x_2 输入脉冲或 y_1=0 且 x_1 输入脉冲时，C_1 端会出现下降沿。据此，可列出该电路的次态真值表，如表 6. 11 所示。

表 6.11 次态真值表

输入 x_2 x_1	现态 y_2 y_1	激励函数 J_2 K_2 C_2 J_1 K_1 C_1	次态 y_2^{n+1} y_1^{n+1}	输出 Z
0 1	0 0	1 1 1 1 ↓	0 1	0
0 1	0 1	1 1 ↓ 1 1	1 1	0
0 1	1 0	1 1 1 1 ↓	1 1	0
0 1	1 1	1 1 1 1	1 1	0
1 0	0 0	1 1 1 1	0 0	0
1 0	0 1	1 1 1 1 ↓	0 0	0
1 0	1 0	1 1 ↓ 1 1	0 0	0
1 0	1 1	1 1 ↓ 1 1 ↓	0 0	1

（4）作出状态表和状态图。根据表 6.11 所示的次态真值表和输出函数表达式，可作出该电路的状态表如表 6.12 所示，状态图如图 6. 23 所示。

（5）检查电路能否自启动。根据图 6.23 所示的状态图可以看出，状态 10 没有指入箭头，是无效状态，但在输入脉冲作用下可以到达有效状态 00 和 11。因此，该电路能够自启动，不存在“挂起”。

表 6.12　状态表

现态		次态$y_2^{n+1}y_1^{n+1}$/输出Z	
y_2	y_1	x_1	x_2
0	0	01/0	00/0
0	1	11/0	00/0
1	0	11/0	00/0
1	1	11/0	00/1

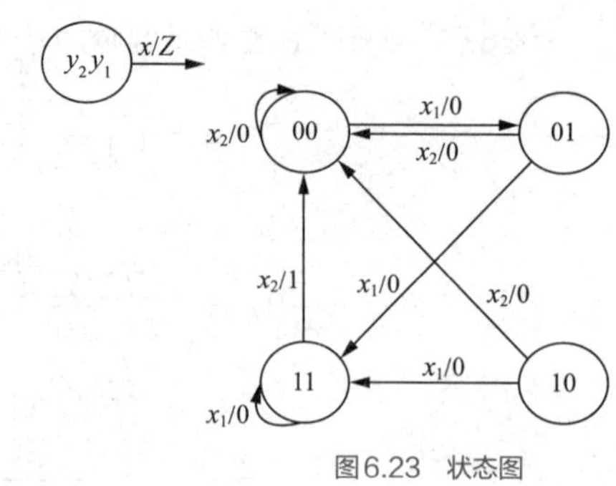

图6.23　状态图

（6）画出时间图并说明电路逻辑功能。从状态图可以看出，电路在 11 状态下输入 x_2 会输出 1，在 01 状态下输入 x_1 会转移到状态 11，而 00 状态下输入 x_1 会转移到状态 01，因此电路的功能是一个“x_1—x_1—x_2”序列检测器。为了进一步描述该电路在输入脉冲作用下的状态和输出变化过程，可假设初始状态为 00，输入的信号是 x_1—x_2—x_1—x_1—x_2—x_2—x_1，根据状态表或状态图画出该电路的时间如图 6.24 所示。

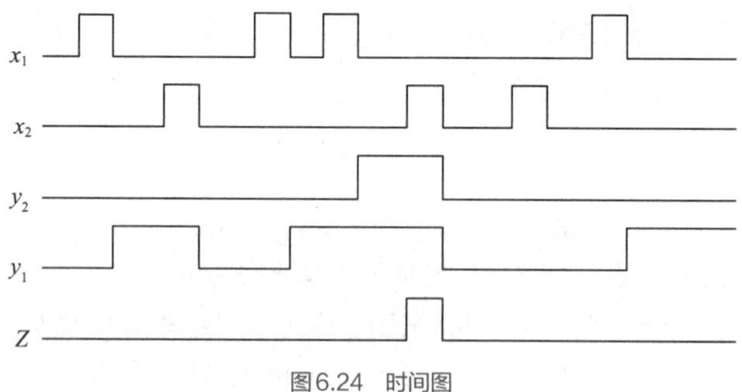

图6.24　时间图

例 6.7　分析图 6.25 所示的脉冲异步时序逻辑电路。

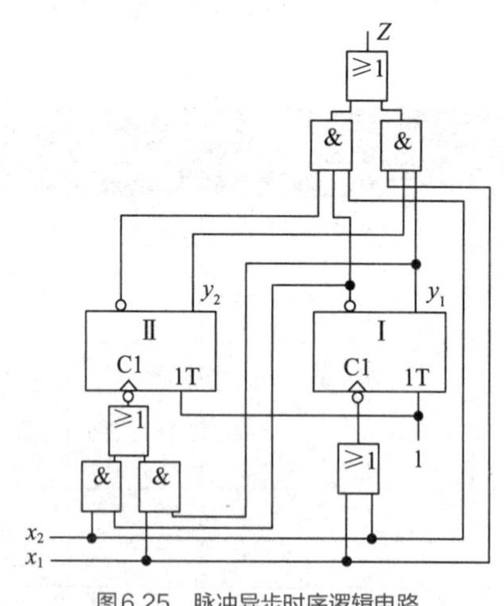

图6.25　脉冲异步时序逻辑电路

解：由图 6.25 可知，电路的存储电路部分由两个下降沿触发的 T 触发器组成。电路有两个输入端 x_1、x_2，一个输出端 Z。电路分析过程如下。

（1）确定电路类型。由图 6.25 可以看出，输出 Z 与电路的状态和输入有关，因此该电路属于 Mealy 型脉冲异步时序电路。

（2）写出输出函数和激励函数表达式。

$$Z = x_1 y_2 y_1 + x_2 \bar{y}_2 \bar{y}_1 \quad C_2 = x_1 y_1 + x_2 \bar{y}_1 \quad T_2 = 1$$
$$C_1 = x_1 + x_2 \qquad T_1 = 1$$

（3）列出电路次态真值表。根据激励函数表达式和 T 触发器的功能表，可列出电路的次态真值表，如表 6.13 所示。

表 6.13　次态真值表

输入	现态	激励函数				次态	输出
x_2 x_1	y_2 y_1	T_2	C_2	T_1	C_1	y_2^{n+1} y_1^{n+1}	Z
0 1	0 0	1		1	↓	0 1	0
0 1	0 1	1	↓	1	↓	1 0	0
0 1	1 0	1		1	↓	1 1	0
0 1	1 1	1	↓	1	↓	0 0	1
1 0	0 0	1	↓	1	↓	1 1	1
1 0	0 1	1		1	↓	0 0	0
1 0	1 0	1	↓	1	↓	0 1	0
1 0	1 1	1		1	↓	1 0	0

（4）作出状态表和状态图。根据表 6. 13 和电路输出函数表达式，可作出该电路的状态表如表 6.14 所示，状态图如图 6. 26 所示。

表 6.14　状态表

现态		次态y_2^{n+1} y_1^{n+1}/输出Z	
y_2	y_1	x_1	x_2
0	0	0 1 / 0	1 1 / 1
0	1	1 0 / 0	0 0 / 0
1	0	1 1 / 0	0 1 / 0
1	1	0 0 / 1	1 0 / 0

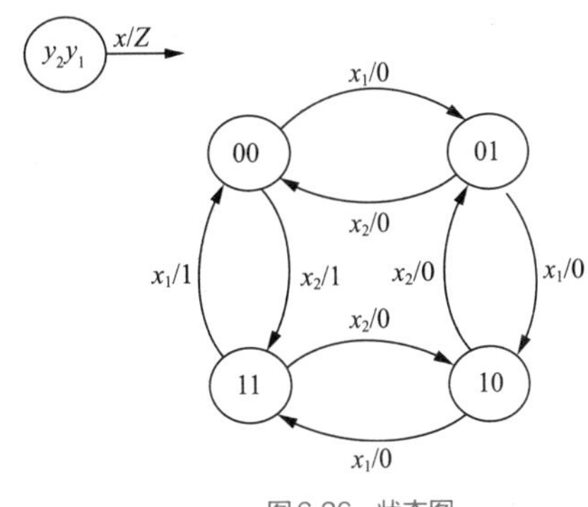

图6.26　状态图

（5）检查电路能否自启动。根据图 6.26 所示的状态图，4 个状态均是有效状态，不存在无效状态，因此该电路不存在自启动问题。

（6）作时序图并说明电路功能。根据图 6.26 所示的状态图，该电路是一个 4 位二进制可逆计数器，当 x_1 输入脉冲信号时累加计数，当 x_2 输入脉冲信号时累减计数；如果有进位或者借位信号时输出为 1，否则输出为 0。

假定初始状态为 00，输入端 x_1、x_2 出现脉冲的顺序依次为 x_1—x_1—x_1—x_1—x_2—x_2—x_2—x_2—x_1—x_2，根据状态表或状态图可作出时序图如图 6.27 所示。

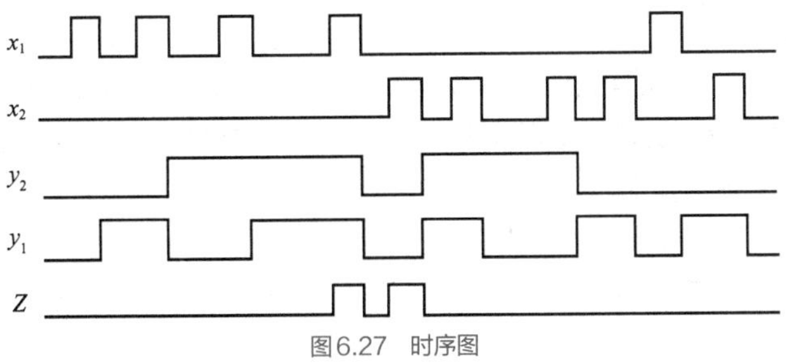

图6.27　时序图

6.3 小规模时序逻辑电路的设计

小规模时序逻辑电路设计是根据给定的任务，使用尽可能少的触发器和逻辑门，设计出符合要求的逻辑电路，该电路也称为时序逻辑电路综合。下面主要讨论同步时序逻辑电路和脉冲异步时序逻辑电路的一般设计方法。

6.3.1 小规模时序逻辑电路的设计方法和步骤

小规模时序逻辑电路设计的一般步骤如图 6.28 所示。注意这里讨论的时序逻辑电路都是指完全确定的时序逻辑电路，即电路的每一个状态在不同输入取值下都有确定的次态和输出。

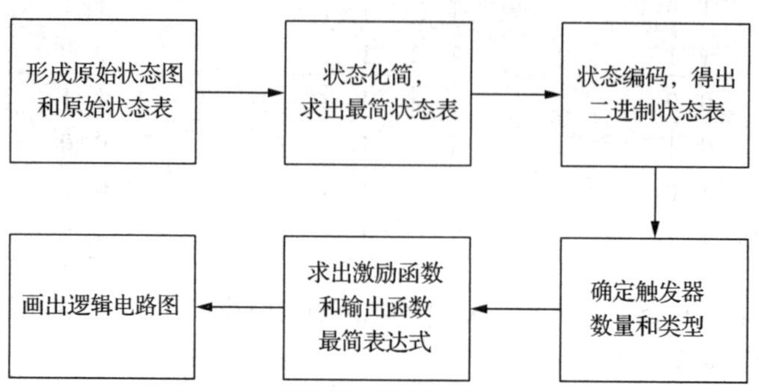

图6.28 小规模时序逻辑电路设计的一般步骤

1. 形成原始状态图和原始状态表

小规模时序逻辑电路设计的第一步是根据设计要求，抽象出电路的输入/输出及状态之间的关系，确定电路的类型，从而确定电路的状态图和状态表。由于最开始得到的状态图和状态表只要求正确、清晰地反映设计要求，是对逻辑问题最原始的描述，其中可能存在多余的状态，因此称为原始状态图和原始状态表。

原始状态图和原始状态表是小规模时序逻辑电路设计中最关键的一步，设计者必须对给定的问题进行认真、全面地分析，确定电路输出和输入的关系，以及状态的转换关系，正确地反映设计要求。原始状态图的建立没有统一的方法，但一般需要考虑以下几个问题。

（1）确定电路的类型

小规模时序逻辑电路有 Mea1y 型和 Moore 型两种模型。不同类型、不同模型时序电路的电路结构有所不同，设计时应具体问题具体分析，主要考虑输入/输出的信号形式、使用的触发器和逻辑门等。具体设计成哪种电路，如果设计要求没有进行明确的规定，设计者可自行选择。

（2）设立初始状态

在建立原始状态图时，应首先设立初始状态，然后从初始状态出发，考虑在各种输入作用下的状态转移和输出响应。初始状态可以理解为时序逻辑电路在刚刚接通电源时的状态或者是在输入信号开始作用之前的状态。

（3）根据需要记忆的信息增加新的状态

建立初始状态后，根据设计要求中要求记忆和区分的信息逐步增加新的状态，并处理新增状态在各种输入取值下的状态转移关系，直到不需要增加新的状态为止。注意，设计时不应该盲目地增加新状态。当在某个状态下输入信号作用的结果能用已有的某个状态表示时，应转向相应的已有状态；如果不能用已有状态表示，才令其转向新的状态。

（4）确定各时刻电路的输出

时序逻辑电路的功能是通过输出对输入的响应来体现的。因此，在建立原始状态图时，必须确定各时刻的输出值。在 Moore 型电路中，应指明每种状态下对应的输出；在 Mealy 型电路中，应指明从每一个状态出发，在不同输入作用下的输出值。

作原始状态图和原始状态表时要正确、清晰地反映设计要求，状态的数量不要求一定是最少的，状态一般用字母或数字表示。

下面举例说明建立原始状态图和原始状态表的方法。

例 6.8　某序列检测器有一个输入端 x 和一个输出端 Z，从输入端 x 输入一串随机的二进制代码，当输入序列中出现 1001 时，输出 Z 产生一个 1 输出，平时 Z 输出 0。试作出该序列检测器的原始状态图和原始状态表。

解：由于问题描述中只有一个输入端，被检测序列是串行输入，因此只能选择同步时序逻辑电路，但是电路的设计要求没有明确电路的模型是 Mealy 型，还是 Moore 型。

（1）假定用 Mealy 型同步时序逻辑电路实现该序列检测器的逻辑功能，则原始状态图的建立过程如下。

设电路的初始状态为 A。当电路处于 A 状态时，若电路输入 x 为 0，此时电路输入的序列为“0”，不是序列“1001”的第一个信号，或者说电路没有接收到序列的第一个信号，电路状态仍然为 A 状态，输出为 0；若电路输入 x 为 1，由于输入 1 是序列“1001”中的第一个信号，因此应该用一个状态 B 将它记住，表示收到了第一个 1，在状态 A 输入 1 时应转向状态 B，输出为 0。此时得到的原始状态图如图 6.29（a）所示。

当电路处于状态 B 时，如果此时输入 x 为 0，电路已经接收到的输入序列为“10”，可用一个新的状态 C 来表示收到了序列“10”的状态，故此时电路输出为 0 并转向状态 C；如果输入 x 为 1，表示收到了序列“11”，此时第一个输入的“1”无法形成序列“1001”，但第二个“1”可能是序列的第一个信号，故此时电路仍然是 B 状态，输出为 0。此时得到的原始状态图如图 6.29（b）所示。

当电路处于状态 C 时，如果输入 x 为 0，则收到的输入序列为“100”，此时可使用一个新的状态 D 表示电路输入了“100”这样的状态，因此，电路由 C 状态指向 D 状态，输出 0；如果输入 x 为 1，表示收到了序列“101”，前面收到的“10”被新收到的“1”打断，无法形成序列“1001”，而新收到的“1”信号可能是下一个“1001”序列的第一个信号，因此，电路转向 B 状态，输出为 0。此时得到的原始状态图如图 6.29（c）所示。

当电路处于状态 D 时，若输入 x 为 0，输入序列为“1000”，与“1001”不同，此时应输出 0，转向状态 A；若输入 x 为 1，输入序列为“1001”，此时输出 1。需要注意的是，由于系列“1001”的首尾都是“1”信号，因此，我们必须考虑一个序列最后的“1”信号能否作为下一个序列的第一个“1”信号，即要考虑电路是否具有可重叠性。对于本例来说，由于设计要求中没有明确序列检测器是否具有可重叠性，我们可以自行决定。如果是可重叠的序列检测器，序列的最后一个“1”信号可以作为下一个序列的第一个信号，因此状态应转向 B，如图 6.29（d）所示。如果是不可重叠的序列检测器，该序列检测结束后，电路应立即准备下一个序列的检测，即状态应转向 A，如图 6.29（e）所示。

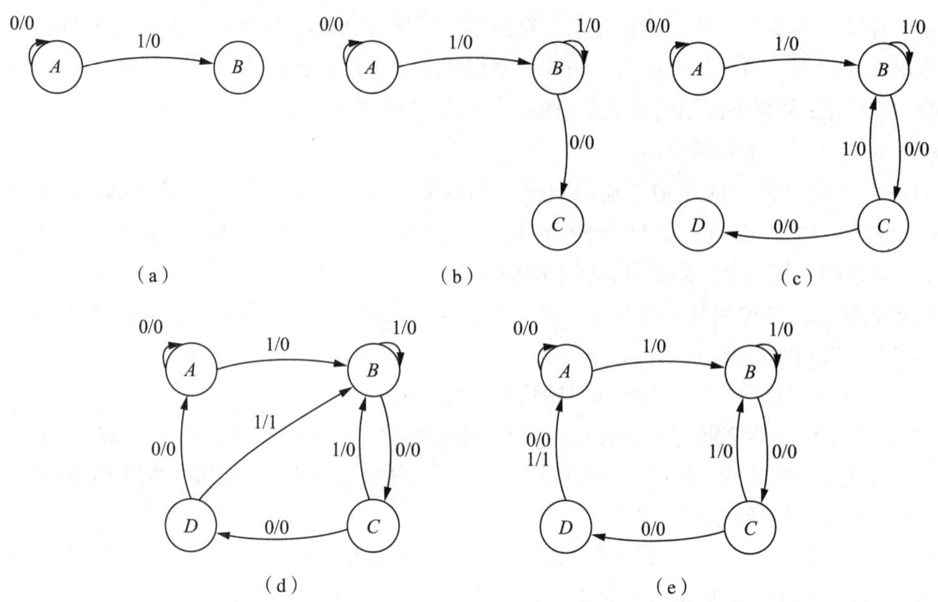

图6.29　Mealy型电路的原始状态图

可重叠和不可重叠的同步 Mealy 型电路的原始状态表分别如表 6.15 和表 6.16 所示。

表 6.15　可重叠 Mealy 型电路的状态表

现态	次态/输出	
	x=0	x=1
A	A/0	B/0
B	C/0	B/0
C	D/0	B/0
D	A/0	B/1

表 6.16　不可重叠 Mealy 型电路的状态表

现态	次态/输出	
	x=0	x=1
A	A/0	B/0
B	C/0	B/0
C	D/0	B/0
D	A/0	A/1

（2）假定用 Moore 型同步时序逻辑电路实现“1001”序列检测器的逻辑功能，则原始状态图的建立过程如下。注意，Moore 型电路的输出完全取决于状态，与输入无直接联系，因此在作 Moore 型原始状态图时，应将输出标记在代表各状态的圆圈内。

建立原始状态图时,也可以从初始状态出发,假定输入的顺序恰巧是一个完整的待检测序列,从而根据需要记忆的信息和需要区分的状态来增加新的状态，然后确定在每个状态下，在不同输入情况下对应的次态和输出，直到电路无新状态增加为止。

设电路的初始状态为 A，此时输出为 0。在 A 状态下，当输入 x 为 1 时，电路收到了序列中的第一个信号“1”，用 B 状态表示，因此，电路从 A 状态转移至 B 状态，此时并没有检测到完整的序列，B 状态下输出 Z 为 0；在 B 状态下，当输入为 0 时，电路收到了序列中的前两个信号“10”，用 C 状态表示，因此，电路从 B 状态转移至 C 状态，此时并没有检测到完整的序列，C 状态下输出 Z 为 0。在 C 状态下，当输入为 0 时，电路收到了序列中的前 3 个信号“100”，用 D 状态表示，因此，电路从 C 状态转移至 D 状态，此时并没有检测到完整的序列，D 状态下输出 Z 为 0；在 D 状态下，当输入为 1 时，电路检测到一个完整的序列“1001”，该状态用 E 状态表示，此时输出 Z 为 1。上述过程如图 6.30（a）所示。

在具有 n 个输入信号的电路原始状态图中，每个状态下有 2^n 种输入情况。因此，需要对图 6.30（a）补充每种状态下在其他输入情况时的次态转移关系。同样地，Moore 型电路的原始状态图也需要考虑电路是否具有可重叠性。如果本例是可重叠的序列检测器，在 E 状态下，当输入为 0 时，输入的序列为“10010”，该序列的最后两个信号“10”可以作为下一个序列的前两个信号，因此电路应转向 C 状态；在 E 状态下，当输入为 1 时，输入的序列为“10011”，此时该序列的最后一个“1”信号可以作为下一个序列的第一个“1”信号，因此电路应转向 B 状态，如图 6.30（b）所示。如果本例是不可重叠的序列检测器，在 E 状态下，当输入为 0 时，虽然序列的最后两个信号是“10”，但因为其不可重叠性，电路应转向初始状态 A，准备进行下一个序列的检测；在 E 状态下，当输入为 1 时，新输入的“1”信号可以作为下一个序列的第一个“1”信号，因此，电路应转向 B 状态，如图 6.30（c）所示。相应的原始状态表如表 6.17 和表 6.18 所示。

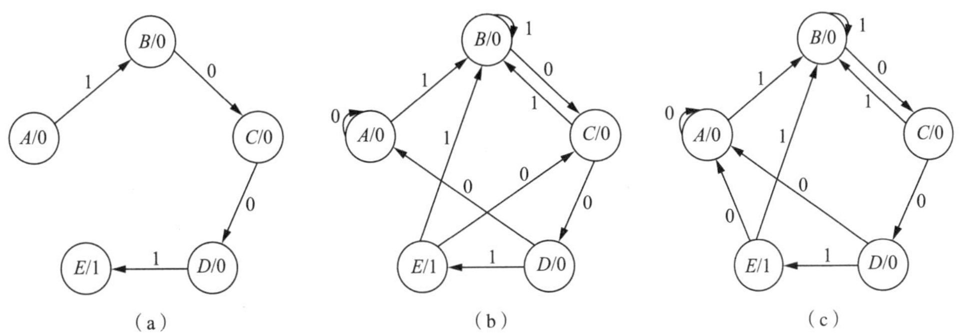

图6.30 Moore型电路的原始状态图

表 6.17 可重叠 Mealy 型电路的状态表

现态	次态		输出
	x=0	x=1	Z
A	A	B	0
B	C	B	0
C	D	B	0
D	A	E	0
E	C	B	1

表 6.18 不可重叠 Mealy 型电路的状态表

现态	次态		输出
	x=0	x=1	Z
A	A	B	0
B	C	B	0
C	D	B	0
D	A	E	0
E	A	B	1

从这个例子可以看出，描述序列检测器的功能所需要的状态数与要识别的序列长度相关，序列越长，需要记忆的代码位数越多，状态数也就越多。此外，描述同一逻辑功能的 Moore 型电路比 Mealy 型电路需要的状态数多。

例 6.9 某同步时序逻辑电路用于检测串行输入的 8421 码，当出现非法数字（即输入 1010、1011、1100、1101、1110、1111）时，电路的输出为 1。试作出该时序电路的 Mealy 型原始状态图和原始状态表。

解：根据设计要求分析，电路类型为同步时序逻辑电路，其有一个输入 x 用于串行输入 8421 码，还有一个输出 Z 用于指示输入是否为非法的 8421 码。当输入为非法数字时，Z 为 1，否则 Z 为 0。但是这里有一个问题没有确定，串行输入 x 数据的时候是先低位后高位，还是先高位后低位。

（1）假设串行输入数据是先低位后高位，判断输入的 8421 码是否为非法数字时，应从低位到高位查看。

假定起始状态为 A，输入 8421 码的最低位，有两种可能的情况，即输入 0 或 1，此时无法确定当前输入是否合法，故需用两个状态 *B* 和 *C* 来分别表示这两种可能；在状态 *B* 和状态 *C* 下，输入 8421 码的第二位代码（从低位数第二位），又各有两种可能的情况，即前两位代码共有 4 种组合，分别用状态 *D*、*E*、*F*、*G* 表示，此时仍然无法确定当前输入是否合法；在状态 *D*、*E*、*F*、*G* 下，输入 8421 码的第三位代码（从低位数第三位），为简单起见，此时仍不判断 8421 码是否合法，因此分别用状态 *H*、*I*、*J*、*K*、*L*、*M*、*N*、*P* 表示前 3 位代码共有 8 种不同的组合。当输入 8421 码的最高位（从低到高的第四位代码）时，一组 8421 码全部被接收，可对输入的 8421 码进行判断，若出现非法数字，电路的输出为 1，否则为 0，然后电路状态返回到起始状态 *A*，准备下一组 8421 码的检测。其原始状态图如图 6.31 所示。

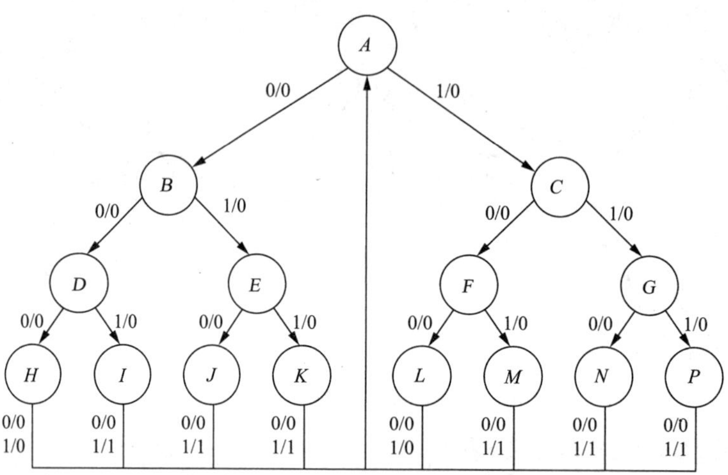

图6.31　Mealy 型电路的原始状态图

将图 6.31 所示的原始状态图转换成原始状态表，如表 6.19 所示。

表 6.19　Mealy 型电路的原始状态表

现态	次态/输出		现态	次态/输出	
	x=0	x=1		x=0	x=1
A	*B*/0	*C*/0	*I*	*A*/0	*A*/1
B	*D*/0	*E*/0	*J*	*A*/0	*A*/1
C	*F*/0	*G*/0	*K*	*A*/0	*A*/1
D	*H*/0	*I*/0	*L*	*A*/0	*A*/0
E	*J*/0	*K*/0	*M*	*A*/0	*A*/1
F	*L*/0	*M*/0	*N*	*A*/0	*A*/1
G	*N*/0	*P*/0	*P*	*A*/0	*A*/1
H	*A*/0	*A*/0			

如果考虑将该代码检测器设计成 Moore 型同步时序逻辑电路，此时电路的输出只与状态相关，与输入不直接相关。因此，需要在 Mealy 型原始状态图的基础上增加两个状态，状态 *X* 表示接收到的 8421 码是 10 种合法码之一，输出为 0；状态 *Y* 表示接收到的 8421 码是 6 种非法码之一，输出为 1。Moore 型电路的原始状态图如图 6.32 所示。

从图 6.32 可以看出，*A* 状态和 *X* 状态在不同输入组合下，其输出和状态响应序列完全相同，因此，可以省略 *X* 状态，所有指向 *X* 的状态直接转移至状态 *A*。

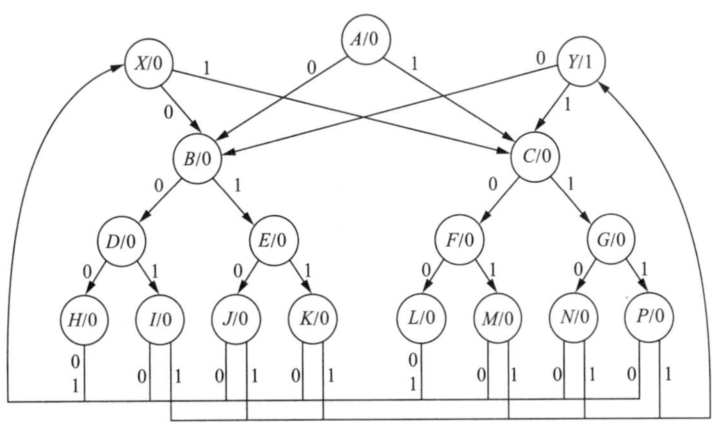

图6.32　Moore型电路的原始状态图

（2）假设串行输入数据是先高位后低位，判断输入的 8421 码是否为非法数字时，应从高位到低位查看。

假定起始状态为 A，输入 8421 码的最高位，可能是 0 或 1，当输入为 0 时，该 8421 码一定为合法码，此时用状态 B 表示合法码收到第一位的状态。当输入为 1 时，无法判断该 8421 码是否非法，用 C 来分别表示收到最高位数字但是无法判断是否为非法码的状态。在 B 状态下，无论输入什么，该 8421 码一定属于合法码，所以状态转移到 D，D 表示合法码收到高两位的状态；在 C 状态下，代码最高位为 1，如果输入的是 0，此时该 8421 码的高两位为“10”，尚无法确定代码是否合法，此状态用 F 表示，电路由 C 状态转移至 F 状态；在 C 状态下，如果输入是 1，该 8421 码为“11xx”，一定是非法码，用状态 G 表示收到非法码高两位的状态，电路由 C 状态转向 G 状态；同理，在状态 D 下，此时代码一定是合法码，转向状态 H，表示收到合法码高三位的状态；在状态 F 下，如果输入是 0，此时 8421 码是“100x”，代码一定是合法码，状态转向 H；在状态 F 下，如果输入是 1，此时 8421 码是“101x”，一定是非法码，状态转向状态 P，P 表示非法码收到高三位的状态；在状态 G 下，无论输入是什么，代码一定是非法码，状态转向 P；从状态 H 出发，无论输入的最低位是 0 还是 1，都是合法码，状态转向 A，输出为 0；从状态 P 出发，无论输入的最低位是 0 还是 1，都是非法码，状态转向 A，输出为 1。完整的原始状态图如图 6.33 所示，该电路的状态数量明显少于先低位后高位串行输入的 Mealy 型电路。

上述例子说明，原始状态图中状态的数量不仅仅与电路功能、电路类型、电路模型有关，还可能与串行输入信号的顺序有关。

2. 状态化简

确定原始的状态图和状态表主要是反映逻辑电路的设计要求，不需要考虑状态数量是否最少。电路中可能存在输入相同时输出和次态都相同的状态，这类状态可以合并以减少状态数量。在小规模时序逻辑电路中，电路的状态数量决定了电路中使用触发器的数量，减少状态数量可以减少电路中的触发器数量、有效降低电路的复杂性和电路成本。

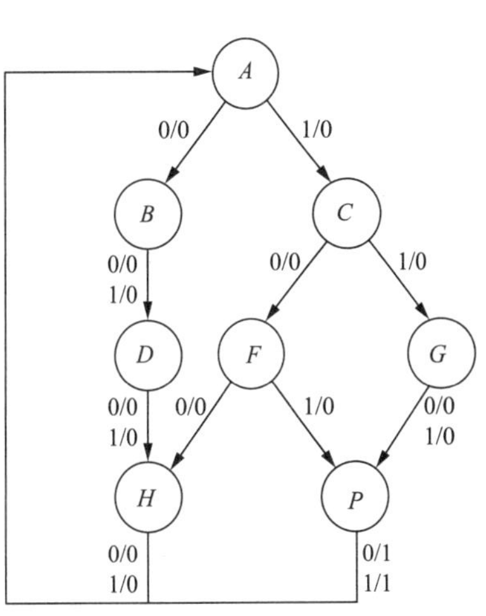

图6.33　Mealy型电路的原始状态图

状态化简就是从原始状态表中消去多余状态，得到一个既能正确地描述设计要求，又能使所包含的状态数量达到最少的状态表，通常称这种状态表为最简状态表，又称为最小化状态表。

状态表的化简是建立在状态“等效”概念基础之上的。这里首先介绍化简时涉及的几个概念。

（1）等效状态

定义　假设状态 S_i 和 S_j 是完全确定状态表中的两个状态，如果对于所有可能的输入序列，分别从 S_i 和 S_j 出发，所得到的输出响应序列完全相同，则状态 S_i 和 S_j 是等效的，记作 $(S_i,\ S_j)$，或者称状态 S_i 和 S_j 是等效对。

等效对的判断可以根据原始状态表上各种输入组合下的次态和输出来判断某两个状态是否等效。假定 S_i 和 S_j 是完全确定原始状态表中的两个现态，则 S_i 和 S_j 等效的条件可归纳为在各种取值组合下满足如下两条。

① 输出相同。

② 次态属于下列情况之一。

a. 次态相同。

b. 次态交错或为各自的现态。

c. 次态循环或为等效对。

这里，“次态交错”是指在某种输入取值下，S_i 的次态为 S_j，而 S_j 的次态为 S_i。而“次态为各自的现态”，即 S_i 的次态仍为 S_i，S_j 的次态仍为 S_j。“次态循环”是指确定两个状态是否等效的关联状态对之间，其依赖关系构成闭环，而两个次态为状态对循环体中的一个状态对。例如，S_1 和 S_2 在某种输入取值下的次态是 S_3 和 S_4，而 S_3 和 S_4 在某种输入取值下的次态又是 S_1 和 S_2，则称这种情况为次态循环。“次态为等效对”是指 S_i 和 S_j 的次态已被确认为等效状态。例如，S_1 的次态是 S_3，S_2 的次态是 S_4，而且 S_3 和 S_4 等效，那么，S_1 和 S_2 是等效的。

等效状态具有传递性。假若 S_1 和 S_2 等效，S_2 和 S_3 等效，那么，一定有 S_1 和 S_3 等效，记为

$$(S_1,\ S_2),\ (S_2,\ S_3) \rightarrow (S_1,\ S_3)$$

（2）等效类

等效类是指由若干彼此等效的状态构成的集合。等效类中的任意两个状态都是等效的。根据等效状态的传递性，等效类可以由各状态等效对确定。例如，由 $(S_1,\ S_2)$ 和 $(S_2,\ S_3)$ 可以推出 $(S_1,\ S_3)$，进而可知 S_1、S_2、S_3 属于同一等效类，记为

$$(S_1,\ S_2),\ (S_2,\ S_3) \rightarrow \{S_1,\ S_2,\ S_3\}$$

（3）最大等效类

最大等效类是指不被任何别的等效类所包含的等效类，即最大等效类中的任意状态不在其他任何等效类中。换言之，如果一个等效类不是任何其他等效类的子集，则该等效类称为最大等效类。

完全确定原始状态表的化简过程就是寻找出表中的所有最大等效类，然后将每个最大等效类中的所有状态合并为一个新的状态，从而得到最简状态表的过程。最简状态表中的状态数等于原始状态表中最大等效类的个数。

常用的状态化简方法有观察法、输出分类法、隐含表法等，下面介绍最常用的一种方法——隐含表法。

用隐含表法进行状态化简的一般步骤如图 6.34 所示。

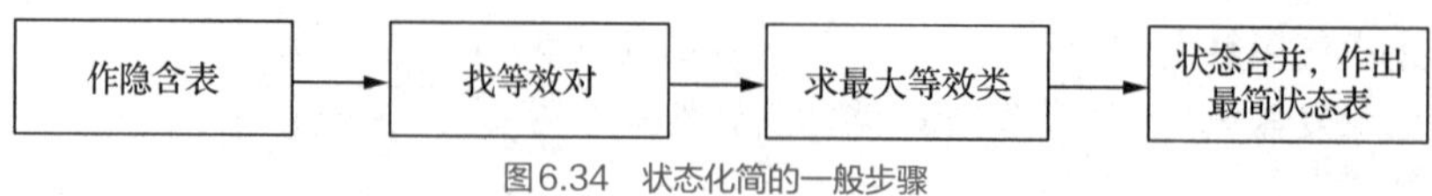

图6.34　状态化简的一般步骤

① 作隐含表。

隐含表是一个等腰直角三角形阶梯网格，横向从左到右按原始状态表中的状态依次标上第一个状态至倒数第二个状态的名称，纵向自上到下依次标上第二个状态至最后一个状态的名称。这样，隐含表构成的方格就表示任意两个状态之间的关系。

② 寻找等效对。

利用隐含表寻找状态表中的全部等效对一般至少要进行两轮比较，首先进行顺序比较，然后进行关联比较。

顺序比较是按照顺序，对照原始状态表依次对所有状态对进行检查，并将检查结果标注在隐含表中的相应方格内。每个状态对的检查结果有以下 3 种情况：状态对明确是等效的，在相应方格内填上“√”；状态对明确是不等效的，在相应方格内填上“×”；状态对与其他状态对相关，在相应方格内填上相关的状态对。

关联比较是指对那些在顺序比较时尚未确定是否等效的状态依据已经确定的状态对进行进一步检查。如果确定该方格所代表的状态对不等效，就在相应方格中增加标志“/”。这种判别有时可能需要反复多次，直到判别出所有状态对等效或不等效为止。

③ 求出最大等效类。

确定隐含表中所有方格表示的状态对是否等效后，可以利用等效状态的传递性，求出最大等效类。需要注意的是，原始状态表中的每一个状态都必须属于某一个最大等效类，也就是说，如果一个状态与其他任何状态都不等效，那么该状态单独构成一个最大等效类。这样做的目的是保证化简后的状态表能够完全描述原始状态表所描述的功能。

④ 作出最简状态表。

根据求出的最大等效类，将每个最大等效类中的全部状态合并为一个状态，即可得到和原始状态表等价的最简状态表。

下面举例说明化简过程。

例 6.10　化简表 6.20 所示的原始状态表。

解：表 6.20 所示为具有 7 个状态的原始状态表。用隐含表法化简如下。

（1）作隐含表。由于原始状态表中有 $A \sim G$ 共 7 个状态，因此隐含表（见图 6.35）的横向和纵向各有 6 个方格。纵向从上到下依次为 $B \sim G$，横向从左到右依次为 $A \sim F$。表中每个方格代表一个状态对，如左上角的方格代表状态对 A 和 B，右下角的方格代表状态对 F 和 G。

表 6.20　原始状态表

现态	次态/输出	
	x=0	x=1
A	C/0	B/1
B	F/0	A/1
C	F/0	G/0
D	D/1	E/0
E	C/0	E/1
F	C/0	G/0
G	C/1	D/0

（2）寻找等效对。首先进行顺序比较，根据等效状态的判断标准，依次检查每个状态对，根据同一输入条件下输出和次态是否相同，可得到顺序比较结果如图 6.35（a）所示。

之后进行关联比较，主要考察图 6.35（a）中尚未确定是否等效的状态对 A 和 B、A 和 E、B 和 E，以及 D 和 G。从图 6.35（a）所示的隐含表中，状态 A、B 对应的方格中次态对为 CF，而状态 C、F 对应的方格标有“√”，表明状态 C 和 F 等效，由此可判断出状态 A 和 B 等效。检查状态 A、E 及 B、E 的次态对，在状态 C 和 F 是等效的情况下，BE 与 AE 构成了次态循环，因此状态 A 和 E，B 和 E 都是等效状态对。状态 D、G 对应的方格中含有 CD 和 DE，而状态 C、D 不等效。因此，可以判断状态 D 和 G 不等效，它所对应的方格应增加记号“/”。关联比较的结果如图 6.35（b）所示。

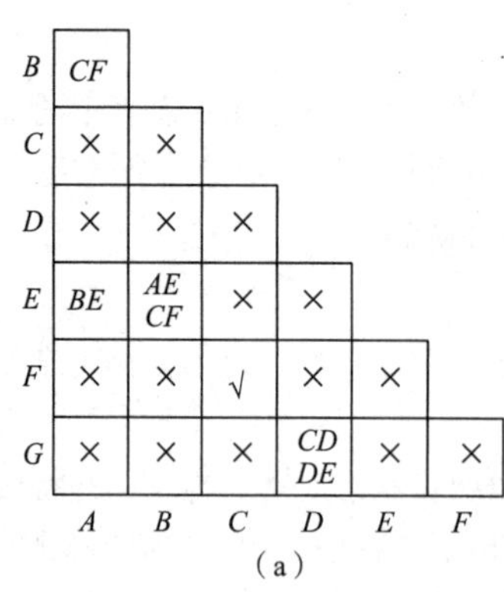

B	CF					
C	×	×				
D	×	×	×			
E	BE	AE CF	×	×		
F	×	×	√	×	×	
G	×	×	×	CD DE（划去）	×	×
	A	B	C	D	E	F

（b）

图6.35　隐含表

（3）求出最大等效类。由图 6.35（b）所示的隐含表，原始状态表中的 7 个状态共有 4 个等效对：$(A，B)$、$(A，E)$、$(B，E)$、$(C，F)$。由此可知，等效对 $(A，B)$、$(A，E)$、$(B，E)$ 构成一个最大等效类 $\{A，B，E\}$。等效对 $(C，F)$ 不包含在任何其他等效类中，所以它也是一个最大等效类。除此之外，状态 D 和 G 不与任何其他状态等效，故它们各自构成一个最大等效类。因此，原始状态表中的 7 个状态共构成 4 个最大等效类，分别表示如下。

$$\{A，B，E\} \qquad \{C，F\} \qquad \{D\} \qquad \{G\}$$

（4）作出最小化状态表。将最大等效类 $\{A, B, E\}$、$\{C, F\}$、$\{D\}$、$\{G\}$ 分别用新的状态 a、b、c、d 表示，可得最小化状态表如表 6.21 所示。

表 6.21　最小化状态表

现态	次态/输出	
	x=0	x=1
a	b/0	a/1
b	b/0	d/0
c	c/1	a/0
d	b/1	c/0

3．状态编码

状态编码

得到最简状态表后，通过状态编码将状态表中的状态用二进制代码表示，以便与电路中触发器的状态对应。状态编码也称状态分配，或者状态赋值。

一般情况下，采用的状态编码方案不同，所得到的输出函数和激励函数的表达式也不同，从而使设计出来的电路复杂程度也不同。

状态编码的任务如下。

（1）确定二进制代码的位数（即所需触发器个数）。

状态编码的长度是由最简状态表中的状态个数来确定的。设最简状态表中的状态数为 n，二进制代码的长度为 m，则状态数 n 与二进制代码长度 m 的关系为

$$2^m \geqslant n > 2^{m-1}$$

根据最简状态表中的状态数，即可确定状态分配所需的二进制代码的位数。例如，若某状态表的状态数 n=6，则在进行状态分配时，二进制代码的位数应为 m=3，或者说状态变量个数为 3。

（2）寻找一种最佳的或接近最佳的状态分配方案，以便使所设计的时序电路最简单。

一般，用 m 位二进制代码的 2^m 种组合对 n 个状态进行分配时，可以形成的状态分配方案数 K_S 为

$$K_S = A_{2^m}^n = \frac{2^m!}{(2^m - n)!}$$

例如，当 n=4，m=2 时，有 24 种不同的分配方案。随着状态数量的增加，分配方案的数量急剧增加。如何在这些方案中寻找出一种最佳方案，是十分困难的。工程上，常常使用相邻编

码法实现状态编码，其基本思想是在选择状态编码时，尽可能有利于激励函数和输出函数的化简。相邻编码法的状态编码原则如下。

① 在相同输入条件下，具有相同次态的现态应尽可能分配相邻的二进制代码。

② 在相邻输入条件下，同一现态的次态应尽可能分配相邻的二进制代码。

③ 输出完全相同的现态应尽可能分配相邻的二进制代码。

一般，上述 3 条原则在大多数情况下是有效的。但对于某些状态表，常常出现不能同时满足 3 条原则的情况。此时，可按从 a 至 c 的优先顺序考虑，即把原则 a 放在首位。此外，从电路实际工作状态考虑，一般将初始状态分配为“0”状态。

下面举例说明相邻法的应用。

例 6.11　对表 6.22 所示的状态表进行状态编码。

解：在表 6.22 所示的状态表中，共有 4 个状态，即 n=4，所以状态编码的长度应为 m=2。也就是说，实现该状态表的功能需要两个触发器。设状态变量用 y_2 和 y_1 表示。

表 6.22　状态表

现态	次态/输出	
	x=0	x=1
A	C/0	A/0
B	A/0	A/0
C	A/0	D/0
D	C/0	A/1

根据相邻法的编码原则，表中 4 个状态的相邻关系如下。

根据原则 a，状态 B 和 C、A 和 D、B 和 D、A 和 B 应分配相邻的二进制代码。

根据原则 b，状态 A 和 C、A 和 D 应分配相邻的二进制代码。

根据原则 c，状态 A 和 B、A 和 C、B 和 C 应分配相邻的二进制代码。

综合原则 a 至原则 c，状态分配时要求满足 A 和 B、A 和 D、A 和 C、B 和 D、B 和 C 相关，显然不可能全部满足。在进行状态分配时，为了使状态之间的相关关系一目了然，通常用卡诺图作为状态分配的工具。假定将状态 A 分配“0”，即 A 的二进制代码 y_2y_1=00，一种尽可能满足上述相关关系的分配方案如图 6.36 所示，即状态 A、B、C、D 的二进制代码 y_2y_1 依次为 00、11、01、10。

将表 6.22 所示状态表中的状态 A、B、C、D 用各自的代码代替，即可得到该状态表的二进制状态表，如表 6.23 所示。

y_1 \ y_2	0	1
0	A	D
1	C	B

图6.36　状态分配方案

表 6.23　二进制状态表

现态 y_2 y_1	次态 y_2^{n+1} y_1^{n+1}/输出	
	x=0	x=1
0 0	0 1 / 0	0 0 / 0
0 1	0 0 / 0	1 0 / 0
1 1	0 0 / 0	0 0 / 0
1 0	0 1 / 0	0 0 / 1

最后需要指出的是，通常满足分配原则的方案可以有多种，设计者可从中任选一种。

4. 确定激励函数和输出函数并画出逻辑电路图

选定触发器的类型，根据二进制状态表可以求出触发器的激励函数表达式和电路的输出函数表达式，化简后用适当的逻辑门和所选定的触发器实现满足设计要求的逻辑电路。

确定激励函数和输出函数

求触发器的激励函数表达式和电路的输出函数表达式有以下两种方式。

根据二进制状态表和触发器激励表，列出激励函数和输出函数真值表，然后画出激励函数和输出函数卡诺图，化简后写出最简表达式。在十分熟练的情况下，也可以直接根据二进制状态表和触发器激励表，画出激励函数和输出函数卡诺图，进行化简后写出触发器的激励函数表达式和电路的输出函数表达式。

此外，激励函数表达式也可以根据二进制状态表和触发器的次态方程确定。首先根据二进制状态表求出次态函数表达式，然后将次态函数表达式与相应触发器的次态方程相比较，确定激励函数表达式。

上面所用到的触发器激励表是触发器从现态转移到某种次态时，对输入条件的要求。需要注意的是，对于同步时序逻辑电路，因为在设计过程中将时钟脉冲当做默认的基准，因此，所需要用到的各种常用触发器的激励表不需要将时钟脉冲作为激励处理；而对于脉冲异步时序逻辑电路，则必须将时钟脉冲当做激励来处理，因此其所用到的触发器的激励表有所不同，我们将在 6.3.3 节中对其进行详细介绍。

在确定逻辑电路之后，如果设计的电路中触发器所能表示的状态数大于有效状态数时，即存在无效状态时，需要对所设计电路的实际工作状态进行讨论。主要讨论两个问题。第一，电路是否具有自启动功能。确定当电路偶然进入无效状态时，是否能在输入信号和时钟脉冲作用下自动进入有效状态，不会“挂起”。第二，电路处于无效状态时是否会产生错误的输出信号。一旦发现存在“挂起”现象或错误输出现象，就必须对设计的方案进行修改，否则，将影响电路工作的可靠性，甚至破坏正常工作。

6.3.2 小规模同步时序逻辑电路的设计

在数字系统中，同步时序逻辑电路的应用十分广泛，下面给出几个设计实例。

例 6.12 用边沿 JK 触发器作为存储元件，设计一个脉冲序列为 10110 的序列发生器（从左至右顺次串行输出）的同步时序逻辑电路。

解：根据设计要求，这个同步时序逻辑电路除了时钟脉冲信号 CP 外没有输入信号，有一个输出信号 Z，串行输出 10110，这是一个 Moore 型同步时序逻辑电路。

（1）形成原始状态图和原始状态表。该序列发生器共输出 5 位信号，因此需要 5 个状态来循环输出脉冲序列。假设初始状态为 A，表示输出序列第 1 位的状态，输出为 1；状态 B 表示输出序列第 2 位的状态，输出为 0；然后状态依次为 C、D、E，输出分别为 1、1、0；最后状态 E 返回状态 A，原始状态图如图 6.37 所示。

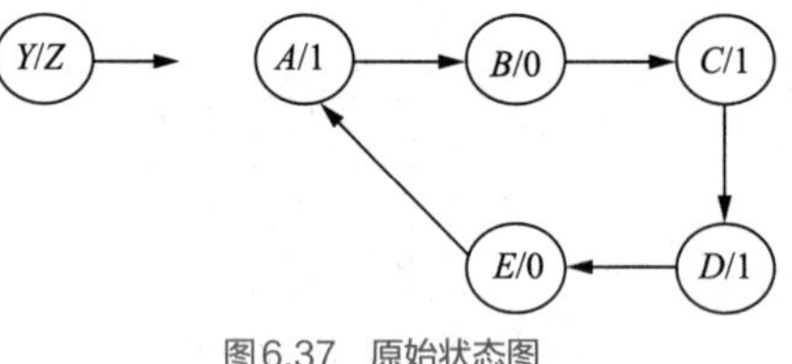

图6.37 原始状态图

从原始状态图可以看出电路是一个模 5 的计数器，根据 $2^m \geqslant n > 2^{m-1}$ 易知，当 n=5 时，m=3，即需要 3 位二进制编码。通常模 5 计数器可以采用自然二进制编码，即 A 为 000，B 为 001，C 为 010，D 为 011，E 为 100，由此可以直接写出二进制状态表如表 6.24 所示。

（2）确定激励函数和输出函数并化简。根据状态表和 JK 触发器的激励表，写出每个状态下的激励，得到激励函数和输出函数真值表，如表 6.25 所示。

表 6.24 二进制状态表

现态 $y_3\ y_2\ y_1$	次态 $y_3^{n+1}y_2^{n+1}y_1^{n+1}$	输出 Z
0 0 0	0 0 1	1
0 0 1	0 1 0	0
0 1 0	0 1 1	1
0 1 1	1 0 0	1
1 0 0	0 0 0	0

表 6.25 激励函数和输出函数真值表

现态 $y_3\ y_2\ y_1$	次态 $y_3^{n+1}y_2^{n+1}y_1^{n+1}$	激励 $J_3\ K_3\ J_2\ K_2\ J_1\ K_1$	输出 Z
0 0 0	0 0 1	0 d 0 d 1 d	1
0 0 1	0 1 0	0 d 1 d d 1	0
0 1 0	0 1 1	0 d d 0 1 d	1
0 1 1	1 0 0	1 d d 1 d 1	1
1 0 0	0 0 0	d 1 0 d 0 d	0

依据激励函数和输出函数真值表，电路中有 3 个无效状态 101、110 和 111，它们的激励可以作为无关项处理，然后作出激励函数和输出函数卡诺图，如图 6.38 所示。

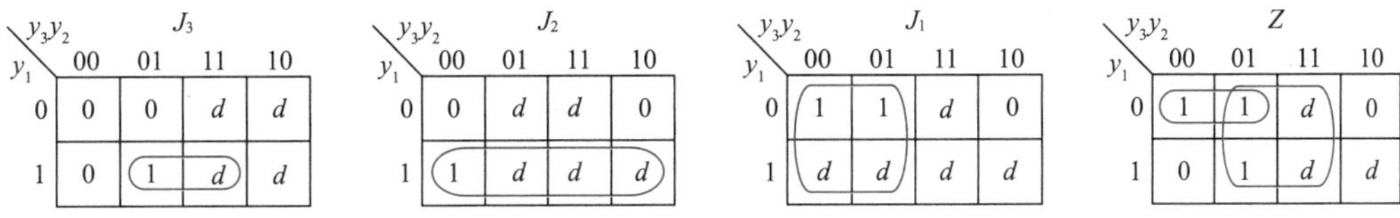

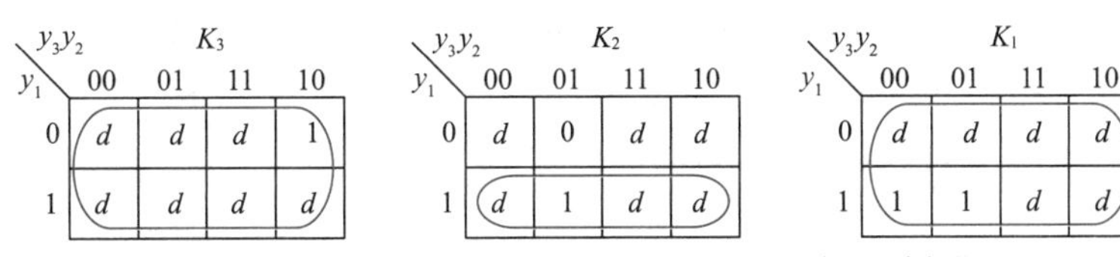

图6.38 激励函数和输出函数卡诺图

化简后，激励函数和输出函数表达式为

$$J_3 = y_2 y_1 \qquad K_3 = 1 \qquad J_2 = K_2 = y_1 \qquad J_1 = \overline{y}_3 \qquad K_1 = 1$$

$$Z = \overline{y}_3\, \overline{y}_1 + y_2$$

由于电路存在 3 个无效状态，根据激励函数和输出函数表达式填写无效状态检查表如表 6.26 所示。

根据表 6.25 和表 6.26，可作出该设计方案的状态图，如图 6.39 所示。

表 6.26 无效状态检查表

现态			激励						次态			输出
y_3	y_2	y_1	J_3	K_3	J_2	K_2	J_1	K_1	y_3^{n+1}	y_2^{n+1}	y_1^{n+1}	Z
1	0	1	0	1	1	1	0	1	0	1	0	0
1	1	0	0	1	0	0	0	1	0	1	0	1
1	1	1	1	1	1	1	0	1	0	0	0	1

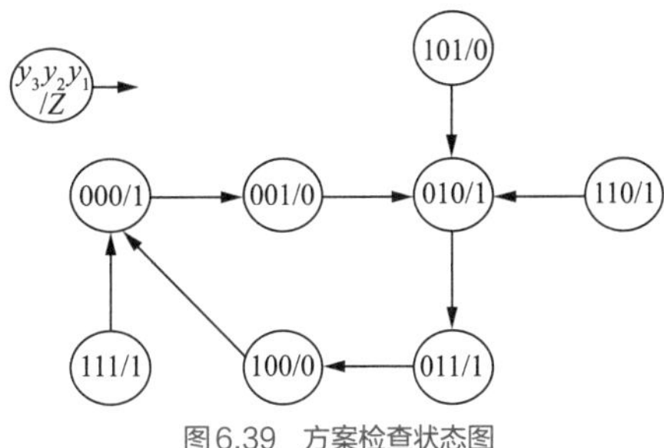

图6.39 方案检查状态图

由该状态图可知，此方案的无效状态序列不会产生“挂起”现象，但在无效状态 110 和 111 下会产生 1 的输出。为了避免序列发生器的错误，可以修改输出函数表达式，使得无效状态下输出都是 0。

因此，根据图 6.40 所示的卡诺图，将输出函数表达式修改为

$$Z = \overline{y}_3\, \overline{y}_1 + \overline{y}_3 y_2 = \overline{y}_3\, \overline{\overline{y}_2 y_1}$$

y_1 \ y_3y_2 (Z)	00	01	11	10
0	1	1	*d*	0
1	0	1	*d*	*d*

图6.40 修正输出的卡诺图

（3）画逻辑电路图。根据简化后的激励函数表达式和修改后的输出函数表达式，可画出该电路的逻辑电路，如图 6.41 所示。

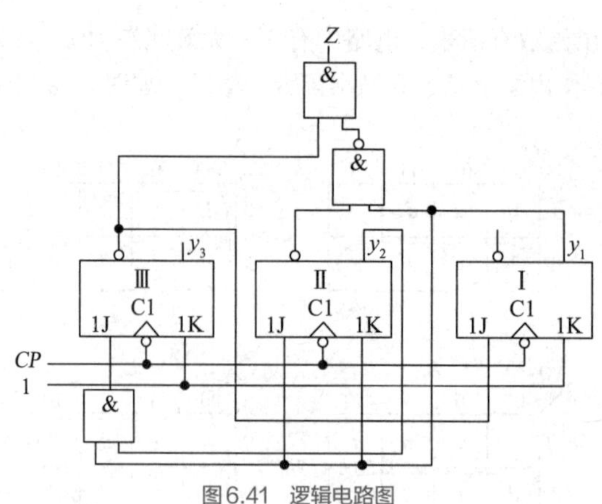

图6.41　逻辑电路图

例 6.13　设计一个 Moore 型的同步 110 序列检测器。该电路有一个输入 x 和一个输出 Z，当随机输入信号中出现 110 序列时，输出一个 1 信号。典型输入 / 输出序列如下。

输入 x	0	1	1	0	1	1	1	0	1	0
输出 Z	0	0	0	1	0	0	0	1	0	0

解：题目要求设计一个 Moore 型的序列检测器，由于序列以 1 开始，0 结束，因此不存在可重叠的问题。

（1）作出原始状态图和原始状态表。如图 6.42 所示，设初始状态为 A，B 状态表示序列收到第一个 1 的状态，C 状态表示序列接收到第二个 1 即序列收到 11 的状态，D 状态表示序列收到了 110 的状态。根据原始状态图得到原始状态表，如表 6.27 所示。

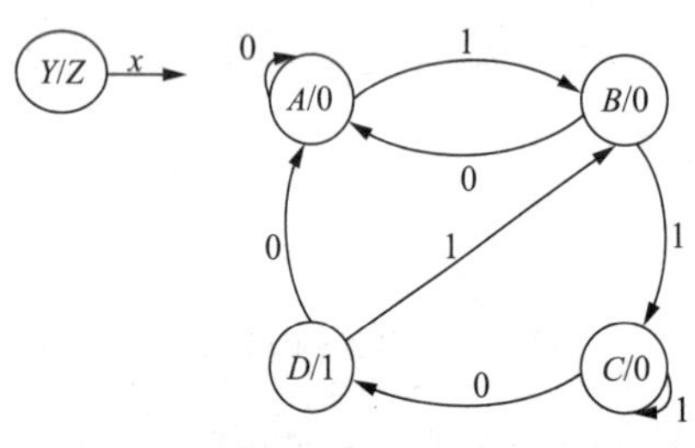

图6.42　原始状态图

表 6.27　原始状态表

现态	次态		输出
	x=0	x=1	
A	A	B	0
B	A	C	0
C	D	C	0
D	A	B	1

（2）状态化简。由于原始状态表中的状态数较少，因此，可以用观察法进行化简。状态 D 的输出为 1，所以状态 D 与状态 A、B、C 都不等效；状态 C 与状态 A、B 依赖于状态 A 和 D，A、D 不等效，因此状态 C 与状态 A、B 都不等效；同理，状态 A 和状态 B 也是不等效的，因此表 6.27 已是最小化状态表。

（3）状态编码。最小化状态表中有 4 个状态，所以需要用 2 位二进制代码表示，电路中需要两个触发器。假设状态变量为 y_2、y_1，根据相邻法的编码规则，选择一种状态分配方案如图 6.43 所示。将状态编码代入原始状态表，得到二进制状态表如表 6.28 所示。

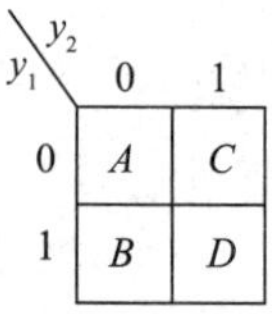

y_1 \ y_2	0	1
0	A	C
1	B	D

图6.43　状态分配方案

表 6.28　二进制状态表

现态 y_2 y_1	次态 y_2^{n+1} y_1^{n+1}		输出 Z
	x=0	x=1	
0 0	0 0	0 1	0
0 1	0 0	1 0	0
1 0	1 1	1 0	0
1 1	0 0	0 1	1

（4）确定激励函数和输出函数并化简。根据二进制状态表，可以得到电路的次态函数和输出函数卡诺图如图 6.44 所示。

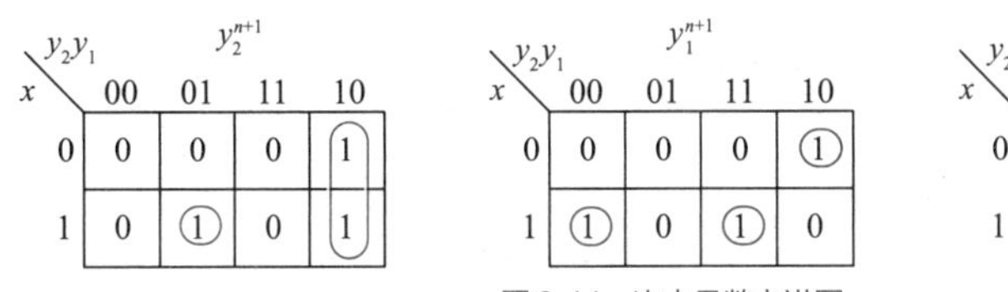

图6.44　次态函数卡诺图

求出次态函数和输出函数表达式为

$$Z = y_2 y_1$$

$$y_2^{n+1} = y_2\bar{y}_1 + x\bar{y}_2 y_1$$

$$y_1^{n+1} = x\bar{y}_2\,\bar{y}_1 + x y_2 y_1 + \bar{x} y_2 \bar{y}_1$$

由于设计要求中没有明确要求使用何种触发器，我们先假设使用边沿 D 触发器。根据 D 触发器的次态函数表达式可以得到电路的激励函数表达式为

$$y_2^{n+1} = D_2 = y_2\bar{y}_1 + x\bar{y}_2 y_1$$

$$y_1^{n+1} = D_1 = x\bar{y}_2\bar{y}_1 + x y_2 y_1 + \bar{x} y_2 \bar{y}_1 = (x \oplus y_2)\bar{y}_1 + x y_2 y_1$$

如果使用边沿 JK 触发器，根据 JK 触发器的次态函数表达式得到电路的激励函数表达式为

$$y_2^{n+1} = J_2\bar{y}_2 + \bar{K}_2 y_2 = y_2\bar{y}_1 + x\bar{y}_2 y_1 = x y_1 \bar{y}_2 + \bar{y}_1 y_2$$

$$J_2 = x y_1 \quad K_2 = y_1$$

$$y_1^{n+1} = J_1\bar{y}_1 + \bar{K}_1 y_1 = x\bar{y}_2\bar{y}_1 + x y_2 y_1 + \bar{x} y_2 \bar{y}_1 = (x\bar{y}_2 + \bar{x} y_2)\bar{y}_1 + x y_2 y_1$$

$$J_1 = x\bar{y}_2 + \bar{x} y_2 = x \oplus y_2 \quad K_1 = \overline{x y_2}$$

比较二者可以看出，使用边沿 JK 触发器时的激励函数表达式比使用边沿 D 触发器的简单一些，所以采用边沿 JK 触发器。

同时，该电路不存在无效状态，因此不需要进行无效状态检查。

（5）画逻辑电路图。根据输出函数和边沿 JK 触发器的激励函数表达式，画出 Moore 型 110 序列检测器的逻辑电路图，如图 6.45 所示。

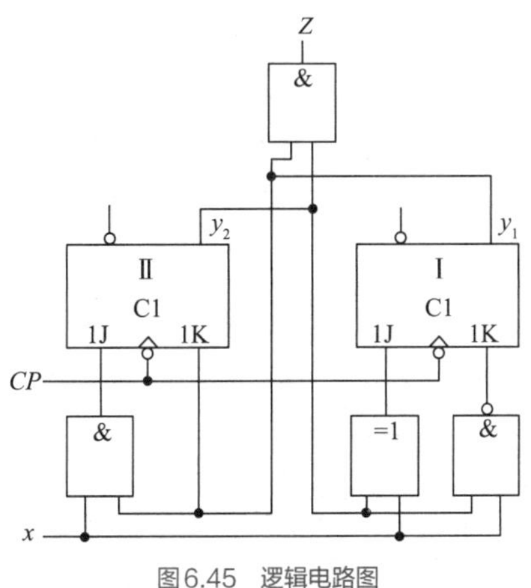

图6.45　逻辑电路图

例 6.14　用边沿 T 触发器设计一个 Mealy 型同步计数电路，该电路有一个控制端 M，当 M=0 时是模 8 计数器，当 M=1 时是模 6 计数器，有一个输出端 Z，有进位时输出 1，否则输出 0。

解：根据设计要求，电路的状态数量和转换关系比较清楚，设计过程如下。

（1）作出状态图和状态表。根据电路的要求，设电路的状态变量为 y_3、y_2 和 y_1，1 个输入端 M，1 个输出端 Z，作出电路的状态图如图 6.46 所示，二进制状态表如表 6.29 所示。

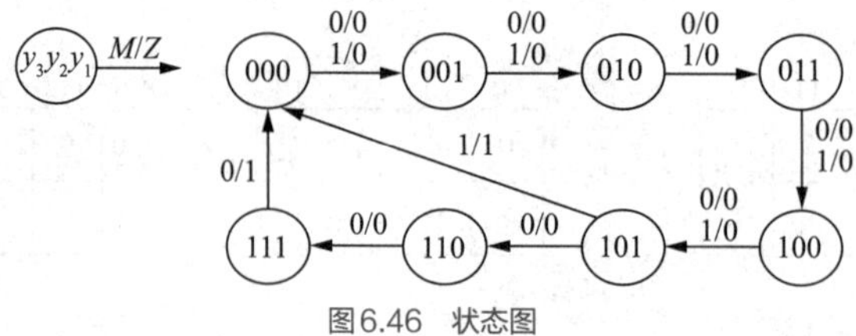

图6.46 状态图

（2）确定激励函数和输出函数并化简。根据二进制状态表和边沿 T 触发器的激励表，得到激励函数和输出函数真值表如表 6.30 所示。

表 6.29 状态表

现态 $y_3\ y_2\ y_1$	次态 $y_3^{n+1}y_2^{n+1}y_1^{n+1}$/输出 Z M=0	M=1
0 0 0	0 0 1/0	0 0 1/0
0 0 1	0 1 0/0	0 1 0/0
0 1 0	0 1 1/0	0 1 1/0
0 1 1	1 0 0/0	1 0 0/0
1 0 0	1 0 1/0	1 0 1/0
1 0 1	1 1 0/0	0 0 0/1
1 1 0	1 1 1/0	d d d/d
1 1 1	0 0 0/1	d d d/d

表 6.30 激励函数和输出函数真值表

输入 M	现态 $y_3\ y_2\ y_1$	次态 $y_3^{n+1}\ y_2^{n+1}\ y_1^{n+1}$	激励 $T_3\ T_2\ T_1$	输出 Z
0	0 0 0	0 0 1	0 0 1	0
0	0 0 1	0 1 0	0 1 1	0
0	0 1 0	0 1 1	0 0 1	0
0	0 1 1	1 0 0	1 1 1	0
0	1 0 0	1 0 1	0 0 1	0
0	1 0 1	1 1 0	0 1 1	0
0	1 1 0	1 1 1	0 0 1	0
0	1 1 1	0 0 0	1 1 1	1
1	0 0 0	0 0 1	0 0 1	0
1	0 0 1	0 1 0	0 1 1	0
1	0 1 0	0 1 1	0 0 1	0
1	0 1 1	1 0 0	1 1 1	0
1	1 0 0	1 0 1	0 0 1	0
1	1 0 1	0 0 0	1 0 1	1
1	1 1 0	d d d	d d d	d
1	1 1 1	d d d	d d d	d

依据激励函数和输出函数真值表，作出激励函数和输出函数卡诺图，如图 6.47 所示。

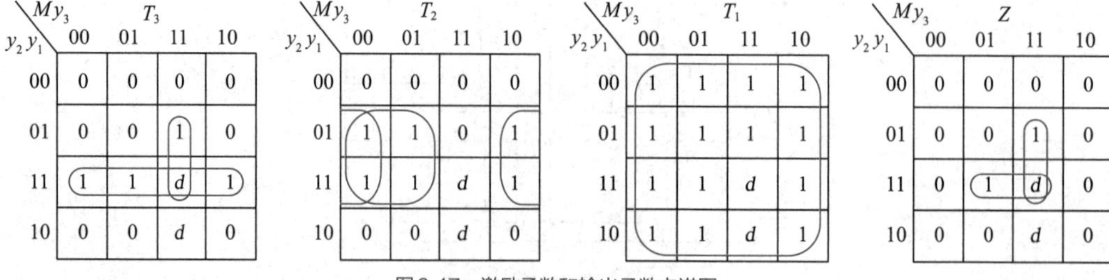

图6.47 激励函数和输出函数卡诺图

得到激励函数和输出函数表达式为

$$T_3 = My_3y_1 + y_2y_1 = \overline{\overline{My_3}\;\overline{y}_2}\;y_1$$

$$T_2 = \bar{M}y_1 + \bar{y}_3y_1 = \overline{My_3}y_1$$

$$T_1 = 1$$

$$Z = My_3y_1 + y_3y_2y_1$$

由于该电路在 M=1 时存在 110 和 111 两个无效状态，根据激励函数和输出函数表达式填写无效状态检查表，如表 6.31 所示。

表 6.31　无效状态检查表

输入 M	现态 $y_3\ y_2\ y_1$	激励 $T_3\ T_2\ T_1$	次态 $y_3^{n+1}\ y_2^{n+1}\ y_1^{n+1}$	输出 Z
1	1 1 0	0 0 1	1 1 1	0
1	1 1 1	1 0 1	0 1 0	1

由无效状态检查表可知，此方案的无效状态序列不会产生“挂起”现象，但在无效状态下会产生 1 的输出。为了避免输出错误，我们可以修改输出函数表达式，使得无效状态下输出都是 0。为此，根据图 6.48 的卡诺图，修改输出函数表达式为

$$Z = \bar{M}y_3y_2y_1 + My_3\bar{y}_2y_1$$

y_2y_1 \ My_3 (Z)	00	01	11	10
00	0	0	0	0
01	0	0	①	0
11	0	①	d	0
10	0	0	d	0

图6.48　修正后的卡诺图

（3）画逻辑电路图。根据简化后的激励函数表达式和修改后的输出函数表达式，可画出该电路的逻辑电路，如图 6.49 所示。

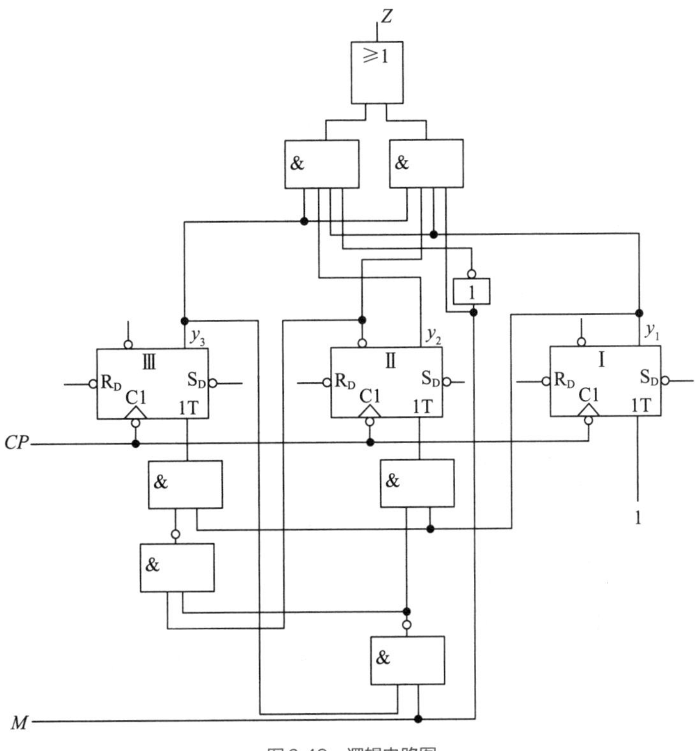

图6.49　逻辑电路图

（4）应用分析。上述电路已经能够满足设计的需要，但是在实际工作中，当 M 的值发生改变时，如果此时电路的状态没有处于 000 状态，那么需要经过若干个时钟脉冲后电路恢复到

000 状态，才能够正常计数。为了解决这个问题，可以对电路进行修正，当 M 的值发生改变之后，不论触发器当前处于哪个状态都立刻转移到 000 状态，这一功能可以利用边沿 T 触发器的 R_D 置 0 端来实现。增加一个边沿 D 触发器用于保存输入值 M 在时钟脉冲 x 作用之前的值，然后通过异或门判断 M 值是否发生了改变。异或门的输入为 M 和 $\overline{y_D}$，一旦异或门输出 0，则 M 和 $\overline{y_D}$ 相同，意味着 M 发生了改变，这时通过边沿 T 触发器的 R_D 端将 3 个 T 触发器的状态变为 0，修改后的电路如图 6.50 所示。

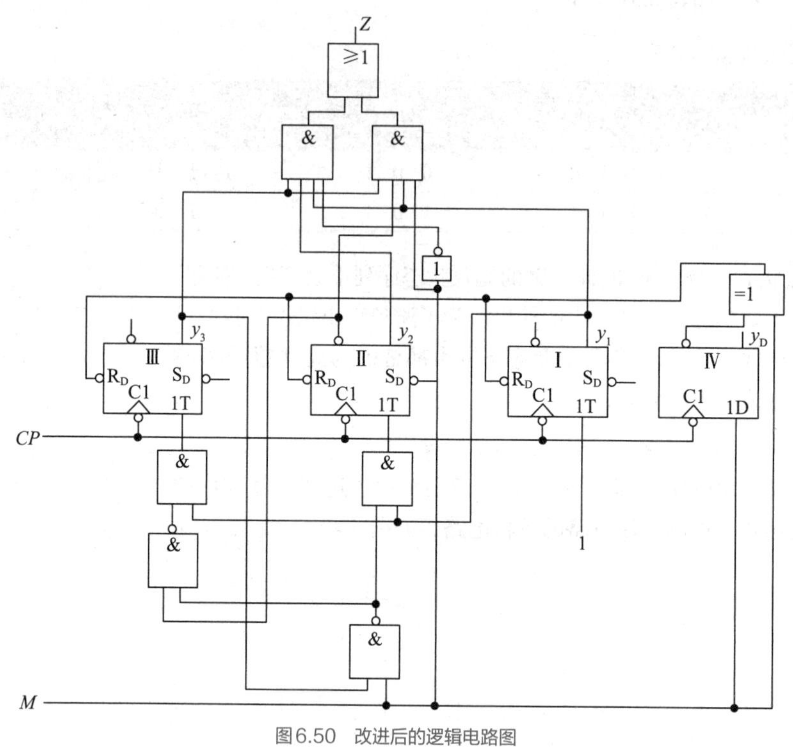

图6.50 改进后的逻辑电路图

例 6.15 试分析图 6.51 所示的电路，判断电路是否能够自启动，如果不能够自启动，请尽可能少改动电路以实现自启动。

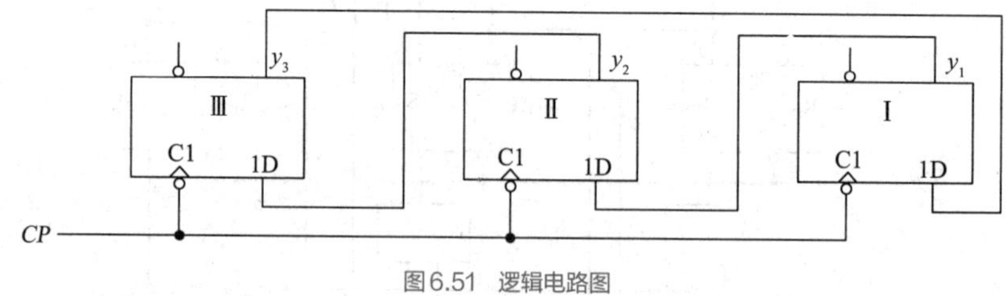

图6.51 逻辑电路图

解：首先对电路的功能进行分析，画出状态图，然后判断电路是否能够自启动。

（1）电路由 3 个边沿触发器构成，时钟端共用时钟脉冲 CP，以电路的状态作为输出，没有专门输出，因此该电路是一个 Moore 型同步时序逻辑电路。根据 D 触发器的次态方程，可以直接写出电路的次态方程组为

$$y_3^{n+1} = D_3 = y_2$$
$$y_2^{n+1} = D_2 = y_1$$
$$y_1^{n+1} = D_1 = y_3$$

根据电路次态方程组，可以得到电路的状态表如表 6.32 所示，状态图如图 6.52 所示。

表 6.32　电路状态表

现态 $y_3\ y_2\ y_1$	次态 $y_3^{n+1}\ y_2^{n+1}\ y_1^{n+1}$
0 0 0	0 0 0
0 0 1	0 1 0
0 1 0	1 0 0
0 1 1	1 1 0
1 0 0	0 0 1
1 0 1	0 1 1
1 1 0	1 0 1
1 1 1	1 1 1

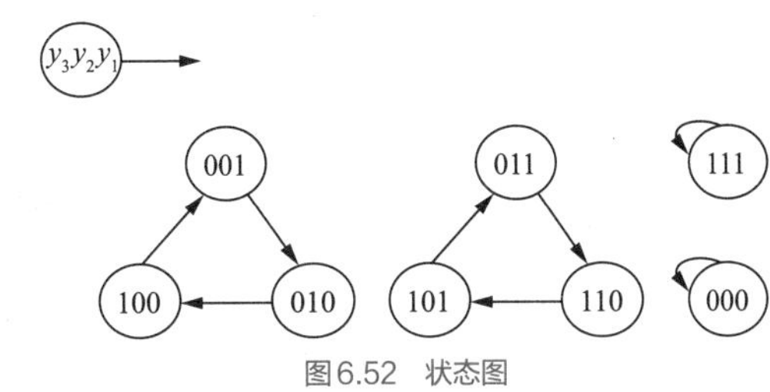

图6.52　状态图

（2）电路分析。从状态图可以看出，该电路是一个模 3 计数器，有两个 3 状态的循环，电路存在挂起，且不能自启动。

类似这种将D触发器的D端连接上一个触发器的输出端y,形成环状的电路称为**环形计数器**。N个 D 触发器构成的环形计数器的模是 N，一般有两种计数模式：一种是所有触发器中只有一个触发器状态为 1，其余触发器状态为 0，此时电路状态中只有 1 位为 1，通过 1 处于不同的位置实现状态循环;另一种则是所有触发器中只有一个触发器状态为 0，其余触发器状态为 1 的循环。从电路可以看出，环形计数器对于状态的利用率是非常低的。

（3）修正电路，实现自启动。由于原来的模 3 环形计数器不能自启动，因此需要对电路进行修正。这里的修正并不是重新设计，而是对电路进行少量的修改，在保留电路原功能不变的基础上实现自启动功能。需要注意的是，修改方案有很多种，大家可以自行选择一种进行修正，尽量保证电路有较小的改动。观察电路的状态图（见图 6.52），假设模 3 计数器使用 001、010 和 100 作为有效状态，其余均为无效状态，为了尽量少修改电路，可以采用只修改所有无效状态中同一位状态的次态，这样对于原始电路只需要修改一个触发器的激励就可以满足自启动要求。本例中，对无效状态的y_1^{n+1}进行修改使其能够回到有效状态，修改后的状态图如图 6.53 所示。

根据图 6.53 可以得到新的状态表，如表 6.33 所示。

表 6.33　电路新的状态表

现态 $y_3\ y_2\ y_1$	次态 $y_3^{n+1}\ y_2^{n+1}\ y_1^{n+1}$
0 0 0	0 0 1
0 0 1	0 1 0
0 1 0	1 0 0
0 1 1	1 1 0
1 0 0	0 0 1
1 0 1	0 1 0
1 1 0	1 0 0
1 1 1	1 1 0

图6.53　可自启动的模 3 环形计数器状态图

由于只有y_1^{n+1}发生了变化，因此，只需要修改激励函数 D_1 即可。画出修改后的 D_1 卡诺图如图 6.54 所示，可得

$$D_1 = \overline{y_2}\,\overline{y_1} = \overline{y_2 + y_1}$$

（4）画出修改后的逻辑电路图如图 6.55 所示。

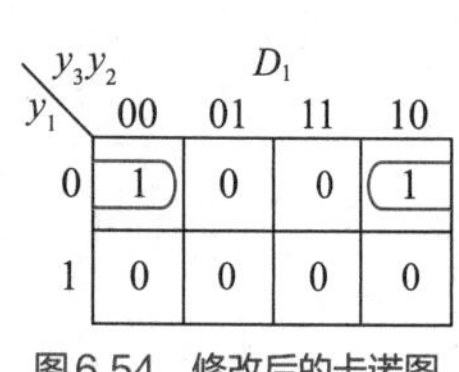

图6.54　修改后的卡诺图

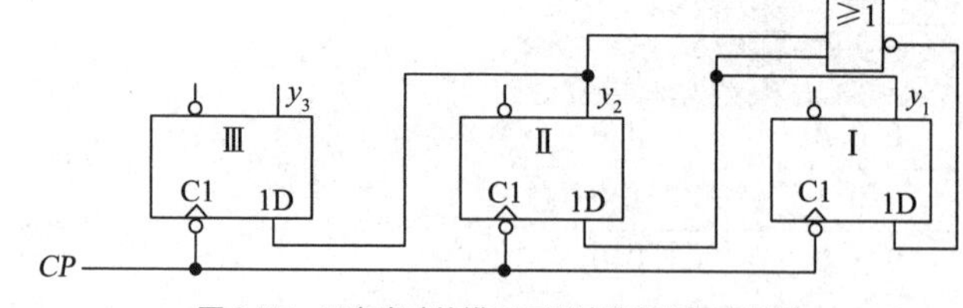

图6.55　可自启动的模 3 环形计数器逻辑电路图

6.3.3　小规模脉冲异步时序逻辑电路的设计

脉冲异步时序逻辑电路的设计过程与同步时序逻辑电路的设计过程基本相同，但需要注意以下 3个问题。

脉冲异步时序逻辑电路设计

（1）由于不允许两个或两个以上输入端同时出现脉冲，因此在形成原始状态图和原始状态表时，若有多个输入信号，只需考虑多个输入信号中仅一个出现脉冲的情况，从而使问题的描述得以简化。在确定激励函数和输出函数时，可将两个或两个以上输入同时出现脉冲（表中可用 1 表示出现脉冲）的情况作为无关条件处理，以利于函数的简化。

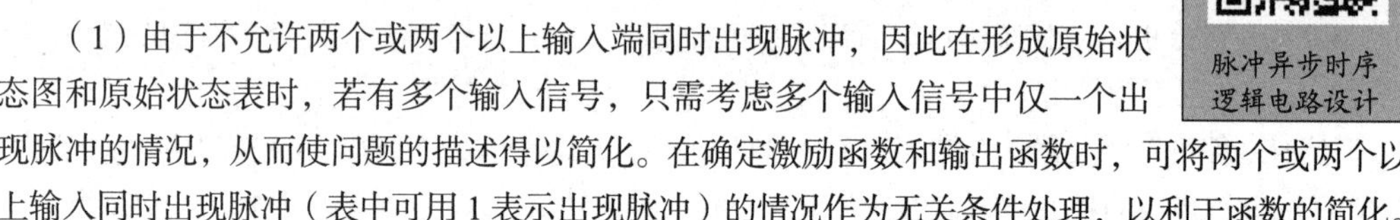

（2）由于电路中没有统一的时钟脉冲，当存储电路采用带时钟控制端的触发器时，触发器的时钟端必须作为激励函数处理。因此，脉冲异步时序逻辑电路设计过程所用到的触发器激励表必须将时钟脉冲信号作为激励信号，如表 6.34 ～表 6.37 所示。从表 6.34 ～表 6.37 可以看出，当触发器状态保持不变时，激励有两种取值：一种是令 CP 端为 d，输入端取相应值；另一种是令 CP 端为 0，激励端输入任意值。例如，对于 D 触发器，当触发器的现态和次态均为 0 时，可以令 CP=0，D 端为任意，也可以令 CP 为任意，D=0。但在实际的脉冲异步时序逻辑电路设计过程中，往往选 CP 端为 0，激励端输入任意的情况。这是因为如果选择 CP 端为 d，在最后的卡诺图化简时容易出现 CP 端激励函数表达式为 1 的情况，这显然不符合脉冲异步时序逻辑电路的要求，需要对表达式进行修正，因此选择 CP 端为 0 的情况显得更简单。

表 6.34 ～表 6.37 列出了将时钟脉冲信号作为激励信号的 4 种时钟控制触发器的激励表。

表 6.34　RS 触发器激励表

Q	Q^{n+1}	R	S	CP
0	0	d	0	d
		d	d	0
0	1	0	1	1
1	0	1	0	1
1	1	0	d	d
		d	d	0

表 6.35　D 触发器激励表

Q	Q^{n+1}	D	CP
0	0	0	d
		d	0
0	1	1	1
1	0	0	1
1	1	1	d
		d	0

表 6.36　JK 触发器激励表

Q	Q^{n+1}	J	K	CP
0	0	0	d	d
		d	d	0
0	1	1	d	1
1	0	d	1	1
1	1	d	0	d
		d	d	0

表 6.37　T 触发器激励表

Q	Q^{n+1}	T	CP
0	0	0	d
		d	0
0	1	1	1
1	0	1	1
1	1	0	d
		d	0

（3）当脉冲异步时序逻辑电路的存储电路采用带时钟控制端的触发器时，需要合理选择触发器。对于同步时序逻辑电路，由于其触发器受统一时钟的控制，是选择上升沿还是选择下降沿触发的边沿触发器对电路的功能没有影响。而脉冲异步时序逻辑电路，由于其触发器不是同时触发的，使用上升沿或者下降沿触发的触发器对电路功能有非常大的影响。在设计时，一般考虑使用输入脉冲后沿触发的触发器（正脉冲的后沿是下降沿，负脉冲的后沿是上降沿），这样做的好处是输入脉冲触发状态改变后其值就变为 0（对正脉冲而言），不会因为输入值为 1 导致触发器状态出现意外的改变。

下面举例说明异步时序逻辑电路设计的方法和步骤。

例 6.16　用边沿 T 触发器作为存储元件，设计一个 Mealy 型异步模 6 加 1 计数器，该电路对输入端 x 出现的脉冲进行计数，当收到第 6 个脉冲时，输出端 Z 产生一个进位输出脉冲。

解：该电路的状态数量和状态转移关系均非常清楚，故可直接作出二进制状态图和状态表。

（1）作出状态图和状态表。设电路初始状态为 000，状态变量用 $y_3y_2y_1$ 表示，根据要求作出 Mealy 型二进制状态图，如图 6.56 所示；二进制状态表如表 6.38 所示。

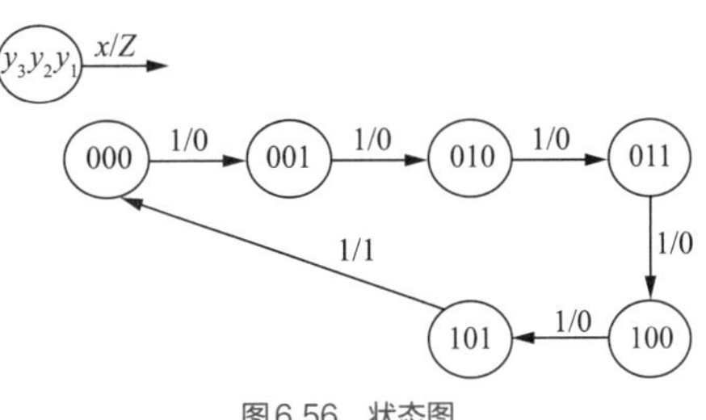

图6.56　状态图

表 6.38　二进制状态表

输入 x	现态 $y_3\ y_2\ y_1$	次态 $y_3^{n+1}y_2^{n+1}y_1^{n+1}$	输出 Z
1（⎍）	0 0 0	0 0 1	0
1（⎍）	0 0 1	0 1 0	0
1（⎍）	0 1 0	0 1 1	0
1（⎍）	0 1 1	1 0 0	0
1（⎍）	1 0 0	1 0 1	0
1（⎍）	1 0 1	0 0 0	1

（2）确定激励函数和输出函数并化简。假定采用下降沿触发的 T 触发器作为存储元件，根据表 6.38 所示的状态表，可确定在输入脉冲作用下的状态转移关系，作出激励函数和输出函数真值表如表 6.39 所示。

表 6.39　状态转移关系及激励函数、输出函数真值表

输入 x	现态 $y_3\ y_2\ y_1$	次态 $y_3^{n+1}y_2^{n+1}y_1^{n+1}$	激励 $C_3\ T_3\ C_2\ T_2\ C_1\ T_1$	输出 Z
1	0 0 0	0 0 1	0 d 0 d 1 1	0
1	0 0 1	0 1 0	0 d 1 1 1 1	0
1	0 1 0	0 1 1	0 d 0 d 1 1	0
1	0 1 1	1 0 0	1 1 1 1 1 1	0
1	1 0 0	1 0 1	0 d 0 d 1 1	0
1	1 0 1	0 0 0	1 1 0 d 1 1	1

从表 6.39 可知，表上没有列出无输入脉冲的情况（x=0），这是因为此时触发器状态不会发生

改变，对应激励按照状态不变处理；而对于无关状态 110 和 111，对应的激励按照无关项处理，时钟 CP 端和 T 端都取 d。根据这个规则，通过观察，我们可以写出激励函数和输出函数表达式为

$$C_3 = x(y_3 + y_2)y_1 \quad C_2 = x\bar{y}_3 y_1 \quad C_1 = x \quad T_3 = T_2 = T_1 = 1 \quad Z = xy_3\bar{y}_2 y_1$$

由于电路包含无关状态 110 和 111，因此需要对无关状态进行分析，无效状态检查表如表 6.40 所示。

表 6.40 无效状态检查表

输入 x	现态 $y_3\ y_2\ y_1$	激励 $C_3\ T_3\ C_2\ T_2\ C_1\ T_1$	次态 $y_3^{n+1}\ y_2^{n+1}\ y_1^{n+1}$	输出 Z
1	1 1 0	0 1 0 1 1 1	1 1 1	0
1	1 1 1	1 1 0 1 1 1	0 1 0	0

可以看出，无效状态 110 和 111 在输入脉冲作用下会转换到有效状态 000，且输出为 0，因此，这个方案不会出现“挂起”，也不会出现错误输出。

（3）画出逻辑电路图。根据激励函数和输出函数表达式，可画出实现给定要求的逻辑电路，如图 6.57 所示。

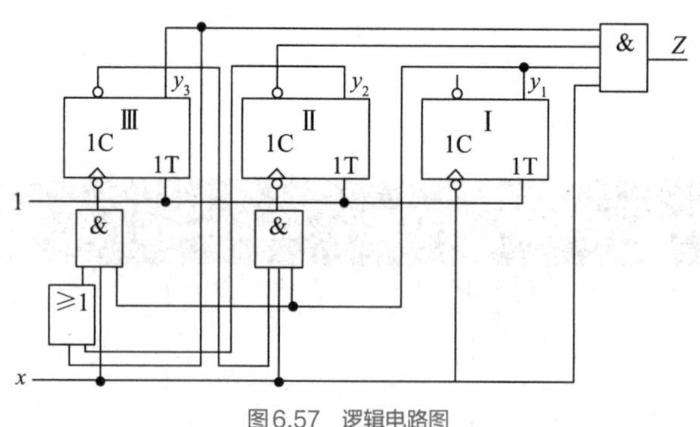

图6.57 逻辑电路图

例 6.17 用边沿 D 触发器作为存储元件，设计一个“x_1—x_2—x_2”序列检测器。该电路有两个输入 x_1 和 x_2，一个输出 Z。仅当 x_1 输入一个脉冲后，x_2 连续输入两个脉冲时，输出端 Z 由 0 变为 1，该 1 信号将一直维持到输入端 x_1 或 x_2 再出现脉冲时才由 1 变为 0。其输入 / 输出时间图如图 6.58 所示。

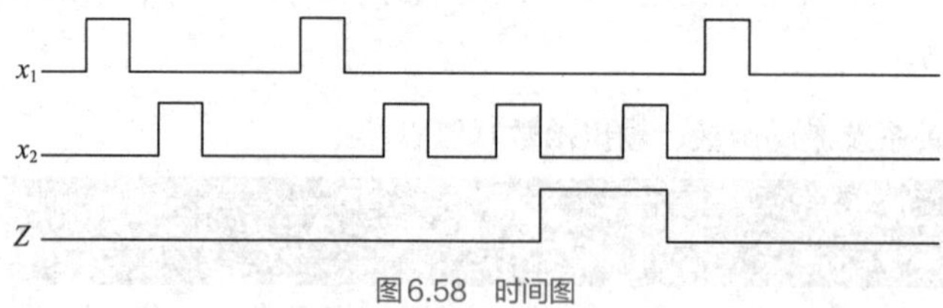

图6.58 时间图

解：由时间图可以看出，电路有两个脉冲输入，输出的变化发生在脉冲的下降沿，且持续到下一次输入端 x_1 或 x_2 再出现脉冲，输出和输入没有直接关系，因此这是一个 Moore 型脉冲异步时序逻辑电路；由于输入是正脉冲，状态变化发生在下降沿，因此使用下降沿触发的边沿 D 触发器。

（1）作出原始状态图和原始状态表。假设初始状态为 A（输出为 0），根据设计要求，接收到第一个脉冲信号 x_1，转移至状态 B（输出为 0）；在状态 B 接收到第二个脉冲信号 x_2，转移至状态 C（输出为 0）；在状态 C 接收到第三个脉冲信号 x_2，转移至状态 D（输出为 1）。得到的原

始状态图如图 6.59 所示，原始状态表如表 6.41 所示。为了清晰起见，原始状态图和原始状态表中用 x_1 表示 x_1 端有脉冲输入，x_2 表示 x_2 端有脉冲输入。

表 6.41　原始状态表

现态	次态		输出
	x_1	x_2	Z
A	B	A	0
B	B	C	0
C	B	D	0
D	B	A	1

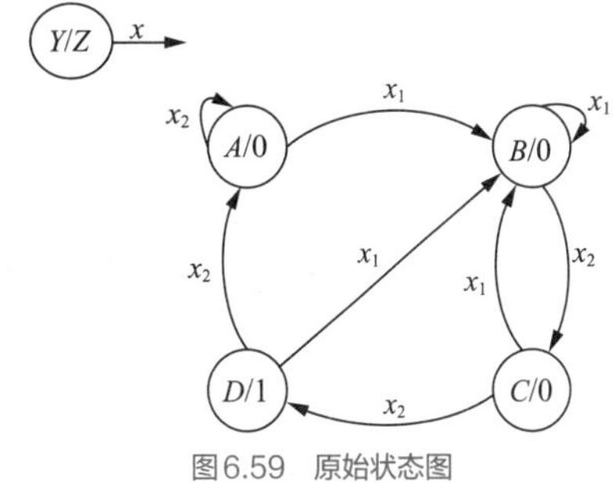

图6.59　原始状态图

（2）状态化简。对表 6.41 所示的状态表进行化简，通过观察法可以发现表中的状态均不等效，该表已经是最简状态表。

（3）状态编码。最简状态表中一共有 4 个状态，需用两位二进制代码表示。设状态变量用 y_2y_1 表示，根据相邻编码法的原则，可采用图 6.60 所示的编码方案。根据表 6.41、图 6.60 可得到二进制状态表，如表 6.42 所示。

表 6.42　二进制状态表

现态 y_2 y_1	次态 y_2^{n+1} y_1^{n+1}		输出 Z
	x_1	x_2	
0 0	0 1	0 0	0
0 1	0 1	1 0	0
1 0	0 1	1 1	0
1 1	0 1	0 0	1

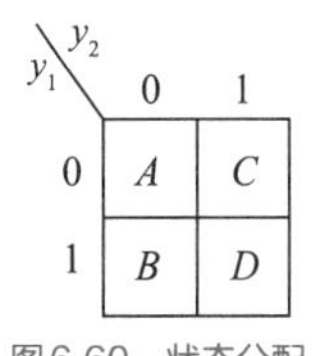

图6.60　状态分配

（4）确定输出函数和激励函数并化简。根据二进制状态表和 D 触发器的激励表，可得到激励函数和输出函数真值表，如表 6.43 所示。需要注意的是，状态不变时，时钟端 CP 取值为 0，D 端取值任意。

表 6.43　激励函数和输出函数真值表

输入 x_2 x_1	现态 y_2 y_1	次态 y_2^{n+1} y_1^{n+1}	激励 C_2 D_2 C_1 D_1	输出 Z
0 1	0 0	0 1	0 d 1 1	0
0 1	0 1	0 1	0 d 0 d	0
0 1	1 0	0 1	1 0 1 1	0
0 1	1 1	0 1	1 0 0 d	1
1 0	0 0	0 0	0 d 0 d	0
1 0	0 1	1 0	1 1 1 0	0
1 0	1 0	1 1	0 d 1 1	0
1 0	1 1	0 0	1 0 1 0	1

根据表 6.43 所示的激励函数和输出函数真值表作出激励函数和输出函数的卡诺图，如图 6.61 所示。注意，当 x_2x_1=00 时，电路状态不变，触发器时钟端激励为 0，D 端激励为 d；当 x_2x_1=11，无效输入时，触发器时钟端 C 和输入端 D 激励均为 d。

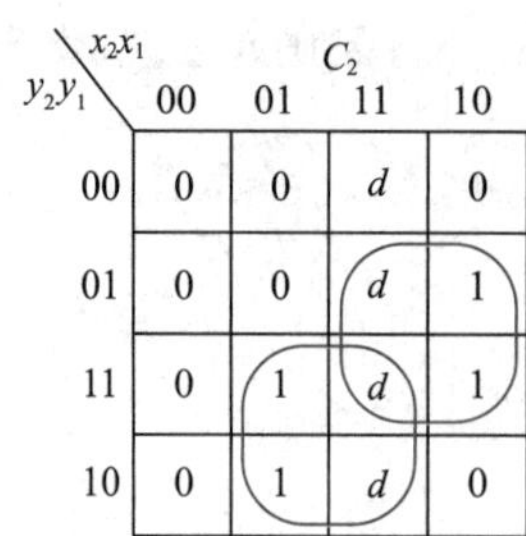

y_2y_1 \ x_2x_1 (D_2)	00	01	11	10
00	d	d	d	d
01	d	d	d	1
11	d	0	d	0
10	d	0	d	d

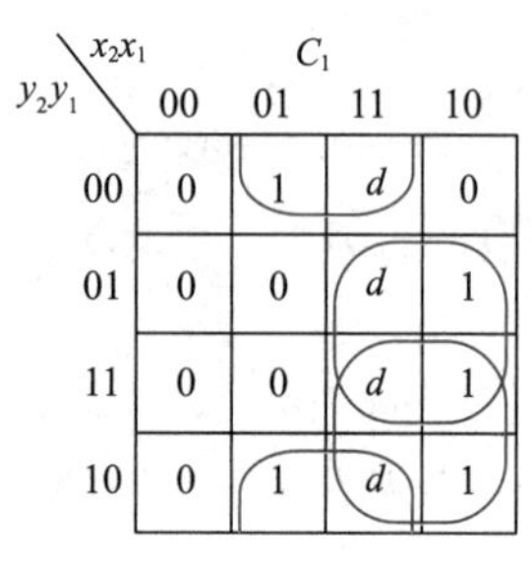

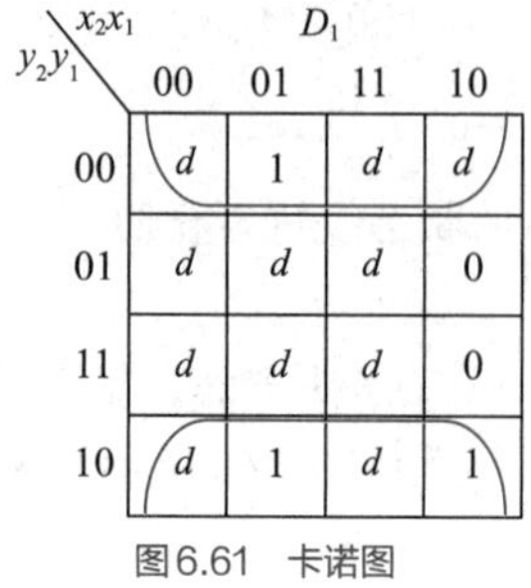

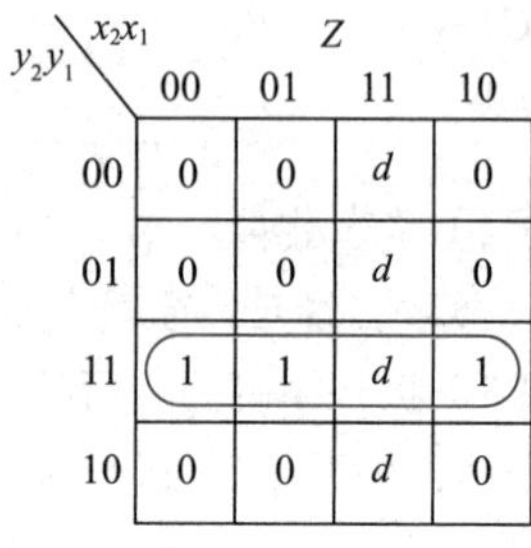

图6.61　卡诺图

用卡诺图化简后的激励函数和输出函数如下。

$$C_2 = x_2y_1 + x_1y_2 \qquad D_2 = \overline{y}_2$$

$$C_1 = x_2y_1 + x_2y_2 + x_1\overline{y}_1 \quad D_1 = \overline{y}_1$$

$$Z = y_2y_1$$

由于该电路不存在无效状态，因此不需要进行无效状态检查。

（5）画出逻辑电路图。根据激励函数和输出函数表达式，可画出该序列检测器的逻辑电路，如图 6.62 所示。

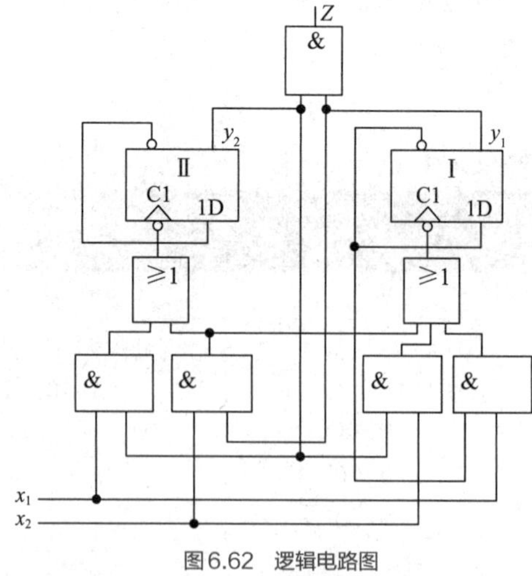

图6.62　逻辑电路图

例 6.18　使用边沿 D 触发器设计一个自动售货机，售货机有一个投币口，每次只能投入 0.5 元或者 1 元的硬币；售货机只能售出价值为 1.5 元的饮料，投币 1.5 元时售货机给出一杯饮料，投币 2 元时给出一杯饮料并退回 0.5 元。

解：分析设计要求，可以假设电路有两个输入脉冲信号，x_1 脉冲信号表示投入了 0.5 元硬币，x_2 脉冲信号表示投入了 1 元硬币；输出 Z_1 表示机器是否给出饮料，Z_1=1 表示给出饮料，

Z_1=0 表示不给出饮料，输出 Z_2 表示是否找零，Z_2=1 表示需要退回 0.5 元硬币，Z_2=0 表示不找零。由于当输入的币值大于或等于 1.5 元时就给出饮料并根据实际情况找零，而且此状态不能长时间维持，因此该电路是一个 Mealy 型脉冲异步时序逻辑电路，使用下降沿触发的 D 触发器实现。

（1）作出原始状态图和原始状态表。假设初始状态为 A，根据设计要求，如果接收脉冲信号 x_1，转移至状态 B，表示收到 0.5 元；如果接收脉冲信号 x_2，转移至状态 C，表示收到了 1 元。在状态 B，如果接收脉冲信号 x_1，转移至状态 C；如果接收到脉冲信号 x_2，转移至状态 D，表示收到 1.5 元，此时输出 Z_2Z_1=01，表示给出饮料且不找零。在状态 C，如果接收脉冲信号 x_1，转移至状态 D，输出 Z_2Z_1=01；如果接收到脉冲信号 x_2，转移至状态 E，表示收到 2 元，此时输出 Z_2Z_1=11，表示给出饮料并找零。得到的原始状态图如图 6.63 所示，原始状态表如表 6.44 所示。

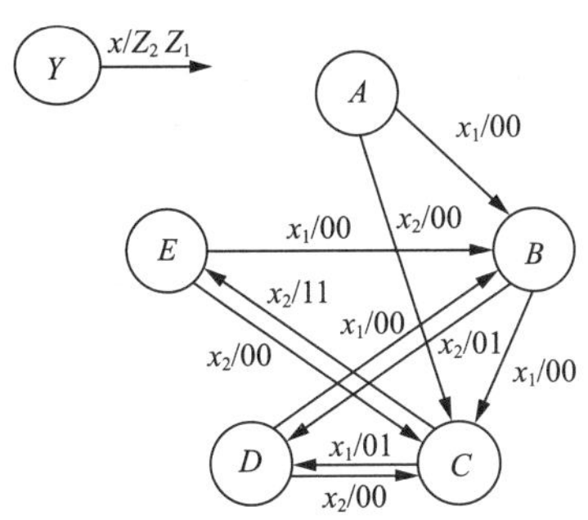

图6.63　原始状态图

（2）状态化简。对表 6.44 所示的状态表进行化简，通过观察法可以发现状态 A、D 和 E 是等效的，因此把状态 A、D 和 E 合并为状态 A，得到最简状态表如表 6.45 所示。

表 6.44　原始状态表

现态	次态/输出 Z_2Z_1	
	x_1	x_2
A	B/00	C/00
B	C/00	D/01
C	D/01	E/11
D	B/00	C/00
E	B/00	C/00

表 6.45　最简状态表

现态	次态/输出 Z_2Z_1	
	x_1	x_2
A	B/00	C/00
B	C/00	A/01
C	A/01	A/11

（3）状态编码。最简状态表中一共有 3 个状态，它们需用两位二进制代码表示。设状态变量用 y_2y_1 表示，根据相邻编码法的原则，可采用图 6.64 所示的编码方案。根据表 6.45、图 6.64 可得到二进制状态表，如表 6.46 所示。

y_1 \ y_2	0	1
0	A	C
1	B	

图6.64　状态分配图

表 6.46　二进制状态表

现态	次态/输出 $y_2^{n+1}\ y_1^{n+1}/Z_2Z_1$	
$y_2\ y_1$	x_1	x_2
0　0	0 1/0 0	1 0/0 0
0　1	1 0/0 0	0 0/0 1
1　0	0 0/0 1	0 0/1 1

（4）确定输出函数和激励函数并化简。根据二进制状态表和D触发器的激励表，可得到激励函数和输出函数真值表，如表6.47所示。在这里，当状态不变时，时钟端C取值为0，D端取值为任意d。

表 6.47　激励函数和输出函数真值表

输入 $x_2\ x_1$	现态 $y_2\ y_1$	次态 $y_2^{n+1}\ y_1^{n+1}$	激励 $C_2\ D_2\ C_1\ D_1$	输出 $Z_2\ Z_1$
0 1	0 0	0 1	0 d 1 1	0 0
0 1	0 1	1 0	1 1 1 0	0 0
0 1	1 0	0 0	1 0 0 d	0 1
1 0	0 0	1 0	1 1 0 d	0 0
1 0	0 1	0 0	0 d 1 0	0 1
1 0	1 0	0 0	1 0 0 d	1 1

根据表6.47所示激励函数和输出函数真值表，作出激励函数和输出函数的卡诺图，如图6.65所示。注意，当x_2x_1=00时，电路状态不变，触发器时钟端激励为0，D端激励为d；当x_2x_1==11时，触发器时钟端和D端激励均为d；当状态y_2y_1为无效状态11时，触发器时钟端和D端激励均为d，同时为了避免输出错误，此时输出端为0。

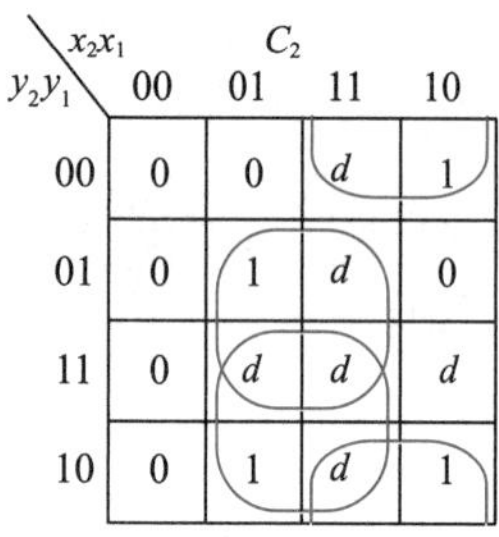

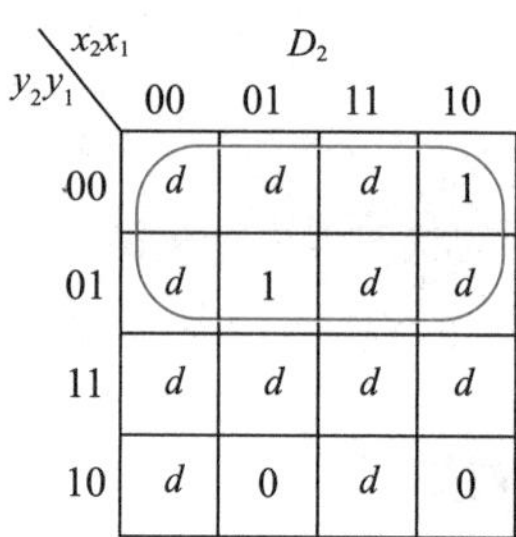

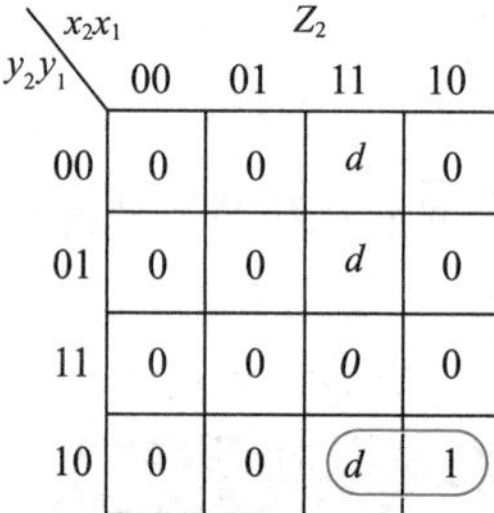

C_1

y_2y_1 \ x_2x_1	00	01	11	10
00	0	1	d	0
01	0	1	d	1
11	0	d	d	d
10	0	0	d	0

D_1

y_2y_1 \ x_2x_1	00	01	11	10
00	d	1	d	d
01	d	0	d	0
11	d	d	d	d
10	d	d	d	d

Z_1

y_2y_1 \ x_2x_1	00	01	11	10
00	0	0	d	0
01	0	0	d	1
11	0	0	0	0
10	0	1	d	1

图6.65　卡诺图

用卡诺图化简后的激励函数和输出函数如下。

$$C_2 = x_2\overline{y}_1 + x_1y_1 + x_1y_2 \qquad D_2 = \overline{y}_2$$
$$C_1 = x_2y_1 + x_1\overline{y}_2 \qquad D_1 = \overline{y}_1$$
$$Z_2 = x_2y_2\overline{y}_1 \qquad Z_1 = x_2y_2\overline{y}_1 + x_2\overline{y}_2y_1 + x_1y_2\overline{y}_1$$

由于电路包含无关状态11，因此需要对无关状态进行分析，无效状态检查表如表6.48所示。

表 6.48　无效状态检查表

输入 x_2 x_1	现态 y_2 y_1	激励 C_2 D_2 C_1 D_1	次态 y_2^{n+1} y_1^{n+1}	输出 Z_2 Z_1
0 1	1 1	1 0 0 0	0 1	0 0
1 0	1 1	0 0 1 0	1 0	0 0

可以看出，无效状态 11 在输入脉冲作用下会转换到有效状态 01 和 10，且输出为 0，因此，这个方案不会出现“挂起”，也不会出现错误输出。

（5）画出逻辑电路图。根据激励函数和输出函数表达式，可画出该序列检测器的逻辑电路，如图 6.66 所示。

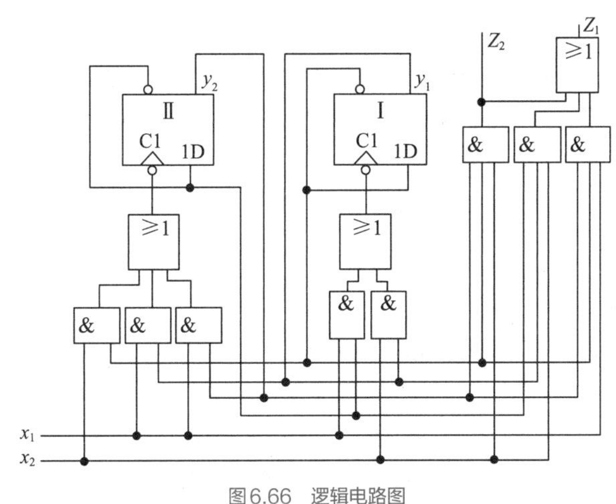

图6.66　逻辑电路图

6.4　常用的中规模时序逻辑电路

在数字系统中，常常使用中规模时序逻辑电路和中规模组合逻辑电路构成大规模或者超大规模电路，这样的数字系统具有体积小、功耗低、可靠性好等优点，在实际使用中易于设计、调试和维护。本节主要介绍常用的两类中规模时序逻辑电路：集成计数器和寄存器。

6.4.1　集成计数器

集成计数器是数字系统中最为常用的时序逻辑器件，在输入时钟脉冲信号作用下，集成计数器的状态按照一定的顺序循环变化，不同的状态表示不同的时钟脉冲个数。由于集成计数器在运行时所经历的状态是周期性的，通常将一次循环所包含的状态总数称为计数容量或计数长度，也称为集成计数器的“模”。集成计数器除了用于累计输入时钟脉冲的个数外，还可以用于分频、定时、产生节拍脉冲和脉冲序列，以及数字运算等场合。

中规模集成计数器的种类多，品种全，通用性强，有着不同的分类方法。按集成计数器状态的转换是否受同一时钟控制，可分为同步计数器和异步计数器；按计数进制，计数器又可分为二进制计数器、十进制计数器和任意进制计数器；按功能，又可分为加法计数器、减法计数器和加 / 减可逆计数器。常用的 74LS 系列 TTL 集成计数器如表 6.49 所示。

中规模集成计数器一般具有计数、保存、清除、预置等多种功能，本节主要介绍两种中规模集成计数器的功能及构成任意进制计数器的方法。

表 6.49　常用的 74LS 系列 TTL 集成计数器

类型	型号	名称	触发方式	清零	预置
同步计数器	74LS160	十进制计数器	上升沿	异步（低电平）	同步（低电平）
	74LS162	十进制计数器	上升沿	同步（低电平）	同步（低电平）
	74LS168	十进制可逆计数器	上升沿	无	同步（低电平）
	74LS190	十进制可逆计数器	上升沿	无	异步（低电平）
	74LS192	十进制可逆计数器（双时钟）	上升沿	异步（高电平）	异步（低电平）
	74LS161	4 位二进制计数器	上升沿	异步（低电平）	同步（低电平）
	74LS163	4 位二进制计数器	上升沿	同步（低电平）	同步（低电平）
	74LS169	4 位二进制可逆计数器	上升沿	无	同步（低电平）
	74LS191	4 位二进制可逆计数器	上升沿	无	异步（低电平）
	74LS193	4 位二进制可逆计数器（双时钟）	上升沿	异步（高电平）	异步（低电平）
异步计数器	74LS90	二－五－十进制计数器	下降沿	异步（高电平）	异步置 9（高电平）
	74LS290	二－五－十进制计数器	下降沿	异步（高电平）	异步置 9（高电平）
	74LS196	二－五－十进制计数器	下降沿	异步（低电平）	异步（低电平）
	74LS293	二－八－十六进制计数器	下降沿	无	无
	74LS197	二－八－十六进制计数器	下降沿	异步（低电平）	同步（低电平）
	74LS393	双 4 位二进制计数器	下降沿	异步（高电平）	无

1. 集成同步计数器 74193

计数器 74193 及应用

74193（即 74LS193）是双时钟 4 位二进制同步可逆计数器，它的引脚排列及逻辑符号如图 6.67 所示，其功能表如表 6.50 所示，工作时序图如图 6.68 所示。

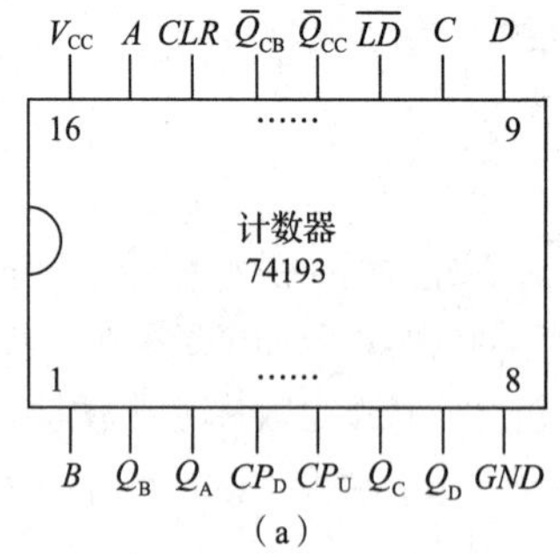

（a）

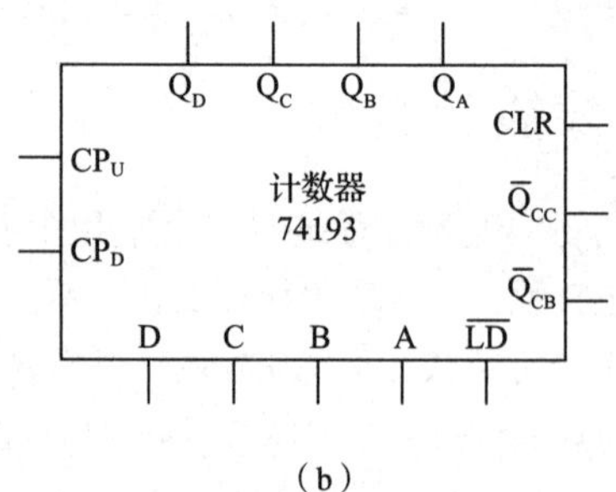

（b）

图6.67　74193的引脚排列和逻辑符号

74193 具有 8 个输入端，包括高电平有效的清零控制信号 CLR、低电平有效的置数控制信号 $\overline{LD}$、4 个预置数据输入端 D、C、B、A、上升沿有效加法计数脉冲 CP_U 和减法计数脉冲 CP_D，并具有 6 个输出端，分别是计数状态输出值 $Q_DQ_CQ_BQ_A$、进位输出负脉冲 $\bar{Q}_{CC}$、借位输出负脉冲 $\bar{Q}_{CB}$。

表 6.50　74193 的功能表

输入								输出			
CLR	$\overline{LD}$	***D***	***C***	***B***	***A***	CP_U	CP_D	Q_D	Q_C	Q_B	Q_A
1	*d*	*d*	*d*	*d*	*d*	*d*	*d*	0	0	0	0
0	0	x_3	x_2	x_1	x_0	*d*	*d*	x_3	x_2	x_1	x_0
0	1	*d*	*d*	*d*	*d*	↑	1	累加计数			
0	1	*d*	*d*	*d*	*d*	1	↑	累减计数			

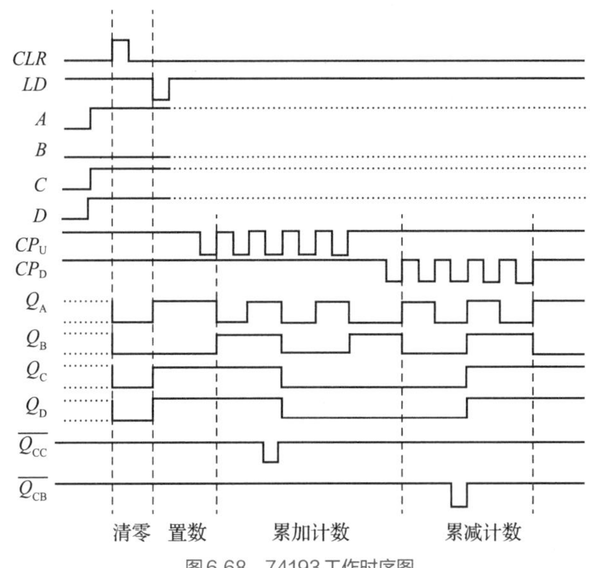

图6.68　74193工作时序图

从表 6.50 和图 6.68 可以看出 74193 主要包括以下功能。

（1）异步清零

当 *CLR* 为高电平时，无论时钟脉冲信号和置数控制信号为何值，计数器状态立刻清“0”，即 $Q_DQ_CQ_BQ_A$=0000，可见清零信号在所有的输入信号中优先级最高。不需要时钟端配合立刻清零的方式称为异步清零。与之相对应的是同步清零，同步清零是当清零端满足输入的电平要求时，在下一个时钟脉冲输入后清零。

（2）异步置数

当 *CLR* 为无效电平（低电平），$\overline{LD}$ =0 时，不管时钟脉冲信号为何值，计数器状态被置为 *D*、*C*、*B*、*A* 端输入的值，即 $Q_DQ_CQ_BQ_A=DCBA$。

（3）累加计数

当 *CLR*=0，$\overline{LD}$ =1 且 CP_D=1，CP_U 端输入计数脉冲时，即清零控制信号与置数控制信号无效且减法计数脉冲持续为 1 时，芯片处于累加计数状态；每当 CP_U 端输入的脉冲到达上升沿时，$Q_DQ_CQ_BQ_A$ 在当前状态上加 1，实现 4 位二进制加法计数器功能。出现进位时，输出进位信号 $\overline{Q_{CC}}=\overline{\overline{CP_U}\cdot Q_A\cdot Q_B\cdot Q_C\cdot Q_D}$ 。

（4）累减计数

当 *CLR*=0，$\overline{LD}$ =1 且 CP_U=1，CP_D 端输入计数脉冲时，即清零控制信号与置数控制信号无效且加法计数脉冲持续为 1 时，芯片处于累减计数状态；每当 CP_D 端输入的脉冲到达上升沿时，$Q_DQ_CQ_BQ_A$ 在当前状态上减 1，实现 4 位二进制减法计数器功能。出现借位时，输出借位信

号 $\bar{Q}_{CB}=\overline{\overline{CP_D}\cdot\overline{Q_A}\cdot\overline{Q_B}\cdot\overline{Q_C}\cdot\overline{Q_D}}$。

从输入信号看，计数脉冲 CP_U 和 CP_D 无效时输入的都是高电平信号，因此计数脉冲 CP_U 和 CP_D 的有效输入都是负脉冲。与正脉冲前沿是上升沿、后沿是下降沿不同，负脉冲的前沿是下降沿、后沿是上升沿，因此电路状态的改变是发生在脉冲信号的后沿。从输出信号看，74193 的进位和借位信号都与输入脉冲有关，属于 Mealy 型时序逻辑电路。

2. 集成异步计数器 74290

集成异步计数器 74290 是异步二 - 五 - 十进制加法计数器，其引脚排列和逻辑符号如图 6.69 所示。74290 共有 6 个输入和 4 个输出。其中，R_{0A}、R_{0B} 为清零控制信号，高电平有效；R_{9A}、R_{9B} 为置 9 控制（即二进制 1001）信号，高电平有效；CP_A，CP_B 为计数脉冲信号；Q_D、Q_C、Q_B、Q_A 为状态输出信号。

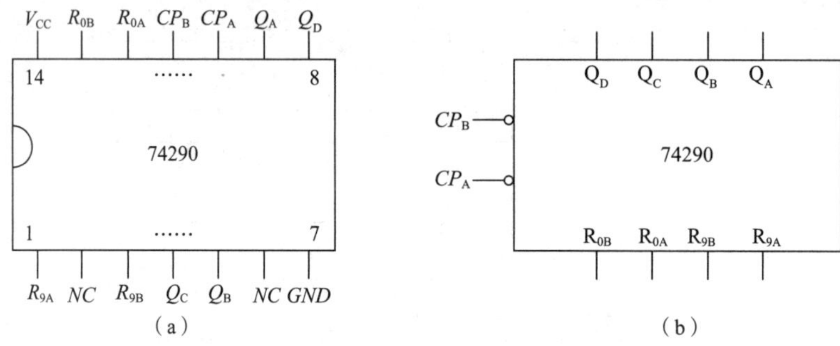

图6.69　74290的引脚排列和逻辑符号

中规模集成加法计数器 74290 的内部包括 4 个触发器。触发器 0 以 CP_A 为输入时钟脉冲，Q_A 端为输出构成一个模 2 的计数器；触发器 1 ～触发器 3 以 CP_B 为输入时钟脉冲，$Q_DQ_CQ_B$ 为输出构成一个模 5 计数器，其功能表如表 6.51 所示。

表 6.51　74290 的功能表

输入 R_{0A} R_{0B} R_{9A} R_{9B} CP_A CP_B	输出 Q_D Q_C Q_B Q_A
1　1　0　d　d　d	0　0　0　0
1　1　d　0　d　d	0　0　0　0
d　d　1　1　d　d	1　0　0　1
$R_{0A}R_{0B}$=0　$R_{9A}R_{9B}$=0　↓　d	模 2 计数
$R_{0A}R_{0B}$=0　$R_{9A}R_{9B}$=0　d　↓	模 5 计数
$R_{0A}R_{0B}$=0　$R_{9A}R_{9B}$=0　↓　Q_A	模 10 计数（8421 码）
$R_{0A}R_{0B}$=0　$R_{9A}R_{9B}$=0　Q_D　↓	模 10 计数（5421 码）

由表 6.51 可以归纳出 74290 具有如下功能。

（1）异步置 9 功能

当 R_{9A}=R_{9B}=1 时，不论 R_{0A}、R_{0B} 及输入脉冲为何值，均可实现异步置 9 操作，使 $Q_DQ_CQ_BQ_A$=1001。

（2）异步清零功能

当 $R_{9A}R_{9B}$ =0 且 R_{0A}=R_{0B}=1 时，不需要输入脉冲配合，电路可以实现异步清零操作，使 $Q_DQ_CQ_BQ_A$=0000。

（3）计数功能

当 $R_{9A}R_{9B}$=0 且 $R_{0A}R_{0B}$=0 时，电路实现如下几种计数功能。

① 模 2 计数器：若将计数脉冲加到 CP_A 端，并从 Q_A 端输出，则可实现 1 位二进制加法计数（二分频）。

② 模 5 计数器：若将计数脉冲加到 CP_B 端，并从 Q_D、Q_C、Q_B 端输出，则可实现五进制加法计数，其状态表如表 6.52 所示。

表 6.52　74290 模 5 计数器状态表

序号	Q_D	Q_C	Q_B
0	0	0	0
1	0	0	1
2	0	1	0
3	0	1	1
4	1	0	0

③ 模 10 计数器：用 74290 构成模 10 计数器有两种方法：一种是将计数脉冲加到 CP_A 端，然后将 Q_A 输出端接到 CP_B 端，构成 8421 码十进制计数器；另一种是将计数脉冲加到 CP_B 端，然后将 Q_D 输出端接到 CP_A 端，构成 5421 码十进制计数器。两种方法的连接示意图分别如图 6.70（a）和（b）所示。

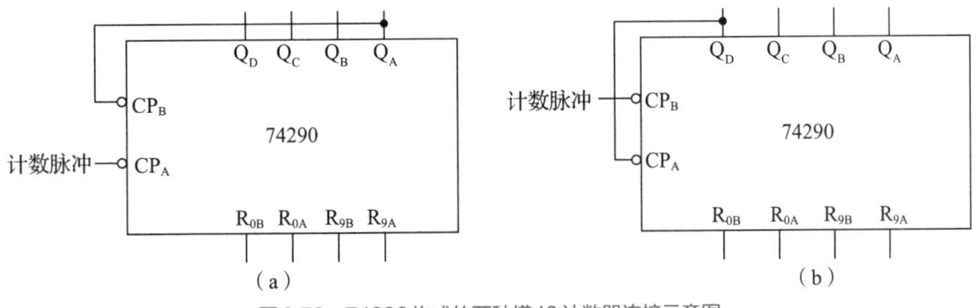

图6.70　74290构成的两种模10计数器连接示意图

在图 6.70（a）中，计数脉冲加到 CP_A 端，每来两个计数脉冲，模 2 计数器输出 Q_A 产生一个负跳变，使模 5 计数器增 1。经过 10 个脉冲作用后，模 5 计数器循环一周，实现 8421 码十进制加法计数。8421 码模 10 计数器状态表如表 6.53 所示。

在图 6.70（b）中，计数脉冲加到模 5 计数器的 CP_B 端，每来 5 个计数脉冲，模 5 计数器输出 Q_D 产生一个负跳变，使模 2 计数器增 1。经过 10 个脉冲作用后，模 2 计数器循环一周，实现 5421 码十进制加法计数。5421 码模 10 计数器状态表如表 6.54 所示。

表 6.53　8421 码模 10 计数器状态表

序号	Q_D	Q_C	Q_B	Q_A
0	0	0	0	0
1	0	0	0	1
2	0	0	1	0
3	0	0	1	1
4	0	1	0	0
5	0	1	0	1
6	0	1	1	0
7	0	1	1	1
8	1	0	0	0
9	1	0	0	1

表 6.54　5421 码模 10 计数器状态表

序号	Q_A	Q_D	Q_C	Q_B
0	0	0	0	0
1	0	0	0	1
2	0	0	1	0
3	0	0	1	1
4	0	1	0	0
5	1	0	0	0
6	1	0	0	1
7	1	0	1	0
8	1	0	1	1
9	1	1	0	0

3. *R* 进制计数器

使用集成计数器可以构成模为 *R* 的任意进制计数器，常用的方法有清零法、置数法和级联法。

（1）清零法

当 R 小于计数器电路的模 M 时，可以使用清零法。清零法是指利用当前已有的 M 进制计数器，在到达某个特定状态时，产生控制信号，并输入到计数器的清零控制端，使计数器提前返回 0 状态，实现模值为 R 的计数。

例 6.19　分别用 74193 和 74290 芯片，采用清零法设计一个模 6 加法计数器。

解：如果使用计数器 74193 实现，74193 的模 M=16，而 R=6，可以使用一片 74193 芯片实现。计数器的初始状态为 $Q_DQ_CQ_BQ_A$=0000，模 6 计数器的状态图如图 6.71 所示。

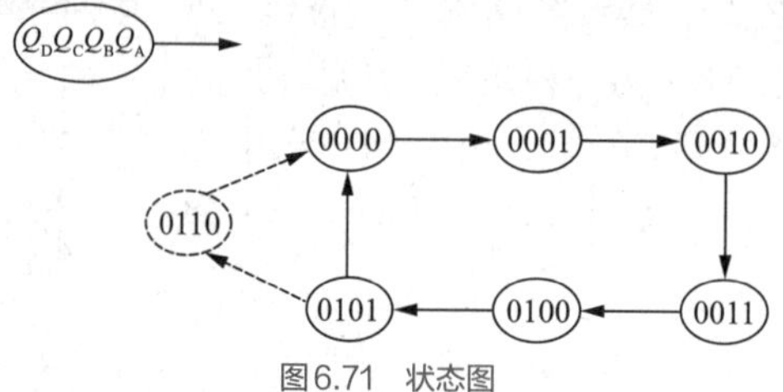

图6.71　状态图

根据 74193 的功能表，可用图 6.72 所示逻辑电路实现模 6 加法器的功能。其中，$\overline{LD}$ 和 CP_D 接逻辑 1，CP_U 接计数脉冲 CP，74193 工作在累加计数状态。由于 74193 是异步清零，不需要时钟脉冲的输入就立刻清零，因此模 6 计数器应该在状态 0110 时清零。这里 0110 是一个短暂的过渡状态，因此这里用虚线表示。此外，由于电路不会到达 1111 状态，因此 74193 的进位输出 $\bar{Q}_{CC}$ 无效。如果在清零时输出进位信号，由于清零的时间非常短，输出信号是时间很短的尖脉冲，常常会被当做干扰信号消除。因此，如果希望获得稳定的脉冲输出，可以在最后一个状态时产生输出信号，本例中进位输出信号 $Z=\overline{\overline{CP_U}\cdot Q_C\cdot Q_A}$。

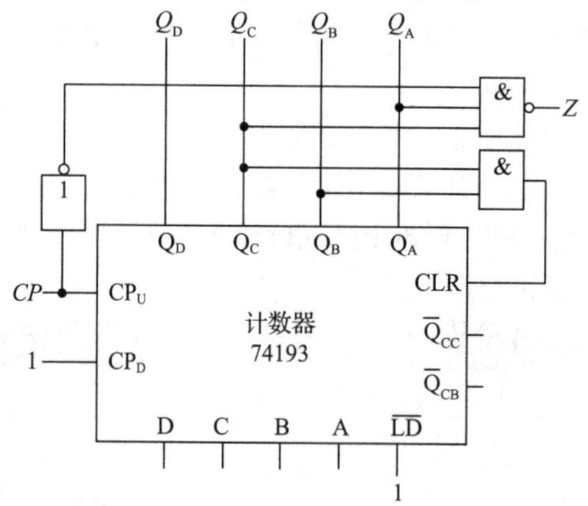

图6.72　74193 实现模 6 加法计数器逻辑电路

如果使用计数器 74290 实现，由于 R=6，因此需要先将 74290 连接成 8421 码或者 5421 码的模 10 计数器，然后利用清零方式得到模 6 计数器。如果选择 8421 码的连接方式，由于 74290 也是异步清零，因此与使用 74193 计数器时相同，当状态为 0110 时进行清零，其状态图如图 6.71 所示。由于计数器 74290 没有进位输出信号，可以采用与 74193 类似的方法获得稳定的进位输出信号，其逻辑电路如图 6.73（a）所示；如果使用 5421 码的连接方式，则应该当状态为 1001 时清零，逻辑电路如图 6.73（b）所示。

使用清零法的前提是计数器具备清零功能，使用时需要注意清零方式是异步清零还是同步清零。异步清零由于不需要时钟脉冲信号配合，因此需要在第 R+1 个状态时清零，这个状态是一个瞬时状态；同步清零由于是在时钟脉冲作用下清零，没有瞬时状态，因此在第 R 个状态时清零。

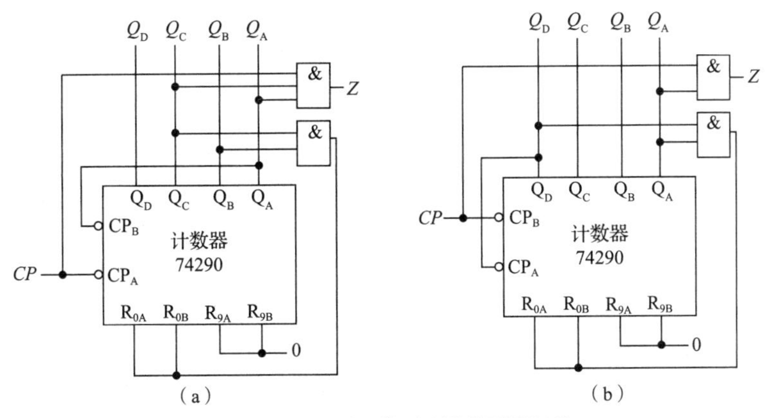

图6.73 74290实现模6加法计数器逻辑电路

（2）置数法

当 R 小于计数器电路的模 M 时，也可以使用置数法。首先根据模 R 选择确定的预置状态，从预置状态开始，根据计数器是异步置数还是同步置数，到第 $R+1$ 个状态或第 R 个状态时产生预置信号，并将此信号加载到预置输入端，使计数器从预置状态重新开始计数，从而实现模 R 的计数器。

由于预置输入 $DCBA$ 值可以任意，因此置数法很灵活，可以任意选择其中的 R 个状态实现模 R 的计数器。下面给出使用计数器 74193，利用置数法实现模 10 计数器的三类方法。

① 置数端 $DCBA$=0000，使用计数器的前 10 个状态，在 1010 状态置数，状态图如图 6.74（a）所示，电路图如图 6.74（d）所示。这种置数法适用于一些没有清零功能的计数器。

② 置数端 $DCBA$=0110，使用计数器的后 10 个状态，在 0000 状态置数，状态图如图 6.74（b）所示，电路图如图 6.74（e）所示。这种置数法由于有 1111 状态，因此输出端 $\overline{Q}_{CC}$ 可以直接使用。

③ 置数端 $DCBA$=0011，使用计数器的中间 10 个状态，在 1101 状态置数，状态图如图 6.74（c）所示，电路图如图 6.74（f）所示。

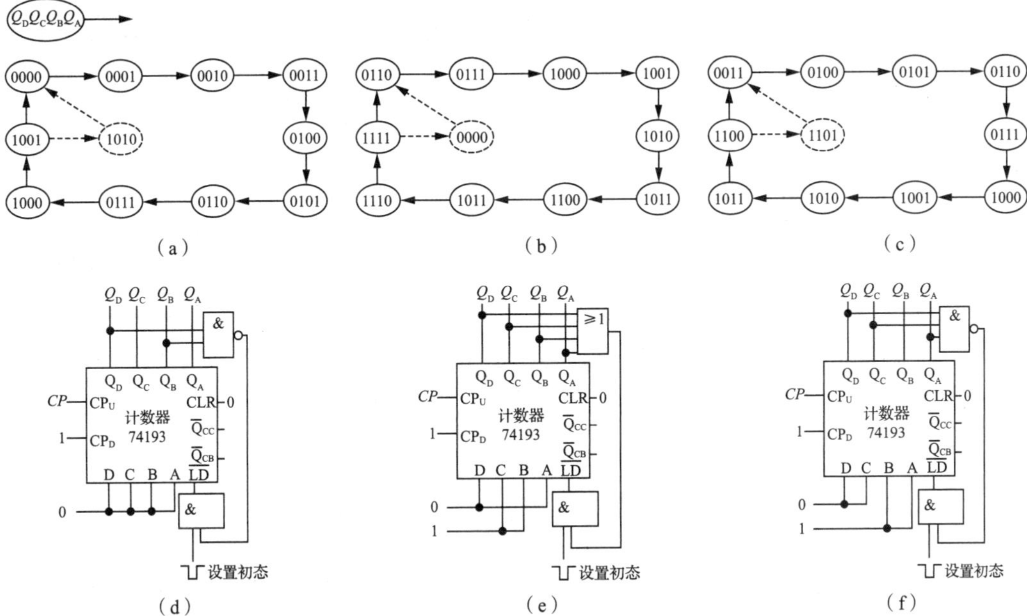

图6.74 用74193实现模10计数器

在使用置数法的时候，由于电路的起始状态不一定是从 0000 开始的，因此通常会在置数端增加一个设置初态的负脉冲，与置数信号通过与门连接到 74193 的置数端，这样通过设置初态信号可以使电路随时从设置的初值开始。

（3）级联法

当 R 大于计数器电路的模 M 时，首先需要按照级联的方式连接计数器电路以便实现更高模的计数器。一般两个计数器级联，如果前一个计数器的模是 M_1，后一个计数器的模是 M_2，那么它们级联后得到计数器的模为 $M=M_2 \times M_1$。由此可以推广到多个计数器级联，得到计数器的模 $M=M_n \times M_{n-1} \times \cdots \times M_1$。

例如，利用 74193 计数器的借位输出脉冲作为计数脉冲，将两片 74193 按照图 6.75 所示进行连接，可以得到一个模为 256 的减法计数器。需要注意的是，根据 74193 的工作时序图，CP_D 输入的脉冲是负脉冲，上升沿（后沿）状态改变，借位输出 $\bar{Q}_{CB}$ 也是负脉冲，因此第一片的 $\bar{Q}_{CB}$ 可以直接输入第二片 74193 的 CP_D 端。用类似的方法，也可以构成模为 256 的加法计数器。

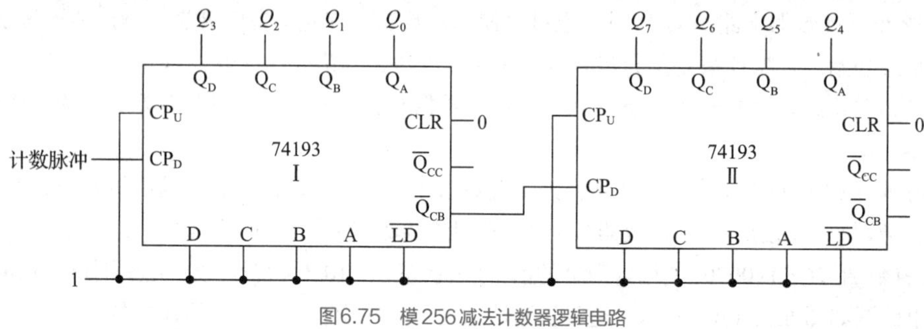

图6.75　模 256 减法计数器逻辑电路

利用计数器级联获得模大于 R 的计数器后，再恰当地使用预置、清除等功能，便可构成任意 R 进制计数器。

6.4.2　寄存器

在数字系统中，常常需要暂时存放数据以供后续使用，这时就需要用到寄存器。寄存器是用来存放数据或运算结果的一种常用逻辑部件。移位寄存器除了存放数据外，还可以根据需要向左或者向右移位。寄存器的主要组成部分是触发器，一个触发器能存储 1 位二进制代码；一个 n 位寄存器由 n 个触发器组成，可以存放 n 位二进制代码。

中规模集成寄存器应用广泛，种类很多，常用的集成器件有 4 位寄存器 7495、74175、74194，5 位寄存器 7496，8 位寄存器 7491 等。其中，74194 是一种常用的 4 位双向移位寄存器，除了具有接收数据、保存数据和传送数据等基本功能外，还具有左 / 右移位、串 / 并输入、串 / 并输出，以及预置、清零等多种功能，它是一种多功能移位寄存器。下面以 74194 为例，对其外部特性及应用进行讨论。

1. 移位寄存器 74194

74194 的引脚排列和逻辑符号分别如图 6.76（a）和（b）所示。

移位寄存器 74194 有 10 个输入端，包括清零控制输入 $\overline{CLR}$、并行数据输入 $DCBA$、右移串行数据输入 D_R、左移串行数据输入 D_L、工作方式选择输入 S_1S_0 及工作脉冲 CP，并有 4 个输出端，即寄存器的状态值 $Q_DQ_CQ_BQ_A$。74194 的功能表如表 6.55 所示，工作时序图如图 6.77 所示。

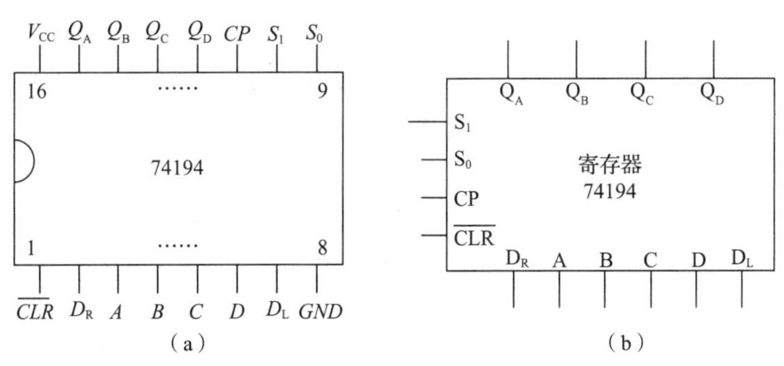

图6.76　74194的引脚排列和逻辑符号

表 6.55　74194 的功能表

输入										输出			
$\overline{CLR}$	CP	S_1	S_0	D_R	D_L	D	C	B	A	Q_D	Q_C	Q_B	Q_A
0	d	d	d	d	d	d	d	d	d	0	0	0	0
1	0	d	d	d	d	d	d	d	d	Q_A^n	Q_B^n	Q_C^n	Q_D^n
1	↑	1	1	d	d	x_0	x_1	x_2	x_3	x_0	x_1	x_2	x_3
1	↑	0	1	1	d	d	d	d	d	1	Q_A^n	Q_B^n	Q_C^n
1	↑	0	1	0	d	d	d	d	d	0	Q_A^n	Q_B^n	Q_C^n
1	↑	1	0	d	1	d	d	d	d	Q_B^n	Q_C^n	Q_D^n	1
1	↑	1	0	d	0	d	d	d	d	Q_B^n	Q_C^n	Q_D^n	0
1	d	0	0	d	d	d	d	d	d	Q_A^n	Q_B^n	Q_C^n	Q_D^n

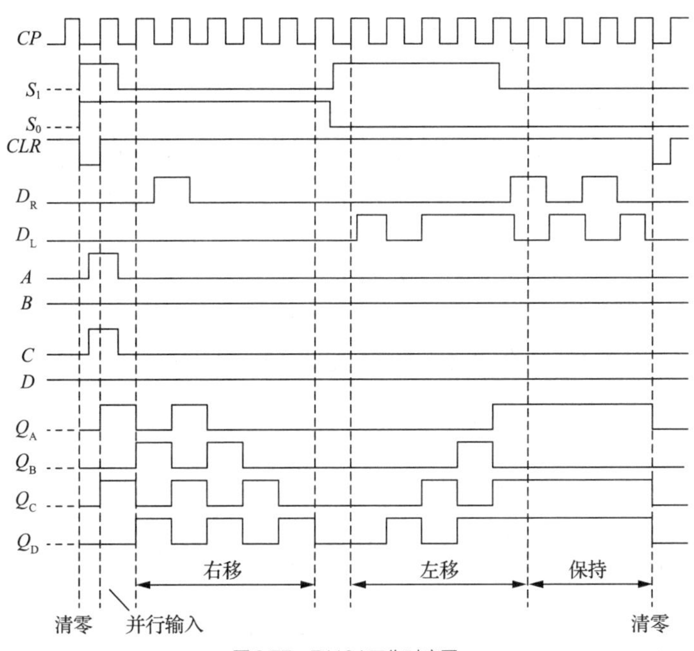

图6.77　74194工作时序图

从功能表和工作时序图可知，双向移位寄存器在$\overline{CLR}$、S_1 和 S_0 的控制下可完成数据的并行输入、右移串行输入、左移串行输入、保持和清除等功能。

（1）异步清零

当 $\overline{CLR}$ =0 时，无论时钟端、工作方式选择输入端为何值，输出状态立刻清“0”，即 $Q_AQ_BQ_CQ_D$=0000，清零信号在所有的输入信号中优先级最高。

（2）并行输入

当 $\overline{CLR}$ =1 且 S_1S_0=11，当时工作脉冲 CP 出现上升沿时，寄存器的状态被置为并行数据输入端 $ABCD$ 输入的值，即 $Q_A^{n+1}Q_B^{n+1}Q_C^{n+1}Q_D^{n+1}=ABCD$，相当于同步置数功能。

（3）右移

当 $\overline{CLR}$ =1 且 S_1S_0=01，当时工作脉冲 CP 出现上升沿时，寄存器的状态值依次向右移动，然后在 Q_A 端补上串行数据输入端 D_R 的值，即 $Q_A^{n+1}Q_B^{n+1}Q_C^{n+1}Q_D^{n+1}=D_RQ_AQ_BD_C$。

（4）左移

当 $\overline{CLR}$ =1 且 S_1S_0=10，当时工作脉冲 CP 出现上升沿时，寄存器的状态值依次向左移动，然后在 Q_D 端补上串行数据输入端 D_L 的值，即 $Q_A^{n+1}Q_B^{n+1}Q_C^{n+1}Q_D^{n+1}=Q_BQ_CQ_DD_L$。

（5）数据保持

当 $\overline{CLR}$ =1 且 S_1S_0=00，当时工作脉冲 CP 出现上升沿时，寄存器的状态值保持不变，即 $Q_A^{n+1}Q_B^{n+1}Q_C^{n+1}Q_D^{n+1}=Q_AQ_BQ_CQ_D$。

2．移位寄存器的级联

移位寄存器除完成预定功能外，可以通过级联的方式进行容量的扩展，例如用两片 74194 芯片通过级联实现 8 位双向移位寄存器。如图 6.78 所示，将第一片 74194 芯片的输出 Q_D 端连接到第二片 74194 芯片的右移输入端 D_R，将第二片 74194 芯片的输出 Q_A 端连接到第一片 74194 芯片的左移输入端 D_L，同时将两片 74194 芯片的功能选择端 S_1S_0、清零控制端 $\overline{CLR}$ 及时钟信号接在一起即可。第一片 74194 芯片右移输入端 D_R 和第二片 74194 芯片的左移输入端 D_L 就是这个 8 位双向移位寄存器的右移和左移输入端。

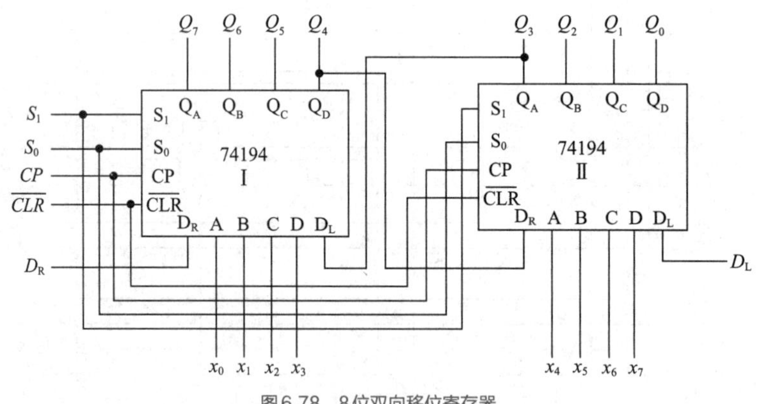

图6.78　8位双向移位寄存器

6.5　中规模时序逻辑电路的分析和设计

在数字系统中，常用的中规模时序逻辑电路包括计数器和寄存器。其具有体积小、功耗低、速度快及抗干扰能力强等一系列优点，因此得到了广泛应用。本节主要通过一些实例介绍中规模时序逻辑电路的分析与设计过程。

6.5.1 中规模时序逻辑电路的分析

中规模时序逻辑电路常常与中规模组合逻辑电路一起组成复杂的电路。一般来说，中规模时序逻辑电路的分析步骤如下。

（1）对于给定的电路，确定其使用的芯片类型。

（2）按照芯片将电路划分成若干个子模块。

（3）对于每个子模块，找出子模块的输入和输出信号，然后根据中规模集成芯片的功能表，借助状态图、真值表等工具确定子模块的功能。

（4）将所有子模块结合起来考虑，分析整体电路的输出信号与输入信号的关系，确定电路的功能。

（5）用文字描述出电路的逻辑功能，并对原电路的设计方案进行评价，必要时提出改进意见和改进方案。

在实际分析过程中，根据实际问题的难易程度和设计者的熟练程度，有时可跳过其中的某些步骤。下面举例说明中规模时序逻辑电路的分析过程。

例 6.20　试分析图 6.79 所示的逻辑电路，电路输出为 Z，说明电路的功能。

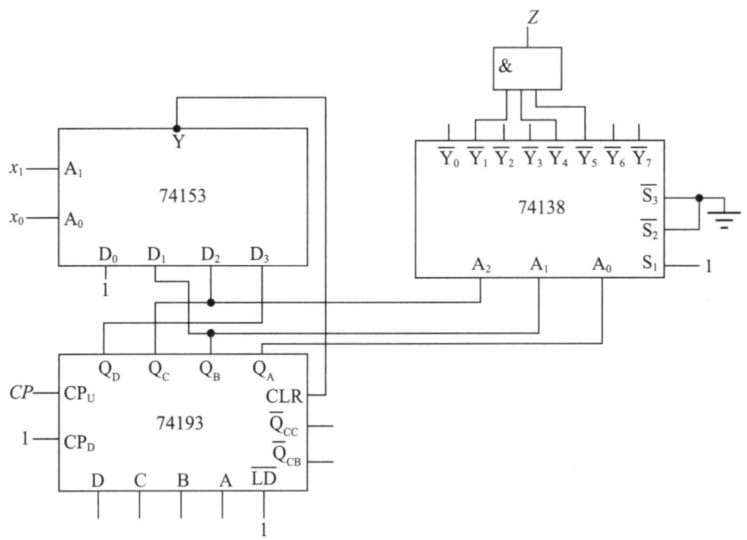

图6.79　逻辑电路图

解：电路由 1 个 4 路选择器 74153、1 个计数器 74193 和 1 个译码器 74138 组成。电路具体的分析过程如下。

4 路选择器 74153 有两个控制端输入 x_1x_0、4 个输入端，其中 D_0=1，$D_1D_2D_3$ 分别与 74193 的 $Q_BQ_CQ_D$ 端相连，输出端与 74193 的 CLR 相连。因此

$$Y=\overline{x}_1\,\overline{x}_0+\overline{x}_1\,x_0Q_B+x_1\,\overline{x}_0\,Q_C+x_1x_0Q_D$$

计数器 74193 的 CP_D 端和 $\overline{LD}$ 均为 1，时钟脉冲信号 CP 从 CP_U 端输入，因此 74193 工作在累加计数状态。74193 的 CLR 和 4 路选择器 74153 的输出相连，当 74153 的输出为 1 时，计数器 74193 清零。所以

$$CLR=Y=\overline{x}_1\,\overline{x}_0+\overline{x}_1\,x_0Q_B+x_1\,\overline{x}_0\,Q_C+x_1x_0Q_D$$

可以看出，74153 与 74193 构成了模可变的累加计数器。当 x_1x_0=00 时，CLR=1，74193 保

持清零状态；当 x_1x_0=01 时，$CLR=Q_B$，说明 74193 的状态在 $Q_DQ_CQ_BQ_A$=0010 时清零，构成的是模 2 计数器；同理，当 x_1x_0=10 时，$CLR=Q_C$，74193 的状态在 0100 时清零，构成的是模 4 计数器；当 x_1x_0=11 时，$CLR=Q_D$，74193 的状态在 1000 时清零，构成的是模 8 计数器。

74138 的控制端 $A_2A_1A_0$ 分别与 74193 的 $Q_CQ_BQ_A$ 端相连，由此可以得到 Z 的表达式为

$$Z=\overline{Y_1}\,\overline{Y_4}\,\overline{Y_5}=\overline{Y_1+Y_4+Y_5}=\overline{\overline{Q}_C\overline{Q}_BQ_A+Q_C\overline{Q}_B\overline{Q}_A+Q_C\overline{Q}_BQ_A}$$

因此可以得到电路的功能是一个可变序列发生器，具体功能表如表 6.56 所示。

表 6.56　逻辑电路功能表

输入 x_1x_0	74193功能	输出 Z 序列（8位循环）
0 0	保持 0000 状态	1 1 1 1 1 1 1 1
0 1	模 2 累加计数	1 0 1 0 1 0 1 0
1 0	模 4 累加计数	1 0 1 1 1 0 1 1
1 1	模 8 累加计数	1 0 1 1 0 0 1 1

例 6.21　试分析图 6.80 所示的逻辑电路，分析其为多少进制的计数器。

解：该电路主要由 1 个异步计数器 74290 构成，74290 的 Q_A 端连接到了 CP_B 端，计数脉冲从 CP_A 端输入，因此 74290 构成 8421 码的模 10 计数器。当 Q_C=1，即 $Q_DQ_CQ_BQ_A$=0100 时异步清零，此时计数器状态在 0000 ～ 0011 循环，因此该电路是一个模 4 计数器。

由于 74290 是二－五－十进制计数器，因此，可直接利用 74290 的模 5 计数器构造模 4 计数器，电路会更简单，如图 6.81 所示。

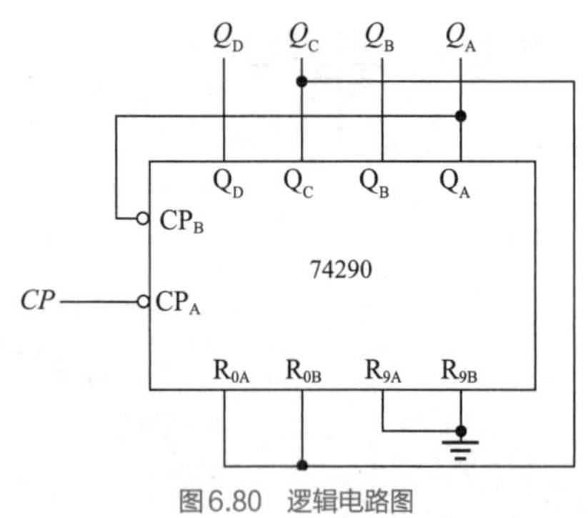

图6.80　逻辑电路图

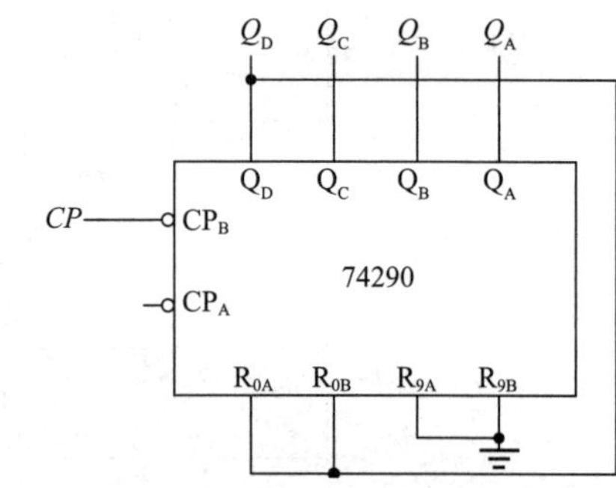

图6.81　修改后的逻辑电路图

例 6.22　试分析图 6.82 所示的逻辑电路。

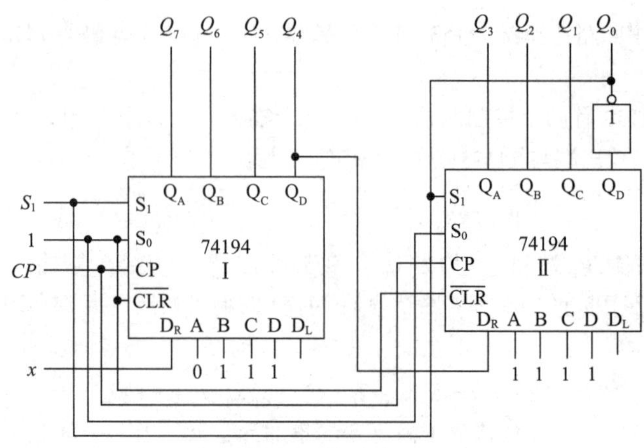

图6.82　逻辑电路图

解：该电路由 2 个双向移位寄存器 74194 组成。电路具体的分析过程如下。

由逻辑电路图可知，两片 74194 的时钟端连在一起有输入脉冲，清零端和 S_0 工作方式选择端都接了高电平，第二片 74194 的 Q_D 端经过非门输入到两个 74194 的工作方式选择端 S_1，第一片 74194 右移输入端 D_R 接了输入信号 x，第二片 74194 右移输入端 D_R 接了第一片的 Q_A 端，因此两片 74194 只会工作在并行输入和右移工作状态。

假设两片 74194 的初始状态均为 0000，按照 74194 的逻辑功能得到状态表，如表 6.57 所示。初始状态下，第二片 74194 的 Q_D=0，Q_0=1，两片 74194 的 S_1S_0=11 工作在置数状态，时钟脉冲 CP 的上升沿到来之后，两片 74194 的状态输出 $Q_AQ_BQ_CQ_D$ 分别变为 0111 和 1111，此时 Q_0=0，两片 74194 的 S_1S_0=01 工作方式变为右移；当 CP 的上升沿再一次来到，如果此时 x 的输入为 x_2，两片 74194 的状态 $Q_AQ_BQ_CQ_D$ 变为 $x_2$011 和 1111；下一个 CP 的上升沿，此时 Q_0=0，两片 74194 仍然工作在右移状态，如果 x 的输入为 x_3，两片 74194 的状态变为 $x_3x_2$01 和 1111。依次类推，直到右移使 Q_0=1，两片 74194 重新工作在置数状态，又重新开始循环。

表 6.57 逻辑电路状态表

时钟 CP	输入 x	控制信号 $S_1(Q_0)$ S_0	74194功能	74194 I状态 Q_7 Q_6 Q_5 Q_4	74194 II状态 Q_3 Q_2 Q_1 Q_0
0	x_0	1 1	初始状态	0 0 0 0	0 0 0 0
1	x_1	1 1	并行输入	0 1 1 1	1 1 1 1
2	x_2	0 1	右移	x_2 0 1 1	1 1 1 1
3	x_3	0 1	右移	x_3 x_2 0 1	1 1 1 1
4	x_4	0 1	右移	x_4 x_3 x_2 0	1 1 1 1
5	x_5	0 1	右移	x_5 x_4 x_3 x_2	0 1 1 1
6	x_6	0 1	右移	x_6 x_5 x_4 x_3	x_2 0 1 1
7	x_7	0 1	右移	x_7 x_6 x_5 x_4	x_3 x_2 0 1
8	x_8	0 1	右移	x_8 x_7 x_6 x_5	x_4 x_3 x_2 0
9	x_9	1 1	并行输入	0 1 1 1	1 1 1 1

从表 6.57 可以看出，如果输入 x 的变化节拍与输入的时钟变化节拍保持一致时，每 8 个输入信号中除了第一个信号用于并行置数外，剩下的 7 个信号被从 $Q_7Q_6Q_5Q_4Q_3Q_2Q_1$ 端并行输出，因此电路的功能是一个 7 位数据串行－并行转换电路。

6.5.2 中规模时序逻辑电路的设计

中规模时序逻辑电路种类多、功能强，在实现给定功能时具备多样性和灵活性。一般来说，中规模时序逻辑电路的设计步骤如下。

（1）根据设计要求将电路分成若干个子模块，确定每个子模块的逻辑功能及输出和输入的关系。

（2）根据子模块的逻辑功能，确定电路状态的转移情况，并选择合适的中规模集成芯片。

（3）按照所选中规模集成芯片的功能表完成子模块的设计。

（4）按照输出和输入的关系，将各个子模块组装起来，得到最后的逻辑电路图。

当然，这个设计步骤会因为设计要求及设计者对中规模集成芯片的熟悉程度而有所简化。下面将举例说明中规模时序逻辑电路的设计方法。

例 6.23　使用 74290 芯片实现一个模 24 的加法计数器。

解：根据设计要求，使用二－五－十进制计数器 74290 构成一个模 24 的计数器。由于一片 74290 的模是 10，因此我们需要将两片 74290 级联，然后通过清零法或者置数法实现逻辑功能。由于 74290 可以构成模 2、模 5、8421 码模 10 和 5421 码模 10 计数器，因此 74290 实现模 24 计数器有着多种连接方法。

（1）利用两个 8421 码模 10 计数器级联，通过清零法实现

首先，将两片 74290 连接成 8421 码模 10 计数器的形式。然后，将两片 74290 级联实现模 100 的计数器。如前所述，由于 74290 是下降沿触发的，而第一片 74290 的进位发生在状态 1001 变成 0000 的时刻，因此只要将第一片 74290 的最高位 Q_{1D} 连接到第二片的 CP_A 端就可实现两个 74290 的级联。最后，利用清零法，当两片 74290 的状态输出值为 $Q_{2D}Q_{2C}Q_{2B}Q_{2A}Q_{1D}Q_{1C}Q_{1B}Q_{1A}$=0010 0100（8421 码的 24）时给清零信号，即 $R_{0A}R_{0B}=Q_{1C}Q_{2B}$ 的时刻清零。逻辑电路图如图 6.83 所示。

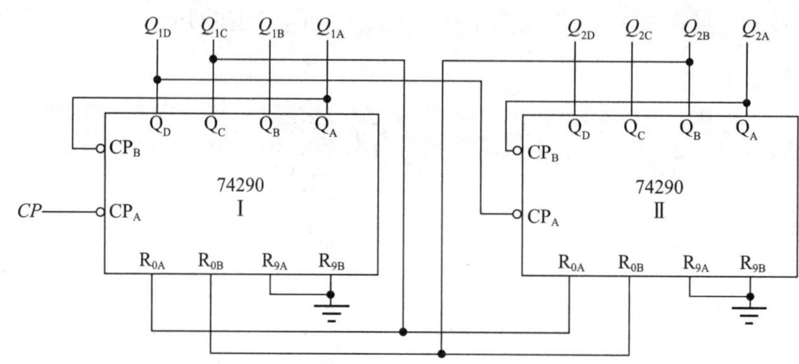

图6.83　二十四进制逻辑电路图 1

这种利用两个 8421 码模 10 计数器级联，通过清零法实现的逻辑电路输出端是两个 8421 码，恰好是 0 ～ 23，易于识别和显示。同理，也可以利用两个 5421 码模 10 计数器级联构成模 100 的计数器，然后利用清零法实现模 24 的计数器。当然，这里也可以使用置数法。

（2）利用 1 个 8421 码模 10 和 1 个模 5 的计数器级联，通过清零法实现

首先，将 1 片 74290 连接成 8421 码模 10 计数器的形式。然后，将该片 74290 与 1 片模 5 的 74290 级联实现模 50 的计数器，将模 10 的 74290 设置为低位，将第一片 74290 的最高位 Q_{1D} 连接到第二片的 CP_B 端就可实现两个 74290 的级联。最后，利用清零法，当两片 74290 的状态输出值为 $Q_{2D}Q_{2C}Q_{2B}$ $Q_{1D}Q_{1C}Q_{1B}Q_{1A}$=010 0100 时给清零信号，即 $R_{0A}R_{0B}=Q_{1C}Q_{2C}$ 的时刻清零。逻辑电路图如图 6.84 所示。

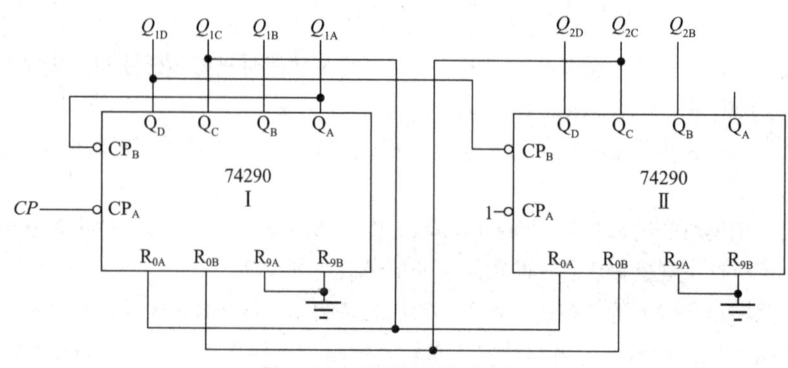

图6.84　二十四进制逻辑电路图 2

同理，可以将模 5 计数器作为低位，模 10 计数器作为高位实现电路功能，还可以选择模 4 和模 10，模 3 和模 10 构成模 40 或模 30 计数器后，利用清零法和置数法实现模 24 电路。

（3）利用两个模 5 计数器级联，通过置数法实现

首先，两片 74290 通过模 5 计数器进行级联，将第一片 74290 的最高位 Q_{1D} 连接到第二片的 CP_B 端就可实现模 25 的计数器。由于使用模 5 计数器时，置 9 功能实际上是置 $Q_{2D}Q_{2C}Q_{2B}Q_{1D}Q_{1C}Q_{1B}$=100 100，并且只要去掉 1 个状态就可以实现模 24，因此在 100 011 状态时置 9 就能够满足要求，由此得到电路如图 6.85 所示。

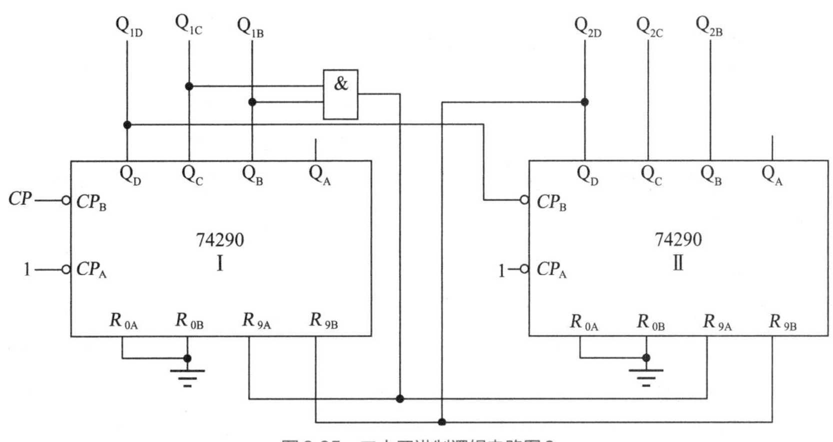

图6.85　二十四进制逻辑电路图3

（4）利用 1 个 8421 码模 4 和 1 个 8421 码模 6 的计数器级联实现

前面的方法主要是先构造出模值大于需求模值的计数器，然后利用清零法或者置数法实现。另一种方法是直接将需求模值进行分解，然后通过级联实现。例如，模 24 可以分解为模 4 和模 6，模 3 和模 8，或者模 2 和模 12。这里以模 4 和模 6 构造一个模 24 的计数器，先利用两片 74290 分别构造 1 个模 4 和 1 个模 6 的计数器，其中模 6 计数器用 8421 码模 10 计数器实现。然后，以模 4 计数器作为低位，模 6 计数器作为高位实现级联。由于模 4 计数器的进位发生在状态 011 变成 000 的时刻，因此可以将模 4 计数器的 Q_{1C} 连接到第二片的 CP_A 端就可实现级联，最后的逻辑电路图如图 6.86 所示。

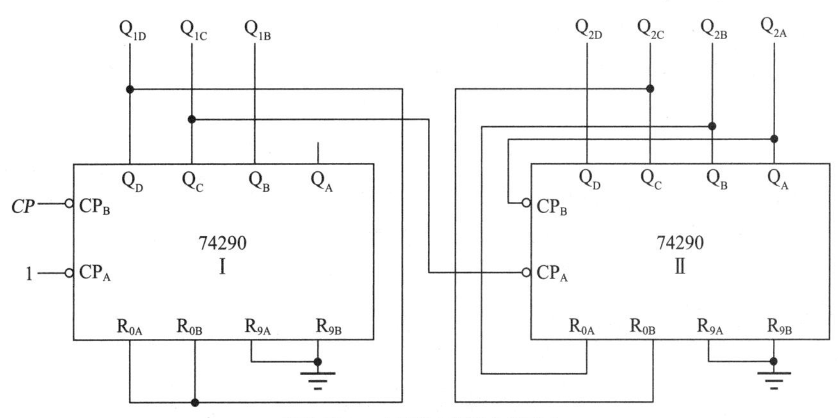

图6.86　二十四进制逻辑电路图4

从上述例子可以看出，利用常用的中规模集成计数器可以灵活地构成任意进制的计数器。

例 6.24　试使用双向移位寄存器 74194 实现一个模 8 的计数器。

解：使用双向移位寄存器 74194 实现计数器的时候，通常利用 74194 的左移或者右移功能实现，这里假设利用右移功能实现，得到的状态图和电路图如图 6.87 所示。

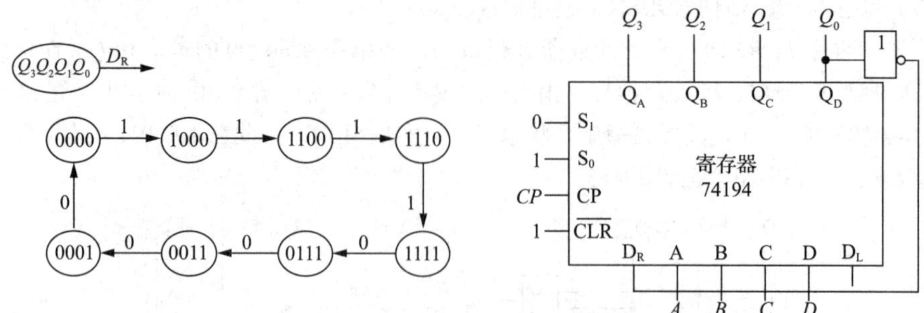

图6.87　74194 构成的模 8 计数器

从模 8 计数器的状态图可以看出，电路的状态每次变化时只有 1 个触发器翻转，不会出现竞争和险象，这种计数器称为扭环计数器，又称为约翰逊计数器。扭环计数器的电路比较简单，但是电路状态的利用率不高，这里的模 8 计数器就使用了 4 个触发器。

实际上，利用移位寄存器的右移功能构成扭环计数器有一定的规律。当由寄存器的第 n 位状态输出通过非门连接到右移控制端 D_R 时，构成的是模为 $2\times n$ 的扭环计数器；当由寄存器的第 n-1 位和第 n 位状态输出通过与非门连接到右移控制端 D_R 时，构成的是模为 $2\times n-1$ 的扭环计数器。例如，将 74193 的第 4 位输出 Q_D 和第 3 位输出 Q_C 通过与非门连接到右移控制端 D_R 时，构成的扭环计数器的模是 $2\times 4-1=7$。

例 6.25　试设计一个能够产生 00101110（从左至右顺次输出）的序列信号发生器。

解：依据设计要求，电路有一个输入脉冲信号、一个输出信号，典型的输出如下。

时钟节拍 CP：1 2 3 4 5 6 7 8 9 10

输出 Z：0 0 1 0 1 1 1 0 0 0

（1）使用计数器和数据选择器

由于序列发生器的周期 T_P=8，因此电路可以采用模 8 计数器加上 8 位数据选择器实现。首先，选择 74193 芯片实现模 8 计数器功能，然后将模 8 计数器状态输出连接一个 8 位选择器的控制端，选择器的输入顺次设置为 00101110，输出即为整个电路的输出。逻辑电路图如图 6.88 所示。注意，74193 只取 $Q_CQ_BQ_A$，输出恰好是模 8 计数。

这里也可以用其他类型的计数器或者寄存器在实现模 8 计数器后与数据选择器相连实现序列发生器。

（2）使用计数器和译码器

由于译码器和数据选择器都可以实现逻辑函数功能，因此使用计数器和译码器也可以实现上述电路功能。这里仍然使用 74193 实现模 8 计数器功能，然后输出端与 74138 译码器的 3 个输入端相连，由此可以得到输出真值表如表 6.58 所示。

由此可得，$Z=m_2+m_4+m_5+m_6=\overline{\bar{m}_2\cdot\bar{m}_4\cdot\bar{m}_5\cdot\bar{m}_6}$。这个组合逻辑电路可以用 74138 实现，电路如图 6.89 所示。

表 6.58　输出真值表

输入 $Q_CQ_BQ_A$	最小项	输出 Z
0 0 0	m_0	0
0 0 1	m_1	0
0 1 0	m_2	1
0 1 1	m_3	0
1 0 0	m_4	1
1 0 1	m_5	1
1 1 0	m_6	1
1 1 1	m_7	0

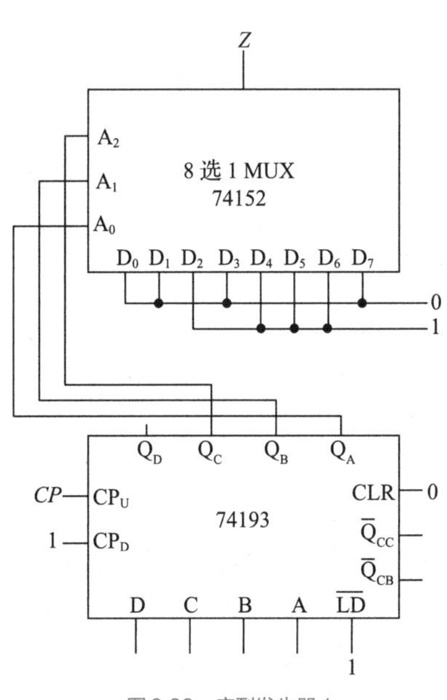

图6.88　序列发生器1

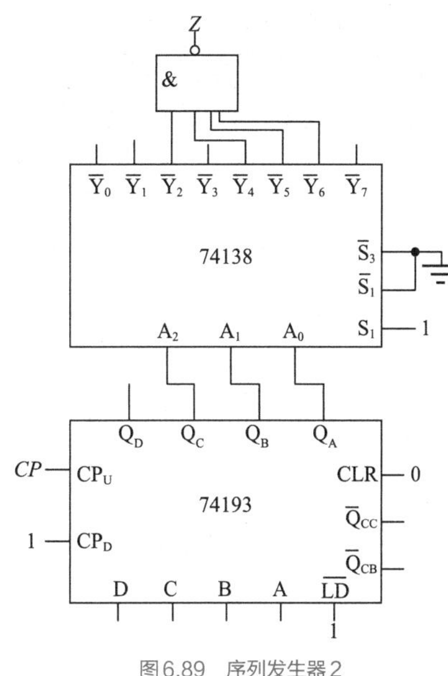

图6.89　序列发生器2

（3）使用移位寄存器

利用移位寄存器和反馈逻辑电路也可以构成序列发生器。由于序列发生器产生的序列周期为 T_P，移位寄存器的级数（触发器个数）为 n，因此需要满足关系式 $2^n \geqslant T_P$。本例中 $T_P=8$，故 $n \geqslant 3$，即需要至少包含 3 个触发器的移位寄存器，这里选择双向移位寄存器 74194。74194 有 4 个触发器，因此可以选择 $Q_AQ_BQ_C$ 配合使用右移方式，也可以选择 $Q_BQ_CQ_D$ 配合使用左移方式。

这里选择右移工作方式，设输出序列 Z=00101110（从左至右顺次输出，即最左边的信号先输出），序列信号从 Q_C 端输出。首先将初始状态 $Q_AQ_BQ_C$ 设置为 100，此时在 D_R 端需要产生反馈信号 0；下一个时钟脉冲信号作用时 $Q_A^{n+1}Q_B^{n+1}Q_C^{n+1}=D_RQ_AQ_B=010$，此时需要在 D_R 端产生反馈信号 1，依此类推，可以得到当前状态 $Q_AQ_BQ_C$ 的值与 D_R 端需要产生反馈信号之间的关系，如表 6.59 所示。

观察表 6.59，如果没有出现相同 $Q_AQ_BQ_C$ 而 D_R 不同的情况，意味着可以建立 D_R 与 $Q_AQ_BQ_C$ 之间的逻辑关系，由此可得到反馈函数 $F(D_R)$ 的逻辑表达式为

$$
\begin{aligned}
F(D_R) &= \bar{Q}_D Q_C \bar{Q}_B + Q_D \bar{Q}_C Q_B + Q_D Q_C \bar{Q}_B + \bar{Q}_D \bar{Q}_C \bar{Q}_B \\
&= Q_C \bar{Q}_B + \bar{Q}_D \bar{Q}_B + Q_D \bar{Q}_C Q_B \\
&= (\bar{Q}_D + Q_C)\bar{Q}_B + Q_D \bar{Q}_C Q_B \\
&= (\bar{Q}_D + Q_C) \oplus Q_B
\end{aligned}
$$

最后得到的逻辑电路图如图 6.90 所示。该电路的工作过程为：在 S_1S_0 的控制下，先置寄存器 74194 的初始状态为 $Q_AQ_BQ_C$=001，然后令其工作在右移串行输入方式，即可在时钟脉冲作用下从 Z 端产生所需要的脉冲序列。注意，实际上 Q_A 和 Q_B 端的输出与 Q_C 端输出波形是相同的，仅仅是晚了 1 ～ 2 个时钟周期。

如果电路状态变化表（见表 6.59）中存在某种取值的 $Q_AQ_BQ_C$ 对应不同 D_R 的情况，即 $Q_AQ_BQ_C$ 和 D_R 不是一一对应关系，将无法建立 D_R 与 $Q_DQ_CQ_B$ 之间的逻辑关系。在这种情况下，我们可以采用扩容的方式，即再增加一个触发器，重新得到电路状态变化表，求出 $F(D_R)$ 的逻辑函数表达式。

表 6.59　电路状态变化表

时钟脉冲 CP	D_R	Q_A	Q_B	Q_C
0	0	1	0	0
1	1	0	1	0
2	1	1	0	1
3	1	1	1	0
4	0	1	1	1
5	0	0	1	1
6	0	0	0	1
7	1	0	0	0

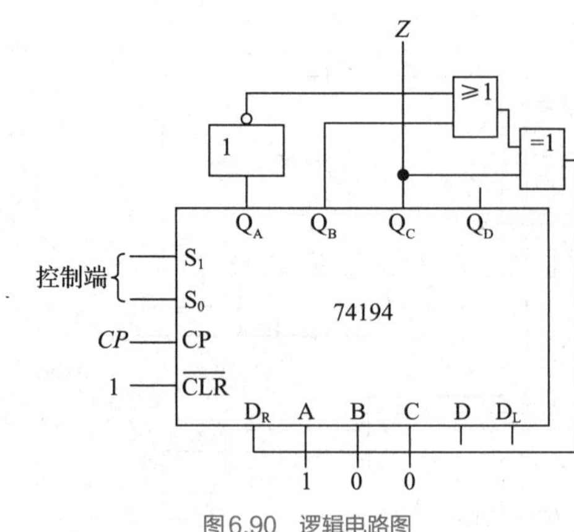

图6.90　逻辑电路图

从本例可以看出，序列信号发生器可以使用计数器与数据选择器，计数器与译码器及移位寄存器加上反馈实现。其中，计数器与数据选择器适用于单个序列信号的生成，计数器与译码器可以用于多个序列信号的生成，而移位寄存器加上反馈只能生成单个序列信号且对序列信号有要求。

例 6.26　使用 74193 芯片实现一个 30s 倒计时电路，电路有一个频率为 4Hz 的输入脉冲信号、一个倒计时启动信号 x，一个输出信号 Z，当倒计时结束时输出 Z=1 且停止倒计时。

解：根据设计要求，电路的主要功能是 30s 倒计时，这个电路实际上是一个模 31（30 ～ 0）的减法计数电路，倒计时电路的输入脉冲是 1Hz，可以通过 4Hz 的输入信号分频后获得；减法计数电路的借位信号作为输出信号。因此，整个电路主要包括分频电路、模 31 的减法计数器、输出及反馈电路等模块，具体的设计过程如下。

（1）分频电路

分频电路主要利用计数器实现，电路的输入频率为 4Hz 的脉冲信号，即 1s 有 4 个脉冲，而倒计时电路需要 1Hz 的脉冲信号。利用 T 触发器可以简单构成模 2 的计数器，两个模 2 计数器串联就可以构成 1 个模 4 计数器。这样 4Hz 的脉冲信号经过模 4 计数器就得到了 1Hz 的脉冲信号。

（2）模 31 的减法计数器

74193 是模 16 的计数器，模 31 减法计数器需要两片 74193。有以下两种方法实现倒计时电路。

一种方法是将两片 74193 级联为模 256 的减法计数器，然后在电路状态为 1111 1111 时置为 0001 1110 实现状态循环。这种方法可以推广到任意进制的减法计数器，但是由于输出的状态是 8 位二进制数，显示时需要通过代码转换电路将二进制数转换为十进制数。

另一种更为常用的方法是利用置数法实现减法计数器，先将一片 74193 构成一个模 10 减法计数器（9 ～ 0），另一片 74193 构成一个模 4 减法计数器（3 ～ 0），然后将模 10 减法计数器的借位信号与模 4 减法计数器的减法输入脉冲相连实现两片 74193 级联，这样构成了一个模 40 减法计数器。使用时，利用启动信号将减法计数器的初值置为 0011 0000（30）即可。这种方法适用于两位十进制的计数器，电路的输出是两位十进制数据的 8421 码，有利于数值的显示。

由于电路存在启动信号，启动信号应该将模 4 减法计数器置为 0011（3），将模 10 减法计数器置为 0000（0），然后通过计数脉冲实现减法计数。当两片 74193 的状态变为 0000 0000，此时计数脉冲无效，电路状态不变，这意味着模 4 的减法计数器在减到 0 之后就不需要继续循环了，因此模 4 减法计数器不需要额外的置数反馈电路，而模 10 计数器则需要在 1111 状态进行置 9（1001）操作。

（3）输出及反馈电路

输出及反馈电路包括输出信号和倒计时结束两部分，即当两片 74193 的状态为 0000 0000，倒计时结束时，一方面输出 Z=1，另一方面反馈到输入的计数脉冲使模 30 的减法计数脉冲无效。

将以上 3 部分电路组合起来，构成了这个 30s 倒计时电路，如图 6.91 所示。

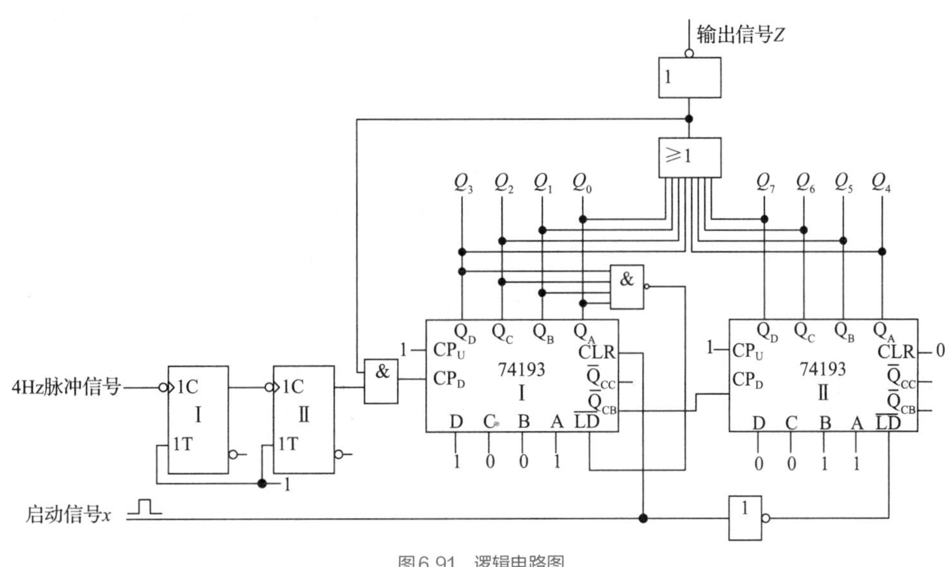

图6.91　逻辑电路图

6.6　电平异步时序逻辑电路

如前所示，如果把同步时序逻辑电路和脉冲异步时序逻辑电路一般化，就可以得到时序逻辑电路中更为本质的另一类电路——**电平异步时序逻辑电路**。由于电平异步时序逻辑电路的设计比较复杂且少用，此处不再赘述。在介绍电平异步时序逻辑电路基本概念的基础上，本书只介绍电平异步时序逻辑电路分析方法，以及电平异步时序逻辑电路中的竞争判断。

6.6.1　电平异步时序逻辑电路概述

电平异步时序逻辑电路也是由组合电路和存储电路两部分组成的，但其存储电路可以是电平触发的触发器，也可以用延迟元件实现。一般的电平异步时序逻辑电路不会使用专门的延迟元件，而是利用组合电路本身固有的分布延迟在反馈回路中的“集总”。在分析时，一般假设所有反馈回路的延迟时间 Δt 相同，电路中的激励状态 Y 随着输入电平信号的改变而发生改变，激励状态 Y 经过延迟后形成二次状态 y，即二次状态 y 是激励状态 Y 经过 Δt 延迟后的“重现”，二次状态 y 反馈到组合电路输入端引起激励状态 Y 的进一步改变，直到激励状态与二次状态相同，即 y=Y，此时电路处于稳定状态。在实际分析过程中，电平异步时序逻辑电路对输入信号的约束及电路的描述方法与前面所讲的电路均有所不同。

1. 输入信号的约束

由于电平异步时序逻辑电路输入信号的变化将直接引起输出和状态的变化，为了保证电路可靠地工作，对输入信号有如下两条约束。

（1）不允许两个或两个以上输入信号同时发生变化。因为客观上不可能有准确的“同时”，而微小的时差都可能使最终到达的状态不确定。例如，输入是 00 时，输入只能进行 00 → 01 或者 00 → 10 的变化，不能进行 00 → 11 的变化。

（2）输入信号变化引起的电路响应必须完全结束后，才允许输入信号再次发生变化。换句话说，必须使电路进入稳定状态后，才允许输入信号发生变化。

以上两条是使电平异步时序逻辑电路能可靠工作的基本条件。通常将满足上述条件的工作方式称为基本工作方式，将按基本工作方式工作的电平异步时序逻辑电路称为基本型电路。

2. 电路的描述方法

电平异步时序逻辑电路与同步时序逻辑电路和脉冲异步时序逻辑电路有所不同，除了使用逻辑函数表达式外，一般使用流程表和总态图描述一个电路的工作过程和逻辑功能。

流程表是用来反映电路输出信号、激励状态与电路输入信号、二次状态之间关系的一种表格形式。根据电路类型是 Mealy 型还是 Moore 型，流程表一般格式如表 6.60 和表 6.61 所示。

表 6.60　Mealy 型流程表格式

二次状态	激励状态 输入x
y	Y/Z

表 6.61　Moore 型流程表格式

二次状态	激励状态 输入x	输出
y	Y	Z

在构造流程表时，为了体现不允许两个或两个以上输入信号同时变化的约束，将输入的各种取值按代码相邻的关系排列（与类似卡诺图），表示输入信号只能在相邻位置上发生变化。此外，为了区分电路的稳态和非稳态，将流程表中与二次状态相同的激励状态加上圆圈，表示电路处于稳态。

例如，已知一个由与非门组成的基本 RS 触发器电路［见图 6.92（a）］，假定在逻辑关系不变的前提下对电路的器件和连线位置稍作变动，然后将从电路输入到输出的延迟时间集总成反馈回路中的延迟元件，即可得到一个电平异步时序逻辑电路，如图 6.92（b）所示。

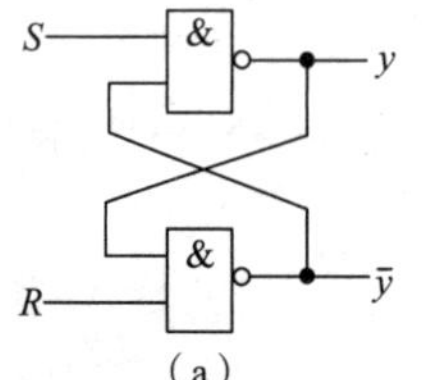

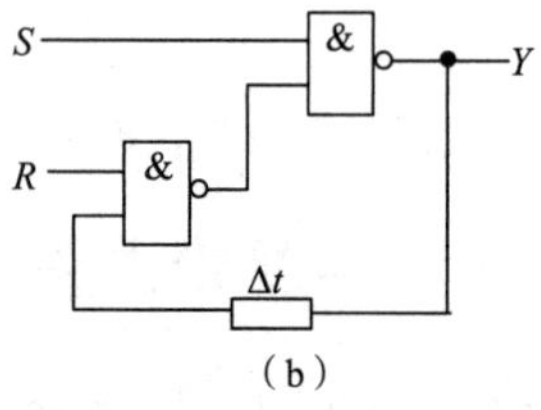

图6.92　构造简单的电平异步时序逻辑电路

显然，这个电平异步时序逻辑电路无明确输出，状态即输出，因此该电路是一个 Moore 型电平异步时序逻辑电路。该电路的激励方程为

$$Y = \overline{S} + Ry$$

根据激励方程作出相应的流程表，并在与二次状态 y 相同的激励状态 Y（即稳定状态）上加圈，如表 6.62 所示。

表 6.62　RS 触发器流程表

二次状态 y	激励状态Y RS=00	 RS=01	 RS=11	 RS=10	输出
0	d	⓪	⓪	1	0
1	d	0	①	①	1

由于电平异步时序逻辑电路的激励状态是由电路输入 x 和二次状态 y 共同决定的，因此将电路输入 x 和二次状态 y 组合在一起，称为总态，记作（x，y）。

流程表可以用于确定电路输入改变后的状态变化过程。当输入信号发生相邻变化时，首先是激励状态发生变化，表现在流程表上的总态在水平方向上移动到相邻格，然后是二次状态发生变化直至到达稳定总态，表现为流程表上的总态在垂直方向上移动。例如，表 6.62 中的总态（11，0），当输入信号由 11 → 10 时，首先沿水平方向移动，到达总态（10，0），这不是一个稳定状态；输入 10 和二次状态 y=0 时的激励状态为 1，二次状态 y 会变化为 1，即沿垂直方向移动到总态（10，1），这是一个稳定状态。整个电路的总态变化为（11，0）→（10，0）→（10，1）。

流程表虽然能够描述电路在输入变化后的状态和输出变化，但是由于流程表的每一行和每一列都可能不止 1 个稳定状态，为了确切地描述电路的工作状态和逻辑功能，可以使用总态图。总态图是反映稳定总态之间转移关系及相应输出的一种有向图。总态图能够清晰地描述一个电路的逻辑功能。表 6.62 所示流程表对应的总态图如图 6.93 所示。

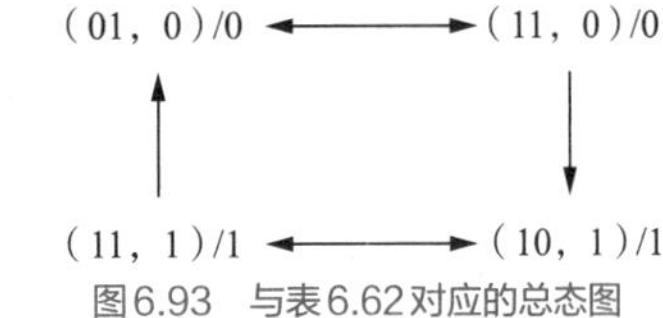

图6.93　与表6.62对应的总态图

6.6.2　电平异步时序逻辑电路的分析

电平异步时序逻辑电路的分析过程比较简单，其一般步骤如下。

（1）根据逻辑电路图写出输出函数和激励函数表达式。

（2）作出流程表。

（3）作出总态图或时间图。

（4）说明电路的逻辑功能。

下面举例说明电平异步时序逻辑电路的分析过程。

例 6.27　分析图 6.94 所示的电平异步时序逻辑电路。

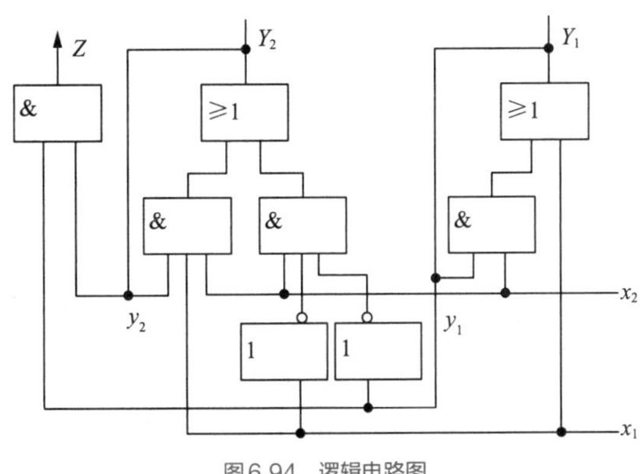

图6.94　逻辑电路图

解：从逻辑电路图可以看出，电路有两个输入 x_1、x_2，一个输出 Z，两条反馈回路，对应的激励状态为 Y_1、Y_2。由于电路的输出与输入无关，因此该电路是一个 Moore 型的电平异步时序逻辑电路。电路具体分析过程如下。

（1）写出输出函数和激励函数表达式。

$$Z = y_2 y_1$$
$$Y_2 = x_2 x_1 y_2 + x_2 \overline{x_1}\,\overline{y_1}$$
$$Y_1 = x_2 y_1 + x_1$$

（2）作出流程表。依据激励函数和输出函数表达式作流程表如表 6.63 所示。

表 6.63　流程表

二次状态 $y_2\ y_1$	激励状态 Y_2Y_1				输出 Z
	x_2x_1=00	x_2x_1=01	x_2x_1=11	x_2x_1=10	
0 0	(00)	01	01	10	0
0 1	00	(01)	(01)	(01)	0
1 1	00	01	(11)	01	1
1 0	00	01	11	(10)	0

（3）作出总态图。根据流程表，可以看出电路一共有 6 个稳定状态，包括（00，00)，(01，01)，(11，01)，(11，11)，(10，01）和（10，10)。根据稳定状态之间的变化关系，作出总态图如图 6.95 所示。

为了更直观地描述电路功能，还可以作出时序图。假定电路初始总态为（00，00)，输入 x_2x_1 的变化序列为 00 → 10 → 11 → 01 → 00 → 01 → 11 → 10，根据流程表可作出总态和输出响应序列如下。

时刻 t_i	t_0	t_1	t_2	t_3	t_4	t_5	t_6	t_7
输入 x_2x_1	00	10	11	01	00	01	11	10
总态	(00,00)	(10,00)*	(11,10)*	(01,11)*	(00,01)*	(01,00)*	(11,01)	(10,01)
(x_2,x_1,y_2,y_1)		(10,10)	(11,11)	(01,01)	(00,00)	(01,01)		
输出 Z	0	0	1	0	0	0	0	0

在总态响应序列中加“*”的表示是非稳定总态。根据以上总态和输出响应序列可作出时序图，如图 6.96 所示。

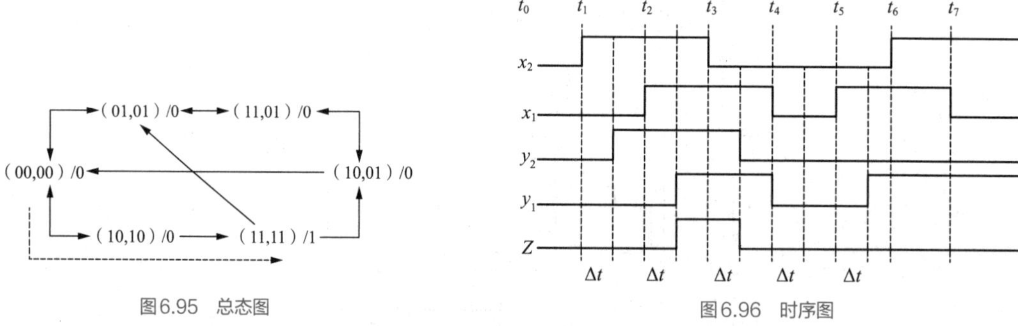

图6.95　总态图

图6.96　时序图

（4）说明电路功能。从总态图和时间图可以看出，仅当电路收到输入序列 00—10—11 时，才产生一个高电平输出信号；其他情况下均输出低电平。因此，该电路是一个 00—10—11 序列的检测器。

6.6.3　电平异步时序逻辑电路的竞争

前面在分析电平异步时序逻辑电路时，假定各个反馈回路的时间延迟是相同的。而事实上，各个反馈回路的延迟时间往往各不相同。如果电路中存在多条反馈回路，当输入信号发生变化时，由于各回路之间的延时各不相同，可能引起竞争。这里的竞争是指当输入信号变化引起电路中两个或两个以上状态变量发生变化时，由于各反馈回路延迟时间的不同，状态变量的变化有先有后而导致不同状态响应过程的现象。

根据竞争对电路状态转移产生的影响，竞争可分为非临界竞争和临界竞争两种。若竞争的结果最终能到达预定的稳态，则称为非临界竞争；若竞争的结果可能使电路到达不同的稳态，即状态转移不可预测，则称为临界竞争。

例 6.28 某电平异步时序逻辑电路的流程表如表 6.64 所示，试分析该电路是否存在竞争，以及在何种情况下会出现何种竞争。

表 6.64 流程表

二次状态 y_2 y_1	激励状态 Y_2Y_1				输出 Z
	x_2x_1=00	x_2x_1=01	x_2x_1=11	x_2x_1=10	
0 0	(00)	(00)	01	11	0
0 1	00	10	(01)	11	1
1 1	01	(11)	(11)	(11)	0
1 0	00	00	11	11	0

从表 6.64 可以看出，当电路处于稳定总态（00，00）、输入 x_2x_1 由 00→10 时，由于此次输入变化引起激励状态 Y_2Y_1 从 00→11，即两个状态变量均发生变化，所以当电路中两条反馈回路的延迟时间 Δt_1 和 Δt_2 不相等时，电路中将产生竞争。

如果 $\Delta t_2=\Delta t_1$，二次状态 y_2y_1 同时响应激励状态 Y_2Y_1 的变化由 00→11，总态变化过程为（00，00）→（10，00）→（10，11），即到达预定的稳定总态（10，11）；如果 $\Delta t_2 < \Delta t_1$，二次状态 y_2 对激励状态 Y_2 的响应先于 y_1 对 Y_1 的响应，即 y_2y_1 将由 00→10，总态变化过程为（00，00）→（10，00）→（10，10）→（10，11），到达预定的稳定总态（10，11）；如果 $\Delta t_2 > \Delta t_1$，二次状态 y_1 对激励状态 Y_1 的响应先于 y_2 对 Y_2 的响应，即 y_2y_1 将由 00→01，总态变化过程为（00，00)→（10，00）→（10，01）→（10，11），到达预定的稳定总态(10，11)。由此可见，无论反馈回路中延迟时间的大小如何，输入 x_2x_1 由 00→10 时引起的竞争最终都能到达预定稳态，所以本次竞争属于非临界竞争。

当电路处于稳定总态（11，01)、输入 x_2x_1 由 11→01 时，引起激励状态 Y_2Y_1 从 01→10，即两个状态变量均发生变化，所以当电路中两条反馈回路的延迟时间 Δt_1 和 Δt_2 不相等时，电路中将产生竞争。

如果 $\Delta t_2=\Delta t_1$，二次状态 y_2y_1 同时响应激励状态 Y_2Y_1 的变化由 01→10，总态变化过程为（11，01）→（01，01）→（01，10）→（01，00），即到达稳定总态（01，00）;如果 $\Delta t_2 < \Delta t_1$，二次状态 y_2 对激励状态 Y_2 的响应先于 y_1 对 Y_1 的响应，即 y_2y_1 将由 01→11，总态变化过程为（11，01）→（01，01）→（01，11），到达稳定总态（01，11）；如果 $\Delta t_2 > \Delta t_1$，二次状态 y_1 对激励状态 Y_1 的响应先于 y_2 对 Y_2 的响应，即 y_2y_1 将由 01→00，总态变化过程为（11，01）→（01，01）→（01，00），到达稳定总态（10，11）。由此可见，此次输入信号变化，使电路最终到达的稳定状态随电路反馈回路中延迟时间的不同而不同，即状态转移不可预测，所以本次竞争为临界竞争。

由此可以得到临界竞争的两个必要条件如下。

（1）当从某一稳态出发，输入信号发生所允许的变化引起两个或两个以上激励状态发生变化。

（2）输入信号变化所到达的列有两个或两个以上稳态。

显然，非临界竞争的存在不会影响电路的正常工作，但临界竞争的存在将导致电路状态转换的不可预测。为了确保电平异步时序逻辑电路能可靠地实现预定功能，电路设计时必须避免发生临界竞争。

习题6

6.1 分析图 6.97 所示的时序逻辑电路，要求说明电路的类型，写出次态真值表、状态表和状态图，并分析电路的逻辑功能。

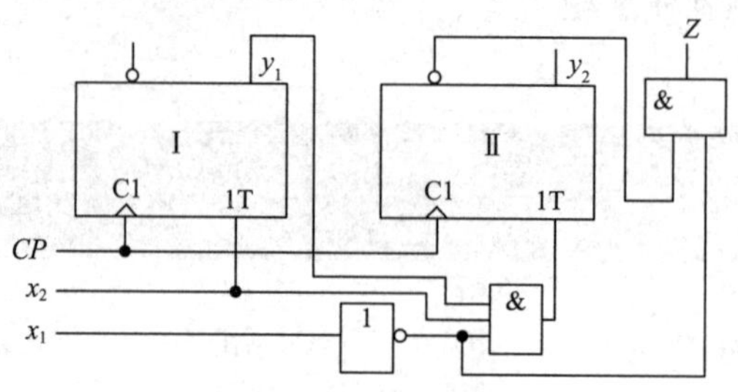

图6.97 题6.1逻辑电路图

6.2 分析图 6.98 所示的时序逻辑电路，要求说明电路的类型，写出次态方程组、状态表和状态图，并分析电路的逻辑功能。

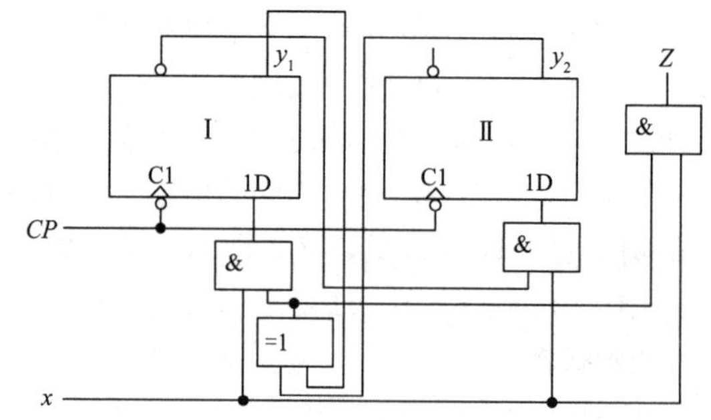

图6.98 题6.2逻辑电路图

6.3 分析图 6.99 所示的时序逻辑电路，说明电路的逻辑功能。

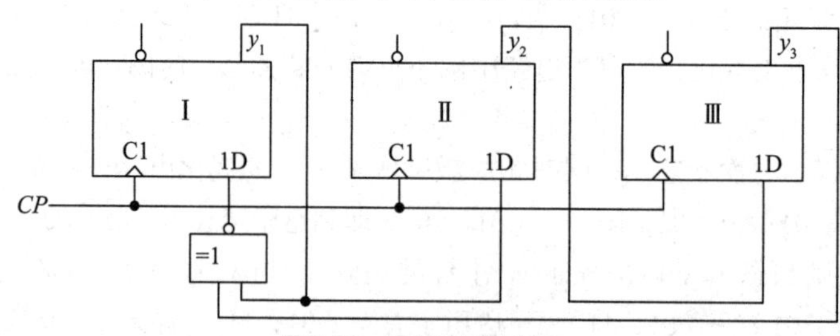

图6.99 题6.3逻辑电路图

6.4 分析图 6.100 所示的时序逻辑电路，说明电路的逻辑功能。

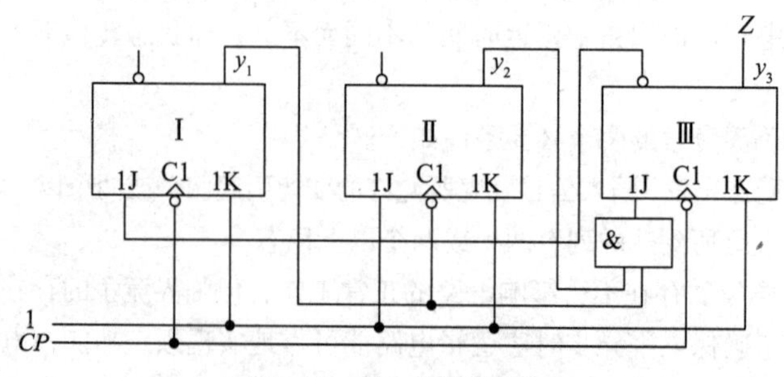

图6.100 题6.4逻辑电路图

6.5 试分析图 6.101 所示的时序逻辑电路，要求说明电路的类型，写出次态真值表、状态表和状态图，并分析电路的逻辑功能。

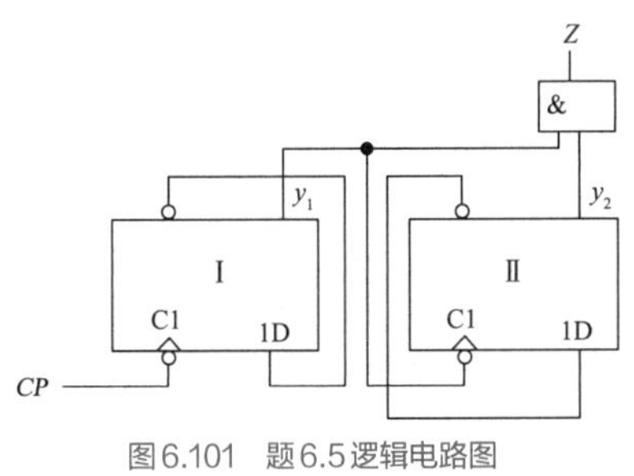

图6.101　题6.5逻辑电路图

6.6 试分析图 6.102 所示的时序逻辑电路，要求说明电路的类型，写出次态真值表、状态表和状态图，并分析电路的逻辑功能。

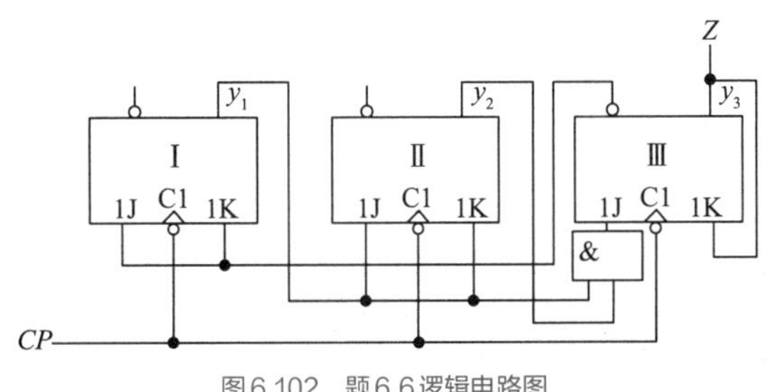

图6.102　题6.6逻辑电路图

6.7 试分析图 6.103 所示的时序逻辑电路，要求说明电路的类型，写出次态真值表、状态表和状态图，并分析电路的逻辑功能。

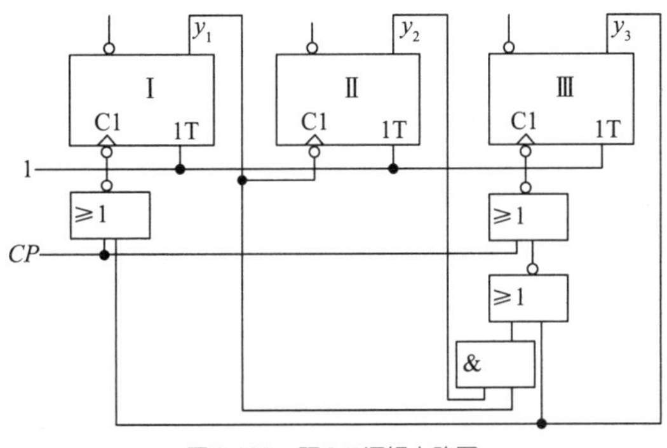

图6.103　题6.7逻辑电路图

6.8 试分析图 6.104 所示的时序逻辑电路，要求说明电路的类型，写出次态真值表、状态表和状态图，并分析电路的逻辑功能。

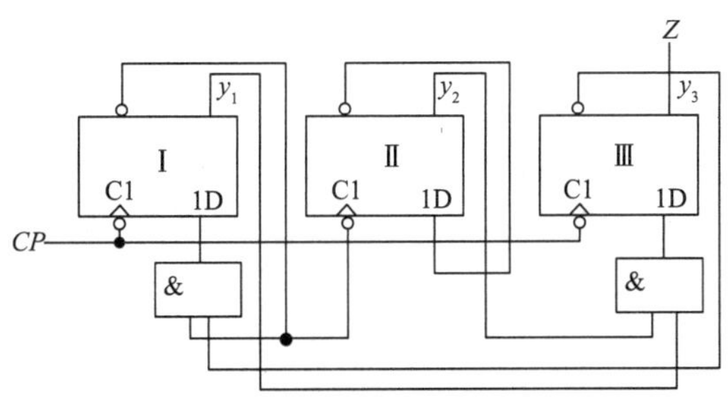

图6.104　题6.8逻辑电路图

6.9 试分析图 6.105 所示的时序逻辑电路，要求说明电路的类型，写出次态真值表、状态表和状态图，并分析电路的逻辑功能。

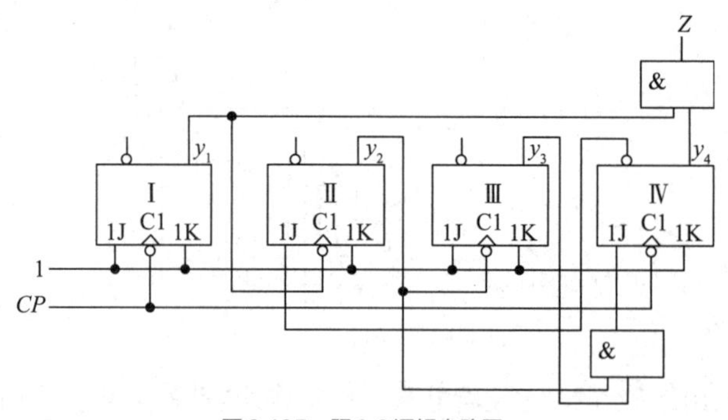

图6.105　题6.9逻辑电路图

6.10 一个同步时序逻辑电路有 1 个输入 x 和 1 个输出 Z，如果 x 连续两次输入不同，则输出 Z=0；如果两次输入相同，Z=1。试分别作出 Mealy 型和 Moore 型电路的原始状态图和原始状态表。

6.11 用隐含表法化简表 6.65。

表 6.65　状态表

现态	次态	
	x=0	x=1
A	A/0	G/1
B	B/0	D/0
C	D/1	E/0
D	G/1	E/1
E	E/0	G/1
F	F/0	D/1
G	D/1	F/1

6.12 试分别使用边沿 D 触发器、JK 触发器和 T 触发器设计一个 Mealy 型同步可重叠的 1011 序列检测器，并分析使用哪种触发器电路最简。

6.13 使用边沿 D 触发器设计一个 Mealy 型同步模 9 计数器。

6.14 使用边沿 JK 触发器设计一个同步计数器，当控制端 x=0 时为模 3 计数器，当 x=1 时为模 4 计数器。

6.15 使用边沿 D 触发器设计一个异步模 7 计数器。

6.16 使用边沿 JK 触发器设计一个异步模 4 环形计数器。

6.17 使用边沿 T 触发器设计一个异步 x_2—x_1—x_2 的可重叠序列检测器。

6.18 试分析图 6.106 所示由 74290 构成的计数器，要求作出状态转换图，并说明各个计数器的模值。

6.19 试分析图 6.107 所示的电路，说明是几进制的计数器。

6.20 试分析图 6.108 所示的电路，说明是几进制的计数器，同时分析该电路是否能够满足正常工作的条件，如果不满足，如何修改？

6.21 分析图 6.109 所示的电路，当 x_1x_0 为各种取值时，电路可以组成几种进制的计数器，请叙述理由。

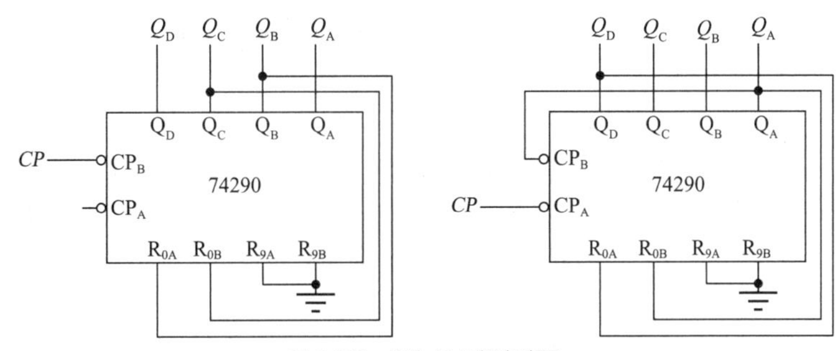

图6.106　题6.18逻辑电路图

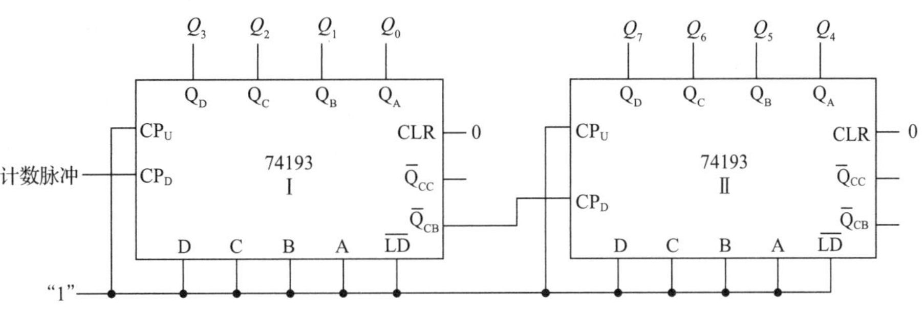

图6.107　题6.19逻辑电路图

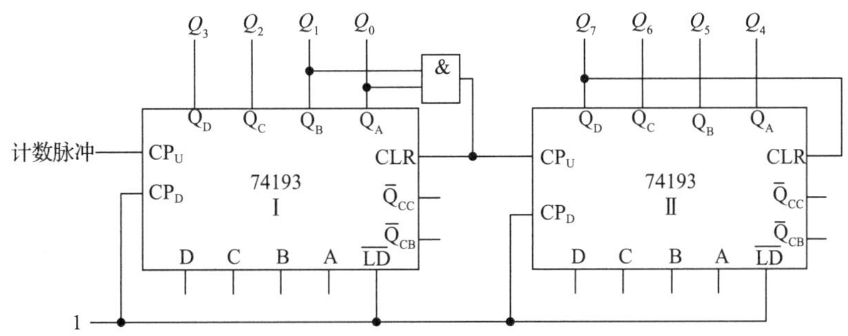

图6.108　题6.20逻辑电路图

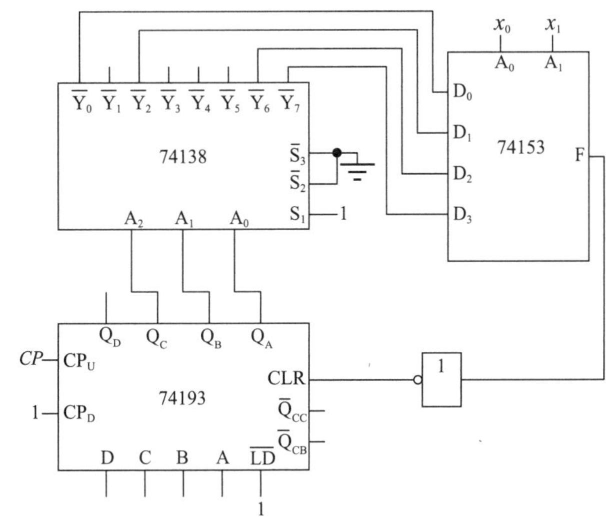

图6.109　题6.21逻辑电路图

6.22 使用 4 位同步可逆计数器 74193 和必要的逻辑门设计一个模 60 计数器，要求有进位输出。

6.23 使用4位同步可逆计数器74193和必要的逻辑门设计一个倒计时电路，当控制端x=0时，为 30s 倒计时；当控制端 x=1 时，为 60s 倒计时。

6.24 使用 4 位同步可逆计数器 74193 设计一个有效状态为 0010 ～ 1011 的计数器。

6.25 使用异步计数器 74290 设计一个可控的模 2、模 4、模 6、模 8 的可变分频器。

6.26 使用双向移位寄存器 74194 设计一个 5 位数据并行—串行转换电路。

6.27 使用双向移位寄存器 74194 设计一个右移模 6 环形计数器。

6.28 使用双向移位寄存器 74194 设计一个左移模 18 环形计数器。

6.29 选择合适的中规模时序逻辑器件设计一个序列信号发生器，当控制端 x=0 时，输出序列 10011011；当控制端 x=1 时，输出序列 110101。

6.30 设计一个流水灯控制器，要求红、黄、绿色的彩灯顺序循环点亮，各个彩灯每秒亮灭 1 次，红灯持续点亮时间为 3s，黄灯持续点亮时间为 2s，绿灯持续点亮时间为 3s，整个电路的输入为 5Hz 脉冲信号。

第7章 脉冲信号产生与变换电路

在数字系统中，常常需要各种宽度、幅度的脉冲信号，例如时序逻辑电路中的时钟脉冲信号、输入脉冲信号等，这些信号主要通过脉冲信号产生与变换电路实现。本章介绍了常用的施密特触发器（Schmitt Trigger）、单稳态触发器（Monostable Trigger）和多谐振荡器的工作原理与应用，同时介绍了广泛使用的 555 定时器的电路结构和工作原理及其实现施密特触发器等器件的方法。

7.1 脉冲信号概述

脉冲信号是一种离散信号，其波形在时间轴上不连续，具有间隔性的特征。脉冲信号有各种各样的形状，例如矩形、三角形、锯齿形、阶梯形等，数字系统中常用的脉冲信号是矩形脉冲。主要有两种获得矩形脉冲信号的方法：一种是使用多谐振荡器等电路直接产生需要的矩形脉冲；另一种是通过各类整形电路，如施密特触发器和单稳态触发器等，将已有的波形变换成符合要求的矩形脉冲。

当矩形脉冲信号是非理想波形时，主要通过以下参数描述脉冲信号的特性，如图 7.1 所示。

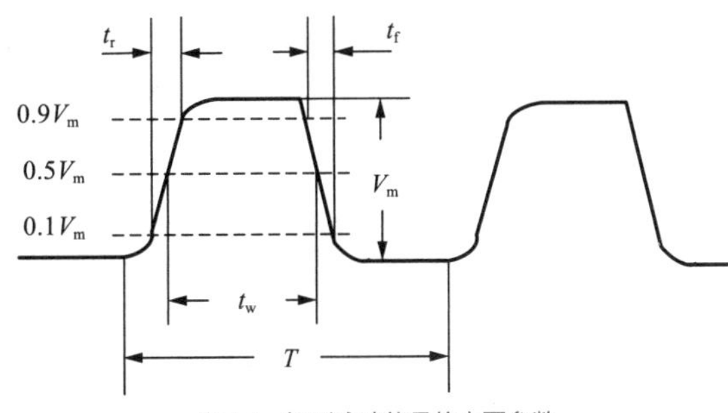

图 7.1 矩形脉冲信号的主要参数

（1）脉冲幅度 V_m：脉冲信号波形底部与顶部之间的差值，即脉冲电压波形变化的最大值，单位为伏（V）。

（2）脉冲上升时间 t_r 和脉冲下降时间 t_f：脉冲信号波形从 $0.1V_m$ 上升到 $0.9V_m$ 所经历的时间称为脉冲上升时间 t_r。脉冲信号波形从 $0.9V_m$ 下降到 $0.1V_m$ 所经历的时间称为脉冲下降时间 t_f。t_r

和 t_f 的单位可以是秒（s）、毫秒（ms）、微秒（μs）和纳秒（ns）。通常，脉冲上升时间和脉冲下降时间越短，矩形脉冲波形越接近于理想的矩形脉冲。

（3）脉冲宽度 t_w：从脉冲上升沿到达 $0.5V_m$ 开始，到脉冲下降沿到达 $0.5V_m$ 为止的一段时间，单位与 t_r 和 t_f 相同。

（4）脉冲周期 T：对于周期性重复的脉冲序列，完成一次周期性变化的时间称为脉冲周期，单位与 t_r 和 t_f 相同。

（5）脉冲频率 f：表示单位时间内脉冲重复的次数，单位为赫兹（Hz）。周期性重复的脉冲序列的频率 $f=1/T$。

（6）占空比 q：脉冲宽度与脉冲周期的比值，即 $q=t_w/T$。

7.2 施密特触发器

施密特触发器是脉冲波形变换中的一种常用电路，它能够将输入的非矩形信号（如三角波）或者特性不符合要求的矩形脉冲信号整理成符合要求的矩形脉冲信号。施密特触发器是一种特殊的双稳态触发器，与前面提到的 JK 触发器、D 触发器等的性质是截然不同的，只是因为当初翻译成中文时使用了“施密特触发器”这个词，就一直沿用至今。

施密特触发器的逻辑符号和电压传输特性如图 7.2 所示。

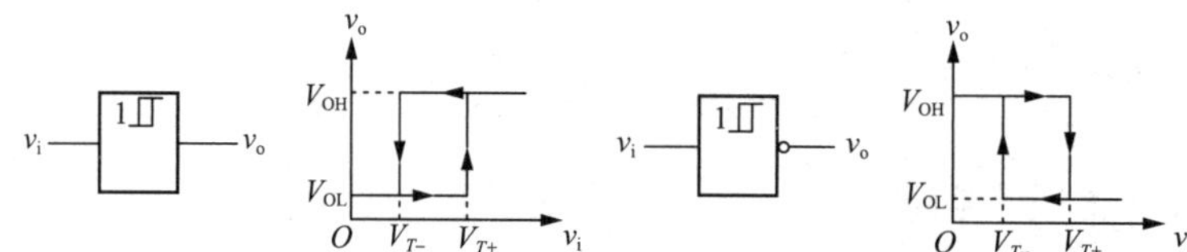

（a）同向输出逻辑符号及电压传输特性　（b）反向输出逻辑符号及电压传输特性

图7.2　施密特触发器的逻辑符号和电压传输特性

从图 7.2 可知，施密特触发器有以下两个特点。

（1）触发器有两个稳定状态，状态的转换依赖于输入信号的触发，但是两种状态转换的触发电平是不同的。图 7.2（b）所示反向输出的施密特触发器，当输入电压 v_i 由低电平开始逐渐增大到正向阈值电压 V_{T+} 时，输出电压 v_o 由高电平 V_{OH} 突变为低电平 V_{OL}；当输入电压 v_i 由高电平开始逐渐降低到负向阈值电压 V_{T-} 时，输出电压 v_o 由低电平 V_{OL} 突变为高电平 V_{OH}。V_{T+} 和 V_{T-} 是不相同的，这一特性称为**滞回特性**，V_{T+} 和 V_{T-} 之差称为**回差电压**，用 ΔV_T 表示。

（2）施密特触发器属于电平触发，只要输入信号电平达到相应的触发电平，输出信号就会发生突变，产生很陡的边沿，这样有利于将边沿变化缓慢的信号整形为边沿陡峭的矩形波。

7.2.1 逻辑门构成施密特触发器

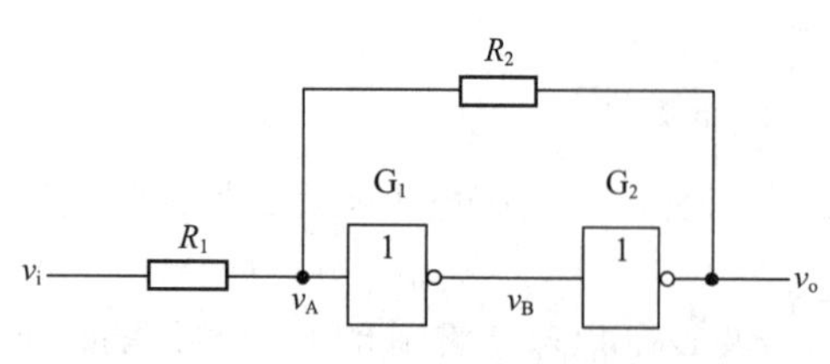

图7.3　CMOS 反相器构成的施密特触发器

施密特触发器的构成形式很多，最简单的形式是由逻辑门电路加上电阻构成。如图 7.3 所示，利用两个 CMOS 反相器和两个电阻可以构成一个同向输出的施密特触发器。

假设 CMOS 逻辑门 G_1、G_2 的输出电平为 $V_{OH}=V_{DD}$，$V_{OL}=0$，阈值电压 $V_{TH}\approx V_{DD}/2$。根据电路结构可知，CMOS 逻辑门 G_1 的输入电压

$$v_{\mathrm{A}}=\frac{R_2}{R_1+R_2}v_{\mathrm{i}}+\frac{R_1}{R_1+R_2}v_{\mathrm{o}} \tag{7.1}$$

当输入电压 v_i=0 时，逻辑门 G_1 输出高电平，逻辑门 G_2 输出低电平，即 $v_B=V_{OH}$，$v_o=V_{OL}$，电路处于施密特触发器的第一个稳态。

随着输入电压 v_i 的逐渐增大，v_A 也随之增大，只要 $v_A<V_{TH}$，输出 $v_o=V_{OL}=0$ 保持不变。

一旦 v_A 上升到 V_{TH} 时，电路状态发生改变，逻辑门 G_1 输出低电平 V_{OL}，逻辑门 G_2 输出高电平 V_{OH}，即 $v_B=V_{OL}$，$v_o=V_{OH}$，电路处于施密特触发器的第二个稳态。此时，假设输入电压为正向阈值电平，则有

$$v_{\mathrm{A}}=\frac{R_2}{R_1+R_2}V_{T+}+\frac{R_1}{R_1+R_2}v_{\mathrm{o}}=V_{\mathrm{TH}}$$

根据 v_o=0 可以求出电路的正向阈值电平

$$V_{T+}=\left(1+\frac{R_1}{R_2}\right)V_{\mathrm{TH}} \tag{7.2}$$

如果输入电压 v_i 继续升高，电路的状态保持不变，输出电压 v_o 仍然为高电平。

当输入电压 v_i 从最高值（$v_i>V_{T+}$）逐渐下降时，逻辑门 G_1 的输入电压 v_A 也随之下降，只要 $v_A>V_{TH}$，输出 $v_o=V_{OH}$ 保持不变。一旦 v_A 下降到 V_{TH} 时，电路状态发生改变，逻辑门 G_1 输出高电平 V_{OH}，G_2 输出低电平 V_{OL}，即 $v_B=V_{OH}$，$v_o=V_{OL}$，电路回到第一个稳态。此时，假设输入电压为负向阈值电平，有

$$v_{\mathrm{A}}=\frac{R_2}{R_1+R_2}V_{T-}+\frac{R_1}{R_1+R_2}v_{\mathrm{o}}=V_{\mathrm{TH}}$$

根据 $v_o=V_{OH}=2V_{TH}$ 可以求得电路的负向阈值电平

$$V_{T-}=\left(1-\frac{R_1}{R_2}\right)V_{\mathrm{TH}} \tag{7.3}$$

由此，可以计算出该电路的回差电压

$$\Delta V_T=V_{T+}-V_{T-}=\left(1+\frac{R_1}{R_2}\right)V_{\mathrm{TH}}-\left(1-\frac{R_1}{R_2}\right)V_{\mathrm{TH}}=2\frac{R_1}{R_2}V_{\mathrm{TH}} \tag{7.4}$$

根据式（7.4）可以看出，当电源电压一定时，回差电压 ΔV_T 与 R_1/R_2 成正比，修改 R_1 和 R_2 的值就可以调整回差电压的大小。当然 R_1 必须小于 R_2，否则电路不能正常工作。

使用 TTL 逻辑门也可以构成施密特触发器，如图 7.4 所示。由于 TTL 门电路输入特性的限制，R_1 和 R_2 的电阻值不能很大，电路中接入二极管 VD 防止当 $v_o=V_{OH}$ 时逻辑门 G_2 的负载电路过大。

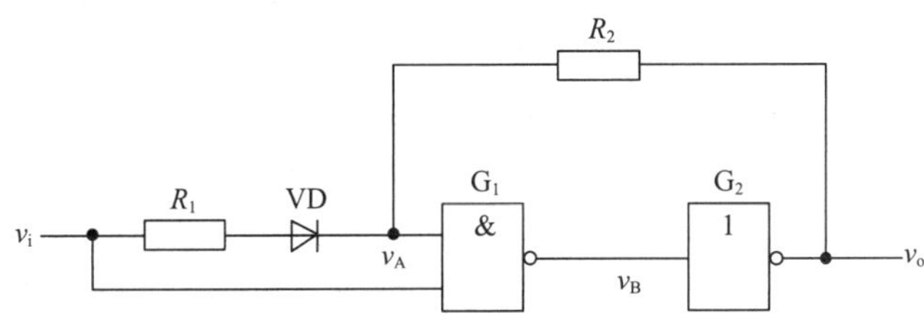

图 7.4　TTL 门电路构成的施密特触发器

当输入电压 v_i 从 0 开始上升，门 G_1 其中一个输入端电压 v_A 随之增高，由于 $v_A<v_i$，只要 v_A 仍然低于 V_{TH}，则与非门 G_1 输出高电平 $v_B=V_{OH}$，非门 G_2 输出低电平 v_o=0。当 $v_A=V_{TH}$ 时，电路状态发生改变，与非门 G_1 的输入均为高电平，则 G_1 输出低电平 v_B=0，非门 G_2 输出高电平

$v_o=V_{OH}$，此时有

$$v_A=V_{TH}=\frac{R_2}{R_1+R_2}(V_{T+}-V_D)$$

其中，V_D 是二极管 VD 的导通电压，可以求得

$$V_{T+}=\frac{R_1+R_2}{R_2}V_{TH}+V_D \quad (7.5)$$

此时输入电压 v_i 继续升高，电路的状态保持不变。

当输入电压 v_i 从最高值（$v_i>V_{T+}$）逐渐下降时，只要 v_A 降至 V_{TH}，电路的状态就会发生改变，与非门 G_1 输出高电平 $v_B=V_{OH}$，非门 G_2 输出低电平 $v_o=0$，此时有

$$V_{T-}=V_{TH} \quad (7.6)$$

由此可以计算出该电路的回差电压

$$\Delta V_T=V_{T+}-V_{T-}=\frac{R_1+R_2}{R_2}V_{TH}+V_D-V_{TH}=\frac{R_1}{R_2}V_{TH}+V_D \quad (7.7)$$

例 7.1　在图 7.3 所示的电路中，已知 R_1=10kΩ，R_2=20kΩ，G_1 和 G_2 是 CMOS 反相器，V_{DD}=10V。试计算电路的触发阈值电平 V_{T+}、V_{T-} 和回差电压 ΔV_T。

解：由于电路是由两个 CMOS 反相器构成的施密特触发器，假设 $V_{TH}=V_{DD}/2=5V$，根据式（7.2）～式（7.4）可以计算出

$$V_{T+}=\left(1+\frac{R_1}{R_2}\right)V_{TH}=7.5V$$

$$V_{T-}=\left(1-\frac{R_1}{R_2}\right)V_{TH}=2.5V$$

$$\Delta V_T=V_{T+}-V_{T-}=5V$$

7.2.2　集成施密特触发器

集成施密特触发器具有较好的性能，应用非常广泛。无论是 TTL 电路，还是 CMOS 电路，都有多种单片的施密特触发器产品。

常用的 CMOS 集成施密特触发器有施密特六反相器 CC40106 和施密特四 2 输入与非门 CC4093 等，其引脚图如图 7.5 所示。

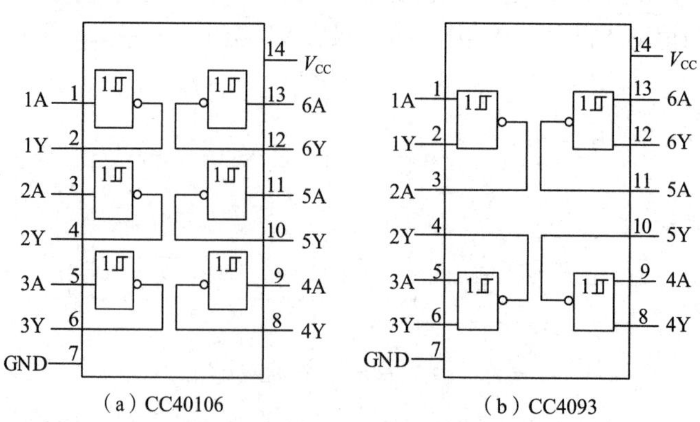

图 7.5　CMOS 集成施密特触发器引脚图

CC40106 和 CC4093 的主要参数如表 7.1 所示。

表 7.1 CC40106 和 CC4093 的主要参数

芯片	V_{CC}/V	V_{T+}/V		V_{T-}/V		ΔV_T/V		t_{pd}/ns
		最小值	最大值	最小值	最大值	最小值	最大值	
施密特六反相器 CC40106	5	2.2	3.6	0.9	2.8	0.3	1.6	280
	10	4.6	7.1	2.5	5.2	1.2	3.4	140
	15	6.8	10.8	4.0	7.4	1.6	5.0	120
施密特四 2 输入与非门 CC4093	5	2.2	3.6	0.9	2.8	0.3	1.6	380
	10	4.6	7.1	2.5	5.2	1.2	3.4	180
	15	6.8	10.8	4.0	7.4	1.6	5.0	130

CMOS 集成施密特触发器反相器和与非门具有以下特点。

（1）输入信号边沿的变化即使非常缓慢，得到的脉冲信号的上升沿和下降沿都很陡直。

（2）在电源电压 V_{CC} 一定时，触发阈值电压稳定，但其值会随着 V_{CC} 而发生变化。

（3）电源电压 V_{CC} 变化范围广，输入阻抗高，功耗极小。

（4）抗干扰能力很强。

常用的 TTL 集成施密特触发器包括施密特六反相器 74LS14、施密特四 2 输入与非门 74LS132 和施密特双 4 输入与非门 74LS13，其主要参数如表 7.2 所示。

表 7.2 TTL 集成施密特触发器的主要参数

电路名称	芯片型号	V_{T+}/V	V_{T-}/V	ΔV_T/V	t_{pd}/ns	平均功耗/MW
六反相器	7414	1.7	0.9	0.8	15	25.5
	74LS14	1.6	0.8	0.8	15	8.6
四 2 输入与非门	74132	1.7	0.9	0.8	15	25.5
	74LS132	1.6	0.8	0.8	15	8.8
双 4 输入与非门	7413	1.7	0.9	0.8	16.5	42.5
	74LS13	1.6	0.8	0.8	15	8.75

TTL 集成施密特触发器与非门和缓冲器具有以下特点。

（1）输入信号边沿的变化即使非常缓慢，得到的脉冲信号的上升沿和下降沿都很陡直。

（2）对于阈值电压和回差电压均有温度补偿，电路性能一致性好。

（3）具有很强的抗干扰能力和负载能力。

7.2.3 施密特触发器的应用

施密特触发器有两个稳态，能够将输入波形整形为适用于数字电路的矩形脉冲，并且回差特性使其抗干扰能力强，因此用途非常广泛，常用于脉冲波形变换、脉冲整形、脉冲幅值鉴别等。

1. 脉冲波形变换

施密特触发器常用于将正弦波、三角波或任意形状的模拟信号波形变换成矩形波。图 7.6 所示的是将输入正弦波变换成矩形波。

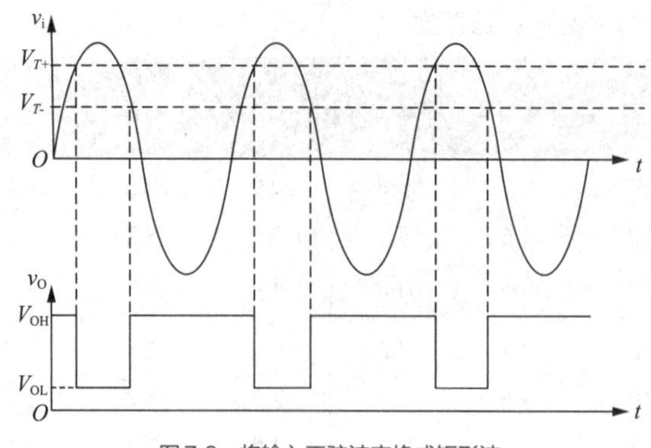

图 7.6　将输入正弦波变换成矩形波

2. 脉冲整形

脉冲信号在传输过程中往往由于干扰及传输线路的分布电容等因素而使信号发生畸变，上升沿和下降沿都被明显破坏，或者在信号电平波形上叠加了脉动干扰波。这时，将受到干扰的信号输入施密特触发器，输出的就是整形后的规则矩形脉冲信号，如图 7.7 所示。

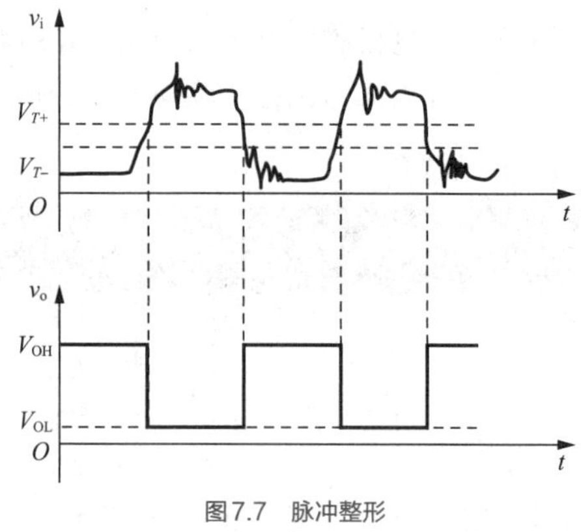

图 7.7　脉冲整形

3. 脉冲幅值鉴别

如果需要在一系列幅值各异的脉冲信号中保留幅值大于 V_{T+} 的脉冲，可以将脉冲输入到施密特触发器进行幅值鉴别，如图 7.8 所示。仅幅值大于 V_{T+} 的脉冲会产生相应的输出信号。

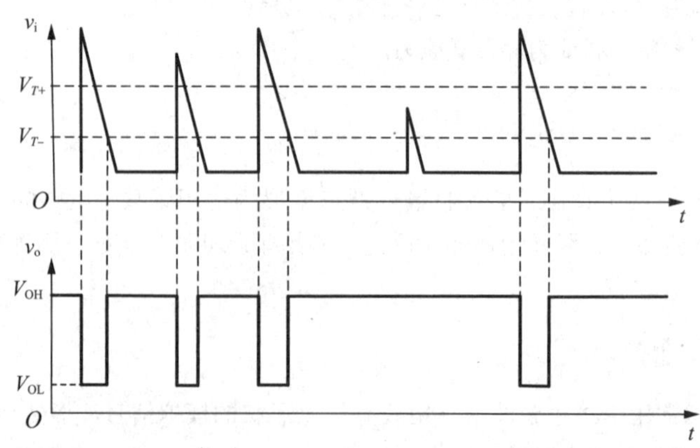

图 7.8　脉冲幅值鉴别

7.3 单稳态触发器

单稳态触发器与双稳态触发器不同，双稳态触发器一般有 0 和 1 两个稳态，在触发电平或者时钟脉冲的作用下从一个稳态变为另一个稳态；而单稳态触发器只有一个稳态和一个暂稳态。在外加脉冲触发后，电路由稳态转换成暂稳态，但暂稳态是一个不稳定的状态，维持一段时间后，电路会自动返回到稳态。暂稳态持续时间的长短取决于电路本身的参数，与触发脉冲无关。

7.3.1 门电路与 *RC* 元件构成单稳态触发器

由门电路和 *RC* 电路可以很方便地构成单稳态触发器。根据 *RC* 元件组成的是微分电路或者积分电路，单稳态触发器可以分为微分型单稳态触发器和积分型单稳态触发器。

1. 微分型单稳态触发器

使用 TTL 逻辑门电路和 *RC* 元件构成的微分型单稳态触发器电路如图 7.9 所示，输入信号 v_i 是宽度很窄的负脉冲信号。

该电路的工作波形如图 7.10 所示，输入信号 v_i 是高电平时，电路处于稳定状态，此时 v_B 为低电平，v_o 为输出高电平 V_{OH}，与非门 G_1 输入均为高电平，输出 v_A 为低电平 V_{OL}，电容 C 上没有电荷存储。

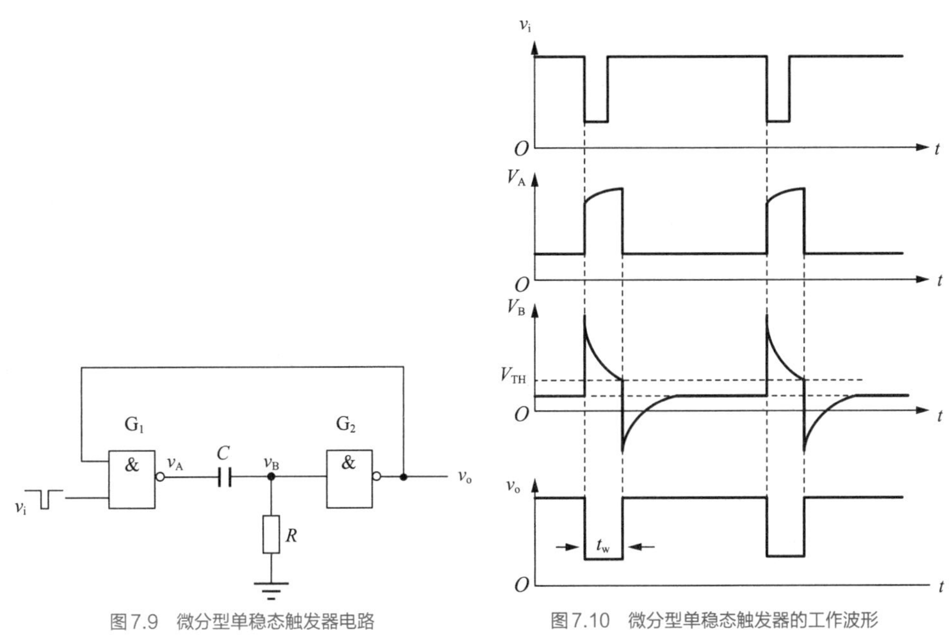

图 7.9 微分型单稳态触发器电路

图 7.10 微分型单稳态触发器的工作波形

当输入信号 v_i 出现下降沿时，由于 v_i 突变为 0，与非门 G_1 输出 v_A 变为高电平 V_{OH}。此时，v_A 通过电容 C 和电阻 R 构成充电回路，电容 C 开始充电，v_B 电压变为高电平，G_2 输出 v_o 变为低电平 V_{OL}。v_o 通过反馈使与非门 G_1 在输入信号 v_i 恢复到高电平后仍然输出高电平，此时电路处于暂稳态。

随着电容 C 充电过程的进行，充电电流逐渐减小，v_B 逐渐下降，当 v_B 低于与非门 G_2 的阈值电压 V_{TH} 时，G_2 输出 v_o 变为高电平 V_{OH}，反馈后与非门 G_1 输出变为低电平 V_{OL}，电路回到稳定状态。接着电容 C 开始放电，使 C 上的电压逐渐恢复到稳定状态时的初始值，为下一次触发做准备。

通常，使用输出脉冲宽度 t_w，恢复时间 t_{re}，分辨时间 T_d，最高工作频率 f_{max} 和输出脉冲幅度 V_m 来描述单稳态触发器的性能。

（1）输出脉冲宽度 t_w。输出脉冲宽度是指暂稳态的持续时间，即从电容 C 开始充电到 v_B 下降到 V_{TH} 所需要的时间，根据 RC 电路的分析，有

$$t_w = RC\ln\frac{v_B(\infty) - v_B(t_1)}{v_B(\infty) - v_B(t_2)}$$

其中，$v_B(t_1)$ 是电容上电压的初始值，$v_B(t_2)$ 是电容充放电结束时的稳态值，$v_B(\infty)$ 是指当 t 趋于无穷时电容上的电压值。

电路中，v_B 的初值 $v_B(t_1) \approx (V_{OH}-V_{OL})+v_B(0)$，$v_B(0)$ 为稳态时 v_B 的值，大约为 0.3V；v_B 的终值 $v_B(\infty)=0$；电容 C 充电到 t_2 时刻暂稳态结束，此时 $v_B(t_2)=V_{TH}$，由此可得

$$t_w = RC\ln\frac{v_B(\infty) - v_B(t_1)}{v_B(\infty) - v_B(t_2)} = RC\ln\frac{V_{OH} - V_{OL} + v_B(0)}{V_{TH}} \tag{7.8}$$

近似估算时，t_w 一般取 $(0.7 \sim 1.3)RC$。

（2）恢复时间 t_{re}。恢复时间是指暂稳态结束后，电容 C 还需要经过一段时间才能使其上的电荷释放完，电路完全恢复到触发前的状态所持续的时间。恢复时间一般是 $(3 \sim 5)\tau$，$\tau=RC$。

（3）分辨时间 T_d。分辨时间是指在保证电路能够正常工作的前提下，允许两个相邻触发脉冲之间的最小间隔时间。

$$T_d \approx t_w + t_{re} \tag{7.9}$$

（4）最高工作频率 f_{max}。如果触发信号 v_i 的周期为 T，为了使单稳态触发器能够正常工作，应该满足 $T>T_d$，即最小时间间隔 $T_{min}=T_d$，由此可得单稳态触发器的最高工作频率

$$f_{max} = \frac{1}{T_{min}} < \frac{1}{t_w + t_{re}} \tag{7.10}$$

（5）输出脉冲幅度 V_m。输出脉冲幅度是指电路中逻辑门 G_2 输出的高低电平之差，即

$$V_m = V_{OH} - V_{OL} \tag{7.11}$$

在微分型单稳态触发器的实际应用中，需要注意以下问题。

① 通过调整 RC 的参数可以在一定范围内调节输出脉冲宽度 t_w，一般选择电容 C 实现粗调，然后用电位器代替 R 实现细调。这是因为 R 的选择必须保证稳态时逻辑门 G_2 输入为低电平，所以其可调范围很小，大约为几百欧。注意，R 的值越大，逻辑门 G_2 的输入越接近阈值电压 V_{TH}，电路的抗干扰能力就越差。

② 电路的输入信号 v_i 为窄脉冲，遇到当触发脉冲宽度大于单稳态触发器输出的脉冲宽度时可以在输入端增加 RC 微分电路，如图 7.11 所示。其中 R_D 的值应足够大，保证稳态时逻辑门 G_1 的输入为高电平。

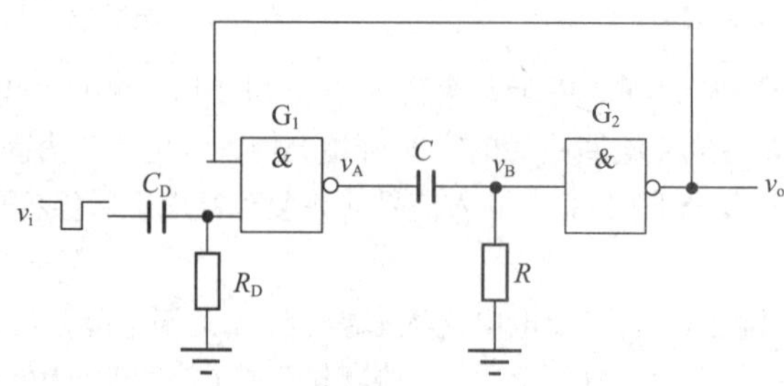

图7.11　宽脉冲触发的微分型单稳态触发器

2. 积分型单稳态触发器

使用TTL门电路和RC积分电路构成的积分型单稳态触发器如图7.12所示。为了保证v_A为低电平时v_B也是低电平，电阻R的阻值不能过大。

电路工作波形如图7.13所示，输入信号v_i是低电平时，电路处于稳定状态，此时逻辑门G_1和G_2输出均为高电平，即$v_o=v_A=V_{OH}$，电容C结束充电后，$v_B=V_{OH}$。

当输入信号v_i的上升沿来到后，逻辑门G_1和G_2输出跳变为低电平，$v_o=v_A=V_{OL}$。此时，电容C通过电阻R放电，但由于C上的电压不会突变，因此v_B的电压在一定时间内仍然比V_{TH}大，为高电平，此时电路进入暂稳态。

随着电容C继续放电，v_B的电压持续降低，当v_B的电压降到V_{TH}时，逻辑门G_2的输入端变成一个是高电平、一个是低电平，输出v_o翻转为高电平，即$v_o=V_{OH}$，电路回到稳定状态。

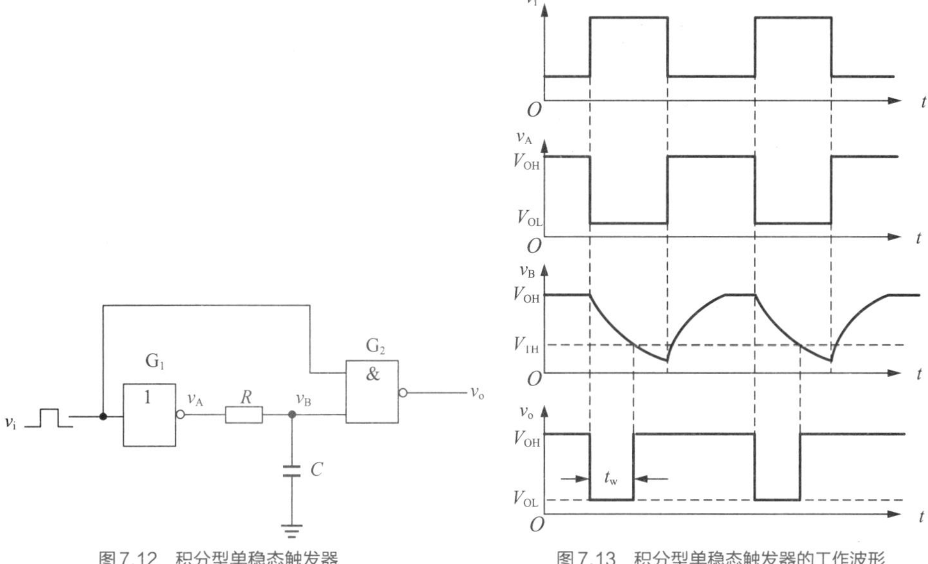

图7.12 积分型单稳态触发器

图7.13 积分型单稳态触发器的工作波形

在输入信号v_i返回低电平后，逻辑门G_1输出v_A变为高电平V_{OH}，同时向电容C充电，触发器回到初始状态。

由此过程可以看出，在暂稳态时，当v_B的电压没有达到V_{TH}之前，输入端v_i仍然是高电平，否则与非门G_2的输出会因为v_i=0变为高电平，达不到控制的目的，所以积分型单稳态触发器的触发脉冲宽度必须大于输出脉冲的宽度。

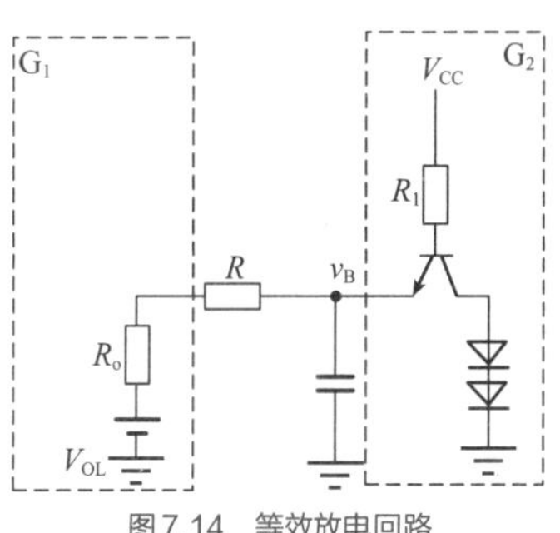

图7.14 等效放电回路

根据图7.13，输出脉冲的宽度等于电容C开始放电，到v_B下降到V_{TH}持续的时间，放电回路如图7.14所示。由于$v_B>V_{TH}$时G_2的输入电路很小，可忽略不计，因而电容C的等效电路可以简化为$R+R_o$与C的串联，其中R_o是逻辑门G_1输出为低电平时的电阻。

v_B的初值$v_B(t_1)=V_{OH}$，稳态值$v_B(t_2)=V_{TH}$，终值$v_B(\infty)=V_{OL}$，由此可得电路的输出脉冲宽度

$$t_w = RC\ln\frac{v_B(\infty)-v_B(t_1)}{v_B(\infty)-v_B(t_2)} = RC\ln\frac{V_{OL}-V_{OH}}{V_{OL}-V_{TH}} \tag{7.12}$$

恢复时间 t_{re} 等于 v_B 变为高电平后，电容 C 充电至 V_{OH} 所需要的时间，通常取充电时间常数的 3 ～ 5 倍时间为恢复时间。

$$t_{re} \approx (3 \sim 5)(R + R_o)C \tag{7.13}$$

分辨时间 T_d、最高工作频率 f_{max} 和输出脉冲幅度 V_m 的计算可采用式（7.9）～式（7.11）。

与微分型单稳态触发器相比，积分型单稳态触发器具有抗干扰能力强的特点，但是由于它的转换过程没有正反馈作用，输出波形的边沿比较差。

7.3.2 集成单稳态触发器

集成单稳态触发器外接元件和连线少，触发方式灵活，工作稳定性好，有着非常广泛的应用。根据工作方式不同，集成单稳态触发器可以分为非重复触发单稳态触发器和可重复触发单稳态触发器两类。

非重复触发单稳态触发器的逻辑符号如图 7.15（a）所示。该电路在触发进入暂稳态期间如果出现新的触发脉冲信号，对原暂稳态时间没有影响，输出脉冲宽度 t_w 从第一次出发开始计算，其工作波形如图 7.16（a）所示。可重复触发单稳态触发器的逻辑符号如图 7.15（b）所示。如果在触发进入暂稳态期间出现新的触发脉冲信号，电路将被重新触发，使输出脉冲宽度在此前暂稳态时间的基础上再持续 t_w，其工作波形如图 7.16（b）所示。

（a）非重复触发单稳态触发器　（b）可重复触发单稳态触发器

图7.15　单稳态触发器的逻辑符号

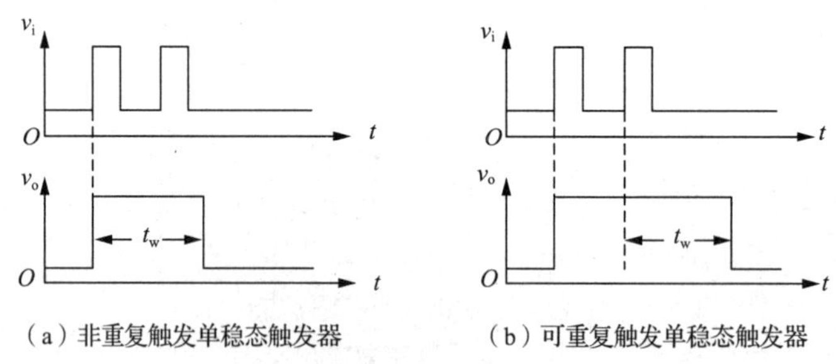

（a）非重复触发单稳态触发器　（b）可重复触发单稳态触发器

图7.16　单稳态触发器的工作波形

典型的 TTL 集成单稳态触发器 74121 的引脚分布和逻辑符号如图 7.17 所示，功能表如表 7.3 所示。74121 是一种典型的非重复单稳态触发器。

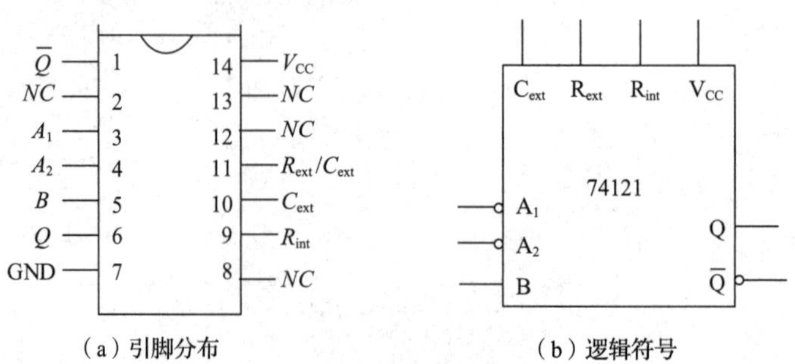

（a）引脚分布　（b）逻辑符号

图7.17　非重复单稳态触发器 74121

表 7.3　74121 功能表

输入			输出		功能说明
A_1	A_2	B	Q	$\bar{Q}$	
0	×	1	0	1	保持稳态
×	0	1	0	1	
×	×	0	0	1	
1	1	×	0	1	
1	↓	1	⎍	⊔	下降沿触发
↓	1	1	⎍	⊔	
↓	↓	1	⎍	⊔	
0	×	↑	⎍	⊔	上升沿触发
×	0	↑	⎍	⊔	

图 7.17 中，A_1 和 A_2 是两个下降沿有效的触发信号输入端，B 是上升沿有效的触发信号输入端。从功能表（见表 7.3）可以看出，如果使用下降沿触发，触发脉冲应该从 A_1 或 A_2 端输入（不使用的一端应接高电平），同时将 B 端接高电平；如果使用上升沿触发，触发脉冲应该从 B 端输入，同时 A_1 和 A_2 端至少有一个接低电平。Q 和 $\bar{Q}$ 是一对互补输出端，分别输出正脉冲和负脉冲。

R_{ext}/C_{ext} 和 C_{ext} 是外接定时电阻和电容的连接端，R_{int} 是 74121 内部设置的 2kΩ 定时电阻。通常 R_{ext} 的取值在 1.4kΩ ～ 40kΩ，电容 C_{ext} 的容量在 10pF ～ 10μF。74121 使用外接电阻和内部电阻时电路的连接方法如图 7.18 所示。

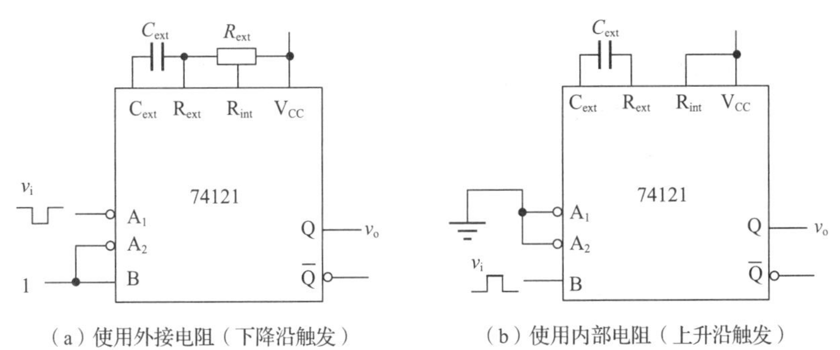

（a）使用外接电阻（下降沿触发）　　（b）使用内部电阻（上升沿触发）

图7.18　集成单稳态触发器 74121 的连接方式

电路的输出脉冲宽度

$$t_w = R_{ext}C_{ext}\ln 2 \approx 0.7R_{ext}C_{ext} \tag{7.14}$$

使用 74121 时应该注意，在定时时间 t_w 结束后，定时电容 C 还需要有一个充电恢复时间 t_{re}，如果在此恢复时间内又有触发脉冲输入，电路仍可被触发，但输出脉冲宽度会小于规定的定时时间 t_w。

除了 74121 外，集成单稳态触发器还包括属于非重复触发单稳态触发器的 74221、74LS221，以及属于可重复触发单稳态触发器 74122、74LS122、74123、74LS123 等。

部分集成单稳态触发器上还设置有复位端，通过在复位端加入低电平信号能够立刻终止暂稳态过程，使输出端返回低电平。

7.3.3 单稳态触发器的应用

单稳态触发器是数字系统中常用的脉冲整形电路。在触发脉冲的作用下，它能够给出固定宽度的矩形脉冲，被广泛应用于定时和延迟信号。

1. 脉冲整形

脉冲信号经过长距离传输后，其边沿会变差或者叠加了某些干扰，可以利用单稳态触发器的输出脉冲宽度和幅度是确定的这一特性，将宽度和幅度不规则的脉冲进行整形，得到符合要求的矩形脉冲信号，如图 7.19 所示。

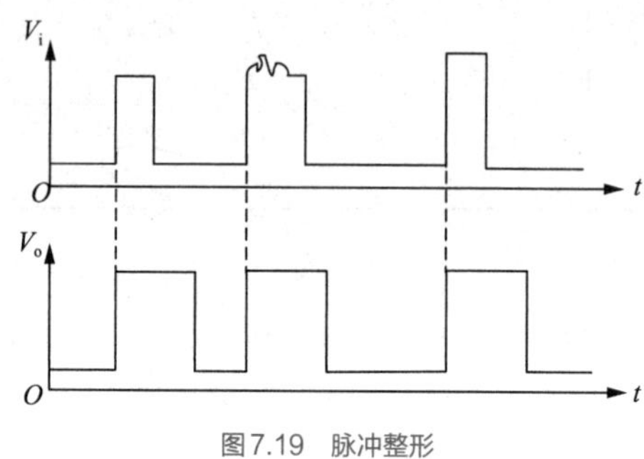

图7.19 脉冲整形

2. 定时和延时

单稳态触发器可以产生宽度和幅度都符合要求的矩形脉冲，因此可以用于作为定时或延时的电路，如图 7.20 所示。

从图 7.20（b）的波形图可以看出，v_o 的下降沿相对于 v_i 延迟了 t_w 的时间，因此使用单稳态触发器，通过选择合适的 *RC* 值，可以实现脉冲延时。此外，如果将单稳态触发器的输出 v_o 给与门作为定时控制信号，当 v_o=V_{OH} 时，与门打开，信号 v_A 可以输出；当 v_o=0 时，与门关闭，信号 v_A 不能够输出。因此通过调整 t_w 的值可以改变与门打开的时间，实现定时控制，用于定时和选通。

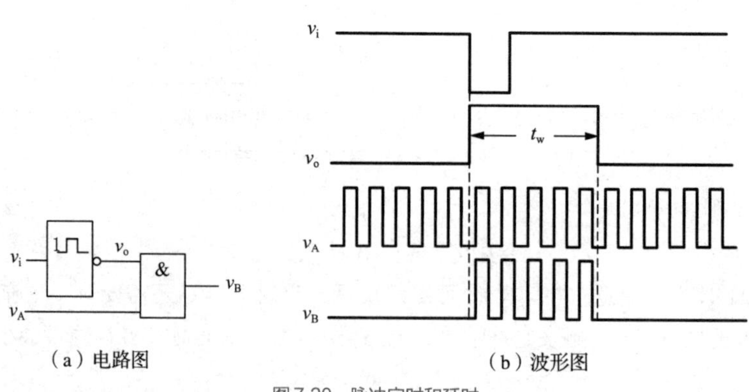

（a）电路图　　（b）波形图

图7.20 脉冲定时和延时

3. 脉冲展宽

当脉冲宽度较窄时，可用单稳态触发器展宽。将窄脉冲加载单稳态触发器的输入端，选择合适的 *RC* 值，就可以获得符合要求的矩形脉冲。

7.4 多谐振荡器

多谐振荡器（Multivibrator）是一种能够产生矩形波的自激振荡电路，它没有稳态，只有两个暂稳态，在接通电源之后，不需要外加触发信号，两个暂稳态交替变化，输出矩形脉冲信号。由于矩形波中含有丰富的高次谐波成分，因此，常将产生矩形脉冲的电路称为多谐振荡器。多谐振荡器的逻辑符号如图 7.21 所示。

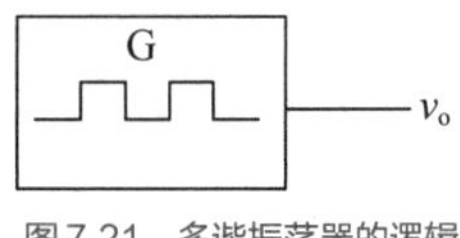

图7.21 多谐振荡器的逻辑符号

7.4.1 门电路构成多谐振荡器

多谐振荡器电路一般由开关器件和反馈延时元件组成。开关器件用于产生输出的高电平和低电平；反馈延时元件一般为 *RC* 电路，用于将输出电压延时后反馈到输入端。一种使用 CMOS 逻辑非门作为开关器件的多谐振荡器电路如图 7.22 所示。

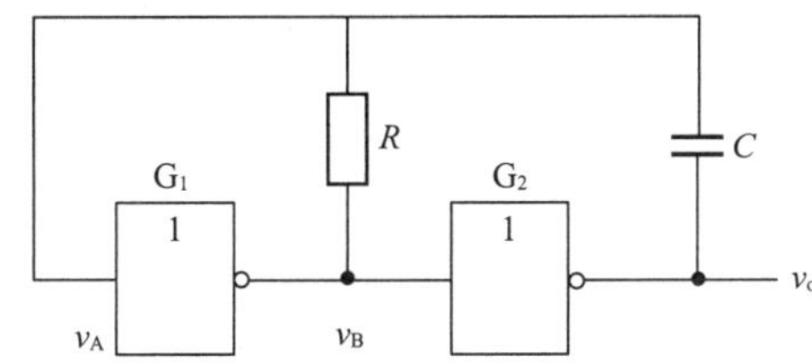

图7.22 逻辑门构成的多谐振荡器

当 t=0 时刻接通电源时，电容 C 尚未开始充电，电路的初始状态 $v_A=v_o=V_{OL}$，$v_B=V_{OH}$，电路处于第一个暂稳态。随后，逻辑门中的电源 V_{CC} 开始通过电阻 R 对电容 C 充电，v_A 的电压开始增加，如图 7.23（a）所示。一旦 v_A 的电压超过门电路的阈值电压 V_{TH} 时，逻辑门 G_1 输出 v_B 变为低电平，逻辑门 G_2 输出 v_o 变为高电平，电路处于第二个暂稳态。由于电容 C 的电压不能突变，此时 v_A 的电压在状态变化的瞬间变为 $V_{CC}+V_{TH}$。

随后，电容 C 开始放电后反向充电，v_A 的电压开始下降，如图 7.23（b）所示。一旦 v_A 的电压超过门电路的阈值电压 V_{TH} 时，逻辑门 G_1 输出 v_B 为高电平，逻辑门 G_2 输出 v_o 为低电平，电路回到第一个暂稳态。此时 v_A 的电压在状态变化的瞬间变为 $V_{TH}-V_{CC}$。

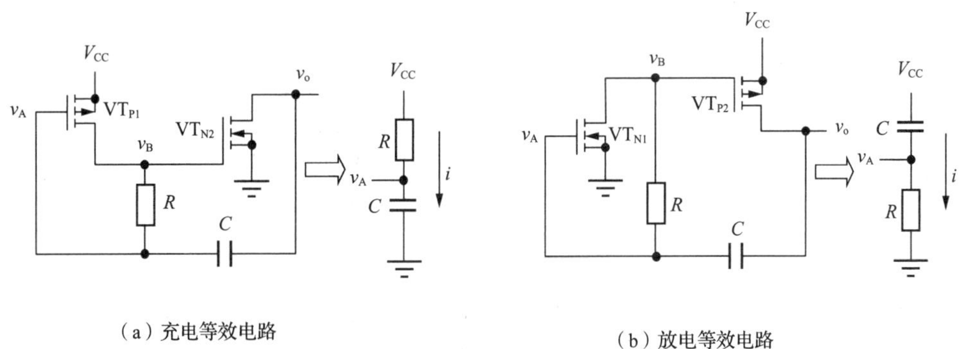

图7.23 电路的充放电等效电路

由上述过程可以看出，该电路没有稳定的状态，只有两个暂稳态，输出端高、低电平交替变化，其工作波形图如图 7.24 所示。

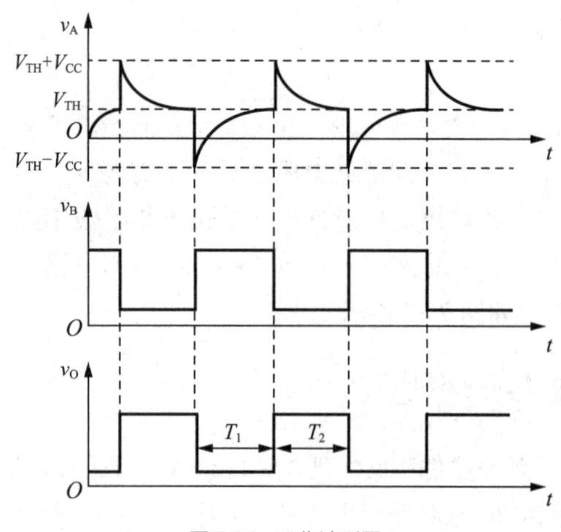

图7.24　工作波形图

根据电路的充、放电等效电路和工作波形图，考虑 CMOS 电路的 $V_{TH}=V_{CC}/2$，可以计算出 T_1 和 T_2 的表达式为

$$T_1 = RC\ln\frac{(V_{TH}-V_{CC})-V_{CC}}{V_{TH}-V_{CC}} = RC\ln 3 \tag{7.15}$$

$$T_2 = RC\ln\frac{V_{CC}+V_{TH}}{V_{TH}} = RC\ln 3 \tag{7.16}$$

$$T = T_1 + T_2 = 2RC\ln 3 \approx 2.2RC \tag{7.17}$$

7.4.2　施密特触发器构成多谐振荡器

由于施密特触发器具有滞回特性，也可以用来构成多谐振荡器，电路如图 7.25（a）所示，工作波形图如图 7.25（b）所示。

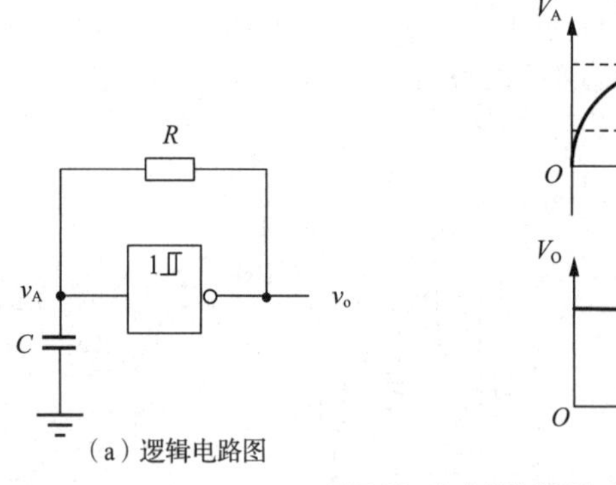

（a）逻辑电路图

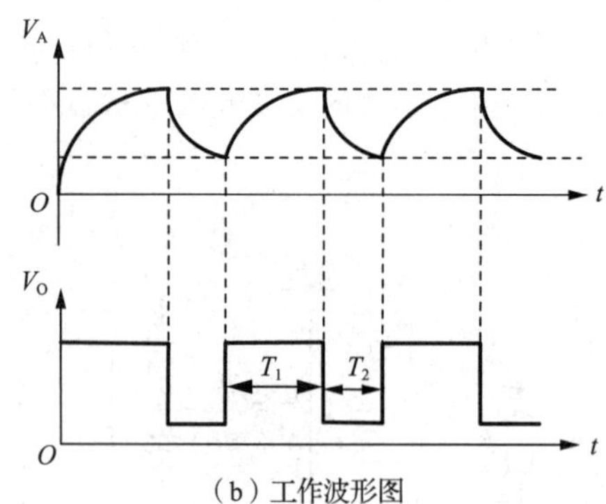

（b）工作波形图

图7.25　施密特触发器构成的多谐振荡器

接通电源时，电容上的初始电压为 0，v_A 为低电平，输出 v_o 为高电平，电路处于第一个稳态。然后 v_o 通过电阻 R 对电容 C 进行充电，当充电到 $v_A=V_{T+}$ 时，输出跳变为低电平。接着，电容 C 通过电阻 R 进行放电，当放电到 $v_A=V_{T-}$ 时，输出跳变为高电平，v_o 又开始通过电阻 R 对电容 C 进行充电。如此反复，电路不断振荡，形成多谐振荡器。

假设使用 CMOS 施密特触发器，$V_{OH}=V_{CC}$，$V_{OL}=0$，$V_{TH}=V_{CC}/2$，可以计算多谐振荡器的工作周期

$$T_1 = RC\ln\frac{V_{CC}-V_{T-}}{V_{CC}-V_{T+}} \tag{7.18}$$

$$T_2 = RC\ln\frac{V_{T+}}{V_{T-}} \tag{7.19}$$

$$T = T_1 + T_2 = RC\ln\frac{V_{CC}-V_{T-}}{V_{CC}-V_{T+}} + RC\ln\frac{V_{T+}}{V_{T-}} = RC\ln\left(\frac{V_{CC}-V_{T-}}{V_{CC}-V_{T+}}\cdot\frac{V_{T+}}{V_{T-}}\right) \tag{7.20}$$

如果使用 TTL 施密特触发器构成多谐振荡器，计算时需要考虑施密特触发器输入电路对电容充、放电的影响。

如果希望获得占空比可调的多谐振荡器，可以将电路改成图 7.26 所示的电路。电路通过电阻 R_1 对电容 C 充电，而电容 C 通过电阻 R_2 放电。因此，只要改变 R_2 和 R_1 的电阻值就可以改变电路的占空比。

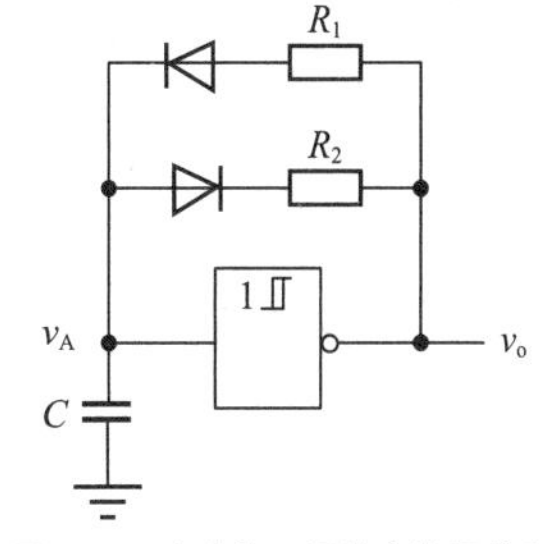

图 7.26 占空比可调的多谐振荡器

例 7.2 已知图 7.26 所示的电路，其中施密特触发器为 CMOS 电路，V_{T+}=6.3V，V_{T-}=2.7V，给定 V_{CC}=10V，电阻 R_1=20kΩ，R_2=10kΩ，电容 C=0.01μF，估算此时电路的振荡周期 T 和占空比 q。

解：根据式（7.18）～式（7.20），可得

$$T_1 = R_1C\ln\frac{V_{CC}-V_{T-}}{V_{CC}-V_{T+}} = 20\times10^3\times0.01\times10^{-6}\times\ln\frac{10-2.7}{10-6.3} \approx 0.136\,(\text{ms})$$

$$T_2 = R_2C\ln\frac{V_{T+}}{V_{T-}} = 10\times10^3\times0.01\times10^{-6}\times\ln\frac{6.3}{2.7} \approx 0.085\,(\text{ms})$$

振荡周期

$$T = T_1 + T_2 \approx 0.136 + 0.085 \approx 0.221\,(\text{ms})$$

占空比

$$q = \frac{T_1}{T} \approx \frac{0.136}{0.221} \approx 0.62$$

7.4.3 石英晶体振荡器

在数字系统中，常需要频率稳定的时钟脉冲。而在前面讨论的多谐振荡器中，振荡周期和频率是由 RC 电路的充电和放电过程达到转换电平所需要的时间决定的。由于电源电压或温度的变化、外部干扰及 RC 参数的误差等因素都会影响振荡周期，因此振荡器的频率稳定性会下降，难以满足数字系统的要求。为此，可以采用频率稳定、精度高的石英晶体振荡器（Quartz Crystal Oscillator）。

石英晶体的主要成分是二氧化硅（SiO_2），石英晶体按照一定方位角切下的薄片称为晶片。在晶片对应的两个表面进行抛光和涂敷银层作为两个电极，分别引出一对引脚，并加上金属或者玻璃封装就构成了石英晶体。

石英晶体的符号、等效电路和阻抗频率特性如图 7.27 所示。可以看出，当外加信号的频率 f 和石英晶体的固有谐振频率 f_0 相同时，石英晶体呈现出极低的阻抗，而在其他频率时呈现很高的阻抗。这意味着，如果将石英晶体接入多谐振荡器的反馈回路时，频率为 f_0 的电压信号最容易通过它，其他频率的信号经过时被衰减，这样就可以得到振荡频率只取决于石英晶体本身固有的谐振频率 f_0，而与电路中的 RC 值不直接相关的脉冲信号。

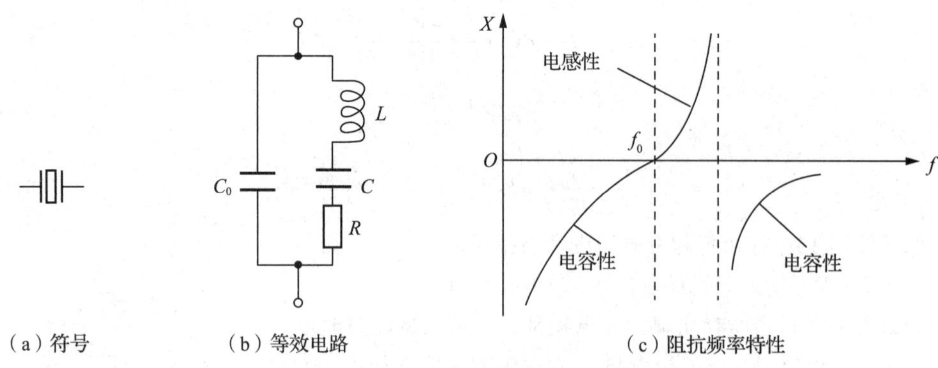

（a）符号　（b）等效电路　（c）阻抗频率特性

图7.27　石英晶体的符号、等效电路和阻抗频率特性

石英晶体的谐振频率由石英晶体的结晶方向和外形尺寸所决定，其具有极高的频率稳定性。频率稳定性一般用频率的相对变化量 $\Delta f/f_0$ 来表示，其中 f_0 为石英晶体的固有谐振频率，Δf 为频率偏移量。石英晶体振荡器的频率稳定性一般可以达到 $10^{-6}\sim10^{-8}$ 数量级，甚至为 $10^{-10}\sim10^{-11}$，足以满足大多数数字系统的要求。目前，具有各种谐振频率的石英晶体已被制成标准化和系列化的产品出售。

常见的石英晶体振荡器有串联型和并联型。图 7.28（a）所示的电路是一个典型的串联型石英晶体振荡器，电阻 R 的作用是使非门 G_1 和 G_2 工作在线性放大区。R 的阻值，对于 TTL 逻辑门通常选择 0.7kΩ ～ 2kΩ，对于 CMOS 逻辑门通常选用 10mΩ ～ 100mΩ。电容 C_1 用于两个非门之间的耦合，其值应使 C_1 在谐振频率 f_0 时的容抗可以忽略不计。电容 C_2 的作用是抑制高次谐波，保证稳定的频率输出，其值应满足 $2\pi RC_2f_0\approx1$。这样，这个电路的振荡频率就由石英晶体的谐振频率 f_0 决定，而与电路中的 RC 值无关。

并联型石英晶体振荡器如图 7.28（b）所示，石英晶体与电容 C_1 和 C_2 组成 Π 形选频网络，振荡频率近似为石英晶体的谐振频率 f_0，通过改变电容 C_1 可以微调电路振荡频率。反馈电阻 R 保证反相器工作在线性放大区，一般在 100kΩ ～ 22mΩ。反相器 G_2 主要对输出波形进行整形以及隔离负载，防止对振荡电路的工作产生影响。

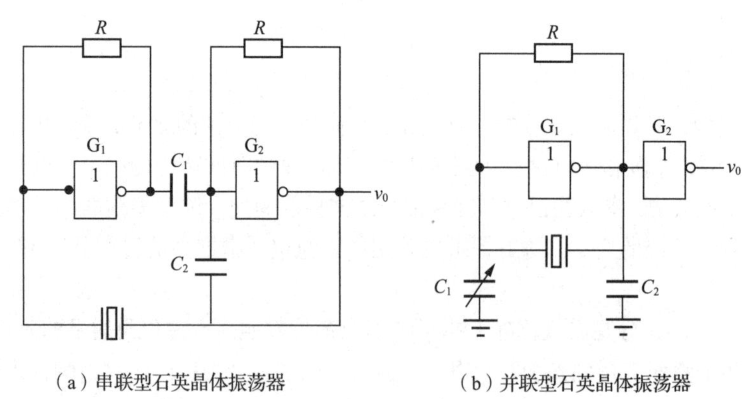

（a）串联型石英晶体振荡器　（b）并联型石英晶体振荡器

图7.28　石英晶体振荡器

石英晶体振荡器的典型应用是秒脉冲发生器。图 7.29 所示为石英电子手表中的秒脉冲发生器，以反相器 G_1、G_2，电阻 R，电容 C_1、C_2 及石英晶体构成并联型振荡器，输出 f=32768Hz 的脉冲信号。脉冲信号经过 15 级由 D 触发器构成的分频电路后，输出稳定度很高的 1Hz 秒脉冲信号，作为计时的基准信号。

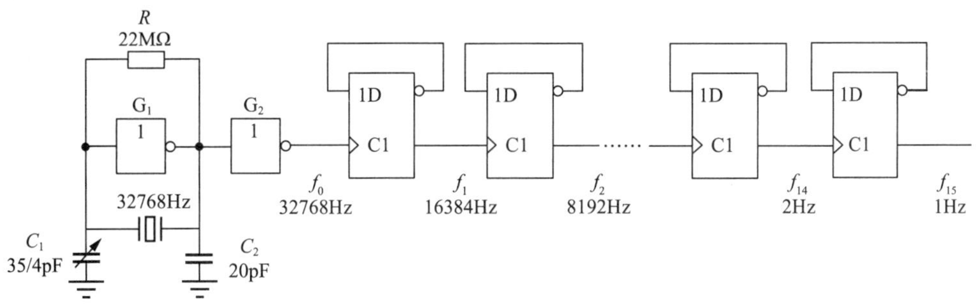

图7.29 秒脉冲发生器

7.5 定时器555

定时器 555 是一种模拟功能与数字功能相结合的中规模集成电路，该电路功能灵活、适用范围广，只要在外部配上适当的阻容元件，就可以很方便地构成多谐振荡器、施密特触发器和单稳态触发器等电路，完成脉冲信号的产生、定时和整形等功能，因而在控制、定时、检测、仿声、报警等方面有着广泛的应用。

7.5.1 定时器 5G555 的电路结构和逻辑功能

常用的定时器 555 有 5G555（TTL 电路）和 CC7555（CMOS 电路）等，它们的结构及工作原理基本相同，引脚排列也完全一致。这里以 5G555 为例进行说明。

1. 电路结构

5G555 的电路结构和引脚排列分别如图 7.30（a）和（b）所示。

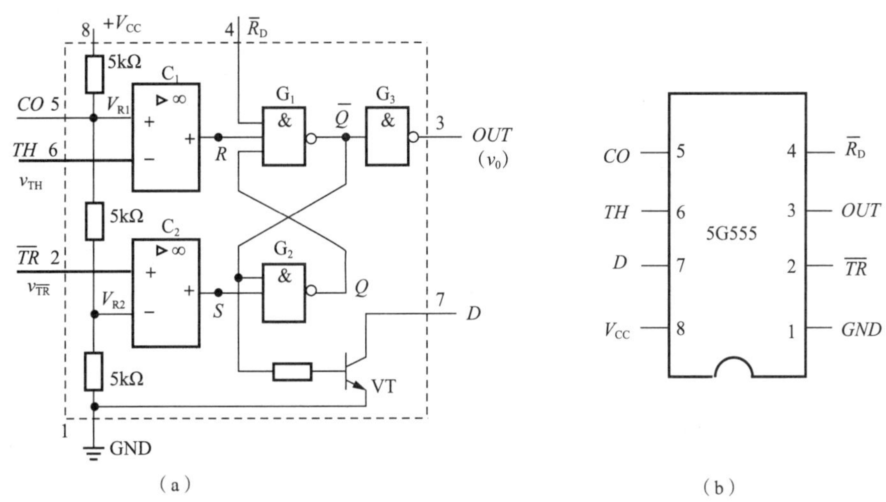

图7.30 5G555的电路结构和引脚排列

由图 7.30（a）可知，集成定时器 5G555 由电阻分压器、电压比较器、基本 RS 触发器、放电三极管和输出缓冲器 5 部分组成。

（1）电阻分压器。由 3 个阻值均为 5kΩ 的电阻串联构成分压器，为电压比较器 C_1 和 C_2 提供参考电压。当电压控制端 CO 不外加控制电压 v_{co} 时，$V_{R1}=\frac{2}{3}V_{CC}$ ，$V_{R2}=\frac{1}{3}V_{CC}$ ；当外加控制

电压 v_{co} 时，比较器的参考电压将发生变化，相应电路的阈值、触发电平也将随之改变，并进而影响电路的定时参数。为了防止干扰，当不外加控制电压时，CO 端一般通过一个小电容（如 0.01μF）接地，以避免旁路高频干扰。

（2）电压比较器 C_1 和 C_2。电压比较器 C_1 和 C_2 是两个结构完全相同的理想运算放大器。电压比较器的同相输入端（+ 端）的电压为 V_+，反相输入端（- 端）的电压为 V_-。当 $V_+ > V_-$ 时，电压比较器输出为高电平 1 信号；而当 $V_+ < V_-$ 时，比较器输出为低电平 0 信号。

当比较器 C_1 的同相输入端（+ 端）接参考电压 V_{R1}，反相输入端（- 端）与阈值输入端 TH 相连时，其输出 R 端的状态取决于阈值输入信号 v_{TH} 与 V_{R1} 的比较结果。当 $v_{TH} < V_{R1}$ 时，输出 R 为高电平 1；当 $v_{TH} > V_{R1}$ 时，输出 R 为低电平 0。

当比较器 C_2 的同相输入端（+ 端）与触发输入端 $\overline{TR}$ 相连，反相输入端（- 端）接参考电压 V_{R2} 时，其输出端 S 的状态取决于触发输入信号 $v_{\overline{TR}}$ 与 V_{R2} 的比较结果。当 $v_{\overline{TR}} < V_{R2}$ 时，输出 S 为低电平 0；当 $v_{\overline{TR}} > V_{R2}$ 时，输出 S 为高电平 1。

（3）基本 RS 触发器。两个与非门 G_1 和 G_2 构成了低电平触发的基本 RS 触发器。触发器输入信号 R、S 为比较器 C_1、C_2 的输出，触发器 Q 端状态为电路输出端 OUT 的状态，触发器 $\bar{Q}$ 端状态控制放电三极管 VT 的导通与截止。当外部复位信号 $\bar{R}_D$ 为 0（低电平）时，可使 v_o=0，定时器输出直接复位。

（4）放电三极管 VT。它用于构成放电电路，VT 的集电极即输出端 D。如果将 D 端经过一个外接电阻接至电源，即可组成一个反相器。当 Q=0（$\bar{Q}$ =1）时，VT 导通，D 端输出为低电平 0；Q=1（$\bar{Q}$ =0）时，VT 截止，D 端输出为高电平 1。可见，D 端的逻辑状态与输出端 OUT 的状态相同。

（5）输出缓冲器。输出缓冲器 G_3 的作用是提高负载能力，并隔离负载对定时器的影响。

2．逻辑功能

根据电路结构和工作原理，当 CO 端没有外接控制电压时，5G555 的功能表如表 7.4 所示。

表 7.4　5G555 不外接控制电压时的功能表

输入			比较器输出		输出	
v_{TH}	$v_{\overline{TR}}$	$\bar{R}_D$	R（C_1）	S（C_2）	OUT	放电三极管VT
d	d	0	d	d	0	导通
$<\frac{2}{3}V_{CC}$	$<\frac{1}{3}V_{CC}$	1	1	0	1	截止
$<\frac{2}{3}V_{CC}$	$>\frac{1}{3}V_{CC}$	1	1	1	不变	不变
$>\frac{2}{3}V_{CC}$	$>\frac{1}{3}V_{CC}$	1	0	1	0	导通
$>\frac{2}{3}V_{CC}$	$<\frac{1}{3}V_{CC}$	1	0	0	0	导通

（1）$\bar{R}_D$ =0 时，输出端 OUT 为低电平，放电三极管 VT 饱和导通。

（2）$\bar{R}_D$ =1，$v_{TH} < \frac{2}{3}V_{CC}$，$v_{\overline{TR}} < \frac{1}{3}V_{CC}$ 时，电压比较器 C_1 输出 1，C_2 输出 0，触发器状态 Q=1，$\bar{Q}$ =0，输出端 OUT 为高电平，放电三极管 VT 截止。

（3）$\bar{R}_D$ =1，$v_{TH} < \frac{2}{3}V_{CC}$，$v_{\overline{TR}} > \frac{1}{3}V_{CC}$ 时，电压比较器 C_1 输出 1，C_2 输出 1，触发器状态保持不变，输出端 *OUT* 和放电三极管 VT 也保持原来的状态不变。

（4）$\bar{R}_D$ =1，$v_{TH} > \frac{2}{3}V_{CC}$，$v_{\overline{TR}} > \frac{1}{3}V_{CC}$ 时，电压比较器 C_1 输出 0，C_2 输出 1，触发器状态 Q=0，$\bar{Q}$ =1，输出端 *OUT* 为低电平，放电三极管 VT 饱和导通。

（5）$\bar{R}_D$ =1，$v_{TH} > \frac{2}{3}V_{CC}$，$v_{\overline{TR}} < \frac{1}{3}V_{CC}$ 时，电压比较器 C_1 输出 0，C_2 输出 0，虽然 *RS*=00 是触发器不允许的输入，但是此时与非门电路仍然有输出 Q=1，$\bar{Q}$ =1，输出端 *OUT* 为低电平，放电三极管 VT 导通。

当 *CO* 端外接控制电压时，此时比较器的参考电压受到影响，5G555 的功能表如表 7.5 所示。

表 7.5　5G555 外接控制电压时的功能表

输入			比较器输出		输出	
v_{TH}	$v_{\overline{TR}}$	$\bar{R}_D$	R（C_1）	S（C_2）	OUT	放电三极管VT
d	d	0	d	d	0	导通
$< V_{R1}$	$< V_{R2}$	1	1	0	1	截止
$< V_{R1}$	$> V_{R2}$	1	1	1	不变	不变
$> V_{R1}$	$> V_{R2}$	1	0	1	0	导通
$> V_{R1}$	$< V_{R2}$	1	0	0	0	导通

5G555 具有电源范围广、定时精度高、使用方法灵活、带负载能力强等特点，应用非常广泛。

7.5.2　定时器 5G555 构成单稳态触发器

用 5G555 可以用于构成单稳态触发器，其电路原理图如图 7.31（a）所示。5G555 的 $\overline{TR}$ 端作为触发信号 v_i 的输入端；放电端 *D*（即放电三极管 VT 的集电极）和输入端 *TH* 相连，通过电阻 *R* 接至电源，同时通过电容 *C* 接地，其中 *R* 和 *C* 是定时元件；输出信号 v_o 从 OUT 端获取；电压控制端 *CO* 经过一个 0.01μF 的电容接地。

用 5G555 构成的单稳态触发器的工作波形图如图 7.31（b）所示。

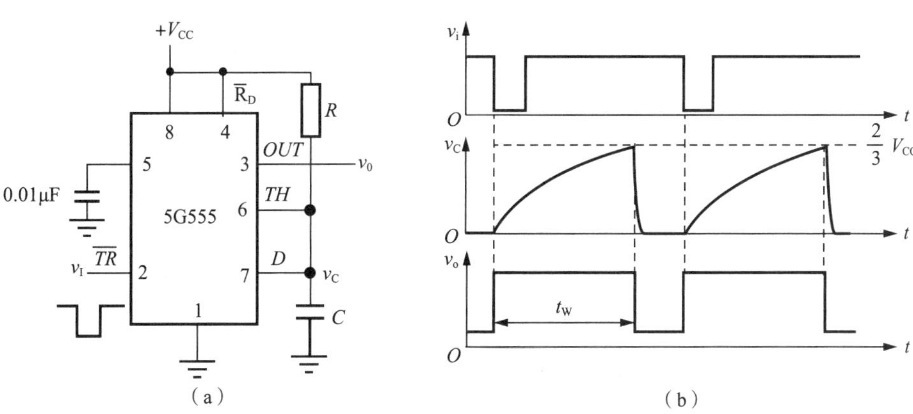

图7.31　5G555构成的单稳态触发器

（1）稳定状态

当没有输入触发脉冲（负脉冲）信号时，输入 v_i 为高电平，此时 $v_i > \frac{1}{3}V_{CC}$，即 $\overline{TR}$ 端的电压大于 $\frac{1}{3}V_{CC}$。

假设刚接通电源时，v_c 电压较小，RS 触发器置 1，Q=1，放电三极管截止，输出 v_o 为高电平 1，电源经 R 向电容 C 充电。v_c 逐渐升高，v_o 维持高电平，当 v_c 逐渐上升到$\geqslant \frac{2}{3}V_{CC}$时，由于 $v_{TH} > \frac{2}{3}V_{CC}$ 且 $v_{\overline{TR}} > \frac{1}{3}V_{CC}$ 时，RS 触发器置 0，Q=0，放电三极管导通，电容 C 通过放电三极管迅速放电，v_c 逐渐下降。当 v_c 接近于 0 时，由于 $v_{TH} < \frac{2}{3}V_{CC}$ 且 $v_{\overline{TR}} > \frac{1}{3}V_{CC}$，电路状态保持不变，输出 v_o 仍然为低电平 0，此时电路状态稳定。

（2）暂稳态

当输入触发信号 v_i 由高电平变为低电平，即出现从 1 到 0 的跳变时，使得 $v_{\overline{TR}} < \frac{1}{3}V_{CC}$，由于 $v_{TH} < \frac{2}{3}V_{CC}$，此时 RS 触发器置 1，$Q$=1，放电三极管截止，输出 v_o 为高电平 1，电源经 R 向电容 C 充电，电路进入暂稳态。

随着电容的充电，v_c 随之升高，如果此时输入信号 v_i 回到高电平（$v_{\overline{TR}} > \frac{1}{3}V_{CC}$），RS 触发器置 0，放电三极管导通，电容 C 迅速放电，v_c 下降，输出 v_o 从高电平变为低电平，电路返回稳态。

由图 7.31（b）可知，单稳态电路的暂稳态持续时间是由充电回路的时间常数 RC 决定的，近似计算公式为

$$t_w = RC\ln\frac{V_{CC}}{V_{CC} - 2V_{CC}/3} = RC\ln 3 \approx 1.1RC \tag{7.21}$$

由此可见，调节定时元件 R、C 的参数，即可改变输出脉冲的宽度 t_w。在工程应用中，通常 R 的取值范围是几百欧姆到几兆欧姆，C 的取值范围是几百皮法到几百微法，对应的脉冲宽度可以从几微秒到几分钟。

7.5.3 定时器 5G555 构成施密特触发器

5G555 可以用于构成施密特触发器，如图 7.32（a）所示。将 5G555 的阈值输入端 TH 和触发输入端 $\overline{TR}$ 端连接在一起作为触发信号 v_i 的输入端，并从 OUT 输出端取出输出信号 v_o，控制电压 CO 端通过小电容接地，就构成了一个反向输出的施密特触发器，其传输特性图如图 7.32（b）所示。

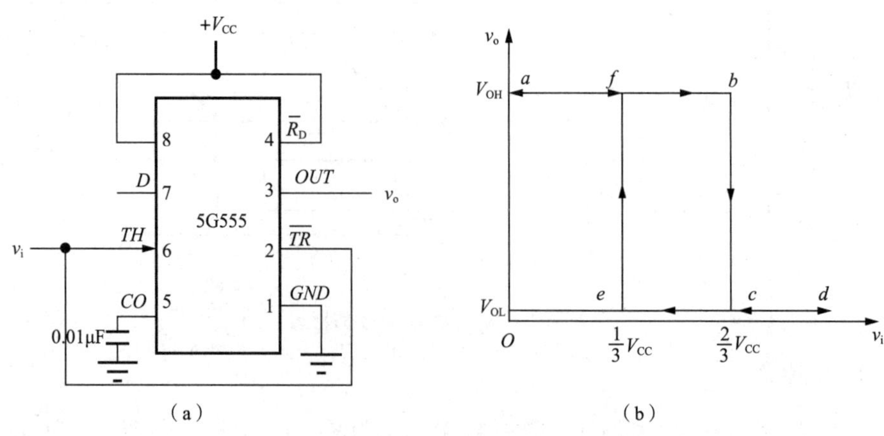

图7.32　5G555构成的施密特触发器

当输入电压 v_i 逐渐上升时，传输特性如图 7.32（b）中的 $a \rightarrow f \rightarrow b \rightarrow c \rightarrow d$。

（1）当输入电压 $v_i < \frac{1}{3}V_{CC}$ 时，5G555 的两个比较器 C_1 和 C_2 分别输出 1 和 0，RS 触发器置 1，Q=1，放电三极管截止，输出 v_o 为高电平，传输特性如图 7.32（b）中的 $a \to f$ 段。

（2）输入电压 v_i 逐渐上升，当 $\frac{1}{3}V_{CC} < v_i < \frac{2}{3}V_{CC}$ 时，5G555 的两个电压比较器 C_1 和 C_2 分别输出 1 和 1，RS 触发器状态不变，输出 v_o 仍然是高电平，传输特性如图 7.32（b）中的 $f \to b$ 段。

（3）输入电压 v_i 继续上升，当 $v_i \geq \frac{2}{3}V_{CC}$ 时，5G555 的两个比较器 C_1 和 C_2 分别输出 0 和 1，RS 触发器置 0，Q=0，输出 v_o 突变为低电平，此时施密特触发器的正向阈值电压 $V_{T+}= \frac{2}{3}V_{CC}$，传输特性如图 7.32（b）中的 $b \to c$ 段。如果此时 v_i 继续上升，施密特触发器的状态不变。

当输入电压 v_i 逐渐下降时，传输特性如图 7.32（b）中的 $d \to c \to e \to f \to a$。

（1）当输入电压 $v_i > \frac{2}{3}V_{CC}$ 时，5G555 的两个电压比较器 C_1 和 C_2 分别输出 0 和 1，RS 触发器置 0，Q=0，放电三极管导通，输出 v_o 为低电平，传输特性如图 7.32（b）中的 $d \to e$ 段。

（2）当输入电压 $v_i > \frac{2}{3}V_{CC}$ 时，下降到 $\frac{1}{3}V_{CC} < v_i < \frac{2}{3}V_{CC}$ 时，5G555 的两个电压比较器 C_1 和 C_2 分别输出 1 和 1，RS 触发器状态不变，输出 v_o 仍然是低电平，传输特性如图 7.32（b）中的 $c \to e$ 段。

（3）当输入电压 v_i 逐渐下降到 $v_i \leq \frac{1}{3}V_{CC}$ 时，5G555 的两个电压比较器 C_1 和 C_2 分别输出 1 和 0，RS 触发器置 1，Q=1，输出 v_o 突变为高电平，此时施密特触发器的负向阈值电压 $V_{T-}= \frac{1}{3}V_{CC}$，传输特性如图 7.32（b）中的 $e \to f$ 段。如果此时 v_i 继续下降，施密特触发器的状态不变。

由此可见，5G555 构成的施密特触发器的回差电压

$$\Delta V_T = V_{T+} - V_{T-} = \frac{1}{3}V_{CC} \tag{7.22}$$

如果在 5G555 的 CO 端外接电压，此时比较器的参考电压受到影响，施密特触发器的回差电压会随着 CO 端外接电压的增大而增大，电路的抗干扰能力也就越强。

7.5.4 定时器 5G555 构成多谐振荡器

使用定时器 5G555 可以实现多谐振荡器。如图 7.33（a）所示，它由 5G555 外加两个电阻和一个电容组成。5G555 的 D 端（即放电三极管 VT 的集电极）经 R_1 接至电源 V_{CC}，构成一个反相器。电阻 R_2 和电容 C 构成积分电路，积分电路的电容电压 v_c 作为电路输入接至输入端 TH 和 $\overline{TR}$。CO 端通过小电容接地，避免高频干扰。用 5G555 构成的多谐振荡器电路及其工作波形图如图 7.33（b）所示。

接通电源 V_{CC} 的瞬间，电容 C 上的电压 v_c 不能突变，故 TH 端的电压小于 $\frac{2}{3}V_{CC}$，$\overline{TR}$ 端的电压小于 $\frac{1}{3}V_{CC}$，输出端 OUT 的状态为 1，此时 $\bar{Q}$ =0，放电三极管 VT 截止，电源 V_{CC} 经过 R_1、R_2 对电容 C 充电，v_c 逐渐上升，电路处在第一个暂稳态。

当电容上的电压 v_c 逐渐升高到 $\frac{2}{3}V_{CC}$ 时，由于 TH 端和 $\overline{TR}$ 端的电压为 $\frac{2}{3}V_{CC}$，使输出端 OUT 的状态变为 0，此时 $\bar{Q}$ =1，放电三极管 VT 导通，电容 C 经 R_2 和 VT 放电，v_c 逐渐下降，电路处在第二个暂稳态。

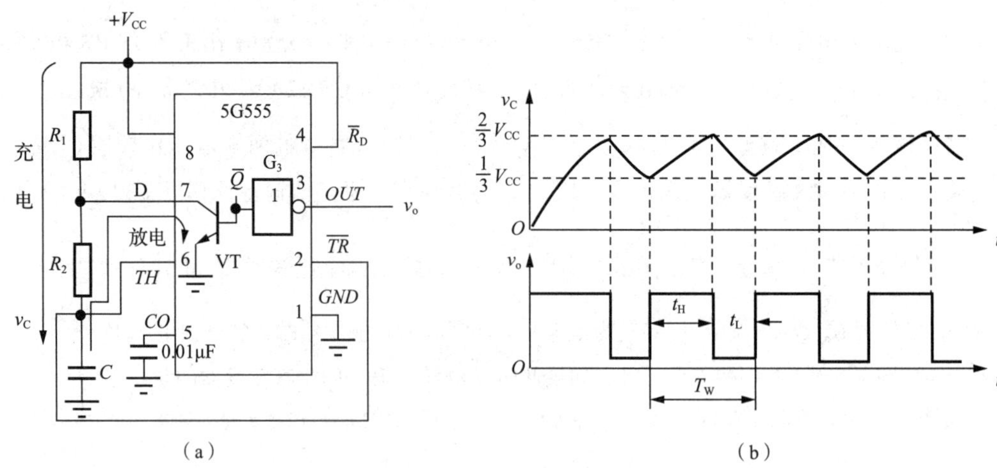

图7.33　用5G555构成的多谐振荡器电路及其工作波形图

当电容 C 上的电压 v_c 下降到 $\frac{1}{3}V_{CC}$ 时，使输出 OUT 又从低电平 0 变为高电平 1，放电三极管 VT 截止，电源 V_{CC} 再经 R_1、R_2 向 C 充电，电路返回到第一个暂稳态。

如此周而复始地在两个暂稳态之间交替变换，便产生了矩形脉冲信号输出。

输出高电平的持续时间 T_H 上是电容电压 v_c 从 $\frac{1}{3}V_{CC}$ 上升到 $\frac{2}{3}V_{CC}$ 所需的时间，它与充电回路的时间常数 $(R_1+R_2)C$ 相关，近似计算公式为

$$T_H=(R_1+R_2)C\ln\frac{V_{CC}-\frac{1}{3}V_{CC}}{V_{CC}-\frac{2}{3}V_{CC}}=(R_1+R_2)C\ln 2\approx 0.7(R_1+R_2)C \tag{7.23}$$

输出低电平的持续时间 T_L 是电容电压 v_c 从 $\frac{2}{3}V_{CC}$ 下降到 $\frac{1}{3}V_{CC}$ 所需的时间，它与放电回路的时间常数 R_2C 相关，近似计算公式为

$$T_L=R_2C\ln\frac{0-\frac{2}{3}V_{CC}}{0-\frac{1}{3}V_{CC}}=R_2C\ln 2\approx 0.7R_2C \tag{7.24}$$

矩形波振荡周期 T_W 的近似计算公式为

$$T_W=T_H+T_L\approx 0.7(R_1+2R_2)C \tag{7.25}$$

矩形波振荡频率 f 的近似计算公式为

$$f=\frac{1}{T_W}=\frac{1}{T_H+T_L}\approx\frac{1}{0.7(R_1+2R_2)C}\approx\frac{1.43}{(R_1+2R_2)C} \tag{7.26}$$

矩形波占空比 q 的近似计算公式为

$$q=\frac{T_H}{T_W}\approx\frac{0.7(R_1+R_2)C}{0.7(R_1+2R_2)C}=\frac{R_1+R_2}{R_1+2R_2} \tag{7.27}$$

根据式（7.27）可知，该电路的占空比始终大于 50%。为了得到小于或等于 50% 的占空比，需要采用占空比可调的多谐振荡器，如图 7.34 所示。

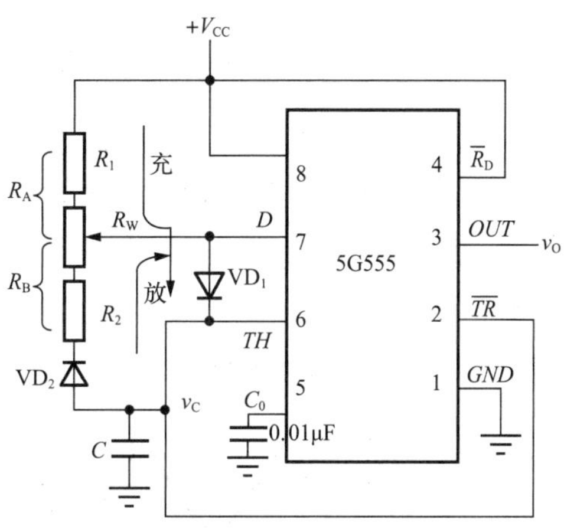

图7.34 占空比可调的多谐振荡器

电路增加了一个可调电阻 R_W 和 VD_1、VD_2 两个二极管，利用二极管的单向导电性将充电回路和放电回路隔离开。R_W 分成可变的两个部分，靠近 R_1 一侧的部分和 R_1 一起构成 R_A，靠近 R_2 一侧的部分和 R_2 一起构成 R_B。电源 V_{CC} 通过 R_A、VD_1 向电容 C 充电；电容 C 通过 VD_2、R_B 及 5G555 内部的放电三极管 VT 放电。充、放电回路的时间常数决定输出信号高、低电平的持续时间，可得

$$T_H \approx 0.7R_A C \qquad T_L \approx 0.7R_B C$$

占空比

$$q = \frac{T_H}{T_H + T_L} \approx \frac{0.7R_A C}{0.7(R_A + R_B)C} = \frac{R_A}{R_A + R_B} \tag{7.28}$$

由式（7.28）可知，通过调节可变电阻 R_W，便可改变 R_A 和 R_B 的阻值，进而改变输出矩形波的占空比。

习题7

7.1 已知图 7.35 所示的电路，假定 G_1 和 G_2 反相器的阈值电压 $V_{TH} \approx V_{CC}/2$，电阻值 R_2=20kΩ，要求 V_{T+}=7.8V，回差电压 ΔV_T=3.6V，试求 R_1 和 V_{CC} 的值。

7.2 已知由 TTL 门电路组成的施密特触发器如图 7.36 所示，试分析电路的工作原理、回差电压 ΔV_T，并画出该施密特触发器的电压传输特性图。

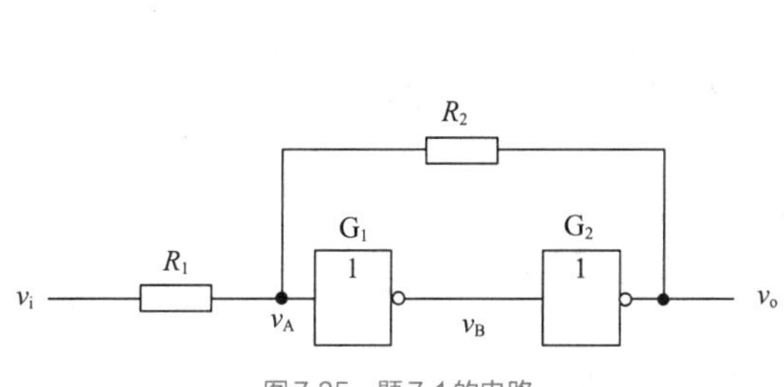

图7.35 题7.1的电路

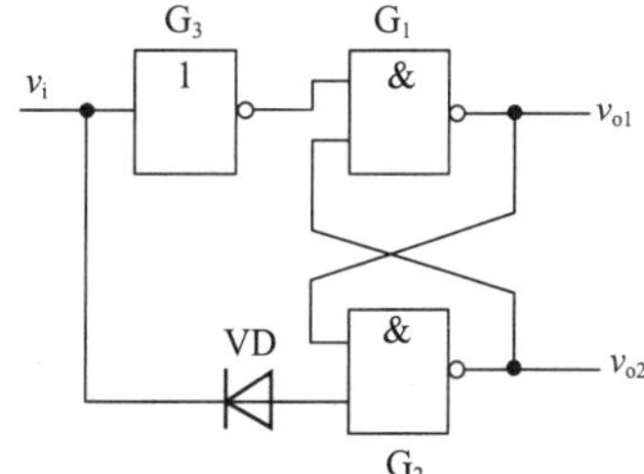

图7.36 由TTL门电路组成的施密特触发器

7.3 图 7.37 所示为用 CMOS 反相器构成的压控施密特触发器，假设 CMOS 反相器的阈值电压 $V_{TH} \approx V_{CC}/2$，试分析该施密特触发器的阈值电压 V_{T+}、V_{T-} 及回差电压 ΔV_T 与控制电压 V_{CO} 之间的关系。

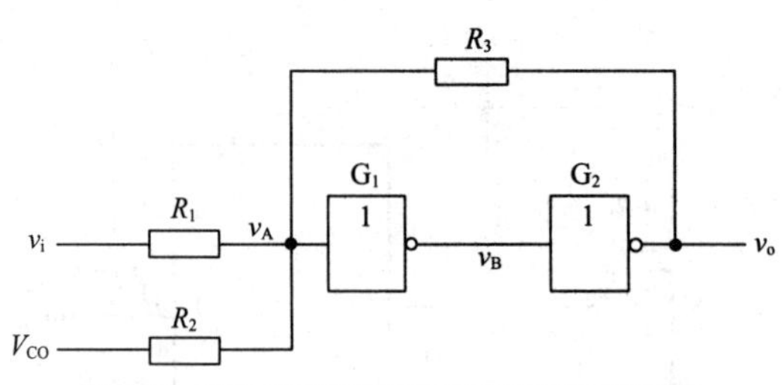

图7.37 用CMOS反相器构成的压控施密特触发器

7.4 已知图 7.38 所示的电路，试画出输出信号的波形。

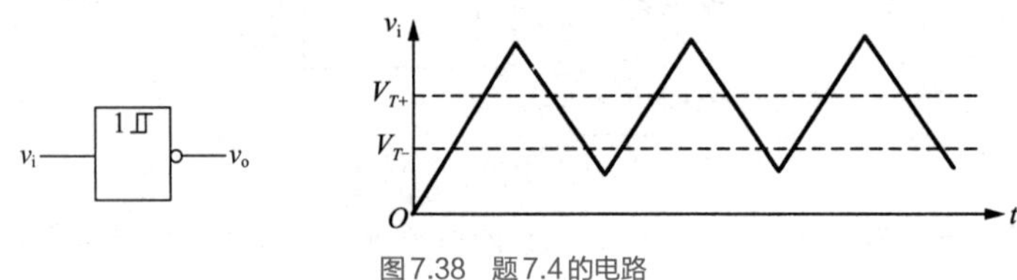

图7.38 题7.4的电路

7.5 图 7.39 所示为由 5G555 构成的施密特触发器电路，试分析当电源电压 V_{CC}=10V 时，V_{T+}、V_{T-} 和 ΔV 各为多少。

7.6 已知图 7.40 所示的单稳态触发器，V_{CC}=+9V，R=27kΩ，C=0.05 μF。

（1）试求输出脉冲 v_o 的宽度 t_w。

（2）设 v_i 为窄的负脉冲，其宽度 t_{w1}=0.5ms，周期 T_1=5ms，高电平 V_{OH}=9V，低电平 V_{OL}=0V，试画出对应 v_o 的波形。

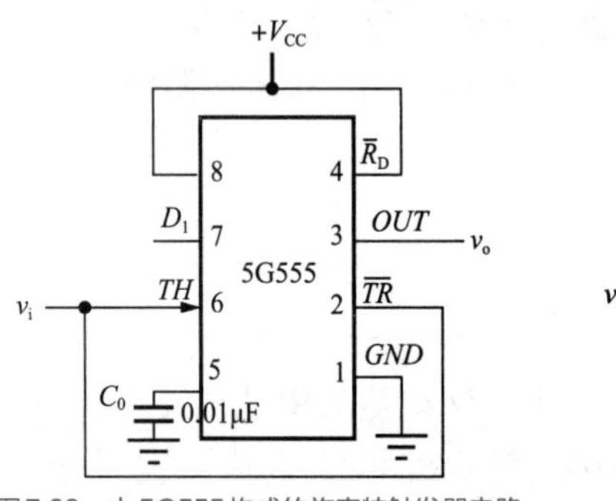

图7.39 由5G555构成的施密特触发器电路

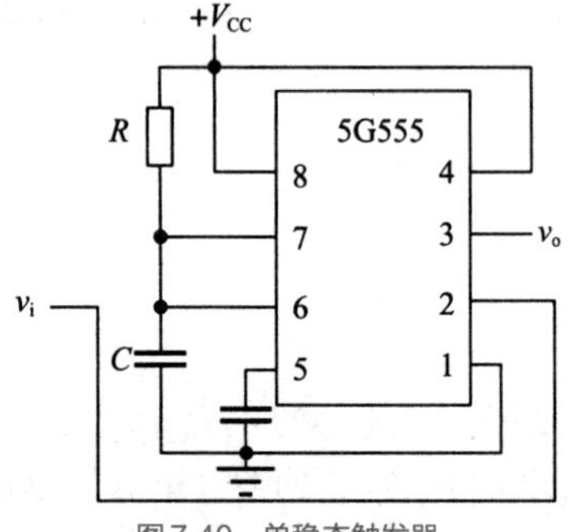

图7.40 单稳态触发器

7.7 图 7.41 所示为由 5G555 构成的多谐振荡电路，已知 R_1=15kΩ，R_2=10kΩ，C=0.05μF，V_{CC}=+5V，试回答下列问题。

（1）估算电路的振荡频率和占空比。

（2）如果要获得占空比为 50% 的矩形方波，R_1 和 R_2 的取值关系如何?

7.8 试用 5G555 定时器设计一个单稳态触发器，要求输出脉冲宽度在 1 ～ 10s 范围内可以手动调节（假设电源电压为 15V）。

7.9 试用 5G555 定时器设计一个多谐振荡器，要求振荡周期为 1s，占空比为 2/3（假设电容 C=10μF）。

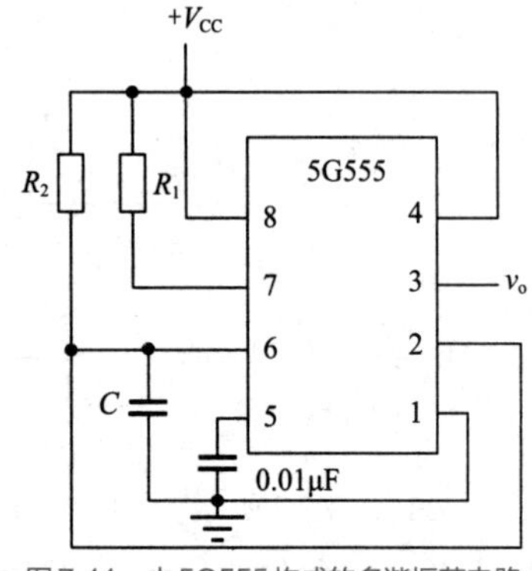

图7.41 由5G555构成的多谐振荡电路

第8章 数/模与模/数转换电路

在数字系统中，为了实现对外部连续的模拟信号进行识别、处理和控制，常常需要使用模 / 数转换电路将模拟信号转换成数字信号以便于加工和处理，使用数 / 模转换电路将数字信号转换成模拟控制信号输出。本章在介绍数 / 模转换和模 / 数转换基本原理的基础上，重点描述了几种典型数 / 模转换器和模 / 数转换器的电路结构与工作原理，并对数 / 模转换器和模 / 数转换器的主要技术参数进行了说明。

8.1 数/模转换器与模/数转换器概述

随着数字电子技术的快速发展，数字系统被广泛应用于工业过程控制、智能化仪器仪表和数字通信等领域。图 8.1 所示是一个典型的数字系统控制框图。数字系统只能处理数字信号，而数字系统处理的对象往往是一些经过传感器获取的电信号，例如温度、压力、流量等，它们都是模拟信号。为了使数字系统能够识别和处理这些模拟信号，需要将模拟信号转换成数字信号。另外，数字系统输出的数字信号有时又必须变换成模拟信号才能被执行机构接收，以实现对被控对象的调节。因此，在实际应用中，需要一种电路解决模拟信号与数字信号之间的转换问题，它们就是数 / 模转换器和模 / 数转换器。

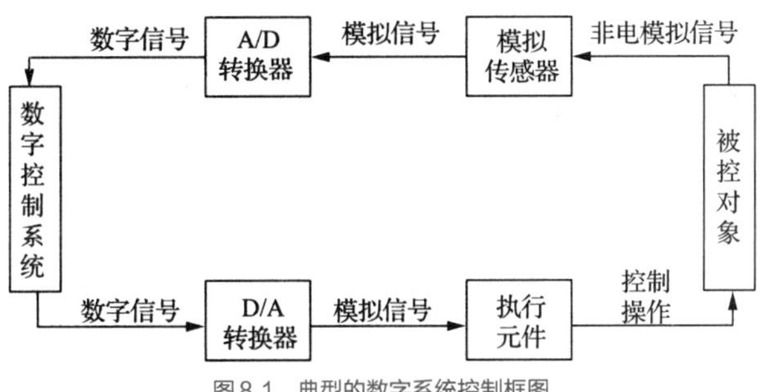

图 8.1　典型的数字系统控制框图

能够将数字信号转换成模拟信号的电路称为**数 / 模转换器**，简称 **D/A 转换器**或 **DAC**（Digital to Analog Converter）；能够将模拟信号转换成数字信号的电路称为**模 / 数转换器**，简称

A/D 转换器或**ADC**（Analog to Digital Converter）。

下面分别对 DAC 和 ADC 的基本概念、工作原理、外部特性、典型集成芯片及其应用进行介绍。

8.2 数/模转换器

D/A 转换是将输入的数字量转换成与之成正比的模拟量输出。一个 n 位二进制数 $D_n=d_{n-1}d_{n-2}\cdots d_1d_0$ 可以表示为

$$D_n = d_{n-1}\cdot 2^{n-1} + d_{n-2}\cdot 2^{n-2} + \cdots + d_1\cdot 2^1 + d_0\cdot 2^0 \quad (8.1)$$

式中，$2^{n-1},2^{n-2},\cdots,2^1,2^0$ 为各位的权值。由此可见，如果将数字量的每一位代码按照其对应权值大小转换成相应的模拟量，然后将这些模拟量相加，就可以得到与数字量成正比的模拟量，实现数字量到模拟量的转换。能够实现 D/A 转换的电路就是数 / 模转换电路，简称 DAC。

基于这一思想，DAC 主要由辅助工作的数字寄存器、模拟电子开关、解码网络及基准电压源和求和电路构成，其结构框图如图 8.2 所示。数字寄存器用于存放 n 位二进制数，寄存器输出的每位数值分别控制 n 位模拟电子开关的对应位，使二进制值为 1 的位在解码网络中获得与其权值对应的模拟量送至求和电路，求和电路将各位权值对应的模拟量相加，便可得到与 n 位数字量对应的模拟量。

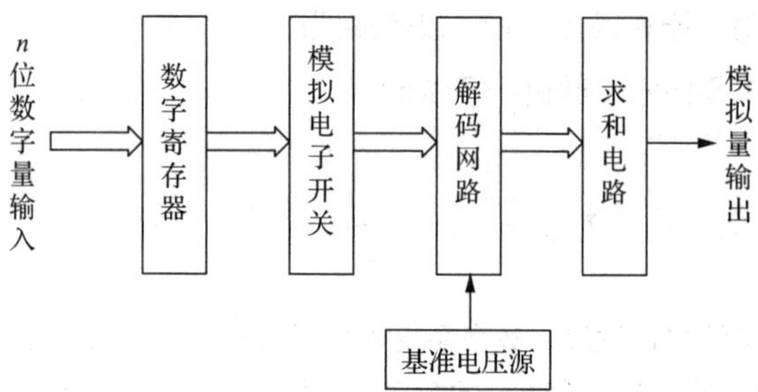

图8.2 DAC结构框图

解码网络的灵活性比较大，各种 DAC 的区别主要体现在解码网络上。通常以解码网络结构的名称来命名 DAC，如权电阻网络 DAC、T 形电阻网络 DAC、倒 T 形电阻网络 DAC、权电流网络 DAC 等。

根据电子开关的不同，DAC 可分成 CMOS 电子开关 DAC 和双极型电子开关 DAC。通常，双极型电子开关比 CMOS 电子开关的开关速度快。

根据输出模拟信号的类型，DAC 可分为电流型和电压型两种。电压输出型 DAC 可以直接将输入的二进制数转换成输出电压。电流输出型 DAC 输出的是电流，需要在输出端外加运算放大器，将模拟电流转换成模拟电压。

8.2.1 典型 DAC

1. 权电阻网络 DAC

4 位权电阻网络 DAC 的电路原理图如图 8.3 所示，它主要由权电阻网络、4 个模拟开关 $S_3 \sim S_0$、基准电压 V_{REF} 与求和运算电路构成。

权电阻网络中，每个电阻的阻值与 4 位二进制数的位权值成反比，最高位 MSB（Most

Significant Bit）电阻最小，为 2^0R；最低位 LSB（Least Significant Bit）电阻最大，为 2^3R。模拟电子开关 S_3 ～ S_0 由各位输入数字量控制：当 d_i=0 时，模拟开关 S_i 接地；当 d_i=1 时，模拟开关 S_i 接到 1 端，对应电阻接到 V_{REF} 上。求和运算电路是一个反相求和的运算放大器，其反相输入端为虚地点。

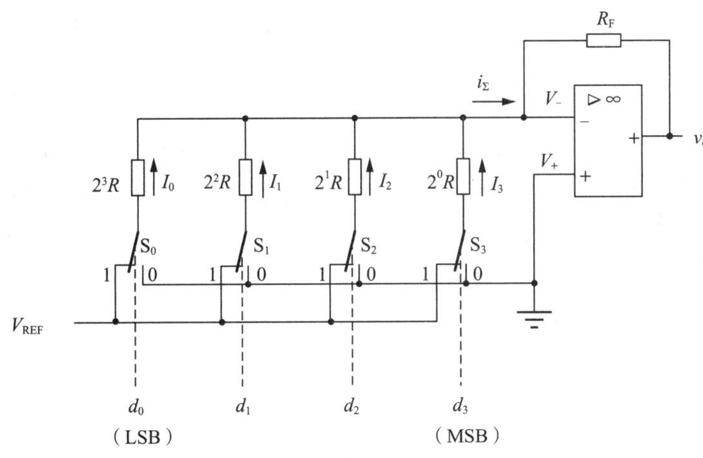

图8.3　4位权电阻网络DAC

如果至少有一个电子开关接 1 端时，流入运算电路的总电流

$$\begin{aligned} i_\Sigma &= I_3 + I_2 + I_1 + I_0 \\ &= \frac{V_{REF}}{2^0 R} d_3 + \frac{V_{REF}}{2^1 R} d_2 + \frac{V_{REF}}{2^2 R} d_1 + \frac{V_{REF}}{2^3 R} d_0 \\ &= \frac{V_{REF}}{2^3 R}(2^3 d_3 + 2^2 d_2 + 2^1 d_1 + 2^0 d_0) \end{aligned} \tag{8.2}$$

电路的输出电压

$$v_o = -R_F \cdot i_\Sigma = -R_F \cdot \frac{V_{REF}}{2^3 R}(2^3 d_3 + 2^2 d_2 + 2^1 d_1 + 2^0 d_0) \tag{8.3}$$

类似地，对于 n 位的权电阻网络 DAC，有

$$v_o = -R_F \cdot \frac{V_{REF}}{2^{n-1} R}(2^{n-1} d_{n-1} + 2^{n-2} d_{n-2} + \cdots + 2^1 d_1 + 2^0 d_0) \tag{8.4}$$

可以看出，输出的模拟电压 v_o 的绝对值正比于输入的二进制值，从而实现了数字量到模拟电压的转换。

权电阻网络 DAC 的优点是电路简单，使用的电阻元件较少，转换速度也比较快。其缺点是各个电阻的阻值相差较大，随着输入数字量位数的增多，电阻的差值随之增加。实际应用中，难以在较大的阻值范围内保证每个电阻的精度，这样就影响了 DAC 电路的转换精度，同时也不利于电路的集成化。

例 8.1　在图 8.3 所示的 4 位权电阻网络 DAC 中，假设基准电压 V_{REF}=−8V，R_F=R/2，求输出电压的范围，以及当输入数字量为 1001 时输出电压的值。

解：由式（8.3）可知，当输入数字量 D=0000 时，输出电压为最小值 v_{min}=0V；当输入数字量 D=1111 时，将 V_{REF}=−8V，R_F=R/2 代入，可求出输出电压

$$v_{max} = -\frac{R}{2} \cdot \frac{-8}{2^3 R}(2^3 \cdot 1 + 2^2 \cdot 1 + 2^1 \cdot 1 + 2^0 \cdot 1) = 7.5(\text{V})$$

所以电路输出电压的范围为 0 ～ 7.5V。

当数字输入数字量 D=1001 时，输出电压

$$v_o = -\frac{R}{2} \cdot \frac{-8}{2^3 R}(2^3 \cdot 1 + 2^2 \cdot 0 + 2^1 \cdot 0 + 2^0 \cdot 1) = 4.5(\text{V})$$

2. 倒 T 形电阻网络 DAC

倒 T 形电阻网络 DAC 是目前较为常用的一种 DAC，其设计思想为减少权电阻网络 DAC 中电阻值的差异。图 8.4 所示为 4 位倒 T 形电阻网络 DAC，它主要由呈倒 T 形的 R−2R 电阻解码网络、模拟开关 S_3 ～ S_0、基准电压及由运算放大器构成的求和电路组成。模拟开关 S_i 由输入数字量 d_i 控制：当 d_i=1 时，S_i 接运算放大器反相端，电流 I_i 流入求和电路；当 d_i=0 时，则 S_i 接地，电流流入地。因此，不论输入数字量 d_i 为何值，即不论电子开关 S_i 掷向哪一边，对于 R−2R 电阻网络来说，与 S_i 相连的 2R 电阻均将接“地”（地或虚地）。所以流经 2R 支路的电流大小不变，与 S_i 的位置无关。

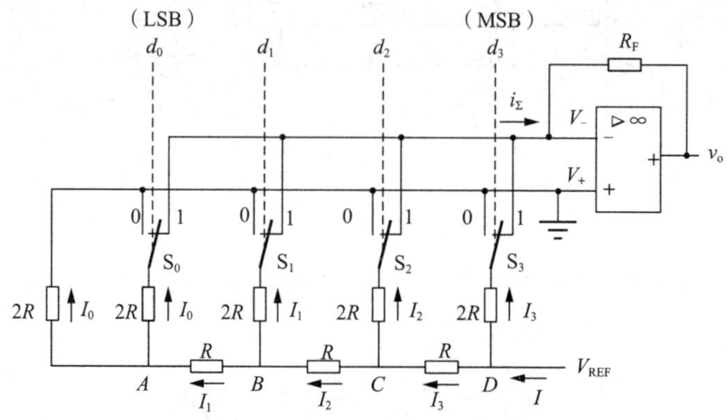

图8.4　4 位倒 T 形电阻网络 DAC

R−2R 倒 T 形电阻网络的等效电路如图 8.5 所示。可以看出，从 A、B、C、D 各个节点向左看的对地等效电阻均为 R，因此由 V_{REF} 流出的总电流 I 是固定不变的，其值 $I=V_{\text{REF}}/R$，并且每经过一个节点，电流就被分流一半。因此，由 V_{REF} 流出的总电流为 I，从右到左流过 4 个 2R 电阻的电流分别是 $I_3=I/2$、$I_2=I/4$、$I_1=I/8$、$I_0=I/16$。I_3 ～ I_0 是流入地还是流向运算放大器的求和端 Σ 是由输入数字量 d_i 所控制的电子开关 S_i 的状态决定的。因此，流向运算放大器的总电流

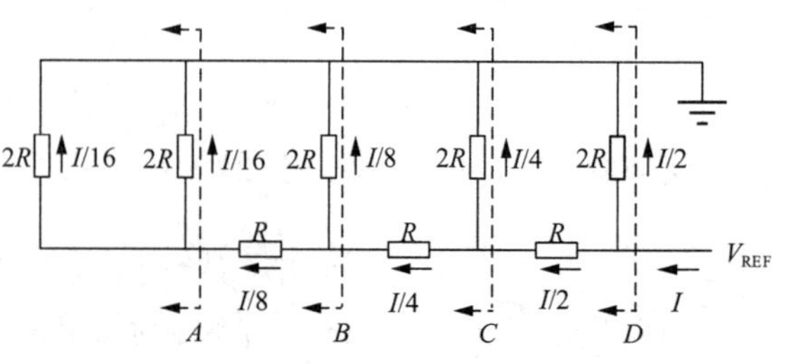

图8.5　R−2R 倒 T 形电阻网络等效电路

$$\begin{aligned} i_\Sigma &= \frac{I}{2}d_3 + \frac{I}{4}d_2 + \frac{I}{8}d_1 + \frac{I}{16}d_0 \\ &= \frac{I}{2^4}(2^3 d_3 + 2^2 d_2 + 2^1 d_1 + 2^0 d_0) \\ &= \frac{V_{\text{REF}}}{2^4 R}(2^3 d_3 + 2^2 d_2 + 2^1 d_1 + 2^0 d_0) \end{aligned} \tag{8.5}$$

电路的输出电压

$$v_o = -R_F \cdot i_\Sigma = -R_F \cdot \frac{V_{\text{REF}}}{2^4 R}(2^3 d_3 + 2^2 d_2 + 2^1 d_1 + 2^0 d_0) \tag{8.6}$$

类似地，对于 n 位的权电阻网络 DAC，有

$$v_o = -R_F \cdot \frac{V_{REF}}{2^n R}(2^{n-1}d_{n-1} + 2^{n-2}d_{n-2} + \cdots + 2^1 d_1 + 2^0 d_0) \quad (8.7)$$

可以看出，输出的模拟电压 v_o 的绝对值与输入的数字量成正比。

由于 R–$2R$ 倒 T 形电阻网络 DAC 在模拟电子开关 S_i 状态改变时，与 S_i 相连的 $2R$ 电阻总是接地或接虚地，即 $2R$ 电阻两端的电压及流过它的电流都不随开关掷向的变化而改变，故不存在对网络中寄生电容的充、放电现象，而且流过各 $2R$ 电阻的电流都是直接流入运算放大器输入端，因此工作速度快。因而，此类 DAC 的应用较广泛。

例 8.2 在图 8.4 所示的 4 位倒 T 形电阻网络 DAC 中，假设基准电压 V_{REF}=−8V，R_F=R，试求输出电压的范围及当输入数字量为 1010 时输出电压的值。

解： 根据式（8.7）可知，当输入数字量 D=0000 时，输出电压为最小值 V_{min}=0V；当输入数字量 D=1111 时，将 V_{REF}=−8V，R_F=R 代入，可求出输出电压

$$v_{max} = -R \cdot \frac{-8}{2^4 R}(2^3 \cdot 1 + 2^2 \cdot 1 + 2^1 \cdot 1 + 2^0 \cdot 1) = 7.5(\text{V})$$

所以电路输出电压的范围为 0 ～ 7.5V。

当数字输入数字量 D=1010 时，输出电压

$$v_o = -R \cdot \frac{-8}{2^4 R}(2^3 \cdot 1 + 2^2 \cdot 0 + 2^1 \cdot 1 + 2^0 \cdot 0) = 5(\text{V})$$

3. 权电流型 DAC

前面讨论的权电阻网络 DAC 和倒 T 形电阻网络 DAC 都属于电压型，都是利用电子开关将基准电压接入电阻网络中，计算时都把模拟开关当做理想开关。然而在实际工作时，这些开关都存在大小不等的导通电阻，会产生大小不一的导通压降，这样会不可避免地引起转换误差。为了提高转换精度，可以使用权电流型 DAC。

4 位权电流型 DAC 的结构如图 8.6 所示，它由权电流网络、模拟开关 S_3 ～ S_0、基准电压及求和电路组成。与倒 T 形电阻网络 DAC 相比，权电流型 DAC 是将各个支路的电阻换成了恒流源，每个恒流源电流的大小依次是前一个恒流源电流的 1/2。

如图 8.6 所示电路，当 d_i=0 时，模拟开关 S_i 对应的恒流源接地；当 d_i=1 时，模拟开关 S_i 接到 1 端，对应的恒流源流向运算放大器的反相输入端。由此，流向运算放大器的总电流

$$i_\Sigma = \frac{I}{2}d_3 + \frac{I}{4}d_2 + \frac{I}{8}d_1 + \frac{I}{16}d_0 \quad (8.8)$$

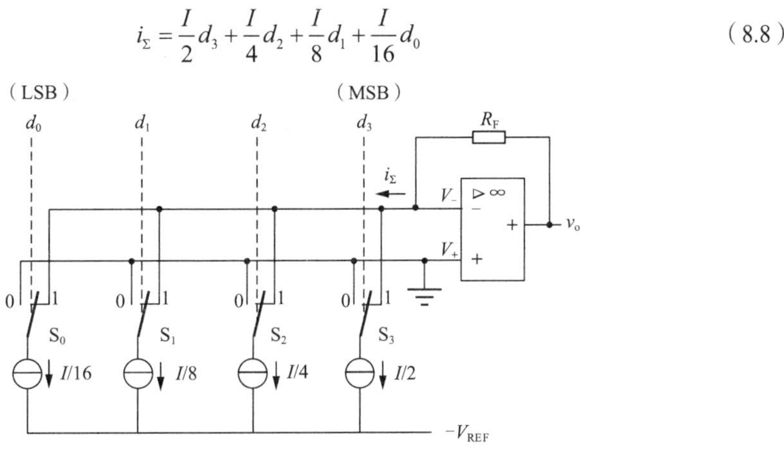

图8.6　4 位权电流型 DAC 的结构

电路的输出电压

$$v_o = R_F \cdot i_\Sigma = R_F\left(\frac{I}{2}d_3 + \frac{I}{4}d_2 + \frac{I}{8}d_1 + \frac{I}{16}d_0\right)$$
$$= R_F \cdot \frac{I}{2^4}(2^3 d_3 + 2^2 d_2 + 2^1 d_1 + 2^0 d_0) \quad (8.9)$$

可以看出，输出的模拟电压 v_o 与输入的数字量成正比。由于权电流型 DAC 使用了恒流源，流过每个支路的电流不会受到模拟开关导通电阻的影响，降低了对模拟开关电路的要求。

8.2.2 DAC 的主要技术参数

在数字系统中，DAC 的性能好坏直接影响到整个系统的性能。衡量 D/A 转换器性能的技术参数包括转换精度和转换速度两方面。

1. 转换精度

为了描述 DAC 的转换精度，需要了解 DAC 的转换特性。DAC 的转换特性就是指 DAC 输入的数字量和输出的模拟量之间的对应关系。理想的 DAC 应使输出模拟量与输入数字量成正比。假设输入的数字量 $D=d_{n-1}\cdots d_1 d_0$，输出模拟量 A 与输入之间的关系为

$$A = K \cdot D = K \cdot \sum_{i=0}^{n-1} 2^i \cdot d_i \quad (8.10)$$

其中，K 为转换的比例系数。

一个 4 位 DAC 的示意框图和转换特性曲线如图 8.7 所示。图 8.7（b）的转换特性曲线中，输出模拟量的最大值为 A_m，即当输入数字量为 1111 时输出的模拟量；而当输入数字量为 0001，即只有最低有效位（Least Significant Bit, LSB）为 1、其余各位为 0 时，电路输出最小模拟量为 $A_{LSB} = \frac{A_m}{15}$。类似地，n 位输入的 D/A 转换器所能转换输出的最小模拟量 $A_{LSB} = \frac{A_m}{2^n - 1}$。

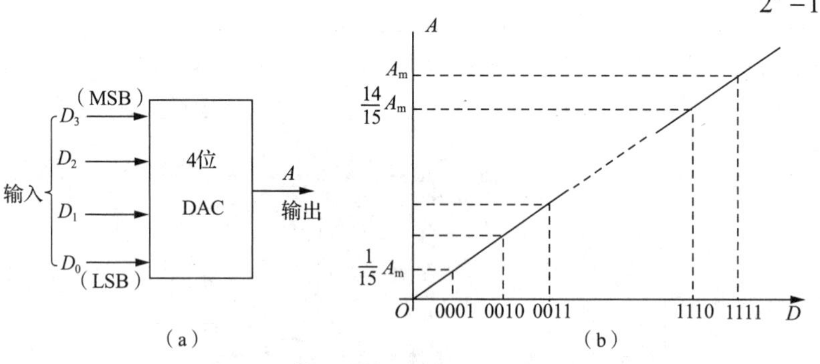

图8.7　4 位DAC的示意框图和转换特性曲线

DAC 的转换精度主要包括分辨率、非线性误差和绝对精度。

（1）分辨率

分辨率表示 DAC 转换器对输入微小量变化的敏感程度，通常用 DAC 最小输出模拟量与最大输出模拟量之比表示。一个 n 位 DAC 的分辨率为

$$\frac{A_{LSB}}{A_m} = \frac{A_m/(2^n-1)}{A_m} = \frac{1}{2^n-1} \quad (8.11)$$

由于分辨率只取决于数字量的位数，因此有时也用输入数字量的位数表示，如 8 位、10 位

等。显然，位数越多，越能反映出模拟量输出的细微变化，分辨率越高。

（2）转换误差

在实际应用中，由于参考电压 V_{REF} 的波动、运算放大器的零点漂移、模拟开关的导通电阻和导通压降，以及电阻网络中电阻值的偏差等因素影响，DAC 输出的模拟量会产生偏差。转换误差就是指 DAC 输出模拟量与理想值之间的最大偏差值，这是一个综合性的误差。

转换误差一般用最大偏差值与最大输出模拟量 A_m 之比的百分数或者最小输出模拟量 A_{LSB} 的倍数表示。例如，某 DAC 的转换误差是 $\pm A_{LSB}/2$，表示输出的模拟量与理想值之间的差值小于最小输出模拟量 A_{LSB} 的一半。

2. 转换速度

通常，用建立时间来定量描述 DAC 的转换速度。DAC 的建立时间是指输入数字量变化时，输出模拟量达到相应稳定值所需要的时间，即 DAC 输入的数字量从全 0 变为全 1 开始，到输出的模拟量与稳定值的差值在规定的误差范围（$\pm A_{LSB}/2$）内所需要的时间。建立时间是 DAC 的最大响应时间，可以用来衡量转换速度的快慢。

8.2.3 集成 DAC

随着集成电路技术的发展，DAC 在电路结构、性能等方面都在不断改进。从只能实现数字量到模拟电流转换的 DAC，发展到能与微处理器完全兼容、具有输入数据锁存功能的 DAC，进一步又出现了带有参考电压源和输出放大器的 DAC 等，从而极大地提高了 DAC 的综合性能。常用的 D/A 转换器有 8 位、10 位、12 位、16 位等种类，每种又有不同的型号。下面以集成 DAC0832 为例，介绍集成 DAC 的结构和功能。

集成 DAC0832 是一种采用电流输出、带双数据锁存器的 8 位倒 T 形电阻网络 DAC，转换时间为 1μs，功耗约为 20MW，采用 20 引脚双列直插式封装，该芯片与微处理器完全兼容。

1. 引脚功能

DAC0832 共有 20 条引脚，其引脚排列如图 8.8 所示。$D_7 \sim D_0$ 是 8 位数字量输入端，D_7 为最高位，D_0 为最低位；ILE 是输入寄存器允许控制信号端，高电平有效；$\overline{CS}$ 是片选控制端，低电平有效；$\overline{WR_1}$ 是输入寄存器写选通控制端，低电平有效；$\overline{WR_2}$ 是 DAC 寄存器写选通控制端，低电平有效；$\overline{XFER}$ 是数据传输控制端，低电平有效；I_{OUT1} 是电流输出 1 端，当 DAC 寄存器中的数据全为 1 时，I_{OUT1} 最大，而当 DAC 寄存器中的数据全为 0 时，$I_{OUT1}=0$；I_{OUT2} 是电流输出 2 端，它与 I_{OUT1} 的和为常数（满量程输出），I_{OUT1} 和 I_{OUT2} 可以分别与外接运算放大器的反相输入端和同相输入端相连接；R_{fb} 是反馈电阻引出端，因 R_{fb} 与 I_{OUT1} 间有内部反馈电阻，故运算放大器的输出端可直接接到 R_{fb} 端；V_R 是基准电压输入端，范围为 +10V ～ −10V；V_{CC} 为电源电压输入端，电压值范围为 +5V ～ +15V，最佳工作状态为 +15V；$AGND$ 是模拟信号接地端；$DGND$ 是数字信号接地端。

2. 电路结构

DAC0832 内部包括两个 8 位数据缓冲寄存器、1 个由 T 形电阻网络和电子开关构成的 8 位 DAC 及 3 个控制逻辑门。两个 8 位寄存器均带有使能控制端 EN。当 EN=1（高电平）时，寄存器输出随输入数据变化而变化；当 EN=0（低电平）时，输入数据被锁存到寄存器中，寄存器输出不再受输入数据变化的影响。DAC0832 的内部结构如图 8.9 所示。

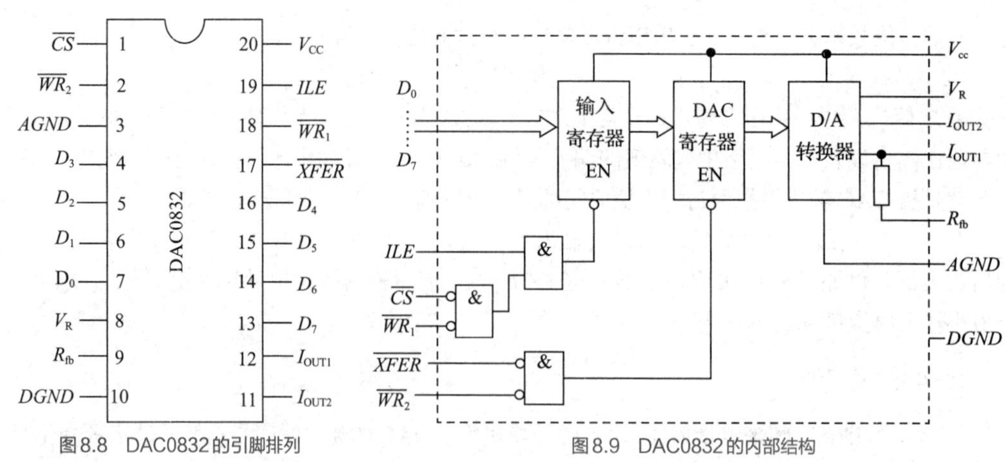

图8.8　DAC0832的引脚排列

图8.9　DAC0832的内部结构

DAC0832 的 5 个控制信号分成两组：第一组由 $\overline{CS}$ 、ILE 和 $\overline{WR_1}$ 组成，控制输入寄存器，实现输入数据的第一级缓冲；第二组由 $\overline{XFER}$ 和 $\overline{WR_2}$ 组成，控制 DAC 寄存器，实现数据的第二级缓冲。DAC 产生的模拟量输出由 DAC 寄存器输出的数字量决定。具体功能实现时对控制信号的要求如表 8.1 所示。

表 8.1　DAC0832 芯片对控制信号的要求

功能	控制条件					说明
	$\overline{CS}$	ILE	$\overline{WR_1}$	$\overline{XFER}$	$\overline{WR_2}$	
数据 $D_7 \sim D_0$ 锁存到输入寄存器	0	1	⊔			$\overline{WR_1}=0$ 接收数据；$\overline{WR_1}=1$ 锁定
数据由输入寄存器转存到 DAC 寄存器				0	⊔	$\overline{WR_2}=0$ 接收数据；$\overline{WR_2}=1$ 锁定
从输出端取模拟量						不受控制，随时可取

3. 电路工作方式

通过对控制信号输入端进行不同的连接，DAC0832 可在双缓冲、单缓冲和直通 3 种方式下工作。

（1）双缓冲方式。输入数字量进行两级缓冲。首先在 $\overline{CS}$ 、ILE 和 $\overline{WR_1}$ 控制下，将输入数据锁存到输入寄存器，然后在 $\overline{XFER}$ 和 $\overline{WR_2}$ 控制下将输入寄存器中的数据锁存到 DAC 寄存器。当数据从输入寄存器转存到 DAC 寄存器后，在 DAC 进行 D/A 转换的同时，输入寄存器可以接收新的数据而不影响模拟量输出。双缓冲工作模式多用于使用多片 DAC0832、要求多个模拟量同时输出的场合。

（2）单缓冲方式。输入数字量只进行一级缓冲。具体实现时可令两个寄存器中的一个处于受控状态，另一个处于直通状态。例如，将 $\overline{CS}$ 、*ILE* 和 $\overline{WR_1}$ 接相应控制信号，而将 $\overline{XFER}$ 和 $\overline{WR_2}$ 接地，这时输入寄存器在控制信号作用下实现对输入数据的锁存，而 DAC 寄存器处在直通状态，即输出随输入变化而变化。显然，此时输入寄存器的输出直接施加到了 DAC 的输入端。同样，也可令输入寄存器处在直通状态，而 DAC 寄存器处于受控状态，从而实现了对输入数据的一级缓冲。

（3）直通方式。输入数字量不进行缓冲，直接作用到 D/A 转换器上。此时可令两个寄存器均处于直通状态，即除 *ILE* 接高电平 1 外，其余 4 个控制信号均接低电平 0。

例 8.3 采用 DAC0832 作为波形发生器，产生图 8.10 所示的阶梯电压波形。

解：分析图 8.10 所示的电压波形，可以看出输出的模拟电压一共有 8 个阶梯，且每个阶梯会持续一段时间，因此，只要构造一个模 8 加 1 的计数器，计数器计数脉冲频率与阶梯变化频率一致，计数器的输出通过 DAC0832 转换成模拟电压量即可。

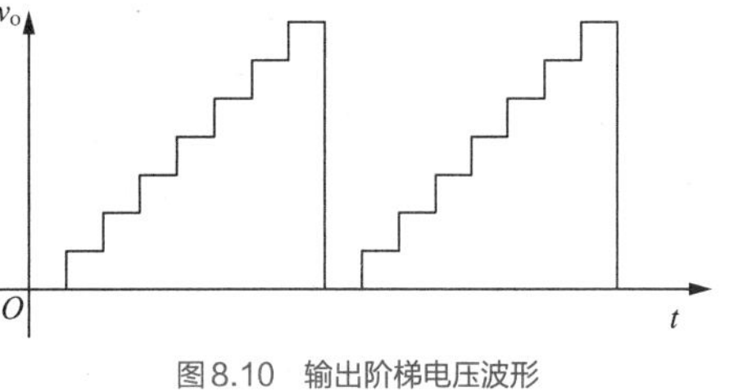

图 8.10 输出阶梯电压波形

这里只需要一片 DAC0832，因此可以选择使用单缓冲或者直通方式。假定采用直通方式，同时为了获得模拟电压输出，需要外接一个运算放大器。电路图如图 8.11 所示。

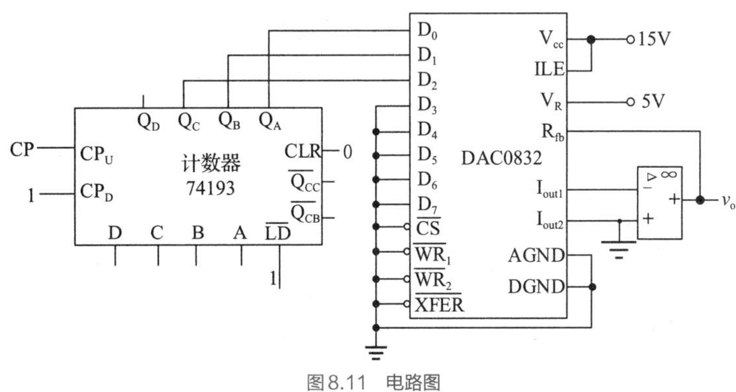

图 8.11 电路图

8.3 模/数转换器

A/D 转换是指将连续变化的模拟信号（电压或者电流）转换成与之成比例的数字量输出。能够实现 A/D 转换的电路就是模 / 数转换器。

模 / 数转换器的类型很多，根据工作原理的不同，模 / 数转换器可分为直接转换型 ADC 和间接转换型 ADC 两大类。直接转换型 ADC 可以直接将输入模拟量转换成数字量输出，其特点是转换速度快，广泛用于控制系统。典型的直接 ADC 有并行比较型 ADC 和逐次比较型 ADC。间接转换型 ADC 是先将输入的模拟转换成时间或频率等中间变量，然后把中间变量转换成数字量输出，其特点是转换速度较慢，但转换精度较高。典型的间接 ADC 有双积分型 ADC、电压 - 频率转换型 ADC 等。

8.3.1 模 / 数转换的基本原理

因为模拟信号在时间上是连续的，所以在将模拟信号转换成数字信号时，必须先在选定的一系列时间点上对输入的模拟信号进行采样，然后将这些采样值转换成数字量，并按照一定的编码形式输出转换结果。通常 A/D 转换的过程包括采样 - 保持和量化 - 编码两大步骤。

1. 采样 - 保持

采样是对模拟信号周期性地抽取样值的过程，实际上就是将随时间连续变化的模拟信号转换成在时间上断续、在幅度上等于采样期间模拟信号大小的一串脉冲。为了能够不失真地恢复原来的模拟信号，必须满足采样定理，即采样频率 f_s 应不小于输入模拟信号频谱中最高频率的 2 倍，即 $f_s \geqslant 2f_{max}$。

由于 A/D 转换需要时间，因此在两次采样之间需要将前一次采样值保存下来，使其在量化编码期间不发生变化，这就是保持。

典型的采样 - 保持电路一般由采样模拟开关、保持电容和运算放大器等几部分组成，如图 8.12（a）所示。其中，VT 为增强型 NMOS 管，受周期为 T_s 的采样脉冲 v_s 控制，构成模拟开关；C 为存储电容，用于存储样值信号；运算放大器输出电压 v_o，其波形如图 8.12（b）所示。

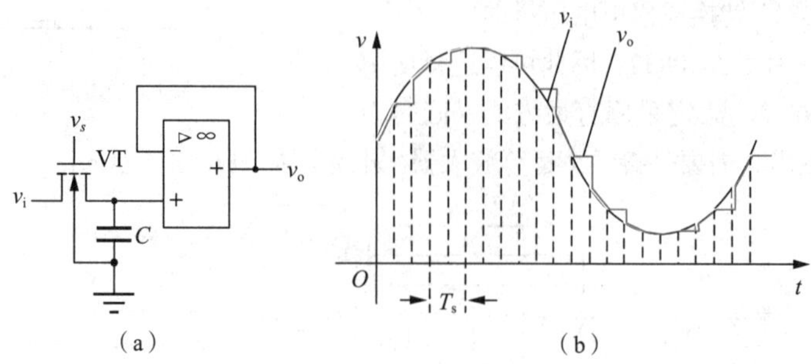

图8.12 采样 - 保持电路及其输出波形

2. 量化 - 编码

经采样 - 保持电路得到的信号值仍然是模拟量，而不是数字量。任何一个数字量都是以某个最小数字量单位的整数倍来表示的。用数字量表示采样 - 保持电路输出的模拟电压也是如此，即必须把这个电压转换为最小数值单位的整数倍，这个转换过程称为量化，所取的最小数量单位称为量化单位，其大小等于数字量的最低有效位所代表的模拟电压大小，记作 V_{LSB}。

由于模拟量不一定能够被 V_{LSB} 整除，在实际使用中常常采用只舍不入的方式或者四舍五入的方式，因此在量化过程中不可避免地出现误差，这个误差称为量化误差，用 ε 表示。量化误差是无法消除的，但是转换电路输出的数字量位数越多，量化单位越小，量化误差也越小。

把量化的结果用代码（如二进制数码、BCD 码等）表示出来，称为编码。A/D 转换过程中的量化和编码是由 ADC 实现的。

8.3.2 典型 ADC

1. 并行比较型 ADC

3 位并行比较型 ADC 的逻辑电路如图 8.13 所示，它由电阻分压器、电压比较器、寄存器及优先编码器组成。串联的电阻分压器将参考电压 V_{REF} 分压，获得 $V_{REF}/15$ ～ $13V_{REF}/15$ 的 7 个量化电平，量化单位为 $2V_{REF}/15$；7 个量化电平分别与电压比较器 A_1 ～ A_7 的反向输入端相连，为比较器提供基准电压。输入模拟电压 v_i 与比较器的正向输入端相连，决定比较器的输出。7 个 D 触发器组成的 7 位数据寄存器在时钟脉冲 CP 的作用下保存比较器的输出，然后通过 8 线 -3 线的优先编码器输出数字量。

不同的输入电压 v_i 与输出数字量的对应关系如表 8.2 所示。当 v_i 在 $(0$ ～ $1/15)V_{REF}$ 区间时，比较器 A_1 ～ A_7 的输出均为低电平 0，在时钟脉冲作用下，7 位数据寄存器 Q 端输出均为低电平 0，优先编码器对 $\overline{I}_7=Q_7=0$ 进行编码，输出 $D_2D_1D_0$=000；当 v_i 在 $(1/15$ ～ $3/15)V_{REF}$ 区间时，比较器 A_7 的输出为高电平 1，其余输出均为低电平 0，在时钟脉冲作用下，7 位数据寄存器输出 1000000，此时优先编码器对 $\overline{I}_6=Q_6=0$ 进行编码，输出 $D_2D_1D_0$=001，依次类推。

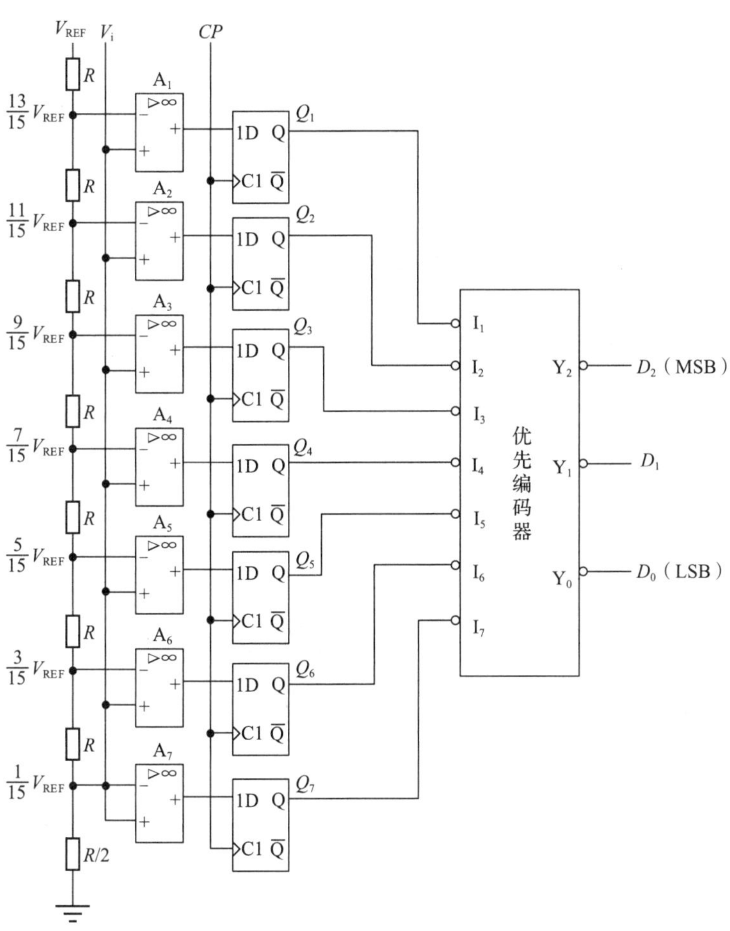

图8.13　3位并行比较型ADC的逻辑电路

表 8.2　3 位并行比较型 ADC 的真值表

模拟输入电压	比较器输出状态							二进制编码		
v_i	Q_1	Q_2	Q_3	Q_4	Q_5	Q_6	Q_7	D_2	D_1	D_0
$(0\sim1/15)V_{REF}$	0	0	0	0	0	0	0	0	0	0
$(1/15\sim3/15)V_{REF}$	0	0	0	0	0	0	1	0	0	1
$(3/15\sim5/15)V_{REF}$	0	0	0	0	0	1	1	0	1	0
$(5/15\sim7/15)V_{REF}$	0	0	0	0	1	1	1	0	1	1
$(7/15\sim9/15)V_{REF}$	0	0	0	1	1	1	1	1	0	0
$(9/15\sim11/15)V_{REF}$	0	0	1	1	1	1	1	1	0	1
$(11/15\sim13/15)V_{REF}$	0	1	1	1	1	1	1	1	1	0
$(13/15\sim1)V_{REF}$	1	1	1	1	1	1	1	1	1	1

并行比较型ADC最大的优点是转换速度快，其转换时间只受电路传输延迟时间的限制，能达到低于20ns；缺点是随着输出二进制位数的增加，器件数量按几何数增加。一个n位的转换器需要2^n-1个比较器，例如，$n=8$时，需要$2^8-1=255$个比较器。因此，制造高分辨率的集成并行ADC受到一定的限制。显然，并行比较型ADC适用于要求转换速度快但分辨率较低的场合。

例 8.4　在图8.13所示的3位并行比较型ADC中，假设基准电压V_{REF}=15V，电阻

R=1kΩ，试求当输入的模拟电压为 10V 时，输出的数字量是多少？

解：由于基准电压 V_{REF}=15V，当输入的模拟电压为 v_i=10V=10V_{REF}/15，据 3 位并行比较型 ADC 的真值表，v_i 在 9V_{REF}/15 ～ 11V_{REF}/15，可知此时 ADC 输出的数字量为 101。

2. 逐次渐进型 ADC

逐次渐进型 ADC 是通过逐个产生比较电压，依次与输入电压进行比较，以逐渐逼近的方式进行 A/D 转换的。逐次渐进型 ADC 进行 A/D 转换的过程与用天平秤称重物的过程十分类似，输入的模拟量 v_i 类似重物，给定的数字量转换的模拟电压 v_R 类似于砝码，利用电压比较器作为天平秤，通过不断调整砝码使得 v_i 和 v_R 达到平衡，最后 v_R 对应的数字量就是需要输出的数字量。

3 位逐次渐进型 ADC 的逻辑电路如图 8.14 所示，它由电压比较器 A_1、3 位 DAC、环形移位寄存器 FF_1 ～ FF_5、输出数据寄存器 FF_6 ～ FF_8 及逻辑控制电路 G_1 ～ G_9 构成。逐次渐进型 ADC 的工作过程如下。

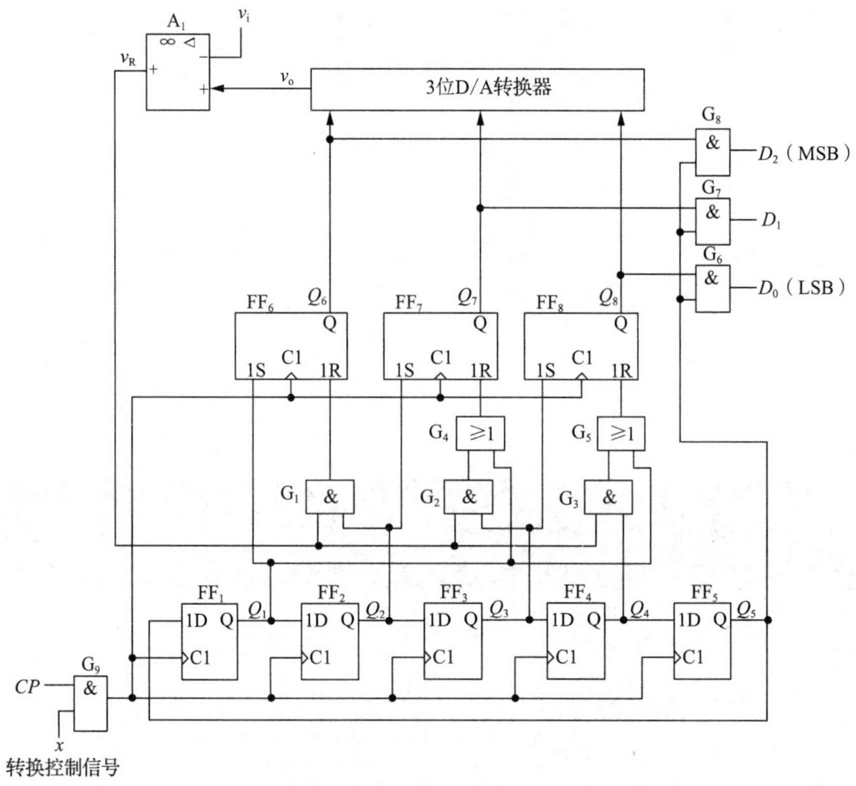

图8.14　3位逐次渐进型ADC的逻辑电路

（1）在转换开始前，输出数据寄存器 FF_6 ～ FF_8 清零，输出 $Q_6Q_7Q_8$=000；同时环形移位寄存器 FF_1 ～ FF_5 的输出 $Q_1Q_2Q_3Q_4Q_5$=10000，此时 Q_5=0 使输出 $D_2D_1D_0$=000；当转换控制信号 x 置为高电平时，输入脉冲 CP 开始作用。

（2）第 1 个脉冲 CP 作用后，Q_1=1 使 FF_6 的输出 Q_6=1，FF_7 和 FF_8 输出仍然是 0。3 位 DAC 对 100 进行转换，输出模拟电压 v_o 送到电压比较器 A_1 与输入的模拟量 v_i 进行比较，如果 v_o>v_i，比较器输出 v_R=1；如果 v_o<v_i，则输出 v_R=0。然后移位寄存器执行右移操作，输出 $Q_1Q_2Q_3Q_4Q_5$=01000。此时由于 Q_5=0，输出 $D_2D_1D_0$ 仍然是 000。

（3）第 2 个脉冲作用后，Q_2=1 使 FF_7 的输出 Q_7=1，FF_8 输出 Q_8 仍然是 0，FF_6 的输出受到比较器输出的 v_R 影响，如果 v_R=1，说明 v_o 过大，FF_6 的输出 Q_6=0；如果 v_R=0，说明 v_o 不够大，FF_6 的输出 Q_6=1。3 位 DAC 对 $Q_6Q_7Q_8$ 进行转换，输出模拟电压 v_o 送到电压比较器 A_1 与输入的模拟量 v_i 进行比较。移位寄存器继续执行右移操作，输出 $Q_1Q_2Q_3Q_4Q_5$=00100。此时由于 Q_5=0，输出 $D_2D_1D_0$ 仍然是 000。

（4）第 3 个脉冲作用后，Q_3=1 使 FF_8 的输出 Q_8=1，FF_6 输出 Q_6 保持不变，FF_7 的输出由比较器输出的 v_R 决定。如果 v_R=1，则 Q_7=0；如果 v_R=0，则 Q_7=1。同时，移位寄存器继续执行右移操作，输出 $Q_1Q_2Q_3Q_4Q_5$=00010。此时由于 Q_5=0，输出 $D_2D_1D_0$ 仍然是 000。

（5）第 4 个脉冲作用后，比较器输出的 v_R 决定 FF_8 的输出为 1 还是为 0，FF_6 和 FF_7 保持不变，此时 $Q_6Q_7Q_8$ 就是需要的转换结果。移位寄存器继续执行右移操作，输出 $Q_1Q_2Q_3Q_4Q_5$=00001。此时由于 Q_5=1，$Q_6Q_7Q_8$ 通过与门 G_6 ～ G_8 输出。

（6）第 5 个脉冲作用后，移位寄存器继续执行右移操作，输出 $Q_1Q_2Q_3Q_4Q_5$=10000，电路回到初始状态，Q_5=0 使与门 G_6 ～ G_8 的输出 $D_2D_1D_0$ 变为 000。

由此可以看出，3 位逐次渐进型 ADC 需要 5 个时钟脉冲周期才能够完成一次 A/D 转换。类似地，n 位的 ADC 需要 n+2 个时钟脉冲周期完成一次转换。与并行比较型 ADC 相比，逐次渐进型 ADC 的速度略慢，但在输出位数较大时，逐次渐进型 ADC 的电路规模要小得多，因此逐次渐进型 ADC 是目前集成 ADC 产品中使用最广泛的一种类型。

3. 双积分型 ADC

双积分型 ADC 是利用积分电路对输入模拟电压和参考电压进行积分，将模拟电压转换成一个与之成正比的时间宽度信号，然后在这个时间宽度里对固定频率的时钟脉冲进行计数，其结果就是正比于输入模拟信号的数字量输出。

双积分型 ADC 的电路结构如图 8.15 所示，它由电阻 R、电容 C 和运算放大器 A_1 构成的积分器、过零比较器 A_2、时钟控制门 G、n 位二进制计数器和定时器等部分组成。双积分型 ADC 电路的工作过程如下。

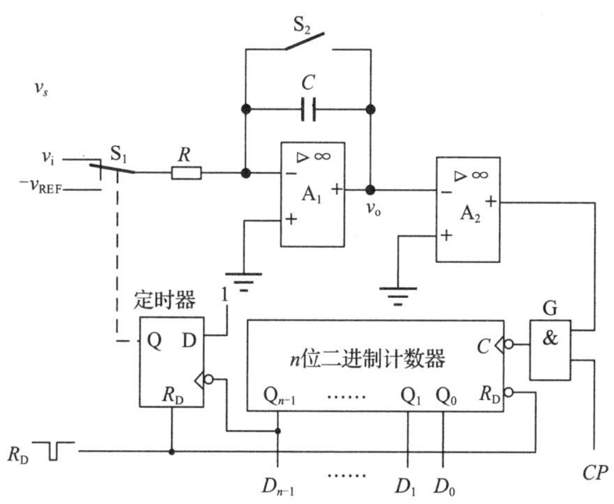

图8.15 双积分型ADC的电路结构

（1）在转换前，控制信号 R_D 输入一个负脉冲使计数器和定时器清零，开关 S_2 闭合，使电容 C 充分放电。

（2）当 R_D=1 时开始转换。开关 S_1 合在输入信号 v_i 一侧，积分电路对 v_i 进行积分，有

$$v_o = \frac{1}{C}\int_0^t -\frac{v_i}{R}\mathrm{d}t = -\frac{v_i}{RC}t \tag{8.12}$$

由此可知，当 v_i>0 时，v_o 是时间 t 的线性函数，且向负方向变化。当 v_o<0 时，过零比较器 A_2 输出 1，n 位二进制计数器在 CP 作用下开始计数。t_1 时刻，时钟信号 CP 计数 2^n 次，计数器归零，Q_{n-1} 的下降沿使定时器触发，开关 S_1 合在参考电压 $-v_{REF}$ 一侧，电路开始第二次积分。

（3）第二次积分开始时的初始电压为 $-\frac{v_i}{RC}t_1$，积分电路对 $-v_{REF}$ 进行积分，有

$$v_o = \frac{1}{RC}\int_{t_1}^t v_{REF}\mathrm{d}t - \frac{v_i}{RC}t_1 \tag{8.13}$$

此时，v_o 逐渐增大，当 v_o 在 T_2 时间后增大到 0 时，过零比较器 A_2 输出 0，与门 G 被锁，计数器停止计数，有

$$v_o = \frac{v_{REF}}{RC}T_2 - \frac{v_i}{RC}T_1 = 0 \tag{8.14}$$

解得

$$T_2 = \frac{v_i}{v_{REF}}T_1 \tag{8.15}$$

由此可见，v_o 增大到 0 所需要的时间 T_2 与输入电压 v_i 成正比。由于时钟信号 CP 的频率保持不变，计数器在 T_2 时间内的计数值也一定与输入电压 v_i 成正比。因此在第二次积分结束后，将计数器的计数值输出就可以得到输出数字量。

双积分型 ADC 的工作波形如图 8.16 所示。可以看出，两个输入模拟电压 v_{i1} 和 v_{i2}，它们第二次积分的时间长度与输入模拟电压大小成正比，输出的计数值 N 与输入模拟电压大小也是成正比的。

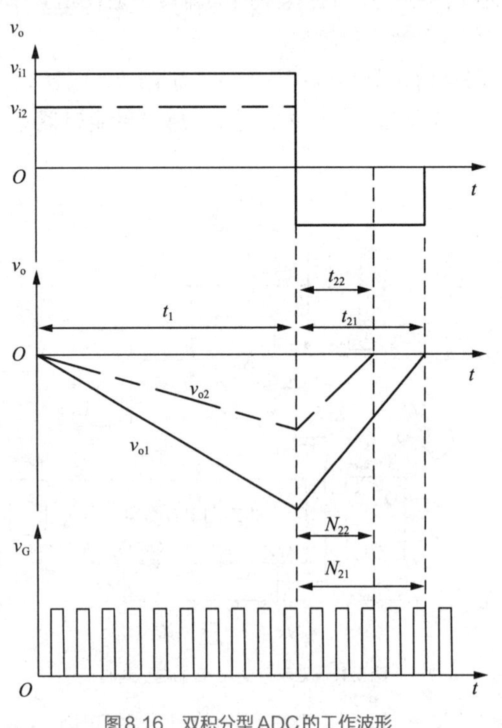

图8.16　双积分型ADC的工作波形

双积分型 A/D 转换器的优点是精度高、抗干扰能力强。只要在一次转换过程中，两次积分的时间常数 RC 没有发生变化，转换结果就与时间常数无关，电路 RC 值的变化和偏差都不会

影响转换精度。同时，输入端使用了积分器，电路抗干扰能力强。双积分型 A/D 转换器的主要缺点是速度较慢，完成一次转换包括转换前的准备时间、两次积分时间以及转换后的输出时间，转换速度一般在每秒几十次以内。因此，双积分型 A/D 转换器在对速度要求不高的数字化仪表中得到广泛使用。

8.3.3 ADC 的主要技术参数

与 DAC 类似，衡量 ADC 性能的技术参数包括转换精度和转换时间两个方面。

1. 转换精度

ADC 的转换精度主要由分辨率和转换误差决定。

分辨率是指输出数字量变化一个最小单位（最低位的变化），对应输入模拟量需要变化的量，它说明了 ADC 对输入信号的分辨能力，输出位数越多，分辨率越高。ADC 的分辨率通常用输出二进制数的位数表示。n 位二进制数输出的 ADC 能够区分模拟电压的 2^n 个不同等级大小。例如，8 位 ADC 的输入满量程电压为 +5V，它能够区分输入电压的最小差异为 $5V/2^n$=19.53mV。

转换误差通常以相对误差的形式给出，它表示 ADC 实际输出的数字量和理想输出数字量之间的偏差，并用最低有效位的倍数给出。例如，相对误差不大于 $LSB/2$ 表示实际输出的数字量和理论上应输出的数字量之间的误差不大于最低位 1 的一半。

注意，ADC 的转换误差是环境温度、电源电压等在满足特定条件下给出的，当外部条件发生变化时，转换误差也随之发生改变。

2. 转换时间

转换时间是指 ADC 从接到转换命令起到输出稳定的数字量为止所需要的时间，即一次 A/D 转换所需要的时间。它反映了 ADC 的转换速度。

ADC 的转换速度主要取决于转换电路的类型。并行比较型 ADC 的转换速度最快，8 位二进制输出的单片集成 ADC 的转换时间可以缩短到 50ns 以内。逐次渐进型 ADC 次之，多数产品的转换时间都在 10μs ～ 100μs，个别速度较快的 8 位 ADC 的转换时间可以不超过 1μs。双积分型 ADC 的转换速度最慢，大部分在数十毫秒至数百毫秒之间。

8.3.4 集成 ADC

常用的集成 ADC 有 8 位、10 位、12 位、16 位等，每种又可分为不同的型号。下面以 ADC0809 为例，来介绍集成 A/D 转换器的内部结构与外部特性。

ADC0809 是采用 CMOS 工艺制成的逐次渐进型 A/D 转换器，采用 28 引脚双列直插式封装。其分辨率为 8 位，转换时间为 100μs，相对精度为 ±1LSB，采用单电源供电，电源电压为 +5V，功耗为 15mW。该芯片的内部框图和引脚排列如图 8.17 所示。

ADC0809 共有 28 个引脚。IN_0 ～ IN_7 是 8 路模拟电压的输入端。A、B、C 是模拟输入通道的地址选择线，当 CBA=000 时，选中 IN_0；CBA=001 时，选中 IN_1，依次类推。ALE 为地址锁存允许信号输入端，高电平时有效，仅当该信号有效时，才能将地址信号锁存，经译码后选中一个通道。START 为启动转换脉冲输入端。该端所加信号的上升沿将所有内部寄存器清 0，下降沿则开始进行 A/D 转换。CLK 为时钟脉冲输入端。D_7 ～ D_0 是数据输出端，D_7 为高位。OE 为输出允许端，高电平有效，当该信号有效时，打开三态输出缓冲器，输出转换结果。V_{REF}（+）和 V_{REF}（-）分别为参考电压正端和负端。

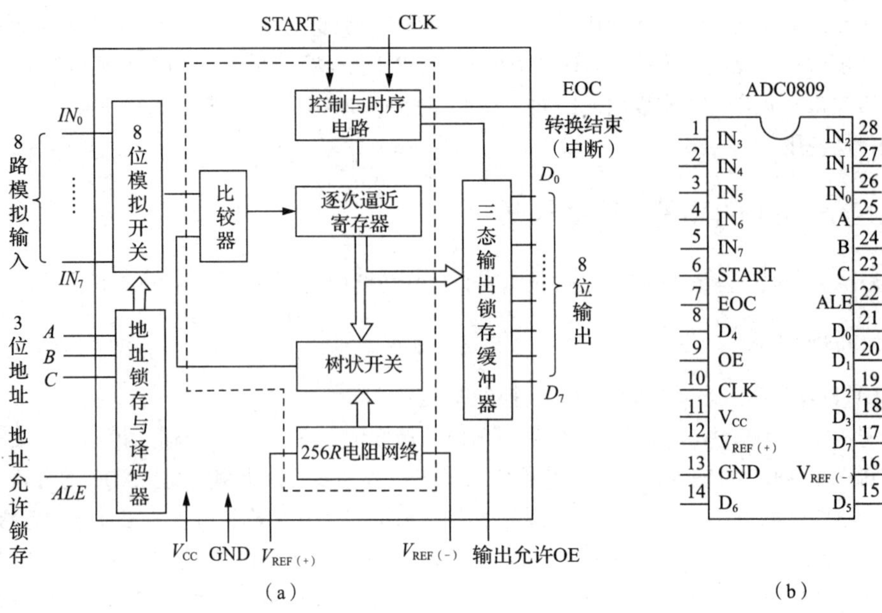

图8.17　ADC0809的内部结构框图和引脚排列

ADC0809内部由8位模拟开关、地址锁存与译码器、比较器、控制与时序电路、逐次逼近寄存器、树状开关、256*R*电阻网络、三态输出锁存缓冲器等组成。虚线框中为芯片核心部分。各部分功能大致如下。

地址锁存与译码器控制8位模拟开关，实现对8路模拟信号的选择。8个模拟输入端可接收8路模拟信号，但某一时刻只能选择其中的一路进行转换。树状开关与256*R*电阻网络一起构成D/A转换电路，产生与逐次逼近寄存器中二进制数字量对应的反馈模拟电压，送至比较器与输入模拟电压进行比较。比较器的输出结果和控制与时序电路的输出一起控制逐次逼近寄存器中的数据从高位至低位变化，依次确定各位的值，直至最低位被确定为止。在转换完成后，转换结果送到三态输出锁存缓冲器。当输出允许信号*OE*有效时，选通输出缓冲器，输出转换结果。

在ADC0809的典型应用中，它可以直接与微处理器相连接。

习题8

8.1　在图8.18所示的权电阻网络DAC中，如果基准电压V_{REF}=−5V，R_F=*R*/2，试求输出电压的范围及当输入数字量为10010时输出电压的值。

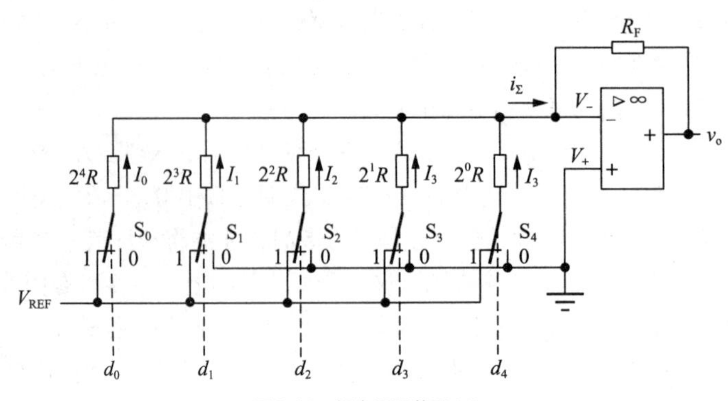

图8.18　权电阻网络DAC

8.2 在图 8.19 所示的倒 T 形电阻网络 DAC 中，假设基准电压 V_{REF}=−8V，R_F=R/2，试求输出电压的范围及当输入数字量为 10100 时输出电压的值。

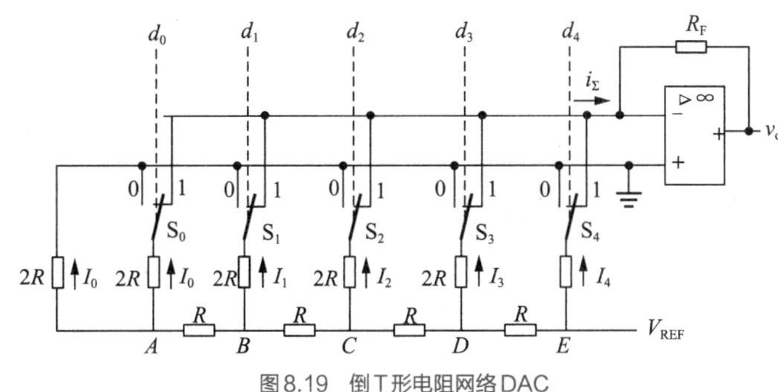

图8.19 倒T形电阻网络DAC

8.3 试分别说明 8 位 DAC 和 10 位 DAC 的分辨率各是多少。

8.4 已知某个 DAC 的最小输出电压 V_{LSB}=5mV，最大输出电压为 5V，试说明该 DAC 的输入位数。

8.5 试说明有哪些因素会影响 DAC 的转换精度。

8.6 在 4 位并行比较型 ADC 中，假设基准电压 V_{REF}=15V，电阻 R=1kΩ，试求当输入的模拟电压为 1.5V 时，输出的数字量是多少？如果输出的 4 位数字量为 1001，此时的输入电压范围是多少？

8.7 根据逐次渐进型 ADC 的工作原理，一个输入时钟脉冲为 1Hz 的 8 位逐次渐进型 ADC 完成一次转换需要多少时间？

8.8 已知某双积分型 ADC，试回答以下问题。

（1）如果输入电压最大值 v_{imax}=2V，要求分辨率不大于 0.1mV，则二进制计数器的总容量应大于多少？位数 n 应为多少？

（2）如果时钟脉冲频率 f_{CP}=200kHz，则采样－保持时间为多少？

（3）如果时钟脉冲频率 f_{CP}=200kHz，$|v_i| < |v_{REF}|$，$v_{REF} = 2$V，积分器输出电压 v_o 的最大值为 5V，试求积分电路的常数 RC 值是多少？

8.9 已知某 ADC 的分辨率为 10 位，输入电压的最大值为 +5V，试求其能够分辨的最小电压值。

第9章 可编程逻辑器件

目前，在数字系统设计中广泛使用的可编程逻辑器件属于大规模集成电路 LSI 中的半定制电路，它是构成数字系统的理想器件。PLD 具有性能优越、设计简单、功能变更灵活等特点，在不同应用领域中受到广泛重视。

本章介绍了几种常用的低密度可编程逻辑器件，重点讨论了目前广泛使用的高密度可编程器件现场可编程门阵列 FPGA 的工作原理及设计流程，并对 Vivado 开发环境及设计流程进行了简要说明。

9.1 PLD概述

9.1.1 PLD 的发展

PLD 是 20 世纪 70 年代开始发展起来的一种新型大规模集成电路。一片 PLD 所容纳的逻辑门可达数百、数千甚至更多，其逻辑功能可由用户编程指定，特别适用于构造小批量生产的系统，或者在系统开发研制过程中使用。

20 世纪 70 年代推出的 PLD 主要有可编程只读存储器（Programmable Read Only Memory, PROM）、可编程逻辑阵列（Programmable Logic Array, PLA）和可编程阵列逻辑（Programmable Array Logic, PAL）。初期推出的 PROM 由一个与阵列和一个或阵列组成，与阵列是固定的，或阵列是可编程的。中期出现了 PLA。PLA 同样由一个与阵列和一个或阵列组成，但其与阵列和或阵列都是可编程的。末期出现了 PAL。PAL 的与阵列是可编程的，或阵列是固定的，它有多种输出和反馈结构，因而给逻辑设计带来极大的灵活性。

20 世纪 80 年代，PLD 的发展十分迅速，先后出现了通用阵列逻辑（Generic Array Logic, GAL）、复杂可编程逻辑器件（Complex Programmable Logic Device, CPLD）和现场可编程门阵列（Field Programmable Gate Array, FPGA）等可编程器件。这些器件在集成规模、工作速度及设计的灵活性等方面都有显著提高。与此同时，相应的支持软件得到了迅速发展。

20 世纪 90 年代，出现了在系统编程（In-System Programmable, ISP）技术。在系统编程技术是指用户具有在自己设计的目标系统中或线路板上为重构逻辑而对逻辑器件进行编程和反复改写的能力。ISP 器件为用户提供了传统 PLD 技术无法达到的灵活性，带来了极大的时间效益和经济效益，使可编程逻辑技术产生了质的飞跃。

PLD 有多种结构形式和制造工艺，产品种类繁多，存在不同的分类方法。根据集成度，通常 PLD 可分为低密度可编程逻辑器件（LDPLD）和高密度可编程逻辑器件（HDPLD）两大类。

低密度可编程逻辑器件是指集成度小于 1000 门的可编程逻辑器件，其基本结构是由与阵列和或阵列组成的。例如，PROM、PLA、PAL 和 GAL 等都属于低密度可编程逻辑器件。

高密度可编程逻辑器件是指集成度达到 1000 门以上的可编程逻辑器件。例如，CPLD 和 FPGA 等都属于高密度可编程逻辑器件。目前流行的可编程逻辑器件有 FPGA、ISP 等，后面将重点介绍 FPGA。

9.1.2 PLD 的一般结构

任何一个组合逻辑电路都可以用与或逻辑表达式描述，而任何一个时序逻辑电路都可以用组合逻辑电路、触发器或加上必要的反馈信号来实现。因此，如果 PLD 包含了与阵列、或阵列、触发器和反馈机制，就可以实现任意逻辑电路功能。PLD 的一般结构如图 9.1 所示，它由输入电路、与阵列、或阵列和输出电路组成。

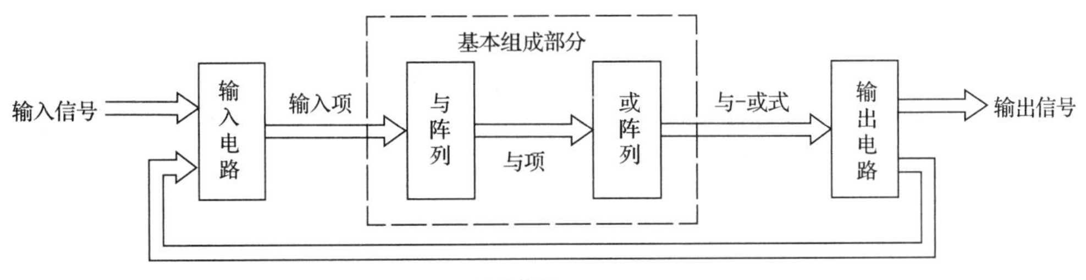

图9.1 PLD的一般结构

其中，输入电路起缓冲作用，并形成互补的输入信号送到与阵列；与阵列接收互补的输入信号，并将它们按一定规律连接到各个与门的输入端，产生所需的与项作为或阵列的输入；或阵列将接收的与项按照一定的要求连接到相应或门的输入端，产生输入变量的与或函数表达式；输出电路既有缓冲作用，又提供不同的输出结构，如输出寄存器、内部反馈、输出宏单元等。与阵列和或阵列是 PLD 的基本组成部分，各种 PLD 都是在与阵列和或阵列的基础上，附加适当的输入电路和输出电路构成的。

9.1.3 PLD 电路表示法

由于 PLD 的阵列规模大，用逻辑电路的一般表示法很难描述其内部结构。为了在芯片的内部配置和逻辑图之间建立一一对应关系，构成一种紧凑而易于识读的描述形式，我们对描述 PLD 基本结构的有关逻辑符号和规则进行了某些约定。

组成 PLD 的基本器件是与门和或门。图 9.2 给出了三输入与门的两种表示方法。传统表示法［见图 9.2（a）］中，与门的 3 个输入 A、B、C 在 PLD 表示法［见图 9.2（b）］中称为 3 个输入项，而输出 D 称为与项。同样地，或门也采用类似的方法标识。

图 9.3 所示为 PLD 的典型输入缓冲器及其真值表。它的两个输出 B、C 是其输入 A 的原和反，如图 9.3 中真值表所示，$B=A$，$C=\overline{A}$。

图 9.4（a）给出了 PLD 阵列交叉点上的 3 种连接方式。实心点“•”表示硬线连接，即固

定连接；“×” 表示可编程连接；没有 “•” 和 “×” 表示两线不连接。图 9.4（b）中所示的输出 $F=A\cdot C$。

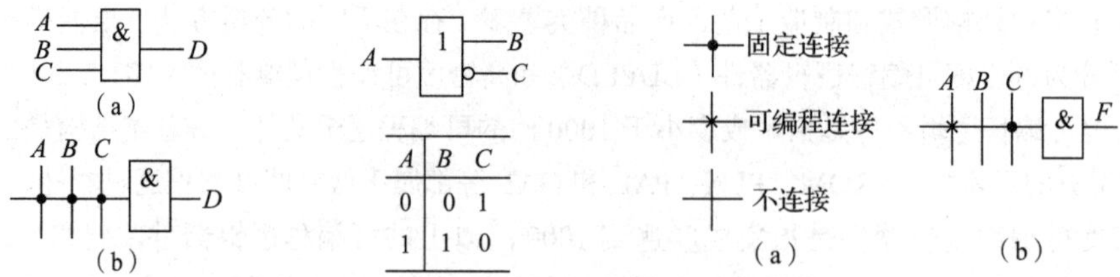

A	B	C
0	0	1
1	1	0

图9.2　与门表示法　　图9.3　PLD的典型输入缓冲器及其真值表　　图9.4　PLD连接方式的表示

图 9.5 列出了 PLD 不执行任何功能的连接表示法。在图 9.5 中，输出 D 的与门连接了所有输入，其输出方程为 $F=\bar{A}\cdot A\cdot\bar{B}\cdot B=0$。它表示当输入缓冲器的互补输出全部连接到同一与项时，该与项的输出总为逻辑 “0”，这种状态称为与门的默认状态。为了方便起见，用 “×” 标记的与门输出来表示所有输入缓冲器输出全部连接到某一与项的情况，如图 9.5 中的输出 E。相反，输出 F 则表示无任何输入项与其相连，因此，该与项总是处于 “浮动” 的逻辑 “1”。

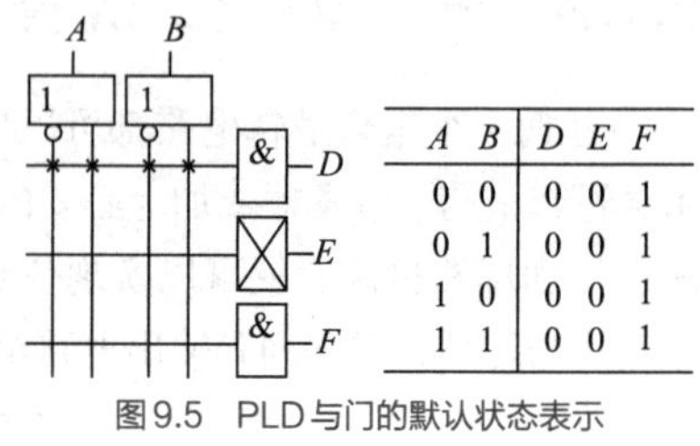

A	B	D	E	F
0	0	0	0	1
0	1	0	0	1
1	0	0	0	1
1	1	0	0	1

图9.5　PLD与门的默认状态表示

从逻辑器件的角度理解，PROM 由一个固定连接的与阵列和一个可编程连接的或阵列组成。用上述 PLD 器件的逻辑电路构成的一个 8×3（8 与门 ×3 或门）的 PROM 阵列图如图 9.6（a）所示。其中，上半部分的与阵列构成了一个三变量的全译码器，下半部分的或阵列是由 3 个或门组成的一个或门网络。8 个与门用来产生三变量的 8 个最小项，3 个或门用来将对应的最小项相或构成 3 个指定的逻辑函数。

为了方便起见，常将图 9.6（a）所示的逻辑结构图进一步简化为图 9.6（b）所示的形式，称为阵列逻辑图（简称阵列图）。画阵列图时，将 PROM 中的每个与门和或门都简化成一根线。在图 9.6（b）中，虚线上面 6 根水平线分别表示输入 A、B 和 C 的原和反。与阵列的 8 根垂直线代表 8 个与门，或阵列中标有 D_2、D_1、D_0 的 3 根水平线表示 3 个或门。

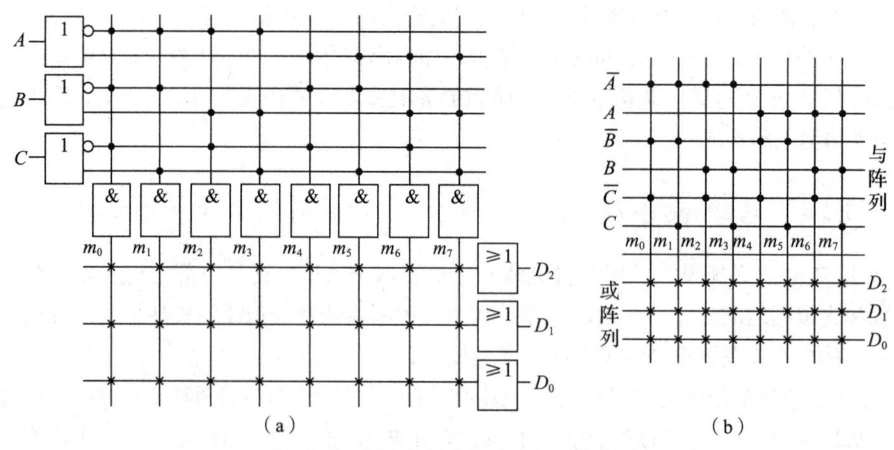

图9.6　8×3的PROM逻辑结构和阵列逻辑图

9.2　低密度可编程逻辑器件

根据 PLD 中与、或阵列的编程特点和输出结构的不同，低密度可编程器件分为可编程只读存储器、可编程逻辑阵列、可编程阵列逻辑和通用阵列逻辑 4 种。下面对这 4 类器件进行简单介绍。

1. 可编程只读存储器

半导体存储器（Semi-conductor Memory）广泛应用于各类数字系统中，是一种以半导体电路作为存储媒体、用于存放信息的重要部件。其按功能可分为随机存取存储器（Random Access Memory，RAM）和只读存储器（Read Only Memory，ROM）。

随机存取存储器是一种既可读又可写的存储器，故又称为读 / 写存储器。其优点是读 / 写方便，使用灵活；缺点是一旦断电，所存储信息便会丢失，它属于易失性存储器。

只读存储器是一种在正常工作时只能读出、不能写入的存储器，通常用来存放固定不变的信息。只读存储器存入数据的过程称为编程。只读存储器属于非易失性存储器，即使切断电源，只读存储器中信息也不会丢失。

RAM 和 ROM 是计算机和其他数字系统中不可或缺的重要组成部分。有关它们的内部电路及工作原理在计算机组成原理、微机原理等相关书籍中会进行详细介绍，这里只简单介绍 ROM 的基本结构和分类。

（1）可编程 ROM 的结构

可编程 ROM 的结构如图 9.7（a）所示，它主要由地址译码器和存储体两大部分组成。其中，$A_0 \sim A_{n-1}$ 为地址输入线；$W_0 \sim W_{2^n-1}$ 为地址译码输出线，一般称为字线；$D_0 \sim D_{m-1}$ 为数据输出线，一般称为位线。地址译码器根据输入地址译码出相应字线，使之有选择地去驱动相应存储单元，并通过输出端 $D_0 \sim D_{m-1}$ 读出该单元中存放的 m 位代码。通常，一个 n 位地址输入和 m 位数据输出的可编程 ROM，其存储容量表示为 $2^n \times m$（位），意味着存储体中有 $2^n \times m$ 个存储元，每个存储元的状态代表一位二进制代码。图 9.7（b）给出了存储体的结构示意图。

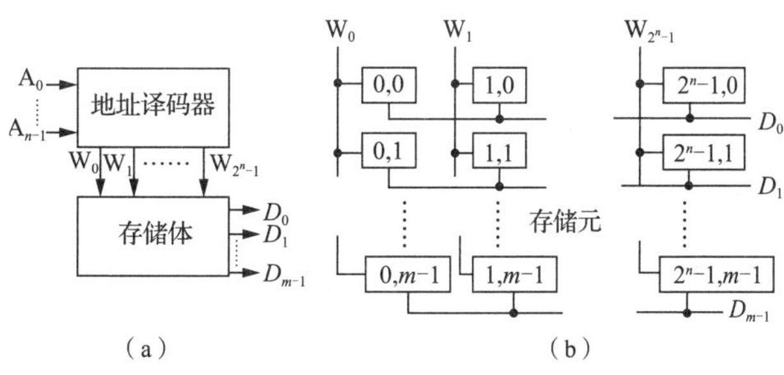

图 9.7 可编程 ROM 的结构和存储体的结构示意图

（2）可编程 ROM 的类型

根据存储体中存储元电路构造的不同和编程方法的不同，目前使用的 PROM 大致分为以下 4 种。

① 一次编程 ROM。一次编程 ROM（Programmable Read Only Memory，PROM）产品在出厂时，所有存储元都被加工成同一状态 0（或者 1），用户可根据需要通过编程将某些存储元的状态改变成另一状态 1（或者 0）。这种编程只能进行一次，一旦编程完毕，其内容便不能再改变。

② 可擦可编程 ROM。可擦可编程 ROM（Erasable Programmable Read Only Memory，EPROM）是采用浮栅技术制成的可编程 ROM，其存储通常采用 N 沟道叠栅注入 MOS 管，又称 SIMOS 管。SIMOS 产品在出厂时，所有 SIMOS 浮栅均不带电荷，即存储元全部为 1。用户编程时通过在 SIMOS 管的漏极和源极加载足够高的电压，使 SIMOS 浮栅带上负电荷，使存储元变为 0。用户将数据写入 EPROM 后，可用紫光照射芯片上的石英玻璃窗，将原存储内容抹去。EPROM 不仅可由用户编程写入指定信息，而且可将原存储内容擦除，再写入新的内容。但其编程和抹去均比较麻烦，且不能对存储元一个个擦写，只能整体擦除。

③ 电可抹可编程 ROM。电可抹可编程 ROM（Electrically Erasable Programmable Read Only Memory，EEPROM）也是采用浮栅技术制成的可编程 ROM，其采用浮栅隧道氧化层 MOS 管

（Flotox 管）作为存储元。EEPROM 利用 Flotox 管的隧道效应来使 Flotox 管的浮栅带负电荷或者擦除浮栅上的电子电荷，从而实现“0”或“1”的存储。EEPROM 的编程和擦除都是通过加电完成的，而且是以字为单位进行的。因此，它既具有 ROM 的非易失性，又具有类似 RAM 的功能，可以随时改写。一般 EEPROM 芯片可以重复擦写 1 万次以上，数据保存可达 10 年，而且擦写速度快。

④ 快闪存储器。快闪存储器（Flash Memory）是新一代电可擦可编程 ROM，它既吸收了 EPROM 结构简单、编程可靠的优点，又具有 EEPROM 用隧道快速擦除的快速性，而且集成度很高。快闪存储器中数据的擦除和写入是分开进行的，其数据写入方式与 EPROM 的写入方式相同，擦除则是利用隧道效应进行的。由于快闪存储器中存储元 MOS 管的源极是连在一起的，因此擦除时会同时擦除全部存储元，而不是像 EEPROM 那样按字擦除。但擦除速度比 EPROM 快得多，一般整片擦除只需要几秒钟。快闪存储器自从问世以来，以其集成度高、容量大、成本低和使用方便等优点而备受欢迎，其应用越来越广泛。

2. 可编程逻辑阵列

与 PROM 类似，可编程逻辑阵列（Programmable Logic Array，PLA）也由一个与阵列和一个或阵列组成。不同的是，PLA 器件的与阵列和或阵列均可编程，由与阵列产生所需的 p 个与项，每个与项与哪些变量相关可由编程决定，或阵列通过编程可选择需要的与项相或，形成逻辑函数的与或表达式。由 PLA 器件实现的与或表达式一般是函数的最简与或表达式。

PLA 器件的存储容量用输入变量数（n）、与项数（p）、输出端数（m）来表示。

3. 可编程阵列逻辑

可编程阵列逻辑（Programmable Array Logic，PAL）是在 PROM 和 PLA 的基础上发展起来的一种可编程逻辑器件，它由一个可编程的与阵列和一个固定连接的或阵列组成，其每个输出包含的与项数量是由固定连接的或阵列提供的。在典型逻辑设计中，一般函数包含 3 ～ 4 个与项，而一般 PAL 器件可以提供 8 个左右的与项，因此，使用这种器件能很好地完成各种电路设计。

相对于 PROM 而言，PAL 使用更灵活，且易于完成多种逻辑功能，同时又比 PLA 工艺简单。

4. 通用阵列逻辑

通用阵列逻辑（Generic Array Logic，GAL）器件是 1985 年由美国 Lattice（莱迪思）公司开发并商品化的一种 PLD 器件。与 PAL 类似，GAL 由一个可编程的与阵列去驱动一个固定连接的或阵列，但 GAL 在每一个输出端都集成一个输出逻辑宏单元（Output Logic Macro Cell，OLMC），允许使用者定义每个输出的结构和功能。

GAL 器件具有 PAL 器件所没有的可擦除、可重新编程及结构可组态的特点，这些特点形成了器件的可测试性和高可靠性，且具有更大的灵活性。

9.3 复杂可编程逻辑器件

9.3.1 CPLD 简介

随着微电子技术的迅速发展，集成工艺的日益完善和用户对器件集成度要求的不断提高，

PLD 的集成度越来越高。复杂可编程逻辑器件是 20 世纪末期问世的一种高密度 PLD 器件，初期产品是在 EPROM 和 GAL 的基础上推出的可擦可编程逻辑器件（Erasable PLD，EPLD），其基本结构与 PAL/GAL 的类似，但集成度更高。随着器件集成度的不断提高和功能的增强，许多厂家将其改称为 CPLD。

复杂 PLD 与简单 PLD 相比，除了集成度高得多之外，另一个主要区别在于它是对逻辑板块进行编程（包括逻辑宏单元、与或阵列、输入 / 输出单元、连线等）的。CPLD 一般采用 CMOS 工艺和 EEPROM、Flash Memory 编程等先进技术，从而具有高密度、高速度、低功耗和使用简单、保密性好等特征。采用 CPLD 设计数字系统，可以使系统的性能更优越。因此，CPLD 已成为数字设计中最具活力的器件之一。

目前，市场上的 CPLD 产品种类繁多。尽管各公司提供的器件互不相同，各具特色，但其构成思想基本相同。CPLD 大多数采用分区阵列结构，即将整个器件分成若干个逻辑块，这些逻辑块构成矩阵，经内部的可编程连线实现互联。各逻辑块内的电路丰富多样，相当于一个个简单的 PLD。因此，一个 CPLD 可以理解为集成在单块芯片上的许多简单 PLD 构成的集合，这些简单的 PLD 可以通过内部连线实现互联。

图 9.8 给出了常见 CPLD 的结构示意图。它们一般由逻辑块、可编程内部连线区和 I/O 单元组成。

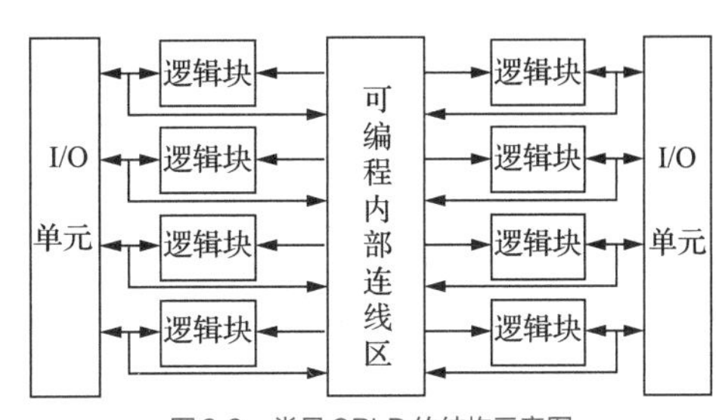

图9.8 常见CPLD的结构示意图

9.3.2 CPLD 典型器件

常用的 CPLD 有 Altera 公司生产的 FLEX 10K 系列器件。FLEX 10K 是一种嵌入式的 PLD，它采用灵活逻辑单元阵列（Flexib1e Logic Element Matrix，FLEX）结构和重复可构造的 CMOS SRAM 工艺，具有高密度、低成本、低功率等特点。

FLEX 10K 系列器件的结构框图如图 9.9 所示。它主要由逻辑阵列块（Logic Array Block, LAB）、嵌入式阵列块、I/O 单元（I/O Element，IOE）和行 / 列互连通道构成。

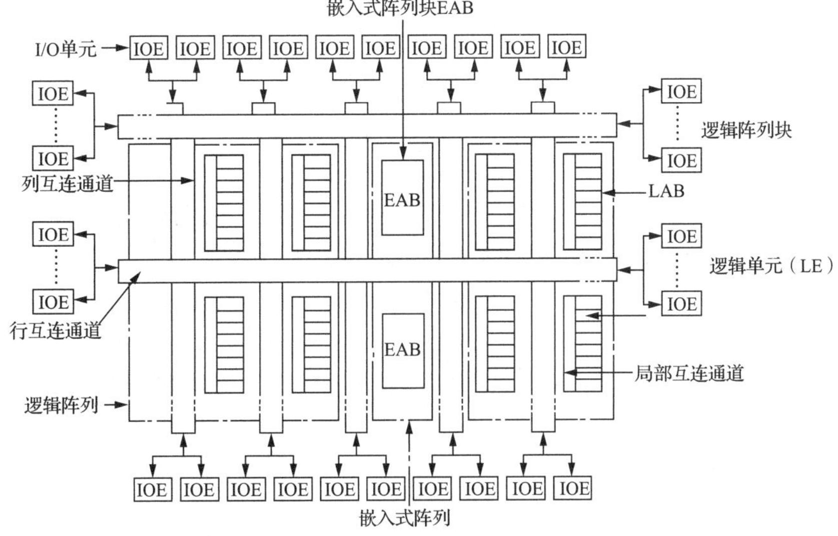

图9.9 FLEX 10K系列器件的结构框图

表 9.1 列出了常见 FLEX 10K 系列器件的主要特征。

表 9.1　常见 FLEX 10K 系列器件的主要特征

器件型号	主要特征						
	典型门（门）	逻辑单元（个）	逻辑阵列块（个）	嵌入阵列块（个）	总RAM（位）	器件引脚（个）	I/O引脚（个）
EPF10K10	10 000	576	72	3	6 144	84（PLCC） 144（TQFP） 208（PQFP）	59 102 150
EPF10K20	20 000	1 152	144	6	12 288	144（TQFP） 208（RQFP） 240（RQFP）	102 147 189
EPF10K30	30 000	1 728	216	6	12 288	208（RQFP） 240（RQFP） 356（BGA）	147 189 246
EPF10K40	40 000	2 304	288	8	16 384	208（RQFP） 240（RQFP）	147 189
EPF10K50	50 000	2 880	360	10	20 480	240（RQFP） 356（BGA） 403（PGA）	189 274 310
EPF10K70	70 000	3 744	468	9	18 432	240（RQFP） 503（PGA）	189 358
EPF10K100	100 000	4 992	624	12	24 576	503（PGA）	406
EPF10K130V	130 000	6 656	832	16	32 768	599（PGA） 600（BGA）	470
EPF10K200E	200 000	9 984	1 248	24	98 304	599（PGA） 600（BGA） 672（BGA）	470
EPF10K250A	250 000	12 160	1 520	20	40 960	599（PGA） 600（BGA）	470

注：PLCC—磁性；J—导线芯片载波器；TQFP—薄方形扁平组件；PQFP—磁性方形扁平组件；RQFP—电源方形扁平组件；BGA—球状栅格阵列；PGA—引脚栅格阵列。

下面以 EPF10K20 器件为例，来对 CPLD 的结构及其工作原理进行介绍。

EPF10K20 器件带有 6 个嵌入式阵列块（EAB），共计可提供 12288 位存储器、144 个逻辑阵列块和 1152 个逻辑单元（LE），最大 I/O 引脚数量为 189。此外，EPF10K20 还包含 6 个专用输入与全局信号。

1. 嵌入式阵列块

嵌入式阵列块（EAB）是由输入、输出端带有寄存器的 RAM/ROM 构成的，利用它可以非常方便地实现逻辑功能和存储功能。嵌入式阵列块的结构如图 9.10 所示。

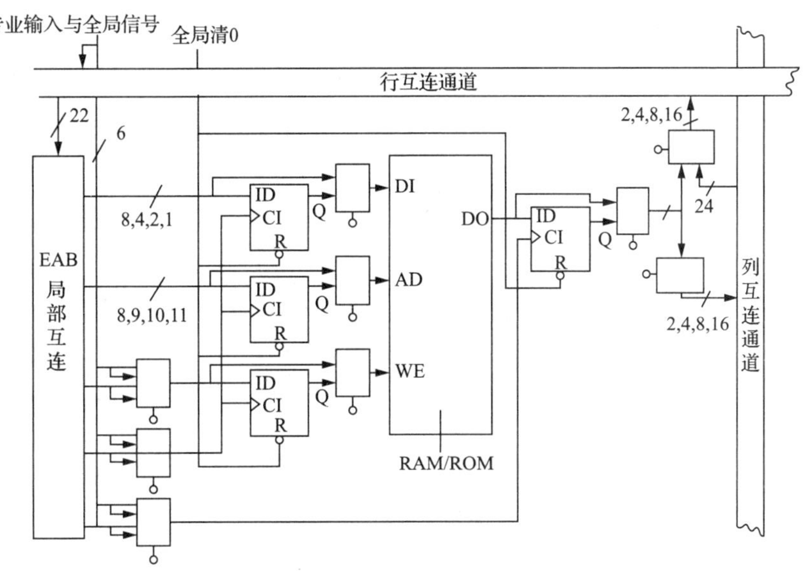

图 9.10　嵌入式阵列块的结构

实现逻辑功能时，EAB 相当于一个大规模的查找表（LUT）。逻辑功能通过配置过程中对 EAB 编程来产生一个 LUT。有了 LUT，组合功能就可以通过查表来实现，而不是通过计算，比一般逻辑功能的实现方法更快，且这一特点因 EAB 的快速存取时间得到进一步增强。EAB 的大容量特征允许设计者在一个逻辑级上实现复杂的逻辑功能，减少了增加逻辑单元带来的路径延时。

EAB 可以用来实现同步 RAM 和异步 RAM，相对而言，同步 RAM 比异步 RAM 更容易实现。当 EAB 用于异步 RAM 电路时，必须产生 RAM 的写使能（WE）信号，以保证数据和地址信号满足其时序要求，即确保与写使能信号相关的数据和地址信号符合建立和保持时间要求。而当 EAB 用作同步 RAM 时，它可以产生相对全局时钟信号的 WE 信号，并且根据全局时钟关系进行自定时。使用 EAB 自定时的 RAM 只需要符合全局时钟建立和保持时间要求即可。EAB 包含用于同步设计的数据输入寄存器、数据输出寄存器和地址寄存器，EAB 的输出可以是寄存器输出，也可以是组合输出。

每个 EAB 提供 2048 位存储器，用作 RAM 时其大小配置十分灵活。通过对数据线和地址线的不同设置，可以配置成 256×8 位、512×4 位、1024×2 位或者 2048×1 位。较大的 RAM 块可以由多个 EAB 连接产生，必要时一个器件里的所有 EAB 可级联形成一个 RAM 块。例如，EPF10K20 器件带有 6 个 EAB，共计可提供 12288 位存储器，可以配置成 256×16 位、512×8 位、1024×4 位等不同规模的 RAM。图 9.11 为用两个 256×8 位 RAM 组成 256×16 位 RAM 和用两个 512×4 位 RAM 组成 512×8 位 RAM 的示意图。

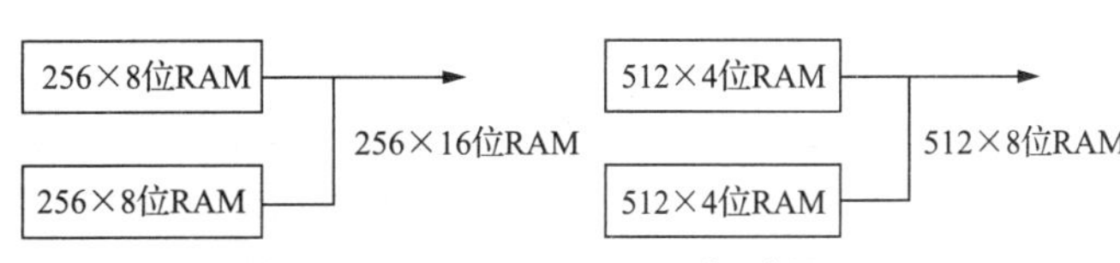

图 9.11　EAB 配置 RAM 的示意图

EAB 提供了灵活的驱动控制和时钟信号选择，其输入（数据线、地址线和写控制线）和输出的时钟信号可以由全局信号、专用时钟信号或来自 EAB 局部互连的内部信号驱动。写使能信号可以由全局信号或 EAB 的局部互连驱动。寄存器可以独立地运用在数据输入、地址输入、EAB 输出或写使能信号上。

每个 EAB 的输入与行互连通道相连，其输出可以驱动行互连通道或列互连通道。每个 EAB 输出最多驱动两个行通道和两个列通道，没有用到的行通道可由其他逻辑单元驱动，这一特性为 EAB 输出增加了可用的布线资源。

2. 逻辑单元

逻辑单元（LE）是 EPF10K20 器件结构中最小的逻辑单位。每个 LE 包含一个四输入的查找表（LUT）、一个可编程的具有同步使能的触发器、进位链、级联链和置位 / 复位逻辑，输出可以驱动局部互连通道和快速互连通道。其结构如图 9.12 所示。

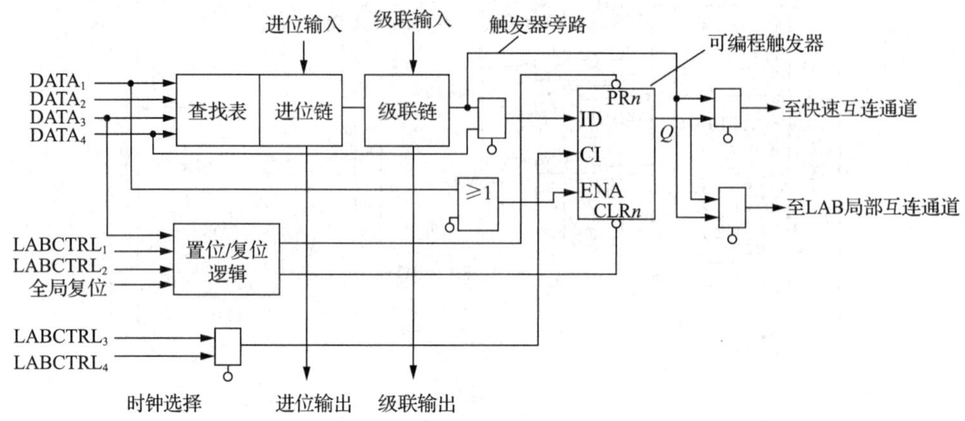

图9.12 逻辑单元的结构

（1）查找表

查找表是一种函数发生器，它能快速产生 4 个变量的任意逻辑函数。LUT 的工作原理类似于用 ROM 实现组合逻辑函数的工作原理，其输入等效于 ROM 的地址码，通过查找地址码表可得到对应的逻辑函数输出。

（2）可编程触发器

逻辑单元中的可编程触发器可设置成 D、T、JK 或 RS 触发器。该触发器的时钟、复位和置位控制信号可由专用输入信号、通用 I/O 引脚、LAB 控制信号（$LABCTRL_1 \sim LABCTRL_4$）或来自 LAB 局部互连通道的内部信号等驱动。对于纯组合逻辑，可将该触发器旁路，LUT 的输出直接驱动 LE 的输出。

（3）输出信号

逻辑单元有两个驱动互连通道的输出信号：一个驱动局部互连通道，另外一个驱动行或列快速互连通道。这两个输出可被独立控制，例如，由 LUT 驱动一个输出，由寄存器驱动另一输出，这一特征称为寄存器填充。因为寄存器和 LUT 可被用于不同的逻辑功能，所以能提高 LE 的利用率。

（4）进位链和级联链

EPF10K20 器件提供两条专用高速通路，即进位链和级联链，它们连接相邻的 LE 但不占用通用互连通路。进位链支持高速计数器和加法器，级联链可在最小延时的情况下实现多输入逻辑函数。级联链和进位链可以连接同一个 LAB 中的所有 LE 和同一行中的所有 LAB。因为大量使用进位链和级联链会限制其他逻辑的布局与布线，所以建议只在对速度有较高要求的情况时使用。

进位链为 LE 之间提供非常快（0.2ns）的进位功能。来自低位的进位信号同时送到本位的 LUT 和进位链，并经进位链送到高 1 位。这一特点使 EPF10K20 能够用来实现高速计数器、多位加法器和比较器。进位链逻辑能够在设计处理期间借助编译器自动建立，也可以由设计者在设计输入过程中手工插入。超过 8 个 LE 的进位链通过 LAB 的连接自动实现。

例 9.1　采用 EPF10K20 器件的进位链，实现 n 位加法器功能。

解：借助 EPF10K20 器件的进位链实现 n 位加法器功能时，共需用 n+1 个 LE。前 n 个 LE 的查找表产生两个输入信号 A_i 和 B_i 及进位信号的“和”，并将“和”送到 LE 的输出。对于简单加法器，一般将寄存器旁路，但若实现累加功能则要用到寄存器。同时，LE 的进位链产生进位输出信号，直接送到高一位的进位信号输入端。最后的进位信号接到第 n+1 个 LE，产生一个 n 位加法器的进位输出信号，该信号可以作为一个通用信号使用。用 EPF10K20 器件的进位链实现 n 位加法器功能的逻辑关系如图 9.13 所示。

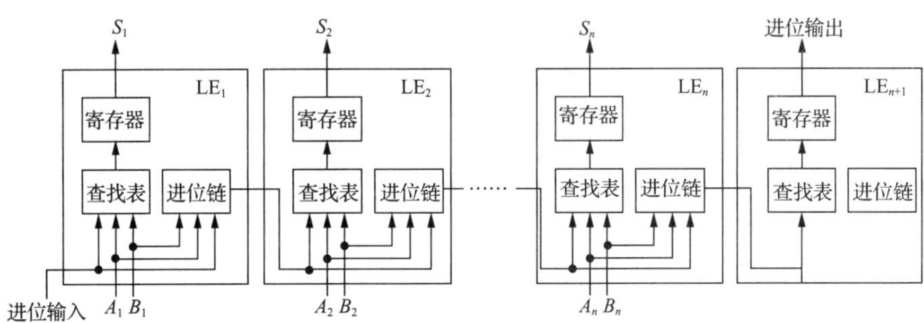

图 9.13　用进位链实现 n 位加法器

利用级联链，EPF10K20 可以很方便地实现多输入逻辑函数运算。相邻的查找表用来并行地计算函数各个部分，级联链把中间结果串接起来。级联链可以使用逻辑与或者逻辑或（借助德•摩根的反演定律）来连接相邻 LE 的输出。每增加一个 LE，函数的有效输入个数就增加 4 个，其延时大约增加 0.7ns。级联链逻辑能够在设计处理期间借助编译器自动建立，也可以由设计者在设计输入过程中手工插入。用 n 个 LE 实现 $4n$ 变量函数的逻辑关系如图 9.14 所示。

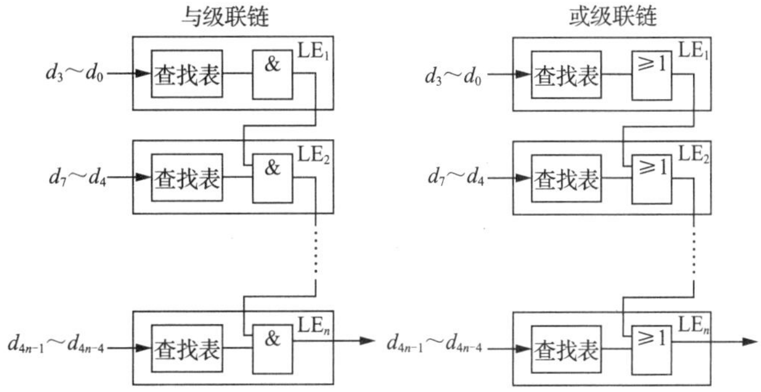

图 9.14　用 n 个 LE 实现 $4n$ 变量函数

（5）工作模式

LE 可工作于 4 种模式，即标准模式、运算模式、加 / 减计数模式和可清除的计数模式，不同工作模式对 LE 资源的使用不同。

每种模式中，有 7 个可能的输入信号（4 个来自 LAB 本地互连的数据输入信号、1 个来自可编程寄存器的反馈信号、1 个来自前一级 LE 的进位信号和 1 个来自前一级 LE 的级联输入信号），它们被送到不同的位置以实现要求的逻辑功能。有 3 个输入到 LE 的信号为寄存器提供时钟、清除和预置控制。Altera 软件可以自动为计数器、加法器和乘法器等常用功能选择合适的模式。在必要的时候，设计者还可以创建一些专用函数，以便采用特殊 LE 工作模式来实现性能优化。

3. 逻辑阵列块

逻辑阵列块（LAB）包括 8 个 LE、与相邻 LAB 相连的进位链和级联链、LAB 控制信号，以及 LAB 局部互连通道。逻辑阵列块的结构如图 9.15 所示。

每个 LAB 提供 4 个可供块内所有 8 个 LE 使用的控制信号，其中 2 个可用作时钟信号，另外

2 个用作置位 / 复位控制。LAB 的时钟可由专用时钟输入、全局信号、I/O 端的输入或来自 LAB 局部互连通道的内部信号驱动。LAB 的置位 / 复位控制信号可由全局信号、I/O 通道端的输入或来自 LAB 局部互连通道的内部信号驱动。全局控制信号一般用作公共时钟、置位或复位信号。

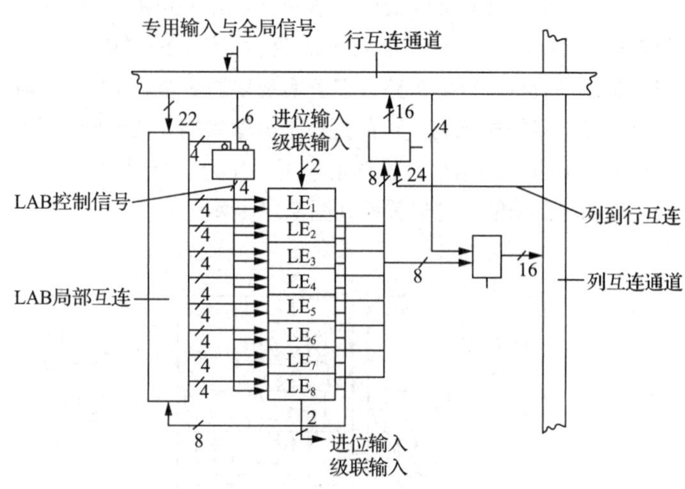

图 9.15 逻辑阵列块的结构

4. 快速互连通道

在 EPF10K20 结构中，快速互连通道提供 LE 和 I/O 引脚的连接，是一系列贯穿整个器件的水平或垂直布线通道。

快速互连通道由跨越整个器件的行、列互连通道构成。LAB 的每一行由一个专用行互连通道传递。行互连能驱动 I/O 引脚，反馈给器件中的其他 LAB。列互连通道连接行与行之间的信号，并驱动 I/O 引脚。LAB 的每列由专用列互连通道服务，一个来自列互连的信号可以是 LE 的输出信号，或者是 I/O 引脚的输入，它必须在进入 EAB 或 LAB 之前传送给行互连通道。每个由 IOE 或 EAB 驱动的行通道可以驱动一个专用列通道。

为了提高布通率，行互连通道有全长通道和半长通道。全长通道连接一行中的所有 LAB，半长通道连接半行中的 LAB。这种结构增加了布线资源。

图 9.16 表示了相邻 LAB 和 EAB 的互连资源，其中每个 LAB 的位置标号表示其所在的位置。位置标号由表示行的字母和列的数字组成，如 LAB B_3 位于 B 行 3 列。

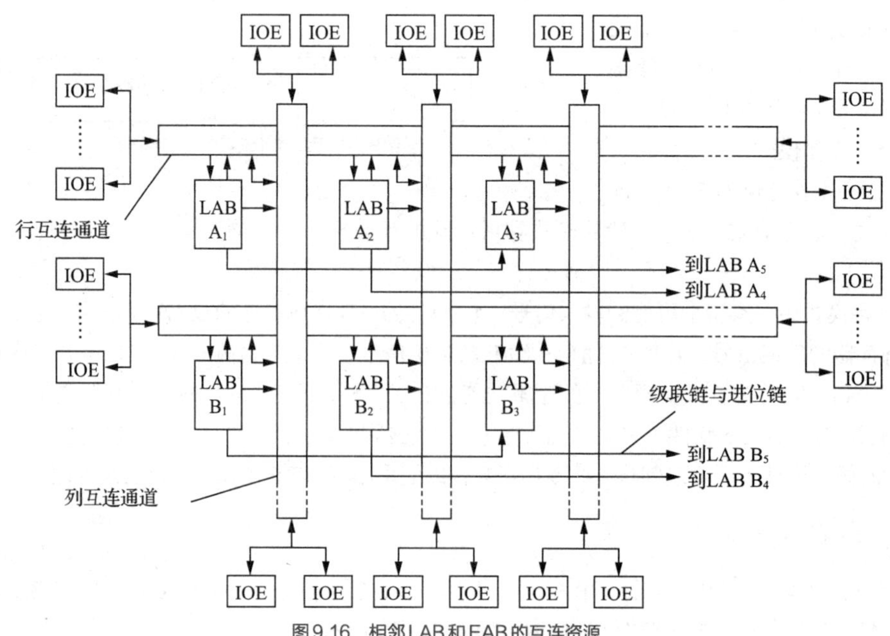

图 9.16 相邻 LAB 和 EAB 的互连资源

5. 输入 / 输出单元

一个输入 / 输出单元（IOE）包含一个双向的 I/O 缓冲器和寄存器，寄存器可作输入寄存器使用，这是一种需要快速建立时间的外部数据输入寄存器。IOE 的寄存器也可当作需要快速输出的数据输出寄存器使用。在有些场合，用 LE 寄存器作为输入寄存器会比用 IOE 寄存器的建立时间更短。IOE 可用作输入、输出或双向引脚。

有关 EPF10K20 及 FLEX 10K 系列其他器件的更详细介绍可查阅相应器件手册。

综上所述，CPLD 与前面所介绍的低密度可编程逻辑器件相比，主要有如下特点。

（1）逻辑结构灵活多样，不仅可满足各种数字系统设计需求，而且逻辑设计十分方便。

（2）采用 CMOS EPROM、EEPROM、快闪存储器和 SRAM 等编程技术，使器件具有密度高、速度快、功耗低和可靠性高等优点。

（3）内部时间延迟与器件结构和连接等无关，各模块之间提供了具有固定延时的快速互连通道，使延时可预测，因此容易消除竞争和险象。

（4）器件包含了大量的逻辑门和触发器，且提供的 I/O 端数可多达数百个，其集成度远远高于低密度可编程逻辑器件。

目前，CPLD 的逻辑资源十分丰富，许多功能更加强大、速度更快、集成度更高的芯片也在不断地问世。

9.4 现场可编程门阵列

9.4.1 FPGA 简介

现场可编程门阵列是 20 世纪 80 年代中后期发展起来的一种高密度可编程器件，它由可编程逻辑器件供应商 Xilinx 公司于 1985 年率先推出。自第一片 FPGA 器件问世至今，现场可编程技术得到了惊人的发展。FPGA 器件从最初的 1200 个可利用的门，发展到 Intel Core i7 处理器的芯片集成度达到了 14 亿个晶体管，进而发展到了现有的 7nm 设计水平。新一代 FPGA 不但将集成度提高到了一个新的水平，而且增加了各种满足系统设计要求的新性能。由于 Xilinx 一直在 FPGA 开发领域方面拥有领先优势和最大份额，因此本书主要介绍 Xilinx 公司的 FPGA 产品。

FPGA 的基本结构是一个由若干逻辑块构成的阵列，一般由可编程配置逻辑块（Configurable Logic Block，CLB）、可编程输入 / 输出块（Input/Output Block，IOB）和可编程互连资源（Interconnect Resource，IR）组成，图 9.17 给出了一般 FPGA 的结构示意图。一个 FPGA 器件包含丰富的逻辑门、寄存器和 I/O 资源。在 FPGA 的布线资源中有快速可编程内部连线，用户可以通过这些内部连线将排列成阵列结构的 CLB 连接在一起，实现各种逻辑功能，乃至将这些模块连接成所需要实现的数字系统。

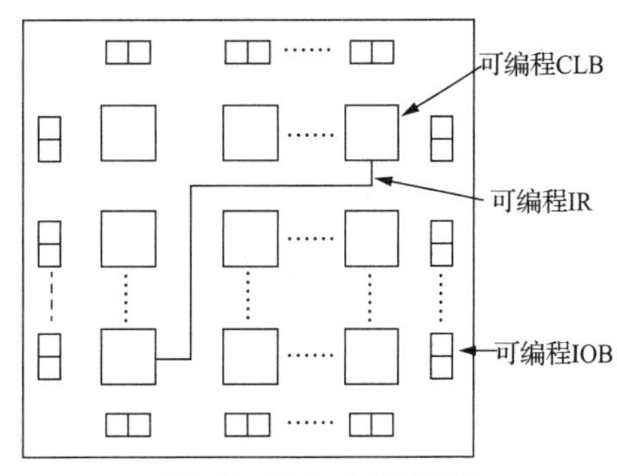

图 9.17 FPGA的结构示意图

CLB 是 FPGA 内的基本逻辑单元。CLB 的实际数量和特性会依器件的不同而不同，但是每个 CLB 都包含一个可配置开关矩阵。开关矩阵是高度灵活的，我们可以对其进行配置以便处理组合逻辑、移位寄存器或 RAM。在 Xilinx 公司的 FPGA 器件中，CLB 由多个（一般为 4 个或 2 个）相同的 Slice 和附加逻辑构成。每个 CLB 模块不仅可以用于实现组合逻辑、时序逻辑，还可以配置为分布式 RAM 和分布式 ROM。

根据可配置逻辑块 CLB 结构的不同，常见的 FPGA 可分为查找表结构、多路开关结构和多级与非门 3 种。查找表类型的 CLB 有查找表构成的函数发生器，通过查找表来实现逻辑函数，函数功能非常强大；多路开关类型的 CLB 采用可配置的多路开关，利用多路开关的特性对多路开关的输入和选择信号进行配置（接到固定电平或输入信号上），从而实现不同的逻辑功能；多级与非门类型的 CLB 则利用多级与非门构成逻辑函数。

近年来，FPGA 主要在以下两方面进行了改进：一是进一步提高 FPGA 器件的密度和运行速度；二是改进器件的内部结构，增加可使用的 I/O 端口，更好地满足各种设计需求。FPGA 器件之所以具有巨大的市场吸引力，是因为 FPGA 不仅可以解决电子系统小型化、低功耗、高可靠性等问题，而且具有开发周期短、开发软件投入少、使用方便等优势，致使 FPGA 越来越多地取代了 ASIC 的市场，尤其是对于那些小批量、多品种的产品需求，FPGA 器件几乎已成为首选。

Xilinx FPGA 可编程逻辑解决方案缩短了电子设备制造商开发产品的时间并加快了产品面市的速度，从而减小了制造商的风险。与采用传统方法如固定逻辑门阵列相比，利用 Xilinx FPGA 可编程器件，用户可以更快地设计和验证电路。而且，由于 Xilinx FPGA 器件是只需要进行编程的标准部件，用户不需要像采用固定逻辑芯片时那样等待样品或者付出巨额成本。Xilinx FPGA 产品已经被广泛应用于从无线电话基站到 DVD 播放机的数字电子应用技术中。

9.4.2 Xilinx FPGA 典型器件

Xilinx FPGA 芯片主要分为以下两大类：一类侧重低成本应用，容量中等，性能可以满足一般的逻辑设计要求，如 Spartan 系列；另一类侧重高性能应用，容量大，性能可以满足各类高端应用，如 Virtex 系列，其系统门数从 5 万到 100 万门，提供给用户的 I/O 引脚数最多超过 500 个，突破了传统 FPGA 密度和性能限制，使 FPGA 不仅仅是逻辑模块，而且是一种系统元件。

下面以 Xilinx 公司的 FPFA 第三代产品 XC4000 系列器件为例进行介绍。XC4000 系列 FPGA 器件的结构示意图如图 9.18 所示。

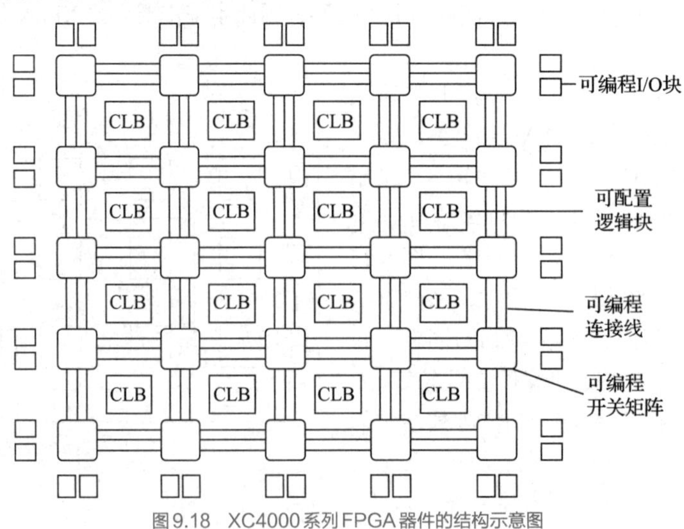

图9.18　XC4000系列FPGA器件的结构示意图

XC4000 系列的 FPGA 主要由可配置逻辑块、可编程 I/O 块和可编程互连资源组成。其中，由多个 CLB 组成的二维阵列构成 FPGA 的核心，用于实现设计者所需的逻辑功能；IOB 位于器件的四周，提供内部逻辑阵列与外部引出线之间的可编程接口；IR 位于器件内部的逻辑块之间，主要有可编程开关矩阵（Programmable Switch Matrix，PSM）和可编程连接线（Connecting Line，CL），经编程实现 CLB 与 CLB 及 CLB 与 IOB 之间的互连。此外，XC4000 系列的 FPGA 器件采用了 SRAM 编程技术，FPGA 器件内有一个用于存放编程数据的可配置的静态存储器（SRAM），其加电后所存放的数据决定了整个芯片的逻辑功能。表 9.2 列出了 XC4000 系列部分 FPGA 器件的主要特征。

表 9.2　XC4000 系列部分 FPGA 器件的主要特征

器件型号	主要特征					
	CLB 矩阵	CLB数（个）	逻辑门数（个）	触发器数（个）	最大用户I/O（个）	最大RAM位数（位）
XC4002XL	8×8	64	1600	256	64	2048
XC4003E	10×10	100	3000	360	80	3200
XC4006E	16×16	256	6000	768	128	8192
XC4010E	20×20	400	10000	1120	160	12800
XC4025E	32×32	1024	25000	2560	256	32768
XC4036EX	36×36	1296	36000	3168	288	41472
XC4044XL	40×40	1600	44000	3840	320	51200
XC4062XL	48×48	2304	62000	5376	384	73728
XC4085XL	56×56	3136	85000	7168	448	100352

现以 Xilinx 公司的 XC4062XL 器件为例来介绍 FPGA 的内部结构及工作原理。

XC4062XL 器件包含 2304 个 CLB（构成 48×48 CLB 矩阵）、62000 个逻辑门、5376 个触发器、最大用户 I/O 达 384 个、最大 RAM 位数达 73728 位。下面分别对其主要组成部分予以介绍。

1. 可配置逻辑块

可配置逻辑块是 FPGA 实现各种逻辑功能的基本单元。在 XC4000 系列器件中，多个可配置逻辑块以二维阵列的形式分布在器件中部，构成 FPGA 的重要组成部分。简化的 CLB 结构框图如图 9.19 所示。

由图 9.19 可知，CLB 主要由 3 个逻辑函数发生器、2 个 D 触发器、多个可编程数据选择器及其他控制电路组成。CLB 共有 13 个输入和 4 个输出。在 13 个输入中，$G_1 \sim G_4$、$F_1 \sim F_4$ 为 8 个组合逻辑输入信号，CLK 为时钟信号，$C_1 \sim C_4$ 是 4 个控制信号，它们通过可编程控制电路提供的信号 H_1/WE、DIN/H_2、SR/H_0 及 EC 作为直接输入信号、存储器写控制信号、触发器时钟使能控制信号、触发器置位 / 复位信号、数据输入信号、地址信号；在 4 个输出中，X、Y 为组合输出，X_Q、Y_Q 为寄存器 / 控制信号输出。如图 9.20 所示，这些输入、输出可与 CLB 周围的互连资源相连接。

（1）逻辑函数发生器

逻辑函数发生器 F、G 和 H 是 CLB 中最重要的可编程逻辑部件，均为查找表结构，通过查找地址码表可得到对应的逻辑函数输出。这里的逻辑函数发生器，在物理结构上实际就是一个 RAM，因为一个 2^n×1 位的 RAM 可以实现任何一个 n 变量的逻辑函数。具体来说，只要将 n 个输入变量作为RAM的地址，把2^n种变量取值下的函数值存放到对应的2^n个存储单元中，RAM的输出就是相应逻辑函数。因此，逻辑函数发生器F和G实际上是非常紧凑、快速的16×1位的RAM，而H是一个8×1位的RAM。通过对工作方式的编程设置，可以将逻辑函数发生器用于实现组合逻辑函数功能或者作为高速可读/写存储器使用。此外，通过对多路选择器的恰当编程，可以将函数发生器的输出直接作为CLB的输出X和Y，或者作为CLB中触发器的输入。

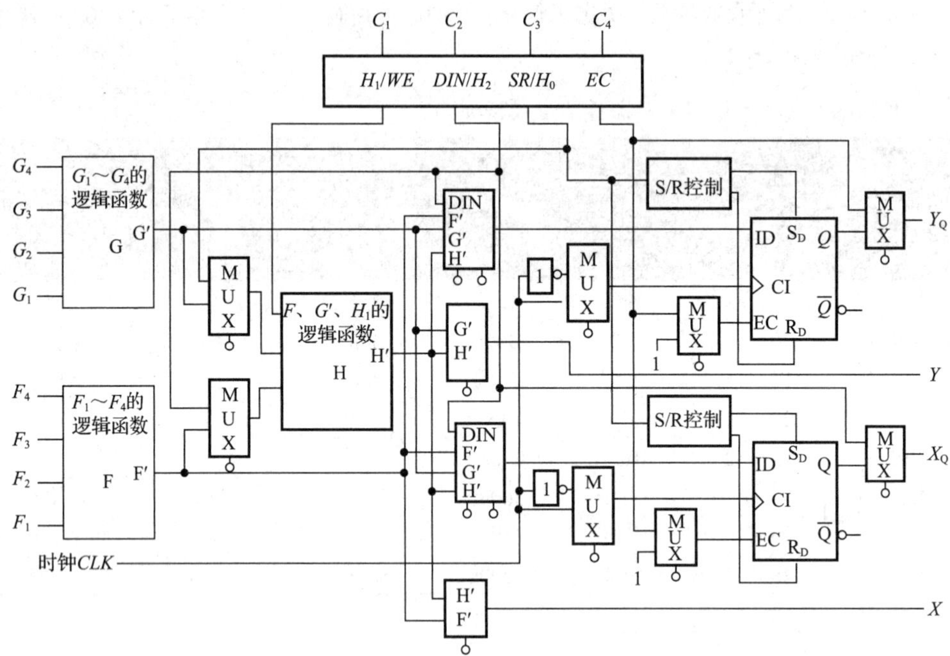

图9.19 简化的CLB结构框图

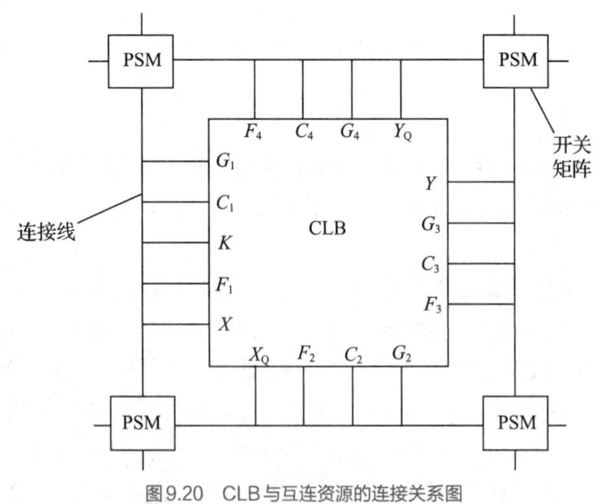

图9.20 CLB与互连资源的连接关系图

（2）触发器

CLB中有两个边沿触发的D触发器，它们与逻辑函数发生器配合可以实现各种时序逻辑电路功能。两个触发器有公共的时钟和时钟使能输入端，每个触发器都可以配置成上升沿或下降沿触发，并可以单独选择时钟使能为EC或1（即永久时钟使能）。此外，R/S控制电路可以分别对两个触发器异步复位和置位。触发器的激励信号可以通过可编程数据选择器从 DIN/H_2、G'、F' 和 H' 中选择，触发器的状态从 X_Q 和 Y_Q 端输出。

此外，为了提高 FPGA 的运算速度，我们在 CLB 的两个逻辑函数发生器 G 和 F 之前还设计了快速进位逻辑电路，这样只需将多个 CLB 串接起来，便可完成多位二进制数的快速加法运算。有关具体电路及实现方法，在此不详细介绍。

2. 可编程输入 / 输出模块

分布在 FPGA 四周的可编程输入 / 输出模块（IOB）提供了器件内部逻辑与外部引出端之间可编程互连资源的连接，其结构框图如图 9.21 所示。IOB 中有输入、输出两条通路，主要由输入缓冲器、输入触发器、输出触发器，输出缓冲器和若干数据选择器组成。每个 IOB 控制一个外部引出端，可以通过编程实现输入、输出或双向输入 / 输出功能。当该外部引出端用作输入时，外部引脚上的信号经过输入缓冲器，可以直接由 I_1 或 I_2 进入内部逻辑，也可以经过触发器后再进入内部逻辑；当该外部引出端用作输出时，来自器件内部的输出信号可以先经过触发器，再由输出三态缓冲器送到外部引脚上，也可以直接通过输出缓冲器输出。输出缓冲器可编程为三态输出或直接输出，并且输出信号的极性也可以通过编程选择为高电平有效或者低电平有效。输入通路中的触发器和输出通路的触发器共用一个时钟使能信号，但它们的时钟信号是独立的，并且都可以通过编程选择上升沿触发或者下降沿触发。

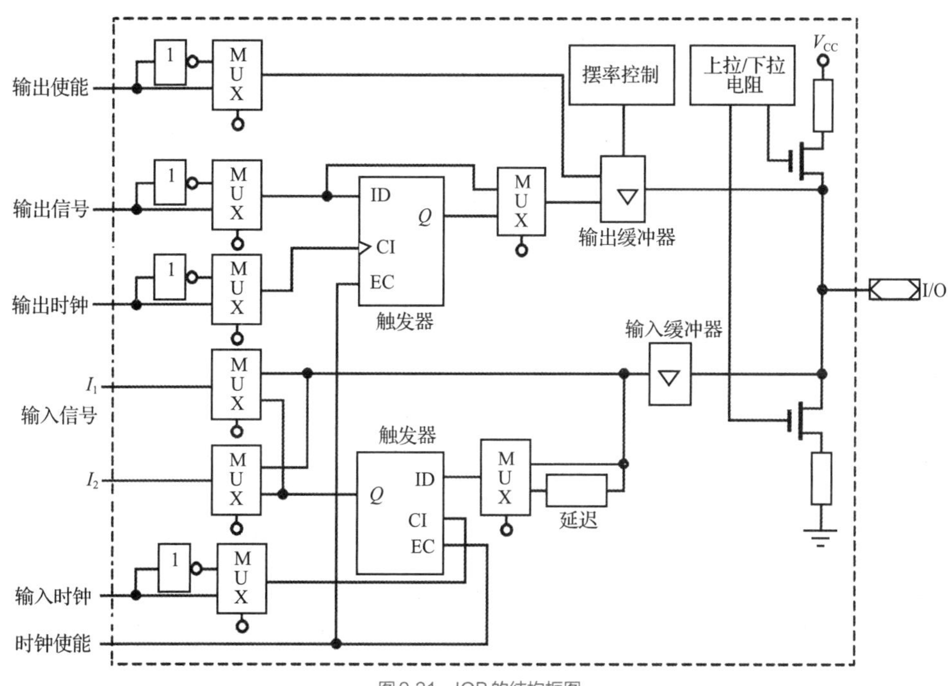

图 9.21　IOB 的结构框图

IOB 还可以通过编程选择电压的摆率（电压变化的速率）为快速或慢速。快速方式能使电路传输延时短、工作速度快，但同时会使系统噪声较大，适用于频率较高的信号输出；慢速方式则有利于减小噪声、降低功耗。一般对系统中速度起关键作用的输出选用较快的电压摆率，而对于噪声要求较严的系统则选择较慢的电压摆率。通常应在抑制系统噪声和提高系统速度之间折中考虑，选择适当的电压摆率。此外，还可通过编程使未用的 I/O 引脚通过上拉电阻接电源或通过下拉电阻接地，从而避免引脚浮空受到其他信号的干扰。

3．可编程互连资源

可编程互连资源（IR）遍布于器件内的 CLB 和 IOB 之间，主要由纵横分布在 CLB 阵列之间的通用可编程连接线和位于纵横交叉点上的可编程开关矩阵（PSM）组成，图 9.22 给出了 IR 的结构示意图。在 XC4000E 系列的 FPGA 中，IR 除了通用可编程连接线和 PSM 外，还包含可编程开关点和全局信号线（图 9.22 中未标出）。多种不同长度的金属线通过可编程开关节点或 PSM 可将器件内部任意两点连接起来，构成所需要的信号通路，从而将 CLB 和 IOB 连接成各种复杂的系统。

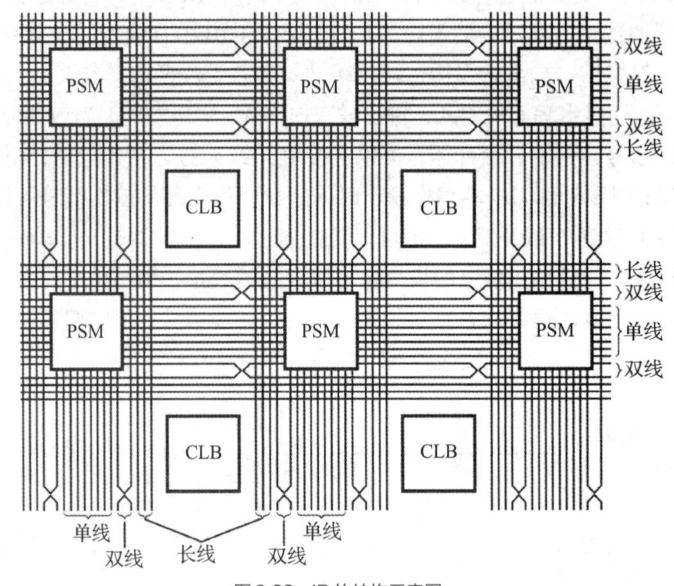

图 9.22　IR 的结构示意图

（1）通用可编程连接线

通用可编程连接线可以分为单线、双线和长线 3 种。

① 单线。单线是指相邻 SM 之间的垂直或水平连接线，其长度为两个相邻 SM 之间的距离，它们在 SM 中实现互连。单线通常用来在局部区域内传输信号，这种连接线可以提供最大的互连灵活性和相邻功能块之间的快速布线。但由于信号每通过一个开关矩阵都会增加一次时延，因此单线不适合传输需要长距离传输的信号。

② 双线。双线以两根为一组，其长度是单线的两倍，要经过两个 CLB 后才进入 SM。双线可以在不降低互连灵活性的前提下，实现两个非相邻 CLB 之间的连接。

③ 长线。长线是指在垂直或水平方向上穿越整个阵列的连接线。长线不经过任何开关矩阵，信号的时延小，且在中点处有一个可编程的分离开关，能将一根长线分为两个独立的布线通路。长线通常用于长距离或者多分支信号的传输。

（2）可编程开关矩阵和可编程开关点

垂直和水平方向上的连接线可以在可编程开关矩阵中或可编程开关点上实现连接。

① 可编程开关矩阵 SM。图 9.23（a）中，SM 由多个垂直与水平方向上的单线和双线的交叉点组成。每个交叉点上有一个可编程开关元件（Switch Element，SE），如图 9.23（b）所示。每个 SE 有 6 个选通晶体管，进入 SM 的信号可与任何方向的单线或双线互连，即除了直通外，可以允许信号“转弯”。例知，一个从开关矩阵某侧输入的信号可以被连接到另外 3 个方向中的任何一个或多个方向输出。正因为如此，可使器件中的任何一

个 CLB 能够与不同行或不同列的其他 CLB 实现互连。图 9.23（c）给出了几种不同的连接方式。

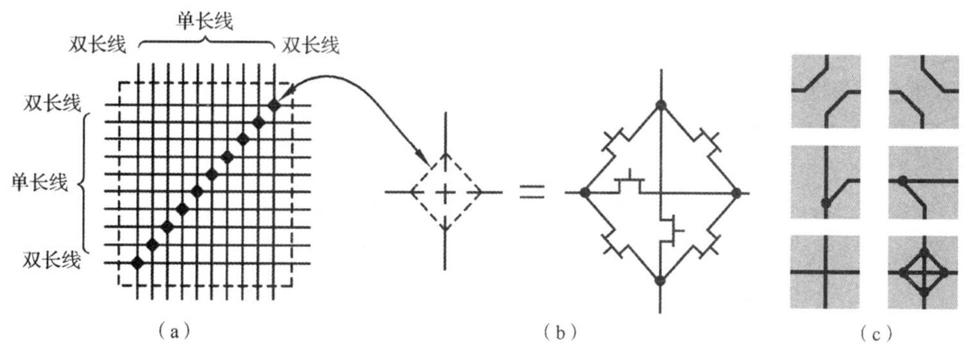

图 9.23　可编程开关矩阵的组成与连接方式

② 可编程开关点。可编程开关点就是一个通过编程可以控制其通断的开关晶体管，水平导线是否与垂直导线相连取决于该开关晶体管的编程状态。

（3）全局信号线

除了上述可编程连接线外，IR 中还有一些专用的全局信号线（Global Lines）。这些专用的全局信号线在结构上与长线类似，可到达每个 CLB。不同的是，它们都是垂直方向的。全局信号线主要用于传送某些公共信号，如全局时钟信号、公用控制信号。图 9.24 为 CLB 和 IR 之间的详细连接关系图。在图 9.24 中，虚线框中的部分为可编程开关矩阵。由图 9.24 可以看出，CLB 的输入、输出连到其周围的长线、单线、双线或全局信号线上。

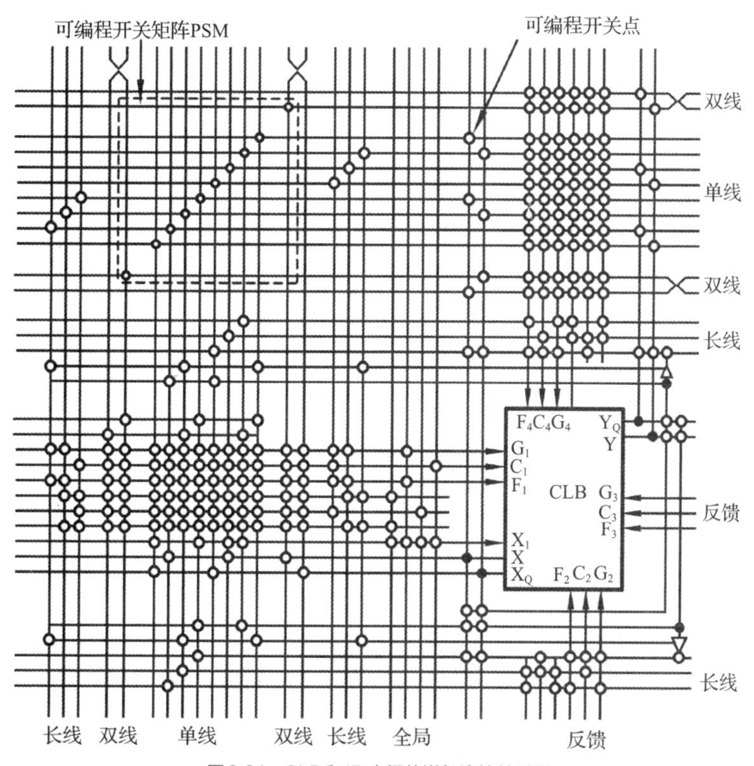

图 9.24　CLB 和 IR 之间的详细连接关系图

目前，FPGA 产品繁多，用户可以根据自己实际应用要求对其进行选择。一般在性能满足需求的情况下，优先选择低成本器件。

9.4.3 FPGA 设计流程

FPGA 的设计流程就是利用 EDA 开发软件和编程工具对 FPGA 芯片进行开发的过程。典型 FPGA 的开发流程一般包括设计规划、设计输入、设计综合、设计实现、FPGA 配置等主要步骤。图 9.25 说明了 Xilinx ISE 环境下的 FPGA 设计流程。

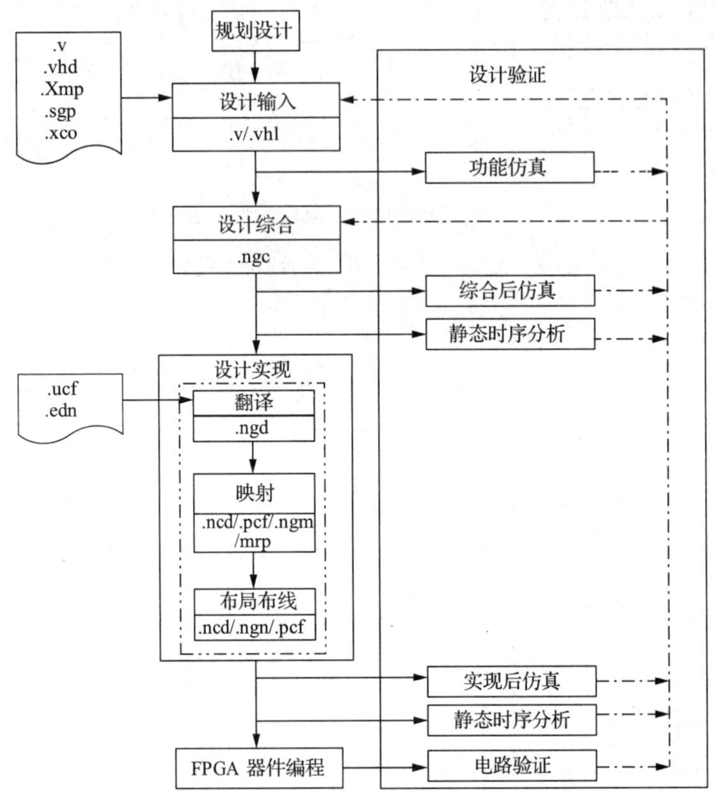

图 9.25　Xilinx ISE 环境下的 FPGA 设计流程

1. 设计规划

设计规划也称为架构阶段，这个阶段的任务是项目前期的立项准备。在 FPGA 设计项目开始之前，针对用户需求、任务书、技术协议书等的规定进行需求的定义和分析，确定要实现的系统功能和大概的模块划分，并根据任务要求，对工作速度和器件本身的资源、成本等方面进行权衡，选择合适的设计方案和合适的器件类型。

2. 设计输入

设计输入是指利用 EDA 工具将概念设计转换为硬件描述的过程。设计输入阶段，设计者需要创建 FPGA 工程，并创建或添加设计源文件、约束文件等到工程中。源文件定义了系统最终要实现的功能，约束文件定义了系统对时序、布局布线或其他的设计要求。

概念设计转换常用的方法有硬件描述语言（HDL）和原理图输入方法等。原理图输入方法是将所需的器件从元件库中调出来，画出原理图，适合设计简单的逻辑电路。这种方法直观并易于仿真，但效率低，不易维护，不利于模块构造和重用，可移植性差。目前，比较流行的设计输入方法是 HDL 语言输入法，适用于复杂数字系统的设计。其主流语言是 Verilog HDL 和 VHDL（Very High Speed Integrated Circuit Hardware Description Language）。这两种语言都是美国电气与电子工程师协会（IEEE）的标准，语言与芯片工艺无关，利于自顶向下设计，便于模块的划分与移植，可移植性好，具有很强的逻辑描述和仿真功能，输入效率很高。设计者还可以输入 EDK Platform Studio、System Generator 或 CORE Generator 等设计结果。

3. 设计综合

设计综合（Synthesis）是指将硬件语言或原理图等设计输入转换成由基本门电路、RAM 和触发器等基本逻辑单元组成的逻辑连接网表（Netlist）的过程。在该过程中，针对输入设计及约束条件，按照一定的优化算法进行优化处理，将 RTL 级推演的网表文件映射到 FPGA 器件原语（也称为技术映射），生成综合的网表文件。网表文件是对创建的设计项目进行的完整描述。就目前的层次来看，综合优化生成的逻辑连接网表并非真实的门级电路，真实的门级电路需要利用 FPGA 制造商的布局布线工具，根据综合后生成的标准门级结构网表来产生。综合优化包括以下两个内容：一是对硬件语言源代码输入进行翻译与逻辑层次上的优化；二是对翻译结果进行逻辑映射与结构层次上的优化。

4. 设计实现

设计实现是通过翻译、映射、布局布线等过程来将逻辑设计进一步转译为可以下载烧录到目标 FPGA 器件中的特定物理文件格式的过程，其实现流程如图 9.25 中虚线框所示。

翻译是设计实现的第一步，其主要作用是将综合输出的网表文件翻译为指定型号的 FPGA 器件的底层结构和硬件原语，完成时序规范及逻辑设计规则的检查校验，并根据用户的约束文件，将约束加入综合网表中。翻译所用到的约束文件为 UCF 文件、第三方网表文件 EDN 等，翻译将多个设计文件和约束文件合并生成一个包含了当前设计的全部逻辑描述的 NGD 文件。

映射则是找到对应的硬件关系，将由翻译产生的 NGD 文件所描述的设计映射到指定的 FPGA 器件结构上。在映射过程中，当前设计的 NGD 文件将被映射为目标器件的特定物理单元（如 CLB、IOB），并保存在 NCD 文件中。映射的输出文件包括 NCD、PCF、NGM 和 MRP 文件。其中，NCD 文件包含当前设计的物理映射信息，PCF 文件包含当前设计的物理约束信息，NGM 文件与当前设计的静态时序分析有关，MRP 文件是映射的运行报告，主要包括映射的命令参数、目标设计占用的逻辑资源、映射过程中出现的错误和警告、优化过程中删除的逻辑、目标设计中占用的 IOB 资源内容等。

布局布线是调用布局布线器，根据用户约束和物理约束，把逻辑映射到目标器件结构的资源中，决定逻辑的最佳布局，并根据设计连接，对布局后的模块进行布线，产生相应的文件（如配置文件与相关报告），达到利用选定器件实现设计的目的。布局可以理解为挑选可实现设计网表的最优资源组合，而布线就是将这些查找表和寄存器资源以最优方式连接起来。布线根据布局的拓扑结构，利用芯片内部的各种连线资源，合理正确地连接各个元件。布局布线的输入文件包括 NCD、PCF 和 NCD（可选）模板文件，输出文件包括 NCD、DLY、PAD 和 PAR 文件。在布局布线的输出文件中，NCD 文件包含当前设计的全部物理实现信息，DLY 文件包含当前设计的网络时延信息，PAD 文件包含当前设计的 I/O 引脚配置信息，PAR 文件是布局布线的运行报告，主要包括布局布线的命令行参数、布局布线中出现的错误和警告、目标设计占用的资源、布线网络、网络时序信息等内容。

目前，FPGA 的结构非常复杂，特别是在有时序约束条件时，需要利用时序驱动的引擎进行布局布线。布线结束后，软件工具会自动生成报告，提供有关设计中各部分资源的使用情况。由于只有 FPGA 芯片生产商对芯片结构最为了解，因此布局布线必须选择芯片开发商提供的工具。

5. FPGA 配置

设计的最后一步就是 FPGA 配置，进行芯片编程和调试。芯片编程是指生成位数据流文件，并将编程数据下载到 FPGA 芯片中。其中，芯片编程需要满足一定的条件，如编程电压、编程时序和编程算法等方面。逻辑分析仪（Logic Analyzer，LA）是 FPGA 设计的主要调试工具，但需要引出大量的测试引脚，且逻辑分析仪价格高。目前，主流的 FPGA 芯片生产商都提供了内嵌的在线逻辑分析仪来解决上述矛盾，它们只需要占用芯片少量的逻辑资源，具有很高的实用价值。

6. 设计验证

下载是在功能仿真与时序仿真正确的前提下，将综合后形成的位流下载到具体的 FPGA 芯片中，也称为芯片配置。FPGA 设计有两种配置形式：直接由计算机经过专用下载电缆进行配置；由外围配置芯片进行上电时自动配置。由于 FPGA 具有掉电信息丢失的性质，因此可在验证初期使用电缆直接下载位流，如有必要再将烧录配置芯片中（如 Xilinx 的 XC18V 系列，Altera 的 EPC2 系列）。使用电缆下载时有多种直载方式，如对 Xilinx 公司的 FPGA 下载可以使用 JTAG Programmer、Hardware Programmer、PROM Programmer 这 3 种方式，而对 Altera 公司的 FPGA 可以选择 JTAG 方式或 Passive Serial 方式。因 FPGA 大多支持 IEEE 的 JTAG 标准，所以使用芯片上的 JTAG 口是常用下载方式。将位流文件下载到 FPGA 器件内部后进行实际器件的物理测试即为电路验证，当得到正确的验证结果后就证明了设计的正确性。电路验证对 FPGA 芯片生产具有较大的意义。

除了以上几步，FPGA 开发流程中最重要的一个内容是设计验证。设计验证贯穿于 FPGA 设计的整个过程。在 FPGA 开发流程的任意时刻，设计者都可以使用仿真工具对 FPGA 工程进行功能验证。设计验证的方法有仿真、静态时序分析和电路验证。

仿真是指使用设计软件包对已实现的设计进行完整测试，模拟实际物理环境下的工作情况。根据在 FPGA 开发流程中切入点的不同，仿真可分为行为仿真、综合后仿真和实现后仿真。

行为仿真又称功能仿真、RTL 级仿真，它是在编译之前对用户所设计的电路进行逻辑功能验证，此时的仿真可以用来检查代码中的语法错误，判断代码行为的正确性，但不包括延时信息，仅对初步的功能进行检测。仿真时要在测试文件中调用设计源文件 RTL、测试数据及器件模型，仿真结果将会生成报告文件和输出信号波形。行为仿真速度快，可以根据需要观察电路输入 / 输出端口和电路内部任一节点信号的变化。如果发现错误，则返回设计修改逻辑设计。如果没有实例化一些与器件相关的特殊底层元件，这个阶段的仿真也可以做到与器件无关。因此，在设计的初期阶段不使用特殊底层元件可以提高代码的可读性、可维护性，又可以提高仿真效率，容易被重用。

综合后仿真又称为门级仿真，其目的在于检查综合结果是否与原设计一致。综合后仿真通过把综合生成的标准延时文件反标注到综合仿真模型中，可估计门延时带来的影响，但不能估计走线延时，因此与布线后的实际情况还有一定的差距，并不十分准确。本阶段综合工具给出的仿真网表和生产厂家的器件的底层元件模型相对应，所以在仿真过程中必须加入厂家的器件库，对仿真器进行一些必要的配置，不然仿真器并不认识其中的底层元件，无法进行仿真。

实现后仿真又称为时序仿真，其目的与综合后仿真一致，但实现后的时序仿真加入了走线延时信息，使得仿真与 FPGA 本身运行状态一致。时序仿真通过将布局布线的延时信息反标注到设计网表中来检测有无时序违规（即不满足时序约束条件或器件固有的时序规则，如建立时间、保持时间等）现象，其包含的延迟信息最全，也最精确，能较好地反映芯片的实际工作情况。由于不同芯片的内部延时不一样，不同的布局布线方案也给延时带来了不同的影响。因此在布局布线后，通过对系统和各个模块进行时序仿真，分析其时序关系，估计系统性能，以及检查和消除竞争冒险是非常有必要的。在功能仿真中介绍的软件工具一般都支持综合后仿真。如果在布局布线后发现电路结构和设计意图不符，则需要回溯到综合后仿真来确认问题所在。

常用的仿真工具有 Xilinx 公司的 ISE Simulator、Model Tech 公司的 ModelSim、Sysnopsys 公司的 VCS 和 Cadence 公司的 NC-Verilog，以及 NC-VHDL 等软件。如果仿真不正确，就需要对逻辑设计进行修改。

静态时序分析是在综合设计或布局布线之后，对设计进行快速时序检查的方法，用于验证设计是否满足时序约束，并列举输入约束冲突，以分析部分或全部的布局布线设计，其中时序信息取决于设计输入的布局和布线，也允许设计者在设计中确定路径延迟。在基于 ISE 的设计流程中，输入的约束文件为 UCF，而且该文件是在翻译这一步才开始生效的，因此综合后的时序报告没有太大的参考价值。随着时钟频率和数字系统复杂度的提高，留给数据传输的有效读写窗口越来越小。要想在很短的时间限制里，让数据信号从驱动端完整地传送到接收端，必须对设计进行时序分析。可以使用时序报告程序和电路评估器（TRACE）命令行程序来运行静态时序分析，也可以用时序分析图形化工具来执行这一功能。

此外，完成设计实现后，必须对设计约束、器件资源占有率、实现结果及功耗等设计性能进行分析。基于对设计结果的分析，设计者可以对设计源文件、变异属性或者设计约束进行修改，然后重新综合、实现以达到设计最优化。

电路验证作为最后的测试，可以验证设计在目标应用中的表现。在典型的运行条件下，电路验证可用来验证测试电路。为了在电路上验证设计，我们可用 Xilinx 提供的下载电缆将设计比特流下载到芯片。

从大的方面来看，FPGA 的开发流程可分为架构、设计实现及 FPGA 器件编程 3 个阶段。第一阶段是概念阶段，是项目前期的立项准备，如需求的定义和分析、各个设计模块的划分；第二个阶段是详细设计阶段，主要任务包括编写 RTL 代码并对其进行初步的功能验证、逻辑综合和布局布线、时序验证；第三个阶段主要任务是器件烧录和板级调试。除此之外，还包括第二阶段的布局布线和时序验证，因为这两个步骤都与 FPGA 器件紧密相关。从这种阶段划分中可以看到 FPGA 设计的各个环节是紧密衔接、互相影响的。总的来说，FPGA 的设计是一个反复迭代的过程，即通过反复仿真和时序分析，发现问题，并反过来修改实现策略，甚至优化 HDL 代码，重新综合和实现。

9.5 FPGA和CPLD对比

FPGA 和 CPLD 属于半定制大规模集成电路的两个重要分支。在发展过程中，两类芯片互相竞争、互相促进，不断推出性能更优越的产品，获得了广泛的应用。尽管 FPGA 和 CPLD 都是可编程 ASIC 器件，具有逻辑结构灵活多样、功能强大、设计方便等共同特点，但由于它们在结构上的差异而具有各自的特点。

CPLD 是逻辑块级编程，并且其逻辑块之间的互联是集总式的，其连续式布线结构决定了它的内部延迟与器件结构和连接等无关，各模块之间提供了具有固定延时的快速互连通道，使得延迟均匀且可预测，因此容易消除竞争和险象。而 FPGA 是门级编程，逻辑资源和布线资源在结构上分开，其 CLB 之间采用分布式互连，布线相当灵活，但这种分布式布线结构决定了其速度慢，而且延迟不可预测。

在编程上 FPGA 比 CPLD 具有更大的灵活性。FPGA 大部分是基于 SRAM 编程，编程信息在系统断电时丢失，每次上电时需从器件外部将编程数据重新写入 SRAM 中，可实现无限次编程，从而实现板级和系统级的动态配置。但 FPGA 的编程信息需存放在外部存储器（如 EPROM）上，其使用方法较复杂。CPLD 编程采用 CMOS EPROM、EEPROM、FAST FLASH 和 SRAM 等编程技术，通过修改具有固定内连电路的逻辑功能来编程，无需外部存储器芯片，使用简单，使得器件具有密度高、速度快、功耗低和可靠性高等优点，编程次数可达 1 万次，系统断电时编程信息也不丢失。因此，CPLD 保密性好，FPGA 保密性差。

CPLD 的功耗要比 FPGA 大，且集成度越高越明显，CPLD 适合完成各种算法和组合逻辑，即适用于触发器有限而乘积项丰富的结构。而 FPGA 功耗低，集成度高，容量大，性价比更高，具有更复杂的布线结构和逻辑实现，灵活性高，更适合完成时序逻辑。

总体来说，CPLD 速度快、保密性好、使用方便，FPGA 集成度高、功耗低、编程灵活度大。

9.6 Vivado开发环境及设计流程

9.6.1 Vivado 设计套件简介

针对 7 系列及后续 FPGA 产品，Xilinx 公司于 2012 年推出了一种以知识产权核（Intellectual Property core，IP 核）和系统为中心的、领先一代的全新 SoC（System on Chip）增强型综合开发环境 Vivado 设计套件。该设计套件基于 AMBA AXI4 互联规范、IP-XACT IP 封装元数据、工具命令语言（TCL）、Synopsys 系统约束（SDC），以及其他有助于根据用户需求量身定制设计流程并符合业界标准的开放式环境，可解决用户在系统级集成和实现过程中常见的生产力瓶颈问题，让用户更快地实现设计收敛。

与 Xilinx 公司的上一代开发环境 ISE 相比，Vivado 设计套件具有以下特点。

（1）Vivado 设计套件改变了传统的设计环节和设计方法，打造了一个最先进的设计实现流程，能显著增加 Xilinx 的 28nm 工艺可编程逻辑器件的设计、综合与实现效率。

（2）Vivado 设计套件不仅包含传统的寄存器传输级（RTL）到比特流的 FPGA 设计流程，还包括高度集成的设计环境和新一代从系统级到 IC 级的工具，能够扩展多达 1 亿个等效 ASIC 门的设计。

（3）Vivado 设计套件集成了 ISE、ISim、XPS、PlanAhead、ChipScope 和 iMPACT 等多个独立的套件，实现了 FPGA 的综合、实现、仿真、下载、调试等功能，界面清爽，流程清晰，项目的开发、仿真、调试都在一个开发环境下进行，节省了大量的调用新程序、打开、保存再关闭返回的时间，集成度更高，更适合系统开发，尤其是带核的系统开发。

（4）Vivado 设计套件提供了以 IP 为核心的设计理念，包括 IP 封装器、IP 集成器和可扩展 IP 目录 3 种全新的 IP 功能，可以配置、实现、验证和集成 IP，以实现最大化的设计复用。

IP 封装器可以在设计流程的任何阶段将部分或全部设计转换成可重复使用的内核，这些设计可以是 RTL、网表、布局或布线后的网表。

IP 集成器采用即插即用型 IP 集成设计环境，使得设计者可以将不同的 IP 轻松组合在一起并封装成单个的设计源，在单个或多个工程之间进行共享，从而解决了 RTL 设计生产力问题，加速复杂系统的组装，加快系统实现。

可扩展 IP 目录允许设计者使用自己创建的 IP 及 Xilinx 和第三方厂商提供的 IP 创建自己的标准 IP 库，从而让设计者更好地管理和组织 IP，以实现最大程度的共享。

（5）Vivado 中采用统一的数据模型，综合和实现后的网表文件均为 .dcp 格式文件。而在 ISE 中，综合后的网表文件为 .ngc 格式文件，翻译后的网表文件为 .ngd 格式文件，布局布线后的网表文件为 .ncd 格式文件。

（6）Vivado 设计套件采用基于业界标准的 Synopsys 设计约束格式，并增加了 Xilinx 专有的对 FPGA 的 I/O 引脚分配，构成了标准化 XDC（Xilinx Design Constrains）文件。ISE 采用的 UCF 约束文件是在翻译时才开始生效的，因此综合后的时序报告没有多大的参考价值。而 Vivado 中的约束文件在综合和实现阶段均有效。XDC 使得 Vivado 对于约束的管理更为灵活，设计者可以在设计流程的不同阶段添加约束，既可以在设计综合之前加入约束，也可以在设计综合后加入约束，还可以设定约束的作用域和作用阶段。设计者可以将约束保存在一个或多个 XDC 文件中，也可以通过 TCL 脚本生成 XDC。

（7）Vivado 设计套件采用工具命令语言（Tool Command Language）。TCL 不仅能对设计项目进行约束，还支持设计分析、工具控制和模块构建。此外，利用 TCL 指令可以进行运行设计程序、生成时序报告和查询设计网表等操作。在 Vivado 设计套件中，几乎所有的菜单操作都有相应的 TCL 命令，而且 TCL 可以实现菜单无法完成的工作，如编辑综合后的网表文件。用户还可以编辑 TCL 命令加入 Vivado 中。Vivado 提供了 TCL 控制台和 TCL Shell 来运行 TCL 脚本。在 ISE 中，流程由一系列程序组成，利用多个文件运行和通信；而在 Vivado 中，流程是一系列 TCL 指令，运行在单个存储器中的数据库上，灵活性和交互性更大。

（8）Vivado 设计套件中集成了高级综合工具 Vivado HLS，使得设计者可以使用高级编程语言 C、C++ 及 System C 语言规范对 FPGA 进行建模，并通过高级综合工具 HLS 将设计模型自动转换成 RTL 级的描述，作为 Vivado 设计套件的 RTL 源文件，从而可加速 IP 创建。此外，Vivado HLS 可以把现有的 C/C++/System C 语言代码，在一些特定的规范下直接快速转换为可综合的 RTL，这样也将极大地提高实现和移植现有算法的速度，提升开发效率，缩短产品的上市时间。

（9）Vivado 设计套件集成了 Xilinx Model Composer，其可在 Simulink 中为设计实现更高层次的抽象并实现对 Xilinx 针对其他应用的优化软件库的访问、更快的仿真速度、与 Vivado HLS 及 Sdx 环境更紧密的集成。此外，Vivado 设计套件还集成了 System Generator，使得设计者可以定义、测试并实现高性能 DSP 设计。

（10）与 ISE 相比，Vivado 的设计实现环节多了各种优化功能，如设计优化、功耗优化、布局后的功耗优化和物理优化，以及布线后的物理优化。Vivado 设计套件利用最新共享的可扩展数据模型，估算设计流程各阶段的功耗、时序和占用面积，从而达到预先分析，进而对综合后的网表进行优化，去除无负载的逻辑电路，优化 BRAM 功耗，改善设计时序及降低动态功耗。

（11）Vivado 设计套件可以在设计流程的任意一个阶段对设计进行分析和验证。对设计进行分析，包括逻辑仿真、I/O 和时钟规划、功耗分析、时序分析、设计规则检查（DRC）、设计逻辑的可视化、实现结果的分析和修改，以及编程和调试。

（12）Vivado 设计套件为设计者提供了工程模式（Project）和非工程模式（Non-Project）两种运行模式。

工程模式是指设计者以图形界面的方式进行设计，使用基于工程的方法自动管理综合和实现过程、跟踪运行状态，并自动生成相应的网表文件。在工程模式下，Vivado 设计套件自动跟踪设计历史、保存相关的设计信息，设计者很少能控制处理的过程。

非工程模式是指全部采用 TCL 脚本来管理源文件和设计流程，系统不会自动生成文件或者报告，设计者必须定义所有的源文件、设置所有工具和设计配置的参数、启动所有的实现命令及制定所需要生成的报告文件，才能对设计进行编译。在非工程模式下需要手动生成各个步骤的网表文件（DCP）和报告（时序报告、资源利用报告等），设计者自己可以管理源文件和设计流程。

在工程模式下，设计者也可以采用 TCL 脚本的方式在 Vivado TCL Shell 中运行。但与非工程模式中用到的 TCL 命令是不一致的，不可混用。工程模式的优势在于可以设定多个 runs 以比较不同综合策略或实现策略对设计结果的影响；而非工程模式的优势在于设计源文件、设计流程和生成文件可全部定制，相较于工程模式有更短的运行时间。

（13）Xilinx 提出 UltraFast 设计方法的宗旨在于尽可能在设计初期解决掉各种问题，帮助设计者预估设计的可行性和控制成本，在设计中减少迭代次数，从而更快地将产品推向市场。Vivado 设计套件自动化了部分 UltraFast 设计方法，例如提供了良好代码风格的模板、时序约束和物理约束的模板、在 RTL 设计分析阶段就可以进行设计检查等，从而指引用户最大限度地利用现有资源，提升系统性能，降低风险，有利于用户完成最优的 FPGA 设计。

（14）与 ISE 相比，Vivado 各方面的性能都有了明显的提升。Vivado 高层次综合可以实现直接使用 C、C++ 及 System C 语言规范对 Xilinx 可编程器件进行编程，无须手动创建 RTL，从而可加速 IP 创建；支持在 VHDL 和 Verilog 中直接运用高级 IP 核规范，以加速 IP 核验证速度。通过利用 Vivado IP 集成器和高层次综合的完美组合，用户能将开发成本相对于采用 RTL 方式而言节约众多，IP 核验证速度提高 100 倍以上，同时将 RTL 创建速率提高 4 倍，Vivado 加速验证超过 100 倍，设计实现时间缩短 4 倍，设计密度提升 20%。

9.6.2 Vivado 设计套件中的 FPGA 设计流程

在 Vivado 设计套件中，传统的寄存器传输级（RTL）到比特流的 FPGA 设计流程和 ISE 集成环境下的设计流程基本相同，都可大致上分为设计规划、设计输入、设计综合、设计实现和 FPGA 配置等方面，但具体而言，仍有许多不同的地方。Vivado 下的 FPGA 设计流程如图 9.26 所示。下面只对二者不同的方面进行分析。

1. 设计输入

Vivado 的设计输入可以是可综合的 HDL 代码、测试文件、IP 及网表文件。可综合的 HDL 代码和测试文件可以是 Verilog、VHDL 或者 System Verilog 代码。如前所述，Vivado 集成了 IP 封装器、IP 集成器和可扩展 IP 目录，设计者可以直接使用 Xilinx 或者第三方厂商授权的 IP，也可以在设计流程的任何阶段将部分或全部设计转换成可重复使用的内核放入 IP 目录中，还可以利用 HLS、Systerm Generator 封装新的 IP 放入 IP 目录中。网表文件可以是 Vivado 生成的网表文件，也可以是第三方网表文件 EDIF。

2. 设计综合

Vivado 集成环境综合是基于时间驱动的，对存储器的利用率和性能进行了优化。综合时可以加入第三方网表文件 EDIF 及约束文件。Vivado 不支持 UCF 约束文件，其约束文件为 XDC

文件。XDC 文件采用了业界标准的 SDC，且在综合和实现阶段均有效，可以作为一个源文件放在工程里，在综合和布局布线中调用，也可以在 TCL Console 中输入，立即执行。相较于 ISE，Vivado 综合之后的时序分析更有意义。因此，综合后就要查看并分析设计时序，如果时序未收敛，不建议执行下一步。

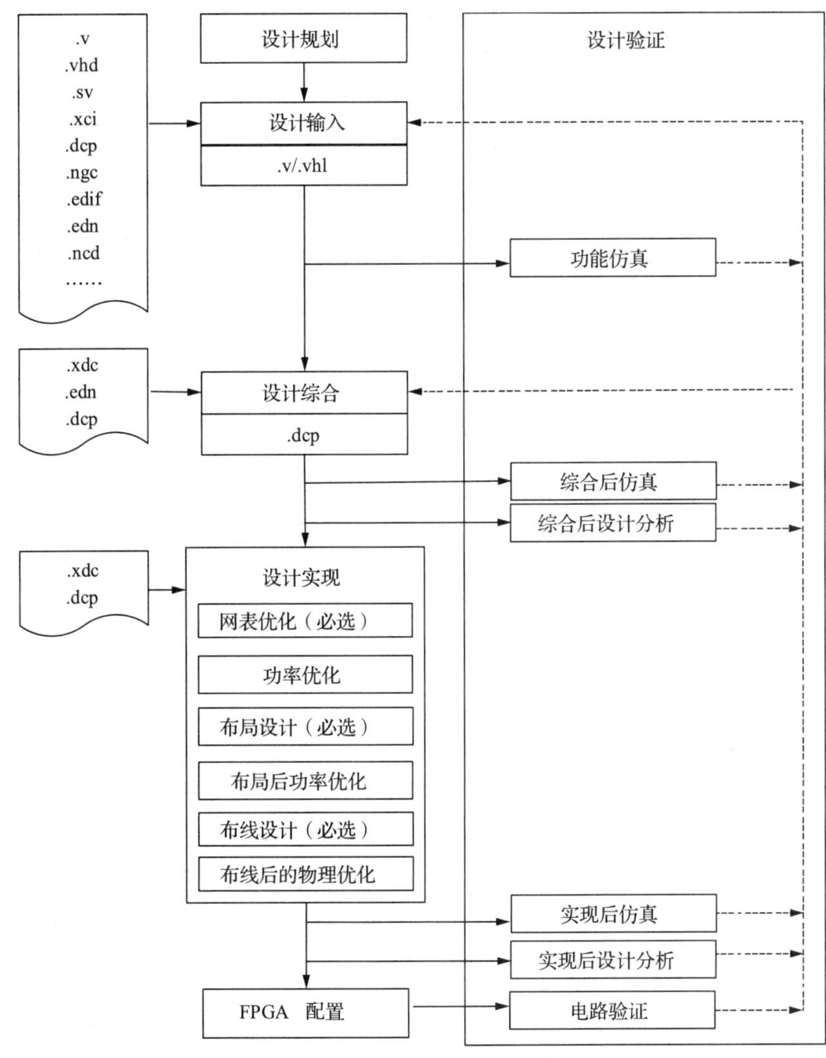

图 9.26 Vivado 下的 FPGA 设计流程

Vivado 设计套件内置 Synthesis 综合功能，也可以支持第三方综合工具，如 Synplicity 公司的 Synplify/Synplify Pro 软件，以及各个 FPGA 厂家自己推出的综合开发工具。综合工具支持 System Verilog、VHDL 和 Verilog 混合语言。

3. 设计实现

在 Vivado 中，实现流程是一系列运行于内存的数据库之上的 TCL 命令，具有更大的灵活性和互动性。

Vivado 的实现阶段包括网表优化、功率优化、布局设计、物理优化、布线设计等子步骤。网表优化、布局设计和布线设计为必选执行步骤，布局设计和布线设计之后的物理优化是可选的。Vivado 采用了统一的数据模型，无论是综合还是实现，Vivado 生成的都是 DCP 文件。DCP

文件集合了物理约束、设备约束、网表文件及设备等相关信息。

（1）网表优化

网表优化为布局提供优化的网表，对综合后的 RTL、IP 模块整合后的网表进行深度的逻辑优化，如逻辑整理（Retarget）、删除不必要的静态逻辑、合并 LUT、清理无负载的逻辑单元等，使其更容易适配到目标器件。网表优化在基于项目的设计流程中会自动执行，在非项目批作业流程中是可选的，但推荐使用。

（2）功率优化

资源、速度和功耗是 FPGA 设计中的三大关键因素。Vivado 中提供了功耗估计和功率优化。在 Vivado 下，利用综合后的设计到布局布线后的设计期间产生的任何 DCP 文件都可进行功耗估计，而利用布局布线后的设计可获得更为精确的功耗估计结果。在实现阶段，进行功率优化，有布局之前的功率优化，也有布局之后的功率优化。相比而言，布局之前的功率优化对功耗的优化更彻底、更全面。

功率优化的目的是最大限度地降低 FPGA 功耗同时最小限度地避免其对时序的影响，包含对高精度门控时钟的调整，可以降低动态功耗的 30%，这种优化不会改变现有的逻辑和时钟。功率优化在设计之初就应考虑设计中应遵循好的 RTL 代码风格，适时地选择布局前的功率优化和布局后的功率优化，并根据功率优化对设计时序的影响来管理优化对象。

功率优化在基于项目的设计流程中和在非项目批作业流程中都是可选的。

（3）布局设计

一个完整的布局包括布局前的 DRC 检查、布局、细节布局和提交后的优化几个阶段。布局前的 DRC 检查用于检查设计中不可布线的连接、有效的物理约束、有无超出器件容量等；布局进行 I/O、时钟、宏单元和原语组件布局，采用时序驱动和线长驱动及拥塞判别策略；细节布局用来改善小的“形态”、触发器和 LUT 的位置、提交到位置点等。

布局不知道时钟偏移，时序包括时钟偏移；布局不针对因偏移太大而优化布局以减少时钟偏移，但是布局期间的时序信息确实包含时钟偏移。布局工具用更多时间试图满足保持要求，因为如果保持时间不合格，设计将不运行。

（4）物理优化

物理优化在布局设计和布线设计之后使用，可进一步改善设计时序，是布局后时序驱动的优化。物理优化在基于项目和非项目批作业流程中都是可用的，可以在 GUI 的设置界面中关闭。

（5）布线设计

布线设计用于控制布线过程。基于项目的设计流程中布线包含在实现的阶段，非项目批作业流程是执行此 TCL 指令。利用 report_route_status 指令产生布线器报告，校验单个网线的布线状态，完整地列出布线资源或失败的布线。

4. FPGA 配置和设计验证

完成设计实现后，要进行 FPGA 配置，进行芯片编程和调试，并对设计约束、器件资源占有率、实现结果及功耗等设计性能进行分析。在 Vivado 设计套件中，既可以查看静态报告，也可以使用 Vivado 中内置的工具动态地查看设计综合实现的结果。在 Vivado 内置工具中可以查看时序结果和功耗结果。此外，在系统调试时也可以使用在线逻辑分析仪（ILA）。

除了传统上的寄存器传输级（RTL）到比特流的 FPGA 设计流程外，Vivado 还提供了基于 C 和 IP 核的系统级集成设计流程。系统级集成设计流程加速了集成时间，提高了设计效率，降低了集成风险。其设计流程如图 9.27 所示。

从图 9.27 中可以看出，基于 C 和 IP 核的系统级集成的设计输入可以是 RTL 文件、约束文件、网表文件及 IP 目录中的 IP。RTL 代码可以由设计者自行编写，也可以来自 Vivado 高级综合、System Generator 或 IP 集成器。Vivado 可扩展 IP 目录允许设计者使用自己创建的 IP、Xilinx IP 及第三方厂商许可的 IP 组建自己的标准 IP 库。设计者可以使用 VivadoHLS、System Generator 或 Vivado 提供的 IP 封装器将自身设计封装为新的 IP 嵌入到 Vivado IP 目录中。通过 Vivado 提供的 IP 目录，就可以快速地对 Xilinx IP、第三方 IP 和用户 IP 进行例化和配置，以实现更快速的系统级集成。

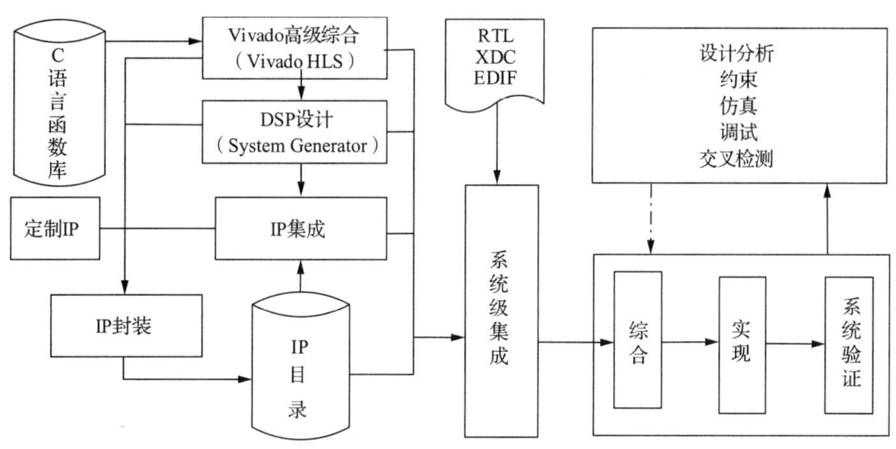

图9.27 Vivado下的基于C和IP核的系统级集成设计流程

基于 C 语言和 IP 的设计可缩短验证、实现和设计收敛的开发周期，使设计人员能够集中精力开发差异化逻辑。Vivado 设计套件结合最新 UltraFast 级生产力设计方法，相比采用传统方法而言，用户可将生产力提升 10 ～ 15 倍。

习题9

9.1 可编程逻辑器件有哪些主要特点?

9.2 低密度 PLD 器件有哪几种主要类型?

9.3 试述 PROM、EPROM 和 EEPROM 的特点。

9.4 容量为 1024×8 的 PROM 芯片，地址线的位数为多少？数据线的位数为多少？含存储元的数量为多少?

9.5 可编程阵列逻辑（PAL）和可编程逻辑阵列（PLA）在结构上的主要区别是什么?

9.6 高密度 PLD 器件有哪几种常见类型?

9.7 常见 CPLD 一般采用何种结构？它们一般由哪几部分组成?

9.8 常见的 FPGA 一般由哪几部分组成?

9.9 根据可配置逻辑块结构的不同，常见 FPGA 可分为哪几种不同类型?

9.10 Xilinx 公司生产的 XC4000 系列 FPGA 器件主要由哪几部分组成?

9.11 Xilinx FPGA 芯片主要分为哪两类？各有什么特点?

9.12 Xilinx ISE 环境下的 FPGA 开发流程包括哪些步骤?

9.13 在 FPGA 的开发中，设计综合的主要任务是什么?

9.14 在 FPGA 的开发中，设计实现的主要任务是什么?

9.15 根据在 FPGA 开发流程中切入点的不同，仿真可分为哪几种类型?

9.16 在 FPGA 的开发中，什么是静态时序分析?

9.17 FPGA 与 CPLD 相比，各有何特点?

9.18 与 Xilinx 公司的上一代开发环境 ISE 相比，Vivado 设计套件具有哪些特点?

9.19 Vivado 具有哪些可能的设计输入?

9.20 Vivado 设计套件中，设计综合有何特点?

9.21 Vivado 设计套件中，设计实现具有哪些步骤?

9.22 与 Xilinx ISE 环境下的 FPGA 开发流程相比，Vivado 设计套件中 FPGA 配置和设计验证有何不同?

附录A 英汉名词对照

二 画

二进制 Binary

二进制数 Binary Number

二极管 Diode

二－十进制代码 Binary-Coded-Decimals，BCD

十进制数 Decimal Number

十六进制数 Hexadecimal Number

七段译码器 Seven-Segment Decoder

七段显示器 Seven-Segment Displayer

八进制数 Octal Number

三 画

门 Gate

三态门 Three State Gate

三极管 Bipolar Junction Transistor，BJT

与门 AND Gate

与非门 NAND Gate

与或非门 AND-OR-INVERT Gate

下降沿 Fall Edge

大规模集成 Large Scale Integration，LSI

上升沿 Rise Edge

小规模集成 Small Scale Integration，SSI

四 画

反码 One's Complement

反相器 Inverter

反演规则 Complementary Operation Theorem

反向恢复时间 Reverse Recovery Time

开通时间 Switch on Time

开关理论 Switching Theory

开关电路 Switching Circuit

开关时间 Switching Time

开关速度 Switching Speed

开关特性 Switching Characteristics

开启电压 Threshold Voltage

无关项 Don't Care Terms

冗余项 Redundant Terms

分辨率 Resolution

不完全确定电路 Incompletely Specified Circuits

计数器 Counter

双向移位寄存器 Bidirectional Shift Register

双积分型 A/D 转换器 Dual Slope A/D Converter

双极结型晶体管 Bipolar Junction Transistor

互补 MOS Complementary MOS，CMOS

专用集成电路 Application Specific Integrated Circuit，ASIC

中规模集成 Medium Scale Integration，MSI

五 画

布尔代数 Boolean Algebra

卡诺图 Karnaugh Map

必要质蕴涵项 Essential Prime Implicant

正逻辑 Positive Logic

发射极 Emitter

电平触发 Level Triggered

边沿触发 Edge Triggered

主从触发器 Master-Slave Flip-Flop

边沿触发器 Edge-Triggered Flip-Flop

加法器 Adder

加／减计数器　Up-Down Counter
半加器　Half Adder
半导体　semiconductor
半用户定制集成电路　Semi-custom design IC
占空比　Pulse Duration Ration
只读存储器　Read Only Memory，ROM
可逆计数器　Reversible Counter
可编程只读存储器　Programmable Read Only Memory，PROM
可擦可编程只读存储器　Erasable Programmable Read Only Memory，EPROM
可编程逻辑器件　Programmable Logic Device，PLD
可编程逻辑阵列　Programmable Logic Array，PLA
可编程阵列逻辑　Programmable Array Logic，PAL
可配置逻辑块　Configurable Logic Block，CLB
可编程输入／输出块　Programmable Input/Output Block，PIOB
可编程互连资源　Programmable Interconnect Resource，PIR
可编程开关矩阵　Programmable Switch Matrix，PSM

六　画

有权码　Weighted Code
字符代码　Alphanumeric Code
尖脉冲　Spike pulse
约束条件　Constraint Condition
负脉冲　Negative Pulse
负逻辑　Negative Logic
负载能力　Load Capacity
多输出　Multiple Output
多发射极晶体管　Multiemitter Transistor
多谐振荡器　Multivibrator
传输门　Transmission Gate
异或门　Exclusive OR Gate
全加器　Full Adder
并行进位加法器　Parallel Carry Adder
异步时序逻辑　Asynchronous Sequential Logic
异步计数器　Asynchronous Counter
次态　Next State
次态方程　Next State Equation
场效应　Field Effect
场效应管　Field-Effect Transistor
同或门　Exclusive NOR Gate
同步时序逻辑　Synchronous Sequential Logic
同步计数器　Synchronous Counter
多路选择器　Multiplexer
多路分配器　Demultiplexer
优先编码器　Priority Encoder
地址译码器　Address Decoder
回差电压　Backlash Voltage
权电阻　Weighted Resistance
存储器　Memory
全用户定制集成电路　Full-custom design IC
全局布线区　Global Routing Pool，GRP
在系统编程　In-System Programmable，ISP

七　画

位　Bit
进位　Carry
补码　Two's Complement（Complement Code）
余 3 码　Excess Three Code
启动脉冲　Starting Pulse
时序（间）图　Timing Diagram
时钟脉冲　Clock Pulse，CP
时钟频率　Clock Frequency
时间常数　Time Constant
时序发生器　Sequence Generator
时序逻辑电路　Sequential Logic Circuit
延迟时间　Delay Time
初态　Initial State

状态　State

状态表　State Table

状态图　State Diagram

状态合并图　State Merger Diagram

状态分配　State Assignment

状态化简　State Reduction

完全确定电路　Completely Specified Circuits

串行进位加法器　Serial Carry Adder

译码器　Decode

运算放大器　Operational Amplifier

快闪存储器　Flash Memory

快速功能模块　Fast Function Blocks，FFB

灵活逻辑单元阵列　Flexible Logic Element Matrix，FLEX

八　画

或门　OR Gate

或非门　NOR Gate

非门　NOT Gate

非用户定制集成电路　Non-Custom Design IC

非临界竞争　Noncritical Race

采样保持电路　Sample-Hold Circuit

线与　Wire-AND

奇偶校验　Parity Check

奇偶检验码　Parity Check Code

质蕴涵项　Prime Implicant

建立时间　Setup Time

金属—氧化物—半导体　Metal-Oxide-Semiconductor，MOS

现态　Present State

参考电压　Reference Voltage

组合逻辑电路　Combinational Logic Circuit

拉电流　Draw-Off Current

定时器　Timer

波形变换　Wave Conversion

函数发生器　Function Generator

单稳态触发器　Monostable Trigger

现场可编程门阵列　Field Programmable Gate Array，FPGA

九　画

相邻项　Adjacency

相容状态　Compatible States

相容类　Compatible Classes

标准形式　Standard Form

标准积之和　Standard Sum of Product

标准和之积　Standard Product of Sum

保持时间　Hold Time

恢复时间　Recovery Time

奎恩-麦克拉斯基法　Quine-MeCluskey Procedure

临界竞争　Critical Race

险象　Hazard

脉冲　Pulse

脉冲波形　Pulse Wave

脉冲宽度　Pulse Width

脉冲发生器　Pulse Generator

脉冲前沿　Pulse Leading Edge

钟控触发器　Clocked Flip-Flop

总态　Total State

选择器　Selector

选通脉冲　Strobe Pulse

显示器件　Display Device

施密特触发器　Schmitt Trigger

复杂可编程逻辑器件　Complex Programmable Logic Device，CPLD

查找表　Look Up Table，LUT

结型场效应管　Junction Field-effect Transistor，JFET

栅极　Gate

十　画

离散量　Discrete Quantity

借位　Borrow

原码　True Form
原始状态表　Primitive State Table
原始流程表　Primitive Flow Chart
格雷码　Gray Code
真值表　Truth Table
扇出　Fan Out
扇入　Fan In
竞争　Race
流程表　Flow Chart
流程图　Flow Diagram
逐次逼近型 A/D 转换器　Successive Approximation A/D Converter
浮栅雪崩注入　MOS Floating Gate Avalanche Injection MOS，FAMOS
通用阵列逻辑　Generic Array Logic，GAL
通用互连阵列 Universal Interconnect Matrix，UIM
高集成度功能模块　High-integration Density Function Blocks，HDFB

十一画

逻辑　Logic
逻辑门　Logic Gate
逻辑代数　Logic Algebra
逻辑电平　Logic Level
逻辑电路　Logic Circuit
逻辑设计　Logic Design
逻辑变量　Logic Variables
逻辑常量　Logic Constant
逻辑函数　Logic Function
逻辑运算　Logic Operation
逻辑表达式　Logic Expression
逻辑阵列块　Logic Array Block，LAB
逻辑单元　Logic Element，LE
减法器　Subtracter
基极　Base
基本 RS 触发器　Basic RS Flip-Flop
寄存器　Register
移位寄存器　Shift Register
隐含表　Implication Table
推拉输出　Totem Pole Output
随机存取存储器　Random Access Memory，RAM

十二画

最小项　Minterm
最大项　Maxterm
最简电路　Simplest Circuit
最小闭覆盖　Minimal Closed Cover
最低有效位　Least Significant Bit，LSB
最高有效位　Most Significant Bit，MSB
集电极　Collector
集成电路　Integrated Circuit，IC
集电极开路门　Open Collector Gate
等价　Equivalent
等效状态　Equivalent States
等效类　Equivalent Classes
量化　Quantization
编码　Encode
编码器　Encoder
晶体管—晶体管逻辑 Transistor-Transistor Logic，TTL
超前进位　Look-Ahead Carry
超大规模集成　Very Large Scale Integration，VLSI
嵌入阵列块　Embedded Array Block，EAB

十三画

数字系统　Digital System
数字电路　Digital Circuit
数字信号　Digital Signal
数制　Number System
数字比较器　Digital Comparator

数模转换器　Digital to Analog Converter，DAC

简化　Simplification

置位　Set

源极　Source

触发　Trigger

触发器　Flip-Flop，FF

输入 / 输出单元　Input Output Element，IOE

输出布线区　Output Routing Pool，ORP

十四画

模拟电路　Analog Circuit

模拟信号　Analog Signal

模数转换器　Analog to Digital Converter，ADC

漏极　Drain

稳定状态　Stable State

漂移　Drift

十五画

德・摩根定理　De Morgan’s Theorem

蕴涵项　Implicant

十六画

激励表　Excitation Table

激励函数　Excitation Function

十七画

瞬态　Transient State

十八画

覆盖　Covering

翻转　Turnover

二十画

灌入电流　Injection Current

参考文献

[1] 欧阳星明，赵贻竹，于俊清. 数字逻辑. 5版. 武汉：华中科技大学出版社，2021.

[2] 何建新，曾祥萍. 数字逻辑设计基础. 2版. 北京：高等教育出版社，2019.

[3] 万国春. 数字电路与逻辑设计. 北京：机械工业出版社，2019.

[4] 蒋立平. 数字逻辑电路与系统设计. 3版. 北京：电子工业出版社，2019.

[5] 阎石. 数字电子技术基础. 5版. 北京：高等教育出版社，2006.

[6] 张雪平，赵娟，李双喜，等. 数字电子技术. 2版. 北京：清华大学出版社，2012.

[7] 李震梅. 数字电子技术基础. 北京：高等教育出版社，2017.

[8] 杨志忠，卫桦林. 数字电子技术基础. 3版. 北京：高等教育出版社，2018.

[9] 王美玲. 数字电子技术基础. 4版. 北京：机械工业出版社，2021.

[10] 阎勇. 数字电子技术实践教程. 北京：科学出版社，2019.

[11] 白彦霞，赵燕，陈晓芳. 数字电路与逻辑设计. 北京：清华大学出版社，2021.

[12] 赵建周，张天鹏. 数字电子技术. 2版. 北京：北京大学出版社，2020.

[13] WAKERLY J F. 数字设计原理与实践. 林生，葛红，金京林，等，译. 北京：机械工业出版社，2019.

[14] 康华光，邹寿彬. 电子技术基础：数字部分. 4版. 北京：高等教育出版社，2000.

[15] 白中英. 数字逻辑与数字系统. 3版. 北京：科学出版社，2002.

[16] 欧阳星明. 数字逻辑学习与解题指南. 2版. 武汉：华中科技大学出版社，2005.

[17] FLOYD T L，BUCHLA D M. 模拟电子技术基础：系统方法. 朱杰，蒋乐天，译. 北京：机械工业出版社，2015.

[18] SAINT C，SAINT J. 集成电路版图基础：实用指南. 李伟华，孙伟锋，译. 北京：清华大学出版社，2020.

[19] ROTH C H，J R. Fundamentals of Logic Design. 4版. Boston: PWS，1985.

[20] WAKERLY J F. Digital Design Principles & Practices. 3版. Prentice Hall，2001.

[21] 孟宪元，陈彰林，陆佳华. Xilinx新一代FPGA设计套件Vivado应用指南. 北京：清华大学出版社，2014.

[22] 廉玉欣，侯博雅，王猛，等. 基于Xilinx Vivado的数字逻辑实验教程. 北京：电子工业出版社，2016.

[23] 高亚军. Vivado从此开始. 北京：电子工业出版社，2016.

[24] 何宾. Xilinx FPGA权威设计指南：基于Vivado 2018集成开发环境. 北京：电子工业出版社，2018.